高等学校水利学科教学指导委员会组织编审

高等学校水利学科专业规范核心课程教材·水文与水资源工程

"十二五"江苏省高等学校重点教材（编号 2015-1-105）

水文统计学（第2版）

主编 黄振平 陈元芳

·北京·

内 容 提 要

本书密切结合水文实际，系统地阐述了水文学中常用的概率统计理论和方法，并扼要介绍了近年来水文统计研究新观点、新理论和新方法。

本书由概率论、水文数理统计方法、误差理论基础以及水文随机过程四部分组成。全书结构合理，循序渐进，条理清晰，表述简练、通俗，书中有大量例题，每章配有适量习题，书后还附有习题答案和常用数表，便于自学和应用。

本书可作为高等学校水文与水资源工程等水利类专业的本科生教材，也可供水文水资源、水利、环境、海洋、气象、地理等专业科技人员参考。

图书在版编目（CIP）数据

　水文统计学 / 黄振平，陈元芳主编. -- 2版. -- 北京：中国水利水电出版社，2017.6（2023.9重印）
　高等学校水利学科专业规范核心课程教材　水文与水资源工程 "十二五"江苏省高等学校重点教材
　ISBN 978-7-5170-5802-1

　Ⅰ. ①水… Ⅱ. ①黄… ②陈… Ⅲ. ①水文统计－高等学校－教材 Ⅳ. ①P333.6

中国版本图书馆CIP数据核字(2017)第212952号

书　名	高等学校水利学科专业规范核心课程教材·水文与水资源工程 "十二五"江苏省高等学校重点教材 **水文统计学（第2版）** SHUIWEN TONGJIXUE
作　者	主编　黄振平　陈元芳
出版发行	中国水利水电出版社 （北京市海淀区玉渊潭南路1号D座　100038） 网址：www.waterpub.com.cn E-mail：sales@mwr.gov.cn 电话：（010）68545888（营销中心）
经　售	北京科水图书销售有限公司 电话：（010）68545874、63202643 全国各地新华书店和相关出版物销售网点
排　版	中国水利水电出版社微机排版中心
印　刷	清淞永业（天津）印刷有限公司
规　格	184mm×260mm　16开本　24.25印张　575千字
版　次	2011年5月第1版第1次印刷 2017年6月第2版　2023年9月第3次印刷
印　数	7001—10000册
定　价	65.00元

凡购买我社图书，如有缺页、倒页、脱页的，本社营销中心负责调换
版权所有·侵权必究

高等学校水利学科专业规范核心课程教材
编审委员会

主　任　姜弘道（河海大学）

副主任　王国仪（中国水利水电出版社）　谈广鸣（武汉大学）
　　　　　李玉柱（清华大学）　　　　　　吴胜兴（河海大学）

委　员

周孝德（西安理工大学）　　　　　李建林（三峡大学）
刘　超（扬州大学）　　　　　　　朝伦巴根（内蒙古农业大学）
任立良（河海大学）　　　　　　　余锡平（清华大学）
杨金忠（武汉大学）　　　　　　　袁　鹏（四川大学）
梅亚东（武汉大学）　　　　　　　胡　明（河海大学）
姜　峰（大连理工大学）　　　　　郑金海（河海大学）
王元战（天津大学）　　　　　　　康海贵（大连理工大学）
张展羽（河海大学）　　　　　　　黄介生（武汉大学）
陈建康（四川大学）　　　　　　　冯　平（天津大学）
孙明权（华北水利水电学院）　　　侍克斌（新疆农业大学）
陈　楚（水利部人才资源开发中心）孙春亮（中国水利水电出版社）

秘　书　周立新（河海大学）

丛书总策划　王国仪

水文与水资源工程专业教材编审分委员会

主　任　任立良（河海大学）

副主任　袁　鹏（四川大学）　　　　　梅亚东（武汉大学）

委　员
沈　冰（西安理工大学）　　　　陈元芳（河海大学）
吴吉春（南京大学）　　　　　　冯　平（天津大学）
刘廷玺（内蒙古农业大学）　　　纪昌明（华北电力大学）
方红远（扬州大学）　　　　　　刘俊民（西北农林科技大学）
姜卉芳（新疆农业大学）　　　　金菊良（合肥工业大学）
靳孟贵（中国地质大学）　　　　郭纯青（桂林理工大学）
吴泽宁（郑州大学）

总 前 言

随着我国水利事业与高等教育事业的快速发展以及教育教学改革的不断深入，水利高等教育也得到很大的发展与提高。与1999年相比，水利学科专业的办学点增加了将近一倍，每年的招生人数增加了将近两倍。通过专业目录调整与面向新世纪的教育教学改革，在水利学科专业的适应面有很大拓宽的同时，水利学科专业的建设也面临着新形势与新任务。

在教育部高教司的领导与组织下，从2003年到2005年，各学科教学指导委员会开展了本学科专业发展战略研究与制定专业规范的工作。在水利部人教司的支持下，水利学科教学指导委员会也组织课题组于2005年底完成了相关的研究工作，制定了水文与水资源工程、水利水电工程、港口航道与海岸工程以及农业水利工程四个专业规范。这些专业规范较好地总结与体现了近些年来水利学科专业教育教学改革的成果，并能较好地适用不同地区、不同类型高校举办水利学科专业的共性需求与个性特色。为了便于各水利学科专业点参照专业规范组织教学，经水利学科教学指导委员会与中国水利水电出版社共同策划，决定组织编写出版"高等学校水利学科专业规范核心课程教材"。

核心课程是指该课程所包括的专业教育知识单元和知识点，是本专业的每个学生都必须学习、掌握的，或在一组课程中必须选择几门课程学习、掌握的，因而，核心课程教材质量对于保证水利学科各专业的教学质量具有重要的意义。为此，我们不仅提出了坚持"质量第一"的原则，而且还通过专业教学组讨论、提出，专家咨询组审议、遴选，相关院、系认定等步骤，对核心课程教材的选题及主编、主审人选和教材编写大纲进行了严格把关。为了把本套教材组织好、编著好、出版好、使用好，我们还成立了高等学校水利学科专业规范核心课程教材编审委员会以及各专业教材编审分委员会，对教材编纂与使用的全过程进行组织、把关和监督，充分依靠各学科专家发挥咨询、评审、决策等作用。

本套教材第一批共规划52种，其中水文与水资源工程专业17种，水利水电工程专业17种，农业水利工程专业18种，计划在2009年年底之前全部出齐。尽管已有许多人为本套教材作出了许多努力，付出了许多心血，但是，由于专业规范还在修订完善之中，参照专业规范组织教学还需要通过实践不断总结提高，加之，在新形势下如何组织好教材建设还缺乏经验，因此，这套教材一定会有各种不足与缺点，恳请使用这套教材的师生提出宝贵意见。本套教材还将出版配套的立体化教材，以利于教、便于学，更希望师生们对此提出建议。

高等学校水利学科教学指导委员会
中国水利水电出版社
2008年4月

第二版前言

《水文统计学》教材于 2011 年 5 月出版,至 2013 年 8 月共两次印刷,总印数 6000 册。《水文统计学》是高等学校水利学科水文与水资源工程专业规范核心课程教材,2014 年获得第一届全国高等学校水利类专业优秀教材奖。2015 年《水文统计学》入选江苏省重点立项教材,本书就是在江苏省重点立项教材申报修订计划基础上编写而成。为了区别起见,称本书为《水文统计学》第 2 版。本书第 2 版保持了前 1 版的特色和风格,并考虑工程教育专业认证对本教材要求,主要进行了以下方面的修编:

1. 优化教材结构

(1) 在"多元随机变量及其分布"这一章中,增加一节 Coupla 函数相关知识,包括 Coupla 函数理论、性质、函数选择以及在水文中的应用内容等。

(2) 目前,"水文统计"课程教学大纲中不包含"误差理论基础""随机过程简介""水文时间序列分析"等内容。根据教学实践,精简了"误差理论基础""随机过程简介"和"水文时间序列分析"内容。

2. 优化教材内容

(1) 在参数点估计的水文统计方法中,增加其他分布线型统计参数与概率权重矩和线性矩之间的关系。

(2) 增加课程常用的运算程序和实例,优化例题设计,精选各章习题,适当考虑习题综合性。

3. 拓展课程知识面,注重学生素质培养,增加了概率统计领域的科学家简介。

4. 对原有印刷错误进行了修改。

参加本书修编的除了原编审者外,河海大学水文水资源学院何海、黄琴两位老师参与了修编工作,何海参加编写 Copula 函数相关知识,黄琴参加编写概率统计领域科学家简介以及习题完善,中国水利水电出版社朱双林等也给予本书出版大力支持和帮助,在此一并表示衷心感谢。

编 者

2017 年 5 月

第一版前言

《水文统计学》是在教育部高等学校水利学科教学指导委员会指导下，由河海大学组织编写，并被确定为教育部水利学科高等学校专业规范核心课程教材。本书是在总结过去不同版本《水文统计学》教材基础上，结合当前水文与水资源工程专业发展新形势和水文统计学科新发展编写而成的。

本书由概率论、水文数理统计方法、误差理论基础以及水文随机过程四部分组成，全面系统地介绍了水文统计的基本原理和方法，扼要介绍了有代表性的水文统计学研究新进展。本书的取材立足于水文工作的实际需要，在适当注意数学理论系统性的基础上，避免某些抽象的数学推理和繁琐的公式演绎，着重内容的实用性。本书编写力求结构合理，条理清楚，并注重概念的清晰正确，知识的系统完整，文字的通顺流畅，语言的简练易懂。书中举例较多，每章配有适量的习题，书后附有习题答案和常用数表，便于学习和应用。

本书由河海大学、南京大学、四川大学、西安理工大学等高校中多年从事水文统计课程教学工作的老师承担编写任务。各章编写人员如下：秦毅、黄振平（第一章）；黄振平（第二章、第三章、第四章、第五章、第十章）；陈元芳（绪论、第六章、第七章）；王栋、陈元芳（第八章）；黄振平、秦毅（第九章）；王文圣（第十一章、第十二章）。全书由河海大学水文水资源学院黄振平、陈元芳主编，河海大学王俊德主审。

本书编写过程中，很多专家、学者提出了宝贵意见，葛慧、周川、李肖阳、曹雪芹、黄琴等参与了部分图表的制作和校对工作，编者参考了国内外有关教材、专著和论文，在此，谨向他们一并表示衷心感谢。

本教材早期的版本可追溯到1981年由水利出版社出版的《水文学的概率统计基础》，该教材由丛树铮主编，徐映波审稿，黄万里、唐述钤、窦国仁提出宝贵意见，刘光文先生参编了部分章节，并给予关心和指导；之后，根据专业发展的需要进行了改编，由水利电力出版社于1993年出版了《水文统计》，该教材由王俊德编，沈晋审稿，丛树铮对编写大纲提出了许多宝贵意见，陈元芳提供了许多资料；2003年，根据新世纪水文学及水资源学科的新发展和社会对人才培养的新需求，又重新修订完善教材内容，由河海大学出版社出版了《水文统计学》，该教材由黄振平编著，王俊德审稿，朱元甡、芮孝芳、陈元芳、梁忠民等参与教材初稿审查，提出了宝贵意见。2011年新版的《水文统计学》及其上述相关教材，至今印数已达30000多册。

由于时间仓促，编者水平有限，书中不足之处，恳请读者批评指正。书中错误之处请函告：江苏省南京市西康路1号河海大学水文水资源学院陈元芳，邮编：210098，或发邮件Email：chenyuanfang@hhu.edu.cn。

编 者

2010年8月

目 录

总前言
第二版前言
第一版前言

绪论 ·· 1

第一章 事件与概率 ··· 4
 第一节 事件及其运算 ·· 4
 第二节 概率的定义与性质 ··· 9
 第三节 条件概率与事件的独立性 ·· 17
 习题 ·· 26

第二章 随机变量及其分布 ··· 30
 第一节 随机变量与分布函数 ·· 30
 第二节 离散型随机变量 ·· 32
 第三节 连续型随机变量 ·· 40
 第四节 随机变量函数的概率分布 ··· 50
 习题 ·· 56

第三章 多元随机变量及其分布 ··· 60
 第一节 多元随机变量与联合分布 ··· 60
 第二节 边际分布 ·· 67
 第三节 条件分布 ·· 70
 第四节 随机变量的独立性 ··· 72
 第五节 多元随机变量函数的分布 ··· 77
 第六节 二元正态分布 ··· 92
 第七节 Copula 函数 ··· 95
 习题 ·· 98

第四章 数字特征与特征函数 ··· 103
 第一节 数学期望 ··· 103
 第二节 方差 ·· 111
 第三节 离势系数、矩、偏态系数及峰度系数 ·· 117

第四节　多元随机变量的数字特征 ………………………………………… 120
　　第五节　特征函数 …………………………………………………………… 130
　　习题 ………………………………………………………………………………… 133

第五章　极限定理 ……………………………………………………………… 136
　　第一节　大数定律 …………………………………………………………… 136
　　第二节　中心极限定理 ……………………………………………………… 138
　　习题 ………………………………………………………………………………… 141

第六章　抽样分布 ……………………………………………………………… 143
　　第一节　简单随机抽样 ……………………………………………………… 143
　　第二节　样本分布与抽样分布 ……………………………………………… 146
　　第三节　几种统计量的抽样分布 …………………………………………… 151
　　第四节　顺序统计量及其分布 ……………………………………………… 154
　　习题 ………………………………………………………………………………… 157

第七章　水文频率计算 ………………………………………………………… 159
　　第一节　概述 ………………………………………………………………… 159
　　第二节　几种理论分布的频率计算与分析 ………………………………… 161
　　第三节　参数点估计的数理统计方法 ……………………………………… 168
　　第四节　参数点估计的水文统计方法 ……………………………………… 175
　　第五节　估计量好坏的评价标准 …………………………………………… 188
　　第六节　参数的区间估计 …………………………………………………… 191
　　习题 ………………………………………………………………………………… 194

第八章　假设检验 ……………………………………………………………… 198
　　第一节　基本概念 …………………………………………………………… 198
　　第二节　正态总体均值的假设检验 ………………………………………… 202
　　第三节　正态总体方差的假设检验 ………………………………………… 208
　　第四节　零相关检验 ………………………………………………………… 210
　　第五节　非参数假设检验 …………………………………………………… 211
　　习题 ………………………………………………………………………………… 217

第九章　回归分析 ……………………………………………………………… 219
　　第一节　基本概念 …………………………………………………………… 219
　　第二节　一元线性回归模型 ………………………………………………… 222
　　第三节　多元线性回归模型 ………………………………………………… 238
　　第四节　非线性回归 ………………………………………………………… 262
　　习题 ………………………………………………………………………………… 265

第十章　误差分析简述 ………………………………………………………… 269
　　第一节　误差的定义与分类 ………………………………………………… 269

第二节	随机误差	270
第三节	系统误差	276
第四节	粗大误差	278
第五节	误差的传递、合成与分配	281
习题		291

第十一章 随机过程简介 293

第一节	随机过程的基本概念	293
第二节	随机过程的分布函数	294
第三节	随机过程的数字特征	295
第四节	平稳随机过程	297
第五节	马尔柯夫过程	301
习题		305

第十二章 水文时间序列分析 306

第一节	水文时间序列及其组成	306
第二节	水文时间序列相关分析	307
第三节	水文时间序列的谱分析	311
第四节	水文时间序列组成成分识别	314
习题		323

附录一	习题答案	326
附录二	附表	338
附录三	科学家简介	365

参考文献 371

绪 论

一、随机现象与统计规律

自然界和社会中存在着各种各样的现象，但归纳起来，可以分为两种类型。一类称为必然现象，或确定性现象。其特点是：在一定条件下，某种结果一定会发生（或出现）。例如，在标准大气压下，将水加热到100℃，"水沸腾"这一结果一定会发生；在一段导线两端施加电压时，"导线内产生相应的电流"这一结果也一定会发生等等。这类现象与其形成的条件之间存在比较固定的因果联系，可以用经典的数学物理方法和定律来描述。因此，对于这类现象，只要满足一定条件，人们可以准确地预测其结果。另一类现象称为随机现象或偶然现象。这类现象的特点是：在一定条件下，有多种可能发生的结果，但究竟哪个结果发生，事先不能确定。例如，抛一枚质地均匀的硬币，有两种可能发生的结果，正面朝上和反面朝上（通常把有币值的一面称为正面），在抛硬币之前，不能确定哪面朝上。又例如，投掷一颗骰子，观测向上那面的点数，有6种可能结果，投掷前，不能确定将出现几点。在水文领域，很多水文现象都属于随机现象。例如，观察某地的年降水天数，有366种可能，在年初是不能确定该年到底有多少天会降水。观测河流某断面处的年最高水位、年最大洪峰流量等，也都属于随机现象。这类现象带有很大偶然性，所以，又称为偶然现象。这类现象之所以具有不确定性，是因为它们除了受基本的起主导作用的因素制约外，还受许多次要且多变的偶然因素影响。

随机现象的个别观察或试验结果虽然是无规律的，但对一种随机现象进行了大量的观察研究之后，总能揭示出某种完全确定的规律。例如，若抽检产品的件数足够多，就可以发现，该批产品的合格率总是稳定地在某一常数附近摆动；若上抛一枚质地均匀的硬币次数足够多，就会发现，落下后出现正面和反面的次数大体相等；再如，物理学表明，在一个盛满水的容器中，水对器壁的压力是由各个水分子对器壁的冲击力汇合而成的，虽然每个水分子的运动速度和轨迹都是随机的，致使它们对器壁的冲击力千差万别，但从宏观角度看，器壁各点所受的压力都是稳定的，可以用水力学定律来描述。随机现象的这种规律称为统计规律，它是随机现象的宏观规律，与随机现象个别观测结果的特性几乎没有关系。概率论与数理统计就是研究随机现象统计规律的数学分支。

二、水文统计学的产生与发展

水文现象和其他一切自然现象一样，它的发生和发展过程，既有确定性的一面，又有随机性的一面。由于天文和宏观地理地质因素比较稳定，河流的水文情势具有以年为周期的循环性和明显的季节性，这就是水文现象的确定性。然而，在水文现象的发展过程中，还不时受到许多次要因素的影响，例如大气环流的变化、降水的时空分布和受人类活动影响下导致下垫面条件变化等。这些因素不仅种类繁多，而且组合也复杂多变，从而使水文现象在其稳定的年、季变化背景上不断发生各种随机偏差，这就是水文现象的随机性。

由于水文现象具有显著的随机性,因此,概率统计的方法在水文学的各个方面都得到日益广泛的应用。如在水文测验中,站网的规划和测验误差的分析等;在水文预报中,预报方案的制订,预报误差的分析和评定等;在水文水利计算中,各种水利系统的规划设计及运行管理等,都要使用概率统计方法。通常,把水文学中的概率统计方法称为水文统计法,通过应用水文统计法解决水文问题逐步形成水文统计学科方向。

水文学中应用概率统计法,固然是水文现象本身的特性所决定的,但其直接原因还是生产实践的需要。早期的水利工程设计,大多以历史上出现过的大洪水或者在这种洪水上再加上一个安全系数为依据,但是,这样做有许多问题,特别是历史上的大洪水与实测资料或调查年限的长短有关,如果资料年限不长,这样做可能就很不安全。另外,这种方法也不能回答在未来工程运行期间发生大小洪水的可能性,而这个问题恰恰是人们最关心的。概率统计方法正是解决这类问题的有力工具。

水文学中应用概率统计方法大约始于1880—1890年,最初大都应用纯经验的历时曲线(即目前称为的经验频率曲线)。后来霍顿(Horton)在1896年的径流研究中,首先采用了概率方法,但当时主要采用正态分布。其后海森(Haizen)对正态分布的实用性进行了许多研究,注意到了实际资料的非对称性问题,并首先采用了对数正态分布。随着水文研究的发展,概率统计方法被运用得越来越多,许多非对称分布,如对数正态分布、皮尔逊Ⅲ型(P-Ⅲ型)分布、耿贝尔分布、对数皮尔逊Ⅲ型分布,克里茨基-门克尔(K-M)分布等都得到了广泛的应用,特别在分布参数的估计方面提出了许多方法,大大推动了水文统计学的发展。

我国学者应用水文统计法大约始于20世纪30年代,那时周镇伦和陈椿庭曾用概率统计方法分别研究过年降水量和洪水流量。但在旧中国,由于不关心水利建设事业,加之水文资料十分贫乏,对于水文统计的理论和方法,几乎没什么研究。

新中国成立以后,为了满足蓬勃发展的水利建设事业的需要,我国水文工作者广泛地学习运用水文统计学的理论和方法,有效地解决了许多水文分析计算问题。从20世纪50年代初至60年代前期,对水文统计学的研究十分活跃,此间不仅翻译出版了国外许多水文计算文献和书籍,还发表了大量结合我国水文实际的研究论文和报告,例如,1957年北京水利科学研究院水文研究所的《暴雨及洪水频率计算方法的研究(初稿)》;1958年水利出版社的《水文计算经验汇编》等。这些论文和报告大大丰富和发展了水文统计理论和方法。1959年5月出版的金光炎的专著《水文统计原理和方法》,比较详细地阐述了水文分析中常用的概率论与数理统计基本概念和理论,并广泛地介绍了当时国内外关于水文统计法的研究成就。该书对我国水文科技人员中普及和提高水文统计知识曾经过积极作用,至今仍是一本较好的参考书。进入20世纪70年代以来,随着国际学术交流的增多和计算机的普遍应用,我国水文统计学的研究也得到了更大的发展,不仅在水文频率计算方面又取得了一些新成就,而且还对回归分析、随机过程、时间序列分析等在水文学中的应用展开了研究。1981年6月丛树铮主编的《水文学的概率统计基础》一书,详细介绍了随机模拟技术及其在水文学中的应用,对我国随机水文学的研究起了积极的推动作用。随后,王俊德、黄振平分别于1992年和2003年编写出版了《水文统计》教材,郭生练编写出版了《设计洪水研究进展与评价》,比较全面地总结了国内外水文统计学研究进展。

应当指出的是，虽然概率统计方法在水文学中得到了广泛而成功的应用，但在任何自然现象中，起主导作用的仍是必然性规律，随机性只是起着从属的作用。因此，在研究水文现象时，必须把概率统计方法和物理成因分析方法密切结合起来，只有这样才能更深入地研究水文现象的客观规律和正确运用水文统计的分析结果。

三、本课程在水文专业教学中的地位

水文统计是水文与水资源工程专业的一门重要专业基础课，一方面，它要为水文测验、水文预报、水文水利计算、水资源利用和水环境保护等专业课程提供必要的概率统计基础知识；另一方面，它的理论和方法也是水文研究和实践的有力工具。

本书的重点是结合水文现象的实际，介绍概率论与数理统计的基本概念和原理。只有掌握了这些内容，才能在水文研究和实践中正确、灵活和创造性地应用它们。不过，本书又不同于一般的概率论和数理统计教材。它的取材立足于水文工作的实际需要，在适当注意数学理论系统性的基础上，强调理论和方法的应用。为了不使读者陷入深奥的数学迷雾而迷失方向，本书不过分强调数学的严密性，对于比较抽象的概念和理论，以及繁琐的数学推导和证明，一般从略，或只给予粗略和直观的说明，以便读者始终把注意力放在对基本原理的理解和应用上。本书在编写过程中，还注重反映最新水文统计学研究进展以及工程设计的新需求。

第一章 事件与概率

第一节 事件及其运算

一、随机试验

人们为了认识客观事物的特性和变化规律，就要对它进行观测、调查或试验。为了方便起见，把这类活动统称为"试验"。

显然，对确定性现象所做的试验，在试验之前人们就能准确预测它将会出现怎样的结果，而对随机现象做试验时，人们却不能根据试验的条件预测试验将会出现怎样的结果，因为试验结果具有随机性。若一种试验满足下列三个条件，则称之为随机试验，简称试验，用符号 E 表示。

(1) 试验可以在相同条件下重复进行；
(2) 试验的所有可能结果预先是知道的；
(3) 试验前不能确切地预料将会出现哪一个结果。

例1 掷一颗骰子观察它出现的点数。这是一个随机试验。因为骰子可以重复地掷；所有可能的结果是已知的，不外乎出现"1点""2点"…"6点"这六种情况；每掷一次骰子前不能确定将会出现哪一种点数。

例2 观测某地5月1日的最高温度 $T(℃)$。这也是随机试验。因为每年的5月1日都可以进行观测；设该地的温度不会低于 T_0，也不会高于 T_1，则 T 的所有可能取值为 $[T_0,T_1]$ 区间；而每年观测之前，不能确定该年的 T 是多少。

在水文工作中，观测河流某断面的年最大洪峰流量，年最高洪水位，或者观测某地区一定时间内的降水量、蒸发量等，都是随机试验。

在随机试验中，可能发生也可能不发生的事情称为随机事件，简称事件，一般用大写英文字母 $A,B,C,\cdots$ 表示。

如在例1中，"出现1点""出现偶数点""出现的点数不大于4"等，都是随机事件。又如在例2中，"$T>25$""$20 \leqslant T \leqslant 35$""$T<15$"等也都是随机事件。

每次试验中，一定发生的事情称为必然事件，记为 Ω。每次试验中，一定不发生的事情称为不可能事件，记为 ϕ。显然，必然事件和不可能事件都是对确定性现象试验的结果，为了研究的方便和统一，把必然事件和不可能事件也看成随机事件，即把它们作为随机事件的两个极端情况。

在讨论一个事件的必然性、不可能性和随机性时，要把它与试验的条件联系起来。例如，在标准大气压下，纯净水加热到100℃时，"水沸腾"是必然事件。但如果试验条件是"在标准大气压下，纯净水加热到80℃"，则"水沸腾"是不可能事件。又如，一次射击命中目标，通常是一个随机事件，但如果射击者距离目标极近，那么"命中目标"就将成为必然事件了。

二、基本事件，复合事件，基本空间

在随机试验中，每一个可能出现的结果（又称样本点）都是一个随机事件，这种简单的随机事件称为基本事件。基本事件也可以看作是试验中不能再分解的事件。由若干个基本事件组成的事件称为复合事件。

在例 1 中，共有 6 个基本事件："出现 1 点""出现 2 点"…"出现 6 点"，它们都是不可分解的事件。"出现偶数点""出现的点数小于 3"等事件是复合事件。

设 ω_i 表示"出现 i 点"，A 表示"出现偶数点"，B 表示"出现的点数小于 3"，则

$$A = \{\omega_2, \omega_4, \omega_6\}$$
$$B = \{\omega_1, \omega_2\}$$

事件 A 是由 $\omega_2, \omega_4, \omega_6$ 三个基本事件组成的，当且仅当 $\omega_2, \omega_4, \omega_6$ 中的一个出现（又称发生）时，事件 A 才发生。反之，若 A 发生了，则表明它所含有的基本事件 $\omega_2, \omega_4, \omega_6$ 中有一个发生了。同理，事件 B 是由 ω_1, ω_2 两个基本事件组成的。当且仅当 ω_1 或 ω_2 出现时，事件 B 才发生。反之，若 B 发生了，则表明 ω_1, ω_2 中有一个发生了。

每次试验，有且仅有一个基本事件发生，基本事件的全体称为基本空间（又称样本空间）。由于随机试验的任一结果必然是基本空间中的一个基本事件，因此，基本空间作为一个事件是必然事件，所以仍用 Ω 表示。

在例 1 中，基本空间为

$$\Omega = \{\omega_1, \omega_2, \cdots, \omega_6\}$$

在例 2 中，若用 t 表示"该地 5 月 1 日的最高温度观测值"，则 t 的取值范围为 $[T_0, T_1]$，即基本事件有无限多个，它充满了区间 $[T_0, T_1]$，故基本空间为

$$\Omega = \{t \mid T_0 \leq t \leq T_1\}$$

从上面例子可以看到，基本空间中的基本事件的总数可以是有限多个，也可以是无限多个。按集合论的观点，对于某一随机试验 E，基本空间 Ω 是所有基本事件的全体所构成的集合。随机事件是集合 Ω 的一个子集，必然事件就是基本空间 Ω，不可能事件就是空集 ϕ。

值得注意的是，对一个随机现象试验的目的不同时，相应的基本空间也可能有所不同。例如，观测某地年降水量，区间 $[0, PMP]$（PMP 为该地可能最大降水量）中的任一实数，都是一个基本事件，这时，基本事件有无穷个；但如果观测年降水量的目的是为了确定是旱年、正常年还是丰水年，这时就只有三个基本事件了。

三、事件之间的关系与运算

(一) 事件之间的关系

研究随机现象，常常要研究几个事件以及它们之间的关系。例如，研究一次洪水时，不仅要考虑洪峰流量，还要考虑洪水总量；研究区域洪水时，不仅要研究干流洪水，还要研究支流洪水。详细地分析事件之间的关系，不仅能使人们更加深刻地认识事件的本质，而且还能大大简化某些复杂事件的概率计算。

事件之间的关系可归结为以下几种。

1. 包含关系

若在每次试验中事件 A 发生必然导致事件 B 发生，则称事件 B 包含事件 A，或称 A 是 B 的特款。记为 B⊃A 或 A⊂B。此时属于 A 的基本事件都属于 B，如图 1-1 所示。图中矩形区域表示基本空间 Ω，圆 A 和圆 B 分别表示事件 A 和事件 B。例如，设 A 表示"南京市一年中降水日数超过 100 天"，B 表示"南京市一年中降水日数超过 80 天"，则 B 包含 A，因为若一年降水日数超过 100 天，则必然超过 80 天。

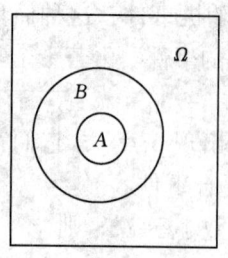

图 1-1

若事件 B 包含事件 A，且事件 A 也包含事件 B，即 B⊃A 及 A⊃B 同时成立，则称事件 A 与事件 B 相等（或等价），记为 A = B，此时，事件 A 与事件 B 所含的基本事件相同。

显然，对 Ω 中的任何事件 A，必有 Ω⊃A⊃φ。

2. 互斥关系

若在每次试验中事件 A 与事件 B 不能同时发生，则称事件 A 与事件 B 互斥，或称 A 与 B 互不相容。显然，互不相容事件不含相同的基本事件，如图 1-2 所示。例如，设 A 表示"南京市一年中降水日数超过 80 天"，B 表示"南京市一年中降水日数少于 70 天"，则事件 A 与事件 B 不能同时发生，所以 A 与 B 互斥。若两个随机事件能同时发生，则称它们是相容事件，或称它们是相容的。

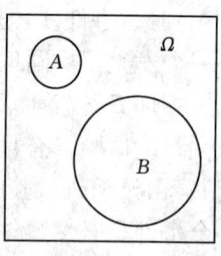

图 1-2

类似地，n 个事件 $A_1, A_2, \cdots, A_n$ 中任意两个事件都不可能同时发生，则称事件 $A_1, A_2, \cdots, A_n$ 两两互不相容或两两互斥。显然，在随机试验中，基本事件是两两互不相容的。

3. 对立事件

若在每次试验中事件 A 与事件 B 不可能同时发生，但必有一个发生，则称事件 A 是事件 B 的对立事件（逆事件），或称事件 B 是事件 A 的对立事件（逆事件），或称它们是对立（互逆）的，记成 $A = \bar{B}$ 或 $B = \bar{A}$。通常将 A 的对立事件记为 $\bar{A}$，显然 $\bar{A}$ 的对立事件即为 A，即 $\bar{\bar{A}} = A$。A 的对立事件 $\bar{A}$ 是由基本空间中不属于 A 的基本事件组成的。同理，B 的对立事件 $\bar{B}$ 由基本空间中不属于 B 的基本事件组成，如图 1-3 所示。

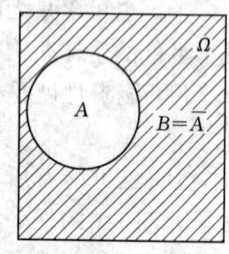

图 1-3

若在观察南京市年降水日数的试验中设 A 表示"南京市的年降水日数大于等于 80 天"，B 表示"南京市的年降水日数少于 80 天"，那么任一年，事件 A 和事件 B 互为对立事件。

这里需要指出，两个事件 A、B 对立与互斥的差别在于后者不要求 A 与 B 中一定有一个发生，而两者共同之点在于 A 与 B 不能同时发生。所以，两个对立的事件一定是互斥的，但两个互斥的事件不一定是对立的。

(二) 事件的运算

1. 事件之和

如果定义事件 C 为"事件 A 与事件 B 中至少有一个发生"，则称事件 C 为事件 A 与 B

的和(或并),记作 $C = A + B$ 或 $C = A \cup B$。显然事件 C 包含而且只包含 A 与 B 的所有基本事件,如图 1-4 所示,图中阴影部分为事件 C。

例3 观测南京市任一年8月1日的降雨量,如以 A 表示事件"降雨量在 5~20mm", B 表示事件"降雨量在 10~30mm",则 $A + B$ 表示事件"降雨量在 5~30mm"。

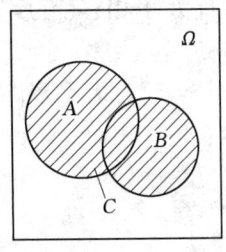

图 1-4 $C = A + B$

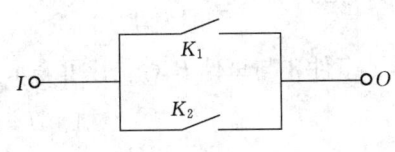

图 1-5

例4 如图 1-5 所示的电路中,以 A、B 分别表示事件继电器接点 K_1、K_2 闭合,C 表示事件电路由 I 到 O 导通。因为当继电器接点 K_1 和 K_2 中至少有一个闭合时,电路就导通,所以 $C = A + B$。

类似地,任意有限个事件 $A_1, A_2, \cdots, A_n$ 之中,至少有一个发生的事件称为 $A_1, A_2, \cdots, A_n$ 的和(并)事件,记为 $A_1 + A_2 + \cdots + A_n$,或记为 $\sum_{i=1}^{n} A_i$,也可记为 $\bigcup_{i=1}^{n} A_i$。$\bigcup_{i=1}^{\infty} A_i$ 表示可列无穷多个事件 $A_1, A_2, \cdots$ 之中至少有一个发生这一事件。

根据事件之和的定义可知,$A + \Omega = \Omega$,$A + \phi = A$,两个相同事件之和是它本身,即 $A + A = A$,若 $A \supset B$,则 $A + B = A$。

2. 事件之积

如果定义事件 C 为"事件 A 与事件 B 同时发生",则称事件 C 为事件 A 与事件 B 的积(或交),记作 $C = AB$,或 $C = A \cap B$。显然事件 C 包含而且只包含 A 与 B 共同的基本事件,如图 1-6 所示,图中阴影部分为事件 C。

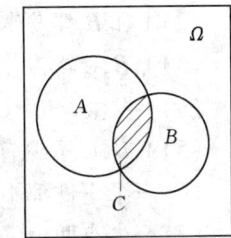

图 1-6 $C = AB$

例5 在例3中,AB 表示"降雨量在 10~20mm"这一事件。

例6 如图 1-7 所示的电路中,以 A、B 分别表示事件继电器接点 K_1、K_2 闭合,C 表示事件"电路 I 到 O 导通",因为当继电器接点 K_1 和 K_2 都闭合时,电路才导通,所以 $C = AB$。

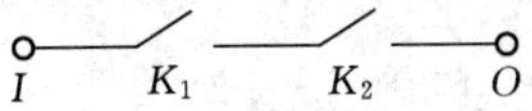

图 1-7

类似地,任意有限个事件 $A_1, A_2, \cdots, A_n$ 同时发生的事件,称为 $A_1, A_2, \cdots, A_n$ 的积(交)事件,记为 $A_1 A_2 \cdots A_n$,或记为 $\bigcap_{i=1}^{n} A_i$。$\bigcap_{i=1}^{\infty} A_i$ 表示可列无穷多个事件 $A_1, A_2, \cdots$ 同时发生这一事件。

根据事件之积的定义可知,$A\Omega = A$,$A\phi = \phi$,两个相同事件之积是它本身,即 $AA = A$,若 $A \supset B$,则 $AB = B$。

3. 事件之差

如果定义事件 C 为"事件 A 发生,而事件 B 不发生",则称事件 C 为事件 A 与 B 的差,记作 $C = A - B$。显然事件 C 包含而且只包含属于 A,但不属于 B 的基本事件,如图 1-8

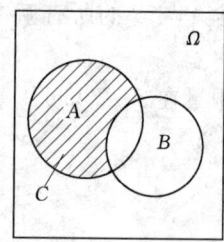

图 1-8 $C = A - B$

所示，图中阴影部分为事件 C。

例7 在例3中，$A - B$ 表示"降雨量在 $5 \sim 10$mm"这一事件。

因为 $A - B$ 表示在一次试验中 A 发生而 B 不发生，而 B 不发生，必有 $\bar{B}$ 发生，所以 $A - B$ 表示 A 与 $\bar{B}$ 同时发生，故 $A - B = A\bar{B}$。

根据前面的定义，事件 A 与事件 B 不相容（互斥）可表示为

$$AB = \phi$$

事实上，不论"A 与 B 互斥"还是"$AB = \phi$"都表示事件 A 与 B 不可能同时发生。

同样，事件 A 与事件 B 对立，可表示为

$$A + B = \Omega, \text{且 } AB = \phi$$

事实上，前一式表示事件 A 与事件 B 至少要发生一个，后一式表示事件 A 与事件 B 不可能同时发生，因此，上两式表示在一次试验中，事件 A 与事件 B 不能同时发生，但必有一个发生，即表示事件 A 与事件 B 互为对立事件。

熟悉集合论的读者或许早就发现，事件间的关系及运算与集合的关系及运算是完全相似的。不过，应注意运用概率论的语言来解释这些关系及运算，并且学会用这些运算关系来表示一些事件。

例8 设 A, B, C 是三个随机事件，试用 A, B, C 表示下列各事件：
(1) 只有 A 发生；
(2) A 和 B 都发生而 C 不发生；
(3) A, B, C 都发生；
(4) A 发生，B 不发生；
(5) A, B, C 至少有一个发生；
(6) 三个事件都不发生；
(7) 至少有两个事件发生。

解 (1) $A\bar{B}\bar{C}$； (2) $AB\bar{C}$； (3) ABC； (4) $A\bar{B}$；
(5) $A + B + C$； (6) $\bar{A}\bar{B}\bar{C}$； (7) $AB + AC + BC$。

可以验证，一般事件的运算满足如下关系：
(1) 交换律

$$A + B = B + A, \quad AB = BA$$

(2) 结合律

$$(A + B) + C = A + (B + C)$$
$$(AB)C = A(BC)$$

(3) 分配律

$$(A + B)C = AC + BC$$
$$(A + C)(B + C) = AB + C$$

(4) 德·摩根定律

$$\overline{A + B} = \bar{A}\,\bar{B}$$

$$\overline{AB} = \overline{A} + \overline{B}$$

对 n 个事件,德·摩根定律也成立:

$$\overline{\bigcup_{i=1}^{n} A_i} = \bigcap_{i=1}^{n} \overline{A_i}$$

$$\overline{\bigcap_{i=1}^{n} A_i} = \bigcup_{i=1}^{n} \overline{A_i}$$

现证明德·摩根定律之第一式。

设 $\omega \in \overline{\bigcup_{i=1}^{n} A_i}$,则 $\omega \overline{\in} \bigcup_{i=1}^{n} A_i$,因此 $\omega \overline{\in} A_i$(对一切 i 成立),于是 $\omega \in \overline{A_i}$(对一切 i 成立),即 $\omega \in \bigcap_{i=1}^{n} \overline{A_i}$,从而有 $\overline{\bigcup_{i=1}^{n} A_i} \subset \bigcap_{i=1}^{n} \overline{A_i}$。

再设 $\omega \in \bigcap_{i=1}^{n} \overline{A_i}$,则 $\omega \in \overline{A_i}$(对一切 i 成立),由此,$\omega \overline{\in} A_i$(对一切 i 成立),于是 $\omega \overline{\in} \bigcup_{i=1}^{n} A_i$,从而 $\omega \in \overline{\bigcup_{i=1}^{n} A_i}$,因此 $\overline{\bigcup_{i=1}^{n} A_i} \supset \bigcap_{i=1}^{n} \overline{A_i}$。

于是第一式得证。同理可证明第二式。

在对事件进行运算时,运算顺序为:先进行逆的运算,再进行积的运算,最后进行和与差的运算。如有括号,则先进行括号内的运算。

例 9 化简 $(A+B)(A+\overline{B})$。

解
$$(A+B)(A+\overline{B}) = AA + A\overline{B} + BA + B\overline{B} = A + A\overline{B} + BA$$
$$= A + A(B+\overline{B}) = A + A\Omega = A + A = A$$

第二节 概率的定义与性质

当人们反复做某一随机试验时,会发现某些事件出现的次数多些,而另一些事件出现的次数少些。显然,出现次数多的事件,在每次试验中出现的可能性也大些,出现次数少的事件,在每次试验中出现的可能性也小些。例如观察我国南方冬季冰雪天气的情况,大中等级的冰雪天气出现较少,而极端冰雪天气更少;观测河川洪水出现情况可知,中小等级多,大等级少,极端等级更少。既然各种事件出现的可能性有大有小,为了定量描述随机事件发生的规律,自然有必要用一个数值来衡量事件出现可能性的大小,使出现可能性较大的事件用较大的数值来标志,出现可能性较小的事件用较小的数值标志,这个数值就称为事件的概率(亦称几率),事件 A 的概率记为 $P(A)$。

然而,对于给出的事件 A,到底该用哪个数字作为它的概率呢?就是说该怎样从数量上规定 $P(A)$ 呢?这个看似并不复杂的概率定义问题,却让前人足足探索了 300 多年。在经历了古典概率、几何概率、统计概率等概率定义后,才最终接受了苏联数学家柯尔莫哥洛夫(А. Н. Колмогоров)于 1933 年建立的概率公理化体系,即概率的公理化定义。由于对概率的古典定义、几何定义容易给予简单合理的规定,并能满足实际的需要,概率的统计定义也有其优点,且它们又都是概率公理化定义的背景,所以这里将它们分别加以介绍。

一、概率的定义

（一）概率的古典定义

1. 古典概型

具有以下特点的随机试验模型，称为古典概型（概型是概率模型的简称）。

（1）试验的基本空间中只有有限个基本事件；

（2）试验中每个基本事件出现的可能性相同。

例 10 自标号为$1,2,\cdots,n$的n个同样的灯泡中任取其一，就是古典概型。因为它的基本空间只有n个基本事件，$\Omega=\{1$号灯泡,2号灯泡,$\cdots,n$号灯泡$\}$，由于灯泡相同，在随意抽取时，没有理由认为哪个标号的灯泡被取出的可能性大些或小些，也就是说每一个标号的灯泡被取到的可能性相同，即每个基本事件出现的可能性相同，符合古典概型的特征。

古典概型也叫等可能概型。至于"基本事件等可能出现"这个条件中的"等可能"，目前还不能下数学定义而只能做一些解释：当从与问题有关的各个方面来考虑基本事件$\omega_1,\omega_2,\cdots,\omega_n$时，如果他们处于平等的地位，谁也不比谁特殊，这时就把他们看成是等可能的。

2. 概率的古典定义

对于古典概型，若它的基本空间包含n个基本事件，$\Omega=\{\omega_1,\omega_2,\cdots,\omega_n\}$，事件$A$含有$k(k\leq n)$个基本事件，定义$A$的概率$P(A)$为

$$P(A)=\frac{k}{n} \qquad (1-1)$$

例如，在例 10 中，如果设$n=100$，那么事件

$$A=\{\text{取得偶数号灯泡}\}=\{\omega_2,\omega_4,\cdots,\omega_{100}\}$$

$$P(A)=\frac{k}{n}=\frac{50}{100}=\frac{1}{2}$$

$$B=\{\text{取得号数不大于 10 的灯泡}\}=\{\omega_1,\omega_2,\cdots,\omega_{10}\}$$

$$P(B)=\frac{k}{n}=\frac{10}{100}=\frac{1}{10}$$

$$C=\{\text{取得号数为 3 的倍数的灯泡}\}=\{\omega_3,\omega_6,\cdots,\omega_{99}\}$$

$$P(C)=\frac{k}{n}=\frac{33}{100}$$

显然，概率的古典定义是以有限基本空间及基本事件出现的等可能性作为基础的。概率计算的关键是求出基本事件的总个数n和事件A所包含的基本事件个数k。为了熟悉古典概型中事件概率的计算，再举几个例子。

例 11 设有分别标有$0,1,2,\cdots,9$十个数字的十张卡片，从中连续随机抽取 5 次，每次抽 1 张，抽后随即放回，问抽到 5 个不同数字卡片的概率是多少？

解 由于每抽一张卡片后立即放回，因此，每次抽取时，抽到各张卡片是等可能的，根据排列组合知识，连续抽取 5 次共有10^5种不同的结果，这就是这一试验的基本事件总数n。设A表示事件"抽到 5 个不同数字的卡片"，则A包含的基本事件个数$k=A_{10}^5$，于是

$$P(A) = \frac{k}{n} = \frac{A_{10}^5}{10^5} = \frac{10 \times 9 \times 8 \times 7 \times 6}{10 \times 10 \times 10 \times 10 \times 10} = 0.3024$$

例 12 一批产品共有 100 件，其中有 5 件次品，从中任取 10 件，求所取 10 件中至多有 2 件是次品的概率。

解 一批产品共有 100 件，从中取出 10 件，一共有 C_{100}^{10} 种取法。

设 A 表示事件"所取 10 件中至多有 2 件是次品"，则 A 所包含的基本事件数

$$k = C_{95}^{10} + C_{95}^{9} C_{5}^{1} + C_{95}^{8} C_{5}^{2}$$

于是所求概率

$$P(A) = (C_{95}^{10} + C_{95}^{9} C_{5}^{1} + C_{95}^{8} C_{5}^{2})/C_{100}^{10} \approx 0.99$$

例 13 袋子中装有 n 个白球和 m 个黑球，从中任取 $a+b$ 个球，求所取的球恰含 a 个白球和 b 个黑球的概率 ($a \leq n, b \leq m$)。

解 袋子中共有球 $n+m$ 个，从中取出 $a+b$ 个，一共有 C_{n+m}^{a+b} 种取法。

设 A 表示事件"恰好取得 a 个白球和 b 个黑球"，则事件 A 包含 $C_n^a C_m^b$ 个基本事件。所以

$$P(A) = C_n^a C_m^b / C_{n+m}^{a+b}$$

例 14 有 n 个可辨的球，随机地放入 $N(N \geq n)$ 个盒中，试求：

(1) 指定的 n 个盒中各有一球的概率；

(2) 任何 n 个盒中恰好各有一球的概率；

(3) 某指定的一个盒中恰有 $m(m<n)$ 个球的概率。

解 每个球以同样的可能性落入 N 个盒中的每一个，一个球随机投入 N 个盒中，一共有 N 种可能结果，n 个球有 N^n 种可能结果，这就是总的基本事件数。

(1) 设 A 表示事件"指定的 n 个盒中各有一球"。今固定某 n 个盒，第一个球可以落入这 n 个盒中的任何一个，共有 n 种可能结果，第二个球可落在余下的 $n-1$ 个盒中的任何一个，有 $n-1$ 种可能结果……第 n 个球落在最后的一个盒中，只能有一种结果，因此事件 A 共含 $n!$ 个不同的基本事件。所以

$$P(A) = \frac{n!}{N^n}$$

(2) 设 B 表示事件"任何 n 个盒中恰好各有一球"。因为从 N 个盒中任意选取 n 个盒，共有 C_N^n 种选法，选出这 n 个盒后，再由问题(1)知事件 B 共含 $C_N^n n!$ 个不同的基本事件。所以

$$P(B) = \frac{C_N^n n!}{N^n}$$

(3) 设 C 表示事件"某指定的一个盒中恰有 m 个球"的事件。因为 m 个球可从 n 个球中任意选出，共有 C_n^m 种选法，其余 $n-m$ 个球可以任意落入其余的 $N-1$ 个盒中，共有 $(N-1)^{n-m}$ 种落法，因此事件 C 共含 $C_n^m (N-1)^{n-m}$ 个不同的基本事件。所以

$$P(C) = \frac{C_n^m (N-1)^{n-m}}{N^n}$$

例 15 某环保部门为了了解不同地区的真实水质情况，将从甲河取到的 3 个水样和

乙河取到的 6 个水样，共计 9 个水样随机地平均分配到 3 个不同部门的实验室进行化验。问：

(1) 每个实验室各分得一个甲河水样的概率是多少？

(2) 3 个甲河水样被分到同一实验室的概率是多少？

解 将 9 个水样平均分配到三个实验室总的分法即总基本事件数为

$$n = C_9^3 C_6^3 C_3^3 = 1680$$

(1) 设 A 表示事件"每个实验室各分得一个甲河水样"，则 A 事件所包含的基本事件数是

$$k_A = A_3^3 C_6^2 C_4^2 C_2^2 = 540$$

所以

$$P(A) = \frac{k_A}{n} = \frac{540}{1680} = \frac{9}{28}$$

(2) 设 B 表示事件"3 个甲河水样被分到同一实验室"，则 B 事件所包含的基本事件数是

$$k_B = C_3^1 C_6^3 C_3^3 = 60$$

所以

$$P(B) = \frac{k_B}{n} = \frac{60}{1680} = \frac{1}{28}$$

(二) 概率的几何定义

概率的古典定义中试验的所有可能结果只有有限多个，而且它们出现的可能性相等。然而在许多实际问题中，试验的结果有无穷多种的情形并不少见，例如，观察流域暴雨中心的位置，它可以随机地出现在流域内任何一个地理位置；观察汛期洪峰出现的时刻，它可以是汛期时间轴上的任何一点；显然，这类问题的概率计算不能利用古典定义，因为，它们的基本空间和各种事件包含的基本事件数都是无限的。对这类问题，需要用另外一种概率模型——几何概型来解决。

1. 几何概型

具有以下特点的随机试验模型，称为几何概型。

(1) 基本空间为某一有界几何区域，含有无穷多个基本事件；

(2) 试验中每个基本事件出现的可能性相同。

2. 概率的几何定义

对几何概型，设基本空间为 Ω，事件 $A \subset \Omega$，则事件 A 的概率为

$$P(A) = \frac{A \text{ 的几何测度}}{\Omega \text{ 的几何测度}} \qquad (1-2)$$

其中几何测度指长度、面积、体积等。

可见，几何概型与古典概型，都具有每个基本事件出现的可能性相同这一特点，所不同的是古典概型的基本空间由有限多个基本事件构成，而几何概型则是由无限多个基本事件构成。

例 16 根据天气预报，某号台风将在我国东南沿海长 1000km 的某段海岸线登陆，而且

它在此段海岸线上任意一处登陆的可能性都是相同的,问该号台风在此海岸线上重点防护的500km地段上登陆的概率有多大?

解 设 A 表示事件"台风在重点防护的500km地段上登陆"。因为 Ω 的测度是1000km,A 的测度是500km,所以

$$P(A) = \frac{500}{1000} = \frac{1}{2}$$

例17 (会面问题)两人约定 $0 \sim T$ 时间内在某地见面,先到者等 $t(t \leq T)$ 时间后离去,试求二人能会见的概率 p。

解 以 x, y 分别表达两人到达时刻,依题,$0 \leq x \leq T$,$0 \leq y \leq T$。这样的 (x, y) 构成 $x0y$ 平面上的一点,基本空间为边长为 T 的正方形 Ω,如图1-9所示。两人能会见的充分条件是 $|x-y| \leq t$。此条件表示点 (x,y) 落在 g 区域(图中阴影部分)两人才能够会面。基本空间 Ω 的测度是 $T \times T = T^2$,g 的测度是 $T^2 - (T-t)^2$,所以随机事件 A "两人能会面"的概率

$$P(A) = \frac{T^2 - (T-t)^2}{T^2}$$

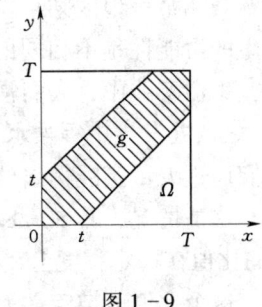

图1-9

若约定1h内见面,不管谁先到达后,只等0.5h就离开,则能够会面的概率就是

$$P(A) = \frac{T^2 - (T-t)^2}{T^2} = \frac{1 - \left(\frac{1}{2}\right)^2}{1} = \frac{3}{4}$$

例18 (蒲丰投针问题)1777年法国科学家蒲丰(Buffon)提出下述著名问题。

平面上画着一些平行线,它们之间的距离都等于 a,向此平面任意投一长为 $l(l<a)$ 的针,求此针与任一平行线相交的概率。

解 如图1-10(a)所示,设 M 为针的中点,x 表示 M 点到最近平行线的距离,θ 表示针与平行线的交角,则针的位置完全由 (x, θ) 决定。显然有 $0 \leq x \leq \frac{a}{2}$,$0 \leq \theta \leq \pi$,所以投针位置 (x, θ) 的全部可能结果构成边长为 $\frac{a}{2}$ 和 π 的矩形 Ω,为使针与平行线相交,必须有 $x \leq \frac{l}{2}\sin\theta$,满足这一条件的全部点 (x, θ) 位于图1-10(b)中的阴影区域 g 中,所以随机事

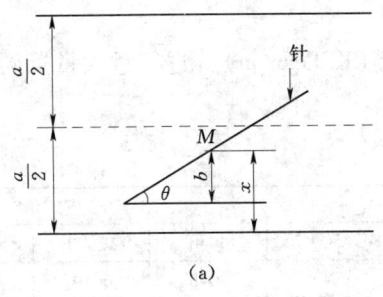
(a)

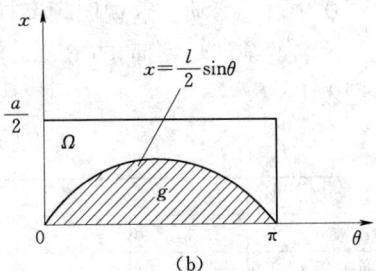
(b)

图1-10

件 A "针与任一平行线相交"的概率为

$$P(A) = \frac{g \text{的面积}}{\Omega \text{的面积}} = \frac{\frac{1}{2}\int_0^\pi l\sin\theta d\theta}{\frac{1}{2}a\pi} = \frac{2l}{\pi a}$$

(三)概率的统计定义

不论是古典概型还是几何概型,定义或计算随机事件的概率都是以试验中基本事件等可能发生作为一个重要条件,但在实际问题中,这样的条件并不是都具备。例如:在一批某品种的种子发芽试验中,所抽取到的各粒种子发芽或不发芽的可能性不一定相同;再如,观测某一地区某年发生洪水大小的情况,它有大、中、小三种可能结果,每一种结果发生的可能性是不相同的。在这样的情形下,如何确定种子的发芽率或大洪水发生的概率?生活实践中,人们常常通过实际观测来回答这个问题。例如:在观测某种天气之后说"十之八九发生中等洪水",这个"十之八九"就表示中等洪水发生的可能性的大小。这是人们通过大量实践得出的一种统计规律,即过去的资料显示:已经经历过 n 次这样的天气、水情情况,其中 $0.8n$(或 $0.9n$)次是发生了中等洪水的。于是人们也就认同了 $0.8n$ 与 n 的比值在一定程度上反映了"中等洪水"这一事件发生可能性的大小。

这个比值就被定义为频率,即在把相同的条件下所做的 n 次试验中,事件 A 发生的次数 n_A(称为 A 发生的频数)与试验次数 n 的比值称为事件 A 发生的频率,记作

$$f_n(A) = \frac{n_A}{n}$$

由频率的定义可知,频率在一定程度上反映了事件出现可能性大小的程度,但是它却不是一个固定数。有人为了考察一批某品种小麦种子的发芽情况,从该批种子中分别抽取10粒、50粒、100粒、300粒、500粒和800粒的种子,在相同条件下做发芽试验,观察结果即种子发芽频率见表1-1。

表1-1

种子总粒数 n	10	50	100	300	500	800
发芽种子数 n_A	10	43	92	271	452	721
种子发芽频率 $f_n(A)$	1.000	0.860	0.920	0.903	0.904	0.901

可见各次试验,种子发芽的频率是不一样的,但随着试验的种子数增多,种子的发芽率稳定地在0.9附近变动。这说明频率具有稳定性。

历史上著名的统计学家蒲丰(Buffon)和皮尔逊(K. Pearson)曾进行过大量掷硬币的试验,结果见表1-2。

表1-2

试验者	蒲 丰					皮 尔 逊	
试验次数 n	1	5	50	500	4040	12000	24000
出现正面次数 n_A	0	3	28	245	2048	6019	12016
出现正面频率 $f_n(A)$	0	0.6	0.56	0.49	0.5069	0.5016	0.5006

结果表明随着试验次数的增多,"出现正面"的频率稳定在0.5附近的很小区域内,也证明了频率的稳定性。

这种"频率稳定性"不断地为人类的实践所证实,它揭示了隐藏在随机现象中的规律性。用这个频率稳定值来表示事件 A 发生的可能性大小是合适的,于是有概率的统计定义:

在相同条件下所做的 n 次试验中,当 $n\to\infty$ 时,事件 A 发生的频率 $f_n(A)$ 稳定在某常数 p 附近,则称 p 为事件 A 发生的概率,记做

$$P(A) = p$$

需要指出的是,常数 p 仅仅是频率稳定性的体现,不要把 p 理解为当 $n\to\infty$ 时频率的极限。因为根据数学分析中数列极限的定义,若数列 $\{a_n\}$ 存在极限 a,则对任意小的正数 ε,一定存在一个正数 N,当 $n>N$ 时恒有 $|a_n - a| < \varepsilon$。对于频率与 p 不存在这种关系,即不存在一个正数 N,当 $n>N$ 时,频率与 p 的差就一定小于 ε,只能说当 $n\to\infty$ 时,出现两者之差比较大的情况几乎是不可能发生的。

(四)概率的公理化定义

上述三种概率的定义都存在明显的局限性。但是,从它们的定义出发,不难证明,它们都有着如下共同性质:

(1)任何事件 A 的概率都有 $0 \leqslant P(A) \leqslant 1$;

(2)必然事件的概率等于1,不可能事件的概率等于0,即

$$P(\Omega) = 1, \quad P(\phi) = 0$$

(3)若 $A_1, A_2, \cdots, A_m$ 为试验中的 m 个互不相容事件,则有

$$P(A_1 + A_2 + \cdots + A_m) = P(A_1) + P(A_2) + \cdots + P(A_m)$$

这一性质称为概率的有限可加性。

根据这些性质,柯尔莫哥洛夫抽象了概率的公理化定义。

设随机试验 E 的样本空间为 Ω,对试验 E 的任一随机事件 A,定义实值函数 $P(A)$,若它满足下列条件,则称实数 $P(A)$ 为事件 A 的概率。

(1) $\qquad 0 \leqslant P(A) \leqslant 1 \qquad$ (1-3)

(2) $\qquad P(\Omega) = 1, P(\phi) = 0 \qquad$ (1-4)

(3)对 E 的两两互不相容事件 $A_1, A_2, \cdots$,有

$$P(\bigcup_{i=1}^{\infty} A_i) = \sum_{i=1}^{\infty} P(A_i) \qquad (1-5)$$

这一条件称为概率的完全可加性。

二、概率的性质

由概率的定义,可以推导出概率的许多性质。应用这些性质来计算随机事件的概率,往往起到化难为易的作用。

性质1 对任意事件 A,有 $0 \leqslant P(A) \leqslant 1$;$P(\Omega) = 1$;$P(\phi) = 0$。

性质2 概率具有有限可加性,即若 $A_1, A_2, \cdots, A_n$ 为两两互斥事件,则

$$P(\bigcup_{i=1}^{n} A_i) = \sum_{i=1}^{n} P(A_i) \qquad (1-6)$$

根据概率的定义,性质1、性质2是显然的。

性质3 对任何事件A,有

$$P(\bar{A}) = 1 - P(A) \qquad (1-7)$$

证明 因为$A + \bar{A} = \Omega$,且$A\bar{A} = \phi$

由定义得 $\qquad P(A + \bar{A}) = P(\Omega) = 1$

再根据性质2得 $\qquad P(A + \bar{A}) = P(A) + P(\bar{A})$

所以 $\qquad P(A) + P(\bar{A}) = 1, P(\bar{A}) = 1 - P(A)$

性质4 设A, B为两个事件,且$A \supset B$,则

$$P(A - B) = P(A) - P(B), \text{ 且 } P(A) \geqslant P(B) \qquad (1-8)$$

证明 当$A \supset B$时,有

$$A = B + (A - B), \text{ 且 } B(A - B) = \phi$$

故有 $\qquad P(A) = P[B + (A - B)] = P(B) + P(A - B)$

即 $\qquad P(A - B) = P(A) - P(B)$

由上式及$P(A - B) \geqslant 0$,可得

$$P(A) \geqslant P(B)$$

性质5 对任意两个事件A, B,有

$$P(A + B) = P(A) + P(B) - P(AB) \qquad (1-9)$$

证明 因$A + B = A + (B - AB)$,且$A(B - AB) = \phi$

因而得

$$P(A + B) = P[A + (B - AB)]$$
$$= P(A) + P(B - AB)$$

又因为$B \supset AB$,于是由性质4得

$$P(B - AB) = P(B) - P(AB)$$

故 $\qquad P(A + B) = P(A) + P(B) - P(AB)$

从性质5,很容易看到$P(A + B) \leqslant P(A) + P(B)$。

对任意三个事件A, B, C,有

$$P(A + B + C) = P(A) + P(B) + P(C) - P(AB) - P(AC) - P(BC) + P(ABC)$$

用归纳法,可以证明,对任意n个事件$A_1, A_2, \cdots, A_n$,下式成立:

$$P(A_1 + A_2 + \cdots + A_n) = \sum_{i=1}^{n} P(A_i) - \sum_{1 \leqslant i < j \leqslant n} P(A_i A_j) + \sum_{1 \leqslant i < j < k \leqslant n} P(A_i A_j A_k) - \cdots$$
$$+ (-1)^{n-1} P(A_1 A_2 \cdots A_n) \qquad (1-10)$$

式(1-10)称为概率加法定理,式(1-6)及式(1-9)都是它的特例。

例19 据天气预报,第一天下雨的概率为0.6,第二天下雨的概率为0.3,两天都下雨的概率为0.1。试求:

(1)第一天下雨而第二天不下雨的概率;

(2)至少有一天下雨的概率；
(3)至少有一天不下雨的概率；
(4)两天都不下雨的概率。

解 设 A_i 表示事件"第 $i(i=1,2)$ 天下雨"。由题已知
$$P(A_1) = 0.6, P(A_2) = 0.3, P(A_1 A_2) = 0.1$$
(1)欲求概率的事件为
$$A_1 \overline{A_2} = A_1(\Omega - A_2) = A_1 - A_1 A_2, 且 A_1 \supset A_1 A_2$$
由性质4得
$$P(A_1 \overline{A_2}) = P(A_1 - A_1 A_2) = P(A_1) - P(A_1 A_2) = 0.6 - 0.1 = 0.5$$
(2)欲求概率的事件为 $A_1 + A_2$，所以由性质5
$$P(A_1 + A_2) = P(A_1) + P(A_2) - P(A_1 A_2) = 0.6 + 0.3 - 0.1 = 0.8$$
(3)欲求概率的事件可以表达为 $\overline{A_1 A_2} = \Omega - A_1 A_2$。因为 $\Omega \supset A_1 A_2$，所以
$$P(\overline{A_1 A_2}) = 1 - P(A_1 A_2) = 1 - 0.1 = 0.9$$
(4)欲求概率的事件为 $\overline{A_1}\overline{A_2}$，由对偶律(德·摩根定律)，$\overline{A_1}\overline{A_2} = \overline{A_1 + A_2} = \Omega - (A_1 + A_2)$，所以
$$P(\overline{A_1}\overline{A_2}) = P(\Omega) - P(A_1 + A_2) = 1 - 0.8 = 0.2$$

例20 一批灯泡共50个，其中有2个是坏的。试求：
(1)从中任意抽取5个检查，求至少有一个坏灯泡的概率；
(2)应该检查多少个灯泡，才能保证发现至少有一个坏灯泡的概率超过0.5？

解 (1)设 A_i 表示事件"取到的5个灯泡中有 $i(i=1,2)$ 个坏的"，则欲求概率的事件为 $A_1 + A_2$，且 $A_1 A_2 = \phi$，所以
$$P(A_1 + A_2) = P(A_1) + P(A_2) - P(A_1 A_2)$$
其中
$$P(A_1) = \frac{C_2^1 C_{48}^4}{C_{50}^5} = \frac{45}{245}, P(A_2) = \frac{C_2^2 C_{48}^3}{C_{50}^5} = \frac{2}{245}, P(A_1 A_2) = 0$$
$$P(A_1 + A_2) = P(A_1) + P(A_2) = \frac{47}{245}$$
(2)设 B 表示事件"检查 n 个灯泡发现至少有1个是坏的"，则
$$P(B) = 1 - P(\overline{B}) = 1 - \frac{C_{48}^n}{C_{50}^n} = 1 - \frac{(50-n)(49-n)}{50 \times 49} > 0.5$$
于是有
$$n^2 - 99n + 25 \times 49 < 0$$
解得 $14.5 < n < 84.5$。故至少要抽取15个灯泡检查，才能保证发现至少有一个坏灯泡的概率超过0.5。

第三节 条件概率与事件的独立性

一、条件概率

到目前为止，在计算某事件 A 发生的概率时，没有考虑试验中有关其他事件的信息。

但在实际问题中，往往会遇到在事件 B 已经发生的条件下，计算事件 A 发生的概率，这就是条件概率，记为 $P(A|B)$。先看一个例子。

例 21 设从 $0,1,2,\cdots,9$ 这十个数中任取一个（设十个数均等可能被取到），试求：

(1) 取得的数大于 2 的概率；

(2) 已知取得的数是奇数，而它大于 2 的概率。

解 设 A 表示事件"取得的数大于 2"，B 表示事件"取得的数是奇数"。

(1) 由于十个数中大于 2 的数有七个，按古典定义计算得

$$P(A) = \frac{7}{10}$$

(2) 这十个数中有五个是奇数，而大于 2 的奇数只有四个，故

$$P(A|B) = \frac{4}{5}$$

由于 $0,1,\cdots,9$ 十个数中有五个是奇数，故 $P(B) = \frac{5}{10}$。而大于 2 的奇数有四个，故 $P(AB) = \frac{4}{10}$，通过简单变化得

$$P(A|B) = \frac{4}{5} = \frac{4/10}{5/10} = \frac{P(AB)}{P(B)}$$

由上式的启发，我们对条件概率 $P(A|B)$ 定义如下：

设 A,B 是两个随机事件，且 $P(B) > 0$，则称

$$P(A|B) = \frac{P(AB)}{P(B)} \tag{1-11}$$

为在事件 B 发生的条件下，事件 A 发生的条件概率。

下面利用古典概型概念，予以说明。

设基本事件总数为 n，其中事件 A 包含 m_A 个基本事件，事件 B 包含 m_B 个基本事件，事件 AB 包含 m_{AB} 个基本事件，如图 1 - 11 所示。

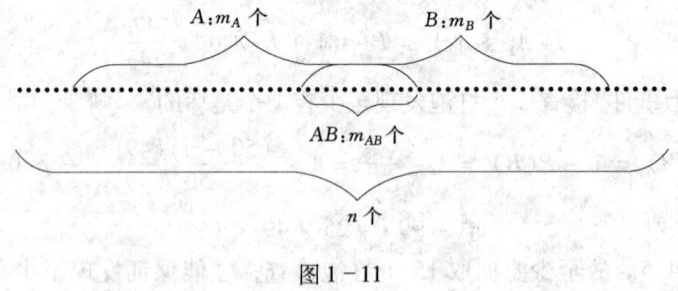

图 1 - 11

因此有

$$P(A) = \frac{m_A}{n}, \ P(B) = \frac{m_B}{n}, \ P(AB) = \frac{m_{AB}}{n}$$

因为 $P(A|B)$ 是在事件 B 发生的条件下，事件 A 发生的概率，此时应该把 m_B 看作基本事件的总数，而在这 m_B 个基本事件中，属于事件 A 的基本事件数有 m_{AB} 个，故按古典概率定义，有

$$P(A\mid B) = \frac{m_{AB}}{m_B} = \frac{\frac{m_{AB}}{n}}{\frac{m_B}{n}} = \frac{P(AB)}{P(B)}$$

同理可得

$$P(B\mid A) = \frac{P(AB)}{P(A)}, \text{ 这里 } P(A) > 0 \qquad (1-12)$$

条件概率 $P(A\mid B)$ 既然也是概率,所以,有关概率的各种性质,对条件概率也成立:
(1) $0 \leq P(A\mid B) \leq 1$; $P(\Omega\mid B) = 1$; $P(\phi\mid B) = 0$。
(2) 若事件 $A_1, A_2, \cdots$ 两两互斥,则

$$P(\bigcup_{i=1}^{\infty} A_i \mid B) = \sum_{i=1}^{\infty} P(A_i \mid B) \qquad (1-13)$$

(3) $\qquad P(A\mid B) = 1 - P(\overline{A}\mid B) \qquad (1-14)$

(4) 对任意两个事件 A_1 和 A_2 及事件 B,有

$$P[(A_1 + A_2)\mid B] = P(A_1\mid B) + P(A_2\mid B) - P(A_1 A_2\mid B) \qquad (1-15)$$

例 22 袋中有 4 个白球和 2 个红球,现连取两个球,取后不放回,如果已知第一次取到白球,问第二次取到白球的概率是多少?

解 设 A 表示事件"第一次取到白球",B 表示事件"第二次取到白球",则 AB 表示事件"两个球全是白球"。

从袋中任取两个球,一共有 C_6^2 种结果,AB 包含的基本事件数是 C_4^2,因此

$$P(AB) = \frac{C_4^2}{C_6^2} = \frac{2}{5}$$

第一次取到白球的概率为 $\qquad P(A) = \frac{4}{6} = \frac{2}{3}$

由式(1-11)得

$$P(B\mid A) = \frac{P(AB)}{P(A)} = \frac{\frac{2}{5}}{\frac{2}{3}} = \frac{3}{5}$$

实际上,第二次取到白球的概率很容易直接计算出来,因为第一次取出的是白球,此时袋中剩下 5 个球,其中有 3 个是白球,所以 $P(B\mid A) = \frac{3}{5}$。

例 23 一批按同一标准设计的小型水库,建成后能正常运行 30 年的概率为 0.95,能正常运行 40 年的概率为 0.80,问现在已正常运行了 30 年的水库能正常运行到 40 年的概率是多少?

解 设 A 表示事件"水库建成后能正常运行 30 年",B 表示事件"能正常运行 40 年",则所求概率为

$$P(B\mid A) = \frac{P(AB)}{P(A)} = \frac{P(B)}{P(A)} = \frac{0.80}{0.95} \approx 0.84$$

二、概率乘法定理

由式(1-11)可直接得到下述概率乘法定理：

设 A,B 是两个随机事件，且 $P(B) > 0$，则

$$P(AB) = P(A|B)P(B) \qquad (1-16)$$

若 $P(A) > 0$，则亦有

$$P(AB) = P(B|A)P(A) \qquad (1-17)$$

利用此定理可以计算 A,B 两事件同时发生的概率。

例24 设在全部产品中有 2% 是废品，而合格品中有 85% 是一级品，求任意抽出一个产品是一级品的概率。

解 设 A 表示事件"抽到合格品"，B 表示事件"抽到一级品"，则

$$P(A) = 1 - P(\bar{A}) = 1 - 0.02 = 0.98$$
$$P(B|A) = 0.85$$

因为 $A \supset B$，所以 $B = AB$。

故所求概率为

$$P(B) = P(AB) = P(A)P(B|A) = 0.98 \times 0.85 = 0.833$$

例25 某地区 D 位于甲乙两河汇合处，假设其中任一河流泛滥都将导致该地区淹没，如果每年甲河泛滥的概率为 0.2，乙河泛滥的概率为 0.4，当甲河泛滥而导致乙河泛滥的概率为 0.3，试求：

(1) 任一年甲乙两河都泛滥的概率；
(2) 该地区被淹没的概率；
(3) 由乙河泛滥导致甲河泛滥的概率。

解 设 A 表示事件"甲河泛滥"，B 表示事件"乙河泛滥"，C 表示事件"地区 D 被淹没"，则 AB 为事件"两河都泛滥"，于是

(1) $P(AB) = P(A)P(B|A) = 0.2 \times 0.3 = 0.06$

(2) $P(C) = P(A+B) = P(A) + P(B) - P(AB) = 0.2 + 0.4 - 0.06 = 0.54$

(3) $P(A|B) = \dfrac{P(AB)}{P(B)} = \dfrac{0.06}{0.4} = 0.15$

概率乘法定理可以推广到任意 n 个事件同时发生的情形：设 $A_1, A_2, \cdots, A_n$ 为 n 个事件，且 $P(A_1 A_2 \cdots A_{n-1}) > 0$，则

$$P(A_1 A_2 \cdots A_n)$$
$$= P(A_1)P(A_2|A_1)P(A_3|A_1 A_2)\cdots P(A_n|A_1 A_2 \cdots A_{n-1}) \qquad (1-18)$$

例26 在例22中，连取 3 个球，取后不放回，求第三次才取到红球的概率。

解 设 $A_i(i=1,2,3)$ 表示事件"第 i 次取得红球"，则所求事件为 $\bar{A}_1 \bar{A}_2 A_3$，于是

$$P(\bar{A}_1 \bar{A}_2 A_3) = P(\bar{A}_1) P(\bar{A}_2|\bar{A}_1) P(A_3|\bar{A}_1 \bar{A}_2)$$
$$= \dfrac{4}{6} \times \dfrac{3}{5} \times \dfrac{2}{4} = \dfrac{1}{5}$$

三、事件的独立性

设 A,B 为两个事件，一般来讲，条件概率 $P(A|B)$ 不等于无条件概率 $P(A)$，这是由

第三节 条件概率与事件的独立性

于事件 B 的发生对事件 A 发生的概率一般会产生影响。如果事件 B 的发生并不影响事件 A 发生的概率，即有

$$P(A \mid B) = P(A) \tag{1-19}$$

则称事件 A 对事件 B 是独立的。

与式(1-19)相对应，若有

$$P(B \mid A) = P(B)$$

则称事件 B 对事件 A 是独立的。

例如，在例22中，如果每次取后将球放回，此时，"第一次取到白球"并不影响"第二次取到白球"的概率。即

$$P(A \mid B) = P(A) = \frac{4}{6} = \frac{2}{3}$$

这时，事件 A 对事件 B 是独立的。

若事件 A 对事件 B 独立，将式(1-19)代入式(1-16)得到

$$P(AB) = P(A)P(B) \tag{1-20}$$

将式(1-20)代入式(1-17)得

$$P(B \mid A)P(A) = P(A)P(B)$$
$$P(B \mid A) = P(B) \tag{1-21}$$

即事件 B 对事件 A 也独立。所以通常称事件 A 与事件 B 相互独立，简称独立。

将式(1-21)代入式(1-17)也可得式(1-20)。因此式(1-19)、式(1-20)、式(1-21)是等效的，即它们可以互相导出。常以式(1-20)作为事件 A 与事件 B 相互独立的条件。

定义 设 A,B 为两事件，若

$$P(AB) = P(A)P(B) \tag{1-22}$$

则称事件 A 与事件 B 相互独立。

在实际问题中，上述定义常常不是用来判断独立性，而是利用独立性来计算事件乘积的概率，独立性往往根据实际意义和经验来判断的。

若事件 A 和事件 B 相互独立，则 A 与 $\bar{B}$，$\bar{A}$ 与 B，$\bar{A}$ 与 $\bar{B}$ 也是相互独立的。

证明 因 $A\bar{B} = A - AB$，且 $A \supset AB$，所以

$$P(A\bar{B}) = P(A) - P(AB)$$
$$= P(A) - P(A)P(B) = P(A)[1 - P(B)]$$
$$= P(A)P(\bar{B})$$

所以 A 与 $\bar{B}$ 相互独立。

同理可证 $\bar{A}$ 与 B，$\bar{A}$ 与 $\bar{B}$ 都是相互独立的。

例27 统计浙江浦阳江甲、乙两地在1964—1966年3年内6月共90天中的降雨日数。甲地下雨46天，乙地下雨45天，两地同时下雨42天。假定两地6月任一天为雨日的频率稳定，试求：

(1) 6月两地降雨是否相互独立？

(2) 6月任一天至少有一地降雨的概率为多少？

解 (1)设 A,B 分别表示6月任一天甲、乙两地降雨的事件,则 $P(A) = \dfrac{46}{90}$, $P(B) = \dfrac{45}{90}$(根据假定降雨频率稳定,所以以频率作为概率的近似值)

$$P(A \mid B) = \frac{P(AB)}{P(B)} = \frac{42/90}{45/90} = \frac{42}{45} \approx 0.93$$

而
$$P(A) = \frac{46}{90} \approx 0.51$$
$$P(A \mid B) \neq P(A)$$

所以两地降雨日不相互独立。

(2) $P(A+B) = P(A) + P(B) - P(AB) = \dfrac{46}{90} + \dfrac{45}{90} - \dfrac{42}{90} = \dfrac{49}{90} \approx 0.54$

例28 有甲乙两人各自独立开展洪水预报。设甲报准的概率 $P(A) = 0.88$,乙报准的概率 $P(B) = 0.92$,求在一次预报中,甲乙两人中至少有1人报准的概率。

解 设 C 表示事件"至少有1人报准",则 $C = A + B$,由于 A 与 B 相互独立,故
$$P(C) = P(A+B) = P(A) + P(B) - P(AB)$$
$$= 0.88 + 0.92 - 0.88 \times 0.92$$
$$\approx 0.99$$

本题也可通过对立事件来求:
$$P(C) = 1 - P(\overline{C}) = 1 - P(\overline{A}\,\overline{B})$$

因为 A 与 B 相互独立,所以 $\overline{A}$ 与 $\overline{B}$ 也相互独立,于是
$$P(C) = 1 - P(\overline{A})P(\overline{B}) = 1 - [1 - P(A)][1 - P(B)]$$
$$= 1 - 0.12 \times 0.08 \approx 0.99$$

两个事件相互独立的概念可以推广到三个和三个以上的情况。

定义 设 $A_1, A_2, \cdots, A_n$ 是 n 个事件,如果对于任意的 $1 \leq i < j \leq n$ 有
$$P(A_i A_j) = P(A_i) P(A_j) \tag{1-23}$$
则称这 n 个事件两两相互独立。

如果对于任意的 $k(1 < k \leq n)$,任意的 $1 \leq i_1 < i_2 \cdots < i_k \leq n$,都有
$$P(A_{i_1} A_{i_2} \cdots A_{i_k}) = P(A_{i_1}) P(A_{i_2}) \cdots P(A_{i_k}) \tag{1-24}$$
则称这 n 个事件相互独立。

显然,若 n 个事件相互独立,这 n 个事件必然两两相互独立,但反之不成立。

例如,事件 A_1, A_2, A_3 两两相互独立,仅要求下面三个等式成立:
$$P(A_1 A_2) = P(A_1) P(A_2)$$
$$P(A_1 A_3) = P(A_1) P(A_3)$$
$$P(A_2 A_3) = P(A_2) P(A_3)$$

若 A_1, A_2, A_3 相互独立,除上面三个等式外,还要求
$$P(A_1 A_2 A_3) = P(A_1) P(A_2) P(A_3)$$
成立。

下面的例子说明了相互独立和两两独立的差别。

有一个各面都为等边三角形的四面体，其三面分别为白色、红色及蓝色，另一面兼有红白蓝三色，将其上抛，以 A, B, C 分别表示该四面体落下后与桌子的接触面有白色，有红色和有蓝色，今分析 A, B, C 的独立性。

显然 $P(A) = P(B) = P(C) = \dfrac{1}{2}$，$P(AB) = P(AC) = P(BC) = \dfrac{1}{4}$，由于 $P(AB) = P(A)P(B)$，$P(AC) = P(A)P(C)$，$P(BC) = P(B)P(C)$，所以 A, B, C 是两两独立的，但由于 $P(ABC) \neq P(A)P(B)P(C)$，所以 A, B, C 不是相互独立的。

例29 某水库任一年的年最高水位 H_m 超过设计洪水位 H_p 的概率 $P = \dfrac{1}{100}$，假定各年间水库最高水位是否超过 H_p 相互独立，求在今后100年内水库年最高水位 H_m 至少有一年超过 H_p 的概率。

解 设 A_i 表示事件"第 i 年水库最高水位超过设计洪水位 H_p"，A 表示事件"今后100年内至少有一年 H_m 超过 H_p"，则
$$A = A_1 + A_2 + \cdots + A_{100}$$
于是
$$P(A) = P(A_1 + A_2 + \cdots + A_{100})$$
直接计算这个概率比较困难，利用 A 的逆事件计算很方便，因为
$$P(A) = 1 - P(\overline{A}) = 1 - P(\overline{A}_1 \overline{A}_2 \cdots \overline{A}_{100})$$
由于 $A_1, A_2, \cdots, A_{100}$ 相互独立，所以 $\overline{A}_1, \overline{A}_2, \cdots, \overline{A}_n$ 也相互独立，从而
$$P(A) = 1 - P(\overline{A}_1) P(\overline{A}_2) \cdots P(\overline{A}_{100})$$
$$= 1 - [1 - P(A_1)][1 - P(A_2)] \cdots [1 - P(A_{100})]$$
$$= 1 - \left(1 - \dfrac{1}{100}\right)^{100}$$
$$= 1 - 0.99^{100} \approx 0.64$$

由上面结果可以看到，若每次试验中事件 A 发生的概率都是 P，则在 n 次试验中，事件 A 至少发生一次的概率为 $1 - (1-P)^n$，即使 P 很小，只要试验次数 n 很大，则 $1 - (1-P)^n$ 就很大，当试验次数 n 无限增大时，$1 - (1-P)^n$ 就趋近于1。这表明，一个概率很小的事件，当试验次数足够大时，几乎是必然要发生的。

例30 设每支步枪射击飞机命中的概率为 $p = 0.004$，要以0.99的概率击中飞机，则需配置多少支步枪？

解 设需配置 n 支步枪，则
$$(1-p)^n = 1 - 0.99$$
即
$$0.996^n = 0.01$$
$$n\lg 0.996 = \lg 0.01$$
$$n = \dfrac{\lg 0.01}{\lg 0.996} \approx 1150$$
即约需1150支步枪才能保证以0.99的概率击中飞机。

上述例子的思想在可靠性计算中有重要应用，下面再看一个有关系统可靠性的例子。

例31 元件能正常工作的概率称为该元件的可靠性，由多个元件构成的系统能正常工作的概率称为该系统的可靠性。设各元件的可靠性均为 $r(0 < r < 1)$，且各元件能否正常

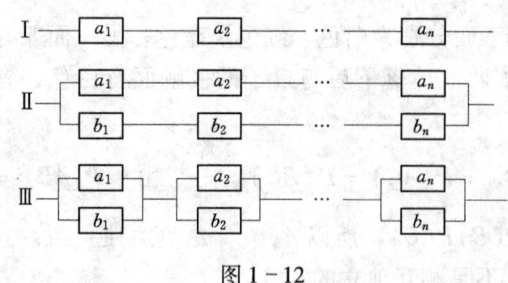

图 1-12

工作是相互独立的, 试求如图 1-12 所示各系统的可靠性, 并比较它们的优劣。

解 设 A_k 表示"元件 a_k 能正常工作", B_k 表示"元件 b_k 能正常工作"。由题设
$$P(A_k) = P(B_k) = r, k = 1, \cdots, n$$
而元件 a_k, b_k 失效的概率为
$$P(\overline{A}_k) = P(\overline{B}_k) = 1 - r, k = 1, \cdots, n$$

关于系统 I, 其可靠性为
$$R_1 = P(A_1 A_2 \cdots A_n) = P(A_1) P(A_2) \cdots P(A_n) = r^n$$

关于系统 II, 其可靠性为
$$\begin{aligned} R_2 &= P[(A_1 A_2 \cdots A_n) \cup (B_1 B_2 \cdots B_n)] \\ &= P(A_1 A_2 \cdots A_n) + P(B_1 B_2 \cdots B_n) - P(A_1 A_2 \cdots A_n B_1 B_2 \cdots B_n) \\ &= r^n + r^n - r^{2n} = r^n (2 - r^n) \end{aligned}$$

关于系统 III, 其可靠性为
$$\begin{aligned} R_3 &= P[(A_1 \cup B_1)(A_2 \cup B_2) \cdots (A_n \cup B_n)] \\ &= P(A_1 \cup B_1) P(A_2 \cup B_2) \cdots P(A_n \cup B_n) \\ &= \prod_{k=1}^{n} [P(A_k) + P(B_k) - P(A_k B_k)] \\ &= \prod_{k=1}^{n} (r + r - r^2) = (2r - r^2)^n = r^n (2 - r)^n \end{aligned}$$

因为 $0 < r < 1, 0 < r^2 < 1$, 从而有
$$R_2 = r^n (2 - r^n) > r^n = R_1$$

可用数学归纳法证得: 当 $0 < r < 1, n \geq 2$ 时, 有
$$(2 - r)^n > 2 - r^n$$

故当 $n \geq 2$ 时, 有 $R_3 = r^n (2 - r)^n > r^n (2 - r^n) = R_2$。

综合即得: 当 $n \geq 2$ 时, $R_3 > R_2 > R_1$。因此, 在上述三种系统中, 系统 III 的可靠性最大, 系统 I 的可靠性最小。

四、全概率公式

首先介绍完备群的概念。

设 $A_1, A_2, \cdots, A_n$ 是基本空间 Ω 中的一组事件, 若 $A_i A_j = \phi (i \neq j)$; $A_1 + A_2 + \cdots + A_n = \Omega$, 则称 $A_1, A_2, \cdots, A_n$ 为 Ω 的一个完备事件群, 简称完备群, 如图 1-13 所示。

对任意事件 B, 因为 $A_1 + A_2 + \cdots + A_n$ 为必然事件, 所以
$$B = B(A_1 + A_2 + \cdots + A_n) = BA_1 + BA_2 + \cdots + BA_n$$
因为 $A_1, A_2, \cdots, A_n$ 两两互斥, 所以 $BA_1, BA_2, \cdots, BA_n$ 也两两互斥, 由概率的加法定理有
$$\begin{aligned} P(B) &= P(BA_1 + BA_2 + \cdots + BA_n) \\ &= P(BA_1) + P(BA_2) + \cdots + P(BA_n) \end{aligned}$$

又根据条件概率定义有

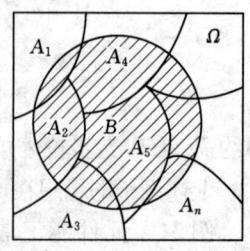

图 1-13

$$P(B) = P(A_1)P(B|A_1) + P(A_2)P(B|A_2) + \cdots + P(A_n)P(B|A_n)$$
$$= \sum_{i=1}^{n} P(A_i)P(B|A_i) \tag{1-25}$$

这个公式称为全概率公式。

全概率公式含义是：对一个试验，某一结果 B 的发生可能有多种原因，每种原因 $A_i(i=1,2,\cdots,n)$ 对结果 B 的发生都作出一定的"贡献"。当然，这个结果发生的可能性与各种原因的"贡献"大小有关，全概率公式就是按导致这个结果的不同原因来计算该结果发生的可能性大小的公式。

例 32 一批水文数据由 A_1、A_2、A_3 三人抄录，各人抄录的数据量分别为数据总量的 $\frac{1}{2}$、$\frac{1}{4}$、$\frac{1}{4}$。各人的抄错率分别为 2%、1%、0.5%，现从这批数据中任取一个，求该数据恰为错误数据的概率。

解 设 A_i 表示事件"该数据为 A_i 所抄录"，B 表示事件"所取数据为错误数据"。

因为这批水文数据由 A_1、A_2、A_3 三人抄录，且一个数据只可能由其中 1 人抄录。所以
$$A_1 + A_2 + A_3 = \Omega$$
$$A_i A_j = \phi \quad (i \neq j)$$

即 A_1、A_2、A_3 构成了一个完备群，由全概率公式 $(1-25)$，得

$$P(B) = \sum_{i=1}^{3} P(A_i)P(B|A_i)$$
$$= \frac{1}{2} \times 2\% + \frac{1}{4} \times 1\% + \frac{1}{4} \times 0.5\% = 0.01375$$

例 33 某班有学员 30 人，有两张歌星演唱会的入场券，采用抽签方法进行分配，盒中装入 30 个纸签，其中两个纸签上写有"中"字，抽到"中"字签者即可获得入场券。现问第一个抽的学员和第二个抽的学员抽到"中"字签的概率各为多少？

解 设 A_1, A_2 分别表示事件第一个抽的学员及第二个抽的学员抽到"中"字签，则
$$P(A_1) = \frac{2}{30} = \frac{1}{15}, P(\overline{A}_1) = 1 - P(A_1) = \frac{14}{15}$$

因为
$$A_1 + \overline{A}_1 = \Omega$$
$$A_1 \overline{A}_1 = \phi$$

所以 $A_1, \overline{A}_1$ 构成一个完备群，根据全概率公式得
$$P(A_2) = P(A_1)P(A_2|A_1) + P(\overline{A}_1)P(A_2|\overline{A}_1)$$
$$= \frac{1}{15} \times \frac{1}{29} + \frac{14}{15} \times \frac{2}{29} = \frac{1}{15}$$

例 33 说明，第一个抽与第二个抽，抽到"中"字签的概率是相同的。事实上，可以证明，不论第几个去抽，抽到"中"字签的概率都一样，因此，抽签时不必争先恐后。正因为抽签有这种"公平性"，因此在日常生活中广为流行。

在实际问题中，如果已知事件 B 发生了，常常需要推求它的发生是由第 i 个原因 A_i 引起的概率 $P(A_i|B)$，这就是贝叶斯公式要解决的问题。

五、贝叶斯公式

设 $A_1, A_2, \cdots, A_n$ 为 Ω 中的一个完备群，B 为 Ω 中的任一事件，若 $P(A_i) > 0$，$(i = 1, 2, \cdots, n)$，$P(B) > 0$，则有

$$P(A_i \mid B) = \frac{P(A_i B)}{P(B)} = \frac{P(A_i) P(B \mid A_i)}{\sum_{i=1}^{n} P(A_i) P(B \mid A_i)} \tag{1-26}$$

第一个等号根据条件概率计算公式，第二个等号根据概率乘法定理和全概率公式。式(1-26)称为贝叶斯公式，又称逆概率公式。

假如把事件 $A_1, A_2, \cdots, A_n$ 理解为导致事件 B 发生的各种"原因"，则 $P(A_i)$ 表示各种"原因"发生的可能性的大小，一般可以通过总结以往经验，在试验之前已经知道，因此称 $P(A_i)$ 为先验概率。现在，若试验中出现了事件 B，则条件概率 $P(A_i \mid B)$ 表示出现 B 是由"原因" A_i 引起的可能性大小，它反映了试验之后，即得到 B 发生了这个新信息后，对各种"原因"发生可能性大小的新认识，因此称为后验概率。

例 34 在例 32 中，若任意抽查一个数据，发现该数据为错误的，试问该错误数据是由 A_1 抄录的概率是多少？

解 由例 32 知

$$P(A_1) = \frac{1}{2}, \quad P(B \mid A_1) = 2\%, \quad P(B) = 0.01375$$

所以，由贝叶斯公式得

$$P(A_1 \mid B) = \frac{P(A_1) P(B \mid A_1)}{P(B)} = \frac{\frac{1}{2} \times 2\%}{0.01375} \approx 0.727$$

例 35 一个无人雨量站用无线电报将观测结果传到接收中心，发报机分别以概率 0.6 和 0.4 发出信号"0"和"1"。由于随机干扰，当发出信号"0"时，收报机未必收到"0"，而是分别以概率 0.8 和 0.2 收到信号"0"和"1"。同样，当发报机发出信号"1"时，收报机分别以概率 0.9 和 0.1 收到信号"1"和"0"，试求当收报机收到信号"0"时，发报机确实是发"0"的概率。

解 收报机收到信号"0"时，只能与两种可能之一同时发生，即发报机发的是"0"或"1"。设 A 表示事件"收报机收到信号 '0'"，B_0 表示事件"发报机发出信号 '0'"，B_1 表示事件"发报机发出信号 '1'"，则 $A = AB_0 + AB_1$，所求概率为 $P(B_0 \mid A)$，由贝叶斯公式得

$$P(B_0 \mid A) = \frac{P(B_0) P(A \mid B_0)}{P(B_0) P(A \mid B_0) + P(B_1) P(A \mid B_1)}$$

$$= \frac{0.6 \times 0.8}{0.6 \times 0.8 + 0.4 \times 0.1} \approx 0.923$$

习 题

1-1 写出下列试验的样本空间，并说出给定事件 A 由哪些基本事件组成。

(1) E_1 一枚硬币掷三次，观察正反面搭配情况；

　　A：{至少有两次出现正面}。

(2) E_2 一颗骰子掷两次，观察：①两次点数搭配情况；②点数之和；

　　A：{点数之和小于5}。

(3) E_3 向单位圆内任投一点，记录落点的坐标(x, y)；

　　A：{落点位于半径为0.5的圆外}。

(4) E_4 将a, b两个球随机地放入三个盒子中，观察球的分布；

　　A：{第一个盒中至少有一个球}。

(5) E_5 10件产品中有3件次品，每次从中取一件（取后不放回），直到3件次品都取出为止，记录抽取的次数；

　　A：{抽取次数不大于5}。

1-2 抽查5件产品，设A为{至少有一件次品}，B为{次品不少于两件}，问$\bar{A}, \bar{B}$分别为什么事件？

1-3 指出下列各题，哪些成立，哪些不成立：

(1) $A \cup B = A\bar{B} \cup B$；

(2) $\overline{AB} = A \cup B$；

(3) $\overline{A \cup BC} = \bar{A}\,\bar{B}\,\bar{C}$；

(4) $(AB)(A\bar{B}) = \phi$；

(5) 若$B \supset A$，则$A = AB$；

(6) 若$AB = \phi$ 和 $A \supset C$，则$BC = \phi$；

(7) 若$B \supset A$，则$\bar{A} \supset \bar{B}$；

(8) 若$A \supset B$，则$A \cup B = A$；

(9) $A\bar{B}\,\bar{C} \subset A \cup B$；

(10) $\overline{A \cup BC} = \bar{A}\,\bar{B}C$；

(11) $\overline{A \cup BC} = C - C(A \cup B)$。

1-4 设$\Omega = \{1, 2, \cdots, 10\}$，$A = \{2, 3, 4\}$，$B = \{3, 4, 5\}$，$C = \{5, 6, 7\}$，写出下列各事件等于什么？

(1) $\bar{A}B$；

(2) $\bar{A} \cup B$；

(3) $\overline{\bar{A}\,\bar{B}}$；

(4) $\overline{A\,\overline{BC}}$；

(5) $\overline{A(B \cup C)}$。

1-5 设事件A, B, C分别表示图1-14中开关A, B, C合上，试用事件间的运算关系表示"灯D亮"及"灯D不亮"这两个事件。

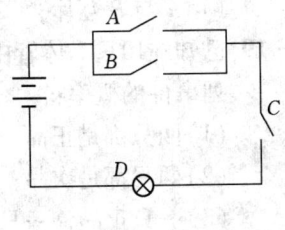

图1-14

1-6 判断下列等式是否成立。

(1) $A - (B \cup C) = (A - B) - C$；

(2) $A - (B - C) = (A - B) \cup C$；

(3) $(A \cup B) - B = A$;

(4) $(A - B) \cup B = A$。

1-7 化简下列各式。

(1) $(A \cup C)(B \cup C)$;

(2) $ABC \cup A\bar{B}C \cup A\bar{B}\bar{C} \cup ABC$;

(3) $A\bar{B} \cup A\bar{C} \cup BC$;

(4) $(A - AB) \cup B$;

(5) $(B \cup C)(B \cup \bar{C})(\bar{B} \cup C)$。

1-8 若 A, B, C 为三个随机事件,说明下列关系式的意义:

(1) $ABC = A$;

(2) $A \cup B \cup C = A$;

(3) $A \cup B = A \cap B$;

(4) $(A \cup B) - A = B$。

1-9 把 10 本书任意放到书架上,求其中指定的三本书连在一起的概率。

1-10 三个人,每人都以同样的概率 1/4 被分配到四个房间中的任何一间中,求:

(1) 三人都分配到同一房间的概率;

(2) 三人分配到三个不同房间的概率。

1-11 一部五卷的文集,按任意次序放到书架上,求第一卷恰好出现在一端的概率。

1-12 房间里有 10 个人,分别佩戴着从 1 到 10 号的纪念章,现等可能地任选 3 人,记录其纪念章的号码,求:

(1) 最小号码是 5 的概率;

(2) 最大号码是 5 的概率。

1-13 n 个人排成一队,已知甲总排在乙的前面,求乙恰好紧跟在甲后的概率(即甲乙排在一起,且甲前乙后)。

1-14 从区间 $(0,1)$ 内任取两个数,求两数之和小于 1/4 的概率。

1-15 在区间 $(0,2)$ 内任取两个数 x, y,求 $x + y \le 1$ 且 $y/x \le 2$ 的概率。

1-16 甲乙两艘轮船驶向一个同时只能停泊一艘船的码头,它们各自在 24h 任一时刻到达码头是等概率的,如果甲船的停泊时间是 1h,乙船的停泊时间是 2h,求它们中间任何一艘都不需要等候码头空出的概率。

1-17 已知 $P(AB) = 0.72, P(A\bar{B}) = 0.18$,求 $P(A)$。

1-18 设事件 A, B 发生的概率分别为 1/3 和 1/2,试求下列三种情况下 $P(\bar{A}B)$ 的值:

(1) A 与 B 互斥; (2) $B \supset A$; (3) $P(AB) = 1/8$。

1-19 已知在 10 只晶体管中有 2 只次品,在其中取二次,每次取 1 只,取后不放回,求下列事件的概率:

(1) 两只都是正品;

(2) 两只都是次品;

(3) 一只正品,一只次品;

(4) 第二次取出的是次品。

习 题

1-20 某人提出一个问题,甲先答,答对的概率为0.4;如甲答错,由乙答,答对的概率为0.5,求问题由乙解出的概率。

1-21 两个箱子,甲箱中有2个白球1个黑球,乙箱中有1个白球2个黑球,现从甲箱中任取一球放入乙箱内,再从乙箱中任取一球,问取得白球的概率是多少?

1-22 袋中有10个球,9个白的,1个红的,10个人依次从袋中各取一球,每人取一球后不放回,问各人取到红球的概率是多少?

1-23 某人忘记了电话号码的最后一个数字,因而随意地拨号,求他拨号不超过三次而拨通的概率是多少? 如果已知最后一个数字是奇数,那么此概率是多少?

1-24 设 A,B 是两个相互独立事件,已知 $P(A \cup B) = 0.6$,$P(A) = 0.4$,求 $P(B)$。

1-25 三个人独立地去破译一个密码,他们能译出的概率分别是1/5,1/3,1/4,求能将密码译出的概率。

1-26 对飞机进行三次独立射击,第一次命中率是0.4,第二次命中率是0.5,第三次命中率是0.7。飞机击中一次而被击落的概率是0.2,击中二次而被击落的概率是0.6,若被击中三次则飞机必然被击落,求射击三次而击落飞机的概率。

1-27 两个独立事件 A_1 与 A_2 发生的概率分别是 P_1 和 P_2,求只有其中之一发生的概率。

1-28 投掷一颗骰子多少次才能保证不出现6点的概率小于0.3?

1-29 对同一目标进行三次独立射击,第一,第二,第三次射击的命中率分别为0.4,0.5,0.7,试求:

(1)恰有一次命中目标的概率;

(2)至少有一次命中目标的概率。

1-30 当元件 K 发生故障或 K_1 及 K_2 都发生故障时,电路不通,元件 K 发生故障的概率为0.3,K_1,K_2 发生故障的概率都是0.2,若各元件独立工作,求电路不通的概率。

1-31 炮战中,在距目标2500m,2000m,1000m处射击的概率分别为0.1,0.7,0.2,而在各处射击时命中目标的概率分别为0.05,0.1,0.2。求:

(1)目标被击中的概率;

(2)已知目标被击中,求击中目标的炮弹是由距目标2500m处射出的概率。

1-32 已知产品中96%是合格品,现有一种简化检查方法,它把真正的合格品确认为合格品的概率为0.98,而误认废品为合格品的概率为0.05,求用此种方法检查为合格的产品确实是合格品的概率。

第二章 随机变量及其分布

第一节 随机变量与分布函数

第一章讨论了事件与概率的概念，介绍了计算某些事件之概率的方法，这些方法都是初等方法。因而人们称这部分内容为初等概率论。为了更加深入地研究随机现象，引入随机变量。随机变量概念的建立是概率论发展史上的重要里程碑，使人们能够以微积分为工具，将个别随机事件的研究扩大为随机变量所表征的随机现象的研究，从而使概率论的发展进入了一个新阶段。

一、随机变量

人们可以看到有很多随机试验的结果与实数之间本身就存在着某种密切的客观联系。

例1 有一批产品共100件，其中有5件是次品，从中任意抽取2件，设X表示任取的2件产品中次品的件数，则X的取值必定是0,1,2这三个结果中的一个：

$$X = \begin{cases} 0, & \text{没有次品} \\ 1, & \text{有1件次品} \\ 2, & \text{有2件次品} \end{cases}$$

而且X取值0,1或2都有确定的概率。

例2 观测某地年降水量，用Y表示。这时，Y所取的可能值是充满某一个区间的。设a为Y所取可能值的下限，b为其上限，则$a \leq Y \leq b$。

例3 观察某电话交换台在一昼夜内接到的呼唤次数，记其为Z，则$Z=k$就表示"一昼夜中接到k次呼唤"$k=0,1,2,\cdots$。

有些随机试验的结果并不表现为数量，但常常可以设法使它与数值联系起来。

例4 抛掷一枚质地均匀的硬币，观察出现正反面的情况。若设"$W=0$"表示"出现正面"，"$W=1$"表示"出现反面"，即

$$W = \begin{cases} 0, & \text{出现正面} \\ 1, & \text{出现反面} \end{cases}$$

这样，虽然试验结果（"出现正面"和"出现反面"）不是数值，但也可得到一个随试验结果不同而变化的量W。

上面例子中，遇到四个变量X,Y,Z,W，这四个变量取什么值，在每次试验之前是不能确定的，因为它们的取值依赖于试验的结果，也就是说它们的取值是随机的，故称之为随机变量。下面给出其定义：

定义 设Ω是随机试验的基本空间，若对于试验每一个可能结果$\omega \in \Omega$，都有唯一的实数$X(\omega)$与之对应，则称定义于Ω上的单值实函数$X(\omega)$为随机变量，简记为X。

通常用大写字母 X,Y,Z 或希腊字母 ξ,η 等表示随机变量。

由上述定义可知，随机变量实质上是事件的函数。

引入随机变量以后，就可以将随机事件用随机变量的关系式来表达。例如在例1中，可用"$X=0$"表示事件"没有抽到次品"；"$X\geq 1$"表示事件"至少抽到1件次品"。在例2中，可用"$Y\leq 1000$"表示事件"年降水量不超过1000mm"；"$1000<Y<2000$"表示事件"年降水量在 $1000\sim 2000$mm"。这样就可以把对随机事件的研究转化为对随机变量的研究，从而可充分利用数学分析方法，进行深入的研究。

二、随机变量的两种基本类型

随机变量按其取值情况，可以分为两大类：一类是随机变量的所有可能取值为有限个(如例1中的 X，例4中的 W)或可列无穷个(如例3中的 Z)，这类随机变量称为离散型随机变量；另一类称为非离散型随机变量，其所有可能取值可以是整个数轴，或至少有一部分取值是某些区间。非离散型随机变量范围很广，情况比较复杂，其中最重要的，也是在实际中常遇到的是连续型随机变量(如例2中的 Y)，本书只讨论离散型和连续型两种随机变量。

三、分布函数

设 X 为一随机变量，x 为任意实数，则 $(X<x)$ 代表了基本空间 Ω 中的一个事件。当 x 为不同值时，$(X<x)$ 代表不同的事件，从而其概率 $P(X<x)$ 也不同。一般来说，$P(X<x)$ 随 x 的改变而变化，即 $P(X<x)$ 为 x 的函数。若记

$$F(x)=P(X<x) \qquad (2-1)$$

则称 $F(x)$ 为随机变量 X 的分布函数。

注意，$F(x)$ 中的自变量 x 不是随机变量 X 的取值，它是一个普通实数，因此，分布函数是一个普通的函数，正是通过它，使人们能运用数学分析的方法来研究随机变量。

如果将 X 看成是数轴上随机点的坐标，那么，分布函数 $F(x)$ 在 x 处的值就表示 X 落在区间 $(-\infty,x)$ 内的概率，即 X 的取值在 $(-\infty,x)$ 内的概率。

当已知一个随机变量 X 的分布函数 $F(x)$ 时，就能知道 X 落在任一区间上的概率。设 x_1,x_2 为两任意实数，$x_2>x_1$，则

$$\begin{aligned} P(X<x_1) &= F(x_1) \\ P(x_1\leq X<x_2) &= F(x_2)-F(x_1) \\ P(X\geq x_2) &= 1-F(x_2) \end{aligned} \qquad (2-2)$$

可见，分布函数完整地描述了随机变量的统计规律性。

分布函数 $F(x)$ 具有以下基本性质：

(1) 对任意实数 x，$0\leq F(x)\leq 1$；$F(-\infty)=0$；$F(+\infty)=1$；

(2) 若 $x_1<x_2$，则 $F(x_1)\leq F(x_2)$，即 $F(x)$ 是 x 的不减函数；

(3) 左连续：$F(x-0)=F(x)$。

前两个性质由概率的性质可直接得到。性质(3)的证明从略。

第二节 离散型随机变量

一、概率函数

设随机变量 X 为离散型随机变量，则 X 的取值可以一一列举出来。若 X 的所有可能取值为 $x_i(i=1,2,\cdots)$，X 取 x_i 的概率为 P_i，即

$$P(X=x_i) = P_i, \quad i=1,2,\cdots \tag{2-3}$$

则式(2-3)称为随机变量 X 的概率函数。

将 X 的所有可能取值 x_i 以及与其相应的概率 P_i，如表 2-1 所列。

表 2-1

X	x_1	x_2	$\cdots$	x_i	$\cdots$
$P(X=x_i)$	P_1	P_2	$\cdots$	P_i	$\cdots$

则称此表为随机变量 X 的分布列（为了分析问题的方便，表中 x_i 一般采用从小到大的顺序排列）。

由概率的性质可知，概率函数具有下列性质：

性质1 $\qquad\qquad\qquad P_i \geq 0, \quad i=1,2,\cdots \tag{2-4}$

性质2 $\qquad\qquad\qquad \sum_{i=1}^{\infty} P_i = 1 \tag{2-5}$

分布列全面清晰地反映了离散型随机变量的统计规律，在实践中得到广泛运用。

根据定义，离散型随机变量的分布函数为

$$F(x) = P(X<x) = \sum_{x_i<x} P_i \tag{2-6}$$

式中：$\sum_{x_i<x}$ 为在 X 的分布列中，对所有小于 x 的 x_i 相对应的概率求和。

如果对某一实数 x，在 X 的所有取值中，不存在小于 x 的取值，则此时对应于该实数 x 的函数值 $F(x)=0$。

离散型随机变量的分布列可以用图 2-1 的形式来表示，横坐标表示随机变量所取的值，纵轴的平行线表示随机变量取该值的概率。

离散型随机变量的分布函数 $F(x)$ 也可用图 2-2 来表示，它是左连续的阶梯函数，它在 X 的每个可能取值 x_i 处有一个高度为 P_i 的跳跃。

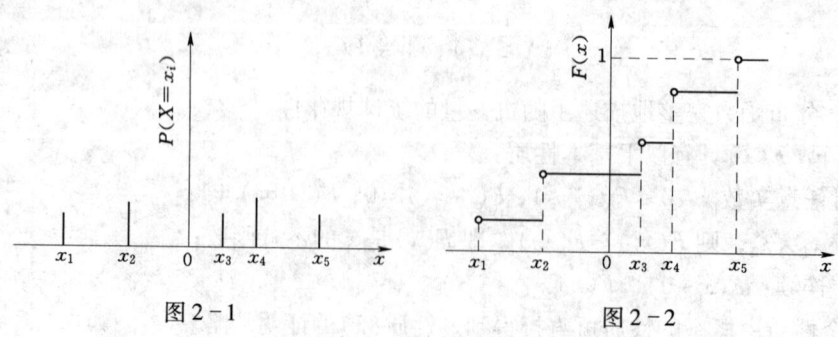

图 2-1　　　　　　　　图 2-2

例5 从一批含有13只正品、2只次品的产品中抽取3次，每次抽取1只，取后不放回，求抽得次品数 X 的分布列及分布函数。

解 从含有2只次品的15只产品中抽取3只，抽得的次品数 X 的可能取值为 $0,1,2$。

因为
$$P(X=0) = \frac{C_2^0 C_{13}^3}{C_{15}^3} = \frac{22}{35}$$

$$P(X=1) = \frac{C_2^1 C_{13}^2}{C_{15}^3} = \frac{12}{35}$$

$$P(X=2) = \frac{C_2^2 C_{13}^1}{C_{15}^3} = \frac{1}{35}$$

所以，X 的分布列为

X	0	1	2
$P(X=x_i)$	$\frac{22}{35}$	$\frac{12}{35}$	$\frac{1}{35}$

因为，当 $x \leq 0$ 时，$F(x) = P(X<x) = 0$

当 $0 < x \leq 1$ 时，$F(x) = P(X<x) = P(X=0) = \frac{22}{35}$

当 $1 < x \leq 2$ 时，$F(x) = P(X<x) = P(X=0) + P(X=1) = \frac{22}{35} + \frac{12}{35} = \frac{34}{35}$

当 $x > 2$ 时，$F(x) = P(X<x) = P(X=0) + P(X=1) + P(X=2) = \frac{22}{35} + \frac{12}{35} + \frac{1}{35} = 1$

所以，X 的分布函数为

$$F(x) = \begin{cases} 0, & x \leq 0 \\ \frac{22}{35}, & 0 < x \leq 1 \\ \frac{34}{35}, & 1 < x \leq 2 \\ 1, & x > 2 \end{cases}$$

例6 设随机变量 X 的概率分布为

$$P(X=k) = \frac{C}{k^2}, \ k = 1, 2, \cdots$$

试确定常数 C，并求分布函数。

解 利用概率函数的性质(2)有

$$1 = \sum_{k=1}^{\infty} P(X=k) = \sum_{k=1}^{\infty} \frac{C}{k^2} = C \sum_{k=1}^{\infty} \frac{1}{k^2} = C \frac{\pi^2}{6}$$

从而

$$C = \frac{6}{\pi^2}$$

于是，X 的概率分布为

$$P(X=k) = \frac{6}{\pi^2 k^2}, \ k = 1, 2, \cdots$$

X 的分布函数为 $\quad F(x) = P(X<x) = \sum\limits_{k<x} P(X=k) = \dfrac{6}{\pi^2} \sum\limits_{k<x} \dfrac{1}{k^2}$

例7 已知离散型随机变量 X 的分布函数为

$$F(x) = \begin{cases} 0, & x \leq 0 \\ \dfrac{1}{3}, & 0 < x \leq 1 \\ \dfrac{1}{2}, & 1 < x \leq 2 \\ 1, & x > 2 \end{cases}$$

求：$P\left(X < \dfrac{1}{2}\right)$, $P\left(1 \leq X < \dfrac{3}{2}\right)$, $P\left(1 \leq X \leq \dfrac{3}{2}\right)$。

解 利用分布函数的定义有

$$P\left(X < \dfrac{1}{2}\right) = F\left(\dfrac{1}{2}\right) = \dfrac{1}{3}$$

由式 (2-2) 得

$$P\left(1 \leq X < \dfrac{3}{2}\right) = F\left(\dfrac{3}{2}\right) - F(1) = \dfrac{1}{2} - \dfrac{1}{3} = \dfrac{1}{6}$$

$$P\left(1 \leq X \leq \dfrac{3}{2}\right) = P\left(1 \leq X < \dfrac{3}{2}\right) + P\left(X = \dfrac{3}{2}\right)$$

$$= \dfrac{1}{6} + 0 = \dfrac{1}{6}$$

例8 对某目标进行独立射击，直到命中为止，如果每次射击的命中率都为 p，求射击次数 X 的概率分布与分布函数。

解 每次射击命中的概率为 p，不命中的概率为 $q = 1-p$，假如第 k 次射击才命中，则前 $k-1$ 次都未命中，由于射击相互独立，因此射击 k 次才命中的概率为

$$P(X=k) = q^{k-1} p, \; k = 1, 2, \cdots \tag{2-7}$$

这就是概率分布，这种分布称为几何分布。

因为，当 $x \leq 1$ 时，$(X<x)$ 是不可能事件，所以

$$F(x) = P(X<x) = 0$$

当 $1 < x \leq 2$ 时

$$F(x) = P(X<x) = P(X=1) = p = 1-q$$

当 $2 < x \leq 3$ 时

$$F(x) = P(X<x) = P(X=1) + P(X=2) = p + qp = p(1+q)$$
$$= (1-q)(1+q) = 1 - q^2$$

当 $k < x \leq k+1$ 时

$$F(x) = P(X<x) = P(X=1) + P(X=2) + \cdots + P(X=k)$$
$$= p + qp + q^2 p + \cdots + q^{k-1} p$$
$$= p(1 + q + q^2 + \cdots + q^{k-1})$$
$$= p \dfrac{1-q^k}{1-q} = 1 - q^k$$

所以 X 的分布函数为

$$F(x) = \begin{cases} 0, & x \leq 1 \\ 1 - q^{[x]}, & x > 1 \end{cases}$$

式中：$[x]$ 为小于 x 的最大整数。

二、几种重要的离散型随机变量的概率分布

1. (0—1)分布(又称两点分布)

设随机变量 X 只可能取 0 和 1 两个值，它的概率分布是

$$P(X=1) = p, \ P(X=0) = 1 - p = q, \ 0 < p < 1$$

则称 X 服从(0—1)分布，或称 X 具有(0—1)分布。

(0—1)分布的分布列可写成表 2-2 所示形式。

X 的分布函数为

$$F(x) = \begin{cases} 0, & x \leq 0 \\ 1 - p, & 0 < x \leq 1 \\ 1, & x > 1 \end{cases}$$

表 2-2

X	0	1
P_i	$1-p$	p

对于一个随机试验，如果它只有两种可能结果，即 $\Omega = \{\omega_1, \omega_2\}$，总能在 Ω 上定义一个具有(0—1)分布的随机变量

$$X = \begin{cases} 0, & \text{当发生 } \omega_1 \\ 1, & \text{当发生 } \omega_2 \end{cases}$$

用它来描述这个随机试验的结果。例如检验产品的质量是否合格；统计新生婴儿的性别是男还是女；抛硬币观察出现正面还是反面；观察南京市每年 5 月 1 日是有雨还是无雨等，都可以用(0—1)分布的随机变量来描述，(0—1)分布是经常遇到的一种分布。

2. 伯努利概型与二项分布

将试验 E 重复进行 n 次，若各次试验的结果互不影响，即每次试验出现什么结果的概率都不依赖于其他各次试验的结果，则称这 n 次试验是相互独立的。

设试验 E 只有两个可能的结果：A 及 $\bar{A}$，记 $P(A) = p, P(\bar{A}) = 1 - p = q \ (0 < p < 1)$，将 E 独立地重复进行 n 次，则称这一串重复的独立试验为 n 重(次)伯努利试验，简称伯努利试验。

伯努利试验是一种很重要的数学模型，它可以作为客观世界中一类广泛的随机现象的抽象表述，因此有着广泛的应用，是被研究得最多的模型之一。这种模型有时又被称为重复独立试验概型或伯努利概型。

在伯努利概型中，事件 A 可能发生 $0, 1, \cdots, n$ 次，下面来求事件 A 恰好发生 $k(0 \leq k \leq n)$ 次的概率 $P_n(k)$。先看一个例子。

对同一目标作三次独立射击，每次命中目标的概率为 p，不命中目标的概率是 $q = 1 - p$，若以 X 表示三次射击中击中目标的次数，则 X 是伯努利概型的随机变量，试求 X 的分布列。

设 A_i 表示"第 i 次射击命中目标"($i = 1, 2, 3$)，则

$(X = 0) = \bar{A}_1 \bar{A}_2 \bar{A}_3$，含有 $C_3^0 = 1$ 个基本事件。

$(X=1) = A_1\bar{A}_2\bar{A}_3 + \bar{A}_1 A_2 \bar{A}_3 + \bar{A}_1 \bar{A}_2 A_3$,含有 $C_3^1 = 3$ 个基本事件。

$(X=2) = A_1 A_2 \bar{A}_3 + A_1 \bar{A}_2 A_3 + \bar{A}_1 A_2 A_3$,含有 $C_3^2 = 3$ 个基本事件。

$(X=3) = A_1 A_2 A_3$,含有 $C_3^3 = 1$ 个基本事件。

所以由概率的加法公式和乘法公式(注意应用公式时所要的互斥、独立等条件都是满足的)得

$$P(X=0) = P(\bar{A}_1\bar{A}_2\bar{A}_3) = P(\bar{A}_1)P(\bar{A}_2)P(\bar{A}_3) = q^3 = C_3^0 p^0 q^3$$

$$\begin{aligned}P(X=1) &= P(A_1\bar{A}_2\bar{A}_3 + \bar{A}_1 A_2 \bar{A}_3 + \bar{A}_1 \bar{A}_2 A_3)\\ &= P(A_1\bar{A}_2\bar{A}_3) + P(\bar{A}_1 A_2 \bar{A}_3) + P(\bar{A}_1 \bar{A}_2 A_3)\\ &= P(A_1)P(\bar{A}_2)P(\bar{A}_3) + P(\bar{A}_1)P(A_2)P(\bar{A}_3) + P(\bar{A}_1)P(\bar{A}_2)P(A_3)\\ &= pqq + qpq + qqp\\ &= C_3^1 pq^2\end{aligned}$$

相仿 $P(X=2) = C_3^2 p^2 q$,$P(X=3) = C_3^3 p^3 q^0$

所以 X 的分布列如表 2-3 所列。

表 2-3

X	0	1	2	3
P_i	$C_3^0 p^0 q^3$	$C_3^1 p q^2$	$C_3^2 p^2 q$	$C_3^3 p^3 q^0$

从上述分布列不难看出,三次射击命中目标 $k(k=0,1,2,3)$ 次的概率为 $P(X=k) = C_3^k p^k q^{3-k}$。其中 C_3^k 为三次射击命中目标 k 次所含的基本事件数。由此,可以引出二项分布的一般公式:

若 X 表示在 n 次伯努利试验中事件 A 发生的次数,则 X 的可能取值为 $0,1,2,\cdots,n$,其对应的概率为

$$P_n(X=k) = C_n^k p^k q^{n-k}, \quad k=0,1,2,\cdots,n \tag{2-8}$$

由于式(2-8)的右端是二项式$(p+q)^n$展开式的第 $k+1$ 项,所以称此分布为二项分布,称随机变量 X 服从二项分布,简记为 $X \sim B(n,p)$。其中 n,p 为分布参数。为简单起见,$P_n(X=k)$ 的脚标 n 常省略。

以随机变量的取值 k 作为横坐标,以取值相应的概率为纵坐标,点绘 $n=20$,$p=0.1, 0.3, 0.5$ 时的二项分布图,如图2-3所示。图中可直观地看出,$p=0.5$ 时的图形是对称的,其他是不对称的。应当注意,二项分布是离散的,为了不致混淆图中用折线将同一 p 值的坐标点 $[k, P_n(k)]$ 连起来,并不表示二项分布是连续的。

当 $n=1$ 时,k 只能取 0 和 1,于是有

$$P(X=0) = C_1^0 p^0 q^1 = q$$
$$P(X=1) = C_1^1 p^1 q^0 = p$$

这就是说,当 $n=1$ 时的二项分布就是 $(0-1)$ 分布。

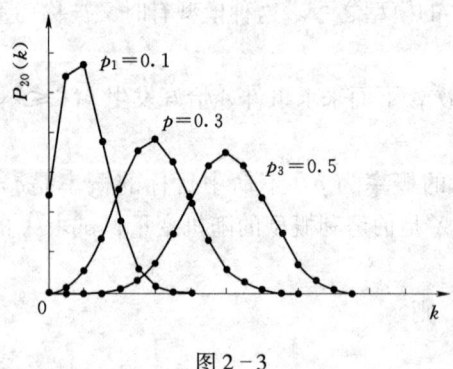

图 2-3

例9 一座小型水库，每年出现超标洪水的概率为1/50，假定各年是否出现超标洪水是相互独立的，求在建成后20年内恰有2年出现超标洪水的概率和出现超标洪水的年数在4年及4年以上的概率。

解 将每年观测该年的最大洪水看成一次试验，按题意，为20次重复独立试验。令X表示出现超标洪水的年数，则$X \sim B(20, 1/50)$，于是所求概率为

$$P(X=2) = C_{20}^2 \left(\frac{1}{50}\right)^2 \left(\frac{49}{50}\right)^{20-2} \approx 0.0528$$

$$\begin{aligned} P(X \geq 4) &= 1 - P(X < 4) \\ &= 1 - [P(X=0) + P(X=1) + P(X=2) + P(X=3)] \\ &\approx 1 - (0.6676 + 0.2725 + 0.0528 + 0.0065) \approx 0.0006 \end{aligned}$$

例10 一幢大楼装有5个不同型号的供水设备，已知在任一时刻t，每个设备被使用的概率为0.1，求在同一时刻：

(1) 恰有2个设备被使用的概率；
(2) 至少3个设备被使用的概率；
(3) 至多有3个设备被使用的概率；
(4) 至少有1个设备被使用的概率。

解 设X为同一时刻被使用设备的个数，则由题意知，$X \sim B(5, 0.1)$。

$$P(X=k) = C_5^k (0.1)^k (0.9)^{5-k}, \quad k = 0, 1, 2, \cdots, 5$$

(1) $\quad P(X=2) = C_5^2 (0.1)^2 (0.9)^3 \approx 0.073$

(2) $\quad \begin{aligned}P(X \geq 3) &= P(X=3) + P(X=4) + P(X=5) \\ &= C_5^3 (0.1)^3 (0.9)^2 + C_5^4 (0.1)^4 (0.9) + C_5^5 (0.1)^5 \approx 0.0086\end{aligned}$

(3) $\quad \begin{aligned} P(X \leq 3) &= 1 - P(X>3) = 1 - P(X=4) - P(X=5) \\ &= 1 - C_5^4 (0.1)^4 (0.9) - C_5^5 (0.1)^5 \\ &\approx 0.9995 \end{aligned}$

(4) $\quad \begin{aligned} P(X \geq 1) &= 1 - P(X=0) \\ &= 1 - C_5^0 (0.1)^0 (0.9)^5 \approx 0.41 \end{aligned}$

3. 泊松分布

若随机变量X的可能取值为$0, 1, 2, \cdots$，而$(X=k)$的概率为

$$P(X=k) = \frac{\lambda^k e^{-\lambda}}{k!}, \quad k = 0, 1, 2, \cdots \tag{2-9}$$

则称X服从泊松分布，其中参数$\lambda > 0$。泊松分布常记为$P_\lambda(k)$。

泊松分布是一个很重要的分布，计算也较方便，有表可查（见附录二中附表一）。很多实际问题可用泊松分布描述。例如电话交换台在某段时间里接到的呼唤次数，公共汽车站单位时间内来到的乘客数，纺纱机在单位时间内断头的次数，单位面积布面上的疵点数，显微镜下落在某区域中的白血球数等。在水文气象中，也曾有人将泊松分布用于暴雨、冰雹等现象的研究中。

例11 某电话交换台，每分钟的呼唤次数X服从参数为4的泊松分布，求：

(1) 每分钟恰有8次呼唤的概率；

(2) 每分钟的呼唤次数大于 3 的概率。

解
$$P(X=k) = \frac{4^k e^{-4}}{k!}, k=1,2,\cdots$$

(1)
$$P(X=8) = \frac{4^8 e^{-4}}{8!} \approx 0.0298$$

(2)
$$P(X>3) = 1 - P(X \leqslant 3) = 1 - \sum_{k=0}^{3} \frac{4^k e^{-4}}{k!}$$
$$\approx 1 - (0.0183 + 0.0732 + 0.1465 + 0.1954)$$
$$\approx 0.5666$$

虽然泊松分布本身是一种非常重要的分布,但有趣的是,历史上它都是作为二项分布的近似,在 1987 年由法国数学家泊松引入的,下面介绍这个有名的定理。

泊松定理 设一串随机变量 $X_n(n=1,2,\cdots)$ 服从二项分布,其分布律为
$$P_n(X_n=k) = C_n^k p_n^k (1-p_n)^{n-k}, k=0,1,2,\cdots,n$$

这里概率 p_n 是与 n 有关的数,又设 $np_n = \lambda > 0$ 是常数 $(n=1,2,\cdots)$,则有

$$\lim_{n\to\infty} P_n(X_n=k) = \frac{\lambda^k e^{-\lambda}}{k!} \qquad (2-10)$$

证明 由 $p_n = \frac{\lambda}{n}$ 得

$$P_n(X_n=k) = C_n^k p_n^k (1-p_n)^{n-k}$$
$$= \frac{n(n-1)(n-2)\cdots(n-k+1)}{k!} \left(\frac{\lambda}{n}\right)^k \left(1-\frac{\lambda}{n}\right)^{n-k}$$
$$= \frac{\lambda^k}{k!}\left[1\times\left(1-\frac{1}{n}\right)\left(1-\frac{2}{n}\right)\cdots\left(1-\frac{k-1}{n}\right)\right]\left(1-\frac{\lambda}{n}\right)^n\left(1-\frac{\lambda}{n}\right)^{-k}$$

对于固定的 k,当 $n\to\infty$ 时有

$$\left[1\times\left(1-\frac{1}{n}\right)\left(1-\frac{2}{n}\right)\cdots\left(1-\frac{k-1}{n}\right)\right] \to 1$$
$$\left(1-\frac{\lambda}{n}\right)^n \to e^{-\lambda}, \left(1-\frac{\lambda}{n}\right)^{-k} \to 1$$

因此有

$$\lim_{n\to\infty} P_n(X_n=k) = \frac{\lambda^k}{k!} e^{-\lambda}$$

显然,定理的条件 $np_n = \lambda$(常数)意味着当 n 很大时,p_n 必定很小,据此,上述定理表明当 n 很大,p 很小时有以下的近似式

$$C_n^k p^k (1-p)^{n-k} \approx \frac{\lambda^k e^{-\lambda}}{k!} \qquad (2-11)$$

其中 $\lambda = np$。

因此,当 n 很大时,二项分布的计算很麻烦,在这种情况下,可通过泊松分布来求出二项分布的近似值。图 2-4 反映了泊松分布对二项分布的近似情况。实际应用时,当 $n \geqslant 10, p \leqslant 0.1$ 时就可采用上述近似公式计算;当 $n \geqslant 20, p \leqslant 0.05$ 时,近似效果就相当

好了。

例12 据统计,上海夏季 5—9 月任一天出现暴雨的概率(实为频率)为 0.019,假定各日是否出现暴雨相互独立,求任一年夏季恰有 4 个暴雨日的概率。

解 5—9 月共有 153 天,把观测每天是否出现暴雨看成一次试验,因假定各日是否出现暴雨相互独立,所以这是伯努利试验。于是,夏季恰有 4 个暴雨日的概率为

$$P(X=4) = C_{153}^{4}(0.019)^4(1-0.019)^{153-4}$$
$$\approx 0.1641$$

若用泊松分布公式计算,则 $\lambda = np = 153 \times 0.019 = 2.907$,于是

$$P(X=4) = \frac{(2.907)^4}{4!}e^{-2.907}$$
$$\approx 2.97556 \times 0.0546 \approx 0.1625$$

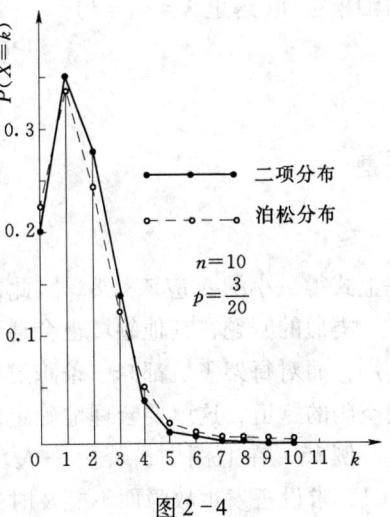

图 2-4

两者相差很小。

例13 某人进行射击,设每次射击的命中率为 0.02,独立射击 400 次,试求击中的次数大于等于 2 的概率。

解 将每次射击看成是一次试验,设击中的次数为 X,则 X 服从参数为 $n=400$, $p=0.02$ 的二项分布,其分布律为

$$P(X=k) = C_{400}^{k}(0.02)^k(0.98)^{400-k}, \quad k=0,1,2,\cdots,400$$

于是所求的概率为

$$P(X \geq 2) = 1 - [P(X=0) + P(X=1)]$$
$$= 1 - [(0.98)^{400} + 400(0.02)(0.98)^{399}]$$

直接计算上式显然是麻烦的,利用近似式(2-11)来计算概率 $P(X \geq 2)$,因为

$$P(X=k) \approx \frac{\lambda^k e^{-\lambda}}{k!}, \quad \lambda = np = 8$$

于是

$$P(X=0) \approx e^{-8}, \quad P(X=1) \approx 8e^{-8}$$

因此

$$P\{X \geq 2\} \approx 1 - e^{-8} - 8e^{-8} = 1 - 9e^{-8} \approx 1 - 0.003 = 0.997$$

例14 为了保证设备正常工作,需要配备适量的维修工人(工人配备多了就浪费,配备少了又要影响生产),现有同类型设备 300 台,各台工作是相互独立的,发生故障的概率都是 0.01,在通常情况下一台设备的故障可由一个人来处理(只考虑这种情况),问至少需要配备多少工人,才能保证当设备发生故障,但不能及时维修的概率小于 0.01?

解 设需要配备 N 人,记同一时刻发生故障的设备台数为 X,那么,$X \sim B(300, 0.01)$,所要解决的问题是确定 N 使得

$$P(X > N) \leq 0.01$$

由泊松定理(这里 $\lambda = np = 3$)
$$P(X>N) = 1 - P(X \leq N)$$
$$\approx 1 - \sum_{k=0}^{N} \frac{3^k e^{-3}}{k!}$$

于是
$$\sum_{k=0}^{N} \frac{3^k e^{-3}}{k!} \geq 0.99$$

解上式得最小的 N 应该是 8。因此，达到上述要求至少需配备 8 个工人。

类似的问题在其他领域也会遇到。例如，机场的每条跑道不允许同时供多于一架飞机使用，而对每架飞机都修一条跑道显然绝非上策，但又不容许飞机在上空盘旋很久而得不到空闲的跑道，这就要合理地确定修建跑道的条数。

例 15 在上例中，若由一人负责维修 20 台设备，每台设备发生故障的概率仍为 0.01，求设备发生故障而不能及时处理的概率。若由 3 人共同负责维修 80 台呢？

解 前一种情况为同时有两台以上设备发生故障时，所论事件发生，因此，所求的概率等于 $P(X \geq 2)$，这里 $n=20$，$\lambda = np = 0.2$，
$$P(X \geq 2) = 1 - P(x<2) \approx 1 - \sum_{k=0}^{1} \frac{(0.2)^k e^{-0.2}}{k!} \approx 0.0175$$

同理，若由 3 人共同负责维修 80 台，则所求的概率为
$$P(X \geq 4) = 1 - P(x<4) \approx 1 - \sum_{k=0}^{3} \frac{(0.8)^k e^{-0.8}}{k!} \approx 0.0091$$

可以发现，后一种情况尽管任务重了(每人平均维护约 27 台)，但工作质量不仅没有降低，反而提高了(体现在设备发生故障而不能及时维修的概率变小了)。这个例子表明概率方法可以用来讨论国民经济的某些问题，以便达到更有效地使用人力、物力资源的目的，而这正是运筹学的目的，因此概率方法也是运筹学的一个有力工具。

第三节 连续型随机变量

一、连续型随机变量与分布密度

设随机变量 X 的分布函数为 $F(x)$，如果存在非负函数 $f(x)$，使对任意实数 x，有
$$F(x) = \int_{-\infty}^{x} f(x) \mathrm{d}x \tag{2-12}$$

则称 X 为连续型随机变量。

式中：$f(x)$ 称为概率分布密度函数，简称分布密度或密度函数、概率密度。

注意，式(2-12)中 x 的不同含义，该式表示 $F(x) = \int_{-\infty}^{x} f(t) \mathrm{d}t$。

由式(2-12)可知，连续型随机变量的分布函数是连续函数。

连续型随机变量的分布函数，完全由其密度函数所确定，从而连续型随机变量的概率特性也完全由其密度函数所确定，因此，在讨论连续型随机变量时，往往使用密度函数作工具。

密度函数具有如下性质：

(1) $$f(x) \geqslant 0 \qquad (2-13)$$

(2) $$\int_{-\infty}^{+\infty} f(x)\,dx = 1 \qquad (2-14)$$

密度函数 $f(x)$ 一定具有以上两个性质。反之，满足上述两个条件的任何一个函数 $f(x)$ 都可能为某一连续型随机变量的密度函数。

(3) 对于任意实数 $a,b(b>a)$，有
$$P(a \leqslant X < b) = F(b) - F(a) = \int_a^b f(x)\,dx \qquad (2-15)$$

证明
$$\begin{aligned} P(a \leqslant X < b) &= F(b) - F(a) \\ &= \int_{-\infty}^b f(x)\,dx - \int_{-\infty}^a f(x)\,dx = \int_a^b f(x)\,dx \end{aligned}$$

性质 (3) 的几何意义是：X 落在任一区间 $[a,b)$ 的概率等于在 $[a,b)$ 上由密度函数曲线 $y = f(x)$ 与 x 轴所围成的曲边梯形的面积，如图 2-5 所示。

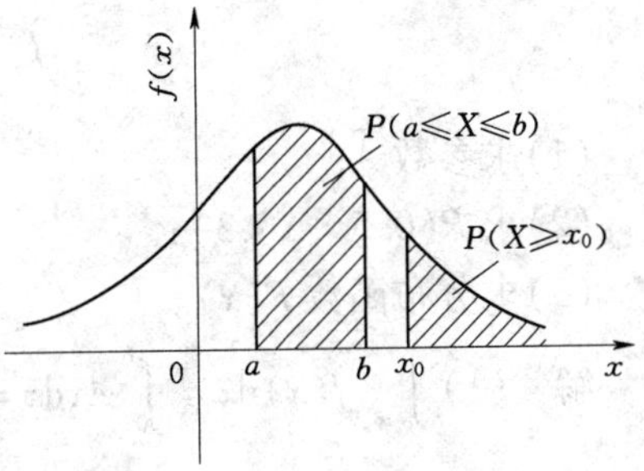

(4) 对任意实数 c，$P(X=c) = 0$。

证明
$$0 \leqslant P(X=c) \leqslant P(c \leqslant X < c+h)$$
$$= \int_c^{c+h} f(x)\,dx$$

所以
$$0 \leqslant P(X=c) \leqslant \lim_{h \to 0} \int_c^{c+h} f(x)\,dx = 0$$

图 2-5

这就是说连续型随机变量取单个值的概率为 0。因此，在讨论连续型随机变量的概率时，总是考虑它取值于某个区间的概率，而不考虑它取某一特定值的概率。而且在进行概率计算时，区间的端点是否包括在内是无关紧要的，这是连续型随机变量与离散型随机变量的重大区别。

需要指出的是，尽管 $P(X=c) = 0$，但 $(X=c)$ 不一定是不可能事件。同样的，一个事件的概率为 1，并不一定是必然事件。

(5) $F(x)$ 是连续函数，且在 $f(x)$ 的连续点 x 处有
$$F'(x) = f(x) \qquad (2-16)$$

根据定义，性质 (5) 是显然成立的。

在水文工作中，常常关心某种水文变量超过某一数值的概率，为了直观和方便起见，我国水文工作者在描述水文变量的概率分布时，常不采用分布函数 $F(x)$，而采用它的余量
$$G(x) = P(X \geqslant x) = 1 - F(x) \qquad (2-17)$$

并称之为超过制概率（或超过累积频率），相应地称 $F(x)$ 为不及制概率（或不及累积频率）。

对连续型水文变量 X 有
$$G(x) = \int_x^{+\infty} f(x)\,dx \qquad (2-18)$$

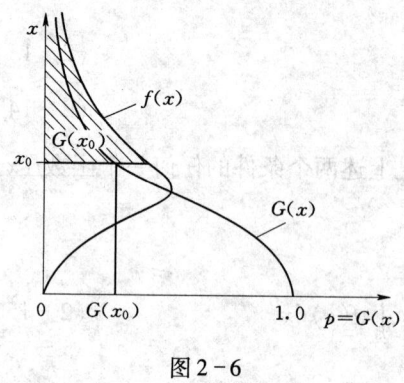

图 2-6

它在 x_0 处的值 $G(x_0)$ 是图 2-5 中 x_0 右边 $f(x)$ 曲线下面阴影部分的面积。

按照习惯，我国水文工作者绘制 $G(x)$ 曲线（水文上通常称为频率曲线）时，以纵坐标表示水文变量 x，以横坐标表示频率 $G(x)$。由于大多数水文变量，如径流量，降水量等，其最小值一般都不小于 0，而又不能明确它们的物理上限，所以一般取 $G(0) = 1$，而曲线上端无限，如图 2-6 所示。在不造成混淆的情况下，水文工作中有时仍用符号 $F(x)$ 表示超过制概率。

例 16 已知随机变量 X 的概率密度为

$$f(x) = \begin{cases} Ax, & 0 < x < 1 \\ 0, & \text{其他} \end{cases}$$

（1）求参数 A；

（2）求 $P(0.5 < X < 3)$；

（3）求分布函数 $F(x)$。

解 （1）$\int_{-\infty}^{+\infty} f(x)\,dx = \int_0^1 Ax\,dx = 1$

$$A = 2$$

（2）$P(0.5 < x < 3) = P(0.5 \leqslant x < 3) = \int_{0.5}^{3} f(x)\,dx = \int_{0.5}^{1} 2x\,dx = 0.75$

（3）$F(x) = P(X < x) = \int_{-\infty}^{x} f(x)\,dx$

当 $x \leqslant 0$ 时，$\int_{-\infty}^{x} f(x)\,dx = 0$

当 $0 < x \leqslant 1$ 时，$\int_{-\infty}^{x} f(x)\,dx = \int_0^x 2x\,dx = x^2$

当 $x > 1$ 时，$\int_{-\infty}^{x} f(x)\,dx = 1$，故

$$F(x) = \begin{cases} 0, & x \leqslant 0 \\ x^2, & 0 < x \leqslant 1 \\ 1, & x > 1 \end{cases}$$

例 17 已知随机变量 X 的概率密度为

$$f(x) = \begin{cases} x, & 0 \leqslant x < 1 \\ 2-x, & 1 \leqslant x < 2 \\ 0, & \text{其他} \end{cases}$$

（1）求 X 的分布函数 $F(x)$；

（2）求 $P(0.5 < X < 1.5)$。

解 (1) $F(x) = P(X < x) = \int_{-\infty}^{x} f(x)\mathrm{d}x$

当 $x \leq 0$ 时
$$F(x) = 0$$

当 $0 < x \leq 1$ 时
$$F(x) = \int_0^x x \mathrm{d}x = \frac{1}{2}x^2$$

当 $1 < x \leq 2$ 时
$$F(x) = \int_0^1 x \mathrm{d}x + \int_1^x (2-x)\mathrm{d}x = -1 + 2x - \frac{x^2}{2}$$

当 $x > 2$ 时
$$F(x) = 1$$

所以
$$F(x) = \begin{cases} 0, & x \leq 0 \\ \frac{1}{2}x^2, & 0 < x \leq 1 \\ -1 + 2x - \frac{x^2}{2}, & 1 < x \leq 2 \\ 1, & x > 2 \end{cases}$$

(2) $P(0.5 < X < 1.5) = F(1.5) - F(0.5) = \frac{3}{4}$

二、几种重要的连续型随机变量的概率分布

1. 均匀分布

如果随机变量 X 的概率密度为

$$f(x) = \begin{cases} \dfrac{1}{b-a}, & a \leq x \leq b \\ 0, & \text{其他} \end{cases} \tag{2-19}$$

则称 X 在区间 $[a,b]$ 上服从均匀分布，记作 $X \sim U(a,b)$。

显然，对任意 $a \leq c < d \leq b$

$$P\{c < X < d\} = \int_c^d \frac{1}{b-a} \mathrm{d}x = \frac{d-c}{b-a}$$

这说明 X 落在区间 $[a,b]$ 中任意等长度子区间内的概率与子区间长度成正比，与子区间位置无关。当子区间长度一样时，X 落在任何子区间上的概率完全相等，这就是均匀分布的含意，即"等可能性"。

实际上 $b-a$ 是区间 $[a,b]$ 的长度。因此，如果随机变量 X 在长度为 l 的区间 D 上服从均匀分布，则 X 的概率密度为

$$f(x) = \begin{cases} \dfrac{1}{l}, & x \in D \\ 0, & \text{其他} \end{cases}$$

均匀分布在实际问题中较为常见，例如，在 $[a,b]$ 区间上任取一个实数 X，于是 $X \sim U$

(a,b)；轮船在一天24h内任意时刻到达港口，于是到达的时刻 $X \sim U(0,24)$；某车站每10min通过一辆汽车，乘客候车时间 $X \sim U(0,10)$。

由式(2-12)可得 X 的分布函数为

$$F(x) = \int_{-\infty}^{x} f(x)\mathrm{d}x = \begin{cases} 0, & x \leqslant a \\ \dfrac{x-a}{b-a}, & a < x \leqslant b \\ 1, & x > b \end{cases} \quad (2-20)$$

$f(x)$ 和 $F(x)$ 的图形如图2-7所示。

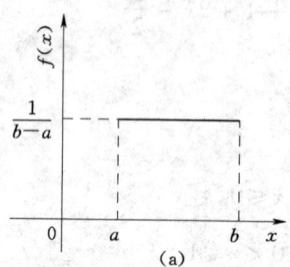
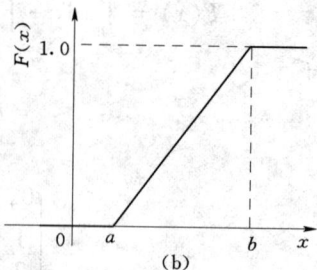

图2-7

例18 据气象部门预测，某号台风即将在我国东南沿海某地桩号为1000~2000km的海岸线登陆，如果登陆点 X 是在1000~2000km的区间内服从均匀分布的随机变量，试求该号台风在桩号为1200~1700km的区间内登陆的概率。

解 根据题意，X 的分布密度 $f(x)$ 为

$$f(x) = \begin{cases} \dfrac{1}{2000-1000} = \dfrac{1}{1000}, & 1000 \leqslant x \leqslant 2000 \\ 0, & \text{其他} \end{cases}$$

所以

$$P(1200 \leqslant X \leqslant 1700) = \int_{1200}^{1700} \dfrac{1}{1000}\mathrm{d}x = \dfrac{500}{1000} = \dfrac{1}{2}$$

这个结果与用几何方法求得的结果是一样的(参见第一章中例16)。

2. 指数分布

若随机变量 X 具有密度函数

$$f(x) = \begin{cases} \lambda e^{-\lambda x}, & x > 0 \\ 0, & x \leqslant 0 \end{cases} \quad (2-21)$$

其中 $\lambda > 0$ 为常数，则称 X 服从参数为 λ 的指数分布。其分布函数为

$$F(x) = \begin{cases} 1 - e^{-\lambda x}, & x \geqslant 0 \\ 0, & x < 0 \end{cases} \quad (2-22)$$

指数分布常用来作为各种"寿命"分布的近似，例如，无线电元件的寿命，动物寿命，电话问题中的通话时间，随机服务系统的服务时间等，都可用指数分布描述。

指数分布的重要性还表现在它具有"无记忆性"。设随机变量 X 服从指数分布，则对任意实数 $s > 0$ 和 $t > 0$，有

$$P(X>s+t \mid X>s) = \frac{P(X>s+t, X>s)}{P(X>s)}$$

$$= \frac{P(X>s+t)}{P(X>s)}$$

$$= \frac{e^{-\lambda(s+t)}}{e^{-\lambda s}}$$

$$= e^{-\lambda t}$$

即
$$P(X>s+t \mid X>s) = P(X>t) \tag{2-23}$$

假如把 X 解释为寿命，上式表明，已知寿命大于 s 年，则再活 t 年的概率与年龄 s 无关，好像是把过去的经历全忘了，这就是所谓的"无记忆性"，有时还风趣地称指数分布是"永远年轻的"。

例 19 电子元件的寿命 X(年)服从参数为 10 的指数分布。
(1) 求该电子元件在未来 1 年内损坏的概率；
(2) 在该电子元件已使用了 2 年，求在未来 1 年内损坏的概率。

解
$$f(x) = \begin{cases} 10e^{-10x}, & x>0 \\ 0, & x \leq 0 \end{cases}$$

故
$$P(X<1) = \int_0^1 10e^{-10x} dx = 1 - e^{-10}$$

$$P(X<3 \mid X>2) = \frac{P(X<3, X>2)}{P(X>2)}$$

$$= \frac{\int_2^3 10e^{10x} dx}{\int_2^{+\infty} 10e^{10x} dx} = \frac{e^{-20} - e^{-30}}{e^{-20}} = 1 - e^{-10}$$

这说明电子元件在已使用 2 年之后再使用 1 年的概率与它使用 1 年的概率是相同的，利用随机变量 X 是否满足此无记忆性也可判断 X 是否服从指数分布。

3. 正态分布

设随机变量 X 的概率密度为
$$f(x) = \frac{1}{\sqrt{2\pi}\sigma} e^{-\frac{(x-a)^2}{2\sigma^2}}, \quad -\infty < x < +\infty \tag{2-24}$$

其中 $a, \sigma > 0$ 为常数，则称 X 服从参数为 a, σ 的正态分布，记作 $X \sim N(a, \sigma^2)$。

正态分布的分布函数为
$$F(x) = \frac{1}{\sqrt{2\pi}\sigma} \int_{-\infty}^x e^{-\frac{(x-a)^2}{2\sigma^2}} dx \tag{2-25}$$

$f(x)$ 和 $F(x)$ 的图形如图 2-8 所示。

容易看出，正态分布的概率密度 $f(x)$ 有如下性质：

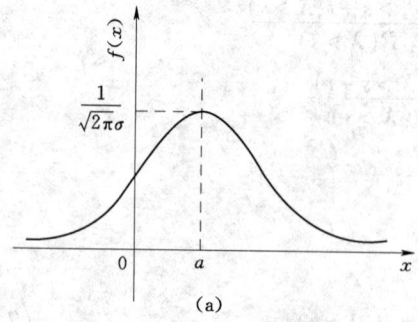 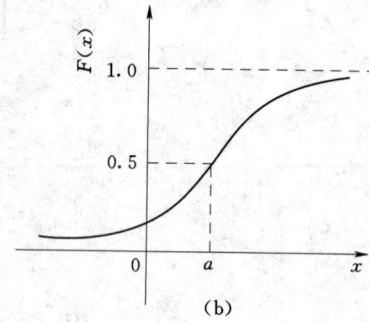

图 2-8

(1) $f(x)$ 的图形关于 $x=a$ 对称；

(2) $f(x)$ 在 $x=a$ 处达到最大，最大值为 $\dfrac{1}{\sqrt{2\pi}\sigma}$；

(3) x 离 a 越远，$f(x)$ 值越小，当 x 趋向正负无穷大时，$f(x)$ 趋于零，即 $f(x)$ 以 x 轴为渐近线；

(4) 当 a 固定，σ 越大，则 $f(x)$ 最大值越小，即曲线越矮胖；σ 越小，则 $f(x)$ 最大值越大，即曲线越尖瘦。如图 2-9 所示；

(5) 当 σ 固定，而改变 a 时，则 $f(x)$ 的图形沿 x 轴平移，如图 2-10 所示。

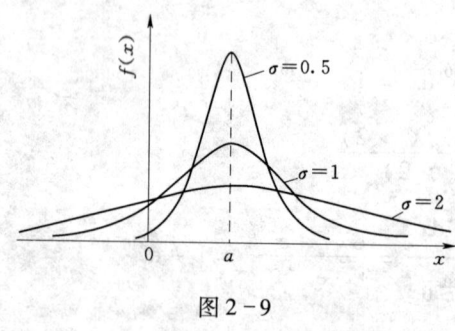 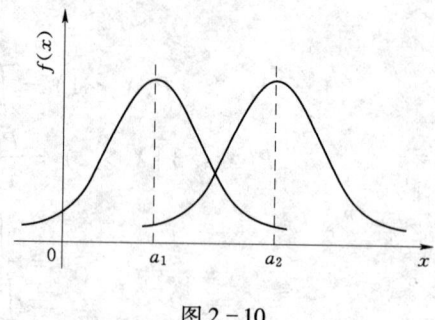

图 2-9　　　　　　　　　　图 2-10

正态分布是概率论中最重要的一个分布，高斯(Gauss)在研究误差理论时曾导出这一分布，所以又称为高斯分布。许多实际问题中的变量，如测量误差、人体身长、作物产量、林中树高、零件尺寸、射击偏差等，都服从或近似服从正态分布。进一步的理论研究表明，一个变量如果受到大量微小的、独立的随机因素的影响，那么这个变量一般是一个正态变量(习惯上，把服从某某分布的随机变量称为某某变量)。

若正态概率密度中 $a=0$，$\sigma=1$，则称这样的正态分布为标准化正态分布，相应的随机变量为标准化正态变量。

标准化正态分布的概率密度和分布函数分别用 $\varphi(x)$ 和 $\Phi(x)$ 表示。即

$$\varphi(x)=\frac{1}{\sqrt{2\pi}}\mathrm{e}^{-\frac{x^2}{2}},\ -\infty<x<+\infty \tag{2-26}$$

$$\Phi(x)=\frac{1}{\sqrt{2\pi}}\int_{-\infty}^{x}\mathrm{e}^{-\frac{x^2}{2}}\mathrm{d}x,\ -\infty<x<+\infty \tag{2-27}$$

$\varphi(x)$ 是偶函数,即
$$\varphi(-x) = \varphi(x) \tag{2-28}$$
容易证明
$$\Phi(-x) = 1 - \Phi(x) \tag{2-29}$$
设 $Q(x)$ 为标准化正态随机变量 X 的超过制概率,则
$$Q(x) = P(X \geqslant x) = 1 - P(X < x) = 1 - \Phi(x) \tag{2-30}$$
将式(2-30)和式(2-29)比较,得
$$\Phi(-x) = Q(x) \tag{2-31}$$
附录二中附表二和附表三给出了 $\varphi(x)$ 和 $Q(x)$ 的函数值,可以查用。

例 20 随机变量 $X \sim N(0,1)$ 分布,求:
(1) $P(X < -1.4)$;
(2) $P(-0.1 \leqslant X < 1.2)$。

解 (1) $P(X < -1.4) = \Phi(-1.4) = Q(1.4) = 0.080757$
(2) $P(-0.1 \leqslant X < 1.2) = \Phi(1.2) - \Phi(-0.1)$
$= 1 - Q(1.2) - Q(0.1)$
$= 1 - 0.11507 - 0.46017 = 0.42476$

对于一般正态随机变量 $X \sim N(a, \sigma^2)$,可通过下列关系式求得 $F(x)$ 的函数值。
$$F(x) = \Phi\left(\frac{x-a}{\sigma}\right) = 1 - Q\left(\frac{x-a}{\sigma}\right) \tag{2-32}$$

事实上
$$F(x) = \int_{-\infty}^{x} \frac{1}{\sqrt{2\pi}\sigma} e^{-\frac{(x-a)^2}{2\sigma^2}} dx$$

令 $t = \frac{x-a}{\sigma}$ 得
$$F(x) = \int_{-\infty}^{\frac{x-a}{\sigma}} \frac{1}{\sqrt{2\pi}} e^{-\frac{t^2}{2}} dt$$
$$= \Phi\left(\frac{x-a}{\sigma}\right)$$
$$= 1 - Q\left(\frac{x-a}{\sigma}\right)$$

例 21 设 X 服从正态分布 $N(10, 2^2)$,求:
(1) $P(7 \leqslant X < 15)$;
(2) d,使 $P(|X-10| < d) = 0.9$。

解 (1) $P(7 \leqslant X < 15) = F(15) - F(7) = \Phi\left(\frac{15-10}{2}\right) - \Phi\left(\frac{7-10}{2}\right)$
$= \Phi(2.5) - \Phi(-1.5)$
$= 1 - Q(2.5) - Q(1.5)$
$= 1 - 0.0062097 - 0.066807$

$$= 0.92698$$

(2)因为
$$0.9 = P(|X-10| < d)$$
$$= P(-d < X - 10 < d)$$
$$= P(10 - d < X < 10 + d)$$
$$= F(10+d) - F(10-d)$$
$$= \Phi\left(\frac{10+d-10}{2}\right) - \Phi\left(\frac{10-d-10}{2}\right)$$
$$= \Phi\left(\frac{d}{2}\right) - \Phi\left(-\frac{d}{2}\right)$$
$$= 1 - Q\left(\frac{d}{2}\right) - Q\left(\frac{d}{2}\right) = 1 - 2Q\left(\frac{d}{2}\right)$$

所以
$$Q\left(\frac{d}{2}\right) = 0.05$$

查附录二中附表三得
$$\frac{d}{2} = 1.645, \quad d = 3.290$$

例22 设 $X \sim N(a, \sigma^2)$,试求 $P(|X-a| < \sigma)$,$P(|X-a| < 2\sigma)$ 和 $P(|X-a| < 3\sigma)$。

解
$$P(|X-a| < \sigma) = P(a - \sigma < X < a + \sigma)$$
$$= F(a+\sigma) - F(a-\sigma)$$
$$= \Phi\left(\frac{a+\sigma-a}{\sigma}\right) - \Phi\left(\frac{a-\sigma-a}{\sigma}\right)$$
$$= \Phi(1) - \Phi(-1)$$
$$= 1 - Q(1) - Q(1)$$
$$= 1 - 2Q(1)$$
$$= 1 - 2 \times 0.15866$$
$$= 0.68268$$

同理可求得
$$P(|X-a| < 2\sigma) = 0.9545$$
$$P(|X-a| < 3\sigma) = 0.9973$$

这说明,随机变量 X 的取值与 a 值的离差绝对值不超过 σ 的概率略大于 66.7%,不超过 2σ 的概率在 95% 以上,不超过 3σ 的概率高达 99.73%。因此可认为 X 的值几乎不落在区间 $(a-3\sigma, a+3\sigma)$ 之外,这就是著名的"3σ 原则"。在统计工作中,也常用这些关系来判断一种随机变量是否可用正态分布来近似描述。

若 $X \sim N(0,1)$,对给定的 α ($0 < \alpha < 1$),满足关系式
$$P(X \geq u_\alpha) = \alpha \tag{2-33}$$

的 u_α 值,称为 X 的上侧 α 分位点。

4. 皮尔逊Ⅲ型分布

英国生物统计学家 K·皮尔逊于 1895—1916 年间研究了大量实测资料后发现,许多随机变量的频率分布图形都呈单峰铃形,峰值两边的频率逐渐减少,最后趋于与横轴相

切，如图2-11所示。于是，他把这种形状的概率密度曲线的微分方程概括为下列形式：

$$\frac{dy}{dx} = \frac{(x+d)y}{b_0 + b_1 x + b_2 x^2} \quad (2-34)$$

式中：$y = f(x)$ 为概率密度函数，坐标原点位于变量的平均值 $\bar{x}$ 处；b_0, b_1, b_2 为参数。

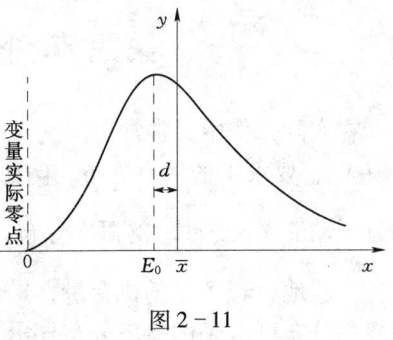

图2-11

将上述微分方程积分，可以得到概率密度函数 $y = f(x)$。根据方程(2-34)中参数 b_0, b_1, b_2 的数值，及二次方程 $b_0 + b_1 x + b_2 x^2 = 0$ 的根的情况（等根、实根、虚根以及根的符号等），积分后可得到不同的密度函数，共有13种型式，组成皮尔逊曲线簇，正态分布为其中的一型。

皮尔逊曲线簇适应性很强，计算又很简便，水文学者对其中的Ⅰ型、Ⅲ型、Ⅴ型三种进行了比较深入的研究。特别是第Ⅲ型，简记为P-Ⅲ型，1924年福斯特（Foster）首先将它用于水文现象，以后得到各国水文学者的广泛研究，也是我国水利水电工程水文计算规范中推荐采用的概率分布密度（水文学中常称之为分布线型）。但这并不意味着P-Ⅲ型分布与水文现象之间有什么物理联系，只不过因为它与我国大部分河流水文资料拟合得较好而已。

应当注意，皮尔逊曲线簇的来源是纯经验性的，它与概率论理论并没有直接联系。

P-Ⅲ型分布的概率密度函数为

$$f(x) = \frac{\beta^\alpha}{\Gamma(\alpha)}(x - a_0)^{\alpha-1} e^{-\beta(x-a_0)}, \quad \alpha > 0, x > a_0 \quad (2-35)$$

P-Ⅲ型分布的概率密度图形一般如图2-12所示。

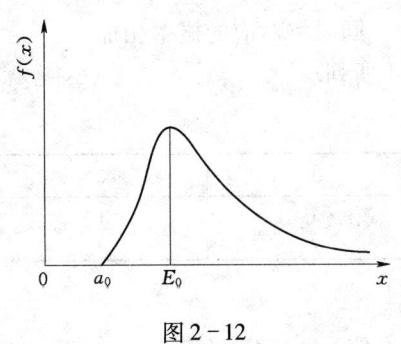

图2-12

P-Ⅲ型分布密度函数的 a_0, α, β 为三个参数，a_0 为变量的最小值。$\Gamma(\alpha)$ 为伽玛函数，定义为

$$\Gamma(\alpha) = \int_0^{+\infty} x^{\alpha-1} e^{-x} dx \quad (2-36)$$

Γ 函数具有如下的性质：

$$\Gamma(\alpha + 1) = \alpha \Gamma(\alpha) \quad (2-37)$$

当 α 是正整数时，

$$\Gamma(\alpha + 1) = \alpha! \quad (2-38)$$

$$\Gamma(1) = 1, \quad \Gamma\left(\frac{1}{2}\right) = \sqrt{\pi} \quad (2-39)$$

$a_0 = 0$ 的 P-Ⅲ 分布称为 Gamma 分布或 Γ 分布，简记为 $\Gamma(\alpha, \beta)$，其密度函数为

$$f(x) = \frac{\beta^\alpha}{\Gamma(\alpha)} x^{\alpha-1} e^{-\beta x}, \quad \alpha > 0, x > 0 \quad (2-40)$$

$\alpha = 1(\beta > 0)$ 的 Γ 分布称为指数分布，其密度函数为

$$f(x) = \beta e^{-\beta x}, \quad \beta > 0, x > 0$$

关于P-Ⅲ分布的性质和应用，在以后有关章节中还要作进一步介绍。

第四节 随机变量函数的概率分布

在实际工作中,常常遇到这样的问题,已知随机变量 X 的概率分布,Y 是 X 的函数 $Y = g(X)$,要求 Y 的概率分布。例如,在物理学中,已知分子运动速度 X 的概率分布,要求分子动能 $Y = \frac{1}{2}mX^2$ 的概率分布。

一般地,若 X 是随机变量,$Y = g(X)$ 是 X 的单值实函数,则 Y 也是随机变量,且它的概率分布可由 X 的概率分布导出(概率分布有时简称分布律或分布,是概率函数、分布列、分布函数、密度函数的总称)。

一、离散型随机变量函数的分布

设离散型随机变量 X 的概率分布为
$$P(X = x_i) = p_i, \quad i = 1, 2, \cdots$$
则 $Y = g(X)$ 也是一个离散型随机变量,其可能取值为 $Y_i = g(x_i)(i = 1, 2, \cdots)$。

若 $Y_i = g(x_i)(i = 1, 2, \cdots)$ 的值互不相等,则由
$$P(Y = y_i) = P(X = x_i) = p_i$$
可得 Y 的概率分布。

若 $Y_i = g(x_i)(i = 1, 2, \cdots)$ 中有相等的值,则把那些相等的合并起来。由于事件
$$(Y = y_i) = \sum_{g(x_k) = y_i} (X = x_k)$$
则由概率的可加性可得事件 $(Y = y_i)$ 的概率为
$$P(Y = y_i) = \sum_{g(x_k) = y_i} P(X = x_k) \tag{2-41}$$
因此,Y 的概率分布应将 $y_i(i = 1, 2, \cdots)$ 中相同的值合并,同时将对应的概率相加。

例 23 设 X 为离散型随机变量,其分布列如表 2-4 所列。

表 2-4

X	-1	0	1	2
$P(X = x_i)$	$\frac{1}{5}$	$\frac{2}{5}$	$\frac{1}{5}$	$\frac{1}{5}$

求 $Y = X^2$ 的分布律。

解 显然 Y 也是一个离散型随机变量,且只能取三个值:0,1,4。由于
$$P(Y = 0) = P(X^2 = 0) = P(X = 0) = \frac{2}{5}$$
$$P(Y = 1) = P(X^2 = 1) = P[(X = -1) \cup (X = 1)] = \frac{2}{5}$$
$$P(Y = 4) = P(X^2 = 4) = P(X = 2) = \frac{1}{5}$$

因此,Y 的分布列如表 2-5 所列。

表 2-5

Y	0	1	4
$P(Y=y_i)$	$\dfrac{2}{5}$	$\dfrac{2}{5}$	$\dfrac{1}{5}$

在水文工作中，通常遇到的大都是连续型随机变量，因此，下面着重讨论连续型随机变量函数的情形。

二、连续型随机变量函数的分布

设 X 是连续型随机变量，若 $y=g(x)$ 处处可导，则 $Y=g(X)$ 也是连续型随机变量。为区别起见，X 的密度函数和分布函数分别记为 $f_X(x)$、$F_X(x)$，Y 的密度函数和分布函数分别记为 $f_Y(y)$、$F_Y(y)$。

下面分几种情况进行讨论。

1. $y=g(x)$ 是 x 的单调函数

因为 $y=g(x)$ 在 X 的值域内单调且连续，所以它的反函数 $x=g^{-1}(y)$ 存在，且在 Y 的值域内单调且可导。

设 $y=g(x)$ 单调增加，如图 2-13 所示，在 Y 的值域内，对任意实数 y，事件 $(Y<y)$ 等价于事件 $[X<g^{-1}(y)]$。于是
$$F_Y(y)=P(Y<y)=P[X<g^{-1}(y)]=F_X[g^{-1}(y)]$$
从而 Y 的密度函数为
$$f_Y(y)=F'_Y(y)=\frac{\mathrm{d}}{\mathrm{d}y}F_X[g^{-1}(y)]=f_X[g^{-1}(y)]\frac{\mathrm{d}g^{-1}(y)}{\mathrm{d}y} \tag{2-42}$$

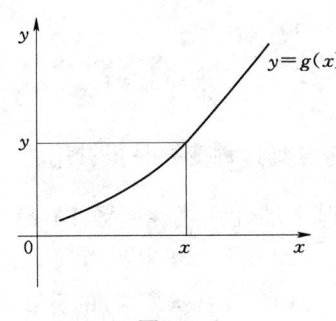

图 2-13　　　　图 2-14

如果 $y=g(x)$ 单调减少，如图 2-14 所示，在 Y 的值域内，对任意实数 y，事件 $(Y<y)$ 等价于事件 $[X>g^{-1}(y)]$，于是
$$F_Y(y)=P(Y<y)=P[X>g^{-1}(y)]=1-P[X\leqslant g^{-1}(y)]$$
$$=1-P[X<g^{-1}(y)]-P[X=g^{-1}(y)]$$

因为
$$P[X=g^{-1}(y)]=0$$

所以
$$F_Y(y)=1-P[X<g^{-1}(y)]=1-F_X[g^{-1}(y)]$$

从而 Y 的密度函数为

$$f_Y(y) = F'_Y(y) = \frac{\mathrm{d}}{\mathrm{d}y}\{1 - F_X[g^{-1}(y)]\}$$

$$= -\frac{\mathrm{d}}{\mathrm{d}y}F_X[g^{-1}(y)]$$

$$= -f_X[g^{-1}(y)]\frac{\mathrm{d}g^{-1}(y)}{\mathrm{d}y} \tag{2-43}$$

当 $y = g(x)$ 单调减少时，$\frac{\mathrm{d}g^{-1}(y)}{\mathrm{d}y} < 0$，所以式(2-42)和式(2-43)可写为如下统一形式：

$$f_Y(y) = f_X[g^{-1}(y)]\left|\frac{\mathrm{d}g^{-1}(y)}{\mathrm{d}y}\right| \tag{2-44}$$

例 24 设 X 服从正态分布

$$f_X(x) = \frac{1}{\sqrt{2\pi}\sigma}\mathrm{e}^{-\frac{(x-a)^2}{2\sigma^2}}, \quad -\infty < x < +\infty$$

试求：$Y = \frac{X-a}{\sigma}$ 的分布密度。

解 $x = g^{-1}(y) = \sigma y + a$，$\left|\frac{\mathrm{d}g^{-1}(y)}{\mathrm{d}y}\right| = |\sigma| = \sigma$

由式(2-44)得

$$f_Y(y) = \frac{1}{\sqrt{2\pi}\sigma}\mathrm{e}^{-\frac{(\sigma y+a-a)^2}{2\sigma^2}}\sigma$$

$$= \frac{1}{\sqrt{2\pi}}\mathrm{e}^{-\frac{y^2}{2}}, \quad -\infty < y < +\infty$$

所以 Y 服从标准正态分布。

称 $Y = \frac{X-a}{\sigma}$ 这种变换为标准化变换，以后将看到这种变换是很有用的。

事实上，如果随机变量 X 服从正态分布，则 X 的任意线性函数 $Y = cX + b$，$(c \neq 0)$ 仍为正态变量，仅仅参数不同而已。

例 25 设随机变量 X 具有连续的分布函数 $F(x)$，求 $Y = F(X)$ 的分布函数。

解

当 $0 < y \leqslant 1$ 时

$$F_Y(y) = P(Y < y) = P[F(X) < y]$$

$$= P[X < F^{-1}(y)] = F[F^{-1}(y)] = y$$

当 $y \leqslant 0$ 时

$$F_Y(y) = P(Y < y) = P[F(X) < y] = P(\phi) = 0$$

当 $y > 1$ 时

$$F_Y(y) = P(Y < y) = P[F(X) < y] = P(\Omega) = 1$$

综合起来，$Y = F(X)$ 的分布函数为

第四节 随机变量函数的概率分布

$$F_Y(y) = \begin{cases} 0, & y \leq 0 \\ y, & 0 < y \leq 1 \\ 1, & y > 1 \end{cases}$$

与式(2-20)比较，可见 $Y = F(X)$ 在 $[0,1]$ 上服从均匀分布。

这一结果很重要，可以利用随机产生的 $[0,1]$ 上均匀分布的随机数 y，代入 $x = F^{-1}(y)$，可得随机变量 X 的抽样 x，这种方法在随机水文学中有重要的应用。

例 26 设随机变量 X 的密度函数为

$$f_X(x) = \begin{cases} 2x^3 e^{-x^2}, & x \geq 0 \\ 0, & x < 0 \end{cases}$$

试求：(1) $Y = 2X + 3$；

(2) $Y = \ln X$ 的概率密度函数。

解

(1) $y = 2x + 3$，$x = g^{-1}(y) = \dfrac{y-3}{2}$

$$\left| \frac{\mathrm{d}g^{-1}(y)}{\mathrm{d}y} \right| = \frac{1}{2}$$

所以

$$f_Y(y) = 2\left(\frac{y-3}{2}\right)^3 e^{-\left(\frac{y-3}{2}\right)^2} \frac{1}{2} = \left(\frac{y-3}{2}\right)^3 e^{-\left(\frac{y-3}{2}\right)^2}$$

当 $x \geq 0$ 时，$y \geq 3$

所以

$$f_Y(y) = \begin{cases} \left(\dfrac{y-3}{2}\right)^3 e^{-\left(\frac{y-3}{2}\right)^2}, & y \geq 3 \\ 0, & y < 3 \end{cases}$$

(2) $y = \ln x$，$x = g^{-1}(y) = e^y$

$$\left| \frac{\mathrm{d}g^{-1}(y)}{\mathrm{d}y} \right| = e^y$$

x 取值大于 0 时，y 的值域为 $(-\infty, +\infty)$，所以

$$f_Y(y) = 2(e^y)^3 e^{-(e^y)^2} \times e^y = 2e^{4y} e^{-e^{2y}}, \quad -\infty < y < +\infty$$

2. 一般情况

先看一个例子，设 $Y = g(X)$ 是单值连续函数，但不是单调的，如图 2-15 所示，假定 Y 在 $[a, b]$ 内取值。

当 $y > b$ 时，$(Y < y)$ 为必然事件，所以

$$F_Y(y) = P(Y < y) = 1$$

当 $y \leq a$ 时，$(Y < y)$ 为不可能事件，所以

$$F_Y(y) = P(Y < y) = 0$$

当 $y = y_1$ 时，方程 $y_1 = g(x)$ 有解 $x_4 = g^{-1}(y_1)$，于是事件 $(Y < y_1)$ 等价于事件 $(X < x_4)$，故有

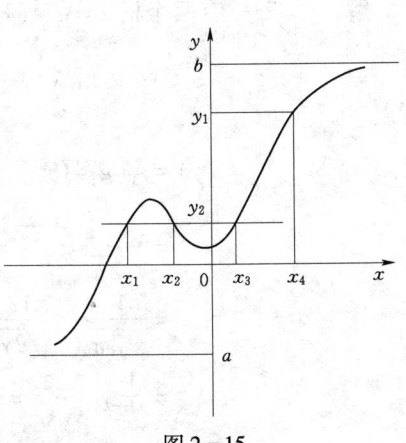

图 2-15

$$F_Y(y_1) = P(Y<y_1) = P(X<x_4) = F_X(x_4) = F_X[g^{-1}(y_1)]$$

当 $y=y_2$ 时，方程 $y_2 = g(x)$，有 3 个解：

$$g(x_1) = g(x_2) = g(x_3) = y_2, x_1 = g_1^{-1}(y_2), x_2 = g_2^{-1}(y_2), x_3 = g_3^{-1}(y_2)$$

此时，事件 $(Y<y)$ 等价于事件 $(X<x_1) \cup (x_2<X<x_3)$，而且事件 $(X<x_1)$ 与事件 $(x_2<X<x_3)$ 互斥，于是

$$F_Y(y_2) = P(Y<y_2) = P(X<x_1) + P(x_2<X<x_3)$$
$$= F_X(x_1) + F_X(x_3) - F_X(x_2)$$
$$= F_X[g_1^{-1}(y_2)] + F_X[g_3^{-1}(y_2)] - F_X[g_2^{-1}(y_2)]$$

上式两侧对 y_2 求导，得 Y 的密度函数为

$$f_Y(y_2) = f_X[g_1^{-1}(y_2)]\frac{\mathrm{d}g_1^{-1}(y_2)}{\mathrm{d}y_2} + f_X[g_3^{-1}(y_2)]\frac{\mathrm{d}g_3^{-1}(y_2)}{\mathrm{d}y_2} - f_X[g_2^{-1}(y_2)]\frac{\mathrm{d}g_2^{-1}(y_2)}{\mathrm{d}y_2}$$

由于 $\frac{\mathrm{d}g_2^{-1}(y_2)}{\mathrm{d}y_2} < 0$，所以上式可写成如下形式：

$$f_Y(y_2) = \sum_{i=1}^{3} f_X[g_i^{-1}(y_2)]\left|\frac{\mathrm{d}g_i^{-1}(y_2)}{\mathrm{d}y_2}\right|$$

由此，可引出下述定理：

设随机变量 X 有密度函数 $f_X(x)$，$Y=g(X)$ 是单值连续函数，若方程 $y=g(x)$ 对 y 有实根 $x_1, x_2, \cdots, x_n$，即 $x_i = g_i^{-1}(y)(i=1,2,\cdots,n)$，且 $\frac{\mathrm{d}g_i^{-1}(y)}{\mathrm{d}y}(i=1,2,\cdots,n)$ 均存在，那么 Y 的密度函数为

$$f_Y(y) = \sum_{i=1}^{n} f_X[g_i^{-1}(y)]\left|\frac{\mathrm{d}g_i^{-1}(y)}{\mathrm{d}y}\right| \tag{2-45}$$

例 27 设随机变量 X 服从标准化正态分布 $N(0,1)$，即

$$f(x) = \frac{1}{\sqrt{2\pi}}e^{-\frac{x^2}{2}}, -\infty < x < +\infty$$

求 $Y = \frac{X^2}{2}$ 的密度函数。

解 $y = \frac{x^2}{2}$，有两个根 $x = g^{-1}(y) = \pm\sqrt{2y}$，即

$$x_1 = g_1^{-1}(y) = \sqrt{2y}, x_2 = g_2^{-1}(y) = -\sqrt{2y}$$

所以

$$f_Y(y) = f_X[g_1^{-1}(y)]\left|\frac{\mathrm{d}g_1^{-1}(y)}{\mathrm{d}y}\right| + f_X[g_2^{-1}(y)]\left|\frac{\mathrm{d}g_2^{-1}(y)}{\mathrm{d}y}\right|$$
$$= \frac{1}{\sqrt{2\pi}}e^{-\frac{(\sqrt{2y})^2}{2}}\left|\frac{\mathrm{d}\sqrt{2y}}{\mathrm{d}y}\right| + \frac{1}{\sqrt{2\pi}}e^{-\frac{(-\sqrt{2y})^2}{2}}\left|\frac{\mathrm{d}(-\sqrt{2y})}{\mathrm{d}y}\right|$$
$$= \frac{1}{\sqrt{2\pi}}e^{-y}\frac{1}{\sqrt{2y}} + \frac{1}{\sqrt{2\pi}}e^{-y}\frac{1}{\sqrt{2y}}$$
$$= \frac{1}{\sqrt{\pi}}y^{-\frac{1}{2}}e^{-y} = \frac{1}{\Gamma\left(\frac{1}{2}\right)}y^{-\frac{1}{2}}e^{-y}, y > 0 \tag{2-46}$$

即 Y 服从 Γ 分布，也是 $a_0=0$，$\beta=1$，$\alpha=\dfrac{1}{2}$ 的 P-Ⅲ型分布。

例 28 已知 $X \sim N(0,1)$，求 $Z = X^2$ 的分布。

解 由例 27 知，$Z = 2Y$，而 Y 的密度见式(2-46)。

$$z = 2y,\ y = g^{-1}(z) = \frac{1}{2}z$$

$$f_Z(z) = f_Y[g^{-1}(z)] \left| \frac{\mathrm{d}g^{-1}(z)}{\mathrm{d}z} \right|$$

$$= \frac{1}{\Gamma\left(\dfrac{1}{2}\right)} \left(\frac{z}{2}\right)^{-\frac{1}{2}} \mathrm{e}^{-\frac{z}{2}} \times \frac{1}{2}$$

$$= \frac{1}{\sqrt{2\pi}} z^{-\frac{1}{2}} \mathrm{e}^{-\frac{z}{2}},\ z > 0 \tag{2-47}$$

上述分布为 Gamma 分布 $\Gamma\left(\dfrac{1}{2}, \dfrac{1}{2}\right)$，又称为自由度为 1 的 χ^2 分布。

下面简单推求一下在水文学中讨论较多的另两个分布密度函数。

(1) 对数正态分布。若随机变量 X 的对数 $Y = \ln X$ 服从正态分布

$$f_Y(y) = \frac{1}{\sqrt{2\pi}\sigma_Y} \mathrm{e}^{-\frac{(y-a_Y)^2}{2\sigma_Y^2}}$$

则称 X 服从对数正态分布，其密度函数为

$$f_X(x) = \frac{1}{x\sqrt{2\pi}\sigma_Y} \mathrm{e}^{-\frac{(\ln x - a_Y)^2}{2\sigma_Y^2}},\ x > 0 \tag{2-48}$$

式中：a_Y，σ_Y 为两个参数。

所以式(2-48)称两参数对数正态分布，其图形如图 2-16 所示。

事实上，由 $X = g(Y) = \mathrm{e}^Y$ 得，$y = g^{-1}(x) = \ln x$

$$\left| \frac{\mathrm{d}g^{-1}(x)}{\mathrm{d}x} \right| = \frac{1}{x}$$

所以

$$f_X(x) = \frac{1}{\sqrt{2\pi}\sigma_Y} \mathrm{e}^{-\frac{(\ln x - a_Y)^2}{2\sigma_Y^2}} \frac{1}{x}$$

$$= \frac{1}{x\sqrt{2\pi}\sigma_Y} \mathrm{e}^{-\frac{(\ln x - a_Y)^2}{2\sigma_Y^2}}\quad x > 0$$

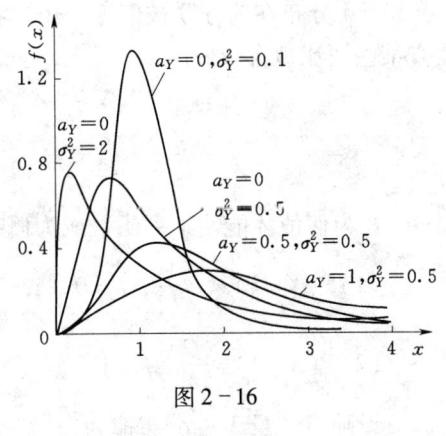

图 2-16

上述两参数对数正态分布中，随机变量 X 的最小值为零，对于最小值大于零的变量不适用，因此又有采用函数 $Y = \ln(X-b)$ 作变换函数得到的三参数对数正态分布，其密度函数为

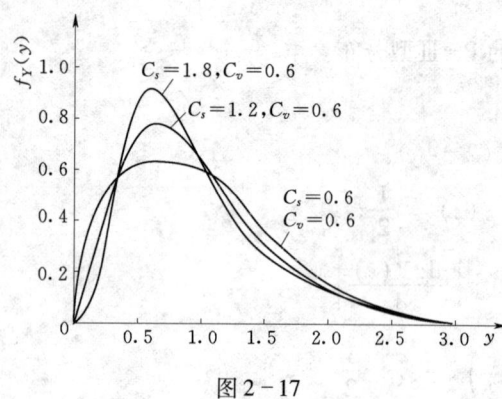

$$f_X(x) = \frac{1}{(x-b)\sigma_Y \sqrt{2\pi}} e^{-\frac{[\ln(x-b)-a_Y]^2}{2\sigma_Y^2}}, \quad x > b \tag{2-49}$$

(2) 克里茨基-门克尔分布。若随机变量 X 服从 Γ 分布 $\Gamma(\alpha,\alpha)$，其密度函数为

$$f_X(x) = \frac{\alpha^\alpha}{\Gamma(\alpha)} x^{\alpha-1} e^{-\alpha x}, \quad \alpha > 0, x > 0 \tag{2-50}$$

图 2-17

设 $Y = aX^b$，则称 Y 服从克里茨基-门克尔分布，简称克-门（K-M）分布，如图 2-17 所示。其密度函数为

$$f_Y(y) = \frac{\alpha^\alpha}{a^{\frac{\alpha}{b}} b \Gamma(\alpha)} y^{\frac{\alpha}{b}-1} e^{-\alpha \left(\frac{y}{a}\right)^{\frac{1}{b}}}, \quad y > 0 \tag{2-51}$$

事实上，因为

$$y = ax^b$$

所以

$$x = g^{-1}(y) = \left(\frac{y}{a}\right)^{\frac{1}{b}}, \quad \frac{dg^{-1}(y)}{dy} = \frac{1}{ab}\left(\frac{y}{a}\right)^{\frac{1}{b}-1}$$

于是

$$f_Y(y) = \frac{\alpha^\alpha}{\Gamma(\alpha)} \left[\left(\frac{y}{a}\right)^{\frac{1}{b}}\right]^{\alpha-1} e^{-\alpha\left(\frac{y}{a}\right)^{\frac{1}{b}}} \frac{1}{ab}\left(\frac{y}{a}\right)^{\frac{1}{b}-1}$$

$$= \frac{\alpha^\alpha}{a^{\frac{\alpha}{b}} b \Gamma(\alpha)} y^{\frac{\alpha}{b}-1} e^{-\alpha\left(\frac{y}{a}\right)^{\frac{1}{b}}}, \quad y > 0$$

K-M 分布在前苏联被广泛应用。我国水文工作者也对它做过大量研究，认为对我国北方某些河流拟合较好。

习 题

2-1 C 为何值才能使下列函数成为概率分布？

(1) $P(X=k) = C\dfrac{\lambda^k}{k!}$, $k = 0,1,2,3,\cdots$, $\lambda > 0$

(2) $P(X=k) = \dfrac{C}{N}$, $k = 1, 2, \cdots, N$

2-2 设随机变量 X 的分布律为

$$P(X=k) = \frac{k}{15}, \quad k = 1,2,3,4,5$$

求：

(1) $P(X=1 \text{ 或 } X=2)$；

(2) $P\left(\dfrac{1}{2} < X < \dfrac{5}{2}\right)$;

(3) $P(1 \leqslant X \leqslant 2)$。

2-3 某运动员投篮命中的概率为 $p = 0.2$，求 n 次投篮中，命中次数的概率分布。

2-4 某盒中有5个纪念章，标号为 1,2,3,4,5，从中任取 3 个，用 X 表示纪念章上的最大号码，求 X 的概率分布。

2-5 设某批温度表的正品率为3/4，次品率为1/4，现对这批温度表进行检测，只要测得一只正品就不再继续测试，试求测试次数的分布律。

2-6 在15只同类零件中有 2 只次品，在其中抽取 3 次，每次抽 1 只，取后不放回，以 X 表示取出的 3 只中所含次品的个数，求 X 的概率分布并画出分布函数的图形。

2-7 在相同条件下对目标独立地射击5次，若每次射击命中概率为 $p = 0.6$，求：

(1) 目标被命中 2 次的概率；

(2) 目标至少被命中 4 次的概率；

(3) 目标至多被命中 3 次的概率；

(4) 目标至少被命中 1 次的概率。

2-8 在汽车经过的路上有 4 个交叉路口，设在每个交叉路口碰到红灯的概率都是 p，且各路口的红绿灯是相互独立的。求汽车停止前进时，已通过交通路口个数 X 的分布列。

2-9 每次射击命中目标的概率为0.2，必须进行多少次独立射击，才能使至少命中一次的概率不小于0.9？

2-10 某电话交换台，每分钟的呼唤次数 X 服从 $\lambda = 4$ 的泊松分布，求每分钟恰有 3 次呼唤的概率。

2-11 设 X 服从泊松分布，且已知 $P(X=1) = P(X=2)$，求 $P(X=4)$。

2-12 电子计算机内装有2000个电阻，每个电阻损坏的概率 $P = 0.0005$，各电阻是否损坏是互相独立的，若有一个电阻损坏，计算机即停止工作，求计算机停止工作的概率（用泊松定理）。

2-13 设随机变量 K 服从均匀分布 $U[0,10]$，求方程 $x^2 + Kx + 1 = 0$ 有实根的概率。

2-14 函数 $f(x) = 1/\pi(1+x^2)$ 在区间 (1) $(-\infty, \infty)$；(2) $(0, +\infty)$；(3) $(-\infty, 0)$ 是否为某随机变量的概率密度？

2-15 证明函数

$$f(x) = \frac{1}{2} e^{-|x|}, \quad -\infty < x < +\infty$$

是一个概率密度函数，并求 X 的分布函数。

2-16 设随机变量 X 的概率密度为

$$f(x) = \begin{cases} \dfrac{A}{\sqrt{1-x^2}}, & |x| < 1 \\ 0, & |x| \geqslant 1 \end{cases}$$

试求：

(1) 常数 A；

(2) $P\left(|X| < \dfrac{1}{2}\right)$；

(3) X 的分布函数。

2-17 设随机变量 X 的分布函数为

$$F(x) = \begin{cases} 0, & x \leq 0 \\ Ax^2, & 0 < x \leq 1 \\ 1, & x > 1 \end{cases}$$

试求：

(1) 常数 A；

(2) $P(0.3 \leq X < 0.7)$；

(3) X 的概率密度。

2-18 设随机变量 X 的分布函数为

$$F(x) = \begin{cases} A - e^{-x}, & x > 0 \\ 0, & x \leq 0 \end{cases}$$

试求：

(1) 常数 A；

(2) $P(X < 2)$；

(3) $P(X \geq 3)$。

2-19 设随机变量 X 的概率密度函数 $f(x)$ 具有对称性，即 $f(-x) = f(x)$，试证对任意 $a > 0$，有：

(1) $F(-a) = 1 - F(a) = \dfrac{1}{2} - \int_0^a f(x)\,dx$；

(2) $P(|x| < a) = 2F(a) - 1$；

(3) $P(|x| \geq a) = 2[1 - F(a)]$。

2-20 设 $X \sim N(0,1)$，求 (1) $P(X < 2.5)$；(2) $P(|X| < 1.55)$；(3) $P(|X| > 2.0)$。

2-21 设 $X \sim N(10, 2^2)$，求 (1) $P(X < 9)$；(2) $P(7 \leq X < 12)$；(3) $P(X \geq 13)$。

2-22 已知 $X \sim N(300, 35^2)$，求 d 使 $P(|X - 300| < d) = 0.8$。

2-23 设测量某一距离时的偶然误差 $X \sim N(0, 4^2)$ 分布，求：

(1) 误差绝对值不超过 3 的概率；

(2) 反复 3 次独立测量中，至少有一次误差绝对值不超过 3 的概率。

2-24 设 $X \sim N(5, 2^2)$ 分布，求 C 使 $P(X < C) = P(X \geq C)$。

2-25 设 $\alpha = 0.01$，求标准化正态分布的上侧 α 百分位点 u_α。

2-26 已知 $X \sim N(3, 5^2)$ 且 $P(X \geq x) = 0.10$，求 x。

2-27 某工厂生产的晶体管的寿命 X（小时）服从 $N(160, \sigma^2)$ 分布，若要求 $P(120 \leq X < 200) = 0.8$，问允许 σ 最大为多少？

2-28 随机变量 X 的密度函数为

$$f(x) = \begin{cases} xe^{-x}, & x \geq 0 \\ 0, & x < 0 \end{cases}$$

求：

(1) $Y = e^X$；

(2) $Y = 3 - 2X$；

(3) $Y = X^2$ 的密度函数。

2-29 设 $X \sim U[0,1]$，求 $Y = -2\ln X$ 的密度函数。

2-30 设 $X \sim N(0,1)$ 求：

(1) $Y = e^X$；

(2) $Y = 2X^2 + 1$；

(3) $Y = |X|$ 的密度。

2-31 电源电压在不超过200V，200~240V，超过240V 三种状态下，元件损坏的概率分别是 0.1，0.001 和 0.2，设电源电压 X 服从正态分布 $N(220,25^2)$，求：

(1) 元件损坏的概率 α；

(2) 元件损坏时，电压在 200~240V 间的概率 β。

2-32 测量圆的直径，设其近似值在区间 (a,b) 内服从均匀分布 $(a>0,b>0)$，求圆面积的概率密度。

2-33 设随机变量 $X \sim N(a,\sigma^2)$ 分布，试证 X 的线性函数 $Y = cX + d$ 也服从正态分布。

2-34 在 xoy 平面内，通过点 $(0,1)$ 作任意直线，设该直线与 ox 轴的交角为 $\theta(0<\theta<\pi)$，交点为 $(A,0)$，求此直线在 x 轴上截距 OA 长度 X 的概率密度 [提示：θ 在 $(0,\pi)$ 上服从均匀分布]。

2-35 在 $\triangle ABC$ 中任取一点 P，P 到 AB 的距离为 X，若 AB 上的高为 h，求 X 的分布函数。

第三章 多元随机变量及其分布

第一节 多元随机变量与联合分布

一、多元随机变量

在第二章中,讨论了用一个随机变量来描述随机试验的结果。但是,在实际问题中,有些随机试验的结果仅用一个随机变量来描述往往是不够的,需用两个或两个以上的随机变量来共同描述。例如,打靶时,如只观察击中的环数,则用一个随机变量来描述就够了。但如果观察弹着点的位置,则需用平面直角坐标系中的两个随机变量——弹着点的横坐标 X 和纵坐标 Y 来描述(或极坐标系中的极径 R 和极角 θ 来描述),X 与 Y 的不同取值,表示不同的随机事件,即不同的弹着点。再例如,考察钢厂炼出的每炉钢中,钢的硬度、含碳量和含硫量,就要用三个随机变量 X,Y,Z 来描述,这里 X 代表硬度,Y 代表含碳量,Z 代表含硫量。在水文工作中,观测某流域各次洪水的洪峰流量和洪量,记录某地每年的年降水量、降水天数、最高气温和最低气温等,都须由多个随机变量来共同描述。值得注意的是,这些随机变量之间又有某种联系,因而需要把这些随机变量当作一个整体(即向量)来研究。

定义 设 Ω 是随机试验的基本空间,若对于试验的每一个可能结果 $\omega \in \Omega$,$X_1 = X_1(\omega)$,$X_2 = X_2(\omega)$,$\cdots$,$X_n = X_n(\omega)$ 是定义在 Ω 上的随机变量,则由它们构成的整体 $(X_1, X_2, \cdots, X_n)$ 称为 n 元(维)随机变量(或称随机向量)。当 $n \geq 2$ 时,称 $(X_1, X_2, \cdots, X_n)$ 为多元随机变量或多维随机变量。

打靶时的弹着点 (X,Y) 是二元随机变量,每炉钢的基本指标 (X,Y,Z)(硬度,含碳量,含硫量)是三元随机变量。

与一元随机变量的情形类似,多元随机变量也主要分为离散型和连续型两大类。

二、联合分布

分布函数 $F(x)$ 描述了一元随机变量的统计规律。类似地,用联合分布来刻画多元随机变量的统计规律。

定义 设 $(X_1, X_2, \cdots, X_n)$ 为 n 元随机变量,$x_1, x_2, \cdots, x_n$ 是 n 个任意实数,则称

$$F(x_1, x_2, \cdots, x_n) = P(X_1 < x_1, X_2 < x_2, \cdots, X_n < x_n) \qquad (3-1)$$

为 n 元随机变量 $(X_1, X_2, \cdots, X_n)$ 的联合分布函数,简称联合分布或分布函数。

下面主要讨论二元随机变量。关于二元随机变量的讨论,不难推广到 $n(n>2)$ 元随机变量的情况。

对于二元随机变量 (X,Y),分布函数可写为

$$F(x,y) = P(X<x, Y<y) \qquad (3-2)$$

如果将二元随机变量(X,Y)看成是平面上随机点的坐标,那么,分布函数$F(x,y)$在(x,y)处的函数值,就是随机点(X,Y)落在如图3-1所示的以点(x,y)为顶点的左下方无穷矩形域D内的概率。

当已知二元随机变量(X,Y)的分布函数$F(x,y)$时,对任意$x_2>x_1$,$y_2>y_1$,有
$$P(x_1 \leq X < x_2, y_1 \leq Y < y_2) = F(x_2,y_2) - F(x_1,y_2) - F(x_2,y_1) + F(x_1,y_1)$$
(3-3)

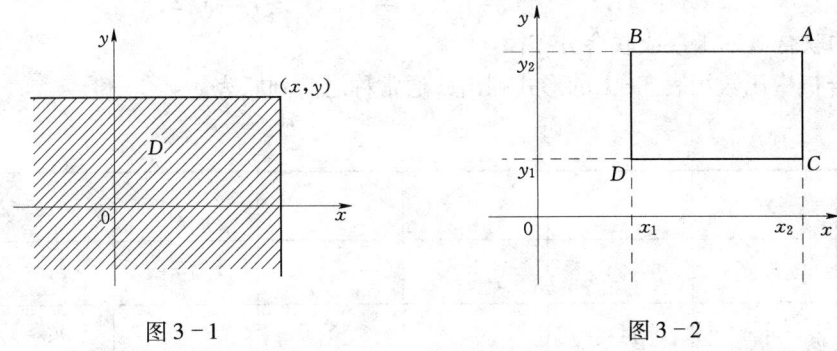

图3-1　　　　　　　　　　图3-2

式(3-3)可以由图3-2明显地看出,随机点(X,Y)落在矩形$(x_1 \leq X < x_2, y_1 \leq Y < y_2)$中的概率,等于落在$A$点左下部分的概率$F(x_2,y_2)$,减去落在$B$点的左下部分的概率$F(x_1,y_2)$,再减去落在$C$点左下部分的概率$F(x_2,y_1)$,再加上落在$D$点左下部分的概率$F(x_1,y_1)$。

因为$P(x_1 \leq X < x_2, y_1 \leq Y < y_2) \geq 0$,由式(3-3)可知:对任意$x_2 > x_1$,$y_2 > y_1$,下列不等式成立
$$F(x_2,y_2) - F(x_1,y_2) - F(x_2,y_1) + F(x_1,y_1) \geq 0 \qquad (3-4)$$
与一元的情形相类似,分布函数$F(x,y)$具有下列性质:

(1)$0 \leq F(x,y) \leq 1$。且$\lim\limits_{x \to -\infty} F(x,y) = 0$,$\lim\limits_{y \to -\infty} F(x,y) = 0$,$\lim\limits_{\substack{x \to -\infty \\ y \to -\infty}} F(x,y) = 0$,$\lim\limits_{\substack{x \to +\infty \\ y \to +\infty}} F(x,y) = 1$。

这四个式子,常简记为$F(-\infty, y) = 0$,$F(x, -\infty) = 0$,$F(-\infty, -\infty) = 0$,$F(+\infty, +\infty) = 1$。

(2)$F(x,y)$是变量x和y的不减函数。

对任意固定的x,当$y_2 > y_1$时,有
$$F(x,y_2) \geq F(x,y_1)$$
对任意固定的y,当$x_2 > x_1$时,有
$$F(x_2,y) \geq F(x_1,y)$$
当$x_2 > x_1$,$y_2 > y_1$时,有
$$F(x_2,y_2) \geq F(x_1,y_1)$$

(3)$F(x,y)$是关于x或y的左连续函数,即
$$F(x-0,y) = F(x,y), F(x,y-0) = F(x,y)$$

三、二元离散型随机变量

如果二元随机变量(X,Y)的所有可能取值是有限对或可列无限对时,则称(X,Y)为二元离散型随机变量。

对于一元离散型随机变量,概率函数或分布列完善地描述了统计特性,它不仅指出了随机变量的一切可能取值,而且还给出了所有可能取值的概率。类似地,对二元离散型随机变量,也可用联合概率函数或列联表来描述,称$X=x_i,Y=y_j$同时发生的概率

$$P(X=x_i,Y=y_j)=p_{i,j}, i=1,2,\cdots; j=1,2,\cdots \tag{3-5}$$

为(X,Y)的联合概率函数或联合分布律。

将联合概率函数用表3-1的形式列出,通常称之为列联表。

表3-1

$p_{i,j}$ Y X	y_1	y_2	$\cdots$	y_j	$\cdots$	$p_{i\cdot}=\sum\limits_j p_{i,j}$
x_1	$p_{1,1}$	$p_{1,2}$	$\cdots$	$p_{1,j}$	$\cdots$	$p_{1\cdot}=\sum\limits_j p_{1,j}$
x_2	$p_{2,1}$	$p_{2,2}$	$\cdots$	$p_{2,j}$	$\cdots$	$p_{2\cdot}=\sum\limits_j p_{2,j}$
$\vdots$	$\vdots$	$\vdots$		$\vdots$		$\vdots$
x_i	$p_{i,1}$	$p_{i,2}$	$\cdots$	$p_{i,j}$	$\cdots$	$p_{i\cdot}=\sum\limits_j p_{i,j}$
$\vdots$	$\vdots$	$\vdots$		$\vdots$		$\vdots$
$p_{\cdot j}=\sum\limits_i p_{i,j}$	$p_{\cdot 1}=\sum\limits_i p_{i,1}$	$p_{\cdot 2}=\sum\limits_i p_{i,2}$	$\cdots$	$p_{\cdot j}=\sum\limits_i p_{i,j}$	$\cdots$	1

表中第一列为随机变量X的一切可能取值,第一行为Y的一切可能取值。$p_{i,j}=P(X=x_i,Y=y_j)$。显然联合分布律具有下列两条基本性质:

(1) $p_{i,j}\geq 0, i=1,2,\cdots; j=1,2,\cdots$

(2) $\sum\limits_{i=1}^{\infty}\sum\limits_{j=1}^{\infty}p_{i,j}=1$。

关于表3-1中最下边一行和最右边一列的含义,将在下一节中作介绍。

根据分布函数的定义,二元离散型随机变量的分布函数为

$$F(x,y)=\sum_{\substack{x_i<x\\y_j<y}}P(X=x_i,Y=y_j) \tag{3-6}$$

例1 在五个产品中有两个是正品,每次从中任取一个检验其质量,若不放回地连续抽取两次,用$X_k=0$表示第k次取到正品,$X_k=1$表示第k次取到次品,$k=1,2$,试写出(X_1,X_2)的列联表。

解 $P(X_1=0,X_2=0)=P(X_1=0)P(X_2=0|X_1=0)=\dfrac{2}{5}\times\dfrac{1}{4}=\dfrac{1}{10}$

同理

$$P(X_1=0, X_2=1) = \frac{2}{5} \times \frac{3}{4} = \frac{3}{10}$$

$$P(X_1=1, X_2=0) = \frac{3}{5} \times \frac{2}{4} = \frac{3}{10}$$

$$P(X_1=1, X_2=1) = \frac{3}{5} \times \frac{2}{4} = \frac{3}{10}$$

所以(X_1, X_2)的列联表如表3-2所列。

表3-2

X_1 \ X_2	0	1
0	$\frac{1}{10}$	$\frac{3}{10}$
1	$\frac{3}{10}$	$\frac{3}{10}$

四、二元连续型随机变量

与一元连续型随机变量的定义相似,设二元随机变量(X,Y)的分布函数为$F(x,y)$,如果存在非负函数$f(x,y)$,使对任意实数x,y,有

$$F(x,y) = \int_{-\infty}^{y}\int_{-\infty}^{x} f(x,y)\,\mathrm{d}x\mathrm{d}y \tag{3-7}$$

则称(X,Y)是二元连续型随机变量。函数$f(x,y)$称为二元随机变量(X,Y)的联合分布密度函数,简称联合密度或密度函数。

注意式(3-7)中x,y的不同含义,该式表示$F(x,y) = \int_{-\infty}^{y}\int_{-\infty}^{x} f(u,v)\,\mathrm{d}u\mathrm{d}v$

联合密度$f(x,y)$具有下列性质

性质1
$$f(x,y) \geq 0 \tag{3-8}$$

性质2
$$\int_{-\infty}^{+\infty}\int_{-\infty}^{+\infty} f(x,y)\,\mathrm{d}x\mathrm{d}y = 1 \tag{3-9}$$

任意一个具有上述两条性质的二元函数$f(x,y)$都可能为某二元随机变量的联合密度。

性质3 对任意平面区域D,有

$$P[(X,Y) \in D] = \iint_D f(x,y)\,\mathrm{d}x\mathrm{d}y \tag{3-10}$$

在几何上,$z=f(x,y)$表示位于xoy平面上方的曲面,如图3-3所示。性质2说明该曲面与xoy平面间所夹的全部体积等于1,性质3说明随机点(X,Y)落在xoy平面上任意区域D中的概率等于以D为底、$f(x,y)$为顶的柱体的体积。

性质4 若$f(x,y)$在点(x,y)连续,则

$$\frac{\partial^2 F(x,y)}{\partial x \partial y} = f(x,y) \tag{3-11}$$

例2 设二元随机变量的密度函数为

$$f(x,y) = \begin{cases} x^2 + \frac{1}{3}xy, & 0 \leq x < 1,\ 0 \leq y < 2 \\ 0, & \text{其他} \end{cases}$$

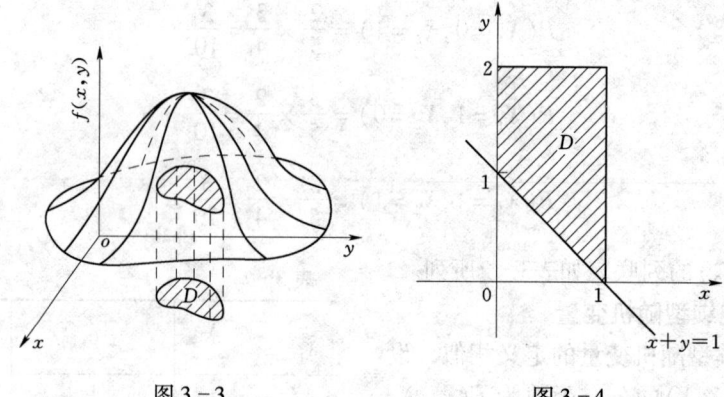

图 3-3   图 3-4

求 (X,Y) 落在区域 $x+y\geqslant 1$ 内的概率。

解 如图 3-4 所示，所求概率为

$$P(X+Y\geqslant 1) = \iint_D f(x,y)\,\mathrm{d}x\mathrm{d}y$$

$$= \iint_D \left(x^2+\frac{1}{3}xy\right)\mathrm{d}x\mathrm{d}y$$

$$= \int_0^1 \left[\int_{1-x}^2 \left(x^2+\frac{1}{3}xy\right)\mathrm{d}y\right]\mathrm{d}x$$

$$= \int_0^1 \left(\frac{1}{2}x+\frac{4}{3}x^2+\frac{5}{6}x^3\right)\mathrm{d}x = \frac{65}{72}$$

例 3 设 (X,Y) 的联合密度函数为

$$f(x,y)=\begin{cases}A\mathrm{e}^{-(2x+3y)}, & x>0, y>0\\ 0, & \text{其他}\end{cases}$$

求 (1) 常数 A；

(2) (X,Y) 的联合分布函数 $F(x,y)$；

(3) $P(-1\leqslant X<1,\ -2\leqslant Y<2)$。

解 (1) 由联合密度的性质 2 可知

$$1=\int_{-\infty}^{+\infty}\int_{-\infty}^{+\infty}f(x,y)\,\mathrm{d}x\mathrm{d}y=A\int_0^{+\infty}\int_0^{+\infty}\mathrm{e}^{-(2x+3y)}\,\mathrm{d}x\mathrm{d}y=A\int_0^{+\infty}\mathrm{e}^{-2x}\mathrm{d}x\int_0^{+\infty}\mathrm{e}^{-3y}\mathrm{d}y=\frac{A}{6}$$

所以 $A=6$。

(2) 当 $x>0$，$y>0$ 时

$$F(x,y)=\int_{-\infty}^x\int_{-\infty}^y f(x,y)\,\mathrm{d}x\mathrm{d}y=6\int_0^x\mathrm{e}^{-2x}\mathrm{d}x\int_0^y\mathrm{e}^{-3y}\mathrm{d}y=(1-\mathrm{e}^{-2x})(1-\mathrm{e}^{-3y})$$

当 $x\leqslant 0$，或 $y\leqslant 0$ 时，$f(x,y)=0$

$$F(x,y)=\int_{-\infty}^x\int_{-\infty}^y f(x,y)\,\mathrm{d}x\mathrm{d}y=0$$

综上得

$$F(x,y)=\begin{cases}(1-\mathrm{e}^{-2x})(1-\mathrm{e}^{-3y}), & x>0, y>0\\ 0, & \text{其他}\end{cases}$$

(3) $P(-1 \leqslant X < 1, -2 \leqslant Y < 2) = F(1,2) - F(-1,2) - F(1,-2) + F(-1,-2)$
$= (1 - e^{-2})(1 - e^{-6}) - 0 - 0 + 0$
$= (1 - e^{-2})(1 - e^{-6})$

例 4 设 (X,Y) 的密度函数为

$$f(x,y) = \begin{cases} \dfrac{1}{2}, & 0 \leqslant x < 1, 0 \leqslant y < 2 \\ 0, & \text{其他} \end{cases}$$

求 X 与 Y 中至少有一个小于 $\dfrac{1}{2}$ 的概率。

解 如图 3-5 所示，若随机点 (X,Y) 落在图中阴影区域 D 中，则 X 与 Y 中至少有一个小于 $\dfrac{1}{2}$。于是所求概率为

$$P[(X,Y) \in D] = \iint_D f(x,y) \mathrm{d}x\mathrm{d}y = \iint_D \dfrac{1}{2} \mathrm{d}x\mathrm{d}y$$
$$= \dfrac{1}{2}\left(2 \times 1 - \dfrac{1}{2} \times \dfrac{3}{2}\right) = \dfrac{5}{8}$$

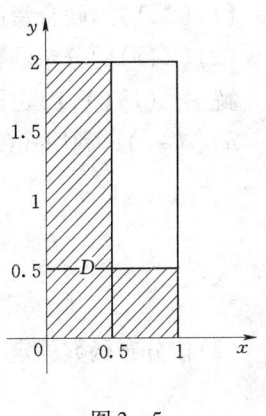

图 3-5

在第二章中曾讨论过，如果一元随机变量 X 在区间 $[a,b]$（长度 $l = b - a$）上服从均匀分布，则 X 的分布密度为

$$f(x) = \begin{cases} \dfrac{1}{l}, & a \leqslant x \leqslant b \\ 0, & \text{其他} \end{cases}$$

类似地，若二元随机变量 (X,Y) 在区域 G（面积为 A）上服从均匀分布，则 (X,Y) 的联合分布密度为

$$f(x,y) = \begin{cases} \dfrac{1}{A}, & (x,y) \in G \\ 0, & \text{其他} \end{cases} \qquad (3-12)$$

反之，若 (X,Y) 的联合密度如式 (3-12)，则称 (X,Y) 在区域 G 上服从均匀分布。

事实上，如 (X,Y) 在区域 G 上服从均匀分布，则其联合密度在 G 上为一常数，利用联合密度的性质 2，即可得式 (3-12)。

例 5 （第一章例 17）设两人相约 1h 内在某地会面，先到者等候另一人 0.5h，过时就离去。如果每人可在所指定 1h 内的任一时刻到达，并且两人到达的时刻是彼此无关的，试求两人能会面的概率。

解 设 X 和 Y 分别表示两人到达的时间，由题意可知，二元随机变量 (X,Y) 在如图 1-9 所示的正方形区域上服从均匀分布，根据式 (3-12)，其联合密度 $f(x,y)$ 为

$$f(x,y) = \begin{cases} 1, & 0 \leqslant x \leqslant 1, 0 \leqslant y \leqslant 1 \\ 0, & \text{其他} \end{cases}$$

其中 X,Y 的单位均以小时计。

两人能会面的充要条件为 $|X-Y| \leqslant \frac{1}{2}$，于是

$$P(|X-Y| \leqslant \frac{1}{2}) = \iint_D f(x,y) \mathrm{d}x\mathrm{d}y$$

$$= \iint_{|x-y| \leqslant \frac{1}{2}} 1 \mathrm{d}x\mathrm{d}y = \frac{3}{4}$$

这个结果与用几何方法计算的结果是相同的。

例6 设随机变量 (X,Y) 在矩形区域 $a \leqslant x \leqslant b$，$c \leqslant y \leqslant d$ 内服从均匀分布，求：

(1) (X,Y) 的联合密度；

(2) (X,Y) 的分布函数。

解 (1) (X,Y) 在矩形区域 $a \leqslant x \leqslant b$，$c \leqslant y \leqslant d$ 上服从均匀分布，矩形区域的面积为 $(b-a)(d-c)$，利用式(3-12)即可得其联合密度。

$$f(x,y) = \begin{cases} \dfrac{1}{(b-a)(d-c)}, & a \leqslant x \leqslant b, c \leqslant y \leqslant d \\ 0, & \text{其他} \end{cases}$$

(2) 按分布函数的定义

$$F(x,y) = \int_{-\infty}^{x} \int_{-\infty}^{y} f(x,y) \mathrm{d}x\mathrm{d}y$$

故，当 $x \leqslant a$ 或 $y \leqslant c$ 时

$$f(x,y) = 0 \quad F(x,y) = 0$$

当 $a < x \leqslant b$，$c < y \leqslant d$ 时

$$F(x,y) = \int_a^x \int_c^y \frac{1}{(b-a)(d-c)} \mathrm{d}x\mathrm{d}y = \frac{(x-a)(y-c)}{(b-a)(d-c)}$$

当 $x > b$，$c < y \leqslant d$ 时

$$F(x,y) = \int_a^b \int_c^y \frac{1}{(b-a)(d-c)} \mathrm{d}x\mathrm{d}y = \frac{y-c}{d-c}$$

当 $a < x \leqslant b$，$y > d$ 时

$$F(x,y) = \int_a^x \int_c^d \frac{1}{(b-a)(d-c)} \mathrm{d}x\mathrm{d}y = \frac{x-a}{b-a}$$

当 $x > b$，$y > d$ 时

$$F(x,y) = \int_a^b \int_c^d \frac{1}{(b-a)(d-c)} \mathrm{d}x\mathrm{d}y = 1$$

归纳上述各式得

$$F(x,y) = \begin{cases} 0, & x \leq a \text{ 或 } y \leq c \\ \dfrac{(x-a)(y-c)}{(b-a)(d-c)}, & a < x \leq b, c < y \leq d \\ \dfrac{y-c}{d-c}, & x > b, c < y \leq d \\ \dfrac{x-a}{b-a}, & a < x \leq b, y > d \\ 1, & x > b, y > d \end{cases}$$

第二节 边际分布

一、边际分布

定义 设 $F(x,y)$ 是二元随机变量 (X,Y) 的分布函数,则分别称

$$F_X(x) = P(X < x) = P(X < x, Y < +\infty) = F(x, +\infty) \quad (3-13)$$
$$F_Y(y) = P(Y < y) = P(X < +\infty, Y < y) = F(+\infty, y) \quad (3-14)$$

为 $F(x,y)$ 关于 X 和 Y 的边际分布函数。$F_X(x)$ 简称为 X 的边际分布,$F_Y(y)$ 简称为 Y 的边际分布。有时为了简便,常用 $F_1(x)$、$F_2(y)$ 分别表示 X 与 Y 的边际分布。边际分布又称为边缘分布或边沿分布。

从几何意义上看,边际分布 $F_X(x)$ 和 $F_Y(y)$ 分别表示 (X,Y) 落在如图 3-6 (a)、(b)所示的阴影部分的概率。

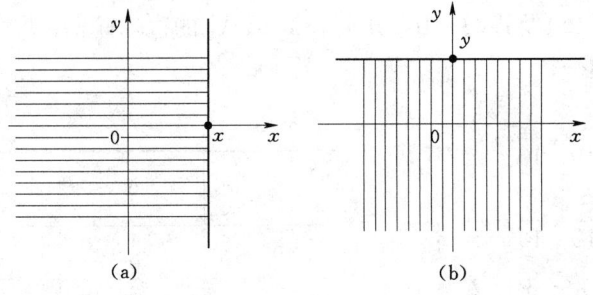

图 3-6

二元随机变量边际分布的概念也可推广到 n 元随机变量的场合。

若 n 元随机变量 $(X_1, X_2, \cdots, X_n)$ 的联合分布函数为 $F(x_1, x_2, \cdots, x_n)$,则 $(X_1, X_2, \cdots, X_n)$ 的 $k(1 \leq k \leq n)$ 元边际分布函数也随之确定了。例如 $(X_1, X_2, \cdots, X_n)$ 中 X_1,(X_1, X_2),(X_1, X_2, X_3) 的边际分布函数分别为

$$F_{X_1}(x_1) = F(x_1, +\infty, +\infty, \cdots, +\infty)$$
$$F_{X_1,X_2}(x_1, x_2) = F(x_1, x_2, +\infty, +\infty, \cdots, +\infty)$$
$$F_{X_1,X_2,X_3}(x_1, x_2, x_3) = F(x_1, x_2, x_3, +\infty, +\infty, \cdots, +\infty)$$

二、二元离散型随机变量的边际概率与边际分布

设 (X,Y) 是二元离散型随机变量,其联合概率函数为

$$P(X = x_i, Y = y_j) = p_{i,j}, \ i = 1, 2, \cdots; \ j = 1, 2, \cdots$$

则称
$$P(X = x_i) = \sum_j P(X = x_i, Y = y_j) = \sum_{j=1}^{\infty} p_{i,j} \qquad (3-15)$$

为 X 的边际概率,常记作 $p_i.$,即

$$p_{i.} = \sum_{j=1}^{\infty} p_{i,j}$$

$$P(Y = y_j) = \sum_{i=1}^{\infty} P(X = x_i, Y = y_j) = \sum_{i=1}^{\infty} p_{i,j} \qquad (3-16)$$

为 Y 的边际概率,常记作 $p_{\cdot j}$,即

$$p_{\cdot j} = \sum_{i=1}^{\infty} p_{i,j}$$

二元离散型随机变量的边际概率通常列在列联表中的最下边一行和最右边一列,所以称为边际概率,见表 3-1。

容易理解
$$\sum_{i=1}^{\infty} p_{i.} = \sum_{j=1}^{\infty} p_{\cdot j} = \sum_{i=1}^{\infty} \sum_{j=1}^{\infty} p_{i,j} = 1$$

根据边际分布的定义,对二元离散型随机变量 (X,Y),其边际分布函数为

$$F_X(x) = P(X < x) = \sum_{x_i < x} P(X = x_i) \qquad (3-17)$$

$$F_Y(y) = P(Y < y) = \sum_{y_j < y} P(Y = y_j) \qquad (3-18)$$

例 7 求例 1 中 X_1, X_2 的边际概率与边际分布函数。

解 利用式 (3-15) 及式 (3-16) 分别求 X_1 及 X_2 的边际概率,并将它们列在表 3-3 的最右边一列和最下边一行。

$$P(X_1 = 0) = \frac{1}{10} + \frac{3}{10} = \frac{2}{5}$$

$$P(X_1 = 1) = \frac{3}{10} + \frac{3}{10} = \frac{3}{5}$$

$$P(X_2 = 0) = \frac{1}{10} + \frac{3}{10} = \frac{2}{5}$$

$$P(X_2 = 1) = \frac{3}{10} + \frac{3}{10} = \frac{3}{5}$$

表 3-3

X_1 \ X_2	0	1	$p_i.$
0	$\frac{1}{10}$	$\frac{3}{10}$	$\frac{2}{5}$
1	$\frac{3}{10}$	$\frac{3}{10}$	$\frac{3}{5}$
$p_{\cdot j}$	$\frac{2}{5}$	$\frac{3}{5}$	1

所以,X_1 的分布列如表 3-4 所列。

表 3-4

X_1	0	1
P_i	$\frac{2}{5}$	$\frac{3}{5}$

当 $x_1 \leq 0$ 时
$$F_{X_1}(x_1) = 0$$

当 $0 < x_1 \leq 1$ 时
$$F_{X_1}(x_1) = P(X_1 = 0) = \frac{2}{5}$$

当 $x_1 > 1$ 时
$$F_{X_1}(x_1) = P(X_1 = 0) + P(X_1 = 1) = \frac{2}{5} + \frac{3}{5} = 1$$

综合起来，可得 X_1 的边际分布函数为

$$F_{X_1}(x) = \begin{cases} 0, & x \leq 0 \\ \dfrac{2}{5}, & 0 < x \leq 1 \\ 1, & x > 1 \end{cases}$$

同理可得 X_2 的边际分布函数为

$$F_{X_2}(x) = \begin{cases} 0, & x \leq 0 \\ \dfrac{2}{5}, & 0 < x \leq 1 \\ 1, & x > 1 \end{cases}$$

三、二元连续型随机变量的边际密度与边际分布

设 (X,Y) 为二元连续型随机变量，其联合分布函数和联合概率密度分别为 $F(x,y),f(x,y)$

则

$$F_X(x) = P(X < x) = F(x, +\infty) = \int_{-\infty}^{x} \left[\int_{-\infty}^{+\infty} f(x,y)\mathrm{d}y \right] \mathrm{d}x$$

$$= \int_{-\infty}^{x} f_X(x)\mathrm{d}x \tag{3-19}$$

称

$$f_X(x) = \int_{-\infty}^{+\infty} f(x,y)\mathrm{d}y \tag{3-20}$$

为随机变量 X 的边际分布密度函数或边际概率密度，简称边际密度。

$$F_Y(y) = P(Y < y) = F(+\infty, y) = \int_{-\infty}^{y} \left[\int_{-\infty}^{+\infty} f(x,y)\mathrm{d}x \right] \mathrm{d}y$$

$$= \int_{-\infty}^{y} f_Y(y)\mathrm{d}y \tag{3-21}$$

称

$$f_Y(y) = \int_{-\infty}^{+\infty} f(x,y)\mathrm{d}x \tag{3-22}$$

为随机变量 Y 的边际分布密度函数。

例8 如图3-7所示，设 (X,Y) 的联合密度为

$$f(x,y) = \begin{cases} 2, & 0 < x < y < 1 \\ 0, & \text{其他} \end{cases}$$

求其边际分布密度 $f_X(x), f_Y(y)$。

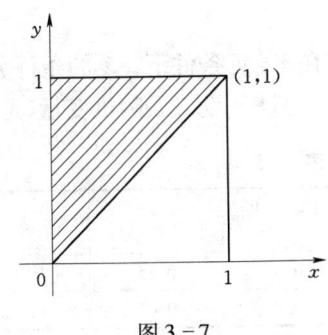

图3-7

解 当 $0 < x < 1$ 时

$$f_X(x) = \int_{-\infty}^{+\infty} f(x,y)\mathrm{d}y = \int_{x}^{1} 2\mathrm{d}y = 2 - 2x$$

当 x 取其他值时，显然 $f_X(x) = 0$，综上得

$$f_X(x) = \begin{cases} 2 - 2x, & 0 < x < 1 \\ 0, & 其他 \end{cases}$$

同样可得

$$f_Y(y) = \begin{cases} 2y, & 0 < y < 1 \\ 0, & 其他 \end{cases}$$

若 $(X_1, X_2, \cdots, X_n)$ 为具有联合密度 $f(x_1, x_2, \cdots, x_n)$ 的连续型随机变量，则 X_i 的边际密度为

$$f_{X_i}(x_i) = \int_{-\infty}^{+\infty} \cdots \int_{-\infty}^{+\infty} f(x_1, x_2, \cdots, x_n) \mathrm{d}x_1 \cdots \mathrm{d}x_{i-1} \mathrm{d}x_{i+1} \cdots \mathrm{d}x_n \tag{3-23}$$

第三节 条 件 分 布

由随机事件条件概率的定义，我们可以定义随机变量条件分布的概念。设 (X,Y) 是二元离散型随机变量，其联合概率函数为

$$P(X = x_i, Y = y_j) = p_{i,j}, \quad i = 1, 2, \cdots; \ j = 1, 2, \cdots$$

若 $P(X = x_i) > 0$，则称

$$P(Y = y_j \mid X = x_i) = \frac{P(X = x_i, Y = y_j)}{P(X = x_i)} = \frac{p_{i,j}}{p_{i,\cdot}}, \quad i = 1, 2, \cdots; \ j = 1, 2, \cdots \tag{3-24}$$

为在条件 $X = x_i$ 下随机变量 Y 的条件概率函数。

称

$$F(y \mid X = x_i) = P(Y < y \mid X = x_i)$$

$$= \sum_{y_j < y} P(Y = y_j \mid X = x_i), \quad i = 1, 2, \cdots \tag{3-25}$$

为在 $X = x_i$ 条件下，Y 的条件分布函数。

同样，若 $P(Y = y_j) > 0$，则称

$$P(X = x_i \mid Y = y_j) = \frac{P(X = x_i, Y = y_j)}{P(Y = y_j)} = \frac{p_{i,j}}{p_{\cdot,j}}, \quad i = 1, 2, \cdots; \ j = 1, 2, \cdots \tag{3-26}$$

为在条件 $Y = y_j$ 下随机变量 X 的条件概率函数。

称

$$F(x \mid Y = y_j) = P(X < x \mid Y = y_j)$$

$$= \sum_{x_i < x} P(X = x_i \mid Y = y_j), \quad j = 1, 2, \cdots \tag{3-27}$$

为在 $Y = y_j$ 条件下，X 的条件分布函数。

例9 设二元随机变量 (X,Y) 的联合分布见表 3-5。求 $X = 0.4$ 时 Y 的条件分布函数。

表 3-5

X \ Y	2	5	8
0.4	0.15	0.30	0.35
0.8	0.05	0.12	0.03

解 先求 $X = 0.4$ 时的边际概率，由式 (3-15) 得

$$P(X = 0.4) = 0.15 + 0.30 + 0.35 = 0.80$$

再按式 (3-24) 计算条件概率：

$$P(Y=2 \mid X=0.4) = \frac{P(X=0.4, Y=2)}{P(X=0.4)} = \frac{0.15}{0.8} = \frac{3}{16}$$

$$P(Y=5 \mid X=0.4) = \frac{P(X=0.4, Y=5)}{P(X=0.4)} = \frac{0.30}{0.8} = \frac{3}{8}$$

$$P(Y=8 \mid X=0.4) = \frac{P(X=0.4, Y=8)}{P(X=0.4)} = \frac{0.35}{0.8} = \frac{7}{16}$$

由式(3-25)即可求得 $X=0.4$ 时 Y 的条件分布函数

$$F(y \mid X=0.4) = \begin{cases} 0, & y \leq 2 \\ \dfrac{3}{16}, & 2 < y \leq 5 \\ \dfrac{9}{16}, & 5 < y \leq 8 \\ 1, & y > 8 \end{cases}$$

由条件概率函数的定义可知

$$\begin{aligned} P(X=x_i, Y=y_j) &= P(X=x_i)P(Y=y_j \mid X=x_i) \\ &= P(Y=y_j)P(X=x_i \mid Y=y_j), \quad i=1,2,\cdots; \; j=1,2,\cdots \end{aligned} \tag{3-28}$$

对于连续型随机变量 (X,Y),由于对任何实数 x 及 y,均有 $P(X=x)=P(Y=y)=0$,所以不能直接像离散型随机变量那样去讨论条件分布,可以先考虑随机变量取值于任意小区间上的条件概率,然后用极限方法处理。

设 (X,Y) 为二元连续型随机变量,其联合分布密度为 $f(x,y)$,X 与 Y 的边际分布密度分别为 $f_X(x)$,$f_Y(y)$。若 $P(x \leq X < x+\Delta x) > 0$,则

$$\begin{aligned} P(Y<y \mid x \leq X < x+\Delta x) &= \frac{P(x \leq X < x+\Delta x, Y<y)}{P(x \leq X < x+\Delta x)} \\ &= \frac{\int_x^{x+\Delta x}\int_{-\infty}^y f(x,y)\,\mathrm{d}y\,\mathrm{d}x}{\int_x^{x+\Delta x} f_X(x)\,\mathrm{d}x} \end{aligned} \tag{3-29}$$

显然,随机变量 Y 在已知 $X=x$ 条件下的条件分布函数 $F_Y(y \mid x)$ 为

$$\begin{aligned} F_Y(y \mid x) &= \lim_{\Delta x \to 0} P(Y<y \mid x \leq X < x+\Delta x) \\ &= \lim_{\Delta x \to 0} \frac{\int_x^{x+\Delta x}\int_{-\infty}^y f(x,y)\,\mathrm{d}y\,\mathrm{d}x}{\int_x^{x+\Delta x} f_X(x)\,\mathrm{d}x} \end{aligned} \tag{3-30}$$

利用积分中值定理

$$F_Y(y \mid x) = \lim_{\Delta x \to 0} \frac{\Delta x \int_{-\infty}^y f(x_1, y)\,\mathrm{d}y}{\Delta x f_X(x_2)}$$

式中 $x < x_1 < x+\Delta x$, $x < x_2 < x+\Delta x$。当 $\Delta x \to 0$ 时,x_1 及 x_2 都趋于 x,故有

$$F_Y(y \mid x) = \frac{\int_{-\infty}^y f(x,y)\,\mathrm{d}y}{f_X(x)} = \int_{-\infty}^y \frac{f(x,y)}{f_X(x)}\mathrm{d}y = \int_{-\infty}^y f_Y(y \mid x)\,\mathrm{d}y \tag{3-31}$$

式中

$$f_Y(y|x) = \frac{f(x,y)}{f_X(x)} \qquad (3-32)$$

称为在已知 $X=x$ 条件下 Y 的条件概率密度函数，或称条件分布密度、条件密度。

同理，已知 $Y=y$ 条件下，X 的条件密度 $f_X(x|y)$ 及条件分布函数 $F_X(x|y)$ 分别为

$$f_X(x|y) = \frac{f(x,y)}{f_Y(y)} \qquad (3-33)$$

$$F_X(x|y) = \int_{-\infty}^{x} f_X(x|y)\,\mathrm{d}x \qquad (3-34)$$

例 10 在例8中，求 X 与 Y 的条件分布密度。

解 当 $0 < x < 1$ 时，$f_Y(y|x) = \dfrac{f(x,y)}{f_X(x)} = \dfrac{2}{2-2x} = \dfrac{1}{1-x}, x < y < 1$

当 $0 < y < 1$ 时，$f_X(x|y) = \dfrac{f(x,y)}{f_Y(y)} = \dfrac{2}{2y} = \dfrac{1}{y},\ 0 < x < y$

由条件密度函数的定义，还可得到

$$f(x,y) = f_X(x)f_Y(y|x) = f_Y(y)f_X(x|y) \qquad (3-35)$$

从例8、例10可以看出，一般的条件密度函数并不等于相应的边际密度函数，其原因就是构成二元随机变量的两个随机变量，它们的取值是密切相关的。但是，也存在着随机变量间的取值互不影响的情形，这就是下节将要介绍的随机变量相互独立的概念。

第四节 随机变量的独立性

在第一章介绍了事件独立性的概念，而引入随机变量用以刻画随机事件后，很自然地可将事件独立性的概念推广到随机变量。

设 $F(x,y)$ 为二元随机变量 (X,Y) 的联合分布函数，$F_X(x), F_Y(y)$ 分别为 X, Y 的边际分布，若对于任意实数 x,y，事件 $(X<x)$ 和 $(Y<y)$ 相互独立，即

$$P(X<x, Y<y) = P(X<x)P(Y<y)$$

亦即

$$F(x,y) = F_X(x)F_Y(y) \qquad (3-36)$$

则称随机变量 X 与 Y 相互独立。

对于二元离散型随机变量，X 与 Y 相互独立的充要条件式(3-36)等价于：对 (X,Y) 的所有可能取值 (x_i, y_j) 有

$$P(X=x_i, Y=y_j) = P(X=x_i)P(Y=y_j), \quad i=1,2,\cdots;\ j=1,2,\cdots \qquad (3-37)$$

或 $\qquad P(X=x_i | Y=y_j) = P(X=x_i), \quad i=1,2,\cdots;\ j=1,2,\cdots \qquad (3-38)$

或 $\qquad P(Y=y_j | X=x_i) = P(Y=y_j), \quad i=1,2,\cdots;\ j=1,2,\cdots \qquad (3-39)$

对式(3-37)先证充分性。

如果对一切 i,j，有

$$P(X=x_i, Y=y_j) = P(X=x_i)P(Y=y_j)$$

则对于任意的 x 和 y 有

第四节 随机变量的独立性

$$P(X<x, Y<y) = \sum_{\substack{x_i<x \\ y_j<y}} P(X=x_i, Y=y_j)$$

$$= \sum_{\substack{x_i<x \\ y_j<y}} P(X=x_i) P(Y=y_j)$$

$$= \sum_{x_i<x} P(X=x_i) \sum_{y_j<y} P(Y=y_j)$$

$$= P(X<x) P(Y<y)$$

下面证必要性。用反证法，不妨设 $x_1<x_2<\cdots$，$y_1<y_2<\cdots$。若存在 i,j，使得 $P(X=x_i, Y=y_j) \neq P(X=x_i) P(Y=y_j)$，即

$$p_{i,j} \neq p_i. p_{.j}$$

记 i_0 和 j_0 为使不等式成立的最小下标，即

$$p_{i_0,j_0} \neq p_{i_0}. p_{.j_0}$$

而对于所有的 $i<i_0$ 或 $j<j_0$ 都有

$$p_{i,j} = p_i. p_{.j}$$

$$P(X<x_{i_0+1}, Y<y_{j_0+1}) = \sum_{\substack{i \leqslant i_0 \\ j \leqslant j_0}} P(X=x_i, Y=y_j)$$

$$= \sum_{\substack{i<i_0, j \leqslant j_0 \\ \text{或} i \leqslant i_0, j<j_0}} P(X=x_i, Y=y_j) + P(X=x_{i_0}, Y=y_{j_0})$$

$$= \sum_{\substack{i<i_0, j \leqslant j_0 \\ \text{或} i \leqslant i_0, j<j_0}} P(X=x_i) P(Y=y_j) + P(X=x_{i_0}, Y=y_{j_0})$$

$$\neq \sum_{\substack{i \leqslant i_0 \\ j \leqslant j_0}} P(X=x_i) P(Y=y_j) = P(X<x_{i_0+1}) P(Y<y_{j_0+1})$$

这与 X 与 Y 相互独立相矛盾。

利用式(3-28)容易看出，式(3-38)和式(3-39)等价于式(3-37)，从而也就等价于式(3-36)。

例 11 掷一枚硬币和一颗骰子，以 X 表示硬币出现正面的次数，以 Y 表示骰子出现的点数，则 (X,Y) 的联合概率函数为

$$P(X=i, Y=j) = \frac{1}{12}, i=0,1, j=1,2,3,4,5,6$$

试问随机变量 X 与 Y 是否相互独立？

解 这时，显然有

$$P(X=i) = \frac{1}{2}, \quad i=0,1$$

$$P(Y=j) = \frac{1}{6}, \quad j=1,2,3,4,5,6$$

由于对任意的 $i=0,1$ 和 $j=1,2,3,4,5,6$ 有

$$P(X=i, Y=j) = \frac{1}{12} = \frac{1}{2} \times \frac{1}{6} = P(X=i) P(Y=j)$$

所以 X 与 Y 相互独立。

例 12 在例 7 中，试问随机变量 X_1 与 X_2 是否相互独立？

解 由例 7 可知

$$P(X_1=0, X_2=0) = \frac{1}{10}$$

$$P(X_1=0) = \frac{2}{5}$$

$$P(X_2=0) = \frac{2}{5}$$

因为
$$P(X_1=0, X_2=0) \neq P(X_1=0)P(X_2=0)$$

所以 X_1 与 X_2 不相互独立。

对于二元连续型随机变量 (X,Y)，设其联合分布密度为 $f(x,y)$，X 与 Y 相互独立的充要条件式 (3-36) 等价于

$$f(x,y) = f_X(x)f_Y(y) \tag{3-40}$$

或

$$f_X(x|y) = f_X(x) \tag{3-41}$$

或

$$f_Y(y|x) = f_Y(y) \tag{3-42}$$

对式 (3-40)，先证充分性。

设 $f(x,y) = f_X(x)f_Y(y)$，则

$$F(x,y) = \int_{-\infty}^{x}\int_{-\infty}^{y} f(x,y) \mathrm{d}x\mathrm{d}y = \int_{-\infty}^{x}\int_{-\infty}^{y} f_X(x)f_Y(y) \mathrm{d}x\mathrm{d}y$$

$$= \int_{-\infty}^{x} f_X(x) \mathrm{d}x \int_{-\infty}^{y} f_Y(y) \mathrm{d}y = F_X(x)F_Y(y)$$

再证必要性。

设
$$F(x,y) = F_X(x)F_Y(y)$$

则

$$f(x,y) = \frac{\partial^2 F(x,y)}{\partial x \partial y} = \frac{\partial F_X(x)}{\partial x}\frac{\partial F_Y(y)}{\partial y} = f_X(x)f_Y(y)$$

利用式 (3-35)，容易看出式 (3-41) 和式 (3-42) 等价于式 (3-40)，从而也等价于式 (3-36)。

不难验证，若 X 与 Y 相互独立，则对任意实数 $a<b$，$c<d$，有

$$P(a<X<b, c<Y<d) = P(a<X<b)P(c<Y<d) \tag{3-43}$$

$$F_X(x|y) = F_X(x) \tag{3-44}$$

$$F_Y(y|x) = F_Y(y) \tag{3-45}$$

现只就连续型情况对上述三式作推导，即

$$P(a<X<b, c<Y<d) = \iint_{\substack{a<x<b \\ c<y<d}} f(x,y) \mathrm{d}x\mathrm{d}y$$

$$= \int_a^b f_X(x) \mathrm{d}x \int_c^d f_Y(y) \mathrm{d}y$$

$$= P(a<X<b)P(c<Y<d)$$

$$F_X(x|y) = \int_{-\infty}^{x} f_X(x|y) \mathrm{d}x = \int_{-\infty}^{x} f_X(x) \mathrm{d}x = F_X(x)$$

$$F_Y(y \mid x) = \int_{-\infty}^{y} f_Y(y \mid x) \mathrm{d}y = \int_{-\infty}^{y} f_Y(y) \mathrm{d}y = F_Y(y)$$

例 13 设二元随机变量 (X,Y) 的联合密度为

$$f(x,y) = \begin{cases} 3x, & 0 < x < 1, 0 < y < x \\ 0, & \text{其他} \end{cases}$$

试验证 X 与 Y 是否相互独立?

解 如图 3-8，密度 $f(x,y)$ 只在三角形域内有非零值，故当 $0 < x < 1$ 时，有

$$f_X(x) = \int_{-\infty}^{+\infty} f(x,y) \mathrm{d}y$$
$$= \int_{0}^{x} 3x \mathrm{d}y = 3x^2$$

即 X 的边际密度为

$$f_X(x) = \begin{cases} 3x^2, & 0 < x < 1 \\ 0, & \text{其他} \end{cases}$$

同理，Y 的边际密度为

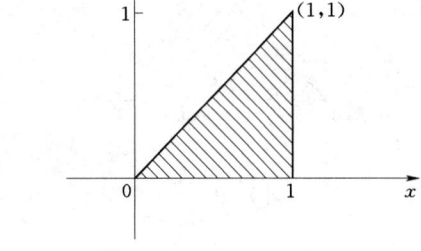

图 3-8

$$f_Y(y) = \begin{cases} \dfrac{3}{2}(1 - y^2), & 0 < y < 1 \\ 0, & \text{其他} \end{cases}$$

由于 $f(x,y) \neq f_X(x)f_Y(y)$，所以 X 与 Y 不相互独立。

例 14 设 (X,Y) 的联合密度函数为

$$f(x,y) = \begin{cases} 4xy, & 0 \leq x \leq 1, 0 \leq y \leq 1 \\ 0, & \text{其他} \end{cases}$$

问 X 与 Y 是否相互独立。

解
$$f_X(x) = \int_{-\infty}^{+\infty} f(x,y) \mathrm{d}y = \int_{0}^{1} 4xy \mathrm{d}y = 2x, \ 0 \leq x \leq 1$$

$$f_Y(y) = \int_{-\infty}^{+\infty} f(x,y) \mathrm{d}x = \int_{0}^{1} 4xy \mathrm{d}x = 2y, \ 0 \leq y \leq 1$$

因为 $f(x,y) = f_X(x)f_Y(y)$，所以 X 与 Y 相互独立。

例 15 设 X 与 Y 是两个相互独立的随机变量，X 在 $[0,0.2]$ 内服从均匀分布，Y 的密度函数为

$$f_Y(y) = \begin{cases} 5\mathrm{e}^{-5y}, & y > 0 \\ 0, & \text{其他} \end{cases}$$

求 $P(Y \leq X)$。

解 X 的密度函数为

$$f_X(x) = \begin{cases} \dfrac{1}{0.2} = 5, & 0 \leq x \leq 0.2 \\ 0, & \text{其他} \end{cases}$$

因 X 与 Y 相互独立，于是 (X,Y) 的联合密度为

$$f(x,y) = f_X(x)f_Y(y) = \begin{cases} 25e^{-5y}, & 0 \leq x \leq 0.2, y > 0 \\ 0, & 其他 \end{cases}$$

$$P(Y \leq X) = P(X - Y \geq 0) = \iint\limits_{x-y \geq 0} f(x,y)\,dxdy$$

如图 3-9，积分区域为三角形，所以

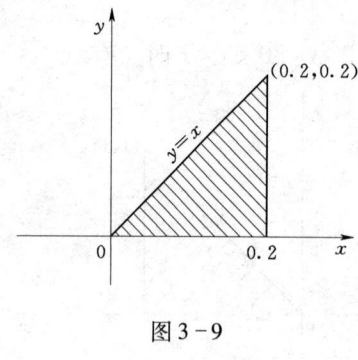

图 3-9

$$\begin{aligned} P(Y \leq X) &= \iint\limits_{x-y \geq 0} f(x,y)\,dxdy \\ &= \int_0^{0.2} \left[\int_0^x f(x,y)\,dy \right] dx \\ &= \int_0^{0.2} \left[\int_0^x 25e^{-5y}\,dy \right] dx \\ &= \int_0^{0.2} (-5e^{-5x} + 5)\,dx \\ &= (e^{-5x} + 5x) \Big|_0^{0.2} \\ &= (e^{-1} + 1) - 1 = e^{-1} \end{aligned}$$

关于二元随机变量的独立性的概念可以推广到 n 元随机变量的场合。

设 $(X_1, X_2, \cdots, X_n)$ 是 n 元随机变量，若对任意一组实数 $x_1, x_2, \cdots, x_n$，有

$$F(x_1, x_2, \cdots, x_n) = F_{X_1}(x_1) F_{X_2}(x_2) \cdots F_{X_n}(x_n) \tag{3-46}$$

则称 $X_1, X_2, \cdots, X_n$ 相互独立。

当 $(X_1, X_2, \cdots, X_n)$ 是 n 元离散型随机变量时，式(3-46)等价于对任何一组可能取值 $(x_1, x_2, \cdots, x_n)$ 有

$$P(X_1 = x_1, X_2 = x_2, \cdots, X_n = x_n) = P(X_1 = x_1)P(X_2 = x_2)\cdots P(X_n = x_n) \tag{3-47}$$

当 $(X_1, X_2, \cdots, X_n)$ 是 n 元连续型随机变量时，式(3-46)等价于对任何一组实数 $x_1, x_2, \cdots, x_n$ 有

$$f(x_1, x_2, \cdots, x_n) = f_{X_1}(x_1) f_{X_2}(x_2) \cdots f_{X_n}(x_n) \tag{3-48}$$

$X_1, X_2, \cdots, X_n$ 是 n 个相互独立的随机变量时，其联合分布完全由每个随机变量的一元分布确定。

若随机变量 $X_1, X_2, \cdots, X_n$ 相互独立，则其中任意 $m(<n)$ 个随机变量也是相互独立的。

证明 为方便起见，不妨对前 m 个随机变量 $X_1, X_2, \cdots, X_m$ 进行证明，显然

$$\begin{aligned} F_m(x_1, x_2, \cdots, x_m) &= P(X_1 < x_1, X_2 < x_2, \cdots, X_m < x_m) \\ &= P(X_1 < x_1, \cdots, X_m < x_m, X_{m+1} < +\infty, \cdots, X_n < +\infty) \\ &= P(X_1 < x_1) \cdots P(X_m < x_m) P(X_{m+1} < +\infty) \cdots P(X_n < +\infty) \\ &= P(X_1 < x_1) \cdots P(X_m < x_m) \\ &= F_{X_1}(x_1) F_{X_2}(x_2) \cdots F_{X_m}(x_m) \end{aligned}$$

若随机变量 $X_1, X_2, \cdots, X_n$ 相互独立，$Y_1 = g_1(X_1)$，$Y_2 = g_2(X_2), \cdots, Y_n = g_n(X_n)$ 是 n 个单值连续函数，则 $Y_1, Y_2, \cdots, Y_n$ 也相互独立。

证明 对任意一组实数 $y_1, y_2, \cdots, y_n$。
$$P(Y_1 < y_1, Y_2 < y_2, \cdots, Y_n < y_n)$$
$$= P[g_1(X_1) < y_1, g_2(X_2) < y_2, \cdots, g_n(X_n) < y_n]$$

记 $D_i = \{x_i : g_i(x_i) < y_i\}$，则事件 $\{g_i(x_i) < y_i\}$ 等价于事件 $\{X_i \in D_i\}$，$i = 1, 2, \cdots, n$。于是

$$\begin{aligned} P(Y_1 < y_1, Y_2 < y_2, \cdots, Y_n < y_n) &= P(X_1 \in D_1, X_2 \in D_2, \cdots, X_n \in D_n) \\ &= P(X_1 \in D_1) P(X_2 \in D_2) \cdots P(X_n \in D_n) \\ &= P[g_1(X_1) < y_1] P[g_2(X_2) < y_2] \cdots P[g_n(X_n) < y_n] \\ &= P(Y_1 < y_1) P(Y_2 < y_2) \cdots P(Y_n < y_n) \end{aligned}$$

所以 $Y_1, Y_2, \cdots, Y_n$ 相互独立。

最后介绍两个概念。

（1）设 $F_{X_1}(x_1), F_{X_2}(x_2), \cdots, F_{X_n}(x_n)$ 是随机变量 $X_1, X_2, \cdots, X_n$ 的分布函数，若对任意实数 x，有

$$F_{X_1}(x) = F_{X_2}(x) = \cdots = F_{X_n}(x) = F(x)$$

则称 $X_1, X_2, \cdots, X_n$ 是同分布的随机变量。若 $X_1, X_2, \cdots, X_n$ 还是相互独立的，则称它们是独立同分布的。对独立同分布的随机变量 $X_1, X_2, \cdots, X_n$，有

$$F(x_1, x_2, \cdots, x_n) = \prod_{i=1}^{n} F(x_i) \tag{3-49}$$

（2）设 $(X_1, X_2, \cdots, X_n)$ 为 n 元随机变量，若对任意实数 x，y，有

$$P(X_i < x, X_j < y) = F_{X_i}(x) F_{X_j}(y), \quad i \neq j$$

则称 $X_1, X_2, \cdots, X_n$ 是两两独立的。

应该注意，n 元随机变量的相互独立与两两独立是不同的。若 $X_1, X_2, \cdots, X_n$ 相互独立，则它们一定两两独立。反之，若 $X_1, X_2, \cdots, X_n$ 两两独立，则它们不一定相互独立。

第五节 多元随机变量函数的分布

实际工作中，需要研究几个随机变量的函数的概率分布，例如干流的径流是上游各支流的径流量之和，年径流量是年内各月径流量之和等。

一、多元离散型随机变量函数的分布

离散型随机变量的函数仍是离散型随机变量，计算离散型随机变量函数的分布，首先要找出它的一切可能值，然后计算取各个值的概率。

例 16 设随机变量 X 与 Y 相互独立，它们的分布列见表 3-6 和表 3-7。

表 3-6

X	-1	0	1
P_i	$\frac{1}{4}$	$\frac{1}{2}$	$\frac{1}{4}$

表 3-7

Y	0	1
P_i	$\frac{1}{3}$	$\frac{2}{3}$

试求 $Z = X + Y$ 的分布列。

解 Z 的所有可能取值为 $-1, 0, 1, 2$

$$P(Z = -1) = P(X = -1, Y = 0) = P(X = -1)P(Y = 0) = \frac{1}{4} \times \frac{1}{3} = \frac{1}{12}$$

$$P(Z = 0) = P(X = 0, Y = 0) + P(X = -1, Y = 1)$$
$$= \frac{1}{2} \times \frac{1}{3} + \frac{1}{4} \times \frac{2}{3} = \frac{4}{12}$$

$$P(Z = 1) = P(X = 0, Y = 1) + P(X = 1, Y = 0)$$
$$= \frac{1}{2} \times \frac{2}{3} + \frac{1}{4} \times \frac{1}{3} = \frac{5}{12}$$

$$P(Z = 2) = P(X = 1, Y = 1) = \frac{1}{4} \times \frac{2}{3} = \frac{2}{12}$$

所以，Z 的分布列见表 3-8。

表 3-8

Z	-1	0	1	2
P_i	$\frac{1}{12}$	$\frac{4}{12}$	$\frac{5}{12}$	$\frac{2}{12}$

下面着重讨论连续型随机变量的情况。

二、多元连续型随机变量函数的分布

（一）n 元随机变量标量函数的分布

设 n 元随机变量 $(X_1, X_2, \cdots, X_n)$ 的密度函数为 $f(x_1, x_2, \cdots, x_n)$，$Y = g(X_1, X_2, \cdots, X_n)$ 是 $(X_1, X_2, \cdots, X_n)$ 的单值连续函数，称之为 n 元随机变量 $(X_1, X_2, \cdots, X_n)$ 的标量函数，Y 也是随机变量，它的分布函数为

$$F_Y(y) = P(Y < y) = P[g(X_1, X_2, \cdots, X_n) < y]$$
$$= \int \cdots \int_D f(x_1, x_2, \cdots, x_n) \mathrm{d}x_1 \mathrm{d}x_2 \cdots \mathrm{d}x_n \tag{3-50}$$

其中 $D = \{(x_1, x_2, \cdots, x_n): g(x_1, x_2, \cdots, x_n) < y\}$，是 n 维空间中满足 $g(x_1, x_2, \cdots, x_n) < y$ 的点 $(x_1, x_2, \cdots, x_n)$ 的全体构成的集合。

将 $F_Y(y)$ 对 y 求导数，就得到 Y 的分布密度函数

$$f_Y(y) = \frac{\mathrm{d}F_Y(y)}{\mathrm{d}y} \tag{3-51}$$

这种求密度函数的方法通常称为分布函数法。

下面讨论两个随机变量的和、差、积、商的分布。

（1）和的分布。设二元随机变量 (X, Y) 的联合密度是 $f(x, y)$，求 $Z = X + Y$ 的分布密度。

先求 $Z = X + Y$ 的分布函数

$$F_Z(z) = P(Z < z) = P(X + Y < z)$$
$$= P[(X, Y) \in D]$$

其中，$D = \{(x, y): x + y < z\}$，如图 3-10 所示。于是

$$F_Z(z) = \iint_D f(x,y)\,dxdy$$
$$= \iint_{x+y<z} f(x,y)\,dxdy = \int_{-\infty}^{+\infty}\left[\int_{-\infty}^{z-y} f(x,y)\,dx\right]dy$$
(3-52)

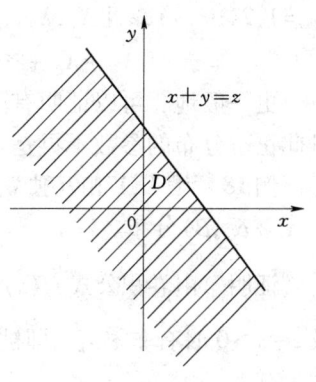

将上式对 Z 求导，得到 Z 的分布密度函数为
$$f_Z(z) = F'_Z(z) = \int_{-\infty}^{+\infty} \frac{d}{dz}\left[\int_{-\infty}^{z-y} f(x,y)\,dx\right]dy$$
$$= \int_{-\infty}^{+\infty} f(z-y, y)\,dy \quad (3-53)$$

类似可得

图 3-10

$$f_Z(z) = \int_{-\infty}^{+\infty} f(x, z-x)\,dx \quad (3-54)$$

当 X 与 Y 相互独立时，$f(x,y) = f_X(x)f_Y(y)$，将这个结果代入式(3-53)和式(3-54)得

$$f_Z(z) = \int_{-\infty}^{+\infty} f_X(z-y)f_Y(y)\,dy \quad (3-55)$$

及
$$f_Z(z) = \int_{-\infty}^{+\infty} f_X(x)f_Y(z-x)\,dx \quad (3-56)$$

式(3-55)和式(3-56)称为卷积公式。

例17 设 X 与 Y 是两个相互独立的随机变量，它们都具有标准化正态分布，即
$$f_X(x) = \frac{1}{\sqrt{2\pi}} e^{-\frac{x^2}{2}},\ -\infty < x < +\infty$$
$$f_Y(y) = \frac{1}{\sqrt{2\pi}} e^{-\frac{y^2}{2}},\ -\infty < y < +\infty$$

求 $Z = X+Y$ 的概率密度。

解 由式(3-56)
$$f_Z(z) = \int_{-\infty}^{+\infty} f_X(x)f_Y(z-x)\,dx$$
$$= \frac{1}{2\pi}\int_{-\infty}^{+\infty} e^{-\frac{x^2}{2}} e^{-\frac{(z-x)^2}{2}}\,dx = \frac{1}{2\pi} e^{-\frac{z^2}{4}} \int_{-\infty}^{+\infty} e^{-(x-\frac{z}{2})^2}\,dx$$

令 $t = x - \frac{z}{2}$，得
$$f_Z(z) = \frac{1}{2\pi} e^{-\frac{z^2}{4}} \int_{-\infty}^{+\infty} e^{-t^2}\,dt = \frac{1}{2\pi} e^{-\frac{z^2}{4}} \sqrt{\pi} = \frac{1}{2\sqrt{\pi}} e^{-\frac{z^2}{4}}$$

即 Z 具有 $N(0,2)$ 分布。

一般地，设 X,Y 相互独立，且 $X \sim N(a_1, \sigma_1^2)$，$Y \sim N(a_2, \sigma_2^2)$，则 $X+Y \sim N(a_1+a_2, \sigma_1^2+\sigma_2^2)$。

这个结论还可以推广到 n 个相互独立的正态变量之和的情况。设 $X_k \sim N(a_k, \sigma_k^2)$，

($k=1,2,\cdots,n$)，且 $X_1,X_2,\cdots,X_n$ 相互独立，则它们的和
$$X_1+X_2+\cdots+X_n \sim N(a_1+a_2+\cdots+a_n,\sigma_1^2+\sigma_2^2+\cdots+\sigma_n^2)$$

更一般地，可以证明有限个相互独立正态随机变量的线性组合仍然服从正态分布，不过此正态分布的参数不再是各分量的参数之和，而要复杂些。

例 18 设 X,Y 相互独立，且 $X \sim \Gamma(\alpha_1,\beta)$，$Y \sim \Gamma(\alpha_2,\beta)$ 分布，试证：$Z=X+Y$ 服从 $\Gamma(\alpha_1+\alpha_2,\beta)$ 分布。

证明 由卷积公式 $f_Z(z) = \int_{-\infty}^{+\infty} f_X(x)f_Y(z-x)\mathrm{d}x$ 及式(2-40)可知，被积函数只在 $x>0$ 及 $z-x>0$ 时有非零值，即被积函数应满足 $x>0, x<z$，所以当 $z\leqslant 0$ 时，$f_Z(z)=0$，当 $z>0$ 时，有

$$\begin{aligned}
f_Z(z) &= \int_0^z \frac{\beta^{\alpha_1}}{\Gamma(\alpha_1)} x^{\alpha_1-1} e^{-\beta x} \frac{\beta^{\alpha_2}}{\Gamma(\alpha_2)} (z-x)^{\alpha_2-1} e^{-\beta(z-x)} \mathrm{d}x \\
&= \frac{\beta^{\alpha_1+\alpha_2}}{\Gamma(\alpha_1)\Gamma(\alpha_2)} e^{-\beta z} \int_0^z x^{\alpha_1-1}(z-x)^{\alpha_2-1} \mathrm{d}x \quad \left(\diamondsuit\ t=\frac{x}{z}\right) \\
&= \frac{\beta^{\alpha_1+\alpha_2}}{\Gamma(\alpha_1)\Gamma(\alpha_2)} e^{-\beta z} \int_0^1 (zt)^{\alpha_1-1} z^{\alpha_2-1}(1-t)^{\alpha_2-1} z\mathrm{d}t \\
&= \frac{\beta^{\alpha_1+\alpha_2}}{\Gamma(\alpha_1)\Gamma(\alpha_2)} e^{-\beta z} z^{\alpha_1+\alpha_2-1} B(\alpha_1,\alpha_2) \\
&= \frac{\beta^{\alpha_1+\alpha_2}}{\Gamma(\alpha_1+\alpha_2)} z^{\alpha_1+\alpha_2-1} e^{-\beta z}
\end{aligned}$$

所以 Z 服从 $\Gamma(\alpha_1+\alpha_2,\beta)$ 分布。

上述证明中，用到 Bata 函数
$$B(a,b) = \int_0^1 x^{a-1}(1-x)^{b-1}\mathrm{d}x \tag{3-57}$$

及关系式
$$B(a,b) = \frac{\Gamma(a)\Gamma(b)}{\Gamma(a+b)} \tag{3-58}$$

这个结论可以推广到 n 个相互独立的 Γ 分布变量之和的情况。设 $X_i \sim \Gamma(\alpha_i,\beta)$ ($i=1,2,\cdots,n$) 且 $X_1,X_2,\cdots,X_n$ 相互独立，则它们的和
$$X_1+X_2+\cdots+X_n \sim \Gamma(\alpha_1+\alpha_2+\cdots+\alpha_n,\beta)$$

例 19 设 X,Y 相互独立，且都服从标准化正态分布，试求 $Z=X^2+Y^2$ 的分布。

解 由第二章例 28 可知，$X^2 \sim \Gamma\left(\frac{1}{2},\frac{1}{2}\right)$，$Y^2 \sim \Gamma\left(\frac{1}{2},\frac{1}{2}\right)$。因为 X 与 Y 相互独立，所以 X^2 与 Y^2 也相互独立，于是由例 18 可知，Z 服从 $\Gamma\left(\frac{1}{2}+\frac{1}{2},\frac{1}{2}\right)$ 即 $\Gamma\left(1,\frac{1}{2}\right)$ 分布，由式(2-40)可知其密度函数为

$$f_Z(z) = \frac{\frac{1}{2}}{\Gamma(1)} z^{1-1} e^{-\frac{z}{2}} = \frac{1}{2} e^{-\frac{z}{2}}, \quad z\geqslant 0$$

(2)差的分布。设二元随机变量(X,Y)的联合密度是$f(x,y)$,求$Z=X-Y$的分布密度。

先求$Z=X-Y$的分布函数:
$$F_Z(z) = P(Z<z) = P(X-Y<z)$$
$$= P[(x,y) \in D]$$

其中,$D=\{(x,y): x-y<z\}$,如图3-11所示,于是
$$F_Z(z) = \iint_D f(x,y)\,dxdy$$
$$= \iint_{x-y<z} f(x,y)\,dxdy$$
$$= \int_{-\infty}^{+\infty} \left[\int_{-\infty}^{z+y} f(x,y)\,dx\right]dy$$

所以
$$f_Z(z) = F'_Z(z) = \int_{-\infty}^{+\infty} f(z+y,y)\,dy \tag{3-59}$$

当X与Y相互独立时,则式(3-59)可以写成
$$f_Z(z) = \int_{-\infty}^{+\infty} f_X(z+y)f_Y(y)\,dy \tag{3-60}$$

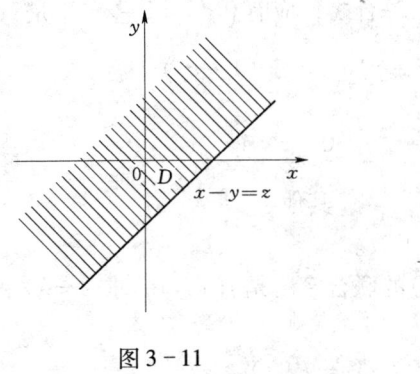
图3-11

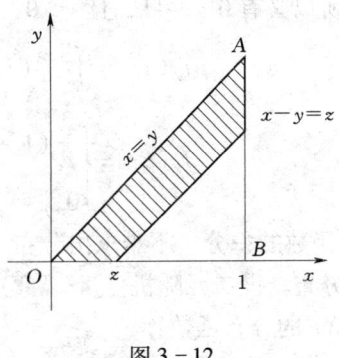
图3-12

例20 设随机变量(X,Y)具有密度函数
$$f(x,y) = \begin{cases} 3x, & 0<x<1,\ 0<y<x \\ 0, & 其他 \end{cases}$$

试求$Z=X-Y$的分布函数和分布密度。

解 如图3-12所示,(X,Y)的联合密度在图中$\triangle OAB$内有非零值。

先求分布函数:
$$F_Z(z) = P(Z<z) = P(X-Y<z)$$
$$= \iint_{x-y<z} f(x,y)\,dxdy$$

由题意知$0 \leq z \leq 1$。

当$z \leq 0$时

$$F_Z(z) = 0$$

当 $0 < z \leq 1$ 时

$$F_Z(z) = \int_0^z \left[\int_0^x 3x\,\mathrm{d}y \right]\mathrm{d}x + \int_z^1 \left[\int_{x-z}^x 3x\,\mathrm{d}y \right]\mathrm{d}x = \frac{3}{2}z - \frac{1}{2}z^3$$

当 $z > 1$ 时

$$F_Z(z) = \int_0^1 \left[\int_0^x 3x\,\mathrm{d}y \right]\mathrm{d}x = 1$$

故

$$F_Z(z) = \begin{cases} 0, & z \leq 0 \\ \dfrac{3}{2}z - \dfrac{1}{2}z^3, & 0 < z \leq 1 \\ 1, & z > 1 \end{cases}$$

于是

$$f_Z(z) = F_Z'(z) = \begin{cases} \dfrac{3}{2}(1 - z^2), & 0 < z \leq 1 \\ 0, & 其他 \end{cases}$$

此题也可以直接根据式(3-59)计算,但必须注意积分域。

由 $z = x - y$ 得 $x = z + y$,按题意有 $0 < z + y < 1$,从而有 $-z < y < 1 - z$,但由于 $0 < y < x$ 及 $0 < x < 1$,所以必有 $0 < z < 1$,且 $y > 0$,综合之,应有 $0 < y < 1 - z$,于是

$$f_Z(z) = \int_0^{1-z} 3(z + y)\,\mathrm{d}y = \frac{3}{2}(1 - z^2)$$

故

$$f_Z(z) = \begin{cases} \dfrac{3}{2}(1 - z^2), & 0 < z < 1 \\ 0, & 其他 \end{cases}$$

再通过对密度函数的积分,不难求出分布函数。

(3) 积的分布。设二元随机变量 (X, Y) 的联合密度是 $f(x, y)$,求 $Z = XY$ 的分布密度。

先求 $Z = XY$ 的分布函数:

$$\begin{aligned} F_Z(z) &= P(Z < z) = P(XY < z) \\ &= P[(X, Y) \in D] \end{aligned}$$

其中,D 如图 3-13 所示,于是

$$F_Z(z) = \iint_D f(x, y)\,\mathrm{d}x\mathrm{d}y = \iint_{xy < z} f(x, y)\,\mathrm{d}x\mathrm{d}y$$

当 $z < 0$ 时,由图 3-13(a) 有

$$F_Z(z) = \int_{-\infty}^0 \left[\int_{\frac{z}{x}}^{+\infty} f(x, y)\,\mathrm{d}y \right]\mathrm{d}x + \int_0^{+\infty} \left[\int_{-\infty}^{\frac{z}{x}} f(x, y)\,\mathrm{d}y \right]\mathrm{d}x \qquad (3-61)$$

所以

$$\begin{aligned} f_Z(z) = F_Z'(z) &= -\int_{-\infty}^0 \frac{1}{x} f\left(x, \frac{z}{x}\right)\mathrm{d}x + \int_0^{+\infty} \frac{1}{x} f\left(x, \frac{z}{x}\right)\mathrm{d}x \\ &= \int_{-\infty}^{+\infty} \frac{1}{|x|} f\left(x, \frac{z}{x}\right)\mathrm{d}x \end{aligned} \qquad (3-62)$$

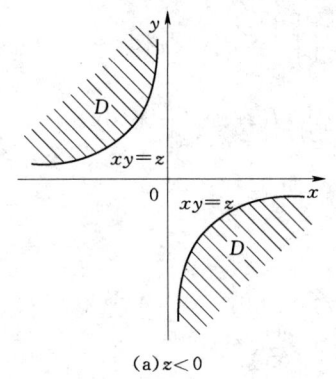
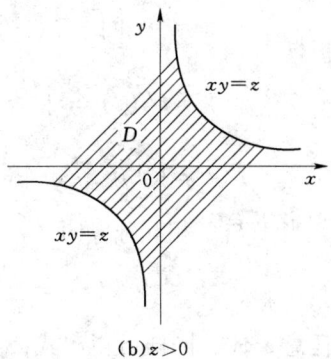

(a) $z<0$ (b) $z>0$

图 3-13

当 $z>0$ 时，由图 3-13(b)，用同样的方法可得式(3-61)和式(3-62)。

当 X 与 Y 相互独立时，有

$$f_Z(z) = \int_{-\infty}^{+\infty} \frac{1}{|x|} f_X(x) f_Y\left(\frac{z}{x}\right) dx \tag{3-63}$$

例 21 设二元随机变量 (X,Y) 的联合密度为

$$f(x,y) = \begin{cases} xe^{-x(1+y)}, & x>0, y>0 \\ 0, & 其他 \end{cases}$$

试求 $Z = XY$ 的分布密度。

解 由式(3-62)

$$f_Z(z) = \int_{-\infty}^{+\infty} \frac{1}{|x|} f\left(x, \frac{z}{x}\right) dx = \int_0^{+\infty} \frac{1}{x} x e^{-x\left(1+\frac{z}{x}\right)} dx$$

$$= \int_0^{+\infty} e^{-x-z} dx = e^{-z}$$

所以

$$f_Z(z) = \begin{cases} e^{-z}, & z>0 \\ 0, & z\leq 0 \end{cases}$$

(4) 商的分布。设二元随机变量 (X,Y) 的联合密度为 $f(x,y)$，求 $Z = \dfrac{X}{Y}$ 的分布密度。

先求 $Z = \dfrac{X}{Y}$ 的分布函数：

$$F_Z(z) = P(Z<z)$$

$$= P\left(\frac{X}{Y}<z\right) = P[(X,Y) \in D]$$

其中 $D = \left\{(x,y): \dfrac{x}{y}<z\right\}$，如图 3-14 所示。于是对任意 $z>0$，有

$$F_Z(z) = \iint_D f(x,y) dxdy = \iint_{\frac{x}{y}<z} f(x,y) dxdy$$

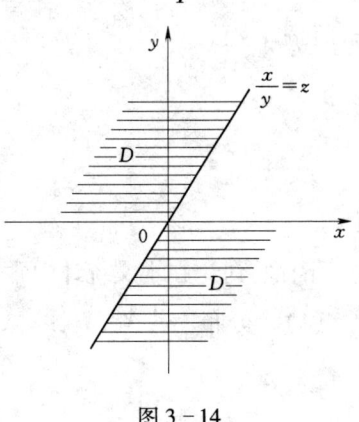

图 3-14

$$= \int_0^{+\infty} \left[\int_{-\infty}^{zy} f(x,y) \mathrm{d}x \right] \mathrm{d}y + \int_{-\infty}^0 \left[\int_{zy}^{+\infty} f(x,y) \mathrm{d}x \right] \mathrm{d}y$$

$$f_Z(z) = F'_Z(z) = \int_0^{+\infty} f(zy,y) y \mathrm{d}y + \int_{-\infty}^0 f(zy,y)(-y) \mathrm{d}y$$

$$= \int_{-\infty}^{+\infty} f(zy,y) |y| \mathrm{d}y \tag{3-64}$$

特别的，当 X 与 Y 相互独立时，

$$f_Z(z) = \int_{-\infty}^{+\infty} f_X(zy) f_Y(y) |y| \mathrm{d}y \tag{3-65}$$

类似的，对任意 $z < 0$，同样可得出式(3-64)和式(3-65)。

例 22 设随机变量 X 与 Y 相互独立，且都在区间 $[0,a]$ 上服从均匀分布，求 $Z = \dfrac{X}{Y}$ 的分布密度。

解 X 与 Y 的分布密度分别是

$$f_X(x) = \begin{cases} \dfrac{1}{a}, & 0 \leqslant x \leqslant a \\ 0, & \text{其他} \end{cases} ; \quad f_Y(y) = \begin{cases} \dfrac{1}{a}, & 0 \leqslant y \leqslant a \\ 0, & \text{其他} \end{cases}$$

设 Z 的取值为 z，则 $z = \dfrac{x}{y}$。按题意 $z \geqslant 0$，因此当 $z < 0$ 时，$f_Z(z) = 0$；

当 $0 \leqslant z < 1$ 时，必有 $0 \leqslant x < y$，于是由式(3-65)得

$$f_Z(z) = \int_{-\infty}^{+\infty} f_X(zy) f_Y(y) |y| \mathrm{d}y$$

$$= \int_0^a y \frac{1}{a} \frac{1}{a} \mathrm{d}y = \frac{1}{2}$$

当 $z \geqslant 1$ 时，必有 $0 < y < x$，因为 $0 \leqslant x \leqslant a$，且 $y = \dfrac{x}{z}$，故有 $0 < y < \dfrac{a}{z}$，于是

$$f_Z(z) = \int_{-\infty}^{+\infty} f_X(zy) f_Y(y) |y| \mathrm{d}y$$

$$= \int_0^{\frac{a}{z}} y \frac{1}{a} \frac{1}{a} \mathrm{d}y = \frac{1}{2z^2}$$

综合起来，有

$$f_Z(z) = \begin{cases} 0, & z < 0 \\ \dfrac{1}{2}, & 0 \leqslant z < 1 \\ \dfrac{1}{2z^2}, & z \geqslant 1 \end{cases}$$

下面将讨论在水文统计中常用的四个分布。

(1) χ^2 分布。若 $X_1, X_2, \cdots, X_n$ 相互独立，且 $X_i \sim N(0,1)$ ($i = 1, 2, \cdots, n$)。令

$$\chi^2 = X_1^2 + X_2^2 + \cdots + X_n^2 \tag{3-66}$$

则称随机变量 χ^2 的分布为具有自由度 n 的 χ^2 分布，记为 $\chi^2 \sim \chi^2(n)$。

若 $\chi_i^2 = X_i^2$，则由第二章例 28 知，对任意 $i = 1, 2, \cdots, n$，均有

$$f_{\chi_i^2}(x) = \frac{1}{\sqrt{2\pi}} x^{-\frac{1}{2}} e^{-\frac{x}{2}}, \quad x > 0$$

即 χ_i^2 服从 $\Gamma\left(\frac{1}{2}, \frac{1}{2}\right)$ 分布。

由 Γ 分布的可加性（见例 18，例 19），可得 χ^2 的密度函数为

$$f(x) = \begin{cases} \dfrac{\left(\dfrac{1}{2}\right)^{\frac{n}{2}}}{\Gamma\left(\dfrac{n}{2}\right)} x^{\frac{n}{2}-1} e^{-\frac{x}{2}}, & x > 0 \\ 0, & x \leqslant 0 \end{cases} \tag{3-67}$$

其图像如图 3-15 所示。

若 $\chi^2(n_1), \chi^2(n_2), \cdots, \chi^2(n_k)$ 是 k 个自由度为 $n_1, n_2, \cdots, n_k$ 且相互独立的 χ^2 变量，则它们的和为自由度 $n = n_1 + n_2 + \cdots + n_k$ 的 χ^2 变量。这个性质称为 χ^2 变量的可加性。这个性质可从 χ^2 变量的定义得到解释，因为上述 k 个 χ^2 变量的和，也就是 $n_1 + n_2 + \cdots + n_k$ 个相互独立的标准化正态变量平方和，当然应是自由度为 $n_1 + n_2 + \cdots + n_k$ 的 χ^2 变量。

χ^2 分布在数理统计中有重要应用，因此，为了便于应用，已编制了 χ^2 分布表供查用（见附录二中附表六）。若给定自由度 n 和 α 值，可以找出满足等式

$$P(\chi^2 > \chi_\alpha^2) = \alpha \tag{3-68}$$

的 χ_α^2，如图 3-16 所示。例如 $n = 20$，$\alpha = 0.05$，查附录二中附表六得 $\chi_\alpha^2 = 31.41$。

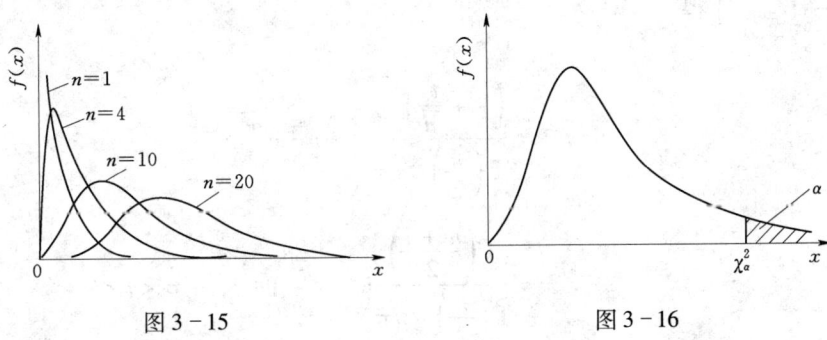

图 3-15   图 3-16

(2) t 分布。若 $X \sim N(0,1)$，$Y \sim \chi^2(n)$，且 X, Y 相互独立，设

$$T = \frac{X}{\sqrt{\dfrac{Y}{n}}} \tag{3-69}$$

则称随机变量 T 的分布为具有自由度 n 的 t 分布，记为 $T \sim t(n)$。利用前面的结果，可以求得 T 的密度函数为

$$f(x) = \frac{\Gamma\left(\frac{n+1}{2}\right)}{\Gamma\left(\frac{n}{2}\right)\sqrt{n\pi}}\left(1 + \frac{x^2}{n}\right)^{-\frac{n+1}{2}}, \quad -\infty < x < +\infty \tag{3-70}$$

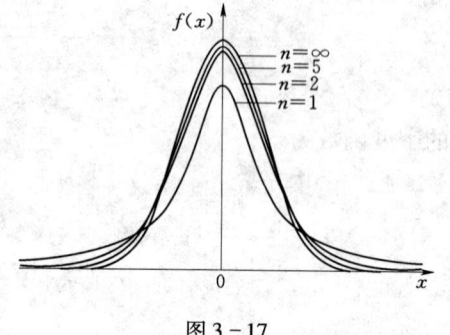

图 3-17

t 分布的图形关于纵轴对称，如图 3-17 所示，当自由度 n 充分大时，t 分布近似于 $N(0,1)$ 分布，这是因为当 $n\to\infty$ 时，$\left(1+\frac{x^2}{n}\right)^{-\frac{n+1}{2}} \to e^{-\frac{x^2}{2}}$。

下面证明式(3-70)。

利用式(2-44)容易证明 $Z = \sqrt{\frac{Y}{n}}$ 的密度函数为

$$f_Z(z) = \frac{\sqrt{2n}}{\Gamma\left(\frac{n}{2}\right)}\left(\frac{z\sqrt{n}}{\sqrt{2}}\right)^{n-1} e^{-\frac{nz^2}{2}}, \quad z > 0 \tag{3-71}$$

将式(3-71)及标准正态密度函数代入式(3-65)得

$$f_T(t) = \int_0^{+\infty} z f_x(zt) f_Z(z) \, dz$$

$$= \int_0^{+\infty} z \frac{1}{\sqrt{2\pi}} e^{-\frac{(zt)^2}{2}} \frac{\sqrt{2n}}{\Gamma\left(\frac{n}{2}\right)} \left(\frac{z\sqrt{n}}{\sqrt{2}}\right)^{n-1} e^{-\frac{nz^2}{2}} dz$$

$$= \frac{1}{\Gamma\left(\frac{n}{2}\right)\sqrt{n\pi}} \int_0^{+\infty} \left(\frac{z\sqrt{n}}{\sqrt{2}}\right)^{n-1} e^{-\frac{nz^2}{2}\left(1+\frac{t^2}{n}\right)} nz\, dz$$

令 $u = \frac{nz^2}{2}\left(1 + \frac{t^2}{n}\right)$ 得

$$f_T(t) = \frac{\left(1+\frac{t^2}{n}\right)^{-\frac{n+1}{2}}}{\Gamma\left(\frac{n}{2}\right)\sqrt{n\pi}} \int_0^{+\infty} u^{\frac{n-1}{2}} e^{-u} du$$

$$= \frac{\Gamma\left(\frac{n+1}{2}\right)}{\Gamma\left(\frac{n}{2}\right)\sqrt{n\pi}}\left(1+\frac{t^2}{n}\right)^{-\frac{n+1}{2}}, \quad -\infty < t < +\infty$$

这就是式(3-70)。

t 分布在数理统计中也有重要应用，因此，也编制了 t 分布表供查用(见附录二中附表八)。若给定自由度 n 和 α 值，可以找出满足等式

$$P(|T| > t_{\frac{\alpha}{2}}) = \alpha \tag{3-72}$$

的 $t_{\frac{\alpha}{2}}$。由于 t 分布的对称性，所以求满足式(3-72)的 $t_{\frac{\alpha}{2}}$，实际上是求满足 $P(T > t_{\frac{\alpha}{2}}) = \frac{\alpha}{2}$

的 $t_{\frac{\alpha}{2}}$，如图 3-18 所示。

例如 $n=20$，$\alpha=0.05$，查附录二中附表八得 $t_{\frac{\alpha}{2}}=2.086$。

(3) F 分布。若 X，Y 相互独立，且 $X \sim \chi^2(n_1)$，$Y \sim \chi^2(n_2)$，设

$$F = \frac{\dfrac{X}{n_1}}{\dfrac{Y}{n_2}} \quad (3-73)$$

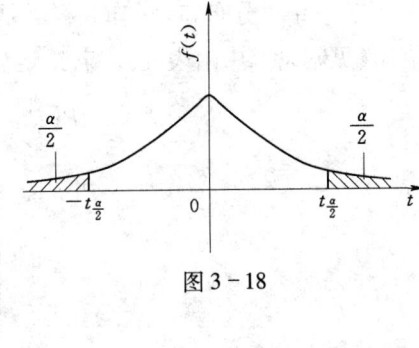

图 3-18

则称随机变量 F 的分布为具有自由度 (n_1, n_2) 的 F 分布，记为 $F \sim F(n_1, n_2)$。n_1 称为第一自由度，n_2 称为第二自由度。F 的密度函数为

$$f(x) = \begin{cases} \dfrac{\Gamma\left(\dfrac{n_1+n_2}{2}\right)}{\Gamma\left(\dfrac{n_1}{2}\right)\Gamma\left(\dfrac{n_2}{2}\right)} \left(\dfrac{n_1}{n_2}\right)\left(\dfrac{n_1}{n_2}x\right)^{\frac{n_1}{2}-1} \left(1+\dfrac{n_1}{n_2}x\right)^{-\frac{n_1+n_2}{2}}, & x>0 \\ 0, & x\leq 0 \end{cases} \quad (3-74)$$

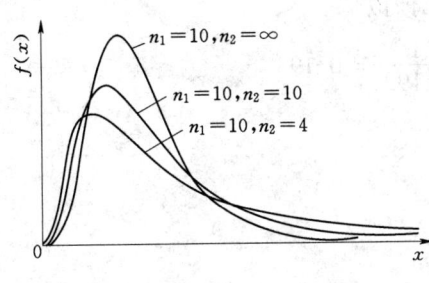

图 3-19

其图像如图 3-19 所示。

证明 利用式 (2-44) 由式 (3-67) 可求得 $Z = \dfrac{\chi^2(n)}{n}$ 的密度为

$$f_Z(z) = \dfrac{n^{\frac{n}{2}}}{2^{\frac{n}{2}}\Gamma\left(\dfrac{n}{2}\right)} z^{\frac{n}{2}-1} \mathrm{e}^{-\frac{nz}{2}}, z \geq 0$$

代入式 (3-65) 并记 F 的取值为 x，则得

$$f_F(x) = C\int_0^{+\infty} z(xz)^{\frac{n_1}{2}-1} \mathrm{e}^{-\frac{n_1 xz}{2}} z^{\frac{n_2}{2}-1} \mathrm{e}^{-\frac{n_2 z}{2}} \mathrm{d}z$$

$$= Cx^{\frac{n_1}{2}-1}\int_0^{+\infty} z^{\frac{n_1+n_2}{2}-1} \mathrm{e}^{-\frac{z(n_1 x+n_2)}{2}} \mathrm{d}z$$

令 $t = z(n_1 x + n_2)$，则

$$f_F(x) = C\dfrac{x^{\frac{n_1}{2}-1}}{(n_1 x+n_2)^{\frac{n_1+n_2}{2}}} \int_0^{+\infty} t^{\frac{n_1+n_2}{2}-1} \mathrm{e}^{-\frac{t}{2}} \mathrm{d}t$$

$$= C\dfrac{x^{\frac{n_1}{2}-1}}{(n_1 x+n_2)^{\frac{n_1+n_2}{2}}} 2^{\frac{n_1+n_2}{2}} \Gamma\left(\dfrac{n_1+n_2}{2}\right) \quad (3-75)$$

其中

$$C = \dfrac{n_1^{\frac{n_1}{2}} n_2^{\frac{n_2}{2}}}{2^{\frac{n_1+n_2}{2}} \Gamma\left(\dfrac{n_1}{2}\right)\Gamma\left(\dfrac{n_2}{2}\right)}$$

将 C 代入式 (3-75) 即得到式 (3-74)。

F 分布与 χ^2 分布和 t 分布一样,是数理统计中常用的分布,因此,也编制了 F 分布表供查用(见附录二中附表九)。若给定自由度 n_1,n_2 和 α 值,可以定出满足下列两个等式

$$P[F \geq F_{\frac{\alpha}{2}}(n_1,n_2)] = \frac{\alpha}{2} \qquad (3-76)$$

$$P[F \leq F_{1-\frac{\alpha}{2}}(n_1,n_2)] = \frac{\alpha}{2} \qquad (3-77)$$

的两个分位点 $F_{\frac{\alpha}{2}}(n_1,n_2)$ 和 $F_{1-\frac{\alpha}{2}}(n_1,n_2)$,如图 3-20 所示。

例如 $n_1 = 5$,$n_2 = 4$,$\alpha = 0.1$,查附录二中附表九得 $F_{\frac{\alpha}{2}}(5,4) = 6.256$。

F 分布表一般只给出 $F_{\frac{\alpha}{2}}$ 的值,而未给出 $F_{1-\frac{\alpha}{2}}$ 的值。由关系式

$$F_{1-\frac{\alpha}{2}}(n_1,n_2) = \frac{1}{F_{\frac{\alpha}{2}}(n_2,n_1)} \qquad (3-78)$$

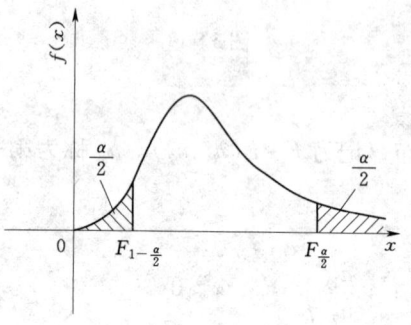

图 3-20

可以从 $F_{\frac{\alpha}{2}}(n_2,n_1)$ 求出 $F_{1-\frac{\alpha}{2}}(n_1,n_2)$。需要特别注意的是:上述等式两边的两个自由度前后换了位置。所以

$$F_{1-\frac{\alpha}{2}}(5,4) = \frac{1}{F_{\frac{\alpha}{2}}(4,5)} = \frac{1}{5.192} = 0.193$$

下面证明式(3-78)。

令

$$F_1 = \frac{1}{F} = \frac{\dfrac{Y}{n_2}}{\dfrac{X}{n_1}}$$

则 $F_1 \sim F(n_2,n_1)$。

从而有

$$\frac{\alpha}{2} = P[F \leq F_{1-\frac{\alpha}{2}}(n_1,n_2)] = P\left[\frac{1}{F} \geq \frac{1}{F_{1-\frac{\alpha}{2}}(n_1,n_2)}\right]$$

$$= P\left[F_1 \geq \frac{1}{F_{1-\frac{\alpha}{2}}(n_1,n_2)}\right] = P[F_1 \geq F_{\frac{\alpha}{2}}(n_2,n_1)]$$

所以

$$\frac{1}{F_{1-\frac{\alpha}{2}}(n_1,n_2)} = F_{\frac{\alpha}{2}}(n_2,n_1)$$

即

$$F_{1-\frac{\alpha}{2}}(n_1,n_2) = \frac{1}{F_{\frac{\alpha}{2}}(n_2,n_1)}$$

如果 $n_1 = n_2 = n$,则 F 与 F_1 服从相同的 $F(n,n)$ 分布,这时 $F_{1-\frac{\alpha}{2}}(n,n) = \dfrac{1}{F_{\frac{\alpha}{2}}(n,n)}$。

(4)极值分布。设随机变量 $X_1,X_2,\cdots,X_n$ 相互独立,分布函数分别为 $F_i(x)$ ($i =$

$1,2,\cdots,n$)。求极大值 $M = \max(X_1, X_2, \cdots, X_n)$ 和极小值 $L = \min(X_1, X_2, \cdots, X_n)$ 的分布函数。

对任意实数 x，因为事件$[\max(X_1, X_2, \cdots, X_n) < x]$ 等价于 $(X_1 < x, X_2 < x, \cdots, X_n < x)$，所以，$M$ 的分布函数为

$$\begin{aligned} F_M(x) &= P(M < x) = P[\max(X_1, X_2, \cdots, X_n) < x] \\ &= P(X_1 < x, X_2 < x, \cdots, X_n < x) \\ &= P(X_1 < x) P(X_2 < x) \cdots P(X_n < x) \\ &= \prod_{i=1}^{n} F_i(x) \end{aligned} \quad (3-79)$$

而事件$[\min(X_1, X_2, \cdots, X_n) \geq x]$等价于$(X_1 \geq x, X_2 \geq x, \cdots, X_n \geq x)$，所以

$$\begin{aligned} P(L \geq x) &= P[\min(X_1, X_2, \cdots, X_n) \geq x] \\ &= P(X_1 \geq x, X_2 \geq x, \cdots, X_n \geq x) \\ &= P(X_1 \geq x) P(X_2 \geq x) \cdots P(X_n \geq x) \\ &= \prod_{i=1}^{n} [1 - F_i(x)] \end{aligned}$$

因此

$$F_L(x) = P(L < x) = 1 - \prod_{i=1}^{n} [1 - F_i(x)] \quad (3-80)$$

特别地，如果 $X_1, X_2, \cdots, X_n$ 独立同分布，分布密度为 $f(x)$，分布函数为 $F(x)$，则由式(3-79)与式(3-80)得 M 与 L 的分布函数和密度函数。

M 的分布函数为

$$F_M(x) = P[\max(X_1, X_2, \cdots, X_n) < x] = [F(x)]^n \quad (3-81)$$

M 的密度函数为

$$f_M(x) = F'_M(x) = n[F(x)]^{n-1} f(x) \quad (3-82)$$

L 的分布函数为

$$F_L(x) = P[\min(X_1, X_2, \cdots, X_n) < x] = 1 - [1 - F(x)]^n \quad (3-83)$$

L 的密度函数为

$$f_L(x) = F'_L(x) = n[1 - F(x)]^{n-1} f(x) \quad (3-84)$$

从上述各式可以看出，极值分布与 $X_1, X_2, \cdots, X_n$ 的分布（称为原始分布）有关。如果原始分布为正态或 P-Ⅲ型等所谓指数型分布，当 $n \to \infty$ 时，极大值的渐近分布为

$$F_M(x) = e^{-e^{-\alpha(x-u)}} \quad (3-85)$$

密度函数为

$$f_M(x) = \alpha e^{-\alpha(x-u) - e^{-\alpha(x-u)}} \quad (3-86)$$

在水文学中，常用超过制概率

$$G_M(x) = P(M > x) = 1 - e^{-e^{-\alpha(x-u)}} \quad (3-87)$$

其中 $\alpha > 0$，u 为参数。

这一分布首先由 R. A. Fisher 和 L. H. C. Tippett 于 1928 年发现，故有时称为 Fisher - Tippett Ⅰ型分布，Gumbel 后来将此分布用于水文统计，故在水文统计中常称这一分布为

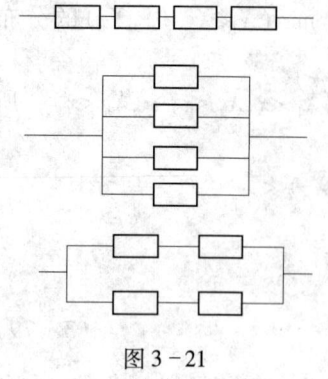

图 3-21

Gumbel 分布。

例 23 某系统由 4 个独立的元件连接而成，其寿命分别为 X_1, X_2, X_3, X_4，且均服从参数为 λ 的指数分布，试求如图 3-21 所示三种情形下，系统寿命的概率密度函数。

解 (1) 串联情形。这时系统中有一个元件失效系统就失效，此时系统的寿命
$$X = \min(X_1, X_2, X_3, X_4)$$
因为参数为 λ 的指数分布的分布函数为
$$F(x) = \begin{cases} 1 - e^{-\lambda x}, & x \geq 0 \\ 0, & x < 0 \end{cases}$$

所以此时系统寿命 X 的分布函数为
$$F_X(x) = 1 - [1 - F(x)]^4 = \begin{cases} 1 - e^{-4\lambda x}, & x \geq 0 \\ 0, & x < 0 \end{cases}$$

概率密度函数为
$$f_X(x) = \begin{cases} 4\lambda e^{-4\lambda x}, & x \geq 0 \\ 0, & x < 0 \end{cases}$$

(2) 并联情形。这时系统的寿命为元件中寿命最长的，故系统的寿命为
$$X = \max(X_1, X_2, X_3, X_4)$$
$$F_X(x) = [F(x)]^4 = \begin{cases} (1 - e^{-\lambda x})^4, & x \geq 0 \\ 0, & x < 0 \end{cases}$$

所以
$$f_X(x) = \begin{cases} 4\lambda e^{-\lambda x}(1 - e^{-\lambda x})^3, & x \geq 0 \\ 0, & x < 0 \end{cases}$$

(3) 混合情形。这时系统的寿命是各串联组的寿命的最大值。由(1)得各串联组的寿命的分布函数为
$$F_i(x) = \begin{cases} 1 - e^{-2\lambda x}, & x \geq 0 \\ 0, & x < 0 \end{cases}$$

所以整个系统的寿命的分布函数为
$$F_X(x) = [F_i(x)]^2 = \begin{cases} (1 - e^{-2\lambda x})^2, & x \geq 0 \\ 0, & x < 0 \end{cases}$$

其概率密度函数为
$$f_X(x) = \begin{cases} 4\lambda e^{-2\lambda x}(1 - e^{-2\lambda x}), & x \geq 0 \\ 0, & x < 0 \end{cases}$$

(二) n 元随机变量向量函数的分布

设 n 元随机变量 $(X_1, X_2, \cdots, X_n)$ 的密度函数为 $f(x_1, x_2, \cdots, x_n)$，$Y_1 = g_1(X_1, X_2, \cdots, X_n)$，$Y_2 = g_2$

$(X_1, X_2, \cdots, X_n), \cdots, Y_m = g_m(X_1, X_2, \cdots, X_n)$ 是 m 个 n 元随机变量的单值连续函数,称之为 n 元随机变量$(X_1, X_2, \cdots, X_n)$的向量函数,则 $Y = (Y_1, Y_2, \cdots, Y_m)$ 是 m 元随机变量,它的分布函数为

$$F_Y(y_1, y_2, \cdots, y_m) = P(Y_1 < y_1, Y_2 < y_2, \cdots, Y_m < y_m)$$
$$= \int \cdots \int_D f(x_1, x_2, \cdots, x_n) dx_1 dx_2 \cdots dx_n \tag{3-88}$$

其中
$$D = \{(x_1, x_2, \cdots, x_n): g_1(x_1, x_2, \cdots, x_n) < y_1, g_2(x_1, x_2, \cdots, x_n) < y_2, \cdots, g_m(x_1, x_2, \cdots, x_n) < y_m\}$$

显然,当 $m = n = 1$ 时,就是一元随机变量函数的情况;当 $m = 1$ 时,就是前面讲的 n 元随机变量标量函数的情况,下面讨论 $m = n$ 的情况。

若 $y_i = g_i(x_1, x_2, \cdots, x_n)$ 存在唯一单值连续反函数 $x_i = g_i^{-1}(y_1, y_2, \cdots, y_n)$,$i = 1, 2, \cdots, n$,且 $\frac{\partial x_i}{\partial y_j}(i = 1, 2, \cdots, n; j = 1, 2, \cdots, n)$ 存在并连续,则 $Y = (Y_1, Y_2, \cdots, Y_n)$ 的密度函数为

$$f_Y(y_1, y_2, \cdots, y_n) = \begin{cases} f(g_1^{-1}, g_2^{-1}, \cdots, g_n^{-1}) |J|, & (y_1, y_2, \cdots, y_n) \text{属于} g_1, g_2, \cdots, g_n \text{的值域} \\ 0, & \text{其他} \end{cases}$$
$$\tag{3-89}$$

式中 $g_i^{-1} = g_i^{-1}(y_1, y_2, \cdots, y_n)$,$i = 1, 2, \cdots, n$。

J 为坐标变换的雅可比行列式。

$$J = \begin{vmatrix} \dfrac{\partial x_1}{\partial y_1} & \cdots & \dfrac{\partial x_1}{\partial y_n} \\ \vdots & \vdots & \vdots \\ \dfrac{\partial x_n}{\partial y_1} & \cdots & \dfrac{\partial x_n}{\partial y_n} \end{vmatrix} \tag{3-90}$$

有关式(3-89)的证明从略,但需指出两点:

(1)若反函数不唯一,例如对应于 $y_i = g_i(x_1, x_2, \cdots, x_n)$,$(i = 1, 2, \cdots, n)$,有 k 个反函数 $x_i^{(l)} = g_i^{-1}(y_1, y_2, \cdots, y_n)^{(l)}$,$(l = 1, 2, \cdots, k)$ 则

$$f_Y(y_1, y_2, \cdots, y_n) = \sum_{l=1}^{k} f(g_1^{-1(l)}, g_2^{-1(l)}, \cdots, g_n^{-1(l)}) |J^{(l)}| \tag{3-91}$$

其中 $g_i^{-1(l)} = g_i^{-1}(y_1, y_2, \cdots, y_n)^{(l)}$,$(l = 1, 2, \cdots, k)$。

(2)如果只有 $m(<n)$ 个函数 $Y_i = g_i(X_1, X_2, \cdots, X_n)$,$(i = 1, 2, \cdots, m)$,则可补充定义 $n - m$ 个函数 $Y_j = g_j(X_1, X_2, \cdots, X_n)$,$(j = m+1, \cdots, n)$,这样可先利用式(3-89)求得 $Y^* = (Y_1, Y_2, \cdots, Y_n)$ 的密度函数 $f_{Y^*}(y_1, y_2, \cdots, y_m, y_{m+1}, \cdots, y_n)$,再利用边际分布与联合分布的关系,可得到 $Y = (Y_1, Y_2, \cdots, Y_m)$ 的密度函数 $f_Y(y_1, y_2, \cdots, y_m)$:

$$f_Y(y_1, y_2, \cdots, y_m) = \int_{-\infty}^{+\infty} \cdots \int_{-\infty}^{+\infty} f_{Y^*}(y_1, y_2, \cdots, y_m, y_{m+1}, \cdots, y_n) dy_{m+1} \cdots dy_n \tag{3-92}$$

例 24 设 (X_1, X_2) 的分布密度为

$$f_X(x_1, x_2) = \frac{1}{2\pi\sigma^2} e^{-\frac{x_1^2 + x_2^2}{2\sigma^2}}, \quad -\infty < x_1 < +\infty, \quad -\infty < x_2 < +\infty$$

$$Y_1 = \sqrt{X_1^2 + X_2^2}, \quad Y_2 = \frac{X_1}{X_2}$$

试求 $Y = (Y_1, Y_2)$ 的分布密度 $f_Y(y_1, y_2)$。

解 由 $y_1 = \sqrt{x_1^2 + x_2^2}$ 及 $y_2 = \dfrac{x_1}{x_2}$ 解得反函数

$$x_1^{(1)} = \frac{y_1 y_2}{\sqrt{1+y_2^2}}, \quad x_2^{(1)} = \frac{y_1}{\sqrt{1+y_2^2}}$$

$$x_1^{(2)} = \frac{-y_1 y_2}{\sqrt{1+y_2^2}}, \quad x_2^{(2)} = -\frac{y_1}{\sqrt{1+y_2^2}}$$

于是

$$J^{(1)} = \begin{vmatrix} \dfrac{\partial x_1^{(1)}}{\partial y_1}, & \dfrac{\partial x_1^{(1)}}{\partial y_2} \\ \dfrac{\partial x_2^{(1)}}{\partial y_1}, & \dfrac{\partial x_2^{(1)}}{\partial y_2} \end{vmatrix} = \frac{y_1}{1+y_2^2}, \quad |J^{(1)}| = \frac{y_1}{1+y_2^2}$$

$$J^{(2)} = \begin{vmatrix} \dfrac{\partial x_1^{(2)}}{\partial y_1}, & \dfrac{\partial x_1^{(2)}}{\partial y_2} \\ \dfrac{\partial x_2^{(2)}}{\partial y_1}, & \dfrac{\partial x_2^{(2)}}{\partial y_2} \end{vmatrix} = -\frac{y_1}{1+y_2^2}, \quad |J^{(2)}| = \frac{y_1}{1+y_2^2}$$

由式(3-91)

$$f_Y(y_1, y_2) = \frac{y_1}{1+y_2^2}\left[f_X\left(\frac{y_1 y_2}{\sqrt{1+y_2^2}}, \frac{y_1}{\sqrt{1+y_2^2}}\right) + f_X\left(-\frac{y_1 y_2}{\sqrt{1+y_2^2}}, -\frac{y_1}{\sqrt{1+y_2^2}}\right)\right]$$

$$= \frac{y_1}{1+y_2^2}\frac{1}{\pi\sigma^2}\exp\left[-\left(\frac{y_1^2 y_2^2}{1+y_2^2} + \frac{y_1^2}{1+y_2^2}\right)\Big/2\sigma^2\right]$$

$$= \frac{y_1}{\sigma^2}e^{-\frac{y_1^2}{2\sigma^2}}\frac{1}{\pi(1+y_2^2)}, \quad 0 < y_1 < +\infty, \ -\infty < y_2 < +\infty$$

第六节 二元正态分布

下面介绍二元正态分布。

设 (X, Y) 的密度函数为

$$f(x, y) = \frac{1}{2\pi\sigma_1\sigma_2\sqrt{1-\rho^2}}\exp\left\{-\frac{1}{2(1-\rho^2)}\left[\left(\frac{x-a_1}{\sigma_1}\right)^2\right.\right.$$
$$\left.\left. - \frac{2\rho(x-a_1)(y-a_2)}{\sigma_1\sigma_2} + \left(\frac{y-a_2}{\sigma_2}\right)^2\right]\right\}$$
$$-\infty < x < +\infty, \quad -\infty < y < +\infty \tag{3-93}$$

则称(X,Y)服从二元正态分布,其中,a_1, a_2, ρ 及 $\sigma_1 > 0$,$\sigma_2 > 0$ 是分布中的五个参数。

二元正态分布密度的图形如图 3-22 所示。

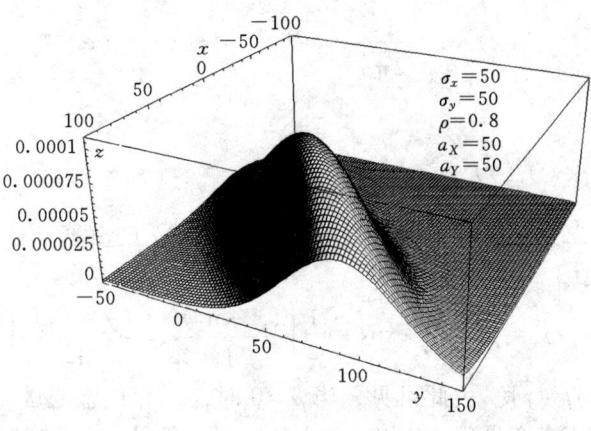

图 3-22

一、边际分布

X 的边际密度为

$$f_X(x) = \int_{-\infty}^{+\infty} f(x,y) \mathrm{d}y$$

$$= \frac{1}{2\pi\sigma_1\sigma_2\sqrt{1-\rho^2}} \int_{-\infty}^{+\infty} \exp\left\{\frac{-1}{2(1-\rho^2)}\left[\left(\frac{x-a_1}{\sigma_1}\right)^2 - \frac{2\rho(x-a_1)(y-a_2)}{\sigma_1\sigma_2} + \left(\frac{y-a_2}{\sigma_2}\right)^2\right]\right\} \mathrm{d}y$$

因为

$$\frac{(x-a_1)^2}{\sigma_1^2} - 2\rho\frac{(x-a_1)(y-a_2)}{\sigma_1\sigma_2} + \frac{(y-a_2)^2}{\sigma_2^2}$$

$$= \frac{(y-a_2)^2}{\sigma_2^2} - 2\rho\frac{(x-a_1)(y-a_2)}{\sigma_1\sigma_2} + \rho^2\frac{(x-a_1)^2}{\sigma_1^2} + (1-\rho^2)\frac{(x-a_1)^2}{\sigma_1^2}$$

$$= \left(\frac{y-a_2}{\sigma_2} - \rho\frac{x-a_1}{\sigma_1}\right)^2 + (1-\rho^2)\frac{(x-a_1)^2}{\sigma_1^2}$$

令

$$v = \frac{1}{\sqrt{1-\rho^2}}\left(\frac{y-a_2}{\sigma_2} - \rho\frac{x-a_1}{\sigma_1}\right), \quad u = \frac{x-a_1}{\sigma_1}$$

则

$$\mathrm{d}y = \sigma_2\sqrt{1-\rho^2}\mathrm{d}v$$

于是

$$f_X(x) = \frac{1}{2\pi\sigma_1\sigma_2\sqrt{1-\rho^2}} \int_{-\infty}^{+\infty} \exp\left\{\frac{-1}{2(1-\rho^2)}\left[(1-\rho^2)v^2 + (1-\rho^2)u^2\right]\right\} \sigma_2\sqrt{1-\rho^2}\mathrm{d}v$$

$$= \frac{1}{2\pi\sigma_1}\mathrm{e}^{-\frac{u^2}{2}}\int_{-\infty}^{+\infty}\mathrm{e}^{-\frac{v^2}{2}}\mathrm{d}v = \frac{1}{2\pi\sigma_1}\mathrm{e}^{-\frac{u^2}{2}}\sqrt{2\pi}$$

$$= \frac{1}{\sqrt{2\pi}\sigma_1} e^{-\frac{u^2}{2}}$$

所以

$$f_X(x) = \frac{1}{\sqrt{2\pi}\sigma_1} e^{-\frac{(x-a_1)^2}{2\sigma_1^2}}, \quad -\infty < x < +\infty$$

由于对称性，可得

$$f_Y(y) = \frac{1}{\sqrt{2\pi}\sigma_2} e^{-\frac{(y-a_2)^2}{2\sigma_2^2}}, \quad -\infty < y < +\infty$$

这两个结果说明二元正态分布中，两个边际分布都是正态的。

若令 $\rho = 0$，则式 (3-93) 变成

$$f(x,y) = \frac{1}{2\pi\sigma_1\sigma_2} \exp\left\{-\frac{1}{2}\left[\frac{(x-a_1)^2}{\sigma_1^2} + \frac{(y-a_2)^2}{\sigma_2^2}\right]\right\} \tag{3-94}$$

此时有 $f(x,y) = f_X(x)f_Y(y)$。由此可见，当 $\rho = 0$ 时，二元正态变量 (X,Y) 相互独立，反之亦然。因此，二元正态变量 (X,Y) 相互独立的充要条件是 $\rho = 0$。

二、条件分布

二元正态分布中 Y 关于 X 的条件密度为

$$\begin{aligned}
f_Y(y|x) &= \frac{f(x,y)}{f_X(x)} = \frac{\sigma_1\sqrt{2\pi}}{2\pi\sigma_1\sigma_2\sqrt{1-\rho^2}} \exp\left\{-\frac{1}{2(1-\rho^2)}\right.\\
&\quad \times \left[\frac{(x-a_1)^2}{\sigma_1^2} - \frac{2\rho(x-a_1)(y-a_2)}{\sigma_1\sigma_2} + \frac{(y-a_2)^2}{\sigma_2^2}\right] + \left.\frac{(x-a_1)^2}{2\sigma_1^2}\right\}\\
&= \frac{1}{\sqrt{2\pi}\sigma_2\sqrt{1-\rho^2}} \exp\left\{-\frac{1}{2(1-\rho^2)}\left[\frac{\rho^2(x-a_1)^2}{\sigma_1^2}\right.\right.\\
&\quad \left.\left. - \frac{2\rho(x-a_1)(y-a_2)}{\sigma_1\sigma_2} + \frac{(y-a_2)^2}{\sigma_2^2}\right]\right\}
\end{aligned}$$

即

$$f_Y(y|x) = \frac{1}{\sqrt{2\pi}\sigma_2\sqrt{1-\rho^2}} \exp\left\{-\frac{1}{2\sigma_2^2(1-\rho^2)}\left[y - a_2 - \rho\frac{\sigma_2}{\sigma_1}(x-a_1)\right]^2\right\} \tag{3-95}$$

同理可得

$$f_X(x|y) = \frac{1}{\sqrt{2\pi}\sigma_1\sqrt{1-\rho^2}} \exp\left\{-\frac{1}{2\sigma_1^2(1-\rho^2)}\left[x - a_1 - \rho\frac{\sigma_1}{\sigma_2}(y-a_2)\right]^2\right\} \tag{3-96}$$

由此可见，二元正态分布的两个条件分布也是正态的。若记

$$\sigma_{2\cdot 1} = \sigma_2\sqrt{1-\rho^2} \tag{3-97}$$

$$\sigma_{1\cdot 2} = \sigma_1\sqrt{1-\rho^2} \tag{3-98}$$

$$a_{2\cdot 1} = a_2 + \rho\frac{\sigma_2}{\sigma_1}(x-a_1) \tag{3-99}$$

$$a_{1\cdot 2} = a_1 + \rho\frac{\sigma_1}{\sigma_2}(y-a_2) \tag{3-100}$$

则 Y 依 X 的条件分布为 $N(a_{2 \cdot 1}, \sigma_{2 \cdot 1}^2)$，$X$ 依 Y 的条件分布为 $N(a_{1 \cdot 2}, \sigma_{1 \cdot 2}^2)$。其中式(3-99)及式(3-100)分别称为 Y 依 X 和 X 依 Y 的回归方程。关于回归方程的内容在后面的有关章节中还将作进一步介绍。

第七节 Copula 函数

一、Copula 函数简述

"Copula"源于拉丁文"Copulare"，意思是"连接一起"，Copula 函数是连接一元边缘分布形成在 $[0,1]$ 上的多元分布函数。在统计文献中，Copula 思想可以追溯到 20 世纪的多元非高斯分布，1959 年 Sklar 将其引入统计学，形成了现代 Copulas 理论，并被广泛应用于保险和金融业中来度量变量间的相依性结构和联合概率分布计算。Copulas 函数主要特点在于各单因子变量的边际分布可以采用任何形式，变量之间可以具有各种相互关系，具有极强的灵活性和适应性。近年来，Copula 函数广泛应用于多变量水文频率计算。

根据 Sklar 定理，一个联合分布可以分解为它的多个边际分布和一个 Copula 函数，其中 Copula 函数用于描述变量间的相关结构。

Sklar 定理：设 F 是随机变量 $(X_1, \cdots, X_n)$ 的联合分布函数，边际分布函数分别为：$F_1, \cdots, F_n$，则存在一个 Copula 函数 C，使得对任意 $x_1, x_2, \cdots, x_n$：$F(x_1, \cdots, x_n) = C(F_1(x_1), \cdots, F_n(x_n))$ 成立。如果 $F_1, \cdots, F_n$ 都是连续分布函数，则 C 是唯一的；反之，如果 C 是一个 Copula 函数，$F_1, \cdots, F_n$ 都是一元分布函数，则上式定义的函数 $F(x_1, \cdots, x_n)$ 是一个边际分布为 $F_1, \cdots, F_n$ 的 n 元联合分布函数。

基于 SKlar 定理，设 X、Y 为连续型随机变量，边际分布函数分别为 F_X 和 F_Y，$F(x,y)$ 为变量 X 和 Y 的联合分布函数，如果 F_X 和 F_Y 连续，则存在唯一的函数 $C_\theta(u,v)$ 使得对于任意的 x 和 y，

$$F(x,y) = C_\theta(F_X(x), F_Y(y)) \tag{3-101}$$

其中
$$C_\theta(u,v) = F(F_X^{-1}(u), F_Y^{-1}(v)) \tag{3-102}$$

式中：$C_\theta(u,v)$ 为 Copula 函数；θ 为待定系数；$F_X^{-1}(u)$，$F_Y^{-1}(v)$ 分别为边际分布函数 F_X 和 F_Y 的反函数。

反之，设 F_X 和 F_Y 为边际分布，$C_\theta(u,v)$ 是一个任意的二元函数，$F(x,y) = C_\theta(F_X(x), F_Y(y))$，则 $F(x,y)$ 是具有边际分布 F_X 和 F_Y 的二元分布函数。

证明 设 $F(x,y)$ 是具有边际分布为 F_X 和 F_Y 的二元分布函数，对任意的 (x_1, y_1)，(x_2, y_2)，若 $F_X(x_1) = F_X(x_2)$，$F_Y(y_1) = F_Y(y_2)$，由于对于二元分布函数 $F(x,y)$ 的边际分布函数为 F_X 和 F_Y，有 $|F(x_1, y_1) - F(x_2, y_2)| \leq |F_X(x_1) - F_X(x_2)| + |F_Y(y_1) - F_Y(y_2)|$，则 $F(x_1, y_1) = F(x_2, y_2)$，所以 $F(x,y)$ 在 (x_1, y_1) 处的值仅仅依赖于边际分布 F_X 和 F_Y 在 (x_1, y_1) 处的值 $F_X(x_1)$ 和 $F_Y(y_1)$，从而存在唯一的二元函数 $C_\theta(u,v)$ 使 $F(x,y) = C_\theta(F_X(x), F_Y(y))$。

又由于对于任意 u 和 v，$F_X(F_X^{-1}(u)) = u$ 和 $F_Y(F_Y^{-1}(v)) = v$，由式(3-101)可知：$F(x,y) = F(F_X^{-1}(u), F_Y^{-1}(v)) = C_\theta(F(F_X^{-1}(u)), F(F_Y^{-1}(v))) = C_\theta(u,v)$。即二元函数 $C_\theta(u,v)$ 由式(3-102)确定。

对于任意的 (x,y)，由式（3-102）知：
$$C_\theta(F_X(x), F_Y(y)) = F(F_X^{-1}(x), F_Y^{-1}(y)) = F(x,y)$$
又由 $C_\theta(u,1) = C(F_X(x), F_Y(+\infty)) = F(F_X^{-1}(F_X(x)), F_Y^{-1}(F_Y(+\infty)))$
$$= F(x, +\infty) = F_X(x) = u$$
同理 $\qquad C_\theta(1,v) = v$

从而有 $F_X(x) = F(x, +\infty) = C(F_X(x), F_Y(+\infty)) = C(F_X(x), 1) = F_X(x)$
$F_Y(y) = F(+\infty, y) = C(F_X(+\infty), F_Y(y)) = C(1, F_Y(y)) = F_Y(y)$

Copula 理论的出现为解决相关分析和多变量建模提供了一个新工具，它可以将一个联合分布的边际分布和它们的相关结构分开研究，使模型更实用、更有效。根据 Copula 理论，我们可以根据任一类型的多个一元分布函数和任意一个 Copula 函数来构造许多有用的多元联合分布函数，从而使 Copula 理论在多元分布建模中成为一种有用的工具。另外，Copula 函数不必要求具有相同的边际分布，任意边际分布都能通过 Copula 函数连接构造成联合分布。

Copula 函数具有很多性质，如 Copula 函数对随机变量的严格单调变换是不变的。传统的几个相关度量也可以用 Copula 函数来表示，目前常用于度量水文变量相关性的指标是皮尔逊线性相关系数和 Kendall 秩相关系数。Kendall 秩相关系数不仅可以描述变量之间的线性相关关系，还适用于描述变量之间非线性的相关关系，其定义如下：

$$\tau = (C_n^2)^{-1} \sum_{i<j} \text{sgn}[(x_i - x_j)(y_i - y_j)], i,j = 1,2,\cdots,n \qquad (3-103)$$

式中：(x_i, y_i) 为观测点数据；$\text{sgn}(\cdot)$ 为符号函数，当 $(x_i - x_j)(y_i - y_j) > 0$ 时，$\text{sgn} = 1$，$(x_i - x_j)(y_i - y_j) < 0$ 时，$\text{sgn} = -1$，$(x_i - x_j)(y_i - y_j) = 0$ 时，$\text{sgn} = 0$。

二、Copula 函数的分类

Copula 联结函数的构造方法比较多，比较常见的类型有三种：椭圆型、阿基米德型、二次型，其中含有一个参数的二维阿基米德型 Copula 函数应用最为广泛。它计算简便，可以构造出多种形式的多变量联合分布函数，能够满足大多数领域的应用要求。

阿基米德型 Copula 函数是通过算子 φ（又称生成函数）构造而成的，不同的算子会产生不同类别的阿基米德型 Copula 函数。对于两变量联合分布函数如式（3-101），设边缘分布函数 F_X 和 F_Y 的密度函数分别为 f_x 和 f_y，则联合分布函数的密度函数表达式为：

$$f_{XY} = c(F_X(x), F_Y(y)) f_X(x) f_Y(y) \qquad (3-104)$$

其中 $\qquad c(u,v) = \dfrac{\partial^2 C(u,v)}{\partial u \partial v} \qquad (3-105)$

式中：c 为 Copula 函数 C 的密度函数。

式（3-104）表明一个联合分布的密度函数可以拆成描述随机变量相依结构的 Copula 函数的密度和单变量边际密度的乘积两部分。$f_X(x)$，$f_Y(y)$ 描述随机变量 X 和 Y 相互独立，因此，二元随机变量的相依结构完全由联系它们的 Copula 函数 $C(u,v)$ 确定。

Nelson 对阿基米德型 Copula 函数进行了详细的介绍，在此仅介绍几种常见的阿基米德型 Copula 函数。

1. Gumbel-Hougaard(GH) Copula 函数

$$C(u,v) = \exp\{-[(-\ln u)^\theta + (-\ln v)^\theta]^{1/\theta}\}, \theta \geq 1 \qquad (3-106)$$

式中：θ 为 GH Copula 函数的参数。当 $\theta=1$ 时，随机变量 u 和 v 完全独立；当 θ 趋于无穷时，随机变量 u 和 v 完全相关。

它与 Kendall 秩相关系数 τ 的关系如下：

$$\tau = 1 - 1/\theta \tag{3-107}$$

GH Copula 函数仅能够适用于变量存在正相关的情形，其密度函数如图 3-23(a) 所示。GH Copula 函数对变量在分布上尾处的变化十分敏感，因此能够快速捕捉到上尾相关的变化，可用于描述具有上尾相关特性的相关关系。

2. Clayton Copula 函数

$$C(u,v) = (u^{-\theta} + v^{-\theta} - 1)^{-1/\theta}, \theta > 0 \tag{3-108}$$

当参数 θ 趋于 0 时，随机变量 u 和 v 趋向于独立；当 θ 趋于无穷时，随机变量 u 和 v 趋向于完全相关。参数 θ 与 Kendall 秩相关系数 τ 的关系为

$$\tau = \theta/(\theta+2) \tag{3-109}$$

Clayton Copula 函数与 GH Copula 函数一样，均仅适用于描述正相关的随机变量。其密度函数如图 3-23(b) 所示，此类 Copula 函数对变量在分布下尾处十分敏感，能够快速捕捉到下尾相关的变化，可用于描述具有下尾相关特性的相关关系。

3. Frank Copula 函数

$$C(u,v) = -\frac{1}{\theta}\ln\left[1 + \frac{(e^{-\theta u}-1)(e^{-\theta v}-1)}{e^{-\theta}-1}\right], -\infty < \theta < \infty \text{ 且 } \theta \neq 0 \tag{3-110}$$

对于参数 θ，当 $\theta > 0$ 时，表示随机变量 u 和 v 相关；θ 趋于 0 时，表示随机变量 u 和 v 趋向独立；$\theta < 0$，表示随机变量 u 和 v 负相关。参数 θ 与 Kendall 秩相关系数 τ 的关系为

$$\tau = 1 + \frac{4}{\theta}\left[\frac{1}{\theta}\int_0^\theta \frac{t}{\exp(t)-1}dt - 1\right] \tag{3-111}$$

Frank Copula 函数具有对称的相关模式，既能描述正相关的随机变量，又能描述存在负相关性的变量，其密度函数如图 3-23（c）所示，但 Frank Copula 函数无法捕捉到随机变量间非对称的相关关系。此外，Frank Copula 的上下尾相关系数均为零，说明变量在 Frank Copula 函数的尾部都是渐进独立的，因此 Frank Copula 函数对上、下尾相关性的变化都不敏感，难以捕捉到尾部相关的变化。

4. Fréchet Copula 函数

$$C(u,v) = (1-\theta)uv + \theta\min(u,v), 0 \leq \theta \leq 1 \tag{3-112}$$

参数 θ 与 Kendall 秩相关系数 τ 的关系为

$$\tau = \frac{\theta(\theta+2)}{3} \tag{3-113}$$

Fréchet Copula 函数能够用于描述正相关的随机变量，但是不适用于非常高的正相关性变量，其密度函数如图 3-23（d）所示。

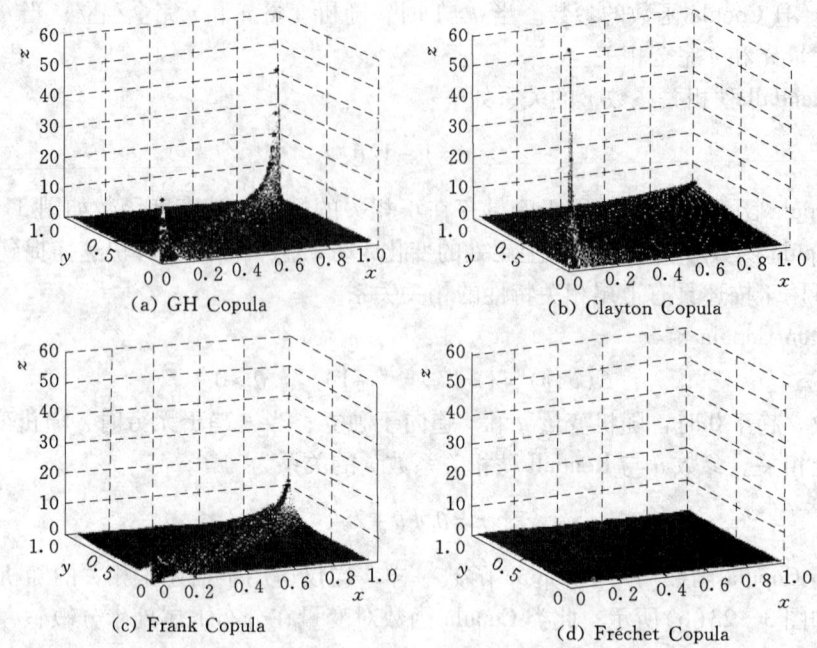

图3-23 四种常见的 Copula 密度函数图形

习 题

3-1 设 X 与 Y 相互独立,它们的分布列见表3-9。

表3-9

$X(Y)$	0	1
P_i	$\frac{1}{2}$	$\frac{1}{2}$

试求 $Z=XY$ 的分布列。

3-2 设 (X,Y) 为二元离散型随机变量,其列联表见表3-10。

表3-10

X \ Y	2	3	4
1	0.1	0.2	0.1
2	0.2	0.1	0
3	0.2	0	0.1

试求:(1) $P(X=Y)$;
(2) $F(2.1,3.5)$。

3-3 设二元随机变量 (X,Y) 的可能值为 $(0,0)$,$(-1,1)$,$\left(-1,\dfrac{1}{3}\right)$,$(2,0)$,且取这些

值的概率依次为：$\frac{1}{6}$，$\frac{1}{3}$，$\frac{5}{12}$，$\frac{1}{12}$，试求(X,Y)的联合分布律和X与Y的边际分布。

3-4 设二元随机变量(X,Y)的概率密度为

$$f(x,y) = \begin{cases} Ke^{-(3x+4y)}, & x>0, y>0 \\ 0, & \text{其他} \end{cases}$$

试求：

(1) 确定常数K；

(2) 求$F(x,y)$；

(3) 求$P(0<X\leqslant 1, 0<Y\leqslant 2)$。

3-5 设二元随机变量(X,Y)在如图3-24所示的区域G上服从均匀分布，试求(X,Y)的联合分布密度和边际密度。

3-6 设二元随机变量(X,Y)在以原点为中心，r为半径的圆内均匀分布，即

$$f(x,y) = \begin{cases} c, & x^2+y^2<r^2 \\ 0, & \text{其他} \end{cases}$$

试求X及Y的边际分布密度$f_X(x)$，$f_Y(y)$及条件密度$f_X(x|y)$，$f_Y(y|x)$。

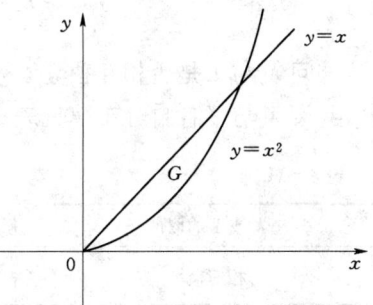

图3-24

3-7 设随机变量(X,Y)的联合密度为

$$f(x,y) = \begin{cases} 1, & 0<x<1, |y|<x \\ 0, & \text{其他} \end{cases}$$

求条件密度$f_X(x|y)$及$f_Y(y|x)$。

3-8 若(X,Y)在$0\leqslant x\leqslant 2$，$0\leqslant y\leqslant 3$上服从均匀分布，求：

(1) X，Y的边际分布；

(2) $P(X\leqslant 0.5|Y\leqslant 1)$；

(3) $f_X(x|y)$。

3-9 设二元随机变量(X,Y)的联合密度为

$$f(x,y) = \begin{cases} \dfrac{6}{(x+y+1)^4}, & x\geqslant 0, y\geqslant 0 \\ 0, & \text{其他} \end{cases}$$

求$f_X(x|y)$和$P(0\leqslant X\leqslant 1|Y=1)$。

3-10 设X与Y为相互独立随机变量，X在(a,b) $(a>0)$上服从均匀分布，Y的密度为

$$f_Y(y) = \begin{cases} \lambda e^{-\lambda y}, & y>0 \\ 0, & \text{其他} \end{cases}$$

试求$P(Y<X)$。

3-11 设二元随机变量(X,Y)的概率密度为

$$f(x,y) = \begin{cases} 4.8y(2-x), & 0 \leq x \leq 1, 0 \leq y \leq x \\ 0, & \text{其他} \end{cases}$$

问 X 与 Y 是否相互独立?

3-12 已知随机变量 (X,Y) 的联合密度为

$$f(x,y) = \begin{cases} 6xy(2-x-y), & 0 \leq x \leq 1, 0 \leq y \leq 1 \\ 0, & \text{其他} \end{cases}$$

问 X 与 Y 是否相互独立?

3-13 设 (X,Y) 的联合密度为

$$f(x,y) = \begin{cases} 8xy, & 0 \leq x \leq y, 0 \leq y \leq 1 \\ 0, & \text{其他} \end{cases}$$

问 X 与 Y 是否相互独立?

3-14 设 X 与 Y 各自分布律见表 3-11。

表 3-11

X 或 Y 的取值	1	2
相应概率	$\frac{1}{2}$	$\frac{1}{2}$

若 X 与 Y 相互独立,求 $Z = X + Y$ 的分布函数。

3-15 设 X 及 Y 为相互独立的随机变量,分别服从参数为 λ_1 及 λ_2 的泊松分布,试证 $Z = X + Y$ 服从参数为 $\lambda_1 + \lambda_2$ 的泊松分布。$\left[\text{提示:利用}(a+b)^n = \sum_{i=0}^{n} C_n^i a^i b^{n-i}\right]$

3-16 设 X 及 Y 为相互独立的随机变量,分别服从参数 n_1, p 及 n_2, p 的二项分布,求证 $Z = X + Y$ 服从参数为 $n_1 + n_2, p$ 的二项分布。$\left[\text{提示:利用组合公式} \sum_{k=0}^{n} C_{n_1}^k C_{n_2}^{m-k} = C_{n_1+n_2}^m\right]$

3-17 设 (X,Y) 在区域 $D = \{(x,y): 0 < x < 2; -1 < y < 2\}$ 上服从均匀分布,试求 $P(X < Y)$ 及 $P(X+Y \geq 1)$。

3-18 设随机变量 (X,Y) 的概率密度为

$$f(x,y) = \begin{cases} x^2 + \frac{1}{3}xy, & 0 \leq x \leq 1, 0 \leq y \leq 2 \\ 0, & \text{其他} \end{cases}$$

求 $P(X+Y \leq 1)$。

3-19 设 (X,Y) 为相互独立的二元随机变量,其联合密度为

$$f(x,y) = \begin{cases} \frac{1}{4}, & 0 \leq x \leq 2, 0 \leq y \leq 2 \\ 0, & \text{其他} \end{cases}$$

试先求 $Z = X + Y$ 的分布函数,再求 Z 的密度函数。

3-20 (X,Y) 的联合密度为

$$f(x,y) = \begin{cases} e^{-(x+y)}, & x>0, y>0 \\ 0, & \text{其他} \end{cases}$$

求 $P(a \leqslant X+Y < b)$，其中 $b > a > 0$。

3-21 设相互独立随机变量 X, Y 的密度为

$$f_X(x) = e^{-x}, \quad x \geqslant 0$$

$$f_Y(y) = \frac{1}{2}e^{-y/2}, \quad y \geqslant 0$$

试求 $Z = X+Y$ 的密度。

3-22 设随机变量 X 与 Y 相互独立，并且 $P(X=1) = P(Y=1) = p$，$P(X=0) = P(Y=0) = 1-p = q$，$0 < p < 1$，定义随机变量 Z 为

$$Z = \begin{cases} 1, & \text{若 } X+Y \text{ 为偶数} \\ 0, & \text{若 } X+Y \text{ 为奇数} \end{cases}$$

问 p 取何值时 X 与 Z 相互独立（提示：先求 X 与 Z 的联合分布列，再利用离散型随机变量相互独立的条件）。

3-23 设某种商品一周的需要量是一个随机变量，其分布密度为

$$f(x) = \begin{cases} xe^{-x}, & x > 0 \\ 0, & x \leqslant 0 \end{cases}$$

并设各周的需要量是相互独立的，试求两周需要量的分布密度。

3-24 设 X 与 Y 独立，且都服从 $[0,a]$ 上均匀分布，求 $Z = X/Y$ 的分布函数与密度函数。

3-25 设 $\alpha = 0.1$，求下列分位点

(1) $T \sim t(25)$，满足 $P[|T| \geqslant t_{\frac{\alpha}{2}}(25)] = \alpha$ 的 $t_{\frac{\alpha}{2}}(25)$。

(2) 设 $F \sim F(6,5)$ 求满足下列关系式

$$P[F \geqslant F_{\frac{\alpha}{2}}(6,5)] = \frac{\alpha}{2}$$

$$P[F \leqslant F_{1-\frac{\alpha}{2}}(6,5)] = \frac{\alpha}{2}$$

的 $F_{\frac{\alpha}{2}}(6,5)$ 和 $F_{1-\frac{\alpha}{2}}(6,5)$。

3-26 设某种型号的电子管寿命(h)近似服从 $N(160, 20^2)$，今随机地选取4只，求其中没有一只寿命小于180h的概率。

3-27 设 $X_1, \cdots, X_n$ 是相互独立，并同为 $[0, \theta]$ 上均匀分布的随机变量，试求 $Z_1 = \max\{X_1, \cdots, X_n\}$ 及 $Z_2 = \min\{X_1, \cdots, X_n\}$ 的密度函数。

3-28 设随机变量 (X,Y) 的概率密度为

$$f(x,y) = \begin{cases} x+y, & 0 \leqslant x \leqslant 1, 0 \leqslant y \leqslant 1 \\ 0, & \text{其他} \end{cases}$$

试求 $Z_1 = \max(X,Y)$ 及 $Z_2 = \min(X,Y)$ 的分布函数和概率密度函数。

3-29 求证如果 X 与 Y 相互独立，都服从 $N(0,1)$，则 $Z_1 = X^2 + Y^2$ 与 $Z_2 = X/Y$ 也相

互独立。

3-30 利用上题密度，再定义
$$Z_1 = X + Y, Z_2 = X - Y$$
求 (Z_1, Z_2) 的联合密度。

3-31 设 X 与 Y 相互独立，且都服从 $[0,1]$ 上的均匀分布，令
$$U = \sqrt{-2\ln X}\cos 2\pi Y, \quad V = \sqrt{-2\ln X}\sin 2\pi Y$$
试证 U 与 V 相互独立，且都服从 $N(0,1)$。

3-32 设 X 与 Y 是相互独立的随机变量，均服从标准化正态分布，试求 $Z_1 = \sqrt{X^2 + Y^2}$ 与 $Z_2 = \arctan\left(\dfrac{X}{Y}\right)$ 的联合密度。

第四章 数字特征与特征函数

前面介绍了随机变量与分布函数。分布函数能完善地描述随机变量的统计特性，它给出了随机变量的取值范围和取值概率。但是对一个具体的随机变量，通常很难通过物理分析或数学推导确定其分布函数。不过在实际问题中，有时并不要求全面地知道随机变量的统计规律，而只要了解几个特征值就够了，因而无需求出它的分布。

例如，工厂生产了一批灯泡，每个灯泡的使用寿命是不一样的，是个随机变量。人们感兴趣的是这批灯泡的平均寿命，平均寿命长的质量高，短的质量低。除了平均寿命以外，还要了解这批灯泡中各灯泡的使用寿命同平均寿命的偏离情况，偏离程度大，说明产品质量不稳定，偏离程度小，说明产品质量稳定。

又如，一流域的年径流量各年是不同的，也是随机变量。它围绕着多年平均径流量上下摆动。流域的多年平均径流量和年径流量变化程度是我们最关心的重要水文特征值。

此外，对于很多分布，如泊松分布，二项分布，正态分布，Γ分布等，含有一个或几个参数，这些参数往往是由某些特征值所决定的，只要知道了它们的一些特征值，其分布也就完全确定了。这些特征值在概率论中称为数字特征，主要有反映随机变量取值集中位置的数字特征，如数学期望，众数，中位数；反映随机变量取值相对于分布中心的集中程度的数字特征，如方差、均方差、离势系数等；反映随机变量概率分布形态特性的数字特征，如偏态系数，峰度系数等；还有反映多元随机变量各分量之间相关密切程度的数字特征，如协方差、相关系数等。

本章将对上述数字特征逐一进行介绍。

第一节 数 学 期 望

一、离散型随机变量的数学期望

先看下面的例子。

有甲、乙两个射手，各进行10次射击，结果见表4-1。试问哪位射手成绩更好些？

表4-1

环数	10	9	8	7
甲	5	2	1	2
乙	3	4	2	1

仅从表4-1很难马上确定甲、乙二人谁的成绩好些，要回答这个问题，首先想到的是计算他们命中的平均环数。

甲：$\dfrac{10\times 5+9\times 2+8\times 1+7\times 2}{10}=10\times\dfrac{5}{10}+9\times\dfrac{2}{10}+8\times\dfrac{1}{10}+7\times\dfrac{2}{10}=9$ 环。其中，$\dfrac{5}{10}$，$\dfrac{2}{10}$，$\dfrac{1}{10}$，$\dfrac{2}{10}$分别是甲射手在10次射击中命中各环的频率。

乙： $\dfrac{10\times 3+9\times 4+8\times 2+7\times 1}{10}=10\times\dfrac{3}{10}+9\times\dfrac{4}{10}+8\times\dfrac{2}{10}+7\times\dfrac{1}{10}=8.9$ 环。

上述结果似乎表示甲射手成绩略好些。但由于射击次数很少，频率有波动性，上述平均成绩还不能真正反映两人水平的差异。若要真正衡量出两人水平的差异，必须大大增大射击次数，当射击次数无限增大时，一方面，每次射击命中的环数是一个随机变量（设分别记为 X,Y），显然这个随机变量可能取的值不仅是 $10,9,8,7$，而是 $0,1,2,3,4,5,6,7,8,9,10$；另一方面每次射击命中各环的频率会逐渐稳定于概率 p_i，于是，在无限次射击中他们各自的平均环数应为

甲： $\overline{X}=\sum_{i=0}^{10}x_ip_{i\text{甲}}$，$x_i=i, i=0,1,\cdots,10$

乙： $\overline{Y}=\sum_{i=0}^{10}x_ip_{i\text{乙}}$，$x_i=i, i=0,1,\cdots,10$

显然，$\overline{X}$ 与 $\overline{Y}$ 才真正反映了甲乙两人的技术水平。这里，由于计算平均环数 $\overline{X}$ 和 $\overline{Y}$ 时，考虑了 X 和 Y 取各种可能值的概率，每次射击命中可能性大的环数，在平均数中应占有较大的份额或较多的权重，这与人们的经验是一致的。因此，用这种平均数作为比较的标准是合理的。

这种以概率作为权重的加权平均数就称为数学期望，下面给出它的严格定义。

定义 设 X 为一离散型随机变量，它的概率分布为

$$P(X=x_i)=p_i, i=1,2,\cdots$$

如果级数 $\sum_{i=1}^{\infty}x_ip_i$ 绝对收敛（即 $\sum_{i=1}^{\infty}|x_i|p_i<+\infty$），则称 $\sum_{i=1}^{\infty}x_ip_i$ 为随机变量 X 的数学期望，记为 $E(X)$ 或 EX，即

$$E(X)=\sum_{i=1}^{\infty}x_ip_i \tag{4-1}$$

当 $p_i=\dfrac{1}{n}(i=1,2,\cdots,n)$ 时，$E(X)=\dfrac{1}{n}\sum_{i=1}^{n}x_i$ 即 $E(X)$ 就变成 $x_1,x_2,\cdots,x_n$ 的算术平均数了，所以数学期望值是算术平均数的推广。

若 $\sum_{i=1}^{\infty}|x_i|p_i$ 发散，则说明 X 的数学期望不存在。数学期望简称期望或均值。

例 1 设随机变量 X 服从参数为 p 的 $(0-1)$ 分布，即 $P(X=1)=p, P(X=0)=1-p=q$，试求 X 的数学期望。

解 由式（4-1）得

$$E(X)=\sum_{i=1}^{\infty}x_ip_i=0\times q+1\times p=p$$

例 2 某水库每年出现超标洪水的概率为 p，若各年是否出现超标洪水是相互独立的，求从水库建成起，至首次出现超标洪水的平均间隔年数。

解 令 X 表示从水库建成起，至首次出现超标洪水的间隔年数。则 X 是离散型随机变量，其概率函数为

$$P(X=k)=q^kp, k=0,1,2,\cdots$$

其中 $q = 1-p$，于是按式(4-1)有

$$\begin{aligned} E(X) &= \sum_{k=0}^{\infty} kq^k p = qp(1 + 2q + 3q^2 + \cdots) \\ &= qp \frac{\mathrm{d}}{\mathrm{d}q}(q + q^2 + q^3 + \cdots) \\ &= qp \frac{\mathrm{d}}{\mathrm{d}q}\left(\frac{q}{1-q}\right) \\ &= \frac{qp}{(1-q)^2} = \frac{1}{p} - 1 \end{aligned}$$

例3 某城市流行一种疾病，患者约占10%，为开展防治工作，对全城居民验血，现有两种验血方案：

(1) 逐个地化验；

(2) 将四个人的血样合为一组，混合化验，如果合格，则只需化验一次，如发现有问题，则需对此组四人再逐个复查，共化验5次。

比较两种方案，何种为优？

解 任取四人，第一种方案需化验四次。

设采用第二种方案需要化验的次数为 X，则 X 为一离散型随机变量，分布列见表4-2所示。

X 可能取值为1和5。"$X=1$"表示只需化验一次，说明四人的血液都正常。由于该市患病率为10%，所以任意1人为正常者的概率为0.9。由于四人是任意选取的，他们正常与否相互独立，所以四人都正常的概率为 0.9^4。"$X=5$"表示需要化验5次，说明四人中至少有一人是患病者，其概率为 $1-0.9^4$。所以 X 的数学期望为

表4-2

X	1	5
p_i	0.9^4	$1-0.9^4$

$$E(X) = 1 \times 0.9^4 + 5 \times (1 - 0.9^4) \approx 2.4$$

所以第二种方案为优。

下面给出二项分布和泊松分布的数学期望。

二项分布：

$$\begin{aligned} E(X) &= \sum_{k=0}^{n} kP_n(k) = \sum_{k=0}^{n} kC_n^k p^k (1-p)^{n-k} \\ &= np \sum_{k=1}^{n} C_{n-1}^{k-1} p^{k-1} (1-p)^{(n-1)-(k-1)} \\ &= np[p + (1-p)]^{n-1} = np \end{aligned}$$

泊松分布：

$$\begin{aligned} E(X) &= \sum_{k=0}^{\infty} kP_\lambda(k) = \sum_{k=0}^{\infty} k \frac{\lambda^k}{k!} \mathrm{e}^{-\lambda} = \lambda \mathrm{e}^{-\lambda} \sum_{k=1}^{\infty} \frac{\lambda^{k-1}}{(k-1)!} \\ &= \lambda \mathrm{e}^{-\lambda} \sum_{S=0}^{\infty} \frac{\lambda^S}{S!} = \lambda \mathrm{e}^{-\lambda} \mathrm{e}^{\lambda} = \lambda \end{aligned}$$

从上面各计算结果看到，一般来说，对离散型随机变量，数学期望并非是随机变量最可能出现的取值，甚至不是随机变量的一个可能值，而只是一个综合平均取值，它完全由概率分布确定，故亦可称为概率分布的期望。

例4 （分赌本问题）1654年法国职业赌徒De Méré向数学家Pascal提出如下问题：甲、乙两人各出赌注50法郎赌博，约定谁先赢3局，就赢得全部的100法郎，假定两人赌技相当，且每局无平局。如果当甲赢了两局，乙赢了一局时，因故要中止赌博，问如何分100法郎的赌注才算公平？

显然平均分对甲不公平，因为甲已赢了两局，乙只赢一局，全部归甲对乙又不公平。如何分配呢？

有人提出根据已赌的胜负局数分配：甲赢了2局，乙赢了1局，所以甲乙两人按2:1比例分赌注。

表4-3

X	0	100
p	$\frac{1}{4}$	$\frac{3}{4}$

Pascal提出了如下的分法：设想再赌下去，甲的最终所得视为一个随机变量X，其可能值为0或100，再赌两局赌博必可结束，结果无外乎是以下4种情形之一：甲甲、甲乙、乙甲、乙乙（其中"甲乙"表示甲胜第一局乙胜第二局，其余类似）。由于赌技相同，所以甲在3种情形下可赢得100法郎，只在一种情形（乙乙）下，赢得0法郎，所以X的分布列见表4-3。

因此，Pascal认为，甲的"期望"所得应为

$$E(X) = 0 \times \frac{1}{4} + 100 \times \frac{3}{4} = 75(法郎)$$

这种分法不仅考虑了已赌的局数，而且还包含了对继续赌下去的一种"期望"，这也是数学期望这个名称的由来。

二、连续型随机变量的数学期望

若X是连续型随机变量，密度函数为$f(x)$，在$(-\infty, +\infty)$之间取很密的分点$-\infty < \cdots < x_1 < \cdots < x_n \cdots < +\infty$，则$X$落在$[x_i, x_{i+1}]$中的概率近似地等于$f(x_i)(x_{i+1} - x_i)$，因此$X$与以概率$f(x_i)(x_{i+1} - x_i)$取值$x_i$的离散型随机变量近似，而这离散型随机变量的数学期望为

$$\sum_i x_i f(x_i)(x_{i+1} - x_i)$$

上式是积分$\int_{-\infty}^{+\infty} xf(x)\,dx$的渐近和式，这种直观的分析启发我们引进如下定义：

定义 设X为具有密度函数$f(x)$的连续型随机变量，若积分

$$\int_{-\infty}^{+\infty} xf(x)\,dx$$

绝对收敛$\left(即 \int_{-\infty}^{+\infty} |x|f(x)\,dx < +\infty\right)$，则称它为$X$的数学期望（或均值），记为$E(X)$或$EX$，即

$$E(X) = \int_{-\infty}^{+\infty} xf(x)\,dx \tag{4-2}$$

例5 设随机变量X服从正态分布$N(a, \sigma^2)$，试求$E(X)$。

解 X的分布密度为

$$f(x) = \frac{1}{\sqrt{2\pi}\sigma} e^{-\frac{(x-a)^2}{2\sigma^2}}$$

$$E(X) = \int_{-\infty}^{+\infty} x f(x) \mathrm{d}x = \int_{-\infty}^{+\infty} x \frac{1}{\sqrt{2\pi}\sigma} \mathrm{e}^{-\frac{(x-a)^2}{2\sigma^2}} \mathrm{d}x$$

$$= \frac{1}{\sqrt{2\pi}\sigma} \int_{-\infty}^{+\infty} x \mathrm{e}^{-\frac{(x-a)^2}{2\sigma^2}} \mathrm{d}x$$

令 $t = \dfrac{x-a}{\sigma}$，上式化为

$$E(X) = \frac{1}{\sqrt{2\pi}} \int_{-\infty}^{+\infty} (\sigma t + a) \mathrm{e}^{-\frac{t^2}{2}} \mathrm{d}t = \frac{a}{\sqrt{2\pi}} \int_{-\infty}^{+\infty} \mathrm{e}^{-\frac{t^2}{2}} \mathrm{d}t = a$$

所以正态分布中的参数 a 正好是数学期望。

例 6 设随机变量 X 服从 $[a,b]$ 上均匀分布，求 $E(X)$。

解 X 的密度为

$$f(x) = \begin{cases} \dfrac{1}{b-a}, & a \leqslant x \leqslant b \\ 0, & \text{其他} \end{cases}$$

于是

$$E(X) = \int_{-\infty}^{+\infty} x f(x) \mathrm{d}x = \int_a^b \frac{x}{b-a} \mathrm{d}x = \frac{a+b}{2}$$

例 7 设随机变量 X 服从 P-Ⅲ型分布，求 $E(X)$。

解 X 的密度函数为

$$f(x) = \frac{\beta^\alpha}{\Gamma(\alpha)}(x-a_0)^{\alpha-1}\mathrm{e}^{-\beta(x-a_0)}, \quad x > a_0$$

于是

$$E(X) = \int_{-\infty}^{+\infty} x f(x) \mathrm{d}x = \frac{\beta^\alpha}{\Gamma(\alpha)} \int_{a_0}^{+\infty} x(x-a_0)^{\alpha-1}\mathrm{e}^{-\beta(x-a_0)} \mathrm{d}x$$

令 $x - a_0 = t$，则

$$E(X) = \frac{\beta^\alpha}{\Gamma(\alpha)} \int_0^{+\infty} (t+a_0) t^{\alpha-1} \mathrm{e}^{-\beta t} \mathrm{d}t$$

$$= \frac{\beta^\alpha}{\Gamma(\alpha)} \int_0^{+\infty} t^\alpha \mathrm{e}^{-\beta t} \mathrm{d}t + \frac{a_0 \beta^\alpha}{\Gamma(\alpha)} \int_0^{+\infty} t^{\alpha-1} \mathrm{e}^{-\beta t} \mathrm{d}t$$

$$= \frac{\beta^\alpha}{\Gamma(\alpha)} \cdot \frac{\alpha \Gamma(\alpha)}{\beta^{\alpha+1}} + \frac{a_0 \beta^\alpha}{\Gamma(\alpha)} \cdot \frac{\Gamma(\alpha)}{\beta^\alpha}$$

$$= \frac{\alpha}{\beta} + a_0$$

例 8 有 5 个相互独立的电子装置串联组成整机，它们每一个的寿命 $X_k(k=1,2,3,4,5)$ 服从同一指数分布，其概率密度为

$$f(x) = \begin{cases} \lambda \mathrm{e}^{-\lambda x}, & x > 0 \\ 0, & x \leqslant 0 \end{cases}$$

只要有一个电子装置损坏，整机就不能工作，求整机寿命 Y 的数学期望。

解 先求 Y 的密度函数，显然，Y 的取值应为 5 个装置中寿命最短的一个。因此有 $Y = \min(X_1, X_2, X_3, X_4, X_5)$，$Y$ 的分布函数为

$$F_Y(y) = 1 - [1 - F_X(y)]^5 = \begin{cases} 1 - e^{-5\lambda y}, & y > 0 \\ 0, & y \leq 0 \end{cases}$$

从而 Y 的密度函数为

$$f_Y(y) = \begin{cases} 5\lambda e^{-5\lambda y}, & y > 0 \\ 0, & y \leq 0 \end{cases}$$

于是 Y 的数学期望为

$$E(Y) = \int_{-\infty}^{+\infty} y f_Y(y) \mathrm{d}y = \int_0^{+\infty} y 5\lambda e^{-5\lambda y} \mathrm{d}y = \frac{1}{5\lambda}$$

例 9 随机变量 X 服从柯西分布,其分布密度为

$$f(x) = \frac{1}{\pi(1+x^2)}, \quad -\infty < x < +\infty$$

试验证其数学期望不存在。

证明

$$\int_{-\infty}^{+\infty} |x| \frac{1}{\pi(1+x^2)} \mathrm{d}x = 2\int_0^{+\infty} x \frac{1}{\pi(1+x^2)} \mathrm{d}x$$

$$= \frac{1}{\pi} \ln(1+x^2) \Big|_0^{+\infty} = +\infty$$

所以 X 的数学期望不存在。

三、随机变量函数的数学期望

随机变量的函数仍是一个随机变量,经常要求它的数学期望。但在实际问题中,求已知随机变量的函数的分布往往比较复杂,下述定理给出了由已知随机变量的分布求其函数的数学期望的方法,而无须求出随机变量函数的分布。

定理 设 Y 是随机变量 X 的函数,$Y = g(X)$(g 是单值连续函数),当 X 是离散型随机变量时,若 $\sum_{i=1}^{\infty} g(x_i) p_i$ 绝对收敛,则

$$E(Y) = E[g(X)] = \sum_{i=1}^{\infty} g(x_i) p_i \tag{4-3}$$

式中:$p_i = P(X = x_i)$,$i = 1, 2, \cdots$ 为 X 的概率分布。

当 X 是连续型随机变量时,若 $\int_{-\infty}^{+\infty} g(x) f(x) \mathrm{d}x$ 绝对收敛,则

$$E(Y) = \int_{-\infty}^{+\infty} g(x) f(x) \mathrm{d}x \tag{4-4}$$

式中:$f(x)$ 为 X 的密度函数。

定理的一般证明比较复杂,下面只对 X 是连续型随机变量,$Y = g(X)$ 是单调函数的情况加以证明。以 $f_Y(y)$ 表示 Y 的密度函数,于是

$$E(Y) = E[g(X)] = \int_{-\infty}^{+\infty} g(x) f_Y(y) \mathrm{d}y$$

$$= \int_{-\infty}^{+\infty} g(x) f_X[g^{-1}(y)] \left| \frac{\mathrm{d} g^{-1}(y)}{\mathrm{d}y} \right| \mathrm{d}y$$

$$= \int_{-\infty}^{+\infty} g(x) f_X(x) \mathrm{d}x$$

例 10 对球的直径作近似测量，其值均匀分布在区间 $[a,b]$ 上，试求球的体积的数学期望。

解 设用 X 表示测量得的球直径，它是一个随机变量，其密度为

$$f(x) = \begin{cases} \dfrac{1}{b-a}, & a \leq x \leq b \\ 0, & \text{其他} \end{cases}$$

以 Y 表示球的体积，则 $Y = \dfrac{\pi}{6} X^3$，故

$$E(Y) = \int_{-\infty}^{+\infty} \frac{\pi}{6} x^3 f(x) \mathrm{d}x = \int_a^b \frac{\pi}{6} x^3 \frac{1}{b-a} \mathrm{d}x$$

$$= \frac{\pi}{24}(a+b)(a^2+b^2)$$

上述定理还可以推广到多元随机变量函数的场合。下面仅就连续型随机变量的情况予以说明。

设 $X_1, X_2, \cdots, X_n$ 为 n 元随机变量，其联合密度函数为 $f(x_1, x_2, \cdots, x_n)$，$Y = g(X_1, X_2, \cdots, X_n)$ 为这 n 元随机变量的函数，$y = g(x_1, x_2, \cdots, x_n)$ 为实连续函数，若

$$\int_{-\infty}^{+\infty} \cdots \int_{-\infty}^{+\infty} |g(x_1, x_2, \cdots, x_n)| f(x_1, x_2, \cdots, x_n) \mathrm{d}x_1 \cdots \mathrm{d}x_n < +\infty$$

则

$$E(Y) = \int_{-\infty}^{+\infty} \cdots \int_{-\infty}^{+\infty} g(x_1, x_2, \cdots, x_n) f(x_1, x_2, \cdots, x_n) \mathrm{d}x_1 \cdots \mathrm{d}x_n \tag{4-5}$$

例 11 设 (X, Y) 服从二元正态分布，其密度函数为

$$f(x, y) = \frac{1}{2\pi} \mathrm{e}^{-\frac{x^2+y^2}{2}}, \quad -\infty < x, y < +\infty$$

试求随机变量 $Z = \sqrt{X^2 + Y^2}$ 的数学期望。

解 由式 (4-5)

$$E(Z) = \int_{-\infty}^{+\infty} \int_{-\infty}^{+\infty} \sqrt{x^2+y^2} \frac{1}{2\pi} \mathrm{e}^{-\frac{x^2+y^2}{2}} \mathrm{d}x\mathrm{d}y$$

$$= \frac{1}{2\pi} \int_{-\infty}^{+\infty} \int_{-\infty}^{+\infty} \sqrt{x^2+y^2} \mathrm{e}^{-\frac{x^2+y^2}{2}} \mathrm{d}x\mathrm{d}y$$

令 $x = r\cos\theta$，$y = r\sin\theta$，变换的雅可比 $J = r$，于是

$$E(Z) = \frac{1}{2\pi} \int_0^{2\pi} \int_0^{+\infty} r^2 \mathrm{e}^{-\frac{r^2}{2}} \mathrm{d}r\mathrm{d}\theta = \int_0^{+\infty} r^2 \mathrm{e}^{-\frac{r^2}{2}} \mathrm{d}r = \sqrt{\frac{\pi}{2}}$$

四、数学期望的性质

数学期望具有如下性质：

性质 1 设 c 是常数，则

$$E(c) = c \tag{4-6}$$

性质 2 设 X 是随机变量，c 是常数，则

$$E(cX) = cE(X) \tag{4-7}$$

性质 3 设 X, Y 是任意两个随机变量，则

$$E(X \pm Y) = E(X) \pm E(Y) \tag{4-8}$$

性质 3 可以推广到如下一般情形

$$E(c_1X_1 + c_2X_2 + \cdots + c_nX_n) = c_1E(X_1) + c_2E(X_2) + \cdots + c_nE(X_n) \tag{4-9}$$

其中，$X_i(i=1,2,\cdots,n)$ 为随机变量；$c_i(i=1,2,\cdots,n)$ 为常数。

性质 4 设 X, Y 是两个相互独立的随机变量，则

$$E(XY) = E(X)E(Y) \tag{4-10}$$

性质 4 也可以推广到 n 个相互独立的随机变量之积，即

$$E(X_1X_2\cdots X_n) = E(X_1)E(X_2)\cdots E(X_n) \tag{4-11}$$

证明 性质 1 和性质 2 很明显，请读者自行证明。

以下仅就连续型随机变量的情况给出性质 3 和性质 4 的证明，关于离散型随机变量的情况，读者只要在证明中用"和式"代替"积分"即可得证。

证明性质 3 设二元随机变量 (X,Y) 的联合密度为 $f(x,y)$，边际密度分别为 $f_X(x)$ 和 $f_Y(y)$，由式 (4-5) 得

$$\begin{aligned}
E(X \pm Y) &= \int_{-\infty}^{+\infty}\int_{-\infty}^{+\infty}(x \pm y)f(x,y)\mathrm{d}x\mathrm{d}y \\
&= \int_{-\infty}^{+\infty}\int_{-\infty}^{+\infty}xf(x,y)\mathrm{d}x\mathrm{d}y \pm \int_{-\infty}^{+\infty}\int_{-\infty}^{+\infty}yf(x,y)\mathrm{d}x\mathrm{d}y \\
&= \int_{-\infty}^{+\infty}xf_X(x)\mathrm{d}x \pm \int_{-\infty}^{+\infty}yf_Y(y)\mathrm{d}y \\
&= E(X) \pm E(Y)
\end{aligned}$$

证明性质 4 设二元随机变量 (X,Y) 的联合密度为 $f(x,y)$，边际密度分别为 $f_X(x)$ 和 $f_Y(y)$，由于 X, Y 相互独立，因此

$$f(x,y) = f_X(x)f_Y(y)$$

由式 (4-5) 得

$$\begin{aligned}
E(XY) &= \int_{-\infty}^{+\infty}\int_{-\infty}^{+\infty}xyf(x,y)\mathrm{d}x\mathrm{d}y \\
&= \int_{-\infty}^{+\infty}\int_{-\infty}^{+\infty}xyf_X(x)f_Y(y)\mathrm{d}x\mathrm{d}y \\
&= \int_{-\infty}^{+\infty}xf_X(x)\mathrm{d}x\int_{-\infty}^{+\infty}yf_Y(y)\mathrm{d}y = E(X)E(Y)
\end{aligned}$$

例 12 一民航机场的送客班车载有 20 位旅客，自机场开出，沿途有 10 个车站，如到达一个车站没有旅客下车，就不停车，以 X 表示停车次数，求 $E(X)$（设每个旅客在各个车站下车是等可能的）。

解 设 10 个车站依次为 $1,2,\cdots,10$，X_i 表示在第 i 站停车次数。

$$X_i = \begin{cases} 1, & \text{第 } i \text{ 站有旅客下车} \\ 0, & \text{第 } i \text{ 站没有旅客下车} \end{cases}$$

则
$$X = X_1 + X_2 + \cdots + X_{10}$$

按题意,任一旅客在第 i 站不下车的概率为 $\dfrac{9}{10}$,因为旅客是否下车是彼此相互独立的,因此,20 位旅客在第 i 站都不下车的概率为 $\left(\dfrac{9}{10}\right)^{20}$;在第 i 站有人下车的概率为 $1 - \left(\dfrac{9}{10}\right)^{20}$,于是 X_i 的分布列见表 4-4。所以

表 4-4

X_i	0	1
P_i	$\left(\dfrac{9}{10}\right)^{20}$	$1-\left(\dfrac{9}{10}\right)^{20}$

$$E(X_i) = 0 \times \left(\frac{9}{10}\right)^{20} + 1 \times \left[1 - \left(\frac{9}{10}\right)^{20}\right] \approx 0.88, i = 1,2,\cdots,10$$

由数学期望的性质 3 的推广,有
$$\begin{aligned} E(X) &= E(X_1 + X_2 + \cdots + X_{10}) \\ &= E(X_1) + E(X_2) + \cdots + E(X_{10}) \\ &\approx 0.88 \times 10 = 8.8 \end{aligned}$$

五、众数和中位数

随机变量 X 的众数以 $E_0(X)$ 表示,对离散型随机变量,众数是使概率 $P(X=x_i)$ 为最大的 x_i 值,对连续型随机变量,众数是使密度函数 $f(x)$ 为最大的 x 值,因而可由方程
$$\frac{\mathrm{d}}{\mathrm{d}x} f(x) = 0 \tag{4-12}$$
解出。

例 13 求正态分布随机变量 X 的众数。

解 正态分布的密度函数为
$$f(x) = \frac{1}{\sqrt{2\pi}\sigma} e^{-\frac{(x-a)^2}{2\sigma^2}}$$

显然,当 $x = a$ 时,$f(x)$ 达到最大值,因此,正态分布的众数为 a。

随机变量 X 的中位数是满足
$$F(x) = \frac{1}{2} \tag{4-13}$$

的 x 值,以 $E_e(X)$ 表示。对连续型随机变量,中位数满足下述等式
$$\int_{-\infty}^{E_e(X)} f(x)\mathrm{d}x = \int_{E_e(X)}^{+\infty} f(x)\mathrm{d}x = \frac{1}{2} \tag{4-14}$$

当密度函数的图形呈单峰对称时,显然有 $E(X) = E_0(X) = E_e(X)$。

对正态分布 $N(a,\sigma^2)$,$E(X) = E_0(X) = E_e(X) = a$。

第二节 方　差

数学期望等位置特征说明了随机变量的分布中心。在实际问题中,仅知道分布中心是很不够的,还需要研究随机变量取值的分散程度。例如,本章开头曾提到,关于灯泡的

使用寿命问题,如果两个工厂生产的灯泡使用寿命的均值相等,为了进一步分析灯泡的质量,还需研究两个工厂各自生产的灯泡的使用寿命与平均寿命的偏离程度,它反映了灯泡质量的稳定性。如何来描述随机变量与其均值的偏离程度呢?显然 $X-E(X)$ 也是个随机变量,因此须考虑平均情况。由于 $X-E(X)$ 有正有负,如果取其算术平均,会发生正负抵消,而取其绝对值 $|X-E(X)|$,再求平均,运算又不方便,因此,将离差 $X-E(X)$ 平方后再取其均值来刻画随机变量 X 取值的"波动"程度比较合适,现给出如下定义。

一、定义

设 X 是一个随机变量,若 $E[X-E(X)]^2$ 存在,则称它为 X 的方差,记为 $D(X)$ 或 DX,即

$$D(X) = E[X - E(X)]^2 \tag{4-15}$$

由方差的定义可知,方差不会出现负值,称 $\sigma = \sqrt{D(X)}$ 为随机变量 X 的均方差。

由式(4-15)可以看出,方差是随机变量 X 的函数 $[X-E(X)]^2$ 的数学期望。因此,对离散型随机变量,由式(4-3)得

$$D(X) = \sum_{i=1}^{\infty} [x_i - E(X)]^2 P(X = x_i), \quad i = 1, 2, \cdots \tag{4-16}$$

对连续型随机变量,由式(4-4)得

$$D(X) = \int_{-\infty}^{+\infty} [x - E(X)]^2 f(x) \mathrm{d}x \tag{4-17}$$

式中:$f(x)$ 为 X 的密度函数。

由数学期望的性质可得

$$\begin{aligned} D(X) &= E[X - E(X)]^2 = E[X^2 - 2XE(X) + (E(X))^2] \\ &= E(X^2) - 2E(X)E(X) + [E(X)]^2 = E(X^2) - [E(X)]^2 \end{aligned} \tag{4-18}$$

用式(4-18)计算 X 的方差 $D(X)$ 有时比较方便。

例 14 设随机变量 X 服从参数为 p 的 $(0-1)$ 分布,试求 X 的方差 $D(X)$。

解 例 1 已求得 $E(X) = p$,从而

$$\begin{aligned} D(X) &= E[X - E(X)]^2 = (1-p)^2 p + (0-p)^2 (1-p) \\ &= (1-p)p(1-p+p) \\ &= (1-p)p = qp \end{aligned}$$

此题也可利用式(4-18)求解

$$E(X^2) = 1^2 \times p + 0^2 \times q = p$$

所以

$$D(X) = E(X^2) - [E(X)]^2 = p - p^2 = qp$$

例 15 设随机变量 X 服从正态分布 $N(a, \sigma^2)$,求 X 的方差。

解 由方差定义可知

$$D(X) = \int_{-\infty}^{+\infty} (x-a)^2 \frac{1}{\sqrt{2\pi}\sigma} \mathrm{e}^{-\frac{(x-a)^2}{2\sigma^2}} \mathrm{d}x$$

令 $t = \dfrac{x-a}{\sigma}$,得

$$D(X) = \frac{\sigma^2}{\sqrt{2\pi}} \int_{-\infty}^{+\infty} t^2 e^{-\frac{t^2}{2}} dt$$

由分部积分法,就有

$$\int_{-\infty}^{+\infty} t^2 e^{-\frac{t^2}{2}} dt = (-t e^{-\frac{t^2}{2}}) \Big|_{-\infty}^{+\infty} + \int_{-\infty}^{+\infty} e^{-\frac{t^2}{2}} dt = \sqrt{2\pi}$$

所以
$$D(X) = \sigma^2$$

可见正态分布参数中的 σ^2 正好是方差。

综合例 5 和例 15 的结果可知,正态分布 $N(a, \sigma^2)$ 完全由它的数学期望 a 与方差 σ^2 所决定。

二、方差的性质

性质 1 设 c 是常数,则
$$D(c) = 0 \tag{4-19}$$
反之,若 $D(X) = 0$,则存在常数 c,使 $P(X = c) = 1$。

性质 2 设 X 是随机变量,c 是常数,则
$$D(cX) = c^2 D(X) \tag{4-20}$$

性质 3 设 X, Y 是两个随机变量,则
$$D(X \pm Y) = D(X) + D(Y) \pm 2\mathrm{Cov}(X, Y) \tag{4-21}$$
其中
$$\mathrm{Cov}(X, Y) = E\{[X - E(X)][Y - E(Y)]\}$$

若 X 与 Y 相互独立,则
$$D(X \pm Y) = D(X) + D(Y) \tag{4-22}$$

性质 4 $\quad D(X) \leq E[(X - a)^2]$ (a 为任意实数) \quad (4-23)

性质 1 和性质 2 容易理解,由读者自己证明。

证明性质 3 按定义

$$D(X \pm Y) = E\{[(X \pm Y) - E(X \pm Y)]^2\}$$
$$= E\{[(X - E(X)) \pm (Y - E(Y))]^2\}$$
$$= E\{[X - E(X)]^2 \pm 2[X - E(X)][Y - E(Y)] + [Y - E(Y)]^2\}$$
$$= E\{[X - E(X)]^2\} + E\{[Y - E(Y)]^2\} \pm 2E\{[X - E(X)][Y - E(Y)]\}$$

记
$$\mathrm{Cov}(X, Y) = E\{[X - E(X)][Y - E(Y)]\} \tag{4-24}$$
则
$$D(X \pm Y) = D(X) + D(Y) \pm 2\mathrm{Cov}(X, Y) \tag{4-25}$$

这就证明了式(4-21)。

将式(4-24)展开:
$$\mathrm{Cov}(X, Y) = E\{[X - E(X)][Y - E(Y)]\}$$
$$= E[XY - YE(X) - XE(Y) + E(X)E(Y)]$$
$$= E(XY) - E(X)E(Y) - E(Y)E(X) + E(X)E(Y)$$
$$= E(XY) - E(X)E(Y)$$

若 X 与 Y 相互独立,由式(4-10)知 $E(XY) = E(X)E(Y)$,因此
$$\mathrm{Cov}(X, Y) = E(XY) - E(X)E(Y) = E(X)E(Y) - E(X)E(Y) = 0$$

从而式(4-25)为
$$D(X \pm Y) = D(X) + D(Y)$$
这就是式(4-22)。

这里 $\text{Cov}(X,Y)$ 称为随机变量 X 与 Y 的协方差(也称相关矩)。后面对协方差还要讨论。

方差性质3可以推广到任意有限多个随机变量,即若 $X_i(i=1,2,\cdots,n)$ 为 n 个随机变量,则有

$$D(\sum_{i=1}^{n} c_i X_i) = \sum_{i=1}^{n} c_i^2 D(X_i) + 2\sum_{i \neq j} c_i c_j \text{Cov}(X_i, X_j) \tag{4-26}$$

若 $X_i(i=1,2,\cdots,n)$ 为 n 个两两独立的随机变量,则

$$D(\sum_{i=1}^{n} c_i X_i) = \sum_{i=1}^{n} c_i^2 D(X_i) \tag{4-27}$$

证明性质4
$$\begin{aligned} D(X) &= E\{[X - E(X)]^2\} = E[(X-a)-(E(X)-a)]^2 \\ &= E\{(X-a)^2 - 2(X-a)[E(X)-a] + [E(X)-a]^2\} \\ &= E[(X-a)^2] - 2[E(X)-a]^2 + [E(X)-a]^2 \\ &= E[(X-a)^2] - [E(X)-a]^2 \end{aligned}$$

因为
$$[E(X) - a]^2 \geq 0$$

所以
$$D(X) \leq E[(X-a)^2]$$

这个性质称为方差的极小性质,说明随机变量 X,对数学期望值 $E(X)$ 的离差平方的均值,是对任意实数 a 的离差平方的均值中最小的一个,因此用期望值 $E(X)$ 作为随机变量 X 估计值产生的平均误差最小。

例16 设 $X \sim B(n,p)$,试求 $D(X)$。

解 由于 $X = X_1 + X_2 + \cdots + X_n$,其中 $X_1, X_2, \cdots, X_n$ 为相互独立的随机变量,且都服从参数为 p 的 $(0-1)$ 分布,因此
$$D(X) = D(X_1) + D(X_2) + \cdots + D(X_n)$$
又
$$D(X_i) = pq, \quad i = 1, 2, \cdots, n$$
从而
$$D(X) = npq$$

例17 设随机变量 X 服从泊松分布,试求 $D(X)$。

解 前面已求得泊松变量的数学期望 $E(X) = \lambda$,现在先计算 $E(X^2)$,按式(4-3)有

$$\begin{aligned} E(X^2) &= \sum_{k=0}^{\infty} k^2 P_\lambda(k) = \sum_{k=0}^{\infty} k(k-1) P_\lambda(k) + \sum_{k=0}^{\infty} k P_\lambda(k) \\ &= \sum_{k=0}^{\infty} k(k-1) \frac{\lambda^k}{k!} e^{-\lambda} + \lambda = \lambda^2 e^{-\lambda} \sum_{k=2}^{\infty} \frac{\lambda^{k-2}}{(k-2)!} + \lambda \\ &= \lambda^2 e^{-\lambda} e^{\lambda} + \lambda = \lambda^2 + \lambda \end{aligned}$$

再利用式(4-18)，得到
$$D(X) = E(X^2) - [E(X)]^2 = \lambda^2 + \lambda - \lambda^2 = \lambda$$
可见，泊松分布中的参数 λ，既等于数学期望，又等于方差。

例18 设随机变量 X 服从 $[a,b]$ 上均匀分布，求 $D(X)$。

解 例6 已求得 $E(X) = \dfrac{a+b}{2}$，再求 $E(X^2)$，按式(4-3)有
$$E(X^2) = \int_a^b x^2 \frac{1}{b-a} dx = \frac{b^2 + ab + a^2}{3}$$
于是
$$D(X) = E(X^2) - [E(X)]^2 = \frac{b^2 + ab - a^2}{3} - \left(\frac{a+b}{2}\right)^2$$
$$= \frac{(b-a)^2}{12}$$

例19 设随机变量 X 服从 P-Ⅲ型分布，求 $D(X)$。

解 已知 $E(X) = \dfrac{\alpha}{\beta} + a_0$，而
$$E(X^2) = \frac{\beta^\alpha}{\Gamma(\alpha)} \int_{a_0}^{+\infty} x^2 (x-a_0)^{\alpha-1} e^{-\beta(x-a_0)} dx$$
令 $t = x - a_0$，则
$$E(X^2) = \frac{\beta^\alpha}{\Gamma(\alpha)} \left(\int_0^{+\infty} t^{\alpha+1} e^{-\beta t} dt + 2a_0 \int_0^{+\infty} t^\alpha e^{-\beta t} dt + a_0^2 \int_0^{+\infty} t^{\alpha-1} e^{-\beta t} dt \right)$$
$$= \frac{\beta^\alpha}{\Gamma(\alpha)} \left[\frac{\Gamma(\alpha+2)}{\beta^{\alpha+2}} + 2a_0 \frac{\Gamma(\alpha+1)}{\beta^{\alpha+1}} + a_0^2 \frac{\Gamma(\alpha)}{\beta^\alpha} \right]$$
$$= \frac{(\alpha+1)\alpha}{\beta^2} + \frac{2a_0 \alpha}{\beta} + a_0^2$$

于是 $D(X) = E(X^2) - [E(X)]^2 = \dfrac{\alpha(\alpha+1)}{\beta^2} + \dfrac{2a_0 \alpha}{\beta} + a_0^2 - \left(\dfrac{\alpha}{\beta} + a_0\right)^2 = \dfrac{\alpha}{\beta^2}$

数学期望和方差是最常用的数字特征，现将几种重要的一元随机变量的概率函数或分布密度以及它们的数学期望和方差列于表4-5。

表4-5

分布	概率函数或分布密度	数学期望	方 差
(0-1)分布	$P(X=k) = p^k q^{1-k}, k=0,1$ $0 < p < 1, p+q = 1$	p	pq
二项分布	$P(X=k) = C_n^k p^k q^{n-k}, k=0,1,\cdots,n$ $0 < p < 1, p+q = 1$	np	npq
泊松分布	$P(X=k) = \dfrac{\lambda^k}{k!} e^{-\lambda}, k=0,1,2,\cdots$ $\lambda > 0$	λ	λ

续表

分布	概率函数或分布密度	数学期望	方 差
均匀分布	$f(x)=\begin{cases}\dfrac{1}{b-a}, & a\leq x\leq b\\ 0, & \text{其他}\end{cases}$	$\dfrac{a+b}{2}$	$\dfrac{(b-a)^2}{12}$
指数分布	$f(x)=\begin{cases}\lambda e^{-\lambda x}, & x>0\\ 0, & x\leq 0\end{cases}$	$\dfrac{1}{\lambda}$	$\dfrac{1}{\lambda^2}$
正态分布	$f(x)=\dfrac{1}{\sqrt{2\pi}\sigma}e^{-\dfrac{(x-a)^2}{2\sigma^2}}, -\infty<x<+\infty$	a	σ^2
P-Ⅲ分布	$f(x)=\dfrac{\beta^\alpha}{\Gamma(\alpha)}(x-a_0)^{\alpha-1}e^{-\beta(x-a_0)}$ $\alpha>0, x>a_0$	$\dfrac{\alpha}{\beta}+a_0$	$\dfrac{\alpha}{\beta^2}$
二参数对数正态分布	$f(x)=\dfrac{1}{x\sigma_Y\sqrt{2\pi}}\exp\left[-\dfrac{\ln x-a_Y}{2\sigma_Y^2}\right]^2$ $x>0, Y=\ln x$	$e^{a_Y+\dfrac{\sigma_Y^2}{2}}$	$e^{2a_Y+\sigma_Y^2}(e^{\sigma_Y^2}-1)$
三参数对数正态分布	$f(x)=\dfrac{1}{(x-b)\sigma_Y\sqrt{2\pi}}\exp\left\{-\dfrac{[\ln(x-b)-a_Y]^2}{2\sigma_Y^2}\right\}$ $b<x<+\infty, y=\ln(x-b)$	$e^{a_Y+\dfrac{\sigma_Y^2}{2}}-b$	$e^{2a_Y+\sigma_Y^2}(e^{\sigma_Y^2}-1)$
耿贝尔分布（第一型极值分布）	$f(x)=\alpha\exp[-\alpha(x-x_0)-e^{-\alpha(x-x_0)}], \alpha>0$	$x_0+\dfrac{\gamma}{\alpha}$ ($\gamma=0.577215665\cdots$ 欧拉常数)	$\dfrac{\pi^2}{6\alpha^2}$

三、车贝雪夫不等式

设随机变量 X 具有数学期望 $E(X)$ 和方差 $D(X)$，则对任意 $\varepsilon>0$，有

$$P(|X-E(X)|\geq\varepsilon)\leq\dfrac{D(X)}{\varepsilon^2} \qquad (4-28)$$

这个不等式称为车贝雪夫不等式。

下面仅就连续型随机变量的情况加以证明。

证明 设 X 的密度函数为 $f(x)$

$$P(|X-E(X)|\geq\varepsilon)=\int_{|x-E(X)|\geq\varepsilon}f(x)\mathrm{d}x$$

$$\leq\int_{|x-E(X)|\geq\varepsilon}\dfrac{[x-E(X)]^2}{\varepsilon^2}f(x)\mathrm{d}x$$

$$\leq\dfrac{1}{\varepsilon^2}\int_{-\infty}^{+\infty}[x-E(X)]^2f(x)\mathrm{d}x$$

$$=\dfrac{1}{\varepsilon^2}D(X)$$

车贝雪夫不等式还有另外一种形式：

$$P(|X-E(X)|<\varepsilon)\geq 1-\dfrac{D(X)}{\varepsilon^2} \qquad (4-29)$$

车贝雪夫不等式无论在理论上还是实用上都是很有价值的。它给出了在未知 X 分布的情况下，对概率 $P[|X-E(X)|\geq\varepsilon]$ 或 $P[|X-E(X)|<\varepsilon]$ 的一种估计。但是这种估计往往是粗略的，例如，对于 $X\sim N(a,\sigma^2)$，用车贝雪夫不等式估算，有

$$P(|X-a|<3\sigma) \geq 1-\frac{\sigma^2}{9\sigma^2} = \frac{8}{9} \approx 0.8889$$

而实际上，由第二章例 22 可知，对正态分布，恒有

$$P(|X-a|<3\sigma) = 0.9973$$

例 20 已知 $E(X)=750$，$\sqrt{D(X)}=15$，估计随机变量 X 介于 700~800 的概率。

解 因为 $(700<X<800)$ 等价于 $(|X-750|<50)$，故

$$P(700<X<800) = P(|X-750|<50) = 1-P[|X-E(X)|\geq 50]$$

因为

$$P[|X-E(X)|\geq 50] \leq \frac{15^2}{50^2}$$

所以

$$P(700<X<800) \geq 1-\frac{15^2}{50^2} = 0.91$$

四、标准化随机变量

设随机变量 X 的数学期望 $E(X)$ 存在，且有有限方差 $D(X)=\sigma^2\neq 0$，则称随机变量 X 的函数

$$\Phi = \frac{X-E(X)}{\sigma} \qquad (4-30)$$

为 X 的标准化随机变量，这种函数形式又称标准化变换。

容易证明对标准化变量 Φ，恒有 $E(\Phi)=0$，$D(\Phi)=1$（读者自己证明）。由此可知在第二章中，称 $N(0,1)$ 分布为标准化正态分布的原因所在。

第三节 离势系数、矩、偏态系数及峰度系数

一、离势系数

方差（或均方差）虽然很好地刻画了随机变量取值对其数学期望的偏离程度，但要比较两个随机变量的离散程度时，由于变量本身量级不同，只比较方差（或均方差）的大小就不合适了，试看下面的例子。

有两个随机变量 X_1，X_2，它们的概率分布见表 4-6 和表 4-7。

表 4-6

X_1	8	10	12
p_i	$\frac{1}{3}$	$\frac{1}{3}$	$\frac{1}{3}$

表 4-7

X_2	1	3	5
p_i	$\frac{1}{3}$	$\frac{1}{3}$	$\frac{1}{3}$

容易求得 $E(X_1)=10$，$E(X_2)=3$，$D(X_1)=D(X_2)\approx 2.7$。由此，能不能说它们的分布对数学期望的偏离程度一样呢？显然不能，从直观上可以看出，X_1 的变化要比 X_2 稳定

得多,因为 X_1 的均值大,而 X_2 的均值小。虽然两变量的最大值与最小值同样相差 4,但对 X_1 来说变化不算太大,而对 X_2 来说就显得很大了。由此可见,当要比较不同随机变量的离散程度时,只用方差或均方差是不够的,还应该消除均值大小的影响,由此引入下列指标

$$C_V = \frac{\sigma}{E(X)} \quad (4-31)$$

C_V 称为变差系数,我国水文界习惯称它为离势系数,常用它来描述各种水文气象变量的离散程度。采用这个量,容易求得上述 X_1 的 $C_{V_1} \approx 0.164$,X_2 的 $C_{V_2} \approx 0.55$,$C_{V_1} < C_{V_2}$ 与直观是一致的。

由式(4-30)和式(4-31)可得到一个在水文统计中很有用的公式

$$X = E(X)(\Phi C_V + 1) \quad (4-32)$$

二、矩

定义 1 随机变量 X 对原点离差 k 次幂的数学期望 $E(X^k)$,称为 X 的 k 阶原点矩,记为

$$\nu_k = E(X^k), \quad k = 1, 2, \cdots \quad (4-33)$$

显然,数学期望是一阶原点矩。

定义 2 随机变量 X 对数学期望离差 k 次幂的数学期望 $E[X - E(X)]^k$,称为 X 的 k 阶中心矩,记为

$$\mu_k = E[X - E(X)]^k, \quad k = 1, 2, \cdots \quad (4-34)$$

显然,方差是二阶中心矩。

定义 3 随机变量 X 对实数 d 离差 k 次幂的数学期望 $E[(X - d)^k]$,称为 X 的 k 阶定点矩,记为

$$\theta_k = E[(X - d)^k], \quad k = 1, 2, \cdots \quad (4-35)$$

显然,$d = 0$ 时,$\theta_k = \nu_k$,$d = E(X)$ 时,$\theta_k = \mu_k$。

例 21 试求 P-III 分布对变量最小值 a_0 的定点矩。

解 按定义 3 有

$$\theta_k = E[(X - a_0)^k]$$
$$= \frac{\beta^\alpha}{\Gamma(\alpha)} \int_{a_0}^{+\infty} (x - a_0)^{k+\alpha-1} e^{-\beta(x-a_0)} dx$$

令 $t = \beta(x - a_0)$ 得

$$\theta_k = \frac{1}{\Gamma(\alpha)\beta^k} \int_0^{+\infty} t^{k+\alpha-1} e^{-t} dt = \frac{\Gamma(\alpha + k)}{\Gamma(\alpha)\beta^k}$$
$$= \frac{(\alpha + k - 1)(\alpha + k - 2)\cdots(\alpha + 1)\alpha}{\beta^k} \quad (4-36)$$

例 22 试求正态分布 $N(a, \sigma^2)$ 的 k 阶中心矩。

解 按定义有

$$\mu_k = E[(X - a)^k] = \frac{1}{\sqrt{2\pi}\sigma} \int_{-\infty}^{+\infty} (x - a)^k e^{-\frac{(x-a)^2}{2\sigma^2}} dx$$

令 $t = x - a$ 则

$$\mu_k = \frac{1}{\sqrt{2\pi}\sigma}\int_{-\infty}^{+\infty} t^k e^{-\frac{t^2}{2\sigma^2}} dt$$

$$= \frac{1}{\sqrt{2\pi}\sigma}\left\{\left[-\sigma^2 t^{k-1} e^{-\frac{t^2}{2\sigma^2}}\right]_{-\infty}^{+\infty} + (k-1)\sigma^2\int_{-\infty}^{+\infty} t^{k-2} e^{-\frac{t^2}{2\sigma^2}} dt\right\}$$

$$= \frac{(k-1)\sigma^2}{\sqrt{2\pi}\sigma}\int_{-\infty}^{+\infty}(x-a)^{k-2} e^{-\frac{(x-a)^2}{2\sigma^2}} dx = (k-1)\sigma^2 \mu_{k-2}$$

所以对正态分布有 $\mu_2 = \sigma^2$，$\mu_3 = 0$，$\mu_4 = 3\sigma^4$。

三、偏态系数

随机变量的概率分布，有的是对称的，有的是不对称的，在数学上用什么量来描述分布的不对称程度呢？

对一切对称分布，期望值是分布的对称中心，随机变量 X 与其期望值 $E(X)$ 的离差的奇次方的均值为零，即

$$E[X - E(X)]^{2k+1} = 0,\ k = 0,1,2,\cdots$$

而对于不对称分布，一般来说 $E[X - E(X)]^{2k+1} \neq 0$，$k = 1,2,\cdots$，因此，可以采用 $E[X - E(X)]^{2k+1}$ 来反映随机变量 X 的分布的不对称程度。为计算方便，一般取 $k = 1$。在实用上采用相对量，即用均方差的三次方去除 $E[X - E(X)]^3$，称

$$C_S = \frac{E[X - E(X)]^3}{\sigma^3} \tag{4-37}$$

为偏态系数。C_S 也是水文上常用的一个统计参数。

通常 $|C_S|$ 越大，分布就越不对称；$|C_S|$ 越小，分布越接近对称；$C_S = 0$，分布完全对称。

当 $C_S > 0$ 时，分布为正偏或右偏；$C_S < 0$ 时，分布为负偏或左偏。图 4-1 反映了 C_S 对分布密度图形的影响。

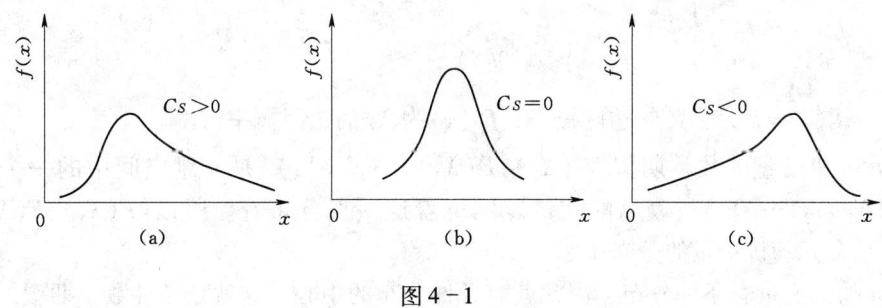

图 4-1

四、峰度系数

峰度系数用 C_E 表示，它刻画了分布密度曲线的峰形阔狭特征，其值为

$$C_E = \frac{E[X - E(X)]^4}{\sigma^4} - 3 \tag{4-38}$$

正态分布的 C_E 恒为零。峰度系数在实际工作中使用不多。

五、用矩表示数字特征

可以用矩表示数字特征

$$E(X) = \nu_1 ; \quad D(X) = \mu_2$$

$$C_V = \frac{\sigma}{E(X)} = \frac{\mu_2^{\frac{1}{2}}}{\nu_1}; \quad C_S = \frac{\mu_3}{\sigma^3} = \frac{\mu_3}{(\mu_2)^{\frac{3}{2}}}$$

$$C_E = \frac{\mu_4}{\sigma^4} - 3 = \frac{\mu_4}{\mu_2^2} - 3$$

对于 P-Ⅲ型分布，容易得到

$$\mu_3 = \frac{2\alpha}{\beta^3}, \mu_4 = \frac{3\alpha(\alpha+2)}{\beta^4}$$

从而有

$$C_S = \frac{2}{\sqrt{\alpha}}, \quad C_E = \frac{6}{\alpha} = \frac{3}{2}C_S^2$$

对于正态分布，有

$$C_S = \frac{\mu_3}{\sigma^3} = 0, \quad C_E = \frac{\mu_4}{\sigma^4} - 3 = \frac{3\sigma^4}{\sigma^4} - 3 = 0$$

第四节 多元随机变量的数字特征

一、多元随机变量的数学期望

（一）数学期望与条件数学期望

定义 设 $(X_1, X_2, \cdots, X_n)$ 为 n 元随机变量，则称 $[E(X_1), E(X_2), \cdots, E(X_n)]$ 为 n 元随机变量 $(X_1, X_2, \cdots, X_n)$ 的数学期望。$E(X_i)$ 是分量 X_i 的边际数学期望，即

$$E(X_i) = \begin{cases} \sum_{j=1}^{} x_j p_j, & \text{离散型}, \\ \int_{-\infty}^{+\infty} x f_{X_i}(x) \mathrm{d}x, & \text{连续型}, \end{cases} \quad i=1,2,\cdots,n, j=1,2,\cdots$$

式中：$p_j = P(X_i = x_j)$ 为 X_i 的边际概率；$f_{X_i}(x)$ 为 X_i 的边际概率密度。

多元随机变量的数学期望 $[E(X_1), E(X_2), \cdots, E(X_n)]$ 是 n 维空间中的一个点，随机变量 $(X_1, X_2, \cdots, X_n)$ 所表示的随机点围绕着这一点分布着。所以 $[E(X_1), E(X_2), \cdots, E(X_n)]$ 是多元随机变量的分布中心。

多元随机变量有条件分布，因此就有条件分布的中心，这就是条件数学期望。下面主要讨论二元连续型随机变量的条件数学期望。

定义 设二元连续型随机变量 (X, Y) 的联合密度为 $f(x, y)$，则称

$$E(Y|X=x) = \int_{-\infty}^{+\infty} y f(y|x) \mathrm{d}y = \int_{-\infty}^{+\infty} y \frac{f(x,y)}{f_X(x)} \mathrm{d}y = m_1(x) \tag{4-39}$$

为在 $X=x$ 条件下 Y 的条件数学期望，简称条件期望，记为 $E(Y|X=x)$ 或 $E(Y|x)$ 或 $\bar{y}_x$。

显然，$m_1(x)$ 是 x 的函数，称方程

第四节 多元随机变量的数字特征

$$\bar{y}_x = m_1(x) \tag{4-40}$$

为 Y 依 X 的回归方程，它在 xoy 平面内的图像称为 Y 依 X 的回归曲线，如图 4-2 所示。

同理可定义在 $Y=y$ 条件下 X 的条件期望

$$\begin{aligned}E(X \mid Y = y) &= \int_{-\infty}^{+\infty} x f(x \mid y) \mathrm{d}x \\ &= \int_{-\infty}^{+\infty} x \frac{f(x,y)}{f_Y(y)} \mathrm{d}x \\ &= m_2(y)\end{aligned} \tag{4-41}$$

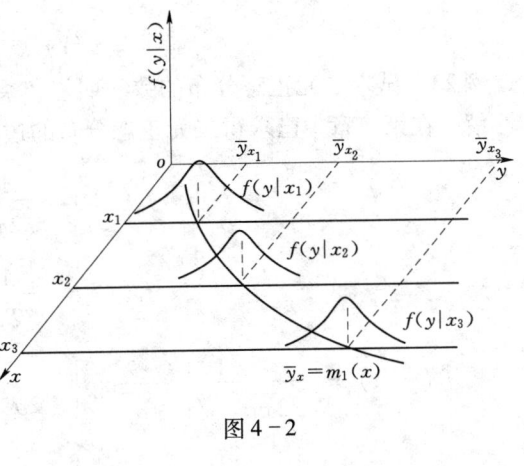

图 4-2

$m_2(y)$ 是 y 的函数，称方程

$$\bar{x}_y = m_2(y) \tag{4-42}$$

为 X 依 Y 的回归方程，它在 xoy 平面内的图像称为 X 依 Y 的回归曲线。

一般 $\bar{y}_x = m_1(x)$ 与 $\bar{x}_y = m_2(y)$ 不互为反函数，或者说两条回归曲线一般不重合。

上述结果可以推广到 n 元随机变量的场合，即若 $(X_1, X_2, \cdots, X_n)$ 为 n 元随机变量，$X_i(i=1,2,\cdots,n)$ 的条件密度为 $f_i(x_i \mid x_1, \cdots, x_{i-1}, x_{i+1}, \cdots, x_n)$，则 X_i 关于 $(X_1, \cdots, X_{i-1}, X_{i+1}, \cdots, X_n)$ 的条件期望为

$$\begin{aligned}&E(X_i \mid X_1 = x_1, \cdots, X_{i-1} = x_{i-1}, X_{i+1} = x_{i+1}, \cdots, X_n = x_n) \\ &= \int_{-\infty}^{+\infty} x_i f_i(x_i \mid x_1, \cdots, x_{i-1}, x_{i+1}, \cdots, x_n) \mathrm{d}x_i \\ &= m_i(x_1, \cdots, x_{i-1}, x_{i+1}, \cdots, x_n)\end{aligned} \tag{4-43}$$

称方程(4-43)为 X_i 依 $(X_1, \cdots, X_{i-1}, X_{i+1}, \cdots, X_n)$ 的回归方程，其图像称为回归曲面。

由式(4-39)、式(4-41)、式(4-43)容易证明，当随机变量相互独立时，条件期望变成常数，并等于无条件期望(即边际数学期望)。

当随机变量不相互独立时，条件期望不是常数，而是作为条件的那些随机变量的函数。例如二元随机变量 (X,Y) 的条件期望 $E(Y \mid X = x)$，当 X 取不同值时其数值也不同，由于 X 是随机变量，因此若把 $E(Y \mid X = x)$ 写成 $E(Y \mid X)$，则它就变成 X 的函数，因此也是随机变量，可以证明，它与无条件期望 $E(Y)$ 有下述关系：

$$E[E(Y \mid X)] = E(Y) \tag{4-44}$$

即条件期望的期望等于无条件期望。

证明 按式(4-4)

$$\begin{aligned}E[E(Y \mid X)] &= \int_{-\infty}^{+\infty} E(Y \mid x) f_X(x) \mathrm{d}x \\ &= \int_{-\infty}^{+\infty} \left[\int_{-\infty}^{+\infty} y f(y \mid x) \mathrm{d}y\right] f_X(x) \mathrm{d}x\end{aligned}$$

$$= \int_{-\infty}^{+\infty} y \left[\int_{-\infty}^{+\infty} f(x,y) \, dx \right] dy = \int_{-\infty}^{+\infty} y f_Y(y) \, dy$$
$$= E(Y)$$

例 23 试求二元正态分布的数学期望和条件期望。

解 在第三章中已求得二元正态分布的边际分布及条件分布分别为

$$f_X(x) = \frac{1}{\sqrt{2\pi}\sigma_1} e^{-\frac{(x-a_1)^2}{2\sigma_1^2}}$$

$$f_Y(y) = \frac{1}{\sqrt{2\pi}\sigma_2} e^{-\frac{(y-a_2)^2}{2\sigma_2^2}}$$

$$f_Y(y \mid x) = \frac{1}{\sqrt{2\pi}\sigma_2 \sqrt{1-\rho^2}} \exp\left\{ -\frac{1}{2\sigma_2^2(1-\rho^2)} \left[y - a_2 - \rho \frac{\sigma_2}{\sigma_1}(x - a_1) \right]^2 \right\}$$

$$f_X(x \mid y) = \frac{1}{\sqrt{2\pi}\sigma_1 \sqrt{1-\rho^2}} \exp\left\{ -\frac{1}{2\sigma_1^2(1-\rho^2)} \left[x - a_1 - \rho \frac{\sigma_1}{\sigma_2}(y - a_2) \right]^2 \right\}$$

根据正态分布的性质可知：

Y 依 X 的条件期望为

$$\bar{y}_x = m_1(x) = a_2 + \rho \frac{\sigma_2}{\sigma_1}(x - a_1)$$

X 依 Y 的条件期望为

$$\bar{x}_y = m_2(y) = a_1 + \rho \frac{\sigma_1}{\sigma_2}(y - a_2)$$

(二)均方线性回归

从上面的例子中看到，当二元随机变量 (X,Y) 服从正态分布时，两条回归线都是直线，但在实际问题中，(X,Y) 的联合分布常常未知，且不一定都是正态分布，致使回归方程的函数形式难于求得。此时，常采用线性函数作为回归方程的一种估计。由于回归线是条件数学期望的轨迹，根据数学期望的性质，应当有：在一切函数 $g(x)$ 中，只当 $g(x) = E[Y \mid x]$ 时，才有 $E[Y - g(x)]^2 = \min$。当函数 $E[Y \mid x]$ 的形式无法确知时，实际应用中常用线性函数

$$\hat{y}_x = L(x) = \alpha + \beta x \tag{4-45}$$

来估计。并且按下述原则确定未知参数 α, β：

$$e(\alpha, \beta) = E[Y - (\alpha + \beta X)]^2 = \min \tag{4-46}$$

由此得到的方程称为均方线性回归方程，图 4-3 表示真正的回归曲线与均方回归直线之间的区别。

将 $e(\alpha, \beta)$ 对 α, β 求导数，并令其等于零，可得

$$\alpha = E(Y) - \beta E(X) \tag{4-47}$$

$$\beta = \frac{\text{Cov}(X,Y)}{\sigma_X^2} \tag{4-48}$$

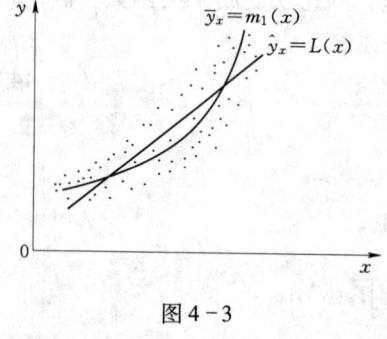

图 4-3

于是，Y 依 X 的均方线性回归方程(4-45)可写为

$$\hat{y}_x = L(x) = E(Y) + \frac{\mathrm{Cov}(X,Y)}{\sigma_X^2}[x - E(X)] \qquad (4-49)$$

同理，可求得 X 依 Y 的均方线性回归方程

$$\hat{x}_y = L(y) = E(X) + \frac{\mathrm{Cov}(X,Y)}{\sigma_Y^2}[y - E(Y)] \qquad (4-50)$$

容易验证，对二元正态分布，均方线性回归方程就是真正的回归线，即条件期望。

二、多元随机变量的方差

（一）协方差与协方差矩阵

定义 设 $(X_1, X_2, \cdots, X_n)$ 为 n 元随机变量，则称 $[D(X_1), D(X_2), \cdots, D(X_n)]$ 为 n 元随机变量 $(X_1, X_2, \cdots, X_n)$ 的方差，其中 $D(X_i)$ 是分量 X_i 的边际方差。

$$D(X_i) = \begin{cases} \sum_j [x_j - E(X_i)]^2 p_j, & \text{离散型}, \\ \int_{-\infty}^{+\infty} [x - E(X_i)]^2 f_{X_i}(x)\mathrm{d}x, & \text{连续型}, \end{cases} \quad i=1,2,\cdots,n; j=1,2,\cdots,n$$

式中：$p_j = P(X_i = x_j)$ 为 X_i 的边际概率；$f_{X_i}(x)$ 为 X_i 的边际概率密度。

对 n 元随机变量 $(X_1, X_2, \cdots, X_n)$，其方差只反映各分量的离散程度，而不能很好地反映多元随机变量整体的离散程度。因此，要描述多元随机变量的离散程度，除了方差以外，还要考察各分量之间的关系，一般采用协方差来描述。我们知道若 X, Y 相互独立，则 $\mathrm{Cov}(X,Y) = 0$，也就是说，当 $\mathrm{Cov}(X,Y) \neq 0$ 时，X, Y 肯定不独立。这说明协方差 $\mathrm{Cov}(X,Y)$ 在一定程度上确实反映了 X 与 Y 之间的相互关系。

设 X, Y 为两个随机变量，由式(4-24)知协方差的定义是

$$\mathrm{Cov}(X,Y) = E\{[X - E(X)][Y - E(Y)]\}$$

因此，若 (X,Y) 为二元离散型随机变量，则

$$\mathrm{Cov}(X,Y) = \sum_{i=1}\sum_{j=1}[x_i - E(X)][y_j - E(Y)]p_{ij} \qquad (4-51)$$

其中 $p_{ij} = P(X=x_i, Y=y_j)$，$i=1,2,\cdots,n; j=1,2,\cdots,n$。

若 (X,Y) 是二元连续型随机变量，则

$$\mathrm{Cov}(X,Y) = \int_{-\infty}^{+\infty}\int_{-\infty}^{+\infty}[x - E(X)][y - E(Y)]f(x,y)\mathrm{d}x\mathrm{d}y \qquad (4-52)$$

其中 $f(x,y)$ 为 (X,Y) 的联合密度。

根据协方差的定义，容易看出

$$\mathrm{Cov}(X,X) = D(X) \qquad (4-53)$$

$$\mathrm{Cov}(a,X) = 0 \qquad (4-54)$$

式中：a 为任意常数。

协方差还具有下列性质：

(1) $\quad \mathrm{Cov}(X,Y) = \mathrm{Cov}(Y,X) = E(XY) - E(X)E(Y) \qquad (4-55)$

(2) $\quad \mathrm{Cov}(aX,bY) = ab\mathrm{Cov}(X,Y) \qquad (4-56)$

式中：a、b 为任意常数。

(3) $$\text{Cov}(X_1 + X_2, Y) = \text{Cov}(X_1, Y) + \text{Cov}(X_2, Y) \tag{4-57}$$

这些性质的证明比较容易，留给读者作为练习。

若 $(X_1, X_2, \cdots, X_n)$ 为 n 元随机变量，以 $\mu_{ij}(i,j=1,2,\cdots,n)$ 表示 X_i 与 X_j 之间的协方差，则称

$$M = \begin{bmatrix} \mu_{11} & \cdots & \mu_{1n} \\ \vdots & & \vdots \\ \mu_{n1} & \cdots & \mu_{nn} \end{bmatrix}$$

为 n 元随机变量 $(X_1, X_2, \cdots, X_n)$ 的协方差矩阵或相关矩阵。

显然，M 之主对角线元素 $\mu_{ii} = D(X_i), i = 1, 2, \cdots, n$ 为 X_i 的方差。协方差矩阵有下列性质：

性质 1 对称性，即 $\mu_{ij} = \mu_{ji}$，对一切 $i, j = 1, 2, \cdots, n$ 成立。

性质 2 非负定性，即 M 的行列式 $|M| \geq 0$。

性质 1 显然成立，性质 2 证明略。

例 24 设 (X, Y) 的联合密度为

$$f(x,y) = \begin{cases} \dfrac{x+y}{8}, & 0 \leq x \leq 2, 0 \leq y \leq 2 \\ 0, & \text{其他} \end{cases}$$

求 (X, Y) 的数学期望及协方差矩阵。

解 $E(X) = \displaystyle\int_{-\infty}^{+\infty}\int_{-\infty}^{+\infty} xf(x,y)\,dxdy = \int_0^2 x\left[\int_0^2 \frac{x+y}{8}dy\right]dx = \int_0^2 \frac{x^2+x}{4}dx = \frac{7}{6}$

同理 $$E(Y) = \frac{7}{6}$$

又 $E(X^2) = \displaystyle\int_{-\infty}^{+\infty}\int_{-\infty}^{+\infty} x^2 f(x,y)\,dxdy = \int_0^2 x^2\left[\int_0^2 \frac{x+y}{8}dy\right]dx$

$$= \int_0^2 \frac{x^3+x^2}{4}dx = \frac{5}{3}$$

同理 $$E(Y^2) = \frac{5}{3}$$

而 $E(XY) = \displaystyle\int_{-\infty}^{+\infty}\int_{-\infty}^{+\infty} xyf(x,y)\,dxdy = \int_0^2\left[\int_0^2 xy\frac{x+y}{8}dy\right]dx = \int_0^2\left(\frac{x}{3}+\frac{x^2}{4}\right)dx = \frac{4}{3}$

所以 $$D(X) = E(X^2) - [E(X)]^2 = \frac{5}{3} - \left(\frac{7}{6}\right)^2 = \frac{11}{36}$$

同理 $$D(Y) = \frac{11}{36}$$

而 $\text{Cov}(X, Y) = E(XY) - E(X)E(Y)$

$$= \frac{4}{3} - \frac{7}{6} \times \frac{7}{6} = -\frac{1}{36}$$

所以，(X, Y) 的数学期望为 $\left(\dfrac{7}{6}, \dfrac{7}{6}\right)$，协方差矩阵为

$$\begin{bmatrix} \dfrac{11}{36} & -\dfrac{1}{36} \\ -\dfrac{1}{36} & \dfrac{11}{36} \end{bmatrix}$$

(二) 相关系数与相关系数矩阵

协方差虽能在一定程度上刻画随机变量间的相互关系，但受变量本身量级和量纲的影响，不便于比较，为了便于应用，引入相关系数的定义。

设 (X,Y) 是二元随机变量，若 $D(X)>0$，$D(Y)>0$，则称

$$\frac{\mathrm{Cov}(X,Y)}{\sqrt{D(X)}\sqrt{D(Y)}}$$

为随机变量 X 与 Y 的相关系数，记为 ρ 或 $\rho_{X,Y}$，即

$$\rho_{X,Y} = \frac{\mathrm{Cov}(X,Y)}{\sqrt{D(X)}\sqrt{D(Y)}} = \frac{E\{[X-E(X)][Y-E(Y)]\}}{\sqrt{D(X)}\sqrt{D(Y)}} \tag{4-58}$$

相关系数是无量纲的量，不受度量单位的影响，这样能更好地反映随机变量 X 与 Y 的关系。实际上，相关系数就是随机变量标准化后的协方差，即

$$\begin{aligned}
\rho_{X,Y} &= \frac{\mathrm{Cov}(X,Y)}{\sqrt{D(X)}\sqrt{D(Y)}} \\
&= E\left[\frac{X-E(X)}{\sqrt{D(X)}} \frac{Y-E(Y)}{\sqrt{D(Y)}}\right] \\
&= \mathrm{Cov}(X^*,Y^*) = \rho_{X^*,Y^*}
\end{aligned} \tag{4-59}$$

式中：X^*，Y^* 分别为随机变量 X,Y 的标准化变量，它们的均值为 0，均方差为 1。

现在讨论相关系数的性质。若 ρ 为随机变量 X 与 Y 的相关系数，则

(1) $|\rho| \leq 1$；

(2) $|\rho| = 1$ 的充要条件是 X 与 Y 以概率 1 存在线性函数关系，即存在常数 a，b，使 $P(Y=aX+b)=1$。

证明 (1) 考虑 X,Y 的标准化变量，由式 (4-59) 得 $\mathrm{Cov}(X^*,Y^*) = E(X^*Y^*) = \rho$，由于标准化变量的方差都是 1，因此

$$D(X^* \pm Y^*) = D(X^*) + D(Y^*) \pm 2\mathrm{Cov}(X^*,Y^*) = 2(1 \pm \rho) \geq 0$$

从而

$$|\rho| \leq 1$$

(2) 必要性：设 $\rho = 1$，得 $D(X^* - Y^*) = 2(1-\rho) = 0$，由方差性质知，存在常数 c，以概率 1 成立

$$X^* - Y^* = c$$

即

$$\frac{X-E(X)}{\sigma_X} - \frac{Y-E(Y)}{\sigma_Y} = c$$

解得

$$Y = \frac{\sigma_Y}{\sigma_X}X - \frac{\sigma_Y}{\sigma_X}[E(X)+c\sigma_X] + E(Y) = aX + b$$

对 $\rho = -1$ 可得同样结果。

充分性：设以概率 1 成立 $Y = aX + b$，则
$$\begin{aligned}
\mathrm{Cov}(X,Y) &= E\{[X - E(X)][Y - E(Y)]\} \\
&= E\{[X - E(X)][aX + b - aE(X) - b]\} \\
&= aD(X) \\
D(Y) &= D(aX + b) = a^2 D(X)
\end{aligned}$$

于是
$$\rho = \frac{\mathrm{Cov}(X,Y)}{\sqrt{D(X)}\sqrt{D(Y)}} = \frac{aD(X)}{D(X)|a|} = \frac{a}{|a|} = \begin{cases} 1, & a > 0 \\ -1, & a < 0 \end{cases}$$

若 $|\rho| = 1$，则 X 与 Y 间为线性函数关系，这时如果给定一个随机变量的值，另一个随机变量的值便完全决定。若 $\rho = 0$，则称 X 与 Y 不相关。

以前曾介绍过随机变量相互独立的概念，它与不相关概念有什么区别呢？它们的关系如下：若随机变量 X 与 Y 相互独立，则 X 与 Y 不相关，但若 X 与 Y 不相关，则它们不一定独立，不过当 (X,Y) 为二元正态变量时，独立与不相关等价。

首先证明独立必不相关：事实上在讨论方差性质时已证明独立随机变量的协方差 $\mathrm{Cov}(X,Y) = 0$，因此由相关系数定义可知 $\rho = 0$，从而 X 与 Y 不相关。

下面用例子说明不相关不一定独立，例如，若随机变量 X 的分布密度 $f(x)$ 关于纵轴对称，令 $Y = X^2$，由于 $f(x)$ 关于 y 轴对称，显然有 $E(X) = 0$。

而
$$\begin{aligned}
\mathrm{Cov}(X,Y) &= E\{[X - E(X)][Y - E(Y)]\} \\
&= E\{XY - XE(Y) - YE(X) + E(X)E(Y)\} \\
&= E(XY) - E(X)E(Y) = E(X^3) = 0
\end{aligned}$$

所以 $\rho = 0$，说明 X 与 Y 不相关，但 $Y = X^2$ 是 X 的二次函数，当然 X 与 Y 不独立。

准确地说，ρ 应称为线性相关系数才更为合适。它只刻画 X 与 Y 间线性关系的密切程度，$|\rho|$ 越接近 1，说明 X 与 Y 越接近线性关系。如果把 (X,Y) 的取值点绘在平面直角坐标系中，则 $|\rho|$ 接近 1 时，随机点密切分布于一条不平行于坐标轴的直线附近。若 $\rho > 0$，则 $Y($或 $X)$ 的取值有随 $X($或 $Y)$ 增大而增大的趋势，如图 4-4(a) 所示，这种情况称为正相关；若 $\rho < 0$，则 $Y($或 $X)$ 的取值有随 $X($或 $Y)$ 增大而减小的趋势，这种情况称为负相关，如图 4-4(b) 所示；若 $\rho \approx 0$ 时，随机点的分布如图 4-4(c)、(d) 所示，此时，表明 Y 与 X 无线性相关关系，这种情况称 X 与 Y 不相关。

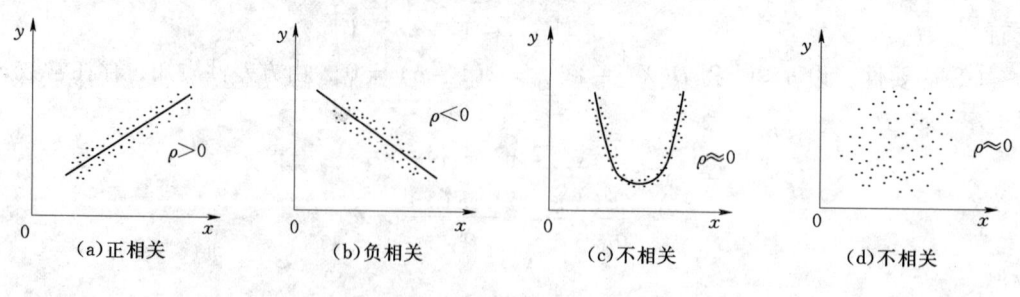

图 4-4

下面证明二元正态分布的独立与不相关等价。首先证明二元正态密度函数中的 ρ 就是相关系数。事实上

第四节 多元随机变量的数字特征

$$\mu_{XY} = \int_{-\infty}^{+\infty}\int_{-\infty}^{+\infty}[x-E(X)][y-E(Y)]f(x,y)\mathrm{d}x\mathrm{d}y$$

$$= \frac{1}{2\pi\sigma_1\sigma_2\sqrt{1-\rho^2}}\int_{-\infty}^{+\infty}\int_{-\infty}^{+\infty}(x-a_1)(y-a_2)$$

$$\times \exp\left\{-\frac{1}{2(1-\rho^2)}\left[\frac{(x-a_1)^2}{\sigma_1^2}-2\rho\frac{(x-a_1)(y-a_2)}{\sigma_1\sigma_2}+\frac{(y-a_2)^2}{\sigma_2^2}\right]\right\}\mathrm{d}x\mathrm{d}y$$

$$= \frac{1}{2\pi\sigma_1\sigma_2\sqrt{1-\rho^2}}\int_{-\infty}^{+\infty}\mathrm{e}^{-\frac{(x-a_1)^2}{2\sigma_1^2}}\left[\int_{-\infty}^{+\infty}(x-a_1)(y-a_2)\mathrm{e}^{-\frac{1}{2(1-\rho^2)}\left(\frac{y-a_2}{\sigma_2}-\rho\frac{x-a_1}{\sigma_1}\right)^2}\mathrm{d}y\right]\mathrm{d}x$$

令
$$u = \frac{x-a_1}{\sigma_1}, \quad v = \frac{1}{\sqrt{1-\rho^2}}\left(\frac{y-a_2}{\sigma_2}-\rho\frac{x-a_1}{\sigma_1}\right)$$

则
$$\mu_{XY} = \frac{1}{2\pi}\int_{-\infty}^{+\infty}\int_{-\infty}^{+\infty}u\sigma_1(v\sigma_2\sqrt{1-\rho^2}+\rho u\sigma_2)\mathrm{e}^{-\frac{u^2+v^2}{2}}\mathrm{d}u\mathrm{d}v$$

$$= \frac{\rho\sigma_1\sigma_2}{2\pi}\int_{-\infty}^{+\infty}u^2\mathrm{e}^{-\frac{u^2}{2}}\mathrm{d}u\int_{-\infty}^{+\infty}\mathrm{e}^{-\frac{v^2}{2}}\mathrm{d}v + \frac{\sigma_1\sigma_2\sqrt{1-\rho^2}}{2\pi}\int_{-\infty}^{+\infty}u\mathrm{e}^{-\frac{u^2}{2}}\mathrm{d}u\int_{-\infty}^{+\infty}v\mathrm{e}^{-\frac{v^2}{2}}\mathrm{d}v$$

$$= \frac{\rho\sigma_1\sigma_2}{2\pi}\sqrt{2\pi}\int_{-\infty}^{+\infty}u^2\mathrm{e}^{-\frac{u^2}{2}}\mathrm{d}u = \rho\sigma_1\sigma_2$$

从而
$$\rho_{X,Y} = \frac{\mu_{X,Y}}{\sigma_1\sigma_2} = \rho$$

所以二元正态密度函数中的 ρ 就是相关系数。当 $\rho=0$ 时，二元正态密度函数变成

$$f(x,y) = \frac{1}{2\pi\sigma_1\sigma_2}\mathrm{e}^{-\frac{(x-a_1)^2}{2\sigma_1^2}-\frac{(y-a_2)^2}{2\sigma_2^2}}$$

$$= \frac{1}{\sqrt{2\pi}\sigma_1}\mathrm{e}^{-\frac{(x-a_1)^2}{2\sigma_1^2}} \times \frac{1}{\sqrt{2\pi}\sigma_2}\mathrm{e}^{-\frac{(y-a_2)^2}{2\sigma_2^2}}$$

即 X 与 Y 相互独立。

在第二节方差的性质中，已经证明如 X 与 Y 相互独立，则 $\mathrm{Cov}(X,Y)$ 为 0，即不相关。因此对二元正态分布，独立与不相关是等价的。

由 n 元随机变量的两两相关系数排成的矩阵

$$\boldsymbol{\rho} = \begin{bmatrix} \rho_{1,1} & \cdots & \rho_{1,n} \\ \vdots & \vdots & \vdots \\ \rho_{n,1} & \cdots & \rho_{n,n} \end{bmatrix}$$

称为相关系数矩阵，其中 $\rho_{i,i}=1(i=1,2,\cdots,n)$。显然 $\boldsymbol{\rho}$ 也是对称及非负定的。

例 25 设 X 与 Y 的方差各为 25 和 36，相关系数为 0.4，试求 $D(X+Y)$ 及 $D(X-Y)$。

解
$$D(X\pm Y) = D(X)+D(Y)\pm 2\mathrm{Cov}(X,Y)$$
$$= 25+36\pm 2\rho\sqrt{D(X)}\sqrt{D(Y)}$$
$$= 25+36\pm 24$$
$$= 61\pm 24$$

$$D(X+Y) = 61 + 24 = 85$$
$$D(X-Y) = 61 - 24 = 37$$

例 26 已知随机变量 X 与 Y 相互独立，且都服从正态分布 $N(0,\sigma^2)$。令 $\xi = \alpha X + \beta Y$，$\eta = \alpha X - \beta Y$，试求 ξ 与 η 的相关系数。

解 因为 X 与 Y 相互独立，所以
$$D(\xi) = \alpha^2 D(X) + \beta^2 D(Y) = (\alpha^2 + \beta^2)\sigma^2$$
$$D(\eta) = \alpha^2 D(X) + \beta^2 D(Y) = (\alpha^2 + \beta^2)\sigma^2$$

又
$$\begin{aligned}\operatorname{Cov}(\xi,\eta) &= \operatorname{Cov}(\alpha X + \beta Y, \alpha X - \beta Y)\\ &= \alpha^2 D(X) - \alpha\beta \operatorname{Cov}(X,Y) + \alpha\beta \operatorname{Cov}(Y,X) - \beta^2 D(Y)\\ &= \alpha^2 D(X) - \beta^2 D(Y) = (\alpha^2 - \beta^2)\sigma^2\end{aligned}$$

所以
$$\rho = \frac{\operatorname{Cov}(\xi,\eta)}{\sqrt{D(\xi)}\sqrt{D(\eta)}} = \frac{\alpha^2 - \beta^2}{\alpha^2 + \beta^2}$$

（三）条件方差、剩余方差和回归方差

多元随机变量有条件分布，为了衡量条件分布的离散程度，需要引入条件方差。

试看二元随机变量的情况。设二元随机变量 (X,Y) 当 $X = x$ 时 Y 的条件分布为 $F_Y(y|x)$，条件分布的数学期望为 $E(Y|x)$，则 $X = x$ 时 Y 的条件方差为

$$D(Y|x) = E\{[Y - E(Y|x)]^2\} \tag{4-60}$$

同样，定义 $Y = y$ 时 X 的条件方差为

$$D(X|y) = E\{[X - E(X|y)]^2\} \tag{4-61}$$

显然 $D(Y|x)$ 是 x 的函数，$D(X|y)$ 是 y 的函数。

为了方便起见，以后采用记号

$$D(Y|x) = \sigma_{Y|x}^2 \tag{4-62}$$
$$D(X|y) = \sigma_{X|y}^2 \tag{4-63}$$

已经证明，若 (X,Y) 服从二元正态分布，则它的两个边际分布及两个条件分布也是正态的，因此，按正态分布参数的性质可知，二元正态变量的两个边际方差为 σ_1^2 和 σ_2^2（为了使表述更加清楚，σ_1^2 和 σ_2^2 有时分别用 σ_X^2 和 σ_Y^2 来表示），两个条件方差分别是

$$\sigma_{Y|x}^2 = \sigma_2^2(1-\rho^2) = \sigma_Y^2(1-\rho^2) \tag{4-64}$$
$$\sigma_{X|y}^2 = \sigma_1^2(1-\rho^2) = \sigma_X^2(1-\rho^2) \tag{4-65}$$

它们都是常数，$\sigma_{Y|x}^2$ 与 X 的取值无关，$\sigma_{X|y}^2$ 与 Y 的取值无关。

下面证明，对一般二元随机变量 (X,Y)，对均方回归直线的条件方差也是常数，并且有与式(4-64)、式(4-65) 相同的形式。若记 Y 对均方回归直线 $L(X)$ 的条件方差为 $\sigma_{Y\cdot X}^2$，将式(4-60) 中的 $E(Y|x)$ 代之以 $L(X)$ 的表达式(4-49) 可得

$$\begin{aligned}\sigma_{Y\cdot X}^2 &= E\left\{Y - E(Y) - \frac{\operatorname{Cov}(X,Y)}{D(X)}[X - E(X)]\right\}^2\\ &= E[Y - E(Y)]^2 - 2\frac{\operatorname{Cov}(X,Y)}{D(X)}E\{[Y - E(Y)][X - E(X)]\}\\ &\quad + \frac{\operatorname{Cov}^2(X,Y)}{D^2(X)}E[X - E(X)]^2\end{aligned}$$

$$= D(Y) - 2\frac{\text{Cov}^2(X,Y)}{D(X)} + \frac{\text{Cov}^2(X,Y)}{D^2(X)}D(X)$$

$$= D(Y) - \frac{\text{Cov}^2(X,Y)}{D(X)} = D(Y)\left[1 - \frac{\text{Cov}^2(X,Y)}{D(X)D(Y)}\right] \tag{4-66}$$

由式(4-58)得到
$$\sigma^2_{Y\cdot X} = \sigma^2_Y(1-\rho^2) \tag{4-67}$$

同理可得
$$\sigma^2_{X\cdot Y} = \sigma^2_X(1-\rho^2) \tag{4-68}$$

$\sigma^2_{Y\cdot X}$ 称为随机变量 Y 对均方回归直线 $L(X)$ 的剩余方差,简称为剩余方差。$\sigma^2_{X\cdot Y}$ 称为随机变量 X 对均方回归直线 $L(Y)$ 的剩余方差。

下面讨论随机变量 Y 的总方差 $D(Y)$ 与其剩余方差之间的关系,计算它们的差,由定义有

$$E[Y-E(Y)]^2 - E[Y-(\alpha+\beta X)]^2$$
$$= E\{[Y-E(Y)]^2 - [Y-(\alpha+\beta X)]^2\}$$
$$= E\{[(Y-E(Y))+(Y-(\alpha+\beta X))][(Y-E(Y))-(Y-(\alpha+\beta X))]\}$$
$$= E\{[(2Y-2E(Y))-(\alpha+\beta X-E(Y))](\alpha+\beta X-E(Y))\}$$
$$= E\{[2Y-2E(Y)][\alpha+\beta X-E(Y)]\} - E[\alpha+\beta X-E(Y)]^2$$
$$= 0 + 2\beta E[(Y-EY)X] - 0 - E[\alpha+\beta X-E(Y)]^2$$
$$= 2\frac{\text{Cov}^2(X,Y)}{D(X)} - E[\alpha+\beta X-E(Y)]^2 \tag{4-69}$$

由式(4-66)可知
$$\frac{\text{Cov}^2(X,Y)}{D(X)} = D(Y) - E[Y-(\alpha+\beta X)]^2 \tag{4-70}$$

将它代入式(4-69)得到
$$E[Y-E(Y)]^2 - E[Y-(\alpha+\beta X)]^2$$
$$= 2D(Y) - 2E[Y-(\alpha+\beta X)]^2 - E[\alpha+\beta X-E(Y)]^2$$

整理后得
$$E[\alpha+\beta X-E(Y)]^2 = E[Y-E(Y)]^2 - E[Y-(\alpha+\beta X)]^2 \tag{4-71}$$

若记
$$\sigma^2_{L(X)} = E[\alpha+\beta X-E(Y)]^2 \tag{4-72}$$

则式(4-71)可写为
$$\sigma^2_Y = \sigma^2_{L(X)} + \sigma^2_{Y\cdot X} \tag{4-73}$$

现在来看式(4-72)的几何意义,因 $\alpha+\beta X-E(Y)$ 表示均方回归直线上的 Y 值对 Y 的分布中心 $E(Y)$ 的偏差,它刻画了由于 X 取值不同而导致 Y 取值偏离 $E(Y)$ 的情况,所以称 $\sigma^2_{L(X)}$ 为 Y 依 X 的回归方差。

式(4-73)表示 Y 的总方差是由回归方差和剩余方差两部分组成的,回归方差表示 X 的变化对 Y 变化的影响程度(按线性关系),而剩余方差表示除 X 的线性影响外,其他因素对 Y 变化的影响。

同理，可得
$$\sigma_X^2 = \sigma_{L(Y)}^2 + \sigma_{X \cdot Y}^2 \tag{4-74}$$
由式(4-67)、式(4-68)及式(4-73)和式(4-74)，可得
$$\rho^2 = \frac{\sigma_{L(X)}^2}{\sigma_Y^2} \tag{4-75}$$
$$\rho^2 = \frac{\sigma_{L(Y)}^2}{\sigma_X^2} \tag{4-76}$$

从这里可以清楚地看到相关系数的本质意义，原来它表示：依变量 Y 总的变化中，受自变量 X（按线性关系）变化影响所占的比例。

利用关系式(4-70)~式(4-72)，容易推知，式(4-75)、式(4-76)所表示的相关系数 ρ 与其原始定义式(4-58)是一致的。

第五节 特 征 函 数

一、特征函数的定义

特征函数和分布函数一样是描述随机变量概率性质的一种非常重要的工具，由于它和分布函数有着对应关系，所以凡分布函数能表示的各种属性，特征函数都能描述出来，不仅如此，用特征函数作概率论的理论研究有时比用分布函数更为方便。

由于特征函数理论涉及的数学知识较多，这里只对一元随机变量的特征函数作一简单介绍，并且略去复杂的证明。

定义 设 X 为具有密度 $f(x)$ 的连续型随机变量，则称
$$\varphi(t) = E(e^{itX}) = \int_{-\infty}^{+\infty} e^{itx} f(x) \mathrm{d}x \tag{4-77}$$
为随机变量 X 的特征函数，其中 t 为实数，i 为虚数单位。

由于 $e^{itX} = \cos tX + i\sin tX$，所以式(4-77)又可写成
$$\varphi(t) = E(e^{itX}) = E(\cos tX) + iE(\sin tX) \tag{4-78}$$
若 X 为离散型随机变量，则其特征函数为
$$\varphi(t) = E(e^{itX}) = \sum_{j=1}^{\infty} p_j e^{itx_j} \tag{4-79}$$
由于
$$|e^{itX}| = \sqrt{\cos^2 tX + \sin^2 tX} = 1$$
所以对任何随机变量，特征函数总是存在的。

由定义可知，特征函数由分布函数确定，反之，可以证明，分布函数也由特征函数唯一确定。也就是说，分布函数与特征函数是一一对应的。

例27 设随机变量 X 服从泊松分布，试求特征函数。

解 按定义
$$\varphi(t) = E(e^{itX}) = \sum_{k=0}^{\infty} e^{itk} \frac{\lambda^k}{k!} e^{-\lambda}$$
$$= e^{-\lambda} \sum_{k=0}^{\infty} \frac{(\lambda^k e^{itk})}{k!} = e^{-\lambda} e^{\lambda e^{it}} = e^{\lambda(e^{it}-1)}$$

第五节 特征函数

例28 设随机变量 X 服从 $N(0,1)$ 分布，试求特征函数。

解 按定义

$$\varphi(t) = E(e^{itX}) = \int_{-\infty}^{+\infty} e^{itx} \frac{1}{\sqrt{2\pi}} e^{-\frac{x^2}{2}} dx$$

$$= \int_{-\infty}^{+\infty} \frac{1}{\sqrt{2\pi}} e^{-\frac{(x-it)^2}{2}} e^{-\frac{t^2}{2}} dx$$

$$= e^{-\frac{t^2}{2}} \times \frac{1}{\sqrt{2\pi}} \int_{-\infty}^{+\infty} e^{-\frac{(x-it)^2}{2}} dx = e^{-\frac{t^2}{2}}$$

表4-8给出了一些常见随机变量的特征函数。

表4-8

名 称	概 率 分 布	特征函数
两点分布	$P(X=x) = \begin{cases} p, & x=1 \\ q=1-p, & x=0 \end{cases}$	$pe^{it} + q$
二项分布	$P_n(k) = C_n^k p^k q^{n-k}$	$(pe^{it} + q)^n$
泊松分布	$P_\lambda(k) = \frac{\lambda^k}{k!} e^{-\lambda}$	$e^{\lambda(e^{it}-1)}$
均匀分布	$f(x) = \begin{cases} \frac{1}{b-a}, & a \leq x \leq b \\ 0, & \text{其他} \end{cases}$	$\frac{e^{ibt} - e^{iat}}{(b-a)it}$
标准化正态分布	$f(x) = \frac{1}{\sqrt{2\pi}} e^{-\frac{x^2}{2}}$	$e^{-\frac{t^2}{2}}$
一般正态分布	$f(x) = \frac{1}{\sqrt{2\pi}\sigma} e^{-\frac{(x-a)^2}{2\sigma^2}}$	$e^{iat - \frac{\sigma^2 t^2}{2}}$
二参数对数正态分布	$f(x) = \frac{1}{x\sigma_Y \sqrt{2\pi}} e^{-\frac{(\ln x - a_Y)^2}{2\sigma_Y^2}}, x>0$	$\sum_{r=0}^{\infty} e^{ra_Y + \frac{r^2 \sigma_Y^2}{2}} \frac{(it)^r}{r!}$
P-Ⅲ型分布	$f(x) = \frac{\beta^\alpha}{\Gamma(\alpha)} (x-a_0)^{\alpha-1} e^{-\beta(x-a_0)}, x>a_0$	$e^{ia_0 t} \left(1 - \frac{it}{\beta}\right)^{-\alpha}$
耿贝尔分布	$f(x) = \alpha \exp[-\alpha(x-x_0) - e^{-\alpha(x-x_0)}], \alpha>0$	$e^{ix_0 t} \Gamma\left(1 - \frac{it}{\alpha}\right)$
χ^2 分布	$f(x) = \frac{x^{\frac{n}{2}-1}}{2^{\frac{n}{2}} \Gamma\left(\frac{n}{2}\right)} e^{-\frac{x}{2}}, x>0$	$(1 - 2it)^{-\frac{n}{2}}$
指数分布	$f(x) = \begin{cases} \lambda e^{-\lambda x}, & x>0 \\ 0, & x \leq 0 \end{cases}$	$\left(1 - \frac{it}{\lambda}\right)^{-1}$

二、特征函数的性质

特征函数具有下列性质：

性质1 $\qquad\qquad\qquad \varphi(0) = 1 \qquad\qquad\qquad (4-80)$

性质2 $\qquad\qquad\qquad |\varphi(t)| \leq \varphi(0) \qquad\qquad\qquad (4-81)$

性质 3
$$\varphi(-t) = \overline{\varphi(t)} \tag{4-82}$$

性质 4 设 X,Y 为两随机变量，且 $Y = aX + b$ (a,b 为实常数)，则 Y 的特征函数为
$$\varphi_Y(t) = e^{ibt}\varphi_X(at) \tag{4-83}$$

性质 5 设 X,Y 为两相互独立的随机变量，且 $Z = X + Y$，则
$$\varphi_Z(t) = \varphi_X(t)\varphi_Y(t) \tag{4-84}$$

此性质可推广到 n 个相互独立随机变量，即若 $X_1, X_2, \cdots, X_n$ 为相互独立的随机变量，且 $Y = \sum_{j=1}^{n} X_i$，则

$$\varphi_Y(t) = \prod_{j=1}^{n} \varphi_{X_j}(t) \tag{4-85}$$

证明性质 1 $\quad \varphi(0) = E(e^{iX \cdot 0}) = E(e^0) = 1$

证明性质 2 $\quad |\varphi(t)| = |E(e^{itX})| \leq E(|e^{itX}|) = 1 = \varphi(0)$

证明性质 3 $\quad \varphi(-t) = E(e^{-itX}) = E(\cos tX - i\sin tX)$
$$= E(\cos tX) - iE(\sin tX) = \overline{E(\cos tX) + iE(\sin tX)}$$
$$= \overline{\varphi(t)}$$

证明性质 4 $\quad \varphi_Y(t) = E(e^{itY}) = E[e^{it(aX+b)}] = E(e^{iatX}e^{ibt})$
$$= e^{ibt}E(e^{iatX}) = e^{ibt}\varphi_X(at)$$

证明性质 5 前面已指出，独立随机变量的函数也是相互独立的，故 e^{itX} 与 e^{itY} 相互独立，所以
$$\varphi_Z(t) = E(e^{itZ}) = E(e^{it(X+Y)}) = E(e^{itX}e^{itY})$$
$$= E(e^{itX})E(e^{itY}) = \varphi_X(t)\varphi_Y(t)$$

例 29 X 服从 $N(a,\sigma^2)$ 分布，试求 $\varphi(t)$。

解 因为当 $X \sim N(a,\sigma^2)$ 分布时，$Y = \dfrac{X-a}{\sigma}$ 服从 $N(0,1)$ 分布，而 $X = \sigma Y + a$，所以由例 28 及性质 4 可知，X 的特征函数为
$$\varphi_X(t) = e^{iat}\varphi_Y(\sigma t)$$
$$= e^{iat}e^{-\frac{(\sigma t)^2}{2}} = e^{iat - \frac{\sigma^2 t^2}{2}}$$

三、特征函数与矩的关系

特征函数与矩的关系有下述定理：设随机变量 X 的 n 阶矩存在，则它的特征函数可微分 n 次，且对 $k \leq n$ 有
$$\varphi^{(k)}(0) = i^k E(X^k) \tag{4-86}$$

只对连续型随机变量情形予以证明。

设 X 的密度函数为 $f(x)$，则
$$\varphi(t) = \int_{-\infty}^{+\infty} e^{itx} f(x) \mathrm{d}x$$

其中，被积函数 $e^{itx}f(x)$ 对 t 的 k 阶导数为
$$i^k x^k e^{itx} f(x)$$

由定理的条件知 $\int_{-\infty}^{+\infty} |i^k x^k e^{itx} f(x)| dx = \int_{-\infty}^{+\infty} |x^k f(x)| dx < +\infty$。因此，可在积分号下对 t 求导数，即有

$$\varphi^{(k)}(t) = \int_{-\infty}^{+\infty} i^k x^k e^{itx} f(x) dx$$

$$= i^k \int_{-\infty}^{+\infty} x^k e^{itx} f(x) dx = i^k E(X^k e^{itx})$$

令 $t=0$，得到式(4-86)。

利用式(4-86)，可以很容易求得随机变量的各种数字特征。

例30 若 $X \sim \chi^2(n)$ 分布，其特征函数为 $(1-2it)^{-\frac{n}{2}}$，试求 $E(X), D(X)$。

解 由式(4-86)得

$$E(X) = \frac{1}{i}\varphi'(0) = \frac{1}{i}\frac{d}{dt}\left[(1-2it)^{-n/2}\right]\bigg|_{t=0} = n$$

$$E(X^2) = \frac{1}{i^2}\varphi''(0) = -\frac{d^2}{dt^2}\left[(1-2it)^{-n/2}\right]\bigg|_{t=0} = n(n+2)$$

于是

$$D(X) = E(X^2) - [E(X)]^2 = 2n$$

习　题

4-1 有3只球，4只盒子。盒子编号为1,2,3,4，将球逐个独立随机地放入4只盒子中。设 X 为在其中至少有一只球的盒子的最小号码(如 $X=3$ 表示第1,2盒子空着)，求 $E(X)$。

4-2 袋中有 k 号的球 k 个，$k=1,2,\cdots,n$，随机取出一球，求所得号码的数学期望。

4-3 已知 X 的密度函数为

$$f(x) = \begin{cases} e^{-x}, & x > 0 \\ 0, & x \leq 0 \end{cases}$$

求 $Y_1 = 2X$ 及 $Y_2 = e^{-2X}$ 的数学期望。

4-4 设随机变量 X_1, X_2 的分布密度分别为

$$f_1(x) = \begin{cases} 2e^{-2x}, & x > 0 \\ 0, & x \leq 0 \end{cases} \quad f_2(x) = \begin{cases} 4e^{-4x}, & x > 0 \\ 0, & x \leq 0 \end{cases}$$

求 $E(X_1 + X_2)$，$E(2X_1 - 3X_2^2)$。

4-5 对某目标连续射击，直至命中 n 次为止，设每次射击的命中率都是 p，求消耗子弹数 X 的数学期望。

4-6 设随机变量 X_1 与 X_2 相互独立，密度函数分别是

$$f_1(x) = \begin{cases} 2x, & 0 \leq x \leq 1 \\ 0, & \text{其他} \end{cases} \quad f_2(x) = \begin{cases} e^{5-x}, & x > 5 \\ 0, & x \leq 5 \end{cases}$$

求 $E(X_1 X_2)$，$E(X_2 - X_1)$。

4-7 设随机变量(X,Y)的密度为
$$f(x,y) = \begin{cases} k, & 0<x<1, 0<y<x \\ 0, & \text{其他} \end{cases}$$
试确定常数k，并求$E(XY)$。

4-8 设X表示两次独立试验中事件A发生的次数，若A在各次试验中发生的概率p相同，但未知，若已知$E(X)=1.2$，求$D(X)$。

4-9 设随机变量X,Y为相互独立的标准化随机变量，求$E(X+Y)^2$。

4-10 若X与Y相互独立，试证
$$D(XY) = D(X)D(Y) + [E(Y)]^2 D(X) + [E(X)]^2 D(Y)$$

4-11 设随机变量X的分布列见表4-9。求$E(X)$，$E(X^2)$，$E(3X^2+5)$，$D(X)$。

4-12 将n只标有号码$1\sim n$的球随机地放入n只标有号码$1\sim n$的盒子中，每盒一只球，若第k号球落入第k号盒子中，称为球盒号配对，以X表示配对的个数，求$E(X)$，$D(X)$ [提示：引入随机变量$X_i = \begin{cases} 1, & \text{第}i\text{只球盒配对} \\ 0, & \text{第}i\text{只球盒不配对} \end{cases}$，则$X = X_1 + X_2 + \cdots + X_n$，先求$E(X_i)$]。

表4-9

X	-2	0	2
P_i	0.4	0.3	0.3

4-13 随机变量X的分布密度如下，求$E(X)$和$D(X)$。

(1) $f(x) = \begin{cases} \dfrac{1}{2l}, & |x-a|<l \\ 0, & \text{其他} \end{cases}$

(2) $f(x) = \begin{cases} \lambda e^{-\lambda x}, & x>0 \\ 0, & \text{其他} \end{cases}$

4-14 随机变量X在$[a,b]$中取值，即当$x<a$或$x>b$时，$f(x)=0$，证明$a \le E(X) \le b$，$D(X) \le \dfrac{(b-a)^2}{4}$。

4-15 某人有n把钥匙，其中一把能打开房门，今任取一把试开，如打不开门，则除去，再取一把，直至打开门为止，求打开门所需试开次数的数学期望和方差。

4-16 $X \sim N(1,2^2)$，$Y=2X+3$，求$E(Y)$，$D(Y)$。

4-17 设X_1, X_2, X_3为相互独立同分布的随机变量，其分布为$[0,1]$上的均匀分布，令
$$Y_1 = \min(X_1, X_2, X_3), \quad Y_2 = \max(X_1, X_2, X_3)$$
求$E(Y_1)$，$D(Y_1)$，$E(Y_2)$，$D(Y_2)$。

4-18 设在每次试验中，事件A发生的概率为$1/4$：
(1) 进行300次重复独立试验，以x记A发生的次数，用车贝雪夫不等式估计X与$E(X)$的偏差不大于50的概率；
(2) 问是否可用0.925的概率，确信在1000次试验中A发生的次数在200～300

之间。

4-19 随机变量 X 的概率密度为
$$f(x) = x^m e^{-x}/m! \quad (x \geq 0, m \text{ 为自然数})$$

证明：$P\{0 < x < 2(m+1)\} \geq \dfrac{m}{m+1}$

4-20 随机变量 X 的概率密度为
$$f(x) = \begin{cases} e^{-x}, & x > 0 \\ 0, & x \leq 0 \end{cases}$$

求 X 的一阶原点矩及二、三阶中心矩。

4-21 证明 $\text{Cov}(X+Y,Z) = \text{Cov}(X,Z) + \text{Cov}(Y,Z)$。

4-22 证明 $\text{Cov}(X+Y, X+Y) = \sigma_X^2 + 2\rho\sigma_X\sigma_Y + \sigma_Y^2$。

4-23 已知随机变量 (X,Y) 的协方差矩阵为 $\begin{pmatrix} 1 & 1 \\ 1 & 4 \end{pmatrix}$，求 $\xi = X - 2Y$ 与 $\eta = 2X - Y$ 的相关系数。

4-24 已知 (X,Y,Z) 的协方差矩阵 $M = \begin{vmatrix} 16 & -14 & 12 \\ & 49 & -21 \\ & & 36 \end{vmatrix}$，求相关系数矩阵。

4-25 若 $U = \alpha_1 X + \beta_1$，$V = \alpha_2 Y + \beta_2$，试证 U 与 V 的相关系数等于 X 与 Y 的相关系数。

4-26 设 (X,Y) 的联合密度函数为
$$f(x,y) = \begin{cases} \dfrac{1}{\pi}, & x^2 + y^2 \leq 1 \\ 0, & x^2 + y^2 > 1 \end{cases}$$

试证 X 与 Y 不相关，但也不相互独立。

4-27 设 (X,Y) 服从区域 D 上的均匀分布，这里 D 是 x 轴、y 轴与直线 $x+y+1=0$ 所围成的区域。求 X 与 Y 的相关系数。

4-28 (X,Y) 的联合密度为
$$f(x,y) = \dfrac{1}{8}(6-x-y), \quad 0 < x < 2, \; 2 < y < 4$$

求 $E(Y|x)$，$D(Y|x)$。

4-29 若随机变量 $X \sim N(a_1,\sigma_1^2)$ 分布，$Y \sim N(a_2,\sigma_2^2)$ 分布且 X 与 Y 相互独立，试用特征函数法证明 $Z = X + Y \sim N(a_1+a_2,\sigma_1^2+\sigma_2^2)$ 分布。

4-30 若随机变量 $X \sim \Gamma(\alpha_1,\beta)$ 分布，$Y \sim \Gamma(\alpha_2,\beta)$ 分布，且 X 与 Y 相互独立，试用特征函数法证明 $Z = X + Y \sim \Gamma(\alpha_1+\alpha_2,\beta)$ 分布。

第五章 极限定理

对随机现象，虽然每次试验都无法确切预料何种结果将会出现，但如果进行大量重复试验，都呈现出明显规律性。用极限的形式来表现其规律性所引出的一系列重要命题统称为极限定理。极限定理是概率论的重要理论之一，内容相当广泛，其中最主要的就是大数定律与中心极限定理。由于篇幅及学时所限，本书仅介绍一些最基本的内容。

第一节 大数定律

人们知道，随机事件发生的频率具有稳定性，即随着试验次数的增多，事件发生的频率逐渐稳定于某个常数。在实践中，人们还认识到对随机现象进行观测，大量测量值的算术平均值也具有稳定性。把用来研究随机现象稳定性的一系列定理称为大数定律。大数定律以数学形式确切地表达了这种稳定性。

在介绍大数定律的时候，需要用到依概率收敛的概念，其定义如下：

定义 设 $X_1, X_2, \cdots, X_n, \cdots$ 为随机变量序列（简称随机序列），a 为常数，如果对任意 $\varepsilon > 0$，有

$$\lim_{n \to \infty} P(|X_n - a| < \varepsilon) = 1 \tag{5-1}$$

或等价地

$$\lim_{n \to \infty} P(|X_n - a| \geq \varepsilon) = 0 \tag{5-2}$$

则称 $\{X_n\}$ 依概率收敛于 a，记作 $X_n \xrightarrow{P} a$。

随机序列 $\{X_n\}$ 依概率收敛于 a，是指对任意 $\varepsilon > 0$，事件 $(|X_n - a| < \varepsilon)$ 发生的概率，当 n 无限增大时，它无限接近于 1。

一、车贝雪夫大数定理

设 $X_1, X_2, \cdots, X_n, \cdots$ 是相互独立的随机变量序列，且存在常数 C，使 $D(X_i) < C$ ($i = 1, 2, \cdots$)，则对任意 $\varepsilon > 0$ 有

$$\lim_{n \to \infty} P\left[\left|\frac{1}{n}\sum_{i=1}^{n} X_i - \frac{1}{n}\sum_{i=1}^{n} E(X_i)\right| < \varepsilon \right] = 1 \tag{5-3}$$

证明 因为 $X_1, X_2, \cdots$ 相互独立，因此

$$D\left(\frac{1}{n}\sum_{i=1}^{n} X_i\right) = \frac{1}{n^2}\sum_{i=1}^{n} D(X_i) \leq \frac{1}{n^2} nC = C/n$$

由车贝雪夫不等式，对任意 $\varepsilon > 0$ 有

$$P\left[\left|\frac{1}{n}\sum_{i=1}^{n} X_i - \frac{1}{n}\sum_{i=1}^{n} E(X_i)\right| < \varepsilon\right] \geq 1 - \frac{D\left(\frac{1}{n}\sum_{i=1}^{n} X_i\right)}{\varepsilon^2} \geq 1 - \frac{C}{n\varepsilon^2}$$

因此
$$\lim_{n\to\infty}P\left[\left|\frac{1}{n}\sum_{i=1}^{n}X_i - \frac{1}{n}\sum_{i=1}^{n}E(X_i)\right|<\varepsilon\right]=1$$

车贝雪夫大数定理表明，在定理的条件下，n 个独立随机变量的算术平均值在 n 无限增大时，充分接近它们的数学期望的平均值。车贝雪夫大数定理的一个推论是伯努利大数定理。

二、伯努利大数定理

设伯努利试验中，事件 A 在每次试验中出现的概率为 $p(0\leqslant p\leqslant 1)$，以 n_A 表示在 n 次试验中 A 出现的次数，则对任意 $\varepsilon>0$，有

$$\lim_{n\to\infty}P\left(\left|\frac{n_A}{n}-p\right|<\varepsilon\right)=1 \tag{5-4}$$

或等价地

$$\lim_{n\to\infty}P\left(\left|\frac{n_A}{n}-p\right|\geqslant\varepsilon\right)=0 \tag{5-5}$$

证明 定义随机变量

$$X_i=\begin{cases}0, & \text{如果在第 } i \text{ 次试验中 } A \text{ 不发生}\\ 1, & \text{如果在第 } i \text{ 次试验中 } A \text{ 发生}\end{cases} \quad i=1,2,\cdots,n \tag{5-6}$$

则在 n 次试验中 A 出现的次数

$$X=n_A=X_1+X_2+\cdots+X_n$$

由于 $X_1,X_2,\cdots,X_n$ 是相互独立的随机变量，且每一 X_i 均服从 $(0-1)$ 分布，因此，$E(X_i)=p$，$D(X_i)=p(1-p)$，$(i=1,2,\cdots,n)$，再利用车贝雪夫大数定理，有

$$\lim_{n\to\infty}P\left(\left|\frac{1}{n}(X_1+X_2+\cdots+X_n)-p\right|<\varepsilon\right)=1$$

即

$$\lim_{n\to\infty}P\left(\left|\frac{n_A}{n}-p\right|<\varepsilon\right)=1$$

$\frac{n_A}{n}$ 是在 n 次试验中事件 A 出现的频率，因此，这个定理说明，当试验次数无限增大时，事件 A 出现的频率依概率收敛于事件的概率，这就是频率稳定性的数学表达，也是用大量试验中事件的频率作为概率近似值的理论根据。

伯努利定理是在试验的基本条件不变时，频率稳定性的证明，但实际上在有些场合，每次试验的基本条件在改变，也就是在各次试验中，事件 A 出现的概率在改变。例如，在水文计算中，常假定河流的水文资料是在流域自然地理条件稳定不变的条件下观测到的，但实际上，流域的自然地理条件总是在缓慢变化的，因此，同一水文事件，在不同时期出现的概率可能有变化，这时关于频率的稳定性有下述泊松大数定理。

三、泊松大数定理

设在一个试验序列中，事件 A 在第 i 次试验中出现的概率为 p_i，若在前 n 次试验中，A 出现了 n_A 次，则对任意 $\varepsilon>0$，有

$$\lim_{n\to\infty}P\left(\left|\frac{n_A}{n}-\frac{1}{n}\sum_{i=1}^{n}p_i\right|<\varepsilon\right)=1 \qquad (5-7)$$

证明 定义(0-1)随机变量如式(5-6)，则

$$n_A=\sum_{i=1}^{n}X_i$$

且

$$E(X_i)=p_i,\quad D(X_i)=p_i(1-p_i)\leqslant\frac{1}{4}$$

故由车贝雪夫大数定理得

$$\lim_{n\to\infty}P\left(\left|\frac{1}{n}\sum_{i=1}^{n}X_i-\frac{1}{n}\sum_{i=1}^{n}p_i\right|<\varepsilon\right)=1$$

即

$$\lim_{n\to\infty}P\left(\left|\frac{n_A}{n}-\frac{1}{n}\sum_{i=1}^{n}p_i\right|<\varepsilon\right)=1$$

上述各定理都要求各随机变量 $X_i(i=1,2,\cdots)$ 的方差存在且一致有界。当它们的方差不存在时，$\{X_n\}$ 还可能服从大数定律吗？下面的定理给出了回答。

四、辛钦大数定理

设 $X_1,X_2,\cdots,X_n$ 为独立同分布的随机变量序列，具有相同的数学期望 $E(X_i)=\mu,(i=1,2,\cdots,n)$，则对任意 $\varepsilon>0$，有

$$\lim_{n\to\infty}P\left(\left|\frac{1}{n}\sum_{i=1}^{n}X_i-\mu\right|<\varepsilon\right)=1 \qquad (5-8)$$

这一定理表明，对同一随机变量 X 进行 n 次独立观察，得观察值为 $X_1,X_2,\cdots,X_n$，它们的算术平均值 $\bar{x}$ 依概率收敛于期望值 μ。因此，只要 n 充分大，以 $\bar{x}$ 作为 μ 的近似值是合理的，可以认为它所产生的误差是很小的。

第二节 中心极限定理

在生产实践中，许多随机变量可以看作大量的相互独立的随机变量之和。例如，在测量中，由于许多因素的影响，使测量不可避免地产生误差，其中每一个个别因素对测量总误差的影响是很小的，用数学语言来说，测量误差是一个随机变量，它是许多微小而又相互独立的随机变量之和。中心极限定理将说明，在某些条件下，一些独立随机变量，即使它们并不服从正态分布，但是，它们的和的分布，当随机变量的个数无限增加时，也将趋于正态分布。

把关于独立随机变量之和的极限分布是正态分布的那一类定理，统称为中心极限定理。

一、林德伯格-勒维中心极限定理

设 $X_1,X_2,\cdots,X_n$ 是独立同分布的随机变量序列，且 $E(X_i)=a,D(X_i)=\sigma^2$，$i=1,2,\cdots$，若 $0<\sigma^2<+\infty$，则随机变量

$$Y_n=\frac{\sum_{i=1}^{n}X_i-na}{\sqrt{n}\sigma} \qquad (5-9)$$

当 $n\to\infty$ 时，服从正态分布 $N(0,1)$，即对任意实数 x，有

$$\lim_{n\to\infty}P(Y_n<x)=\int_{-\infty}^{x}\frac{1}{\sqrt{2\pi}}e^{-\frac{t^2}{2}}dt \quad (5-10)$$

证明略。

改写式(5-9)如下：

$$Y_n=\frac{\sum_{i=1}^{n}X_i-na}{\sqrt{n}\sigma}=\frac{\frac{1}{n}\sum_{i=1}^{n}X_i-a}{\sigma/\sqrt{n}}=\frac{\overline{X}-a}{\sigma/\sqrt{n}} \quad (5-11)$$

因为 $E(\overline{X})=E\left[\frac{1}{n}(X_1+X_2+\cdots+X_n)\right]=\frac{1}{n}[E(X_1)+E(X_2)+\cdots+E(X_n)]=a$，$D(\overline{X})=D\left[\frac{1}{n}(X_1+X_2+\cdots+X_n)\right]=\frac{1}{n^2}[D(X_1)+D(X_2)+\cdots+D(X_n)]=\frac{1}{n^2}n\sigma^2=\frac{\sigma^2}{n}$，所以 $\sqrt{D(\overline{X})}=\sigma/\sqrt{n}$，因此，$Y_n$ 是 $\overline{X}$ 的标准化随机变量。上述定理表明，当 $n\to\infty$ 时，这个标准化随机变量服从标准化正态分布。因此，$\overline{X}$ 应服从 $N(a,\sigma^2/n)$ 分布。

例1 设 $X_i\sim U(-0.5,0.5)$，$(i=1,2,\cdots,100)$，试计算 $P(\sum_{i=1}^{100}X_i<5)$ 的近似值。

解 因为 $X_i\sim U(-0.5,0.5)$，所以

$$E(X_i)=0;\quad D(X_i)=\frac{1}{12}$$

由林德伯格-勒维定理得

$$P(\sum_{i=1}^{100}X_i<5)=P\left(\frac{\sum_{i=1}^{100}X_i-0}{\sqrt{100}\sqrt{\frac{1}{12}}}<\frac{5-0}{\sqrt{100}\sqrt{\frac{1}{12}}}\right)$$

$$=P\left(\frac{\sum_{i=1}^{100}X_i}{5\sqrt{\frac{1}{3}}}<\sqrt{3}\right)\approx\Phi(\sqrt{3})\approx 0.958$$

林德伯格-勒维中心极限定理是林德伯格(Lindeberg)与勒维(Levy)在 20 世纪 20 年代证明的，中心极限定理的命名也始于该时期，中心极限定理早在 18 世纪由德莫佛(De Moivre)首先提出，后来拉普拉斯(Laplace)将之作了改进，它实际上是林德伯格-勒维中心极限定理的一个特例。下面介绍德莫佛-拉普拉斯定理。

二、德莫佛-拉普拉斯中心极限定理

设随机变量 $Z_n(n=1,2,\cdots)$ 服从参数为 n，$p(0<p<1)$ 的二项分布，则随机变量

$$Y_n=\frac{Z_n-np}{\sqrt{np(1-p)}}$$

当 $n\to\infty$ 时，服从正态分布 $N(0,1)$，即对任意实数 x，有

$$\lim_{n\to\infty} P(Y_n < x) = \int_{-\infty}^{x} \frac{1}{\sqrt{2\pi}} e^{-\frac{t^2}{2}} dt \tag{5-12}$$

由此可知，当 $n\to\infty$ 时，二项分布变量 Z_n 渐近地服从正态分布 $N[np, np(1-p)]$。

证明 令

$$X_i = \begin{cases} 1, & \text{在第 } i \text{ 次试验中 } A \text{ 发生} \\ 0, & \text{在第 } i \text{ 次试验中 } A \text{ 不发生} \end{cases}$$

则

$$Z_n = X_1 + X_2 + \cdots + X_n$$

$$E(X_i) = p;\ D(X_i) = pq;\ E(Z_n) = np;\ D(Z_n) = npq$$

因此，由林德伯格-勒维定理，知

$$Y_n = \frac{Z_n - np}{\sqrt{n}\sqrt{pq}} = \frac{Z_n - np}{\sqrt{np(1-p)}}$$

当 $n\to\infty$ 时，$Y_n \sim N(0,1)$。

由于当 n 很大时，二项分布变量 Z_n 渐近地服从正态分布，因此

$$P(\alpha \leq Z_n < \beta) = \sum_{\alpha \leq k < \beta} C_n^k p^k q^{n-k}$$

$$= P\left(\frac{\alpha - np}{\sqrt{npq}} \leq \frac{Z_n - np}{\sqrt{npq}} < \frac{\beta - np}{\sqrt{npq}}\right)$$

$$\approx \frac{1}{\sqrt{2\pi}} \int_{\frac{\alpha-np}{\sqrt{npq}}}^{\frac{\beta-np}{\sqrt{npq}}} e^{-\frac{t^2}{2}} dt = \Phi\left(\frac{\beta - np}{\sqrt{npq}}\right) - \Phi\left(\frac{\alpha - np}{\sqrt{npq}}\right) \tag{5-13}$$

即当 n 较大时，可用正态分布来近似计算二项分布的值。

例2 设某种产品的不合格率为 0.005，任取 10000 件，问不合格品少于 60 件的概率等于多少？

解 若用 Z_n 表示次品率为 p 的 n 件产品中出现的次品数，则 $Z_n \sim B(n,p)$，令 $n=10000, p=0.005$，故所求概率

$$P(Z_n < 60) = P\left(\frac{Z_n - np}{\sqrt{npq}} < \frac{60 - 50}{\sqrt{50 \times 0.995}}\right)$$

$$\approx \Phi(1.42) \approx 0.92$$

例3 一个复杂的系统由 k 个相互独立起作用的部件所组成。在运行期间，每个部件损坏的概率为 0.1，而为了使整个系统正常工作，至少必须有 80% 的部件正常工作，问 k 至少为多少才能使整个系统的可靠性（正常工作概率）达到 0.95？

解 系统中能够正常工作的部件数 X 显然服从二项分布，$X \sim B(k, 0.9)$，于是

$$P(X \geq 80\% k) = 1 - P(X < 80\% k) = 1 - P\left(\frac{X - 0.9k}{\sqrt{0.09k}} < \frac{0.8k - 0.9k}{\sqrt{0.09k}}\right)$$

$$\approx 1 - \Phi\left(-\frac{\sqrt{k}}{3}\right) = \Phi\left(\frac{\sqrt{k}}{3}\right) \geq 0.95 = \Phi(1.645)$$

即有
$$\frac{\sqrt{k}}{3} \geqslant 1.645$$

$$k \geqslant (3 \times 1.645)^2 = 24.4$$

所以 k 至少为 25 才能使整个系统的可靠性达到 0.95。

林德伯格-勒维中心极限定理表明，若随机变量系列 $\{X_n\}$ 独立同分布，则随机变量之和的极限分布是正态分布。但在实际问题中，$X_i(i=1,2,\cdots)$ 相互独立易于被接受，但很难说它们具有相同的分布。事实上，林德伯格又给出了不同分布情况下中心极限定理成立的相当一般的条件，进而得到更为广泛的林德伯格中心极限定理。对此不作详细介绍，只简单说明该定理的含义：如果一个随机变量所描述的现象是受大量相互独立的因素综合影响结果，且每一因素对结果的影响都很小，那么，这个随机变量就服从或近似服从正态分布。在现实生活中，许多变量都满足这个条件。由于中心极限定理的理论支撑，使正态分布在概率统计学科中占据了独特的核心地位，这是其他各类分布所不能比拟的。

习 题

5-1 对敌人的防御地段进行轰炸，每一次轰炸中，炸弹命中数的数学期望为 2，而命中数的均方差等于 1.5，求当对那个地区轰炸 100 次时，有 180 颗到 220 颗炸弹命中目标的概率的近似值。

5-2 有 35 个电子器件，它们的使用寿命 $T_1,\cdots,T_{35}$ 都服从参数 $\lambda=0.1$（单位：h^{-1}）的指数分布，若第一个损坏了立即使用第二个，第二个损坏了立即使用第三个，等等。设 T 是 35 个器件使用的总计时间，求 T 超过 400h 的概率。

5-3 设 $X_i(i=1,2,\cdots,50)$ 是相互独立的随机变量，且它们都服从参数为 $\lambda=0.03$ 的泊松分布，记 $Z=X_1+X_2+\cdots+X_{50}$，试利用中心极限定理计算 $P(Z\geqslant 3)$。

5-4 将一枚硬币连掷100次，计算出现正面的次数大于 60 的概率。

5-5 进行射击时，每次命中的概率为 $\frac{1}{10}$，试求在 500 次射击中，射中的次数在区间 (49, 55) 之中的概率。

5-6 设有一大批零件，要从其中抽查若干件以判断这批产品的次品率，问抽查的个数 N 该多大才能使得次品的相对频率与该产品的次品率相差小于 0.1 的概率不小于 0.95。

5-7 设某厂生产灯泡其合格率为 0.6，求 10000 个灯泡中合格灯泡在 5800~6200 个之间的概率。

5-8 设一个系统由 100 个相互独立起作用的部件所组成，每个部件损坏的概率为 0.1，必须有 85 个以上的部件工作才能使整个系统工作，求整个系统工作的概率。

5-9 某单位设置一电话总机，共有 200 架电话分机，设每个电话分机有 5% 的时间要使用外线通话，假定每个分机是否使用外线通话是相互独立的，问总机要多少外线才能以 90% 的概率保证每个分机要使用外线时可供使用。

5-10 抽样检查产品质量时,如果发现次品多于 10 个,则拒绝接受这批产品,设某批产品的次品率为 10%,问至少应该抽取多少个产品检查才能保证拒绝该批产品的概率达到 0.9。

第六章 抽 样 分 布

前面几章讨论了事件、概率、随机变量、分布函数以及数字特征等,这些都属于概率论的范畴。在概率论的许多问题中,概率分布通常是已知的,或是通过某些已知条件能严格地推导出来的,概率论是对随机现象统计规律进行演绎研究。但是,分布是什么?它们的数字特征是什么?等等,单靠前面几章的知识就不够了。一般来说,对于一个实际的随机变量,很难通过分析其物理机制来求得它的概率分布,解决这个问题,要靠数理统计学。

数理统计学和概率论一样,是研究大量随机现象统计规律的数学理论,它是根据实际的观测资料,研究随机现象的概率性质。前面已经指出,随机现象的规律,只在大量重复试验中才能呈现出来,因此,要了解一个具体随机现象的统计规律,首先必须进行试验或观测以便积累大量资料。但在实际工作中,由于种种限制,试验的次数往往不能很多,因此,资料总是有限的。例如,前述的水文问题,由于观测的年降水量和年最大洪峰流量,一年才能取得一个观测值,迄今为止,我国最长的水文观测资料也只有100多年;再例如,某工厂生产灯泡,为了了解灯泡耐用时间的概率分布,理论上讲,只有将所有灯泡一一进行试验,即全部点燃到破坏为止,得出每个点燃时间,这样就可以求出其准确的概率分布。显然,这样做是不现实的,实际上也只能做有限次试验。因而,人们就只能通过对有限资料的整理和分析,去推断所研究随机现象的整体性质。这种从局部到整体的推论方法称为统计推断或归纳推理。

统计推断与演绎推理不同,它所得到的结论只是对未知性质的一种推论,必然带有一定程度的不确定性(演绎推理得到的结论是确定性的),因此,人们接受这种结论时就要冒一定的风险。但是如果获取资料的方法符合一定的科学原理,那么结论的不确定性程度是可以用概率来衡量的。这样,人们在接受结论的同时,就可以预计所冒风险的大小。数理统计的中心任务,就是研究统计推断和计量这种推断之不确定性程度的理论和方法。

数理统计的内容很多,主要有抽样技术、试验设计、参数估计、假设检验、回归分析等。

第一节 简 单 随 机 抽 样

一、总体与个体

数理统计中,称由所研究对象的全部元素构成的集合为总体或母体,称总体中的每一个元素为个体。例如,某工厂生产某种规格的灯泡10万只,如果研究这10万只灯泡的质量(如合格率),那么这10万只灯泡就是一个总体,每个灯泡是一个个体。再如某水文站,在河流整个生命期所有的年平均流量的全体是一个总体,而每一个年平均流量则是一个个体。

总体可以按其所含元素的多少分为有限总体和无限总体，例如，某一个地区全年降水日数的总体，上述10万只灯泡的总体即为有限总体，而某水文站的年平均流量总体即为无限总体。水文统计中所遇到的多为无限总体。

总体又可分为现实总体和假想总体。若总体中的每个元素都是客观存在的真实事物，则称为现实总体。例如，人口普查中，欲研究全国人口男女比例，则全国现有人口的总体是现实总体；又如上述灯泡产品质量分析中，某厂已经生产的灯泡的总体也是现实总体。若总体中的元素是每次试验或观测的可能结果，则在相同条件下全部可能的结果（包括已出现和未出现的）组成的总体就是假想总体。如投掷一颗骰子10次，则出现3点的次数的总体即为假想总体。水文统计中所遇到的大都是假想总体，例如某水文站的年平均流量总体，一条河流的年最大洪峰流量总体等都是假想总体。

不难看出，数理统计中的总体和个体的概念，只不过是概率论中基本空间和基本事件的另一种说法。今后，还会常用总体分布或理论分布等术语代替概率论中随机变量的分布。应特别强调指出的是，对于一种随机现象，所要研究的问题一经确定，则与之相应的总体所含的元素及其概率分布都是完全确定的，不因是否进行观测或试验而改变。

以后，常用表示随机变量的大写字母 X, Y, Z 等表示总体。

二、样本与简单随机抽样

为了研究总体的性质，需要进行观测或试验，数理统计中，把这种试验或观测称为抽样，把通过试验或观测得到的总体中的一部分元素构成的集合称为样本。实际工作中，常称之为观测资料或实测资料，水文中习惯称之为实测系列。样本中所含元素的数目称为样本容量，水文中常称之为系列或资料长度，记为 n。

抽样方法有多种，数理统计中研究的主要是随机抽样，即从总体中抽取一个元素时，总体中的每个元素被抽中的机会，只与总体本身的概率分布有关。如果要进一步规定各元素在各次抽样时被抽中的概率不变，不受前次抽样的结果影响，则称这种抽样为简单随机抽样。显然，简单随机抽样意味着各次试验是相互独立的。

有两种抽样方法在前面的章节中已经提及，这就是重复抽样和不重复抽样。前者是指：在随机抽样时，每抽一个元素记下所需指标后放还原总体，再做下一次抽样；后者是指：每抽一个元素后不放还原总体，继续做下一次抽样。用这两种抽样方法得到的样本分别为重复抽样的样本和不重复抽样的样本。

显然，重复抽样中，每次抽样时，原总体中元素的成分不变，各次抽样相互独立，任一元素在各次抽样中被抽中的概率保持不变，所以是简单随机抽样；但不重复抽样时，每抽一次，总体中的元素就少去一个，因此同一元素在各次抽样中被抽中的机会不相等，因而不是简单随机抽样。但是，如果总体中的元素量很大，甚至多至无穷，从中抽取有限个元素后，对原总体组成成分的影响甚微，可以忽略不计，因此，从这类总体中用不重复抽样得到的样本也可以看成简单随机样本。水文统计中的抽样方法都可看成重复抽样。例如，我们观测年最大洪峰流量，可以设想每年对大自然做一次试验，由于目前还无法确定年最大洪峰流量的明确上限，因此可把每次试验的结果看成是 $[0, \infty)$ 间的一个数，于是年最大洪峰流量的总体应由 $[0, \infty)$ 内的全部实数组成。当观测了一年的最大洪峰流量后，下一年的最大洪峰流量仍可能是$[0,\infty)$内的任何数,并不会因为过去出现了某些数值的流量,而改变今后流量总体的结构,因此,可把年最大洪峰流量资料系列看作简单随机样本。

一般说来,数理统计中研究的主要是简单随机样本,这是因为,对这种样本可以应用概率论中有关独立随机变量的理论处理。以下论述中,把简单随机样本简称为样本。

三、作为多元随机变量的样本

先看下面的例子:

袋中装有3个白球和5个红球,现有放回地从中随机抽球,每次抽一球,观察球的颜色,设$X=0$表示抽得白球,$X=1$表示抽得红球,则X是一个随机变量,且$P(X=0)=\frac{3}{8}$,$P(X=1)=\frac{5}{8}$,抽球n次以后,即得容量为n的样本$(x_1,x_2,\cdots,x_n)$。

因为在每次抽球之前,还不能确定该次会抽到哪种颜色的球,所以在抽球之前,样本中的每一个成员都是一个随机变量。其可能值为0和1,且取0的概率为$\frac{3}{8}$,取1的概率为$\frac{5}{8}$,因此,x_1可以看作是随机变量X_1的取值,而且X_1的分布与X的分布相同。

第二次抽球结果x_2的可能值也是0和1,可看作随机变量X_2的取值。由于是有放回地抽球,所以,各次抽球都是相互独立的,X_1的取值不影响X_2的取值。容易看出,与X_1一样,X_2也具有与X相同的分布,所以,X_2与X_1是独立同分布的随机变量。

同理,$x_i(i=1,2,\cdots,n)$都可以看作是$X_i(i=1,2,\cdots,n)$的取值,而且$X_i(i=1,2,\cdots,n)$是相互独立的,都具有与总体X相同的分布。

所以,在n次抽球之前,不知道哪n个结果发生,容量为n的样本可以看作各分量相互独立且同分布的n元随机变量$(X_1,X_2,\cdots,X_n)$,一旦n次抽球完成后,即可获得一个实际样本(或称现实或观察值)$(x_1,x_2,\cdots,x_n)$,这个实际样本可以看做是随机变量X的n次试验的结果,也可看做是n元随机变量$(X_1,X_2,\cdots,X_n)$一个试验的结果。

以后,研究的情形大多与上述例子类似,都是简单随机抽样,因此,为了分析样本的特性,以便合理地做出统计推断,通常把样本看作n元随机变量。必须注意$(x_1,x_2,\cdots,x_n)$与$(X_1,X_2,\cdots,X_n)$的区别。

如前所述,由于$(X_1,X_2,\cdots,X_n)$是独立同分布的随机变量,若总体X的分布函数为$F(x)$,则$(X_1,X_2,\cdots,X_n)$的联合分布函数应为

$$\begin{aligned}F(x_1,x_2,\cdots,x_n) &= P(X_1<x_1,X_2<x_2,\cdots,X_n<x_n)\\&= P(X_1<x_1)P(X_2<x_2)\cdots P(X_n<x_n)\\&= \prod_{i=1}^{n}F(x_i)\end{aligned} \quad (6-1)$$

若总体X为连续型随机变量,其密度函数为$f(x)$,则$(X_1,X_2,\cdots,X_n)$的联合密度函数为

$$f(x_1,x_2,\cdots,x_n) = \prod_{i=1}^{n}f(x_i) \quad (6-2)$$

注意:式(6-1)和式(6-2)中的$(x_1,x_2,\cdots,x_n)$不是随机变量$(x_1,x_2,\cdots,x_n)$的取值,而

是任意一组实数。

第二节 样本分布与抽样分布

一、样本分布

(一)样本分布函数

设 $x_1, x_2, \cdots, x_n$ 是具有分布函数 $F(x)$ 的随机变量 X 的一个样本,将它们按从小到大顺序排列:

$$x_1^* \leqslant x_2^* \leqslant \cdots \leqslant x_n^* \tag{6-3}$$

定义一个离散型随机变量 X_{ne},并令其分布律为

$$P(X_{ne} = x_i^*) = \frac{1}{n}, \quad i = 1, 2, \cdots, n \tag{6-4}$$

由此可求得 X_{ne} 的分布函数 $F_n^*(x)$ 为

$$F_n^*(x) = P(X_{ne} < x) = \begin{cases} 0, & x \leqslant x_1^* \\ \dfrac{k}{n}, & x_k^* < x \leqslant x_{k+1}^*, \quad k = 1, 2, \cdots, n-1 \\ 1, & x > x_n^* \end{cases} \tag{6-5}$$

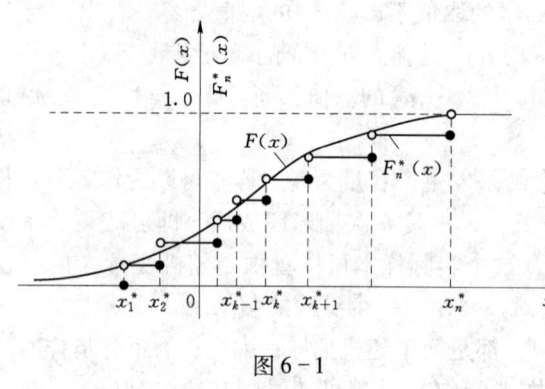

图 6-1

通常称 $F_n^*(x)$ 为样本分布函数或经验分布函数。图 6-1 表示经验分布函数 $F_n^*(x)$ 与总体分布函数 $F(x)$ 的关系。

对于随机变量 X_{ne} 而言,$F_n^*(x)$ 表示事件 $(X_{ne} < x)$ 的概率;但对原随机变量 X 而言,$F_n^*(x)$ 则表示在已做的 n 次试验中,事件 $(X < x)$ 发生的频率。由于当试验次数无限大时,事件的频率稳定于概率,因此,自然要问,当试验次数增大时,样本分布函数是否也趋于总体分布函数呢?

由于样本 $(X_1, X_2, \cdots, X_n)$ 是多元随机变量,容易理解,对 $(X_1, X_2, \cdots, X_n)$ 的不同值 $(x_1, x_2, \cdots, x_n)$,用式 (6-5) 计算的 $F_n^*(x)$ 也是不同的,因此,任一固定实数 x,$F_n^*(x)$ 也是随机变量。对于这个随机变量,有下述定理。

格利汶科-肯达利定理:设 $F(x)$ 是随机变量 X 的分布函数,$F_n^*(x)$ 是 X 的经验分布函数,则 $F_n^*(x)$ 以概率 1 关于 x 均匀地收敛到 $F(x)$,即

$$P\left\{\lim_{n \to +\infty} \sup_{-\infty < x < +\infty} |F_n^*(x) - F(x)| = 0\right\} = 1 \tag{6-6}$$

因此,当 n 很大时,样本分布函数实际上近似于总体分布函数。该定理证明从略。

(二)样本频率密度直方图

若原变量 X 是连续型随机变量,并且样本容量很大,还可以用频率密度直方图代替

分布密度。具体做法如下：

若在原变量 X 的取值域 $[a,b]$ 内插入许多分点：
$$a = t_1 < t_2 < \cdots < t_{k+1} = b$$

以 n_i 表示实测样本中落入 $[t_i, t_{i+1})(i=1,2,\cdots,k)$ 中观测值的个数（称为频数），则频率 $p_i^* = \dfrac{n_i}{n}$ 可近似表示随机变量 X 落在区间 $[t_i, t_{i+1})$ 内的概率，即

$$p_i^* \approx P(t_i \leq X < t_{i+1}) = p_i, i = 1, 2, \cdots, k$$

若以 $p_i^*/\Delta t_i$ 表示区间 $[t_i, t_{i+1})$ 中频率的平均密度，则可以作出以 $p_i^*/\Delta t_i$ 为高、Δt_i 为底宽的许多相邻的矩形，如图 6-2 所示。

每个矩形的面积为
$$\frac{p_i^*}{\Delta t_i} \Delta t_i = p_i^* \approx p_i$$

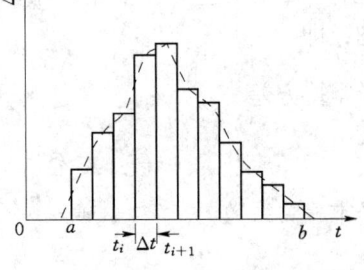

图 6-2

称图 6-2 为样本 $x_1, x_2, \cdots, x_n$ 的频率密度直方图。若用折线连接各小矩形上边的中点，则可得到频率密度曲线。可以证明，若样本容量 $n \to +\infty$，区间 $\Delta t_i \to 0$，则频率密度曲线将趋于概率密度曲线。实际分析中，Δt_i 一般是等距的。

实际工作中，常通过绘制样本频率直方图初步分析总体分布的一些特征，有助于分布线型的选择。

二、样本分布的数字特征

对于一个给定的样本 $x_1, x_2, \cdots, x_n$，可以计算它的数字特征，为了区别于总体数字特征，称它们为样本数字特征。

既然把 $x_1, x_2, \cdots, x_n$ 定义为随机变量 X_{ne} 的取值，则样本数字特征就是离散型随机变量 X_{ne} 的数字特征。按离散型随机变量数字特征的定义可以得出不同的样本数字特征，计算公式如下：

样本平均值
$$\bar{x} = \frac{1}{n} \sum_{i=1}^{n} x_i \tag{6-7}$$

样本方差
$$s^2 = \frac{1}{n} \sum_{i=1}^{n} (x_i - \bar{x})^2 \tag{6-8}$$

样本均方差
$$s = \sqrt{\frac{1}{n} \sum_{i=1}^{n} (x_i - \bar{x})^2} \tag{6-9}$$

样本 k 阶原点矩
$$a_k = \frac{1}{n} \sum_{i=1}^{n} x_i^k, \quad k = 1, 2, \cdots \tag{6-10}$$

样本 k 阶中心矩
$$m_k = \frac{1}{n} \sum_{i=1}^{n} (x_i - \bar{x})^k, \quad k = 1, 2, \cdots \tag{6-11}$$

样本离势系数
$$C_{vn} = \frac{s}{\bar{x}} = \frac{1}{\bar{x}} \sqrt{\frac{1}{n} \sum_{i=1}^{n} (x_i - \bar{x})^2} = \sqrt{\frac{1}{n} \sum_{i=1}^{n} (k_i - 1)^2} \tag{6-12}$$

样本偏态系数 $$C_{sn} = \frac{m_3}{s^3} = \frac{\frac{1}{n}\sum_{i=1}^{n}(x_i - \bar{x})^3}{\bar{x}^3 C_{vn}^3} = \frac{\sum_{i=1}^{n}(k_i - 1)^3}{nC_{vn}^3} \tag{6-13}$$

式(6-12)和式(6-13)中，$k_i = \dfrac{x_i}{\bar{x}}$ （$i=1,2,\cdots,n$）称为模比系数。

对于二元随机变量(X,Y)，每次试验得到一对数值(x,y)，因此其样本可记为$(x_1,y_1),(x_2,y_2),\cdots,(x_n,y_n)$，利用类似于一元随机变量样本分布的定义方法可定义二元随机变量的样本分布函数，也可以计算样本数字特征，除了每一个变量的均值、方差和矩外，还有样本协方差和样本相关系数，它们的公式可按离散型二元随机变量数字特征公式得到，即

样本协方差 $$m_{X,Y} = \frac{1}{n}\sum_{i=1}^{n}(x_i - \bar{x})(y_i - \bar{y}) \tag{6-14}$$

样本相关系数 $$r = \frac{m_{X,Y}}{s_X s_Y} = \frac{\sum_{i=1}^{n}(x_i - \bar{x})(y_i - \bar{y})}{\sqrt{\sum_{i=1}^{n}(x_i - \bar{x})^2 \sum_{i=1}^{n}(y_i - \bar{y})^2}} \tag{6-15}$$

例1 用测温仪对一物体的温度测量5次，其结果为1250℃、1265℃、1245℃、1260℃、1275℃，试求样本的均值、方差、离势系数和偏态系数。

解 样本均值

$$\bar{x} = \frac{1}{5}\sum_{i=1}^{5}x_i = \frac{1}{5}(1250 + 1265 + 1245 + 1260 + 1275) = 1259(℃)$$

样本方差

$$s^2 = \frac{1}{5}\sum_{i=1}^{n}(x_i - \bar{x})^2$$
$$= \frac{1}{5}[(1250-1259)^2 + (1265-1259)^2 + (1245-1259)^2$$
$$+ (1260-1259)^2 + (1275-1259)^2]$$
$$= 114$$

样本均方差

$$s = \sqrt{114} = 10.68$$

样本离势系数 C_{vn}

$$C_{vn} = \frac{s}{\bar{x}} = \frac{10.68}{1259} = 0.0085$$

样本偏态系数 C_{sn}

$$m_3 = \frac{1}{5}\sum_{i=1}^{5}(x_i - \bar{x})^3$$
$$= \frac{1}{5}[(1250-1259)^3 + (1265-1259)^3 + (1245-1259)^3$$
$$+ (1260-1259)^3 + (1275-1259)^3] = 1557.2$$

所以
$$C_{sn} = \frac{m_3}{s^3} = \frac{1557.2}{10.68^3} = 1.28$$

格利汶科-肯达利定理证明了样本分布函数以概率 1 收敛于总体分布函数,同样可以证明,只要总体的 k 阶矩存在,样本 k 阶矩以概率 1 收敛于总体的 k 阶矩。

三、抽样分布

从前面的讨论中可以看到,样本的各种数字特征都是样本的函数,对任一具体样本 $x_1, x_2, \cdots, x_n$ 而言,各种数字特征都是常数,但如果把一具体样本 $x_1, x_2, \cdots, x_n$ 用随机样本 $(X_1, X_2, \cdots, X_n)$ 代替,则此时的各种数字特征都是随机变量,也有概率分布和数字特征。数理统计中,把随机样本的函数称为统计量,其一般定义如下。

定义 设 $(X_1, X_2, \cdots, X_n)$ 为随机变量 X 的样本, $U = g(X_1, X_2, \cdots, X_n)$ 是 $(X_1, X_2, \cdots, X_n)$ 的连续函数。若函数 g 中不含未知参数,则称 U 为统计量。因为 $(X_1, X_2, \cdots, X_n)$ 是 n 元随机变量,所以,统计量 U 是 n 元随机变量的函数,也是随机变量,其概率分布称为抽样分布。

因此,把式(6-7)~式(6-15)各种样本数字特征公式中的 $(x_1, x_2, \cdots, x_n)$ 换成 $(X_1, X_2, \cdots, X_n)$ 后,样本数字特征就都是统计量了。

由多元随机变量函数的分布理论可知, U 的分布函数 $F(u)$ 由 X 的原始分布和函数 g 的形式唯一决定,例如

$$F(u) = P(U < u) = \int \cdots \int_D f(x_1)f(x_2)\cdots f(x_n)\mathrm{d}x_1\mathrm{d}x_2\cdots\mathrm{d}x_n \tag{6-16}$$

式中: D 为 n 维空间中满足 $g(x_1, x_2, \cdots, x_n) < u$ 的点 $(x_1, x_2, \cdots, x_n)$ 的全体构成的集合。

对于统计量 U 的分布函数 $F(u)$,通常分为两类问题。第一类问题是:对于任意样本容量 n 求出 U 的分布函数,称这种分布为确切分布,统计量的确切分布对于用小样本作统计推断非常有用。第二类问题是:无法对任意样本容量 n 求出 U 的分布,而只能求出当 $n \to \infty$ 时统计量 U 的极限分布。这种极限分布对于用大样本进行统计分析是很有用的。

应当注意的是,在实际问题中,应用极限分布作统计推断时,应有足够大的样本容量 n,但 n 有多大才算大样本,并没有严格的限定,而且对于不同的统计量,要求也是不一样的。例如,在作随机变量数学期望的统计推断的,理论上希望 $n > 100$,在实际应用中,一般也要求至少 $n > 50$,但在作随机变量概率分布的统计推断时要求样本容量就更大一些。

四、抽样分布的数字特征

统计量是随机变量,因此也有数学期望,方差等数字特征,由于抽样分布一般都比较复杂,除少数统计量外,很难按定义求得它们的数字特征。下面介绍几种常用统计量的数学期望与方差,利用数学期望和方差的性质导出,而不涉及抽样分布。

1. 样本均值的数学期望与方差

由于样本 $(X_1, X_2, \cdots, X_n)$ 的各分量是独立同分布的随机变量,且与原总体 X 具有相同分布,因此,每一个分量 $X_i (i = 1, 2, \cdots, n)$ 都与 X 有相同的数学期望 a 与方差 σ^2,于是有

$$E(\overline{X}) = E\left(\frac{1}{n}\sum_{i=1}^{n} X_i\right) = \frac{1}{n}\sum_{i=1}^{n} EX_i = \frac{1}{n}nE(X)$$

$$= E(X) = a \tag{6-17}$$

$$D(\overline{X}) = D\left(\frac{1}{n}\sum_{i=1}^{n} X_i\right) = \frac{1}{n^2}\sum_{i=1}^{n} D(X_i)$$

$$= \frac{1}{n^2} n \sigma^2 = \frac{\sigma^2}{n} \tag{6-18}$$

2. 样本 k 阶原点矩的数学期望和方差

按定义有

$$E(A_k) = E\left(\frac{1}{n}\sum_{i=1}^{n} X_i^k\right) = \frac{1}{n}\sum_{i=1}^{n} E(X_i^k) = \frac{1}{n} n E(X^k)$$

$$= E(X^k) = v_k \tag{6-19}$$

$$D(A_k) = D\left(\frac{1}{n}\sum_{i=1}^{n} X_i^k\right) = \frac{1}{n^2}\sum_{i=1}^{n} D(X_i^k)$$

$$= \frac{1}{n^2}\sum_{i=1}^{n} \{E[(X_i^k)^2] - E^2(X_i^k)\}$$

$$= \frac{1}{n^2}\sum_{i=1}^{n} [E(X_i^{2k}) - v_k^2] = \frac{v_{2k} - v_k^2}{n} \tag{6-20}$$

3. 样本方差的数学期望与方差

由于

$$S^2 = \frac{1}{n}\sum_{i=1}^{n} (X_i - \overline{X})^2 = \frac{1}{n}\sum_{i=1}^{n} \{[X_i - E(X)] - [\overline{X} - E(X)]\}^2$$

$$= \frac{1}{n}\{\sum_{i=1}^{n} [X_i - E(X)]^2 - 2[\overline{X} - E(X)]\sum_{i=1}^{n} [X_i - E(X)]$$

$$+ \sum_{i=1}^{n} [\overline{X} - E(X)]^2\}$$

而

$$2[\overline{X} - E(X)]\sum_{i=1}^{n} [X_i - E(X)] = 2[\overline{X} - E(X)] n [\overline{X} - E(X)]$$

$$= 2n[\overline{X} - E(X)]^2$$

及

$$\sum_{i=1}^{n} [\overline{X} - E(X)]^2 = n[\overline{X} - E(X)]^2$$

所以

$$E(S^2) = E\left\{\frac{1}{n}\sum_{i=1}^{n} [X_i - E(X)]^2 - [\overline{X} - E(X)]^2\right\}$$

$$= \frac{1}{n}\sum_{i=1}^{n} E\{[X_i - E(X)]^2\} - E\{[\overline{X} - E(X)]^2\}$$

$$= \frac{1}{n} n D(X) - D(\overline{X}) = D(X) - \frac{D(X)}{n}$$

$$= \frac{n-1}{n}\sigma^2 \tag{6-21}$$

下面，不加证明地给出 S^2 的方差

$$D(S^2) = \frac{\mu_4 - \mu_2^2}{n} - \frac{2(\mu_4 - 2\mu_2^2)}{n^2} + \frac{\mu_4 - 3\mu_2^2}{n^3} \qquad (6-22)$$

式中：μ_2、μ_4 分别为总体 X 的二阶和四阶中心矩。

上面各式的推导过程中，并未涉及总体 X 的分布形式，因此，适用于各种总体，将某一指定总体的各阶矩代入上列各式，即可求得该总体样本均值与方差的数字特征。

第三节　几种统计量的抽样分布

本节介绍几个在统计推断中非常有用的抽样分布。

一、样本均值的分布

(一) 一般情形

设 $\varphi(t)$ 为总体 X 的特征函数，$X_1, X_2, \cdots, X_n$ 是总体 X 的样本，则样本平均值 $\overline{X}$ 的特征函数为

$$\varphi_{\overline{X}}(t) = \left[\varphi\left(\frac{t}{n}\right)\right]^n \qquad (6-23)$$

式中：$\varphi\left(\frac{t}{n}\right)$ 为 $\frac{1}{n}X$ 的特征函数。

证明　$\overline{X} = \frac{1}{n}\sum_{i=1}^{n} X_i = \sum_{i=1}^{n} \frac{X_i}{n}$，且 $\frac{X_1}{n}, \frac{X_2}{n}, \cdots, \frac{X_n}{n}$ 也相互独立。

所以

$$\varphi_{\overline{X}}(t) = \prod_{i=1}^{n} \varphi_{X_i/n}(t) = \prod_{i=1}^{n} \varphi_{X_i}\left(\frac{t}{n}\right)$$

$$= \prod_{i=1}^{n} \varphi\left(\frac{t}{n}\right) = \left[\varphi\left(\frac{t}{n}\right)\right]^n$$

上式中第一个等号是利用式 (4-85)，第二个等号是利用式 (4-83)，第三个等号是利用 X_i 与 X 的同分布性。

例 2　设总体 X 服从 $N(a, \sigma^2)$ 分布，求样本平均值 $\overline{X}$ 的分布。

解　因为 X 的特征函数为

$$\varphi(t) = \exp\left[-\frac{\sigma^2}{2}t^2 + iat\right]$$

所以，$\overline{X}$ 的特征函数为

$$\varphi_{\overline{X}}(t) = \left\{\exp\left[-\frac{\sigma^2}{2}\left(\frac{t}{n}\right)^2 + ia\frac{t}{n}\right]\right\}^n$$

$$= \exp\left[-\frac{t^2}{2}\left(\frac{\sigma}{\sqrt{n}}\right)^2 + iat\right]$$

可见 $\overline{X} \sim N\left(a, \frac{\sigma^2}{n}\right)$ 分布。

事实上，这个结果可以利用正态分布的性质直接得到，因为 $\overline{X}$ 是 n 个独立同分布正态变量的线性组合，根据相互独立正态变量的线性组合仍是正态变量这一性质，即可得到

上述结果。

例3 设总体 X 服从参数为 λ 的泊松分布，求样本平均值的分布。

解 已知泊松分布的特征函数为
$$\varphi(t) = \exp[\lambda(e^{it} - 1)]$$

因此，$\bar{X}$ 的特征函数为
$$\varphi_{\bar{X}}(t) = \{\exp[\lambda(e^{i\frac{t}{n}} - 1)]\}^n = \exp[n\lambda(e^{i\frac{t}{n}} - 1)]$$

所以，随机变量 $\bar{X}$ 的概率函数为
$$P\left(\bar{X} = \frac{k}{n}\right) = e^{-n\lambda}\frac{(n\lambda)^k}{k!}, \quad k = 0,1,2,\cdots$$

（二）样本均值的极限分布

利用式(6-23)推求样本均值的分布，若总体的特征函数比较复杂，要用它求出样本均值的精确分布还是比较困难的。下面关于样本均值的极限分布定理，对许多统计推断问题很有用。

定理 设 $X_1, X_2, \cdots, X_n$ 来自一般总体 X，且 $E(X) = a$，$D(X) = \sigma^2 < \infty$，则当 $n \to \infty$ 时有
$$Y_n = \sum_{i=1}^{n}\frac{X_i - a}{\sqrt{n}\sigma} \tag{6-24}$$

服从标准化正态分布 $N(0,1)$。

证明 由林德伯格-勒维定理可知
$$Y_n = \frac{\sum_{i=1}^{n}X_i - na}{\sqrt{n}\sigma} = \sum_{i=1}^{n}\left(\frac{X_i - a}{\sqrt{n}\sigma}\right)$$

当 $n \to \infty$，以 $N(0,1)$ 为极限分布。因而当样本容量 n 足够大时，对任意随机变量，都有
$$Y_n = \frac{\bar{X} - a}{\sigma/\sqrt{n}} \sim N(0,1) \tag{6-25}$$

进而有 $\bar{X}$ 近似服从 $N(a, \sigma^2/n)$ 分布。

二、抽自正态总体之样本的抽样分布

下面，不加证明地给出几个抽自正态总体之样本的统计量的分布。

(1) 设 $X_1, X_2, \cdots, X_n$ 为抽自正态总体 $N(a, \sigma^2)$ 的样本，则

1) 样本平均值 $\bar{X} \sim N(a, \sigma^2/n)$ 分布 \hfill (6-26)

2) $\chi^2 = \dfrac{nS^2}{\sigma^2} \sim \chi^2(n-1)$ 分布 \hfill (6-27)

3) $T = \dfrac{(\bar{X} - a)\sqrt{n-1}}{S} = \dfrac{(\bar{X} - a)\sqrt{n}}{S^*} \sim t(n-1)$ 分布 \hfill (6-28)

其中
$$\bar{X} = \frac{1}{n}\sum_{i=1}^{n}X_i$$

$$S^2 = \frac{1}{n}\sum_{i=1}^{n}(X_i - \overline{X})^2$$

$$S^{*2} = \frac{1}{n-1}\sum_{i=1}^{n}(X_i - \overline{X})^2$$

(2) 设 $X \sim N(a_1, \sigma_1^2)$，$Y \sim N(a_2, \sigma_2^2)$，$X_1, X_2, \cdots, X_{n_1}$ 及 $Y_1, Y_2, \cdots, Y_{n_2}$ 分别为 X 和 Y 的样本，且 X 与 Y 相互独立，则

1) $$Z = \overline{X} - \overline{Y} \sim N\left[(a_1 - a_2), \left(\frac{\sigma_1^2}{n_1} + \frac{\sigma_2^2}{n_2}\right)\right] \text{分布} \tag{6-29}$$

而 $$U = \frac{(\overline{X} - \overline{Y}) - (a_1 - a_2)}{\sqrt{\frac{\sigma_1^2}{n_1} + \frac{\sigma_2^2}{n_2}}} \sim N(0,1) \text{分布} \tag{6-30}$$

2) $$F = \frac{n_1 S_1^2 (n_2 - 1)\sigma_2^2}{n_2 S_2^2 (n_1 - 1)\sigma_1^2} = \frac{S_1^{*2}}{S_2^{*2}} \frac{\sigma_2^2}{\sigma_1^2} \sim F(n_1 - 1, n_2 - 1) \text{分布} \tag{6-31}$$

3) 当 $\sigma_1^2 = \sigma_2^2 = \sigma^2$ 时有

$$T = \frac{(\overline{X} - \overline{Y}) - (a_1 - a_2)}{S_\omega \sqrt{\frac{1}{n_1} + \frac{1}{n_2}}} \sim t(n_1 + n_2 - 2) \tag{6-32}$$

其中 $$S_1^2 = \frac{1}{n_1}\sum_{i=1}^{n_1}(X_i - \overline{X})^2, \quad S_2^2 = \frac{1}{n_2}\sum_{i=1}^{n_2}(Y_i - \overline{Y})^2$$

$$S_1^{*2} = \frac{1}{n_1 - 1}\sum_{i=1}^{n_1}(X_i - \overline{X})^2, \quad S_2^{*2} = \frac{1}{n_2 - 1}\sum_{i=1}^{n_2}(Y_i - \overline{Y})^2$$

$$S_\omega = \sqrt{\frac{n_1 S_1^2 + n_2 S_2^2}{n_1 + n_2 - 2}} \tag{6-33}$$

三、样本相关系数的分布

设 (X,Y) 服从二元正态分布，(X_i, Y_i)，$i = 1, 2, \cdots, n$，是 (X,Y) 的一个容量为 n 的样本，R 为样本相关系数，可以证明 R 的密度函数为

$$f_n(r) = \frac{n-2}{\pi}(1-\rho^2)^{\frac{n-1}{2}}(1-r^2)^{\frac{n-4}{2}}\int_0^1 \frac{x^{n-2}}{(1-\rho r x)^{n-1}\sqrt{1-x^2}}\mathrm{d}x \tag{6-34}$$

式中：ρ 为总体相关系数；n 为样本容量。

R 的数学期望和方差分别为

$$E(R) \approx \rho; \quad D(R) \approx \frac{1}{n}(1-\rho^2)^2 \tag{6-35}$$

图 6-3 所示为几种 n 和 ρ 时 R 的密度函数曲线。

一个特别有用的情况是 $\rho = 0$ 时 R 的分布，此时，由式 (6-34) 得到

$$f_n(r) = \frac{n-2}{2\pi}(1-r^2)^{\frac{n-4}{2}} \times \frac{\Gamma\left(\frac{n-1}{2}\right)\Gamma\left(\frac{1}{2}\right)}{\Gamma\left(\frac{n-1}{2} + \frac{1}{2}\right)}$$

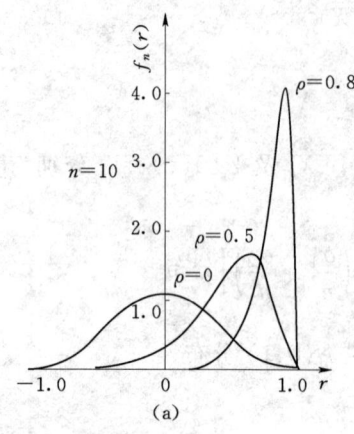
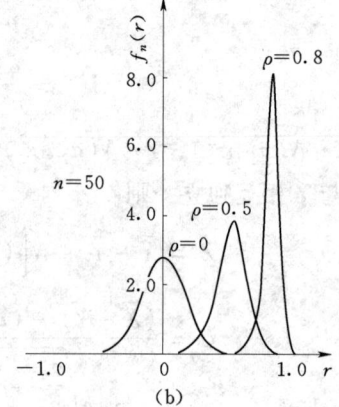

图 6-3

利用 $\Gamma\left(\dfrac{1}{2}\right) = \sqrt{\pi}$，$\Gamma(a+1) = a\Gamma(a)$，最后得到

$$f_n(r) = \dfrac{1}{\sqrt{\pi}} \dfrac{\Gamma\left(\dfrac{n-1}{2}\right)}{\Gamma\left(\dfrac{n-2}{2}\right)} (1-r^2)^{\frac{n-4}{2}} \tag{6-36}$$

令

$$T = \dfrac{R\sqrt{n-2}}{\sqrt{1-R^2}} \tag{6-37}$$

容易验证，T 的密度函数为

$$f(t) = \dfrac{1}{\sqrt{n-2}\sqrt{\pi}} \dfrac{\Gamma\left(\dfrac{n-1}{2}\right)}{\Gamma\left(\dfrac{n-2}{2}\right)} \left(1 + \dfrac{t^2}{n-2}\right)^{-\frac{n-1}{2}} \tag{6-38}$$

对比式(6-38)及式(3-70)可以发现此 T 服从 $t(n-2)$ 分布。

第四节 顺序统计量及其分布

一、顺序统计量的概念

设 $(X_1, X_2, \cdots, X_n)$ 为 X 的样本，定义样本函数 X_m^*

$$X_m^* = g(X_1, X_2, \cdots, X_n), \quad m = 1, 2, \cdots, n \tag{6-39}$$

其含义如下：当 $(X_1, X_2, \cdots, X_n)$ 取值为 $(x_1, x_2, \cdots, x_n)$ 时，X_m^* 取 $(x_1, x_2, \cdots, x_n)$ 中从大到小排列的第 m 项数值。即当把 $(x_1, x_2, \cdots, x_n)$ 按由大到小的顺序排列成 $x_1^* \geq x_2^* \geq \cdots \geq x_m^* \geq \cdots \geq x_n^*$ 时，X_m^* 取值 x_m^*。显然，X_m^* 的取值 x_m^* 完全由样本 $(x_1, x_2, \cdots, x_n)$ 决定，如果样本不同，则 x_m^* 就不同，X_m^* 的取值也就不同，所以 X_m^* 是 $(X_1, X_2, \cdots, X_n)$ 的函数，称 X_m^* 为 $(X_1, X_2, \cdots, X_n)$ 的顺序统计量(或称次序统计量)。

二、顺序统计量的分布

下面来求 X_m^* 的分布。假定 X 为连续型随机变量，其分布函数为 $F(x)$，密度函数为

$f(x)$。记 X_m^* 的分布函数为 $F_m(x)$，密度函数为 $f_m(x)$，如图 6-4 所示，计算 X_m^* 落在 x 与 $x + \Delta x$ 之间的概率 $P(x \leqslant X_m^* < x + \Delta x)$，事件 $(x \leqslant X_m^* < x + \Delta x)$ 等价于在样本 $(X_1, X_2, \cdots, X_n)$ 中有一个观测值落入 $[x, x + \Delta x]$；有 $n - m$ 个观测值落在 $(-\infty, x)$ 之间；有 $m - 1$ 个落在 $[x + \Delta x, +\infty)$ 中，这三个事件同时发生，但在 n 个值中任何一个都可能落入 $[x, x + \Delta x]$ 中，在剩下的 $n - 1$ 个值中任何 $m - 1$ 个都可能落入 $[x + \Delta x, +\infty)$ 中，而在同一个 n 次试验中只能出现其中之一，所以事件 $(x \leqslant X_m^* < x + \Delta x)$ 是 nC_{n-1}^{m-1} 个互不相容的事件之和，其中每一个事件发生的概率都是

$$f(x)\Delta x [F(x)]^{n-m}[1 - F(x + \Delta x)]^{m-1}$$

所以

$$P(x \leqslant X_m^* < x + \Delta x) = nC_{n-1}^{m-1} f(x)\Delta x [F(x)]^{n-m}[1 - F(x + \Delta x)]^{m-1} \quad (6-40)$$

$$\frac{P(x \leqslant X_m^* < x + \Delta x)}{\Delta x} = \frac{\Delta F_m(x)}{\Delta x} = nC_{n-1}^{m-1} [F(x)]^{n-m}[1 - F(x + \Delta x)]^{m-1} f(x)$$

令 $\Delta x \to 0$ 即得

$$f_m(x) = \frac{n!}{(m-1)!(n-m)!} [F(x)]^{n-m}[1 - F(x)]^{m-1} f(x) \quad (6-41)$$

根据顺序统计量的上述分布，可以推出一个在水文统计中有重要应用的结果。

X_m^* 的分布已知，故可求出 X_m^* 的函数的分布，设

$$Y_m^* = P(X \geqslant X_m^*) = 1 - F(X_m^*) \quad (6-42)$$

式中：F 的意义同前。

以 $h_m(y)$ 表示 Y_m^* 的密度函数，则根据式 (6-42)，有

$$h_m(y) = f_m(x) \frac{1}{\left|\dfrac{dy}{dx}\right|}$$

$$\frac{dy}{dx} = \frac{d}{dx}[1 - F(x)] = -\frac{dF(x)}{dx} = -f(x)$$

式中：$f_m(x)$ 为 X_m^* 的密度函数。

所以

$$h_m(y) = \frac{n!}{(n-m)!(m-1)!} f(x) [1 - F(x)]^{m-1} [F(x)]^{n-m} \frac{1}{f(x)}$$

$$= \frac{n!}{(n-m)!(m-1)!} y^{m-1} (1 - y)^{n-m}, \quad 0 \leqslant y \leqslant 1 \quad (6-43)$$

$$E(Y_m^*) = \frac{n!}{(n-m)!(m-1)!} \int_0^1 y^m (1 - y)^{n-m} dy \quad (6-44)$$

利用 Bata 函数

$$B(a, b) = \int_0^1 x^{a-1} (1 - x)^{b-1} dx = \frac{\Gamma(a)\Gamma(b)}{\Gamma(a+b)} = \frac{(a-1)!(b-1)!}{(a+b-1)!} \quad (6-45)$$

式中：a、b 为大于零的自然数。

式(6-44)可化简为

$$E(Y_m^*) = \frac{m}{n+1} \tag{6-46}$$

式(6-46)的意义说明见表6-1。

表6-1

样本序号	$(X_1, X_2, \cdots, X_n)$	X_m^*	$Y_m^* = 1 - F(X_m^*) = P(X \geq X_m^*)$
1	$(x_1, x_2, \cdots, x_n)_1$	$x_{m,1}^*$	$y_{m,1}^* = P(X \geq x_{m,1}^*)$
2	$(x_1, x_2, \cdots, x_n)_2$	$x_{m,2}^*$	$y_{m,2}^* = P(X \geq x_{m,2}^*)$
⋮	⋮	⋮	⋮

从表6-1可以看到，由于样本$X_1, X_2, \cdots, X_n$是随机变量，X_m^*是样本的函数，Y_m^*是X_m^*的函数，所以，X_m^*与Y_m^*也都是随机变量。对于第一个具体样本$(x_1, x_2, \cdots, x_n)_1$，将其按大小次序排列后，即可得从大到小的第$m$项$x_{m,1}^*$，即$X_m^*$的第一个观测值。$(X \geq x_{m,1}^*)$的概率为$y_{m,1}^*$，即随机变量$Y_m^*$的第一个观测值。对于$X$的第二个具体样本$(x_1, x_2, \cdots, x_n)_2$，如同以上方式，又可得到$y_{m,2}^* = P(X \geq x_{m,2}^*)$，即$Y_m^*$的第二个观测值。由于样本$(X_1, X_2, \cdots, X_n)$的随机性，所以$x_{m,1}^*, x_{m,2}^*, \cdots$，都不尽相同，有一个分布$f_m(x)$。同样，$y_{m,1}^*, y_{m,2}^*, \cdots$也彼此不同，有一分布$h_m(y)$，但是这许多$y_{m,1}^*, y_{m,2}^*, \cdots$的平均值，即$E(Y_m^*)$却是完全确定的，即为$\frac{m}{n+1}$，其中$m = 1, 2, \cdots, n$。简言之，式(6-46)表明，随机变量$X$取值大于等于样本中按大至小排列的第$m$项$x_m^*$的概率$P(X \geq x_m^*)$，虽然在不同的样本中有不同的数值，但如对无数样本取其平均，则为$\frac{m}{n+1}$。

三、样本极值的分布

样本中的最大项X_1^*和最小项X_n^*统称为极值。在实际问题中极值的分布律特别重要。在水文学中对洪水的研究特别重视，因此在水文统计中极大值X_1^*的分布又比极小值X_n^*的分布更为重要。

依据式(6-41)，令$m = 1$，就得到极大值的分布密度$f_1(x) = n[F(x)]^{n-1}f(x)$；令$m = n$，就得到极小值的分布密度$f_n(x) = n[1 - F(x)]^{n-1}f(x)$。极大值的分布函数

$$Q_1(x) = [F(x)]^n \tag{6-47}$$

样本极小值的分布函数

$$Q_n(x) = 1 - [1 - F(x)]^n \tag{6-48}$$

实际上，利用第三章中的极值分布，也可得出上述结果。

可以看出，当n较大时，用上述各式求极值的分布律是很困难的。特别是在实际问题中，原始分布$F(x)$往往不知道，因此无法用它们推求极值分布规律。但如果采用极限方法，推求$n \to \infty$时极值的极限分布(也称为渐近分布)，那么只要区别变量原始分布的类型，而不必了解它的具体形式。

理论证明，只有三种可能的渐近分布。第一型称为指数原型极值分布，或双指数分布。它的原始分布可以是正态分布、指数分布、P-Ⅲ型分布等。这是应用最多的一种极值分布，在水文学中称其为耿贝尔(Gumbel)分布；第二型称为柯西原型极值分布，由伏瑞谢于 1926 年获得，所以也称伏瑞谢曲线；第三型称为有界型极值分布，要求原始分布密度函数在 $|x|$ 大于某值时等于零，后两型值分布应用较少，故这里只介绍耿贝尔分布，它的超过制分布函数为

$$Q_1(x) = P(X_1^* \geq x) = 1 - \exp[-e^{-\alpha(x-u)}], \quad \alpha > 0, \quad -\infty < u < +\infty \quad (6-49)$$

概率密度函数为

$$q_1(x) = \alpha \exp[-\alpha(x-u) - e^{-\alpha(x-u)}], \quad -\infty < x < +\infty \quad (6-50)$$

其中 u 为随机变量 X_1^* 的众数，对应的超过概率

$$Q_1(u) = P(X_1^* \geq u) = 1 - \frac{1}{e} = 0.63212$$

这就是说明此分布是正偏的。

此分布的各种数字特征如下：

$$\left.\begin{aligned} E(X_1^*) &\approx u + \frac{0.57722}{\alpha} \\ \sigma &\approx \frac{1.2825}{\alpha} \\ C_V &\approx \frac{1.2825}{\alpha u + 0.57722} \\ C_S &\approx 1.1395 (\text{常数}) \end{aligned}\right\} \quad (6-51)$$

反之，参数 α 及 u 亦可用 $E(X_1^*)$ 和 σ 表示：

$$\left.\begin{aligned} \alpha &\approx \frac{1.2825}{\sigma} \\ u &\approx E(X_1^*) - 0.45005\sigma \end{aligned}\right\} \quad (6-52)$$

习　题

6-1 设 $X \sim N(a, \sigma^2)$ 分布，求 $(X_1, X_2, \cdots, X_n)$ 的联合分布。

6-2 设 $X_1, X_2, \cdots, X_n$ 为 (0—1) 分布的样本，求 $E(\overline{X})$、$D(\overline{X})$ 及 $E(S^2)$。

6-3 设 $\overline{X}_n$ 和 S_n^2 分别是样本 $X_1, X_2, \cdots, X_n$ 的均值与方差，现又获得第 $n+1$ 个观测值 X_{n+1}，试证明

$$\overline{X}_{n+1} = \frac{n}{n+1}\overline{X}_n + \frac{1}{n+1}X_{n+1} = \overline{X}_n + \frac{1}{n+1}(X_{n+1} - \overline{X}_n)$$

$$S_{n+1}^2 = \frac{n}{n+1}\left[S_n^2 + \frac{1}{n+1}(X_{n+1} - \overline{X}_n)^2\right]$$

6-4 设 X 为服从 $[0, 1]$ 上均匀分布随机变量，$X_1, X_2, \cdots, X_n$ 为抽自 X 的简单随机样本，试求 $E[\max(X_1, X_2, \cdots, X_n) - \min(X_1, X_2, \cdots, X_n)]$（提示：先求最大值和最小值的密度函数）。

6-5 设随机变量 $X \sim N(52,6.3)$，从中抽取 $N=36$ 的样本，求 $P(50.8<\overline{X}<53.8)$。

6-6 从正态总体 $N(80,20)$ 中随机抽取一容量为 100 的样本，问样本均值与总体均值之差的绝对值大于 3 的概率是多少？

6-7 从正态总体 $N(a,\sigma^2)$ 中抽取容量为 17 的样本，记 $\overline{X} = \dfrac{1}{17}\sum\limits_{i=1}^{17} X_i$，$S_n^2 = \dfrac{1}{n}\sum\limits_{i=1}^{n}(X_i - \overline{X})^2 = \dfrac{1}{17}\sum\limits_{i=1}^{n}(X_i - \overline{X})^2$，试求常数 k，使 $P(\overline{X} > a + kS_n) = 0.95$

6-8 设 $X_1, X_2, \cdots, X_n, X_{n+1}$ 为正态总体 $X \sim N(a,\sigma^2)$ 的样本，令 $\overline{X}_n = \dfrac{1}{n}\sum\limits_{i=1}^{n} X_i$，$S_n^2 = \dfrac{1}{n}\sum\limits_{i=1}^{n}(X_i - \overline{X})^2$，试求统计量 $Y = \dfrac{X_{n+1} - \overline{X}_n}{S_n}\sqrt{\dfrac{n-1}{n+1}}$ 的分布（提示：先求 $X_{n+1} - \overline{X}_n$ 的分布，并注意到 $X_{n+1} - \overline{X}_n$ 与 S_n^2 相互独立）。

6-9 设随机变量 $X \sim N(0,1)$ 分布，$X_1, X_2, X_3, X_4, X_5, X_6$ 为 X 的样本，令 $Y = (X_1 + X_2 + X_3)^2 + (X_4 + X_5 + X_6)^2$，试求常数 C，使 CY 服从 χ^2 分布，其自由度是多少[提示：先求 $(X_1 + X_2 + X_3)$ 及 $(X_4 + X_5 + X_6)$ 的分布，再利用 χ^2 分布的定义]？

6-10 设 $X_1, X_2, \cdots, X_8$ 为抽自正态总体 $N(a,\sigma^2)$ 的样本，试求统计量 $Z = \dfrac{(X_1 - X_2)^2 + (X_3 - X_4)^2}{(X_5 - X_6)^2 + (X_7 - X_8)^2}$ 的分布。

6-11 设 X_1, X_2, X_3, X_4, X_5 为抽自标准正态总体 $N(0,1)$ 的样本，试求常数 C 使统计量 $Z = \dfrac{C(X_1 + X_2)}{\sqrt{X_3^2 + X_4^2 + X_5^2}}$ 服从 t 分布，自由度是多少？

6-12 设 $X_1, X_2, \cdots, X_9$ 是抽自正态总体 $N(a,\sigma^2)$ 的简单随机样本，记
$$Y_1 = \frac{1}{6}(X_1 + X_2 + \cdots + X_6),\quad Y_2 = \frac{1}{3}(X_7 + X_8 + X_9)$$
$$S^{*2} = \frac{1}{2}\sum_{i=7}^{9}(X_i - Y_2)^2,\quad Z = \frac{\sqrt{2}(Y_1 - Y_2)}{S^*}$$

试证明统计量 Z 服从自由度为 2 的 t 分布（提示：利用 t 变量的定义，并注意抽自正态总体之样本均值与样本方差相互独立性）。

第七章 水文频率计算

第一节 概 述

一、设计标准与水文频率计算目的

众所周知,水利建设的目的是为了兴利除害,解决洪涝灾害和干旱缺水等问题。为了使水利工程建设做到既经济合理又安全可靠,在规划设计时,就要确定一个合理的设计标准或工程规模。如果标准过高,规模过大,将会增加投资,造成浪费;反之,如果标准过低,规模过小,有可能在不利水文条件下导致工程失事造成损失,甚至给人民生命财产带来巨大损失。因此,设计标准或工程规模的确定具有重要意义。

早期水利工程规模的确定具有经验性,采用历史上出现过的(实测的或调查的)历史最大洪水或另加一个安全系数作为设计标准。目前,人们一般根据水文现象的随机性,用概率来描述未来出现各种大小洪水的可能性。设计时,对给定的概率 p(水文上习惯称频率),选择满足关系式(7-1)的 x_p 作为工程规模的设计依据

$$P(X \geqslant x_p) = p \tag{7-1}$$

这里 p 称为设计频率,x_p 称为设计值。

引入频率概念后,就可以按频率划分等级从而确定设计标准。对重要的工程,设计频率可取得小些,这样设计值就大些;而对次要的工程,设计频率可取得大些,这样设计值就小些。因此,设计频率也就成了设计标准。

我国水利工程设计时采用的设计标准是由国家统一制定的,设计时应根据工程的类型及重要性等选取。设计标准除用设计频率表示外,还可等价地用重现期表示。一般,水文变量的样本多以年为时间单位取值,如年降水量、年平均流量和年最大洪峰流量等。此时,设计频率 p 的倒数称为重现期,记为 T,即

$$T = \frac{1}{P(X \geqslant x_p)} = \frac{1}{p} \tag{7-2}$$

这里 T 表示事件 $(X \geqslant x_p)$ 出现的平均轮转年数。它表示该水文事件平均每 T 年出现一次,但某一具体连续 T 年内,它可能不出现或出现 1 次、2 次甚至更多次。式(7-2)在 $p <$ 50% 时采用,例如用于研究暴雨或洪水。当 $p > 50\%$ 时,一般改用式(7-3):

$$T = \frac{1}{P(X < x_p)} = \frac{1}{1-p} \tag{7-3}$$

此时,T 表示平均每 T 年出现一次事件 $(X < x_p)$,常用于研究枯水径流或干旱问题。若 x_p 的重现期为 T,则常称 x_p 为 T 年一遇设计值。例如,人们常说的 100 年一遇洪水,就是指重现期为 100 年的洪水,也就是设计频率为 1% 的洪水。

水文频率计算的目的是要确定相应于给定设计频率 p 的设计值 x_p。

二、水文频率计算的基本问题

为了推求设计值 x_p,通常必须解决好两个基本问题:首先,必须确定水文变量的概率分布模型,这在水文统计中称为线型选择;其次,估计所选线型中的未知参数,这在水文统计中称为参数估计。

1. 线型选择

要得到合理的频率计算成果,除了想方设法充分收集和利用现有水文资料外,还要有符合水文现象的概率分布线型,由于水文现象影响因素具有高度复杂性,这个问题至今尚未完全解决。有些水文学者曾企图从统计理论上来分析论证水文变量服从的分布。例如,利用中心极限定理论证水文变量服从正态分布或对数正态分布;利用极值理论论证年最大洪水服从耿贝尔分布等。但由于这些论证不是严格的推理,又缺乏物理和经验基础,因此结论往往不可靠。另外,有些学者根据事件的联合概率模型,考虑水文现象的物理、统计特性和成因机制,推求洪水特征值的概率分布,这种方法兼有数学和物理基础,故人们常称之为有物理基础的概率模型。但由于在分布中常不得不做一些与实际情况不符的假定,致使所得到的结果常不合理,因而目前还不能供实际应用。

在实际水文工作中,目前大多根据实测经验点据和频率曲线拟合的好坏选择线型。由于实际应用中评判拟合优劣的标准各异,所得结论往往相差较大。此外,该方法是根据有限观测资料对于点和线拟合好坏做出判断,而对于水文频率计算中关心的稀遇水文事件点据和线拟合优劣则难于做出判断,因此,该方法还是经验性的。

一般说,选配线型应根据下列两条原则:①概率密度曲线的形状应大致符合水文现象的物理性质,曲线一端或两端应有限,不应出现负值;②概率密度函数的数学性质简单,计算方便,同时应有一定弹性,以便有广泛的适应性,但又不宜包含过多的参数。

20 世纪 70 年代,美国水资源委员会研究了各种线型对美国河流的适应性,得出的结论是:不同线型和不同拟合方法之间并没有明显差异,在目前条件下,他们建议选用对数 P-Ⅲ型分布。

英国环境委员会根据英国若干河流的较长观测资料,用数理统计中关于分布的检验法,对若干线型进行了检验,结果表明,采用不同的拟合指标直接影响检验的结论。

我国中国水利水电科学研究院水资源研究所陈志恺等在 20 世纪 50—60 年代曾利用我国南北方若干河流的洪水及暴雨资料,分别检验了 P-Ⅲ型分布和 K-M 分布等的适用性。得出的结论是:P-Ⅲ型和 K-M 型曲线适应性都很强,只要参数 C_V 及 C_S 选用适当,都能与洪水资料相适应,没有多大差别。为了统一设计标准,他们建议选用 P-Ⅲ型。经多年实践证明,这是合理的。因此,1980 年以来我国制订的不同版本的水利水电工程水文计算或设计洪水计算规范中都规定采用 P-Ⅲ型分布。不过,规范中也指出,当经验点据与频率曲线拟合不好时,经过论证可采用其他线型。

由于洪水成因不同,不同国家选用水文频率计算分布线型不完全相同,下面给出目前一些国家使用的分布线型(表 7-1)。

表 7-1

分 布 线 型	国　　家
皮尔逊Ⅲ型分布(P-Ⅲ)	中国、奥地利、保加利亚、匈牙利、波兰、罗马尼亚、瑞士、泰国
对数皮尔逊Ⅲ型分布(LP-Ⅲ)	美国、澳大利亚、加拿大、新西兰、墨西哥以及南美洲一些国家
广义极值分布(GEV)	英国、法国、爱尔兰等和非洲一些国家
极值Ⅱ，极值Ⅲ型分布(EV2，EV3)	英国、法国和非洲一些国家
两、三对数正态分布(LN2，LN3)	日本、韩国
极值Ⅰ型分布(EV1)	比利时、德国、瑞典、土耳其
克里茨基-门克尔分布(K-M)	苏联和东欧各国

2. 参数估计

每一种概率分布中都包含若干参数，如正态分布中包含两个参数，P-Ⅲ型分布包含三个参数。选定了线型之后，还必须确定其中的参数，才能进行频率计算。但这些参数同样是无法根据水文现象的物理机制确定的，必须利用实测资料加以估计，这就需要研究估计方法。既然是估计，就不可避免地会有误差，为了说明频率计算结果的可靠程度，就必须研究参数估计的误差。因此，参数估计方法及其估计误差分析就构成水文频率计算的另一个重要内容。

第二节　几种理论分布的频率计算与分析

本节结合我国情况，对研究和应用较多的 P-Ⅲ型分布，对数正态分布及耿贝尔分布的频率计算问题作较为详细的讨论。

一、P-Ⅲ型分布

1. P-Ⅲ型分布密度曲线的形状

P-Ⅲ型分布的概率密度函数如下：

$$f(x) = \frac{\beta^\alpha}{\Gamma(\alpha)}(x-a_0)^{\alpha-1} e^{-\beta(x-a_0)}, \alpha > 0, x > a_0 \tag{7-4}$$

第四章中已求出它的各种数字特征如下：

$$E(X) = \frac{\alpha}{\beta} + a_0, D(X) = \sigma^2 = \frac{\alpha}{\beta^2}$$

$$C_V = \frac{\sqrt{\alpha}}{\alpha + \beta a_0}, C_S = \frac{2}{\sqrt{\alpha}}$$

由以上各数字特征公式可解得

$$\alpha = \frac{4}{C_S^2} \tag{7-5}$$

$$\beta = \frac{\sqrt{\alpha}}{\sigma} = \frac{2}{E(X) C_V C_S} \tag{7-6}$$

$$a_0 = E(X)\left(1 - \frac{2C_V}{C_S}\right) \tag{7-7}$$

由于$\Gamma(\alpha)$只在$\alpha>0$时收敛,所以P-Ⅲ型分布只适用于$\alpha>0$的场合。这一点也可由式(7-5)看出,若$\alpha<0$,则C_S变成虚数,实用上无意义。而$\alpha=0$时,$C_S=\pm\infty$;当$\alpha\to\infty$时,$C_S=0$。由此可知,α和C_S的值域分别是$0<\alpha<\infty$、$-\infty<C_S<\infty$。$C_S>0$时,概率密度曲线为正偏,长尾在右;而$C_S<0$时,概率密度曲线为负偏,长尾在左;$C_S=0$时,分布曲线对称。由于水文变量应有有限的下限,所以,水文中一般仅用$C_S>0$的P-Ⅲ型分布。

根据分析,P-Ⅲ型密度曲线形状只受到参数C_S的影响,不同参数C_S时密度曲线形状,如图7-1所示。

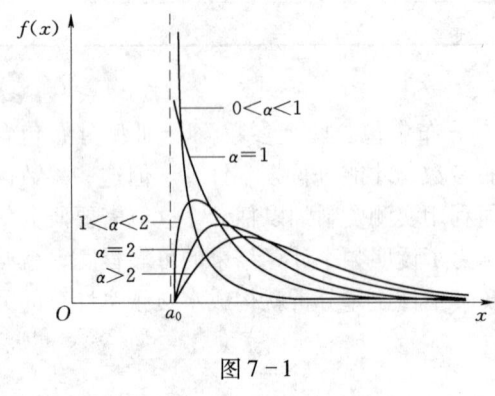

图7-1

从图7-1可知,当$C_S\geq 2$时,即$0<\alpha\leq 1$,P-Ⅲ型密度曲线呈乙字形,意指变量在其极小值附近取值机会最大。这其实不符合水文现象的本质,因为,对于一般的水文变量,特大值和特小值出现的机会都很小,而中间值出现的机会应比较多,即概率密度曲线应成为铃形(图7-1中,$\alpha>1$的密度曲线,即为铃形曲线)。因此,有人认为$C_S\geq 2$的P-Ⅲ型分布不宜在水文中应用,但实用中常不受此限制。

另外,结合水文变量的物理性质,从理论上讲,在水文中应用P-Ⅲ型分布时,其参数还应满足下面两个关系。

(1)由于水文变量如年降水量、年径流量和年最大洪峰流量等都不能取负值,因此式(7-7)中的a_0应满足

$$a_0 = E(X)\left(1 - \frac{2C_V}{C_S}\right) \geq 0$$

从而应有
$$C_S \geq 2C_V \tag{7-8}$$

当$C_S=2C_V$时,$a_0=0$,P-Ⅲ型密度函数式(7-4)变成Gamma分布。

(2)实测资料中的最小值$x_{\min}$应不小于总体的最小值a_0,即

$$x_{\min} \geq a_0 = E(X)\left(1 - \frac{2C_V}{C_S}\right)$$

从而应有
$$C_S \leq \frac{2C_V}{1 - K_{\min}} \tag{7-9}$$

式中:$K_{\min}=x_{\min}/E(X)$ 为实测最小值的模比系数。

综合式(7-8)和式(7-9),从理论上说,水文学中应用P-Ⅲ型分布时,参数C_S、C_V应满足关系

$$2C_V \leq C_S \leq \frac{2C_V}{1 - K_{\min}} \tag{7-10}$$

2. P-Ⅲ型分布的频率计算

水文频率计算中需要的是频率曲线,这可由密度函数式(7-4)积分得到

第二节 几种理论分布的频率计算与分析

$$p = P(X \geq x_p) = \frac{\beta^\alpha}{\Gamma(\alpha)} \int_{x_p}^{+\infty} (x-a_0)^{\alpha-1} e^{-\beta(x-a_0)} dx \qquad (7-11)$$

前面已讲过，在 $E(X), C_V, C_S$ 给定后，可唯一确定 α, β, a_0，因此，只要 $E(X), C_V, C_S$ 已知，可通过积分求出不同 x_p 对应的 p 值。由不同 p 对应的 x_p 则可以画出频率曲线。但这样求解工作量太大，太复杂了，因此，必须想办法简化计算。

为了简化，可以对 X 作标准化变换，即取 $\Phi = \dfrac{X - E(X)}{\sigma}$，此时的变量 Φ 也是随机变量，常称为离均系数，显然，Φ 的均值为 0，方差为 1，$C_{S_\varphi} = C_S$，Φ 的最小值为：

$$\varphi_0 = \frac{a_0 - E(X)}{\sigma} = -\frac{\dfrac{2\sigma}{C_S}}{\sigma} = -\frac{2}{C_S}$$

当 $C_S \to 0$，$\varphi = -\infty$，此时 Φ 为标准化正态分布。

下面来求出 Φ 的密度函数：

由于 $x = \varphi \sigma + E(X)$，且 x 与 φ 是严格单调函数，故

$$f_\Phi(\varphi) = f_X(x) \left| \frac{dx}{d\varphi} \right| = \frac{\beta^\alpha}{\Gamma(\alpha)} [\varphi \sigma + E(X) - a_0]^{\alpha-1} e^{-\beta(\varphi\sigma + E(X) - a_0)} \sigma$$

因为

$$\sigma = \frac{\sqrt{\alpha}}{\beta}, E(X) = \frac{\alpha}{\beta} + a_0$$

$$f_\Phi(\varphi) = \frac{\beta^\alpha}{\Gamma(\alpha)} \left(\varphi \frac{\sqrt{\alpha}}{\beta} + \frac{\alpha}{\beta} \right)^{\alpha-1} e^{-\beta\left(\varphi \frac{\sqrt{\alpha}}{\beta} + \frac{\alpha}{\beta}\right)} \frac{\sqrt{\alpha}}{\beta}$$

$$= \frac{\alpha^{\frac{\alpha}{2}}}{\Gamma(\alpha)} (\varphi + \sqrt{\alpha})^{\alpha-1} e^{-\sqrt{\alpha}(\varphi + \sqrt{\alpha})}$$

从以上离均系数分布密度可知，该分布密度仅与 C_S（或 α）有关，那么只要给定 φ_p 可通过积分求得 p，即

$$p = p(\Phi \geq \varphi_p) = \frac{\alpha^{\frac{\alpha}{2}}}{\Gamma(\alpha)} \int_{\varphi_p}^{+\infty} (\varphi + \sqrt{\alpha})^{\alpha-1} e^{-\sqrt{\alpha}(\varphi+\sqrt{\alpha})} d\varphi \qquad (7-12)$$

故可以利用式（7-12）编制 $C_S \sim p \sim \varphi_p$ 关系数值表。本书在附录二中附表四列出了 $C_S \sim p \sim \varphi_p$ 关系表，表中 C_S 取值 0~5.0，取 86 个数值，P 取值 0.01%~99.9%，共 26 个数值。

这样只要给定 p, C_S 则可查出 φ_p，由 $x_p = E(X)(C_V \varphi_p + 1)$，可以求出 x_p。因此，在 $E(X), C_V, C_S$ 给定后，通过查 P-Ⅲ型分布离均系数 Φ 值表，可以计算不同 p 所对应的 x_p。

3. P-Ⅲ型分布频率曲线的绘制

由已知 $E(X), C_V, C_S$，求出不同超过制频率 p 相应的 x_p。将点 (p, x_p) 点绘到专用的概率格纸即水文上称为海森概率格纸上，即可连成一条光滑的频率曲线，有时也称这种频率曲线为理论频率曲线。按照水文的习惯，概率格纸的纵坐标为变量坐标，均匀分格，横坐标为概率坐标，按标准正态分布转换而成，非均匀分格。海森概率格纸上点绘出的正态分布理论频率曲线为直线，具体绘制原理可见有关文献。如果把海森概率格纸纵坐标改成对数分格，则对数正态分布的频率曲线画在上面成直线。

例1 设随机变量 X 服从 P-Ⅲ型分布，已知 $E(X)=666.4$，$C_V=0.3$，$C_S=0.75$，试在概率格纸上绘制其频率曲线。

解 一般可按下列步骤列表进行：

（1）指定一系列频率 p，按给定的 C_S，查本书附表四，得该 P-Ⅲ型分布标准化变量 Φ 的一系列 Φ 值 φ_p，列于表7-2②栏内。

表7-2

频率$p(\%)$ ①	φ_p ②	K_p ③	x_p ④	频率$p(\%)$ ①	φ_p ②	K_p ③	x_p ④
1	2.86	1.86	1239	75	-0.724	0.78	520
5	1.83	1.55	1032	90	-1.18	0.65	433
10	1.34	1.40	933	95	-1.41	0.58	386
20	0.785	1.24	826	99	-1.77	0.47	313
50	-0.124	0.96	640				

注　总体参数 $E(X)=666.4$，$C_V=0.3$，$C_S=0.75$。

（2）按式 $x_p=E(X)(\varphi_p C_V+1)=E(X)K_p$ 计算相应于各种频率 p 的 x_p，计算过程列于表7-2③、④栏内，其中 $K_p=\varphi_p C_V+1$。

（3）以 x_p 为纵坐标，P 为横坐标，在海森概率格纸上点绘 (p,x_p) 点据，并连成光滑曲线，即得到 X 的频率曲线，如图7-2所示的实线即为给定上述参数的理论频率曲线。

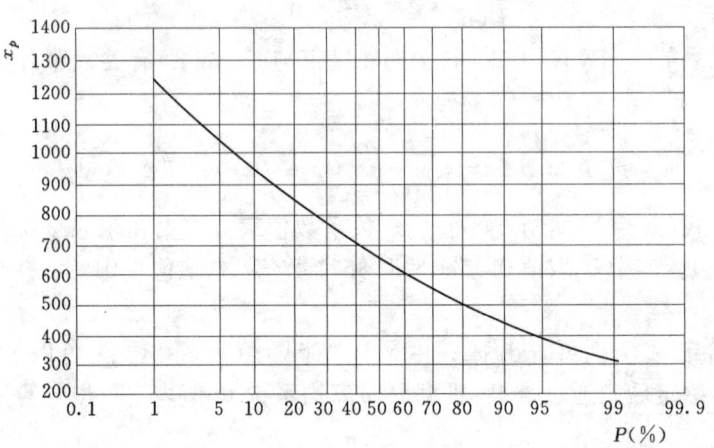

图7-2

关于分布参数对频率曲线形状的影响。由式(7-11)可知，P-Ⅲ型理论频率曲线位置与形状和三个参数 $E(X)$，C_V，C_S 有关。数学期望 $E(X)$ 只决定曲线在坐标图中的上下位置，而与曲线形状无关，因此，P-Ⅲ型频率曲线形状只与 C_V 和 C_S 有关。图7-3表示不同均值对于曲线位置影响，图7-4所示为当 $C_S=1.0$ 时不同 C_V 值对频率曲线形状的影响（纵坐标为变量的模比系数 K）。C_V 越大，分布越离散，曲线越陡峭。图7-5所

示为当 $C_V=0.1$ 时不同 C_S 对频率曲线的影响。C_S 越大，曲线左部越陡，右部越平，中间越下凹。

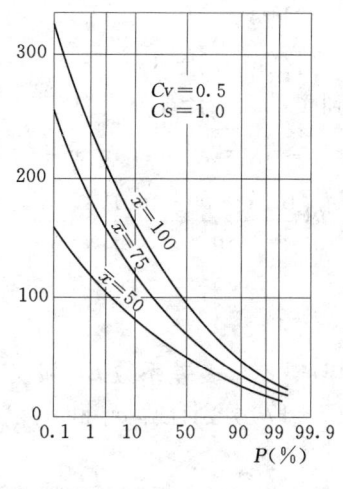

图 7-3

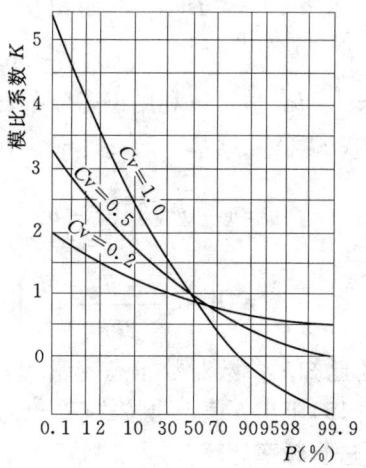

图 7-4

二、对数正态分布

若 $Y=\ln(X-b)$ 服从正态分布，则称 X 服从三参数对数正态分布，当 $b=0$ 时，称 X 服从两参数对数正态分布。

下面先介绍三参数对数正态分布情况，它的概率密度函数分布如下式，即

$$f(x) = \frac{1}{(x-b)\sqrt{2\pi}\sigma_Y} e^{-\frac{[\ln(x-b)-a_Y]^2}{2\sigma_Y^2}}, x \geq b \tag{7-13}$$

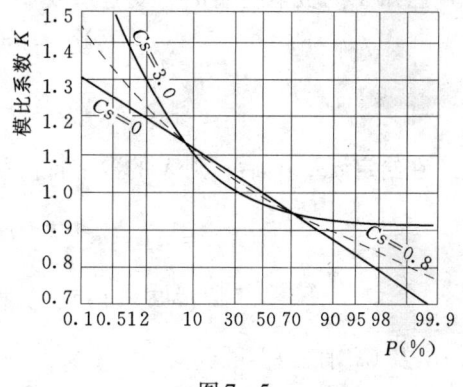

图 7-5

对于三参数对数正态分布，可以证明，若已知三参数对数正态变量 X 的数字特征——数学期望 $E(X)$（或 a_X）、变差系数 C_{V_X} 和偏态系数 C_{S_X}，则可求出密度函数中的三个参数：

$$\eta = \left[\frac{C_{S_X} + \sqrt{C_{S_X}^2 + 4}}{2}\right]^{\frac{1}{3}} - \left[\frac{-C_{S_X} + \sqrt{C_{S_X}^2 + 4}}{2}\right]^{\frac{1}{3}} \tag{7-14}$$

$$b = E(X)\left(1 - \frac{C_{V_X}}{\eta}\right) \tag{7-15}$$

$$\sigma_Y^2 = \sqrt{\ln(1+\eta^2)} \tag{7-16}$$

$$a_Y = \ln[E(X) - b] - \frac{\sigma_Y^2}{2} \tag{7-17}$$

反之，若已知 Y 的参数 a_Y 和 σ_Y，以及 b，则可以求出三参数对数正态变量 X 的数学期望 $E(X)$（或 a_X）、变差系数 C_{V_X} 和偏态系数 C_{S_X}，即

$$E(X) = b + \exp\left(\frac{\sigma_Y^2}{2} + a_Y\right) \quad (7-18)$$

$$D(X) = \exp(\sigma_Y^2 + 2a_Y)(\exp\sigma_Y^2 - 1) \quad (7-19)$$

$$C_{S_X} = [\exp(3\sigma_Y^2) - 3\exp\sigma_Y^2 + 2]/(\exp\sigma_Y^2 - 1)^{\frac{3}{2}} \quad (7-20)$$

由于 $X = e^Y + b$，故可以利用正态分布表可得到 X 的频率计算公式为

$$P(X \geq x) = P(e^Y + b \geq x) = P(e^Y \geq x - b) = P[Y \geq \ln(x-b)]$$

$$= 1 - F_Y[\ln(x-b)] = 1 - \Phi\left[\frac{\ln(x-b) - a_Y}{\sigma_Y}\right]$$

$$= Q\left[\frac{\ln(x-b) - a_Y}{\sigma_Y}\right] \quad (7-21)$$

这样，若已知三参数对数正态变量 X 的数学期望 a_X、变差系数 C_{V_X} 和偏态系数 C_{S_X}，可先按式 (7-15) 求出 b 值，再按式 (7-16) 和式 (7-17) 分别计算 σ_Y 和 a_Y，最后利用式 (7-21) 就可进行频率计算。

而对于 $b = 0$ 的两参数对数正态分布，可推导出 X 与 Y 的数字特征之间关系如下。

已知 X 的数学期望 a_X、变差系数 C_{V_X}，则有

$$\left.\begin{array}{l} D(Y) = \sigma_Y^2 = \ln(C_{V_X}^2 + 1) \\ E(Y) = a_Y = \ln E(X) - \dfrac{\sigma_Y^2}{2} \end{array}\right\} \quad (7-22)$$

在给定 a_Y，σ_Y^2 后，则 X 的数字特征可以用式 (7-23) 表示

$$\left.\begin{array}{l} E(X) = a_X = e^{a_Y + \frac{\sigma_Y^2}{2}}, \; D(X) = \sigma_X^2 = e^{2a_Y + \sigma_Y^2}(e^{\sigma_Y^2} - 1) \\ C_{V_X} = (e^{\sigma_Y^2} - 1)^{\frac{1}{2}}, \; C_{S_X} = (e^{\sigma_Y^2} - 1)^{\frac{1}{2}}(e^{\sigma_Y^2} + 2) \end{array}\right\} \quad (7-23)$$

由 C_{V_X} 及 C_{S_X} 消去 $e^{\sigma_Y^2}$ 可得

$$C_{S_X} = 3C_{V_X} + C_{V_X}^3 \text{ 或 } C_{S_X}/C_{V_X} = 3 + C_{V_X}^2 > 3 \quad (7-24)$$

因此，若知道了原变量 X 的数学期望 a_X 和变差系数 C_{V_X}，就可得到正态变量 Y 的分布参数 a_Y 和 σ_Y。

由于 $X = e^Y$，且函数 $x = e^y$ 是单调增加函数，故

$$P(X \geq x) = P(e^Y \geq x) = P(Y \geq \ln x) = 1 - F_Y(\ln x)$$

$$= 1 - \Phi\left(\frac{\ln x - a_Y}{\sigma_Y}\right) = Q\left(\frac{\ln x - a_Y}{\sigma_Y}\right) \quad (7-25)$$

从而，对数正态分布的频率曲线也可用标准化正态分布表计算。

例 2 设随机变量 X 服从两参数对数正态分布，且 $a_X = 1.0$，$C_{V_X} = 0.2$。求：(1) $P(X < 1.5)$；(2) 使 $P(X \geq x) = 1\%$ 的 x 值。

解 先按式 (7-22) 计算 σ_Y 和 a_Y

$$\sigma_Y = \sqrt{\ln(C_{V_X}^2 + 1)} = \sqrt{\ln(0.04 + 1)} = 0.198$$

$$a_Y = \ln a_X - \frac{\sigma_Y^2}{2} = \ln(1.0) - \frac{1}{2} \times 0.039 = -0.020$$

(1) $P(X<1.5)$ 可直接求解如下

$$P(X<1.5) = \Phi\left(\frac{\ln 1.5 - a_Y}{\sigma_Y}\right) = \Phi\left(\frac{0.41 + 0.020}{0.198}\right)$$
$$= \Phi(2.17) = 1 - Q(2.17) = 0.985$$

(2) 由式(7-25)知

$$P(X \geq x) = Q\left(\frac{\ln x - a_Y}{\sigma_Y}\right) = 1\%$$

查附录二中附表三得

$$u = \frac{\ln x - a_Y}{\sigma_Y} = 2.325$$

解得

$$x = e^{\sigma_Y u + a_Y} = e^{(0.198 \times 2.325 - 0.02)} = e^{0.44} = 1.55$$

对数正态分布也可编制标准化变量离均系数 Φ 值表，由于两参数和三参数对数正态变量的标准化变量完全相同，所以只需对两参数对数正态分布制表即可。

对给定频率 p，查标准正态分布表得满足 $P(U \geq u_p) = p$ 的 u_p 值，由式 $(\ln x_p - a_Y)/\sigma_Y = u_p$ 解得 $x_p = e^{u_p \sigma_Y + a_Y}$，再注意到式(7-25)，可得到二参数对数正态分布离均系数 Φ 相应于所给频率 p 的值 φ_p，即

$$\varphi_p = \frac{x_p - a_X}{\sigma_X} = \frac{e^{u_p \sigma_Y + a_Y} - e^{a_Y + \frac{1}{2}\sigma_Y^2}}{\sqrt{e^{2a_Y + \sigma_Y^2}(e^{\sigma_Y^2} - 1)}}$$

$$= \frac{e^{a_Y + \frac{1}{2}\sigma_Y^2}(e^{u_p \sigma_Y - \frac{1}{2}\sigma_Y^2} - 1)}{e^{a_Y + \frac{1}{2}\sigma_Y^2}\sqrt{e^{\sigma_Y^2} - 1}} = \frac{e^{u_p \sigma_Y - \frac{1}{2}\sigma_Y^2} - 1}{\sqrt{e^{\sigma_Y^2} - 1}} \quad (7-26)$$

对给定的 C_{s_X}，利用式(7-24)及式(7-22)计算得 σ_Y^2，将其与各种 p 的标准化正态变量 u_p 值一起代入式(7-26)，可计算得一串 φ_p 值，从而可制成 Φ 值表，见本书附录二中附表五。

利用对数正态分布的 Φ 值表，当已知对数正态变量 X 的数学期望 a_X、变差系数 C_{V_X} 和偏态系数 C_{s_X} 时，可按式 $x_p = E(X)(1 + C_V \varphi_p)$ 计算和绘制频率曲线，方法与P-Ⅲ型分布频率曲线计算方法类似。

三、耿贝尔分布

耿贝尔分布（超过）累积频率函数及密度函数如式(7-27)，即

$$\left.\begin{array}{l} Q_1(x) = P(X \geq x) = 1 - \exp[-e^{-\alpha(x-u)}], \quad \alpha > 0, -\infty < u < +\infty \\ q_1(x) = \alpha \exp[-\alpha(x-u) - e^{-\alpha(x-u)}], \quad -\infty < x < +\infty \end{array}\right\} \quad (7-27)$$

其密度函数参数与数字特征的关系见式(7-28)，即

$$\alpha = \frac{1.2825}{\sigma}, \quad u = E(X) - 0.45005\sigma \quad (7-28)$$

该分布同样可用标准化变量计算。对任意给定的频率 p，由 $p = Q_1(x_p)$ 求解 x_p 得

$$x_p = u - \frac{1}{\alpha}\ln[-\ln(1-p)]$$

将 α 及 u 的表达式代入上式即可解得 x_p 的标准化变量 φ_p，即

$$\varphi_p = \frac{x_p - E(X)}{\sigma} = -\{0.45005 + 0.7797\ln[-\ln(1-p)]\} \quad (7-29)$$

这是耿贝尔分布的离均系数。当 $\varphi_p = 0$ 时，$x_p = E(X)$，由式(7-29)可求得与之相应的 $p = 42.96\%$，这就是说，耿贝尔分布的数学期望固定在 $p = 42.96\%$ 处。

由式(7-29)可见，耿贝尔分布的离均系数只是频率 p 的函数，因此，可制成 Φ 值表，如附录二中附表七。

若已知 $E(X)$ 及 C_V，由附录二中附表七可查得各种 p 的 φ_p 值，再由式 $x_p = E(X)(1 + C_V\varphi_p)$ 可计算相应的 x_p 值，于是可绘制频率曲线。此频率曲线绘在鲍伟尔概率格纸上可成直线。

耿贝尔分布在海洋波浪研究中有用，在水文学中，耿贝尔用它拟合年最大日平均流量。他把一年的逐日平均流量看成一个样本，每年的最大日平均流量就是此样本的极值。若有 n 年，就有 n 个极值，又构成样本极值的一个样本，因此，可以应用极值分布。但是，从极值分布的来源可知，原样本的各项应是独立同分布的，而就日流量而言，逐日流量不可能相互独立，也不可能服从同一分布。因此，耿贝尔分布在水文上的应用不是很有效。

第三节 参数点估计的数理统计方法

从前面几章可以看到，随机变量的分布函数常常含有一些参数，因此，如果只知道某一随机变量的分布函数的形式，而不知道其中的参数，仍然是无法计算其概率的。此外，在许多场合，即使不知道总体的分布函数，如果能知道它的数学期望，方差等数字特征，也就掌握了随机变量的主要统计特性。如何根据随机变量的样本，采用适当的方法，对总体分布中的未知参数或数字特征做出估计，这就是参数估计问题。

参数估计有两种常用的形式，即点估计和区间估计。所谓点估计就是用一个具体的数值去估计一个未知参数；区间估计就是估计参数所在的区间，也就是说用一个区间去估计未知参数。

一、点估计的一般提法

令总体 X 的分布函数为 $F(x;u^0)$，其形式 F 已知，但 u^0 为未知参数，即待估的参数。假设 $(X_1, X_2, \cdots, X_n)$ 为 X 的一个容量为 n 的样本，构造一个统计量 $U = U(X_1, X_2, \cdots, X_n)$，作为 u^0 的估计，称 U 为 u^0 的估计量。当有了一个具体样本 $(x_1, x_2, \cdots, x_n)$ 时，把它代入 U 的表达式，就得到 U 的一个观测值 $u = U(x_1, x_2, \cdots, x_n)$，称此 u 值为 u^0 的估计值。估计量是样本的函数，是随机变量，估计值是一个具体数值，它是估计量 U 的一个取值，这就是点估计的思想方法。

求未知参数点估计的方法很多，包括数理统计中常用的矩法和极大似然法，以及我国水文计算中使用的适线法和权函数法等。本书将前者称为参数点估计的数理统计法，而把后者称为参数点估计的水文统计法。本节只介绍参数点估计的数理统计方法。

二、参数点估计的矩法

矩法是一种古老而直观方法,其构造估计量原理与方法简单,不同的总体分布都可以用。

由格利汶科-肯达利定理可知,当 $n\to\infty$ 时,样本的分布以概率1趋近于总体分布,因此,样本的各阶矩也必相应地趋近于总体的各阶矩。矩法就是利用这个性质,用样本矩来估计总体矩,用样本矩的函数来估计总体矩的函数。

设总体 X 的分布函数为 $F(x;u_1^0,u_2^0,\cdots,u_l^0)$,则 X 的 k 阶原点矩 $E(X^k)$ 是 $u_1^0,u_2^0,\cdots,u_l^0$ 函数,记总体原点矩

$$v_k = E(X^k) = g_k(u_1^0, u_2^0, \cdots, u_l^0) \tag{7-30}$$

假定从方程组

$$\begin{cases} v_1 = g_1(u_1^0, u_2^0, \cdots, u_l^0) \\ v_2 = g_2(u_1^0, u_2^0, \cdots, u_l^0) \\ \vdots \\ v_l = g_l(u_1^0, u_2^0, \cdots, u_l^0) \end{cases} \tag{7-31}$$

可解出

$$\begin{cases} u_1^0 = f_1(v_1, v_2, \cdots, v_l) \\ u_2^0 = f_2(v_1, v_2, \cdots, v_l) \\ \vdots \\ u_l^0 = f_l(v_1, v_2, \cdots, v_l) \end{cases} \tag{7-32}$$

设 $(X_1, X_2, \cdots, X_n)$ 为 X 的样本,用样本原点矩

$$A_k = \frac{1}{n}\sum_{i=1}^{n} X_i^k$$

作为 v_k 的估计量,然后代入式 (7-32) f_i 中,得到 u_i^0 的估计量:

$$U_i = f_i(A_1, A_2, \cdots, A_l), \quad i = 1, 2, \cdots, l \tag{7-33}$$

也可以利用样本中心矩 M_k 作为总体中心矩 $\mu_k = E[X - E(X_x)]^k$ 的估计量,求出不同参数 u_i^0 的矩估计量。

以后,在不造成混淆的情况下,随机变量及其取值有时不再严格按大小写做出区分。参数 u^0 的估计值常用 $\hat{u}^0$ 表示,u^0 的估计量有时也用 $\hat{u}^0$ 表示。

例3 设 $(X_1, X_2, \cdots, X_n)$ 为总体 X 的一个样本,求总体的均值 a 及方差 σ^2 的矩估计。

解 本题虽未给出总体 X 的分布,但不妨碍问题的解决。因为

$$a = v_1, \quad \sigma^2 = \mu_2$$

按照矩估计法原理,a, σ^2 的估计量 $\hat{a}, \hat{\sigma}^2$ 分别为样本的一阶原点矩和二阶中心矩,即

$$\left.\begin{aligned} \hat{a} &= A_1 = \frac{1}{n}\sum_{i=1}^{n} X_i = \overline{X} \\ \hat{\sigma}^2 &= M_2 = \frac{1}{n}\sum_{i=1}^{n}(X_i - \overline{X})^2 = S^2 \end{aligned}\right\} \tag{7-34}$$

由于 $\sigma^2 = E(X)^2 - [E(X)]^2$,故 σ^2 矩估计另一种求法,即

$$\hat{\sigma}^2 = A_2 - (A_1)^2 = \frac{1}{n}\sum_{i=1}^{n}X_i^2 - \left[\frac{1}{n}\sum_{i=1}^{n}X_i\right]^2 = \frac{1}{n}\sum_{i=1}^{n}(X_i - \overline{X})^2 = S^2$$

例4 设总体 X 服从指数分布，其分布密度为

$$f(x;\lambda) = \begin{cases} \lambda e^{-\lambda x}, & x > 0 \\ 0, & x \leq 0 \end{cases}$$

其中 $\lambda > 0$ 为未知参数，现有 X 的一组样本值：0.17，0.10，0.15，0.16，0.28，0.25，0.14，试求 λ 的矩估计量和矩估计值。

解 首先要找出未知参数 λ 与总体分布的矩的关系。由于

$$v_1 = E(X) = \int_0^{+\infty} x\lambda e^{-\lambda x}dx = \frac{1}{\lambda}$$

所以

$$\lambda = \frac{1}{v_1}$$

按矩估计法，λ 的估计量 $\hat{\lambda}$ 为

$$\hat{\lambda} = \frac{1}{A_1} = \frac{1}{\overline{X}}$$

根据样本，求得 $\overline{x} = 0.18$，所以 λ 的估计值为 $\hat{\lambda} = \frac{1}{\overline{x}} = \frac{1}{0.18} = 5.6$

例5 设总体 X 在 $[a,b]$ 区间上服从均匀分布，求参数 a,b 的矩估计量。

解 X 的分布密度为

$$f(x;a,b) = \begin{cases} \dfrac{1}{b-a}, & a \leq x \leq b \\ 0, & \text{其他} \end{cases}$$

因为

$$v_1 = E(X) = \frac{a+b}{2}$$

$$\mu_2 = D(X) = \frac{(b-a)^2}{12}$$

由此可解得

$$\begin{cases} a = v_1 - \sqrt{3\mu_2} \\ b = v_1 + \sqrt{3\mu_2} \end{cases}$$

因此，参数 a,b 的矩估计量为

$$\hat{a} = \overline{X} - \sqrt{3S^2} = \overline{X} - \sqrt{3}S$$
$$\hat{b} = \overline{X} + \sqrt{3S^2} = \overline{X} + \sqrt{3}S$$

例6 求相关系数的矩估计量。

解 首先用样本相关矩作为总体相关矩的矩估计量：

$$M_{X,Y} = \frac{1}{n}\sum_{i=1}^{n}(X_i - \overline{X})(Y_i - \overline{Y})$$

式中：$\overline{X} = \dfrac{1}{n}\sum_{i=1}^{n}X_i$，$\overline{Y} = \dfrac{1}{n}\sum_{i=1}^{n}Y_i$。

再利用例3结果，可得到相关系数 ρ 的估计量

$$\hat{\rho} = \frac{\dfrac{1}{n}\sum_{i=1}^{n}(X_i - \overline{X})(Y_i - \overline{Y})}{\sqrt{\dfrac{1}{n}\sum_{i=1}^{n}(X_i - \overline{X})^2 \times \dfrac{1}{n}\sum_{i=1}^{n}(Y_i - \overline{Y})^2}}$$

$$= \frac{\sum_{i=1}^{n}(X_i - \overline{X})(Y_i - \overline{Y})}{\sqrt{\sum_{i=1}^{n}(X_i - \overline{X})^2 \times \sum_{i=1}^{n}(Y_i - \overline{Y})^2}}$$

类似地，可以得到总体变差系数 C_V，偏态系数 C_S 的矩估计量，即

$$\hat{C}_V = \frac{\hat{\sigma}}{\hat{a}} = \frac{S}{\overline{X}} = \sqrt{\frac{1}{n}\sum_{i=1}^{n}\left(\frac{X_i}{\overline{X}} - 1\right)^2} = \sqrt{\frac{1}{n}\sum_{i=1}^{n}(K_i - 1)^2} \tag{7-35}$$

$$\hat{C}_S = \frac{\hat{u}_3}{\hat{\sigma}^3} = \frac{\sum_{i=1}^{n}\left(\dfrac{X_i}{\overline{X}} - 1\right)^3}{n\hat{C}_V^3} = \frac{\sum_{i=1}^{n}(K_i - 1)^3}{n\hat{C}_V^3} \tag{7-36}$$

式(7-35)和式(7-36)中 $K_i = \dfrac{X_i}{\overline{X}}$ 称为模比系数。

式(7-34)~式(7-36)都是用简单随机样本估计总体参数 $E(X)$，C_V，C_S 的矩法公式，即认为样本中的每一个值都是在相同条件下获得的，它们在样本中是等可能的，其概率都是 $\dfrac{1}{n}$。但在洪水频率计算中常遇到含有一个或几个"特大值"的情况，这些特大值是历史上发生过的大洪水，可能是实测的，也可能是调查到的，统称为历史洪水。由于这些洪水出现的机会很小，可能几百年才出现一次，因此与实测系列中的普通洪水不能等同看待，这种样本常称为非简单随机样本。把这种样本按由大到小顺序排列，可得如下形式

$$\underbrace{X^*_{1(N)} \geqslant X^*_{2(N)} \geqslant \cdots \geqslant X^*_{a(N)}}_{a\text{项}} \geqslant \underbrace{\cdots}_{N-(a+n-l)} \geqslant \underbrace{X^*_{1(n)} \geqslant X^*_{2(n)} \geqslant \cdots \geqslant X^*_{(n-l)(n)}}_{(n-l)\text{项}} \tag{7-37}$$

式中：N 为非简单随机样本的容量，一般指所调查到的最大洪水发生的年代至目前的年数，称为最大历史洪水重现期；n 为实测系列长度；a 为历史洪水总数；l 为作为历史洪水处理的实测特大洪水个数。

$X^*_{s(N)}$ 表示 N 项中由大到小排列的第 s 项（$S=1,2,\cdots,a$），$X^*_{t(n)}$ 表示 $n-l$ 个实测值按由大到小排列的第 t 项。

可见，样本总长度为 N，但有数据的总项数为 $a+n-l$，中间的 $N-(a+n-l)$ 项无数据。为简单计，用

$$X^*_m; m=1,2,\cdots,a; \ a+1,a+2,\cdots,a+n-l \tag{7-38}$$

统一表示式(7-37)中的前后两部分。即

$$X^*_m = \begin{cases} X^*_{m(N)}, & \text{当 } m=1,2,\cdots,a \text{ 时} \\ X^*_{(m-a)(n)}, & \text{当 } m=a+1,\cdots,a+n-l \text{ 时} \end{cases} \tag{7-39}$$

如果 $a=l=0$，则式(7-37)成为简单随机样本的排队 $X^*_1 \geqslant X^*_2 \geqslant \cdots \geqslant X^*_n$，它的序号

从 1 到 n 连续，中间没有间断。而如果 $a \neq 0$，则式(7-37)中，中间有 $N-(a+n-l)$ 项无观测值，如式(7-39)，已有观测值的水文样本 $a+n-l$ 项在 N 年中排队序号不连续，因此，有些文献称简单随机样本为连序样本，称非简单随机样本为不连序样本。

当用如式 (7-37) 的不连序样本估计总体参数时，不能用适用于连序样本的各种估计公式，而必须加以适当修改。通常的做法是：假定式(7-37)中由比 $X_{a(N)}^*$ 小的 $N-a$ 个值（包括缺测项和实测项）构成的样本的各种参数，与由式中最后 $n-l$ 个实测值构成的样本的各种参数相等。这样，经过简单运算，可得到用容量为 N 的样本估计总体参数 $E(X)$、C_V 及 C_S 的公式

$$\overline{X} = \frac{1}{N}\left(\sum_{i=1}^{a} X_i^* + \frac{N-a}{n-l}\sum_{i=a+1}^{a+n-l} X_i^*\right) \tag{7-40}$$

$$C_V = \sqrt{\frac{1}{N}\left[\sum_{i=1}^{a}(K_i^*-1)^2 + \frac{N-a}{n-l}\sum_{i=a+1}^{a+n-l}(K_i^*-1)^2\right]} \tag{7-41}$$

$$C_S = \frac{1}{NC_V^3}\left\{\sum_{i=1}^{a}(K_i^*-1)^3 + \frac{N-a}{n-l}\sum_{i=a+1}^{a+n-l}(K_i^*-1)^3\right\} \tag{7-42}$$

其中 $K_i^* = X_i^*/\overline{X}$，而 X_i^* 的值按式(7-39)规定。

三、参数点估计的极大似然法

由经验可知，若某项试验有多种可能的结果，它们发生的概率各不相同，那么在一次试验之前，可以合理地认为发生概率最大的那个事件将要发生；反之，如果在一次试验中，某个事件发生了，那么认为在诸事件中，该事件发生的概率为最大也是合理的。例如，盒中有球 100 个，其中 5 个红球，95 个白球。现从中任取一球，如果要猜测该球的颜色，那么，应该猜该球为白球；反之，如盒中有红球和白球共 100 个，其中一种颜色的球为 5 个；另一种颜色的球为 95 个。现从中任取一球为白球，那么，可以猜测盒中白球为 95 个。因为任取一球为白球，有理由认为抽到白球的概率比抽到红球大，也就是说盒中白球的比例比红球大，所以猜白球有 95 个是合理的。极大似然法就是根据这样的经验提出的，通常把这种思想称为极大似然原理。

对于连续型的总体 X，设它的密度函数为 $f(x;u_1^0,u_2^0,\cdots,u_l^0)$，其中 $u_1^0,u_2^0,\cdots,u_l^0$ 为待估计的未知参数，$X_1,X_2,\cdots,X_n$ 是 X 的样本，则 n 个独立同分布随机变量 $X_1,X_2,\cdots,X_n$ 的联合密度为

$$\prod_{i=1}^{n} f(x_i;u_1^0,u_2^0,\cdots,u_l^0) \tag{7-43}$$

对于给定的一组样本值 $x_1',x_2',\cdots,x_n'$，将

$$L(x_1',x_2',\cdots,x_n';u_1^0,u_2^0,\cdots,u_l^0) = \prod_{i=1}^{n} f(x_i';u_1^0,u_2^0,\cdots,u_l^0) \tag{7-44}$$

称为样本的似然函数。

对于离散型的总体 X，设它的分布律为

$$P(X=x) = p(x;u_1^0,u_2^0,\cdots,u_l^0)$$

对于给定的一组样本值 $x_1',x_2',\cdots,x_n'$，将

$$L(x_1',x_2',\cdots,x_n';u_1^0,u_2^0,\cdots,u_l^0) = \prod_{i=1}^{n} p(x_i';u_1^0,u_2^0,\cdots,u_l^0) \tag{7-45}$$

称为样本的似然函数。

在不至于造成的混淆的情况下,为书写方便,样本值仍用 $x_1,x_2,\cdots,x_n$ 表示,对连续型总体,似然函数式(7-44)成为

$$L(x_1,x_2,\cdots,x_n;u_1^0,u_2^0,\cdots,u_l^0) = \prod_{i=1}^{n} f(x_i;u_1^0,u_2^0,\cdots,u_l^0) \qquad (7-46)$$

但需注意,尽管式(7-43)与式(7-46)形式相同,但式中 x_i 的含义不同,前者是联合密度中的自变量,而后者是样本值,是具体数字,在离散型总体中情况类似。所以,似然函数是待估参数 $u_1^0,u_2^0,\cdots,u_l^0$ 的函数。$x_1,x_2,\cdots,x_n$ 是一组样本值,它是已经发生的随机事件,根据极大似然原理,应该认为作为 n 元随机变量的样本 $X_1,X_2,\cdots,X_n$ 的取值,在 $(x_1,x_2,\cdots,x_n)$ 邻域内的概率较大,而这就要求随机变量 $(X_1,X_2,\cdots,X_n)$ 的联合概率密度在点 $(x_1,x_2,\cdots,x_n)$ 处的值比其他地方大。而这就等价于让似然函数 L 在已知样本值 $x_1,x_2,\cdots,x_n$ 处的值达到最大,对似然函数而言,$x_1,x_2,\cdots,x_n$ 是已经观测到的样本,所以是常数,而参数 $u_1^0,u_2^0,\cdots,u_l^0$ 是自变量,极大似然法就是将使 L 取得极大值的参数值 $\hat{u}_1^0,\hat{u}_2^0,\cdots,\hat{u}_l^0$ 作为 $u_1^0,u_2^0,\cdots,u_l^0$ 的估计值。

由微积分中求极值的方法,使 L 达到极大的 $\hat{u}_1^0,\hat{u}_2^0,\cdots,\hat{u}_l^0$,可由下述方程组解得[$L$ 即为式(7-46)]。

$$\begin{cases} \dfrac{\partial L}{\partial u_1^0} = 0 \\ \dfrac{\partial L}{\partial u_2^0} = 0 \\ \vdots \\ \dfrac{\partial L}{\partial u_l^0} = 0 \end{cases} \qquad (7-47)$$

由于 $\ln L$ 与 L 同时达到极大值,为便于计算,可求解方程组

$$\begin{cases} \dfrac{\partial \ln L}{\partial u_1^0} = 0 \\ \dfrac{\partial \ln L}{\partial u_2^0} = 0 \\ \vdots \\ \dfrac{\partial \ln L}{\partial u_l^0} = 0 \end{cases} \qquad (7-48)$$

方程组(7-47)及方程组(7-48)都称为似然方程。

由于 $\hat{u}_i^0(i=1,2,\cdots,l)$ 的值与样本值 $(x_1,x_2,\cdots,x_n)$ 有关。故称 $\hat{u}_i^0 = \hat{u}_i^0(x_1,x_2,\cdots,x_n)$ 为 u_i^0 的极大似然估计值。

在使用以上似然方程求极大似然估计量时还必须注意以下两点:

(1)使用似然方程 $\dfrac{\partial L}{\partial u_i^0}=0$ 或 $\dfrac{\partial \ln L}{\partial u_i^0}=0$ 前提条件是 $f(x;u_1^0,u_2^0,\cdots,u_l^0)$ 中 x 的取值范围与 u_i^0 无关。

(2)从理论上讲应验证 $\dfrac{\partial^2 L}{\partial u_i^{02}}<0$,这样才能保证极大值,但通常并未作验证。

例7 设$(X_1, X_2, \cdots, X_n)$为正态总体$N(a, \sigma^2)$的样本，求a, σ^2的极大似然估计。

解 似然函数为

$$L = \prod_{i=1}^{n} \frac{1}{\sigma\sqrt{2\pi}} \exp\left[-\frac{1}{2\sigma^2}(x_i - a)^2\right]$$

$$= \left(\frac{1}{2\pi\sigma^2}\right)^{n/2} \exp\left[-\frac{1}{2\sigma^2}\sum_{i=1}^{n}(x_i - a)^2\right]$$

由

$$\ln L = -\frac{n}{2}\ln(2\pi\sigma^2) - \frac{1}{2\sigma^2}\sum_{i=1}^{n}(x_i - a)^2$$

$$\begin{cases} \dfrac{\partial \ln L}{\partial a} = \dfrac{1}{\sigma^2}\sum_{i=1}^{n}(x_i - a) = 0 \\ \dfrac{\partial \ln L}{\partial \sigma^2} = -\dfrac{n}{2}\dfrac{1}{\sigma^2} + \dfrac{1}{2\sigma^4}\sum_{i=1}^{n}(x_i - a)^2 = 0 \end{cases}$$

解得

$$\hat{a} = \frac{1}{n}\sum_{i=1}^{n} x_i = \bar{x}$$

$$\hat{\sigma}^2 = \frac{1}{n}\sum_{i=1}^{n}(x_i - \bar{x})^2 = s^2$$

这个结果与矩法也是一致的。

例8 设总体X的密度函数为

$$f(x; \alpha) = \begin{cases} \alpha x^{\alpha-1}, & 0 < x < 1 \\ 0, & \text{其他} \end{cases}$$

其中$\alpha > 0$为未知参数，设$x_1, x_2, \cdots, x_n$为X的样本，试求α的矩估计和极大似然估计。

解 矩估计，因为

$$E(X) = \int_{-\infty}^{+\infty} xf(x;\alpha)\mathrm{d}x = \int_0^1 x\alpha x^{\alpha-1}\mathrm{d}x = \frac{\alpha}{\alpha+1}$$

$$\alpha = \frac{E(X)}{1 - E(X)}$$

所以，矩估计量为

$$\hat{\alpha} = \frac{\bar{X}}{1 - \bar{X}}$$

而α的矩估计值为

$$\hat{\alpha} = \frac{\bar{x}}{1 - \bar{x}}$$

极大似然估计，似然函数为

$$L(\alpha) = \prod_{i=1}^{n}(\alpha x_i^{\alpha-1}) = \alpha^n \prod_{i=1}^{n} x_i^{\alpha-1}$$

$$\ln L(\alpha) = n\ln\alpha + (\alpha - 1)\sum_{i=1}^{n} \ln x_i$$

于是似然方程为

$$\frac{\mathrm{d}\ln L(\alpha)}{\mathrm{d}\alpha} = \frac{n}{\alpha} + \sum_{i=1}^{n} \ln x_i = 0$$

解得

$$\hat{\alpha} = -\frac{n}{\sum_{i=1}^{n} \ln x_i}$$

由此例可见，矩法与极大似然法求得的结果并不相同。事实上很多情况下两者所得到的估计量是不同的。

例9 如均匀分布

$$f(x,\theta) = \begin{cases} \dfrac{1}{\theta}, & 0 \leq x \leq \theta \\ 0, & \text{其他} \end{cases}$$

解 因为$f(x,\theta)$中x取值与未知参数θ有关，故不能用$\dfrac{\partial L}{\partial \theta}=0$或$\dfrac{\partial \ln L}{\partial \theta}$这一似然方程。如果使用的话

$$L = \dfrac{1}{\theta^n}, \ln L = -n\ln\theta$$

所以

$$\dfrac{\partial \ln L}{\partial \theta} = -\dfrac{n}{\theta} = 0, \text{显然}\ \theta \to +\infty$$

当参数$\theta = +\infty$时，$L=0$，是使得联合密度达到最小的参数，显然与极大似然原理不符。

那么，如何求解此例中极大似然法估计量呢？

设样本$x_1, x_2, \cdots, x_n$中，x_1^*为极大值，因为x_1^*是抽自以上总体的，故$\theta \geq x_1^*$，即θ取值范围$[x_1^*, +\infty)$。为使似然函数达最大，即使得$L = \dfrac{1}{\theta^n}$达最大，显然在θ取值范围内$\theta = x_1^*$时可使L达最大。故$\hat{\theta} = x_1^*$为极大似然法估计量。

矩法的一个优点是寻求总体数学期望，变差系数和偏态系数等参数的估计量时，无须知道随机变量的分布函数，而应用极大似然法时必须知道总体的概率分布，但是极大似然估计量的性质要比矩估计量好。在数理统计中，它被认为是最好的方法。不过极大似然法用于估计P-Ⅲ型分布参数时，需要试算，计算复杂，而且有时似然方程无解，因此，在我国水文计算工作中并不常用。

第四节　参数点估计的水文统计方法

由于水文系列长度短，且所需推求的是稀遇的设计值等原因，数理统计中传统估计方法的估计结果并不理想。因此，长期以来，国内外水文学者一直致力于研究符合水文特点的参数估计方法，总的说来，还是取得了不少进展。目前这方面估计方法主要有适线法、权函数法、熵估计法、概率权重矩法（PWM）和线性矩法（LM）等。适线法在我国设计洪水规范中已被规定为水文随机变量的参数估计方法，得到广泛应用。因此，下面作重点介绍，而对于其他新近提出的一些方法，仅作简单介绍。介绍时只针对水文上常用的P-Ⅲ型分布而言，对于其他线型参数估计可参照其他文献。

一、适线法

适线法早在20世纪50年代初就已较多地应用于水文计算中，目前的适线法比传统适

线法有一些改进(1993年之前，一直规定使用目估适线法，现在还推荐使用计算机优化适线法)。

下面主要从三方面进行阐述：一是适线法的基本原理；二是 P-Ⅲ 型分布参数估计的适线法(包括优化适线)；三是经验频率公式，适线法不是给出估计量的计算公式，而是由实测样本直接推求参数的估计值。

(一)适线法的基本原理

对于一个实测系列适线法分以下三步。

(1)点绘经验频率点据。在概率格纸上绘制点据 (x_m^*, p_m)，x_m^* 为来自总体 X 的一组观测值 $x_1, x_2, \cdots, x_n$，由大到小排列的第 m 位的数据。p_m 从理论上讲应该是 $p_m = p(X \geq x_m^*)$。但由于总体 X 分布密度中参数未知，因此 $p(X \geq x_m^*)$ 实际上是未知数，要画出 (x_m^*, p_m) 点据，显然必须对 p_m 做出估计。最简单的就是 $p_m^* = p(X_{ne} \geq x_m^*) = \frac{m}{n}$，因此，也把 p_m 称为样本频率或经验频率。不过 p_m 还有其他更好估计方法，常用的是期望值公式 $p_m = \frac{m}{n+1}$，这些点据点绘在概率格纸上。一般是以"×"或"·"表示它们所在位置。

(2)绘制理论频率曲线。假定 X 分布符合某一总体概率模型(我国规定使用 P-Ⅲ)，用某种估计方法(通常用矩法)估计分布密度中的未知参数，有了分布参数可用第二节介绍的频率计算方法求出在这种参数下 $x_p - p$ 关系，从而可以绘制理论频率曲线，与第 1 步中经验频率点据绘在同一张概率格纸上。

(3)检查拟合情况。如果点线拟合得好，所给参数即为适线法估计结果，如点线拟合不好，则需调整参数，重绘理论频率曲线直到点线拟合好为止，最终参数即为适线法估计结果。

以上就是适线法估计参数的原理，其实也是适线法估计参数的基本步骤，这些步骤并不难理解，但实际上要完成好适线工作，可不是件容易的事。为了做好适线工作必须解决好以下三个问题：

(1)给定总体参数 $E(X), C_v, C_s$，如何计算 p 对应的 x_p，这是基本问题，已经在本章第二节中作了详细介绍。

(2)各经验点据的绘点公式，也很重要，直接影响结果。

(3)拟合好坏如何确定，这同样也很重要。拟合好坏标准也有很多种，有的人认为应主要看左端点据的拟合好坏；有的人则认为看理论频率曲线与所有点据拟合好坏。此外，有人认为应以纵标离差为评价拟合好坏的标准，有人则认为应以横标离差为评价拟合好坏的标准，那么到底应该选哪个？因不同拟合标准，适线结果不一样，后面将介绍有关结论。

(二)P-Ⅲ 型分布参数估计的适线法

下面用一个例子说明适线法估计 P-Ⅲ 型分布参数的具体步骤。

例10 表7-3为某水文站年平均流量资料，假定总体服从 P-Ⅲ 型分布，试用适线法估计参数 $E(X), C_v, C_s$。

第四节 参数点估计的水文统计方法

表 7-3

年份	流量 /(m³/s)	年份	流量 /(m³/s)	年份	流量 /(m³/s)	年份	流量 /(m³/s)
1976	1676.0	1984	614.0	1992	343.0	2000	1029.0
1977	601.0	1985	490.0	1993	413.0	2001	1463.0
1978	562.0	1986	990.0	1994	493.0	2002	540.0
1979	697.0	1987	597.0	1995	372.0	2003	1077.0
1980	407.0	1988	214.0	1996	214.0	2004	571.0
1981	2259.0	1989	196.0	1997	1117.0	2005	1995.0
1982	402.0	1990	929.0	1998	761.0	2006	1840.0
1983	777.0	1991	1828.0	1999	980.0		

解 (1)将表7-3中的流量按从大到小顺序列于表7-4中第②栏。
(2)计算表7-4中第③至第⑦各栏数值。
(3)将表7-4中的经验点据(P_m, x_m^*)点在几率格纸上,如图7-6中×所示。
(4)参数的初值由矩法公式计算,由表7-4得

$$\bar{x} = \frac{1}{n}\sum_{i=1}^{n} x_i = \frac{1}{31} \times 26447 = 853.1$$

$$C_V = \sqrt{\frac{1}{n-1}\sum_{i=1}^{n}(K_i-1)^2} = \sqrt{\frac{1}{30} \times 13.0957} = 0.66$$

$$C_S = \frac{\sum_{i=1}^{n}(K_i-1)^3}{(n-3)C_V^3} = \frac{8.7621}{28 \times 0.66^3} = 1.09$$

以上公式是纠偏后矩估计量,来源详细见本章第五节。

表 7-4

序号 ①	x_m^* ②	$K_m = \dfrac{x_m^*}{\bar{x}}$ ③	$K_m - 1$ ④	$(K_m-1)^2$ ⑤	$(K_m-1)^3$ ⑥	$P_m = \dfrac{m}{n+1}$ (%) ⑦
1	2259.0	2.6480	1.6480	2.7159	4.4758	3.125
2	1995.0	2.3385	1.3385	1.7916	2.3980	6.250
3	1840.0	2.1568	1.1568	1.3382	1.5480	9.375
4	1828.0	2.1428	1.1428	1.3059	1.4925	12.500
5	1676.0	1.9646	0.9646	0.9305	0.8975	15.625
6	1463.0	1.7149	0.7149	0.5111	0.3654	18.750
7	1117.0	1.3093	0.3093	0.0957	0.0296	21.875
8	1077.0	1.2625	0.2625	0.0689	0.0181	25.000
9	1029.0	1.2062	0.2062	0.0425	0.0088	28.125
10	990.0	1.1605	0.1605	0.0258	0.0041	31.250

续表

序号 ①	x_m^* ②	$K_m = \dfrac{x_m^*}{\bar{x}}$ ③	$K_m - 1$ ④	$(K_m - 1)^2$ ⑤	$(K_m - 1)^3$ ⑥	$p_m = \dfrac{m}{n+1}$ (%) ⑦
11	980.0	1.1488	0.1488	0.0221	0.0033	34.375
12	929.0	1.0890	0.0890	0.0079	0.0007	37.500
13	777.0	0.9108	−0.0892	0.0080	−0.0007	40.625
14	761.0	0.8920	−0.1080	0.0117	−0.0013	43.750
15	697.0	0.8170	−0.1830	0.0335	−0.0061	46.875
16	614.0	0.7197	−0.2803	0.0786	−0.0220	50.000
17	601.0	0.7045	−0.2955	0.0873	−0.0258	53.125
18	597.0	0.6998	−0.3002	0.0901	−0.0271	56.250
19	571.0	0.6693	−0.3307	0.1094	−0.0362	59.375
20	562.0	0.6588	−0.3412	0.1164	−0.0397	62.500
21	540.0	0.6330	−0.3670	0.1347	−0.0494	65.625
22	493.0	0.5779	−0.4221	0.1782	−0.0752	68.750
23	490.0	0.5744	−0.4256	0.1811	−0.0771	71.875
24	413.0	0.4841	−0.5159	0.2662	−0.1373	75.000
25	407.0	0.4771	−0.5229	0.2734	−0.1430	78.125
26	402.0	0.4712	−0.5288	0.2796	−0.1479	81.250
27	372.0	0.4361	−0.5639	0.3180	−0.1793	84.375
28	343.0	0.4021	−0.5979	0.3575	−0.2137	87.500
29	214.0	0.2508	−0.7492	0.5613	−0.4205	90.625
30	214.0	0.2508	−0.7492	0.5613	−0.4205	93.750
31	196.0	0.2298	−0.7702	0.5932	−0.4569	96.875
Σ	26447.0	31.0011	0.0011	13.0957	8.7621	

(5) 在概率格纸横坐标上均匀地选择一些 P，根据矩估计的 $\bar{x}$，C_v 和 C_s，计算理论频率曲线，见表 7-5。

表 7-5

配 线		P/%	0.1	1	5	10	20	40
第一次配线	$\bar{x} = 853.1$ $C_v = 0.66$ $C_s = 1.09$ $C_s/C_v = 1.65$	φ_p	4.660	3.081	1.892	1.341	0.746	0.072
		$K_p = \varphi_p C_v + 1$	4.075	3.033	2.249	1.885	1.493	1.047
		$x_p = K_p \bar{x}$	3476.7	2587.6	1918.6	1608.1	1273.4	893.5
第二次配线	$\bar{x} = 853.1$ $C_v = 0.75$ $C_s = 1.68$ $C_s/C_v = 2.24$	φ_p	5.480	3.433	1.970	1.325	0.663	−0.030
		$K_p = \varphi_p C_v + 1$	5.110	3.575	2.478	1.994	1.497	0.978
		$x_p = K_p \bar{x}$	4359.2	3049.5	2113.6	1700.7	1277.2	834.0

第四节 参数点估计的水文统计方法

续表

配线		P/%	50	70	80	90	95	99
第一次配线	$\bar{x}=853.1$ $C_V=0.66$ $C_S=1.09$ $C_S/C_V=1.65$	φ_p	-0.178	-0.623	-0.848	-1.109	-1.284	-1.525
		$K_p=\varphi_p C_V+1$	0.882	0.589	0.440	0.268	0.153	0.006
		$x_p=K_p\bar{x}$	752.7	502.1	375.4	228.6	130.3	-5.5
第二次配线	$\bar{x}=853.1$ $C_V=0.75$ $C_S=1.68$ $C_S/C_V=2.24$	φ_p	-0.265	-0.644	-0.810	-0.975	-1.064	-1.151
		$K_p=\varphi_p C_V+1$	0.801	0.517	0.393	0.269	0.202	0.137
		$x_p=K_p\bar{x}$	683.4	441.1	334.8	229.4	172.6	116.5

(6)将表7-5中的各点(P,x_p)点绘在图7-6中,并通过这些点描绘光滑曲线(图7-6中虚线所示)。此曲线即为$E(X)=853.1$,$C_V=0.66$,$C_S=1.09$的P-Ⅲ型分布超过累积频率的理论曲线。

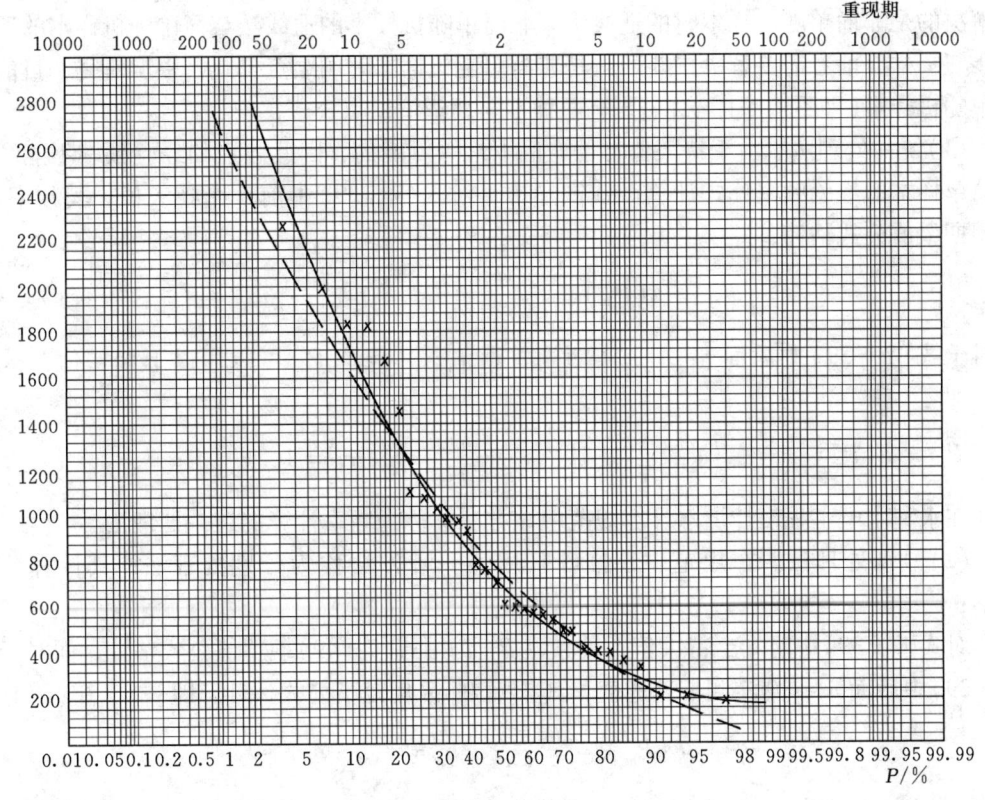

图7-6

(7)观察上述曲线与实测点据吻合的程度,如吻合满意,则该理论频率曲线相应的参数就是要估计的总体的分布参数。

(8)若第一次计算得的理论曲线与实测点吻合不好,归纳起来,这可能主要有五种原因引起：①可能是根据实测资料(样本)由矩法计算出的参数 $\bar{x}, C_V, C_S$ 作为总体分布参数的估计值有误差；②经验点据的绘点位置不合理，也就是用于计算事件($X \geq x_m^*$)的概率公式，又称经验频率公式不符合实际；③可能是所研究的随机变量的概率分布不符合 P-Ⅲ 型概率模型；④水文数据观测误差较大；⑤样本本身抽样随机性大。

根据我国的研究，由于 P-Ⅲ 型分布适应性较强，就我国情况而言，可以用 P-Ⅲ 型分布配合各种水文变量。因此，当用 P-Ⅲ 型分布研究各种水文变量的概率分布时一般可不考虑模型的适用性问题。而经验频率的期望值公式理论基础较强，为国内外较普遍采用(对经验频率公式后面还将作讨论)。此外，实测水文数据误差一般不大，因此，计算的曲线与实测点吻合不好可以认为主要是由于参数估计的偏差或样本抽样随机性引起的，由于抽样随机性是固有的。所以，可以将参数适当调整，再重复(5)、(6)两步计算，直到吻合满意为止。由于 $\bar{x}$ 估计误差小，一般不作调整，只调整 C_V, C_S 值。本例第一次配线效果不好，通过增加 C_V, C_S 值得到实线(图 7-6)，由于频率曲线与点据拟合好，因此适线完毕。

以上讨论的是简单随机样本时的适线法，如果水文样本是如式(7-39)所示，则此时要解决的是非简单随机样本时的适线法。非简单随机样本的适线法与简单随机样本的适线法步骤一样，前者需要解决主要问题是非简单随机样本时的绘点公式。根据研究，目前非简单随机样本(即不连序样本)主要有两种不同期望值绘点公式：

(1)统一处理法。由于特大值与普通值不是等可能的，因此各点的经验频率不能统一用简单样本的经验频率公式计算。钱铁导出，对式(7-39)中前 a 个特大值，其频率 P_M 可用期望值公式估计，即

$$P_M = E(P_M^*) = \frac{M}{N+1}, \quad M = 1,2,\cdots,a \tag{7-49}$$

而对于式(7-39)中后面 $n-l$ 个实测期普通值，其频率 P_m 可以用以下期望值公式估计，即

$$P_m = E(P_m^*) = 1 - \left(1 - \frac{a}{N+1}\right)\left(1 - \frac{m}{n-l+1}\right), \quad m = 1,2,\cdots,n-l \tag{7-50}$$

在水利水电工程设计洪水计算规范中该方法被称为频率计算的统一处理法。

(2)分别处理法。在规范中还推荐采用另一种方法称为分别处理法，其计算公式如下：

对式(7-39)中前 a 个特大值，其频率 P_M 仍用式(7-49)期望值公式估计，而对于式(7-39)中后面 $n-l$ 个实测期普通值，其频率 P_m 采用以下公式估计，即

$$P_m = E(P_m^*) = \frac{m+l}{n+1}, \quad m = 1,2,\cdots,n-l \tag{7-51}$$

该公式说明，在计算 $n-l$ 个实测期普通值频率时，实测期 n 年中的 l 个特大洪水仍占有 l 个位置，即实测期一般洪水最大值在 n 年中排序为 $l+1$，而不是 1。换句话说，考虑前后两个样本是独立的。

上述适线法俗称目估适线法，目估适线优点直观方便，可以考虑专家经验。但其经验点据与理论曲线拟合的好坏全凭人们的目测来判断，因此，估计结果往往因人而异。随着

计算机技术的普及，可以根据某种优选准则，由计算机进行自动优选参数，这为适线法开辟了一条新的途径。

计算机优化适线法，目前已经写入水利水电工程设计洪水计算规范，也作为水文频率计算主要方法。根据理论研究，曲线拟合好坏标准有以下两种：

$$\Delta_1 = \sum_{i=1}^{n} |\Delta x_i|, \Delta_2 = \sum_{i=1}^{n} (\Delta x_i)^2$$

式中：Δx_i 为各经验点据与理论频率曲线纵向离差；Δ_1 为各经验点据与理论频率曲线纵向离差绝对值之和；Δ_2 为各经验点据与理论频率曲线纵向离差平方之和。

当用 Δ_1 指标配合期望值绘点公式来适线时，称该适线法为绝对值准则适线法；当用以上 Δ_2 指标配合期望值绘点公式来适线时，称该适线法为平方和准则适线法。

怎么利用以上拟合指标优化求参数 $E(X)$、C_V、C_S？可以这样理解，假定一组参数 $E(X)$、C_V、C_S，得到一条频率曲线，可计算出一个点和线的拟合指标 Δ_1 或 Δ_2，不同组参数可以得到不同的拟合指标值。如能找到一组参数 $\hat{E}(X)$、$\hat{C}_V$、$\hat{C}_S$ 使得拟合优化指标达最小，这时所对应参数即为优化适线结果。显然 $E(X)$、C_V、C_S 取值有无穷多解，人工做十分复杂，工作量极大，通常在计算机上利用优化方法寻优，找到一组参数 $\hat{E}(X)$、$\hat{C}_V$、$\hat{C}_S$，使得某种拟合目标函数值达到最小，这时的 $\hat{E}(X)$、$\hat{C}_V$、$\hat{C}_S$ 称为某种准则适线结果。以上两种计算机适线比目估适线更客观，不受人为因素影响。

优化适线时，一般不对 $E(X)$ 作适线调整。不过，还可能有其他点线拟合准则，甚至还可以考虑不同的绘点公式，但理论研究结果表明，绝对值准则加期望值（Weibull）经验频率计算公式是可以接受的较好组合。

（三）几种经验频率公式

关于经验频率公式，长期以来，水文工作者进行了大量的研究，推荐了许多公式。以下介绍简单随机样本时的经验频率公式。

(1) 等概率公式

$$P_m = \frac{m}{n} \tag{7-52}$$

等概率公式是根据概率的古典定义，假定样本中各项是等可能发生的。对于实测样本中的最小项 x_n^*，由式（7-52）得其经验频率 $P_n = P(X \geq x_n^*) = \frac{n}{n} = 100\%$，这表明样本中的最小值几乎就是总体中的最小值，这显然是不合理的。

(2) 海森公式

$$P_m = \frac{m - 0.5}{n} \tag{7-53}$$

海森公式正好是按式（7-52）计算的 x_{m-1}^* 与 x_m^* 两项频率的平均值。因此又称平均公式。对于样本最大项 x_1^*，其重现期 $T = \frac{n}{1-0.5} = 2n$，这就是说，n 年观测资料中的最大项的重现期为 $2n$，偏于不安全。

(3) 期望值公式

$$P_m = \frac{m}{n+1} \tag{7-54}$$

期望值公式具有较强的理论基础，而且偏于安全，被广泛采用。但是，该公式实际上是假定现有样本系列各项的经验频率等于各样本同序号理论频率的平均值，这一假定未必符合实际。

(4) 切哥达也夫公式

$$P_m = \frac{m-0.3}{n+0.4} \tag{7-55}$$

式(7-55)中的 P_m 相当于 $P(X \geq X_m^*)$ 的中位数，所以，又称中值公式。在数理统计中，常认为现有样本处于总体中全部样本的中间位置上，因此，采用中值公式是合理的。但是中值公式头尾两项的频率间隔与样本中间部分不同，这不符合样本各项为等可能独立事件的基本假定。

除上述经验频率公式以外，国内外水文工作者还从不同角度，导出了许多公式，由于使用不广泛，而且都有一定的局限性，在此不再一一介绍。

二、权函数法

P-Ⅲ型分布的参数估计方法，除了前面介绍的适线法以外，我国水文科技人员又提出了一些新方法。

马秀峰从分析矩法的求矩差出发，提出了一种新的估计方法——权函数法。这种方法增加了均值附近数据的权重，减小了远端数据的作用，减少了丢失的端矩面积，同时用低阶矩估计高阶矩，减小了估计误差，从而提高了参数 C_S 的估计精度。

将 P-Ⅲ 型密度函数式(7-4)取对数后求导，再利用关系式 $a_0 = E(X) - \frac{\alpha}{\beta}$ 化简，可得

$$(x - a_0) f'(x) = -\{1 + \beta [x - E(X)]\} f(x) \tag{7-56}$$

其中 $f(x)$ 为 P-Ⅲ 型分布密度函数，用权函数 $\varphi(x)$ 乘上式两边并积分得

$$\int_{a_0}^{+\infty} (x - a_0) \varphi(x) f'(x) \mathrm{d}x = -\int_{a_0}^{+\infty} \{1 + \beta [x - E(X)]\} \varphi(x) f(x) \mathrm{d}x \tag{7-57}$$

式中权函数 $\varphi(x)$ 连续且处处可导，并有 $\int_{-\infty}^{+\infty} \varphi(x) \mathrm{d}x = 1$。

将式(7-57)左边分部积分，则式(7-57)可化为

$$a_0 \int_{a_0}^{+\infty} \varphi'(x) f(x) \mathrm{d}x + \beta \int_{a_0}^{+\infty} [x - E(X)] \varphi(x) f(x) \mathrm{d}x = \int_{a_0}^{+\infty} x \varphi'(x) f(x) \mathrm{d}x \tag{7-58}$$

以常用参数 σ，C_S，$E(X)$ 表示 a_0 和 β，则由上式可解得

$$C_S = \frac{\frac{2}{\sigma} \left\{ \int_{a_0}^{\infty} [x - E(X)] \varphi(x) f(x) \mathrm{d}x - \sigma^2 \int_{a_0}^{\infty} \varphi'(x) f(x) \mathrm{d}x \right\}}{\int_{a_0}^{\infty} [x - E(X)] \varphi'(x) f(x) \mathrm{d}x} \tag{7-59}$$

经分析，权函数 $\varphi(x)$ 可取正态密度函数，即

$$\varphi(x) = \frac{1}{\sigma\sqrt{2\pi}} e^{-\frac{[x-E(X)]^2}{2\sigma^2}} \tag{7-60}$$

由于
$$\varphi'(x) = -\frac{x-E(X)}{\sigma^2}\varphi(x)$$

代入式(7-59)可得
$$C_S = -4\sigma\frac{B(x)}{G(x)} \tag{7-61}$$

其中
$$\left.\begin{array}{l} B(x) = \int_{a_0}^{+\infty}[x-E(X)]\varphi(x)f(x)\mathrm{d}x \\ G(x) = -\int_{a_0}^{+\infty}[x-E(X)]^2\varphi(x)f(x)\mathrm{d}x \end{array}\right\} \tag{7-62}$$

它们实际上就是以 $\varphi(x)$ 加权的一二阶中心矩。由正态密度函数的特性可知，上述加权矩增加了均值附近数据的权重，减小了远端数据（总体中较大和较小数据）的作用。因此，用样本矩代替总体矩时，就减少了丢失的端矩面积，从而降低了求矩误差。

用样本矩代替式(7-62)中的积分得
$$\left.\begin{array}{l} B(x) \approx \frac{1}{n}\sum_{i=1}^{n}(x_i-\bar{x})\varphi(x_i) \\ G(x) \approx \frac{1}{n}\sum_{i=1}^{n}(x_i-\bar{x})^2\varphi(x_i) \end{array}\right\} \tag{7-63}$$

式中 $\varphi(x_i)$ 可用下述方法计算：

令
$$t = \frac{x-E(X)}{\sigma} \tag{7-64}$$

$$\varphi(x) = \frac{1}{\sigma}\times\frac{1}{\sqrt{2\pi}}e^{-\frac{t^2}{2}} = \frac{1}{\sigma}\varphi(t) \tag{7-65}$$

式中：$\varphi(t)$ 为标准化正态概率密度函数。

以样本均值 $\bar{x}$ 和样本均方差 S 代替 $E(X)$ 和 σ，对任一样本值 x_i 代入式(7-64)求得 t_i，由标准化正态概率密度表查得 $\varphi(t_i)$，代入式(7-65)得到 $\varphi(x_i)$，于是由式(7-63)可求得 $B(x)$ 和 $G(x)$，再利用式(7-61)可求得 C_S。

马秀峰权函数方法的实质是用一二阶矩来估计三阶矩，由于一二阶矩误差较小所以提高三阶矩的估计精度，但并没解决一二阶矩（即 $\bar{x}$ 和 C_V）的估计精度问题。

以上是马秀峰提出的仅可考虑简单样本时的权函数方法。为了扩大该法的应用范围，我国学者提出了可以考虑历史洪水的权函数方法参数估计公式。

设想水文非简单样本如式(7-39)所示，则总体参数 $E(X)$，$C_V(\sigma)$ 仍按矩法估计式(7-40)和式(7-41)，而参数 C_S 则用以下公式估计。

$$C_S = -4\sigma B/G \tag{7-66}$$

$$B = \frac{1}{N}\left\{\sum_{m=1}^{a}[X_m^*-E(X)]\Phi(X_m^*) + \frac{N-a}{n-l}\sum_{m=a+1}^{a+n-l}[X_m^*-E(X)]\Phi(X_m^*)\right\} \tag{7-67}$$

$$G = \frac{1}{N}\left\{\sum_{m=1}^{a}[X_m^*-E(X)]^2\Phi(X_m^*) + \frac{N-a}{n-l}\sum_{m=a+1}^{a+n-l}[X_m^*-E(X)]^2\Phi(X_m^*)\right\} \tag{7-68}$$

近年来,我国学者对权函数法的估算精度评价和改进作了研究,并取得了可喜进展,从而使 P-Ⅲ 型分布参数估计的权函数法更加完善。

三、概率权重矩法

概率权重矩法简称 PWM 法,由格林伍德(Greenwood)等于 1979 年提出。概率权重矩的定义是

$$M_j = \int_0^1 xF(x)^j \mathrm{d}F, \quad j = 0, 1, 2, \cdots \tag{7-69}$$

式中:M_j 为总体概率权重矩,$F(x)^j$ 为概率权重。

同传统矩法一样,用样本概率权重矩作为总体概率权重矩的估计量,而样本概率权重矩与分布无关。在简单随机样本情况下,样本概率权重矩计算公式为

$$M_j^* = \frac{1}{n} \sum_{i=1}^n x_i^* p_i^j \tag{7-70}$$

式中:i 为将样本按由小到大顺序排列的序号;x_i^* 为相应于序号 i 的样本值;P_i^j 为 x_i^* 的概率权重,一般取如下形式

$$p_i^j = \frac{(i-1)(i-2)\cdots(i-j)}{(n-1)(n-2)\cdots(n-j)}, \quad i = 1, 2, \cdots, n \tag{7-71}$$

于是式(7-70)变成

$$M_j^* = \frac{1}{n} \sum_{i=1}^n \frac{(i-1)(i-2)\cdots(i-j)}{(n-1)(n-2)\cdots(n-j)} x_i^* \tag{7-72}$$

令 $j=0$、1 及 2,可得

$$\left. \begin{aligned} M_0^* &= \frac{1}{n} \sum_{i=1}^n x_i^* \\ M_1^* &= \frac{1}{n} \sum_{i=1}^n \frac{i-1}{n-1} x_i^* \\ M_2^* &= \frac{1}{n} \sum_{i=1}^n \frac{(i-1)(i-2)}{(n-1)(n-2)} x_i^* \end{aligned} \right\} \tag{7-73}$$

对于一般分布,都可以导出总体分布参数与概率权重矩之间的关系,从而可用概率权重矩法作参数估计。其方法与传统方法类似,即以样本概率权重矩代替总体概率权重矩,由分布参数与概率权重矩的关系式求得参数的估计量。

原来认为,概率权重矩法只适用于分布函数的反函数能解析表达的分布,如耿贝尔分布、威克比分布等。宋德敦、丁晶等已解决了将概率权重矩法应用于分布函数的反函数不能解析表达的 P-Ⅲ 型分布的问题。

经过推导和数值计算,得出分布参数与概率权重矩的关系式为

$$E(X) = M_0 \tag{7-74}$$

$$C_V = H\left(\frac{M_1}{M_0} - \frac{1}{2}\right) \tag{7-75}$$

$$C_S = 16.41u - 13.5u^2 + 10.72u^3 + 94.54u^4 \tag{7-76}$$

其中

$$H = 3.545 + 29.85v - 29.15v^2 + 363.8v^3 + 6093v^4 \tag{7-77}$$

$$v = \frac{(R-1)^2}{(4/3-R)^{0.14}}, 1 \leq R < 4/3 \tag{7-78}$$

$$u = \frac{R-1}{(4/3-R)^{0.12}} \tag{7-79}$$

$$R = \frac{M_2 - M_0/3}{M_1 - M_0/2} \tag{7-80}$$

为了确保参数估计有足够精度，要求计算样本概率权重矩时至少要有五位有效数字。

该法的特点是在求矩时不仅利用序列各项大小的信息，而且还利用序位信息，特别是只需序列值一次方的计算而避免高次方，估计出的参数，其抽样误差明显比一般矩法减少。

为了扩大该方法的适用范围，可以考虑历史洪水信息，以下是在非简单随机样本时的样本概率权重矩计算公式。

设水文样本最大重现期是 N，历史洪水个数为 a，实测期历史洪水个数为 l，实测期样本长度是 n，且由小至大排列的样本为 x'_i，$m=1,2,\cdots,n-l+a$，则计算公式

$$\left.\begin{aligned}M_0^* &= \frac{1}{N}\left[\frac{N-a}{n-l}\sum_{m=1}^{n-l}x'_m + \sum_{m=n-l+1}^{n-l+a}x'_m\right] \\ M_1^* &= \frac{1}{N}\left[\frac{N-a}{n-l}\sum_{m=1}^{n-l}\frac{m-1}{n-l-1}\frac{N-a-1}{N-1}x'_m + \sum_{m=n-l+1}^{n-l+a}\frac{N-n+l-a+m-1}{N-1}x'_m\right] \\ M_2^* &= \frac{1}{N}\left[\frac{N-a}{n-l}\sum_{m=1}^{n-l}\frac{(m-1)(m-2)}{(n-l-1)(n-l-2)}\frac{(N-a-1)(N-a-2)}{(N-1)(N-2)}x'_m \right.\\ &\left.+ \sum_{m=n-l+1}^{n-l+a}\frac{(N-n+l-a+m-1)(N-n+l-a+m-2)}{(N-1)(N-2)}x'_m\right]\end{aligned}\right\} \tag{7-81}$$

四、线性矩法

(一) 线性矩定义

1990 年，Hosking 等定义了线性矩 λ_j（L-Moment）。

$$\lambda_j = \int_0^1 x P_{j-1}^*[F(x)]\mathrm{d}F(x) \tag{7-82}$$

其中

$$P_j^*(u) = \sum_{k=0}^{j}\frac{(-1)^{j-k}(j+k)!}{(k!)^2(j-k)!}u^k$$

一般而言，这种定义的线性矩与概率权重矩的关系如下

$$\lambda_{j+1} = \sum_{k=0}^{j}\frac{(-1)^{j-k}(j+k)!}{(k!)^2(j-k)!}M_k \tag{7-83}$$

具体地讲，两种矩的前三阶关系是

$$\left.\begin{aligned}\lambda_1 &= M_0 \\ \lambda_2 &= 2M_1 - M_0 \\ \lambda_3 &= 6M_2 - 6M_1 + M_0\end{aligned}\right\} \tag{7-84}$$

从以上公式可知，线性矩是概率权重矩的线性组合，因此，它们之间应该具有非常密切的联系。

为了便于定义无因次的线性矩，Hosking 还定义了线性矩系数（L-Moment ratios）

$$\tau_j = \lambda_j/\lambda_2, \quad j=3,4 \tag{7-85}$$

τ_3 反映形状（偏态）特征，故也称 L-skewness。此外，还定义了反映尺度特征的系数 $L-C_V$，即

$$\tau_2 = \lambda_2/\lambda_1 \tag{7-86}$$

（二）线性矩与分布参数关系

1. P-Ⅲ型分布参数与线性矩的关系

对于式（7-4）所示的 P-Ⅲ型分布，由于密度函数中参数 α,β,a_0 与线性矩关系复杂，故 Hosking 等给出近似算法，其误差可控制在 10^{-6} 以下，因此，具有足够高的精度。

（1）已知 α,β,a_0 求线性矩 $\lambda_1,\lambda_2,\tau_3$

$$\lambda_1 = a_0 + \frac{\alpha}{\beta}\lambda_2, \quad \lambda_2 = \sqrt{\pi}\Gamma\left(\alpha+\frac{1}{2}\right)/\Gamma(\alpha)/\beta \tag{7-87}$$

$$\tau_3 = \alpha^{-\frac{1}{2}}\frac{A_0 + A_1\alpha^{-1} + A_2\alpha^{-2} + A_3\alpha^{-3}}{1 + B_1\alpha^{-1} + B_2\alpha^{-2}}, \quad \alpha \geqslant 1 \tag{7-88}$$

$$\tau_3 = \frac{1 + E_1\alpha + E_2\alpha^2 + E_3\alpha^3}{1 + F_1\alpha + F_2\alpha^2 + F_3\alpha^3}, \quad \alpha < 1 \tag{7-89}$$

式（7-88）和式（7-89）中系数 $A_0,A_1,A_2,A_3,B_1,B_2,E_1,E_2,E_3,F_1,F_2,F_3$ 取值分别是 0.32573501，0.16869150，0.078327243，-0.0029120539，0.46697102，0.24255406，2.3807576，1.5931792，0.11618371，5.1533299，7.1425260，1.9745056。

（2）已知 $\lambda_1,\lambda_2,\tau_3$ 求 $E(X),C_V,C_S$ 或 α,β,a_0。已知 $\lambda_1,\lambda_2,\tau_3$，则 $E(X),C_V,C_S$ 计算公式如下：

当 $|\tau_3| < 1/3$，则

$$Z = 3\pi\tau_3^2, \quad \alpha = \frac{1 + 0.2906Z}{Z + 0.1882Z^2 + 0.0442Z^3} \tag{7-90}$$

当 $1/3 < |\tau_3| < 1$，则

$$Z = 1 - |\tau_3|, \quad \alpha = \frac{0.36067Z - 0.59567Z^2 + 0.25361Z^3}{1 - 2.78861Z + 2.56096Z^2 - 0.77045Z^3} \tag{7-91}$$

$$E(X) = \lambda_1, \quad C_V = \lambda_2\pi^{\frac{1}{2}}\alpha^{\frac{1}{2}}\Gamma(\alpha)/\Gamma(\alpha+1/2)/\lambda_1 \tag{7-92}$$

$$C_S = 2\alpha^{-\frac{1}{2}}\mathrm{sign}(\tau_3) \tag{7-93}$$

式中：sign 为符号函数。

2. 三参数对数正态分布参数与线性矩的关系

对于式（7-13）所示的三参数对数正态分布，密度函数中参数 b,σ_Y,a_Y 与线性矩的关系由 Hosking 给出近似算法。

（1）已知 b,σ_Y,a_Y，求线性矩 $\lambda_1,\lambda_2,\tau_3$

$$\lambda_1 = b + \exp\left(a_Y + \frac{\sigma_Y^2}{2}\right) \tag{7-94}$$

$$\lambda_2 = -\left(1 - 2\Phi\left(\frac{\sigma_Y}{\sqrt{2}}\right)\right) \tag{7-95}$$

$$\tau_3 = \sigma_Y \frac{A_0 + A_1\sigma_Y^2 + A_2\sigma_Y^4 + A_3\sigma_Y^6}{1 + B_1\sigma_Y^2 + B_2\sigma_Y^4 + B_3\sigma_Y^6} \tag{7-96}$$

式(7-95)中 $\Phi(*)$ 表示标准正态分布的分布函数；式(7-96)中系数 $A_0, A_1, A_2, A_3, B_1, B_2, B_3$ 取值分别是 4.860251×10^{-1}, 4.493076×10^{-3}, 8.802704×10^{-4}, 1.150708×10^{-6}, 6.466292×10^{-2}, 3.309041×10^{-3}, 7.42907×10^{-4}。

(2) 已知 λ_1, λ_2, τ_3，求 b, σ_Y, a_Y 或 $E(X)$, C_V, C_S

$$b = \lambda_1 - \exp\left(a_Y + \frac{\sigma_Y^2}{2}\right) \tag{7-97}$$

$$\sigma_Y = \tau_3 \frac{E_0 + E_1\tau_3^2 + E_2\tau_3^4 + E_3\tau_3^6}{1 + F_1\tau_3^2 + F_2\tau_3^4 + F_3\tau_3^6} \tag{7-98}$$

$$a_Y = \ln\left(\frac{-\lambda_2 \exp\left(\frac{\sigma_Y^2}{2}\right)}{1 - 2\Phi\left(\frac{\sigma_Y}{\sqrt{2}}\right)}\right) \tag{7-99}$$

式(7-98)中系数 E_0, E_1, E_2, E_3, F_1, F_2, F_3 取值分别是 2.0466534, -3.6544371, 1.8396733, -0.20360244, -2.0182173, 1.2420401, -0.21741801；式(7-99)中 $\Phi(*)$ 表示标准正态分布的分布函数。

$$E(X) = \lambda_1 \tag{7-100}$$

$$C_V = \frac{1}{\lambda_1}\sqrt{(e^{\sigma_Y^2} - 1)e^{2a_Y + \sigma_Y^2}} \tag{7-101}$$

$$C_S = (e^{\sigma_Y^2} + 2)\sqrt{(e^{\sigma_Y^2} - 1)} \tag{7-102}$$

3. 耿贝尔分布参数与线性矩的关系

对于式(7-27)所示的耿贝尔分布，密度函数中参数 α, u 与线性矩的关系如下所示。

(1) 已知 α, u，求线性矩 λ_1, λ_2, τ_3

$$\lambda_1 = u + \frac{\gamma}{\alpha}, \lambda_2 = \frac{\ln 2}{\alpha}, \tau_3 = 0.1699 \tag{7-103}$$

式(7-103)中 γ 为欧拉常数，其值为 0.57721566…

(2) 已知 λ_1, λ_2, τ_3，求 α, u 或 $E(X)$, C_V, C_S

$$\alpha = \frac{\ln 2}{\lambda_2}, u = \lambda_1 - \frac{\lambda}{\alpha} \tag{7-104}$$

$$E(X) = \lambda_1 = u + \frac{\gamma}{\alpha} \tag{7-105}$$

$$C_V = \frac{\pi\lambda_2}{\lambda_1\sqrt{6}\ln 2} = \frac{\pi}{\sqrt{6}(\alpha u + \gamma)} \tag{7-106}$$

$$C_S = 1.13954710\cdots \tag{7-107}$$

(三) 样本线性矩的计算

由于线性矩与概率权重矩的关系如同式(7-84)，故样本线性矩可以通过式(7-84)由样本概率权重矩转换而得到(包括简单随机样本和非简单随机样本)，根据研究，上述转换是合适的。

同时据分析，线性矩法和概率权重矩法理论上具有一致性，但它们实际估计结果可能存在一些差异，是在计算过程上存在数值计算误差所致。不过，线性矩法的主要优点是便于区域频率计算与分析。

第五节 估计量好坏的评价标准

从前面几节的讨论中，可以看到，参数估计的方法很多，对于总体的某一参数，可以构造出许多不同的估计量。例如，对于数学期望的估计，可以用样本平均值 $\overline{X} = \frac{1}{n}\sum_{i=1}^{n} X_i$ 估计，也可以用样本的加权平均值 $\widetilde{X} = \sum_{i=1}^{n} \alpha_i X_i$ 估计，其中 $\alpha_i (i = 1,2,\cdots,n)$ 是满足 $\sum_{i=1}^{n} \alpha_i = 1$ 的任意一组实数。于是就产生了一个问题：哪种估计量比较好呢？为此，必须有一种衡量估计量好坏的标准。

显然，一个好的估计量，应当有较小的误差。由于估计量是随机变量，当用不同样本代入估计量的公式时，所得到的估计值是不同的，因此各估计值的误差也是不同的。那么怎样描述估计量的误差呢？

一、抽样误差

由于估计量是样本的函数，对于样本 $(X_1, X_2, \cdots, X_n)$ 的不同取值，由该估计量求得的估计值的误差是不同的，因此，在描述估计量的误差时，应当用平均误差来表示，即

$$W_U = E[(U - u^0)^2] \tag{7-108}$$

并称 W_U 为估计量 U 的抽样误差。而称

$$w_U = \sqrt{E[(U - u^0)^2]} \tag{7-109}$$

为 U 的（抽样）均方误差。

由于

$$\begin{aligned} W_U &= E[(U - u^0)^2] = E\{[(U - E(U)) + (E(U) - u^0)]^2\} \\ &= E[U - E(u)]^2 + E[E(u) - u^0]^2 + 2[E(U) - u^0] \times E[U - E(U)] \\ &= E[U - E(U)]^2 + [E(u) - u^0]^2 + 0 \end{aligned}$$

从而有

$$w_U = \sqrt{\sigma_U^2 + [E(U) - u^0]^2} \tag{7-110}$$

式中：σ_U^2 为 U 的方差。

若记

$$b = E(U) - u^0 \tag{7-111}$$

则称 b 为估计量 U 对 u^0 的偏。

二、估计量的评选标准

从抽样误差的分析中可以看出，一个好的估计量应当满足以下几点要求。

（一）无偏性

设 U 是未知参数 u^0 的估计量，如果对任意自然数 n 都有

$$E(U) = u^0 \tag{7-112}$$

则称 U 为 u^0 的无偏估计量。当只在 n 趋于无穷大时才有 $E(U) = u^0$,则称 U 为 u^0 的渐近无偏估计量。

通俗地讲,无偏估计量是没有"系统误差"的估计量,如果 $E(U) > u^0$,说明 U 有偏大于 u^0 的倾向,如果 $E(U) < u^0$,说明 U 有偏小于 u^0 的倾向,而当 $E(U) = u^0$ 时,说明 U 与 u^0 无系统的偏差。对无偏估计量 U 来讲,虽然不同的样本,它的取值也不同,但这些取值的平均数等于参数 u^0。

从式(7-110)看,对于无偏估计量,其抽样误差就等于统计量方差,U 的取值在真值 u^0 附近摆动。

例 11 设 $(X_1, X_2, \cdots, X_n)$ 为 X 的样本,$E(X) = a$,$D(X) = \sigma^2$,试问下列统计量是否分别是 a,σ^2 的无偏估计量?

(1) $\overline{X} = \dfrac{1}{n} \sum\limits_{i=1}^{n} X_i$;

(2) $S^2 = \dfrac{1}{n} \sum\limits_{i=1}^{n} (X_i - \overline{X})^2$。

解 (1) 由于 $E(\overline{X}) = E\left(\dfrac{1}{n} \sum\limits_{i=1}^{n} X_i\right) = a$,所以,$\overline{X} = \dfrac{1}{n} \sum\limits_{i=1}^{n} X_i$ 是 a 的无偏估计量。

(2) 式(6-21)已证明

$$E(S^2) = \frac{n-1}{n} \sigma^2$$

所以 S^2 不是 σ^2 的无偏估计量,为了得到 σ^2 的无偏估计量,可将样本方差公式修改为

$$S^{*2} = \frac{n}{n-1} S^2 = \frac{n}{n-1} \cdot \frac{1}{n} \sum_{i=1}^{n} (X_i - \overline{X})^2$$

$$= \frac{1}{n-1} \sum_{i=1}^{n} (X_i - \overline{X})^2 \tag{7-113}$$

则

$$E(S^{*2}) = E\left(\frac{n}{n-1} S^2\right) = \frac{n}{n-1} E(S^2) = \frac{n}{n-1} \cdot \frac{n-1}{n} \sigma^2 = \sigma^2$$

即 S^{*2} 是 σ^2 的无偏估计量。这就是人们常将 $\dfrac{1}{n-1} \sum\limits_{i=1}^{n} (X_i - \overline{X})^2$ 作为样本方差的原因。

另外,由于样本三阶中心矩 M_3 的数学期望为

$$E(M_3) \approx \frac{n-3}{n} \mu_3$$

所以

$$M_3^* = \frac{n}{n-3} M_3 = \frac{1}{n-3} \sum_{i=1}^{n} (X_i - \overline{X})^3 \tag{7-114}$$

是 μ_3 的近似无偏估计量。把一个有偏估计量修改为无偏估计量的方法称为纠偏。

应当注意的是,若 U 是 u^0 的无偏估计量,$g(u^0)$ 是 u^0 的任意函数,一般来说,$g(U)$ 不是 $g(u^0)$ 的无偏估计量,即一般 $E[g(U)] \neq g[E(U)]$。例如,虽然 S^{*2} 是 σ^2 的无偏估计量,但样本均方差 S^* 不是总体均方差 σ 的无偏估计量,事实上由于

$$D(S^*) = E(S^{*2}) - [E(S^*)]^2 > 0$$

所以
$$E(S^*) < \sqrt{E(S^{*2})} = \sigma \qquad (7-115)$$

这说明用 S^* 估计 σ 时，平均而言总是偏小的，但在实际中常用 S^* 估计 σ。

对于 C_V，C_S，实际计算中常用纠偏式来估计

$$C_V^* = \frac{S^*}{\overline{X}} = \sqrt{\frac{1}{n-1}\sum_{i=1}^{n}(K_i-1)^2} \qquad (7-116)$$

$$C_S^* = \frac{\frac{1}{n-3}\sum_{i=1}^{n}(K_i-1)^3}{\left[\frac{1}{n-1}\sum_{i=1}^{n}(K_i-1)^2\right]^{3/2}} = \frac{\sum_{i=1}^{n}(K_i-1)^3}{(n-3)C_V^{*3}} \qquad (7-117)$$

它们分别是 C_V，C_S 的近似无偏估计量 $\left(\text{式中 } K_i = \dfrac{X_i}{\overline{X}}\right)$。

非简单随机样本估计总体参数 C_V 及 C_S 的纠偏公式为

$$C_{V_n} = \sqrt{\frac{1}{N-1}\left[\sum_{i=1}^{a}(K_i^*-1)^2 + \frac{N-a}{n-l}\sum_{i=a+1}^{a+n-l}(K_i^*-1)^2\right]} \qquad (7-118)$$

$$C_S = \frac{1}{(N-3)C_V^3}\left\{\sum_{i=1}^{a}(K_i^*-1)^3 + \frac{N-a}{n-l}\sum_{i=a+1}^{a+n-l}(K_i^*-1)^3\right\} \qquad (7-119)$$

各式中 X_i^* 的值按式(7-39)规定。

(二) 有效性

仅仅要求估计量无偏还不够，事实上，总体的同一个未知参数可能有许多无偏估计量，例如，设 $u^0 = E(X)$，$\overline{X} = \dfrac{1}{n}\sum_{i=1}^{n}X_i$，前面已证明 $E(\overline{X}) = u^0$，即 $\overline{X}$ 是 u^0 的无偏估计量，若一组常数 $\alpha_i(i=1,2,\cdots,n)$ 满足条件 $\sum_{i=1}^{n}\alpha_i = 1$，则容易验证，$\widetilde{X} = \sum_{i=1}^{n}\alpha_i X_i$ 也是总体期望值 a 的无偏估计量。因此，就要在同一参数的几个无偏估计量之间比较好坏，由于各无偏估计量的取值都是围绕待估计参数摆动，其好坏标准自然应当是在样本容量相同时，摆动越小越好，而刻画摆动程度的指标是方差，方差越小，摆动越小，抽样误差也就越小。因此方差越小的无偏估计量越好，这就是有效性的概念。

设 U_1、U_2 都是参数 u^0 的无偏估计量，若对任一 n
$$D(U_1) < D(U_2)$$
成立，则称估计量 U_1 较 U_2 有效。

作为数学期望的估计量，可以证明，$\overline{X}$ 比 $\widetilde{X}$ 更有效。事实上，由于
$$\frac{1}{n}\sum_{i=1}^{n}\alpha_i^2 \geqslant \left(\frac{1}{n}\sum_{i=1}^{n}\alpha_i\right)^2$$

因此
$$D(\widetilde{X}) = D\left(\sum_{i=1}^{n}\alpha_i X_i\right) = D(X)\left(\sum_{i=1}^{n}\alpha_i^2\right) \geqslant D(X)\frac{1}{n}\left(\sum_{i=1}^{n}\alpha_i\right)^2 = D(\overline{X})$$

所以用 $\overline{X}$ 估计数学期望比 $\widetilde{X}$ 更有效。

可以证明，在满足某些条件下，对一般的总体 $F(x;u^0)$，都存在一个正数 D_e，使得 u^0 的任何无偏估计量 U 的方差 $D(U)$ 都不会小于 D_e，这个 D_e 称为无偏估计量的方差下界。它的数值与总体概率密度 $f(x;u^0)$ 及样本容量 n 有关，表达式为

$$D_e = \frac{1}{nE\left\{\left[\frac{\partial}{\partial u^0}\ln f(X;u^0)\right]^2\right\}} \tag{7-120}$$

而不等式

$$D(U) \geqslant \frac{1}{nE\left\{\left[\frac{\partial}{\partial u^0}\ln f(X;u^0)\right]^2\right\}} \tag{7-121}$$

称克拉美-罗不等式。

如果一个无偏估计量的方差恰好等于 D_e，则称此估计量为 u^0 的有效估计量。例如，正态总体的样本均值就是数学期望的有效估计量。因为

$$\frac{\partial}{\partial a}\ln\left\{\frac{1}{\sigma\sqrt{2\pi}}e^{-\frac{(x-a)^2}{2\sigma^2}}\right\} = \frac{\partial}{\partial a}\left\{-\frac{(x-a)^2}{2\sigma^2} - \ln\sigma\sqrt{2\pi}\right\} = \frac{x-a}{\sigma^2}$$

代入式(7-120)得

$$D_e = \frac{1}{nE\left(\frac{x-a}{\sigma^2}\right)^2} = \frac{\sigma^4}{nE(X-a)^2} = \frac{\sigma^2}{n} = D(\bar{X})$$

(三) 一致性

若参数 u^0 的估计量 U，对任意 $\varepsilon > 0$ 具有性质，即

$$\lim_{n\to\infty} P(|U - u^0| < \varepsilon) = 1 \tag{7-122}$$

则称 U 为 u^0 的一致性估计量。

估计量作为样本的函数，与样本容量 n 有关，n 越大，包含信息越多。一个好的估计量应随着 n 的增大而更精确，当 n 无限增大时，估计量的取值与参数真值十分接近几乎是必然的，这就是一致性的含义。

前面已经证明，样本均值是总体均值的无偏估计量。利用大数定律，还可证明，样本均值 $\bar{X}$ 也是总体均值的一致性估计量，所以，在实际工作中总是用 $\bar{X}$ 作为总体均值 $E(X)$ 的估计量。而且，样本的 k 阶原点矩 $A_k = \frac{1}{n}\sum_{i=1}^n X_i^k$ 也是 $E(X^k)$ 的一致性估计量。

第六节 参数的区间估计

一、置信区间的概念

前面介绍了参数的点估计，即选择一个统计量，然后将实际样本值代入该统计量的表达式，即得到待估参数的估计值，将这个估计值作为未知参数的近似值。但是，一般无法知道这个近似值的误差有多大。在实际工作中，有时不一定要了解待估参数的确切数值，只希望能估出一个范围，并给出这个范围包含参数的可靠程度。例如，检验工厂生产的一大批灯泡的使用寿命，人们不一定要知道这批灯泡确切的平均使用寿命，只希望知道这批灯泡平均使用寿命可能所处的范围以及可能性的大小，这就是参数的区间估计问题。

设 u^0 是总体 X 的未知参数，$(X_1, X_2, \cdots, X_n)$ 为样本，对于给定的 α，$0<\alpha<1$，若存在统计量 $U_1 = U_1(X_1, X_2, \cdots, X_n)$、$U_2 = U_2(X_1, X_2, \cdots, X_n)$，使得

$$P(U_1 < u^0 < U_2) = 1 - \alpha = P_\alpha \tag{7-123}$$

则称区间 (U_1, U_2) 为参数 u^0 的置信区间，U_1 与 U_2 分别称为置信下限与置信上限，$1-\alpha$ 称为置信概率或置信度。式 (7-123) 的意义是，若从总体中反复抽取许多容量相同的样本，就可得到许多区间 (U_1, U_2)，其中有的包含 u^0，有的不包含 u^0，但若试验次数很多，则大约有 $100P_\alpha$ 个区间包含 u^0，有 $100(1-P_\alpha)$ 个区间不包含 u^0。

二、总体均值的区间估计

（一）正态总体均值 a 的区间估计

正态总体均值 a 的区间估计方法，根据总体方差已知或未知两种情况分别处理。

1. 方差已知时正态总体均值 a 的区间估计方法

当总体方差 σ^2 已知时，样本均值 $\overline{X} \sim N\left(a, \dfrac{\sigma^2}{n}\right)$ 分布，从而统计量 $U = \dfrac{\overline{X} - a}{\sigma/\sqrt{n}}$ 服从 $N(0,1)$ 分布，于是对给定的置信概率 $P_\alpha = 1 - \alpha$，由标准化正态分布表可查得 $u_{\frac{\alpha}{2}}$，使其满足下式

$$P\left(\left|\frac{\overline{X} - a}{\sigma/\sqrt{n}}\right| < u_{\frac{\alpha}{2}}\right) = 1 - \alpha \tag{7-124}$$

由此可解得

$$P\left(\overline{X} - u_{\frac{\alpha}{2}} \frac{\sigma}{\sqrt{n}} < a < \overline{X} + u_{\frac{\alpha}{2}} \frac{\sigma}{\sqrt{n}}\right) = 1 - \alpha \tag{7-125}$$

若用具体样本的平均值 $\bar{x}$ 代替上式中的 $\overline{X}$，就得到 a 的一个具体估计区间 $\left(\bar{x} - u_{\frac{\alpha}{2}} \dfrac{\sigma}{\sqrt{n}}, \bar{x} + u_{\frac{\alpha}{2}} \dfrac{\sigma}{\sqrt{n}}\right)$。若 σ^2 未知，但样本容量很大，可用样本方差 S^2 代替 σ^2，仍可用式 (7-124) 计算。

2. 方差未知时正态总体均值 a 的区间估计方法

统计量 $\dfrac{\overline{X} - a}{S/\sqrt{n-1}}$ 服从自由度 $n-1$ 的 t 分布，因此可用 t 分布给出置信区间。

即对给定的置信概率 $1-\alpha$，以自由度 $n-1$ 查 t 分布表得 $t_{\frac{\alpha}{2}}$，使满足

$$P\left(\left|\frac{\overline{X} - a}{S/\sqrt{n-1}}\right| < t_{\frac{\alpha}{2}}\right) = 1 - \alpha \tag{7-126}$$

从而有

$$P\left(\overline{X} - t_{\frac{\alpha}{2}} \frac{S}{\sqrt{n-1}} < a < \overline{X} + t_{\frac{\alpha}{2}} \frac{S}{\sqrt{n-1}}\right) = 1 - \alpha \tag{7-127}$$

例 12 对一段距离测量 16 次，测得数据（单位：km）为 2.14，2.10，2.13，2.15，2.13，2.12，2.13，2.10，2.15，2.12，2.14，2.10，2.13，2.11，2.14，2.11。设测量值 X 服从 $N(a, \sigma^2)$ 分布，试在下列情况下求实际距离 a 的 95% 的置信区间：

(1) 已知 $\sigma = 0.01$。

(2) σ 未知。

解 (1)由 $\alpha = 1 - P_\alpha = 0.05$ 查正态分布表得 $u_{\frac{\alpha}{2}} = 1.96$，又由题给数据算得 $\bar{x} = 2.125$，于是所求置信区间 $\left(2.125 - 1.96 \times \dfrac{0.01}{\sqrt{16}}, 2.125 + 1.96 \times \dfrac{0.01}{\sqrt{16}}\right)$，即 $(2.120, 2.130)$。

(2) 因 σ 未知，以自由度 $n - 1 = 15$ 查 t 分布表得 $t_{\frac{\alpha}{2}} = 2.131$，又由题给数据算得 $S = 0.017$，代入式(7-127)求得置信区间为 $(2.116, 2.134)$。

(二) 一般总体均值 a 的区间估计

对于一般总体，当样本容量 $n \to \infty$ 时，$\dfrac{\bar{X} - a}{S^*/\sqrt{n}}$ 近似于标准正态分布 $N(0,1)$，于是，只要样本容量 n 足够大，可近似地有

$$P\left(\bar{X} - u_{\alpha/2}\dfrac{S^*}{\sqrt{n}} < a < \bar{X} + u_{\alpha/2}\dfrac{S^*}{\sqrt{n}}\right) = 1 - \alpha \tag{7-128}$$

三、正态总体方差的区间估计

大家知道，若 S^2 为抽自正态总体的样本方差，则统计量 $\dfrac{nS^2}{\sigma^2}$ 服从自由度 $n-1$ 的 χ^2 分布，由 χ^2 分布表得 χ_1^2 和 χ_2^2，使得

$$P\left(\chi_1^2 \leqslant \dfrac{nS^2}{\sigma^2} < \chi_2^2\right) = 1 - \alpha \tag{7-129}$$

其中，χ_1^2 及 χ_2^2 满足关系式

$$\left.\begin{array}{l} P(\chi^2 \geqslant \chi_1^2) = 1 - \dfrac{\alpha}{2} \\ P(\chi^2 \geqslant \chi_2^2) = \dfrac{\alpha}{2} \end{array}\right\} \tag{7-130}$$

于是，由式(7-129)可解得

$$P\left(\dfrac{nS^2}{\chi_2^2} \leqslant \sigma^2 < \dfrac{nS^2}{\chi_1^2}\right) = 1 - \alpha \tag{7-131}$$

有时为清楚起见，上述各式中的 χ_1^2 和 χ_2^2 直接用 $\chi_{1-\frac{\alpha}{2}}^2$ 和 $\chi_{\frac{\alpha}{2}}^2$ 表示。

例 13 对某商品的价格进行 10 次调查，该商品的价格与规定价格之差如下：
$$2, 1, -2, 3, 2, 4, 5, -2, 3, 4$$
设该商品的价格与规定价格之差 X 服从正态分布 $N(a, \sigma^2)$，a, σ^2 均未知，求 X 的方差的置信度为 0.95 的置信区间。

解 $n = 10$，$\alpha = 0.05$，$\bar{x} = \dfrac{1}{10}\sum_{i=1}^{n} x_i = 2$

$$S^2 = \dfrac{1}{10}\sum_{i=1}^{n}(x_i - 2)^2 = 5.20$$

查 χ^2 分布表得
$$\chi^2_{1-\frac{\alpha}{2}}(9) = 2.70, \quad \chi^2_{\frac{\alpha}{2}}(9) = 19.0$$

所以
$$\frac{nS^2}{\chi^2_{\frac{\alpha}{2}}} = \frac{10 \times 5.20}{19} = 2.74$$

$$\frac{nS^2}{\chi^2_{1-\frac{\alpha}{2}}} = \frac{10 \times 5.20}{2.70} = 19.26$$

所以，$D(X)$ 的置信区间为 $(2.74, 19.26)$。

四、事件概率的区间估计

设事件 A 发生的概率为 P，为 n 次重复独立试验中，A 出现了 m 次，由德莫佛-拉普拉斯定理可知，

$$Y_n = \frac{m - np}{\sqrt{np(1-p)}}$$

渐近于正态 $N(0,1)$，因此，当 n 足够大时，近似地有

$$P\left(-u_{\alpha/2} < \frac{m - np}{\sqrt{np(1-p)}} < u_{\alpha/2} \right) = 1 - \alpha$$

化简后可得

$$P\left[\frac{m}{n} - u_{\alpha/2}\sqrt{\frac{m(n-m)}{n^3}} < p < \frac{m}{n} + u_{\alpha/2}\sqrt{\frac{m(n-m)}{n^3}} \right] = 1 - \alpha$$

例 14 对某事件 A 作了 1000 次试验，发现 A 发生了 600 次，以 0.95 的置信度估计 A 发生概率 P 的置信区间。

解 这里 $\frac{m}{n} = \frac{600}{1000} = 0.6$，$u_{\alpha/2} = 1.96$。

$$\sqrt{\frac{m(n-m)}{n^3}} = \sqrt{\frac{\frac{m}{n}\left(1 - \frac{m}{n}\right)}{n}} = \sqrt{\frac{0.6 \times 0.4}{1000}} = 0.015$$

所以 P 的 0.95 的置信区间为
$$(0.6 - 1.96 \times 0.015, 0.6 + 1.96 \times 0.015) = (0.57, 0.63)$$

就是说，有 95% 的把握相信 A 发生的概率在 57%～63% 之间。

应当指出的是，水文频率计算除了本章所述的采用参数估计途径，即先假定总体分布线型，再根据观测样本估计其未知参数从而推求出设计值外，还有非参数估计途径，即不需事先假定总体分布线型便可估算出设计值。

习　题

7-1 设 X 服从 $[0, \theta]$ 上均匀分布，分布密度为

$$f(x,\theta) = \begin{cases} \dfrac{1}{\theta}, & 0 \leqslant x \leqslant \theta \\ 0, & \text{其他} \end{cases}$$

求：

(1) 未知参数 θ 的矩估计量；

(2) 当样本为 0.3，0.8，0.27，0.35，0.62，0.55 时，求 θ 的矩估计值。

7-2 设 X 服从指数分布，密度函数为

$$f(x,\lambda) = \begin{cases} \lambda e^{-\lambda x}, & x > 0 \\ 0, & x \leqslant 0 \end{cases}$$

$\lambda > 0$ 为未知参数，求 λ 的极大似然估计量。

7-3 设总体 X 的概率密度为

$$f(x,\theta) = \begin{cases} \sqrt{\theta}\, x^{\sqrt{\theta}-1}, & 0 \leqslant x \leqslant 1 \\ 0, & \text{其他} \end{cases}$$

又 $X_1, X_2, \cdots, X_n$ 为 X 的样本，求：

(1) 未知参数 θ 的矩估计量；

(2) 极大似然估计量。

7-4 设 X 在 $[1,2,\cdots,N]$ 上均匀分布，即

$$P(X=k) = \frac{1}{N}, \ k=1,2,\cdots,N$$

其中 N 为未知正整数，若 $X_1, X_2, \cdots, X_n$ 为 X 的样本，试求 N 的矩估计量。

7-5 设总体 X 的概率密度为

$$f(x,\theta) = \begin{cases} (\theta+1)x^\theta, & 0 < x < 1 \\ 0, & \text{其他} \end{cases}$$

其中 $\theta > -1$ 为未知参数，$X_1, X_2, \cdots, X_n$ 是来自 X 的样本，求：

(1) θ 的矩估计量；

(2) 极大似然估计量。

7-6 设总体 X 的概率密度为

$$f(x,\lambda) = \begin{cases} \lambda \alpha e^{-\lambda x^\alpha} x^{\alpha-1}, & x > 0 \\ 0, & x \leqslant 0 \end{cases}$$

其中 α 为已知常数，λ 为未知参数，求 λ 的极大似然估计量。

7-7 设总体 X 的概率密度为

$$f(x,\alpha) = \begin{cases} \dfrac{2}{\alpha^2}(\alpha - x), & 0 < x < \alpha \\ 0, & \text{其他} \end{cases}$$

试求 α 的矩估计量。

7-8 设总体 X 的概率密度函数为

$$f(x,\theta) = \begin{cases} C^{\frac{1}{\theta}} \dfrac{1}{\theta} x^{-\left(1+\frac{1}{\theta}\right)}, & x > C \\ 0, & x \leq C \end{cases}$$

其中 θ 为未知参数，且 $0 < \theta < 1$，$C > 0$ 为已知常数，求 θ 的矩估计量。

7-9 设 $\hat{\theta}_1, \hat{\theta}_2$ 是参数 θ 的两个独立的无偏估计量，且 $D(\hat{\theta}_1) = 2D(\hat{\theta}_2)$，试求常数 k_1，k_2 使 $k_1\hat{\theta}_1 + k_2\hat{\theta}_2$ 也是 θ 的无偏估计量，并且使它在所有这种形式的估计量中方差最小。

7-10 设总体 X 在 $[0,\theta]$ 上均匀分布，$\theta > 0$ 为未知参数，$X_1, X_2, \cdots, X_n$ 为 X 的样本，试证明

$$\hat{\theta}_1 = (n+1)\min(X_1, X_2, \cdots, X_n)$$

$$\hat{\theta}_2 = \frac{n+1}{n}\max(X_1, X_2, \cdots, X_n)$$

都是 θ 的无偏估计量，哪个更有效？

7-11 设 $X \sim N(a,1)$ 分布，X_1，X_2 是 X 的样本，验证

$$\overline{X}_1 = \frac{2}{3}X_1 + \frac{1}{3}X_2, \quad \overline{X}_2 = \frac{1}{4}X_1 + \frac{3}{4}X_2, \quad \overline{X}_3 = \frac{1}{2}X_1 + \frac{1}{2}X_2$$

都是 a 的无偏估计量，哪个方差最小？

7-12 设总体 $X \sim N(a,\sigma^2)$ 分布，其中 a 未知，σ^2 已知，又 $X_1, X_2, \cdots, X_n$ 为 X 的样本，问 n 为多大时才能使 a 的置信度的 $100(1-\alpha)\%$ 的置信区间长度不大于 L？

7-13 为确定某种溶液中甲醛浓度，取样得 4 个独立测定量的平均值 $\bar{x} = 8.34\%$，样本均方差 $S^* = 0.03\%$，并设被测总体近似服从正态分布，求总体均值 a（甲醛平均浓度）的 95% 的置信区间。

7-14 求上题中总体方差 σ^2 的 $100(1-\alpha)\%$ 的置信区间（$\alpha = 0.05$）。

7-15 随机地从一批钉子中抽取 16 支，测得其长度（cm）为 2.14，2.10，2.13，2.15，2.13，2.12，2.10，2.15，2.12，2.14，2.10，2.13，2.11，2.14，2.11，设钉长 $X \sim N(a,\sigma^2)$ 分布，试求 a 的 90% 的置信区间：（1）若已知 $\sigma = 0.01$（cm）；（2）若 σ 未知。

7-16 已知随机变量 X 服从 P-Ⅲ型分布，$E(X) = 100$，$\sigma^2 = 400$，$Cs = 0.60$。求 $P = 1\%$ 的设计值 x_p。

7-17 已知随机变量 X 服从 P-Ⅲ型分布，且 $E(X) = 100$，$C_V = 0.4$，$Cs = 2C_V$，试在几率格纸上画出频率曲线。

7-18 某河流断面年最大洪峰流量记录见表 7-6：若年最大洪峰流量服从 P-Ⅲ型分布，试用适线法推求 1000 年一遇的设计值 Q_p。

习 题

表 7-6

年份	年最大洪峰流量 /(m³/s)	年份	年最大洪峰流量 /(m³/s)	年份	年最大洪峰流量 /(m³/s)	年份	年最大洪峰流量 /(m³/s)
1956	1676	1965	490	1974	493	1983	980
1957	601	1966	990	1975	372	1984	1029
1958	562	1967	597	1976	214	1985	1463
1959	697	1968	214	1977	1117	1986	540
1960	407	1969	196	1978	618	1987	1077
1961	2259	1970	929	1979	820	1988	571
1962	402	1971	1828	1980	715	1989	1995
1963	777	1972	343	1981	1350	1990	1840
1964	614	1973	413	1982	761		

第八章 假设检验

第一节 基本概念

假设检验是统计推断方法之一,它的基本思想是根据实际需要,对所研究的随机现象的某种统计性质作出某种假设,然后通过实验或观测获得该现象的样本,利用这个样本对所作的假设作出统计推断。假设检验有参数检验和非参数检验两类。

在实际工作中,常会遇到这样一类问题,例如,已知样本$(x_1,x_2,\cdots,x_n)$来自正态总体,如何判断该样本是否来自均值$E(X)$为某个已知常量a_0的正态总体?或者说怎样根据样本,推断总体均值$E(X)$与已知常量a_0是否存在显著差异?因为样本出自总体,自然想到利用样本均值$\bar{x}$来对总体均值$E(X)$作出推断,但由于抽样的随机性,即使$\bar{x}$恰好等于a_0,也不能肯定$E(X)=a_0$;反之,如果$\bar{x}$与a_0相差甚远,也不能否定$E(X)=a_0$的可能性。再例如,设$(x_1,x_2,\cdots,x_{n_1})$和$(y_1,y_2,\cdots,y_{n_2})$是分别来自两个相互独立的正态总体的样本,怎样利用样本判断这两个正态总体的均值相等与否?或者说两总体的均值是否有显著差异?人们也会想到利用样本均值进行分析,但是,与上述同样的理由,由于抽样的随机性,即使$\bar{x}$与$\bar{y}$相等,也不能肯定两个总体的均值相等。如果$\bar{x}$与$\bar{y}$不相等,也不能排除两总体均值相等的可能。那么,该如何分析,才能作出合理的推断呢?这属于假设检验中参数的假设检验所研究的内容。

假设检验还包含另外一类内容,非参数的假设检验。例如,已知某个样本,能否说明该样本来自某个已知分布的总体;或者根据样本,要检验随机变量的独立性;有时还要判断两个样本是否属于同一总体等,讨论的对象不是参数,而是分布等。

假设检验的内容很多,讨论的对象不同,依据的条件不同,就有不同的研究方法,但是,研究的基本思想都是类似的。下面简要介绍一下假设检验的基本思想。

一、基本思想

(一)小概率原理(实际推断原理)

实际推断原理,在假设检验理论中十分重要,本节作具体的说明。如果一个事件A发生的概率$P(A)$很小,很接近于0,则称该事件A为小概率事件,那么$P(A)$要小到什么程度才能当做小概率事件呢?这没有一个严格统一的标准,通常与所研究的问题性质及其重要性有关。在假设检验中,一般采用$P(A)=0.05$、0.01等数值,可根据实际需要决定。

例如,一个人出门遇到车祸的概率很小,是一个小概率事件;又例如,若某种彩票中头奖的概率为$1/5000000$,则买一张彩票就中头奖的事件是一个小概率事件。

显然,小概率事件并非绝对不可能事件,但实践经验证明,小概率事件在一次观测或试验中,几乎是不可能发生的,实际上可以看作为不可能事件(称为实际不可能事件),

这就是所谓的小概率原理,也称为实际推断原理。

小概率原理是假设检验的灵魂,任何假设检验都是以这一基本原理为基础的。

(二)假设检验的基本方法

假设检验的基本方法是所谓概率反证法。大家知道,在数学及逻辑推理中经常使用反证法。先假定某一命题成立,然后经过一系列严格的逻辑推理,推出一个与假设相反的结果,这就反过来证明原命题不可能成立,从而否定原命题。

在假设检验中也广泛使用反证法,它是一种具有概率性质的反证法。其基本方法是,对所研究的问题先提出某种假设(猜想、看法),并假定该假设成立,然后经过严格推理,推出一个小概率事件,把它看成实际不可能事件,然后通过一次试验,看该小概率事件是否发生,如果发生,则反过来说明原假设实际不可能成立,从而否定原假设。

下面通过前面提到的一个例子,说明如何根据小概率原理和概率反证法进行参数的假设检验。设$(x_1,x_2,\cdots,x_n)$是来自正态总体的样本,现要判断该样本是否来自均值$E(X)$为某个已知常量a_0的正态总体。先假定该总体均值$E(X)$等于已知常量a_0,记为$H_0:E(X)=a_0$,在此前提下,构造一个事件A,在H_0为正确的条件下,或者说H_0为真、也就是$E(X)$确实等于a_0条件下,A是小概率事件。现在做一次试验,如果在这一次试验中,事件A没有发生,则就接受假设H_0,因为在H_0成立时A是小概率事件,按实际推断原理,在一次试验中,它是不会发生的,这个试验结果与小概率原理符合,所以没有理由否定H_0的正确性。反之,若在这一次试验中事件A竟然发生了,则就有理由拒绝假设H_0,因为在H_0成立时,A是一个小概率事件,它在一次试验中一般不应发生,而现在恰恰发生了,这就与小概率原理相矛盾。为什么会矛盾呢?追究原因,只能是假设H_0不成立,由于H_0不成立,因此,在这个条件下A就不是小概率事件了,因此,就应拒绝假设H_0,即认为H_0不成立。

从上述过程可以看出,概率性质的反证法并非严格意义上的反证法,它的结论并非绝对可靠,因为小概率事件在一次试验中也还是有可能发生的,而一旦发生,我们就否定原假设的正确性,这就产生一个错误结论。所以假设检验是有可能出错的,关于这个问题下面还要详细讨论。

二、假设检验的一般步骤

下面通过例子来说明假设检验的一般步骤。

例1 某车间用一台自动包装机包装奶粉,额定标准为每袋净重0.5kg,设包装机称得的奶粉重量服从正态分布,且根据长期的经验知其标准差$\sigma=0.015$kg,某天开工后,为检验包装机的工作是否正常,随机抽取它所包装的奶粉9袋,称得净重为0.497,0.506,0.518,0.524,0.488,0.511,0.510,0.515,0.512。问这天包装机的工作是否正常?

解 设这天包装机所包装的奶粉重量为X,根据题意,已知$X\sim N(a,0.015^2)$,现在的问题是,a是否等于0.5kg(或者说a与0.5kg是否存在显著差异)?如果a等于0.5kg,则包装机工作正常,否则,包装机工作不正常。

首先假设$a=0.5$,记作

$$H_0:a=0.5$$

如果这个假设成立,那么$X\sim N(0.5,0.015^2)$,虽然每袋奶粉的重量不会都等于

0.5kg。但是，如果假设 $a=0.5$ 成立，则样本均值 $\overline{X}$ 与 0.5kg 不应该有显著差异，即 $|\overline{X}-0.5|$ 不应该很大，从而 $\left|\dfrac{\overline{X}-0.5}{0.015/\sqrt{9}}\right|$ 不应该很大。因此，考虑统计量

$$U=\frac{\overline{X}-0.5}{0.015/\sqrt{9}}$$

根据假设，可知，如果 H_0 成立，则统计量

$$U=\frac{\overline{X}-0.5}{0.015/\sqrt{9}}\sim N(0,1)$$

显然，若 H_0 成立，则 $|U|=\left|\dfrac{\overline{X}-0.5}{0.015/\sqrt{9}}\right|$ 不应太大，因此，可以选取一临界值，使之在 H_0 成立条件下，$\left|\dfrac{\overline{X}-0.5}{0.015/\sqrt{9}}\right|$ 大于临界值是小概率事件。于是，设

$$P\left(\left|\frac{\overline{X}-0.5}{0.015/\sqrt{9}}\right|>u_{\frac{\alpha}{2}}\right)=\alpha$$

其中 $0<\alpha<1$，当 α 很小时，比如取 $\alpha=0.05$，则

$$\left(\left|\frac{\overline{X}-0.5}{0.015/\sqrt{9}}\right|>u_{\frac{\alpha}{2}}\right)$$

是一个小概率事件，由附录二中附表三查得 $u_{\frac{\alpha}{2}}=1.96$（$u_{\frac{\alpha}{2}}$ 称为临界值）。

对于所给的样本值，计算得到 $\overline{x}=0.509$，因为

$$|u|=\left|\frac{\overline{x}-0.5}{0.015/\sqrt{9}}\right|=\left|\frac{0.509-0.5}{0.015/\sqrt{9}}\right|=1.8<1.96$$

这表明小概率事件 $\left(\left|\dfrac{\overline{X}-0.5}{0.015/\sqrt{9}}\right|>u_{\frac{\alpha}{2}}\right)$ 没有发生，因此就没有理由否定原来的假设，只能认为原假设成立，接受 H_0，即认为这天包装机工作正常。这种检验又称显著性检验。

例 2 在例1中的包装机在另一天仍按例1中的规格包装奶粉，从中任取 9 袋，如果算得 $\overline{x}=0.511\text{kg}$，问这天包装机的工作是否正常，仍取 $\alpha=0.05$。

解 仍假设

$$H_0:a=0.5$$

因为一切条件都与例1相同，所以采用同样的方法来检验。这时

$$|u|=\left|\frac{\overline{x}-0.5}{0.015/\sqrt{9}}\right|=\left|\frac{0.511-0.5}{0.015/\sqrt{9}}\right|=2.2>1.96$$

这就是说小概率事件 $\left(\left|\dfrac{\overline{X}-0.5}{0.015/\sqrt{9}}\right|>u_{\frac{\alpha}{2}}\right)$ 居然发生了，这与小概率事件原理相矛盾，因而，认为原来的假设 $a=0.5$ 不成立，拒绝 H_0，也就是说这天包装机工作不正常。

下面给出假设检验中的基本术语。

称例1中的"$H_0:a=0.5$"为原假设或零假设，而把相反的结论称作对立假设或备择假设，例1中的备择假设为"$H_1:a\neq 0.5$"，如果拒绝 H_0，则接受 H_1。称给定的小概率 α

为显著性水平。拒绝原假设 H_0 的区域称为拒绝域或否定域,如例 1 中的 $\left|\dfrac{\overline{X}-0.5}{0.015/\sqrt{9}}\right| > u_{\frac{\alpha}{2}}$。接受原假设 H_0 的区域称为接受域,如例 1 中的 $\left|\dfrac{\overline{X}-0.5}{0.015/\sqrt{9}}\right| < u_{\frac{\alpha}{2}}$,如图 8-1 所示。

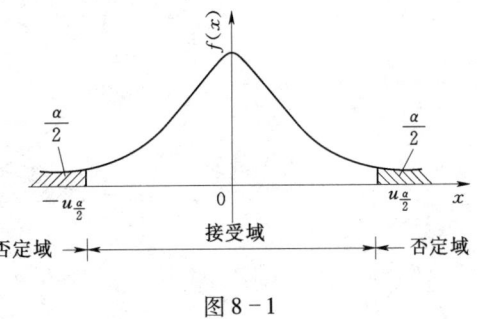

图 8-1

根据样本,如果求得的统计量的观察值 u 落入否定域,则认为原假设不成立,称作在显著性水平 α 下拒绝 H_0,否则认为原假设成立,称作在显著性水平 α 下接受 H_0。

由此可见,否定域的大小与 α 有关,对同一组样本,在不同的显著性水平 α 下,可能得出完全相反的结论。

假设检验的内容和形式尽管很多,但检验步骤一般如下:

(1) 提出原假设 H_0 和备择假设 H_1。如例 1 中的 $H_0: a=0.5$,$H_1: a\neq 0.5$。

(2) 选择统计量。如例 1 中的 $U = \dfrac{\overline{X}-0.5}{0.015/\sqrt{9}}$。

(3) 根据显著性水平 α,确定临界值。如例 1 中的 $\alpha=0.05$,查表得 $u_{\frac{\alpha}{2}}=1.96$。

(4) 根据样本,计算统计量的观测值。如例 1 中的 $u=1.8$。

(5) 比较统计量的观测值与临界值,对原假设 H_0 作出判断。如例 1 中的 $|u|=1.8 < u_{\frac{\alpha}{2}}=1.96$,故接受 H_0,反之,拒绝 H_0。

三、检验结论可能存在的两类错误

从前面介绍的假设检验的过程可以看出,在原假设 H_0 为真的情况下,如果一次试验中,小概率事件 A 发生了,就拒绝 H_0,实际上,在 H_0 成立的条件下,虽然事件 A 发生的概率很小(等于显著性水平 α),但是,它还是有可能发生的,一旦发生,就拒绝 H_0,即把一个正确的假设给否定了,这种错误称作第一类错误,又称为"以真作假"错误,或称"弃真"错误。很明显,犯第一类错误的概率恰为 α。

在进行假设检验的时候,当接受原假设 H_0 时,H_0 并不能保证一定是正确的。在例 1 中,当 $a\neq 0.5\mathrm{kg}(a_0)$,实际上 $a=a_1$ 时,统计量 U 的观测值也有可能落在接受域 $[-u_{\frac{\alpha}{2}}, u_{\frac{\alpha}{2}}]$ 内,只要 $|u|\leqslant u_{\frac{\alpha}{2}}$,就接受 $H_0: a=0.5\mathrm{kg}$,而实际上,这是一个错误的推断,因为 $a=a_1$。这样的错误称为第二类错误,又称为"以假作真"错误,或称"取伪"错误,犯第二类错误的概率为图 8-2 中的 β。

当然,人们总希望尽可能地减小犯两类错误的概率。但是,在样本容量一定的情况下,α 若减小,则必增大 β;反之,若减小 β,则必增大 α,不可能两者同时都减小。欲使 α 和 β 都变小,必须增加样本容量,因为 n 越大,$\dfrac{\sigma^2}{n}$ 越小,分布越集中。

对同一个原假设,根据同一组样本,α 不同,可能有不同的判别结果。因此,α 的选择也很重要,一般须根据实际情况来确定。例如,在检验药品中,某种成分是否等于规定

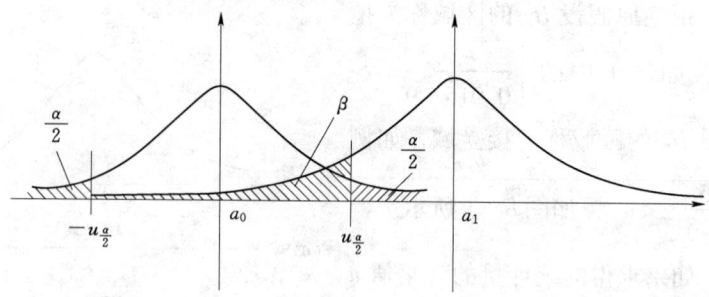

图 8-2

指标，因为关系到人民的生命安全，情愿犯"以真作假"的错误，而不愿犯"以假作真"的错误，即宁可将合格药品判为不合格药品，而不愿将不合格药品判为合格药品，此时，应把 α 取大一些。而在另外一些场合，例如，检查盒装螺丝钉的重量，就不必那么严格，α 值可以取小一些。

第二节　正态总体均值的假设检验

一、一个正态总体均值的假设检验

设 $X \sim N(a, \sigma^2)$，$(x_1, x_2, \cdots, x_n)$ 为 X 的样本，$\overline{X}$ 和 s^{*2} 分别为样本均值和方差，现要检验总体均值 a 是否等于已知常量 a_0。

1. σ^2 已知

$$H_0: a = a_0, \quad H_1: a \neq a_0$$

选择统计量

$$U = \frac{\overline{X} - a_0}{\sigma/\sqrt{n}} \tag{8-1}$$

当 H_0 成立时，$U \sim N(0, 1)$。对给定的 α，由 $P(|U| > u_{\frac{\alpha}{2}}) = \alpha$ 确定临界值 $u_{\frac{\alpha}{2}}$。根据样本，计算 U 的观测值 $u = \dfrac{\overline{x} - a_0}{\sigma/\sqrt{n}}$。

若 $|u| > u_{\frac{\alpha}{2}}$，则拒绝 H_0；否则接受 H_0，上述假设检验方法又称 u 检验。例子见例 1 和例 2。

若 X 不服从正态分布，当 n 很大时，因为 $U = \dfrac{\overline{X} - a_0}{\sigma/\sqrt{n}}$ 的极限分布为 $N(0, 1)$，所以仍可用上述检验方法。

2. σ^2 未知

$$H_0: a = a_0, \quad H_1: a \neq a_0$$

选择统计量

$$T = \frac{\overline{X} - a_0}{S^*/\sqrt{n}} \tag{8-2}$$

当 H_0 成立时,$T \sim t(n-1)$。

对给定的 α,由 $P(|T| > t_{\frac{\alpha}{2}}) = \alpha$,确定临界值 $t_{\frac{\alpha}{2}}$。根据样本,计算 T 的观测值 $t = \dfrac{\bar{x} - a_0}{s^*/\sqrt{n}}$,其中 $s^* = \sqrt{\dfrac{1}{n-1}\sum_{i=1}^{n}(x_i - \bar{x})^2}$。

若 $|t| > t_{\frac{\alpha}{2}}$,则拒绝 H_0,否则接受 H_0,因为检验统计量服从 t 分布,所以上述假设检验方法又称 t 检验。

例3 由生产经验知,某种钢筋的强度服从正态分布 $N(a, \sigma^2)$,但 a、σ^2 均未知,今随机抽取 6 根钢筋进行强度试验,测得强度分别是(单位:kg/mm^2)48.5,49.0,53.5,49.5,56.0,52.5,问能否认为该种钢筋的平均强度为 52.0($\alpha = 0.05$)?

解 $H_0: a = 52.0, \quad H_1: a \neq 52.0$

在 H_0 成立条件下,$T = \dfrac{\bar{X} - 52.0}{S^*/\sqrt{n}} \sim t(n-1)$。

由 $\alpha = 0.05$,查 t 分布表得

$$t_{\frac{\alpha}{2}} = 2.57$$

$$\bar{x} = \frac{1}{6}(48.5 + 49.0 + 53.5 + 49.5 + 56.0 + 52.5) = 51.5$$

$$s^{*2} = \frac{1}{6-1}[(48.5 - 51.5)^2 + (49.0 - 51.5)^2 + \cdots + (56.0 - 51.5)^2$$
$$+ (52.5 - 51.5)^2] = \frac{44.5}{5} = 8.9$$

所以
$$s^* = \sqrt{8.9} = 2.99$$

$$|t| = \left|\frac{51.5 - 52.0}{2.99/\sqrt{6}}\right| = 0.41$$

因为 $0.41 < 2.57$,所以接受 H_0,即可以认为钢筋平均强度为 52.0。

3. 正态总体均值的单、双侧假设检验

在例 1 中给出的原假设是 $H_0: a = a_0$,备择假设是 $H_1: a \neq a_0$ 的形式,这类假设检验的否定域分布在接受域的两侧。在例 1 中,否定域为 $(-\infty, -1.96)$,$(1.96, +\infty)$,在例 3 中,否定域为 $(-\infty, -2.57)$,$(2.57, +\infty)$,称这类假设检验为双侧假设检验。有时还会提出下述形式的原假设

$$H_0: a \leq a_0 \text{ 或 } H_0: a \geq a_0$$

对应的备择假设为

$$H_1: a > a_0 \text{ 或 } H_1: a < a_0$$

称这类假设检验为单侧假设检验。

例4 某种柴油发动机,每升柴油的运转时间服从正态分布,且已知 $\sigma = 1.20\text{min}$,现测试 10 台柴油机,每升柴油的平均运转时间为 30.7min,按设计要求,每升柴油的运转时间平均应在 30min 以上,问在显著水平 $\alpha = 0.05$ 下,这种柴油机是否符合设计要求?

解 取 $H_0: a \leq 30$(即假设这种柴油机不符合设计要求),$H_1: a > 30$。

由题意知,每升柴油运转时间 $X \sim N(a, \sigma^2)$,且 $\sigma = 1.20\min$,于是

$$\frac{\overline{X} - a}{\sigma/\sqrt{n}} \sim N(0, 1)$$

但是,a 是未知的,即使 H_0 成立,a 也仍是未知的(与例1比较,注意单侧假设检验与双侧假设检验的区别),$\dfrac{\overline{X} - a}{\sigma/\sqrt{n}}$ 不是统计量。

现在假设 H_0 成立,即 $a \leq 30$,于是

$$\frac{\overline{X} - a}{\sigma/\sqrt{n}} \geq \frac{\overline{X} - 30}{\sigma/\sqrt{n}}$$

从而随机事件

$$\left(\frac{\overline{X} - a}{\sigma/\sqrt{n}} > u_\alpha\right) \supset \left(\frac{\overline{X} - 30}{\sigma/\sqrt{n}} > u_\alpha\right)$$

所以

$$P\left(\frac{\overline{X} - a}{\sigma/\sqrt{n}} > u_\alpha\right) \geq P\left(\frac{\overline{X} - 30}{\sigma/\sqrt{n}} > u_\alpha\right)$$

而

$$P\left(\frac{\overline{X} - a}{\sigma/\sqrt{n}} > u_\alpha\right) = \alpha$$

故有

$$P\left(\frac{\overline{X} - 30}{\sigma/\sqrt{n}} > u_\alpha\right) \leq \alpha \tag{8-3}$$

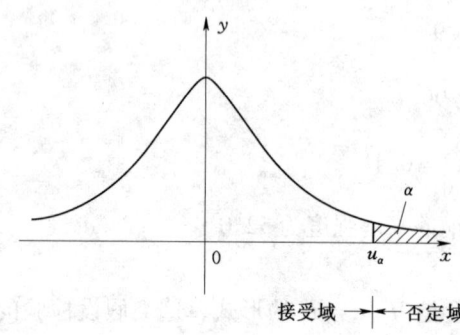

图 8-3

当 α 很小时,$\left(\dfrac{\overline{X} - 30}{\sigma/\sqrt{n}} > u_\alpha\right)$ 是小概率事件,可以取否定域

$$\frac{\overline{X} - 30}{\sigma/\sqrt{n}} > u_\alpha$$

如图 8-3 所示。

由 $\alpha = 0.05$,查正态分布表得 $u_\alpha = 1.64$。

现已知 $\overline{x} = 30.7$,$\sigma = 1.2$,$n = 10$,故

$$\frac{\overline{x} - 30}{\sigma/\sqrt{n}} = \frac{30.7 - 30}{1.2/\sqrt{10}} = 1.84 > 1.64$$

观察值落在否定域,从而拒绝 $H_0: a \leq 30$,认为 $a > 30$,即这种柴油机符合设计要求。

从上面的推导过程可以看到,在这里犯第一类错误的概率不会大于 $\alpha = 0.05$。

如果 σ^2 未知,则如前述,可用 S^* 代替 σ,此时采用 t 检验法,自由度为 $n-1$。

二、两个正态总体均值的假设检验

设 $X \sim N(a_1, \sigma_1^2)$,$Y \sim N(a_2, \sigma_2^2)$,$X$ 与 Y 相互独立。$(x_1, x_2, \cdots, x_{n_1})$ 和 $(y_1, y_2, \cdots, y_{n_2})$ 分别是来自 X 和 Y 的样本,若 σ_1^2, σ_2^2 已知,现要检验两正态总体均值是否相等。

$$H_0: a_1 = a_2, \quad H_1: a_1 \neq a_2$$

当 H_0 成立时,统计量

$$U = \frac{\overline{X} - \overline{Y}}{\sqrt{\frac{\sigma_1^2}{n_1} + \frac{\sigma_2^2}{n_2}}} \sim N(0,1) \qquad (8-4)$$

由给定的 α，查表求出满足 $P(|U| > u_{\frac{\alpha}{2}}) = \alpha$ 的 $u_{\frac{\alpha}{2}}$。

由样本计算 U 的观测值 u，若 $|u| > u_{\frac{\alpha}{2}}$，则拒绝 H_0；反之接受 H_0。

例5 设我国南方甲、乙两市的年降水量 X、Y 分别服从正态分布，$X \sim N(a_1, \sigma_1^2)$、$Y \sim N(a_2, \sigma_2^2)$，且已知 $\sigma_1 = 250$、$\sigma_2 = 260$，根据甲城市的 15 年降水资料计算得平均年降水量 $\bar{x} = 1050$mm，又根据乙城市 13 年降水资料计算得平均年降水量 $\bar{y} = 1000$mm，试在 $\alpha = 0.05$ 下检验两市年降水量的均值有无显著差异？

解 $H_0: a_1 = a_2$，$H_1: a_1 \neq a_2$

选择统计量 $U = \dfrac{\overline{X} - \overline{Y}}{\sqrt{\frac{\sigma_1^2}{n_1} + \frac{\sigma_2^2}{n_2}}}$，其中 $\sigma_1 = 250$，$\sigma_2 = 260$；$n_1 = 15$，$n_2 = 13$。

由 $\alpha = 0.05$，查表得 $u_{\frac{\alpha}{2}} = 1.96$。

根据已知条件 $\bar{x} = 1050$、$\bar{y} = 1000$，计算得

$$u = \frac{\bar{x} - \bar{y}}{\sqrt{\frac{\sigma_1^2}{n_1} + \frac{\sigma_2^2}{n_2}}} = \frac{1050 - 1000}{\sqrt{\frac{250^2}{15} + \frac{260^2}{13}}} = 0.52$$

因为 $|u| = 0.52 < 1.96$，所以接受 $H_0: a_1 = a_2$，即两市年降水量的均值无显著差异。如果两正态总体方差未知，但已知两正态总体方差相等，则在 H_0 成立时，统计量

$$T = \frac{(\overline{X} - \overline{Y})}{S_w \sqrt{\frac{1}{n_1} + \frac{1}{n_2}}} \sim t(n_1 + n_2 - 2) \qquad (8-5)$$

其中

$$S_w = \sqrt{\frac{n_1 S_1^2 + n_2 S_2^2}{n_1 + n_2 - 2}} \qquad (8-6)$$

这样，可以采用 t 检验法。

三、多个正态总体均值的假设检验(方差分析)

在分析两个正态总体的平均数时可以用 u 检验法或 t 检验法，但若用它检验多个正态总体的平均数是否相等时，不仅计算很麻烦，而且还会增大犯第一类错误的概率，例如，设要检验 5 个正态总体平均数是否相等，若用前述方法，则要做 $C_5^2 = 10$ 次检验，若每次检验接受原假设 H_0(均值相等)的概率均为 $1 - \alpha = 0.95$，则在各次检验相互独立条件下，10 次检验都接受 H_0(即 5 个总体均值都相等)的概率为 $(0.95)^{10} = 0.60$，这就是说，在 5 个总体均值都相等的条件下，采用 10 次 t 检验，结果否定 H_0(即至少有两个总体均值不相等)，而犯第一类错误的概率将达到 0.40，显然这个办法不好。本节介绍的方差分析法可避免这种情况。

方差分析的内容很广泛，这里只介绍最简单的情况，即单因素方差分析，或称一种方式分组的方差分析。

设有 S 个相互独立方差相等的正态总体 $N(a_i,\sigma^2)(i=1,2,\cdots,S)$，对每个总体做 n_i 次试验或观测，得到 S 个样本，以 $x_{i,j}(i=1,2,\cdots,S,j=1,2,\cdots,n_i)$，表示对第 i 个总体所作的第 j 次试验的结果，将这些数据排列成如表 8-1 所示。

表 8-1

样本值		样本序号					行和	组平均
		1	2	$\cdots$	j	$\cdots$	n_i		
总体序号	1	$X_{1,1}$	$X_{1,2}$	$\cdots$	$X_{1,j}$	$\cdots$	X_{1,n_1}	$X_{1\cdot}$	$\overline{X}_{1\cdot}$
	2	$X_{2,1}$	$X_{2,2}$	$\cdots$	$X_{2,j}$	$\cdots$	X_{2,n_2}	$X_{2\cdot}$	$\overline{X}_{2\cdot}$
	$\vdots$	$\vdots$	$\vdots$	$\vdots$	$\vdots$	$\vdots$	$\vdots$	$\vdots$	$\vdots$
	i	$X_{i,1}$	$X_{i,2}$	$\cdots$	$X_{i,j}$	$\cdots$	X_{i,n_i}	$X_{i\cdot}$	$\overline{X}_{i\cdot}$
	$\vdots$	$\vdots$	$\vdots$	$\vdots$	$\vdots$	$\vdots$	$\vdots$	$\vdots$	$\vdots$
	S	$X_{s,1}$	$X_{s,2}$	$\cdots$	$X_{s,j}$	$\cdots$	X_{s,n_s}	$X_{s\cdot}$	$\overline{X}_{s\cdot}$

记 $n = n_1 + n_2 + \cdots + n_s$，表 8-1 中

$$X_{i\cdot} = \sum_{j=1}^{n_i} X_{i,j},\ i = 1,2,\cdots,S \tag{8-7}$$

$$\overline{X}_{i\cdot} = \frac{1}{n_i}\sum_{j=1}^{n_i} X_{i,j},\ i = 1,2,\cdots,S \tag{8-8}$$

再记

$$\overline{X} = \frac{1}{n}\sum_{i=1}^{s}\sum_{j=1}^{n_i} X_{i,j} \tag{8-9}$$

$$T = \sum_{i=1}^{s}\sum_{j=1}^{n_i} X_{i,j} = \sum_{i=1}^{s} X_{i\cdot} \tag{8-10}$$

这里 $\overline{X}_{i\cdot}$ 称为组平均，$\overline{X}$ 称为总平均。

根据上述数据检验这 S 个正态总体均值是否相等的原假设是 $H_0:a_1 = a_2 = \cdots = a_s = a$。显然，如果 H_0 成立，那么这 S 个总体间无显著差异，由 S 个样本组成的 n 个观测值可以看成是来自同一总体 $N(a,\sigma^2)$ 的容量为 n 的一个大样本，而各个 $X_{i,j}$ 间的差异只是由随机因素引起的，若 H_0 不成立，那么在所有 $X_{i,j}$ 的差异中，除了随机因素的影响外，还包括了由于各个总体的均值不完全相等而产生的差异，只要在样本的总变差中，把这两种差异分开，然后再进行比较，就可以得到关于上述假设的一个检验方法。

记样本的总变差为 S_T，则

$$S_T = \sum_{i=1}^{s}\sum_{j=1}^{n_i}(X_{i,j} - \overline{X})^2 = \sum_{i=1}^{s}\sum_{j=1}^{n_i}(X_{i,j} - \overline{X}_{i\cdot} + \overline{X}_{i\cdot} - \overline{X})^2$$

$$= \sum_{i=1}^{s}\sum_{j=1}^{n_i}(X_{i,j} - \overline{X}_{i\cdot})^2 + \sum_{i=1}^{s}\sum_{j=1}^{n_i}(\overline{X}_{i\cdot} - \overline{X})^2 + 2\sum_{i=1}^{s}\sum_{j=1}^{n_i}(X_{i,j} - \overline{X}_{i\cdot})(\overline{X}_{i\cdot} - \overline{X})$$

因为
$$\sum_{i=1}^{s}\sum_{j=1}^{n_i}(X_{i,j}-\overline{X}_{i.})(\overline{X}_{i.}-\overline{X}) = \sum_{i=1}^{s}(\overline{X}_{i.}-\overline{X})\sum_{j=1}^{n_i}(X_{i,j}-\overline{X}_{i.}) = 0$$

所以
$$S_T = \sum_{i=1}^{s}\sum_{j=1}^{n_i}(X_{i,j}-\overline{X})^2 = \sum_{i=1}^{s}n_i(\overline{X}_{i.}-\overline{X})^2 + \sum_{i=1}^{s}\sum_{j=1}^{n_i}(X_{i,j}-\overline{X}_{i.})^2$$
$$= S_A + S_E \tag{8-11}$$

其中
$$S_A = \sum_{i=1}^{s}n_i(\overline{X}_{i.}-\overline{X})^2 \tag{8-12}$$

$$S_E = \sum_{i=1}^{s}\sum_{j=1}^{n_i}(X_{i,j}-\overline{X}_{i.})^2 \tag{8-13}$$

这里，S_A 为各总体之样本平均值 $\overline{X}_{i.}$ 与总的样本平均值 $\overline{X}$ 之间离差平方的加权和，它反映了从各不同均值总体中取出的各样本之间的差异，它是由于各总体均值不同而引起的，称为样本组间离差平方和。S_E 为从每个总体中所取样本内部的离差平方和，它排除了由于各总体均值不同而对观测结果的影响，只反映由于抽样的随机波动引起的差异，称为组内平方和或剩余平方和。

可以证明，在 H_0 成立条件下，$S_T/\sigma^2 \sim \chi^2(n-1)$ 分布，$S_A/\sigma^2 \sim \chi^2(s-1)$ 分布，$S_E/\sigma^2 \sim \chi^2(n-s)$ 分布，且 S_A 与 S_E 相互独立。

还可以证明，在 H_0 成立条件下，$\dfrac{S_A}{s-1}$，$\dfrac{S_E}{n-s}$ 都是 σ^2 的无偏估计量，故两者比值应接近1，而若 H_0 不成立，则 $\dfrac{S_A}{s-1}$ 应比 $\dfrac{S_E}{n-s}$ 大，因此取统计量

$$F = \frac{S_A/(s-1)}{S_E/(n-s)} \tag{8-14}$$

显然在 H_0 成立条件下，$F \sim F(s-1, n-s)$ 分布，于是对给定的显著性水平 α，查 $F(s-1, n-s)$ 表，可确定临界值 F_α，若按式 (8-14) 算得 $F > F_\alpha$，则拒绝 H_0，否则接受 H_0。

上述分析和检验过程可列成表 8-2，称为方差分析表。

表 8-2

方差来源	离差平方和	自由度	均方	F 值	F_α
组间	$S_A = \sum_{i=1}^{s} n_i(\bar{x}_{i.}-\bar{x})^2$	$s-1$	$\dfrac{S_A}{s-1}$	$F = \dfrac{\dfrac{S_A}{s-1}}{\dfrac{S_E}{n-s}}$	$F_\alpha(s-1, n-s)$
组内	$S_E = \sum_{i=1}^{s}\sum_{j=1}^{n_i}(x_{i,j}-\bar{x}_{i.})^2$	$n-s$	$\dfrac{S_E}{n-s}$		
总和	$S_T = \sum_{i=1}^{s}\sum_{j=1}^{n_i}(x_{i,j}-\bar{x})^2$	$n-1$	$\dfrac{S_T}{n-1}$		

在水文研究中，方差分析主要用于分析水文现象的周期性。具体用法在有关专业课程中介绍。

第三节 正态总体方差的假设检验

一、一个正态总体方差的假设检验

设 $X \sim N(a,\sigma^2)$，$(x_1,x_2,\cdots,x_n)$ 为 X 的样本，$\overline{X}$ 和 s^{*2} 分别是样本的均值和方差，现要检验总体方差 σ^2 是否等于已知常量 σ_0^2。

1. 均值 a 已知

$$H_0: \sigma^2 = \sigma_0^2, \quad H_1: \sigma^2 \neq \sigma_0^2$$

因为当 a 已知时，$\dfrac{1}{n}\sum\limits_{i=1}^{n}(X_i - a)^2$ 是总体方差 σ^2 的无偏估计，如果 H_0 成立，则比值 $\dfrac{\dfrac{1}{n}\sum\limits_{i=1}^{n}(X_i - a)^2}{\sigma_0^2}$ 不应很大或很小。若此比值很大或很小，说明 $\dfrac{1}{n}\sum\limits_{i=1}^{n}(X_i - a)^2$ 与 σ_0^2 相差很大，这时，原假设 H_0 是不能接受的。现将上述公式稍作修改，选择如下统计量

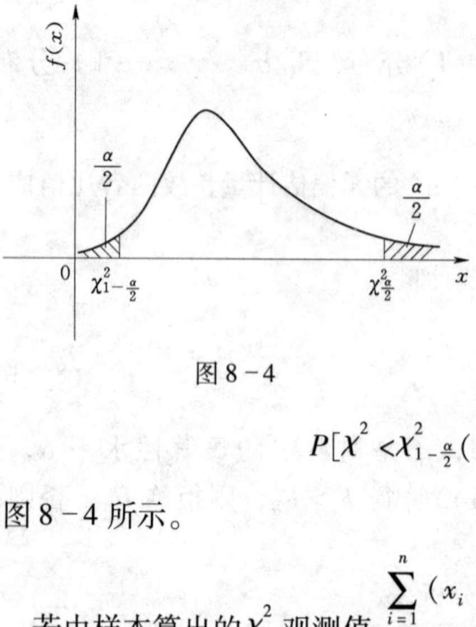

$$\chi^2 = \frac{\sum\limits_{i=1}^{n}(X_i - a)^2}{\sigma_0^2} \tag{8-15}$$

在 H_0 为真时，上述统计量服从自由度为 n 的 χ^2 分布。由给定的 α，查 χ^2 分布表，得满足下列关系式的 $\chi^2_{\frac{\alpha}{2}}(n)$ 和 $\chi^2_{1-\frac{\alpha}{2}}(n)$，即

$$P[\chi^2 < \chi^2_{1-\frac{\alpha}{2}}(n)] = P[\chi^2 > \chi^2_{\frac{\alpha}{2}}(n)] = \frac{\alpha}{2} \tag{8-16}$$

图 8-4

如图 8-4 所示。

若由样本算出的 χ^2 观测值 $\dfrac{\sum\limits_{i=1}^{n}(x_i - a)^2}{\sigma_0^2}$ 小于 $\chi^2_{1-\frac{\alpha}{2}}(n)$ 或大于 $\chi^2_{\frac{\alpha}{2}}(n)$，则拒绝 H_0，否则，就接受 H_0。

2. 均值 a 未知

$$H_0: \sigma^2 = \sigma_0^2, \quad H_1: \sigma^2 \neq \sigma_0^2$$

此时，用样本均值 $\overline{X}$ 去代替式(8-15)中未知的总体均值 a。在 H_0 成立的条件下，统计量

$$\chi^2 = \frac{\sum\limits_{i=1}^{n}(X_i - \overline{X})^2}{\sigma_0^2} \tag{8-17}$$

服从自由度为$(n-1)$的χ^2分布。

由给定的α，查χ^2分布表，求得满足下列关系式的$\chi^2_{\frac{\alpha}{2}}(n-1)$及$\chi^2_{1-\frac{\alpha}{2}}(n-1)$。

$$P[\chi^2 < \chi^2_{1-\frac{\alpha}{2}}(n-1)] = P[\chi^2 > \chi^2_{\frac{\alpha}{2}}(n-1)] = \frac{\alpha}{2} \tag{8-18}$$

若由样本算出的χ^2的观测值$\dfrac{\sum\limits_{i=1}^{n}(x_i-\bar{x})^2}{\sigma_0^2}$小于$\chi^2_{1-\frac{\alpha}{2}}(n-1)$或大于$\chi^2_{\frac{\alpha}{2}}(n-1)$，则拒绝$H_0$；否则，就接受$H_0$。

由式(8-15)和式(8-17)作为检验统计量的方法利用了χ^2分布，所以称为χ^2检验。

例6 某车间生产的钢丝折断力在正常情况下服从$N(a,\sigma^2)$，按规定生产精度$\sigma^2=64$，某天抽取10根钢丝作折断试验，结果为(单位：kg)578，572，570，568，572，570，572，596，584，570。试问该天生产的精度有无显著变化(取$\alpha=0.05$)？

解 $H_0: \sigma^2=64, H_1: \sigma^2 \neq 64$

在H_0成立的条件下

$$\chi^2 = \frac{\sum_{i=1}^{n}(X_i-\bar{X})^2}{64} \sim \chi^2(9)$$

由$\alpha=0.05$，查χ^2分布表得$\chi^2_{1-\frac{\alpha}{2}}(9)=2.7$，$\chi^2_{\frac{\alpha}{2}}(9)=19.0$。

根据样本算得$\bar{x}=575.2$，$\sum\limits_{i=1}^{10}(x_i-\bar{x})^2=681.6$，所以

$$\chi^2 = \frac{\sum_{i=1}^{10}(x_i-\bar{x})^2}{64} = \frac{681.6}{64} = 10.65$$

因为$2.7 < 10.65 < 19.0$，故接受原假设H_0，即认为该天生产的精度符合要求。

二、两个正态总体方差的假设检验

有时候，人们需要对两个正态总体的方差是否相等(又称方差的齐性)作检验，下面就来建立这种检验法。

设$X \sim N(a_1,\sigma_1^2)$，$Y \sim N(a_2,\sigma_2^2)$，X与Y相互独立，$(x_1,x_2,\cdots,x_{n_1})$为X的样本，$(y_1,y_2,\cdots,y_{n_2})$为Y的样本，现检验σ_1^2和σ_2^2是否相等。即

$$H_0: \sigma_1^2 = \sigma_2^2, H_1: \sigma_1^2 \neq \sigma_2^2$$

选择统计量

$$F = \frac{S_1^{*2}}{S_2^{*2}} \tag{8-19}$$

其中

$$S_1^{*2} = \frac{1}{n_1-1}\sum_{i=1}^{n_1}(X_i-\bar{X})^2 \tag{8-20}$$

$$S_2^{*2} = \frac{1}{n_2-1}\sum_{i=1}^{n_2}(Y_i-\bar{Y})^2 \tag{8-21}$$

在 H_0 成立的条件下，F 服从自由度为 (n_1-1, n_2-1) 的 F 分布。如果 $\frac{S_1^{*2}}{S_2^{*2}}$ 很大或很小，H_0 都不太可能成立。因此，由给定的 α，由 F 分布表和式 (3-78) 求得满足下列关系式的 $F_{1-\frac{\alpha}{2}}$ 和 $F_{\frac{\alpha}{2}}$。

$$P(F < F_{1-\frac{\alpha}{2}}) = \frac{\alpha}{2} \tag{8-22}$$

$$P(F > F_{\frac{\alpha}{2}}) = \frac{\alpha}{2} \tag{8-23}$$

若由样本算出的 F 值小于 $F_{1-\frac{\alpha}{2}}$ 或大于 $F_{\frac{\alpha}{2}}$，则拒绝 H_0，否则接受 H_0。

例7 对 A,B 两批同类无线电元件的电阻进行测试（单位：Ω），各抽 6 件，根据测试结果求得 $S_A^{*2} = 7.5 \times 10^{-6}$，$S_B^{*2} = 7.1 \times 10^{-6}$，能否认为这两批元件电阻的方差相等（$\alpha = 0.02$）。

解 $H_0: \sigma_1^2 = \sigma_2^2$，$H_1: \sigma_1^2 \neq \sigma_2^2$

选择统计量

$$F = \frac{S_A^{*2}}{S_B^{*2}}$$

在 H_0 成立条件下，$F \sim F(5,5)$。

由 $\alpha = 0.02$，查 F 分布表得 $F_{\frac{\alpha}{2}} = 11$。所以

$$F_{1-\frac{\alpha}{2}} = \frac{1}{F_{\frac{\alpha}{2}}} = \frac{1}{11} \approx 0.09$$

根据已知条件，求得 F 的计算值为

$$\frac{7.5 \times 10^{-6}}{7.1 \times 10^{-6}} \approx 1.06$$

因为 $0.09 < 1.06 < 11$，所以可以认为这两批元件电阻的方差无显著差异。

第四节 零相关检验

设 X 与 Y 为服从正态分布的两个随机变量，ρ 为它们的相关系数。$X_1, X_2, \cdots, X_n$ 和 $Y_1, Y_2, \cdots, Y_n$ 分别为 X 与 Y 的样本，R 为样本相关系数，与其他样本数字特征一样，也是随机变量。

一般来讲，如果 X 与 Y 的线性相关程度越高，则 R 的绝对值越大；反之，则 R 的绝对值越小。但是，有时即使 X 与 Y 不相关，甚至相互独立，由于抽样的随机性仍有可能有较大的样本相关系数。因此，常常有必要对相关系数是否为零进行检验，这种检验称为零相关检验。

提出原假设

$$H_0: \rho = 0, \ H_1: \rho \neq 0$$

令
$$T = \frac{R\sqrt{n-2}}{\sqrt{1-R^2}} \tag{8-24}$$

若 H_0 成立，则 T 服从自由度为 $(n-2)$ 的 t 分布。

由给定的 α，查 t 分布表得 $t_{\frac{\alpha}{2}}$，根据样本求得 r，代入式 $(8-24)$，算出 t，若 $|t| > t_{\frac{\alpha}{2}}$，则否定 H_0，反之，则接受 H_0。

在实际工作中，常采用另一种等价的检验方法。

由
$$|t| = \left|\frac{r\sqrt{n-2}}{\sqrt{1-r^2}}\right| > t_{\frac{\alpha}{2}}$$

得
$$r^2(n-2) > t_{\frac{\alpha}{2}}^2(1-r^2)$$

$$r^2 > \frac{t_{\frac{\alpha}{2}}^2}{n-2+t_{\frac{\alpha}{2}}^2}, \ |r| > \frac{t_{\frac{\alpha}{2}}}{\sqrt{n-2+t_{\frac{\alpha}{2}}^2}}$$

令
$$r_\alpha = \frac{t_{\frac{\alpha}{2}}}{\sqrt{n-2+t_{\frac{\alpha}{2}}^2}} \tag{8-25}$$

则否定域为 $|r| > r_\alpha$。已制成零相关检验临界值 r_α 表，见附录二中附表十，检验时，根据自由度 $n-2$，由给定的 α 查表得临界值 r_α，如果算得的相关系数 $|r| > r_\alpha$，则拒绝原假设 $H_0: \rho = 0$；否则，接受原假设。

例 8 根据 12 年资料，算得某流域年径流量与年降水量的相关系数 $r = 0.88$，试检验该流域的年径流量和年降水量是否显著相关 $(\alpha = 0.05)$。

解 $H_0: \rho = 0, \ H_1: \rho \neq 0$

由 $\alpha = 0.05$，根据自由度 $n-2 = 10$，查附录二中附表十得 $r_\alpha = 0.576$。

因为 $|r| = 0.88 > 0.576$，所以拒绝原假设 $\rho = 0$，即该流域的年径流量与年降水量是显著相关的。

第五节　非参数假设检验

前面所讨论的检验对象都是总体的未知参数，所以称为参数假设检验。而在某些场合需要检验某个样本是否来自某已知分布的总体，或者根据样本，要检验随机变量的独立性，有时还要判断两组样本是否属于同一总体，等等。这些都属于非参数假设检验，本节就来讨论这些问题。

一、分布的假设检验

对总体分布进行显著性检验的方法很多，这里仅介绍 χ^2 检验法。

设总体 X 的分布函数 $F(x)$ 未知，$F_0(x)$ 为某个已知的分布函数。$F_0(x)$ 中如含有未知参数，先根据实测样本将它们估计出来。

原假设 $H_0: F(x) = F_0(x)$,$H_1: F(x) \neq F_0(x)$。

在实数轴上取 $k-1$ 个点：$x_1, x_2, \cdots, x_{k-1}$，这 $k-1$ 个点将实数轴分成 k 个半开区间，$(-\infty, x_1)$,$[x_1, x_2)$,$\cdots$,$[x_{k-1}, +\infty)$，每个区间称为一个组。统计样本观测值落入各组的个数，记为 m_i，m_i 表示样本观测值落在区间 $[x_{i-1}, x_i)$ 中的个数。

如果原假设成立，则在 n 次试验中，X 的观测值落在第 i 组的理论次数应为

$$nP(x_{i-1} \leq X < x_i) = [F_0(x_i) - F_0(x_{i-1})]n = np_i \tag{8-26}$$

式中：p_i 为 X 在 $[x_{i-1}, x_i)$ 内取值的概率。

显然，在 n 次试验中，第 i 组的实际频数 m_i 与理论频数 np_i 是有差异的。但一般来说，若 H_0 为真，n 较大时，这种差异 $(m_i - np_i)$ 应该较小，从而

$$\sum_{i=1}^{k} \frac{(m_i - np_i)^2}{np_i} \tag{8-27}$$

也应该较小。否则，有理由否定原假设。

由于式(8-27)是样本的函数，对不同的样本，式(8-27)有不同的值，所以，式(8-27)所表示的量也是随机变量，用 χ^2 表示。

$$\chi^2 = \sum_{i=1}^{k} \frac{(m_i - np_i)^2}{np_i} \tag{8-28}$$

皮尔逊证明，当 $n \to \infty$ 时，上述统计量服从自由度为 $k-r-1$ 的 χ^2 分布。其中 r 是 $F_0(x)$ 中被估计的参数的个数。

由给定的 α 及自由度，查 χ^2 分布表，求得满足下列关系式的临界值 χ_α^2

$$P(\chi^2 > \chi_\alpha^2) = \alpha \tag{8-29}$$

根据样本计算式(8-28)中的 χ^2 值，若 χ^2 值大于等于 χ_α^2，则拒绝 H_0；反之，则接受 H_0，即可以认为样本来自分布为 $F_0(x)$ 的总体。χ^2 检验要求样本容量 n 要足够大，各组的频数不应太小，一般要求不小于 5，否则，将它与邻组合并，总组数 k 按合并后的组数计算。

例 9 表 8-3 为正态分布 χ^2 检验计算表 ($\bar{x} = 1.230, s = 0.232$)，表中 (1)、(2) 两列是某随机变量 X 的容量 $n = 269$ 的样本的频数分布，试检验 X 是否服从正态分布 $N(a, \sigma^2)$ ($\alpha = 0.05$)。

表 8-3

组序	分组	实测频数 m_i	$u_i = \dfrac{\text{组上限} - \bar{x}}{s}$	$\Phi(u_i)$	$p_i = \Phi(u_i) - \Phi(u_{i-1})$	理论频数 np_i	$\dfrac{(m_i - np_i)^2}{np_i}$
	(1)	(2)	(3)	(4)	(5)	(6)	(7)
1	<0.60	1 ⎱ 6	-2.72	0.0033	0.0033	0.89 ⎱ 3.04	2.8821
2	0.60~0.70	5 ⎰	-2.28	0.0113	0.0080	2.15 ⎰	

续表

组序	分组 (1)	实测频数 m_i (2)	$u_i = \dfrac{\text{组上限} - \bar{x}}{s}$ (3)	$\Phi(u_i)$ (4)	$p_i = \Phi(u_i) - \Phi(u_{i-1})$ (5)	理论频数 np_i (6)	$\dfrac{(m_i - np_i)^2}{np_i}$ (7)
3	0.70~0.80	5	-1.85	0.0322	0.0209	5.62	0.0684
4	0.80~0.90	12	-1.42	0.0778	0.0456	12.27	0.0059
5	0.90~1.00	16	-0.99	0.1611	0.0833	22.41	1.8335
6	1.00~1.10	32	-0.56	0.2877	0.1266	34.06	0.1246
7	1.10~1.20	50	-0.13	0.4483	0.1606	43.20	1.0701
8	1.20~1.30	46	0.30	0.6179	0.1696	45.62	0.0032
9	1.30~1.40	43	0.73	0.7673	0.1494	40.19	0.1965
10	1.40~1.50	24	1.16	0.8770	0.1097	29.51	1.0288
11	1.50~1.60	18	1.59	0.9441	0.0671	18.05	0.0001
12	1.60~1.70	14 ⎫	2.03	0.9788	0.0347	9.33 ⎫	
13	1.70~1.80	2 ⎬ 17	2.46	0.9931	0.0143	3.85 ⎬ 15.04	0.2554
14	>1.80	1 ⎭	∞	1.0000	0.0069	1.86 ⎭	
	合计	269			1.0000	269.02	7.4689

解 根据样本,用极大似然法估计正态分布中的两个参数:$\hat{a} = 1.230$,$\hat{\sigma}^2 = 0.232^2$。将表中的最前 2 组和最后 3 组分别合并,使每组频数都不少于 5。总组数 $k = 11$。

由 $\alpha = 0.05$,自由度 $\nu = 11 - 2 - 1 = 8$,查 χ^2 分布表得 $\chi_\alpha^2 = 15.51$。

由表 8-3 求得 χ^2 的值为 7.47。

因为 7.47 < 15.51,所以接受原假设,即可以认为随机变量 X 服从正态分布。

二、独立性检验

在水文分析中,常常要考虑随机变量的独立性,一般情况下,可通过分析物理成因和抽样方式作出判断。如果资料充分,也可运用独立性检验作出判断。

设 X 与 Y 为两个随机变量,将它们的取值范围分别划分成 r 个和 k 个互不相交的区间。统计样本观测值落在各区间的频数 $n_{i,j}$,$n_{i,j}$ 表示样本观测值中 x 落在 i 区间而 y 落在 j 区间中的个数,见表 8-4(列联表)。

表 8-4

$n_{i,j}$ \ Y X	1	2	...	j	...	k	Σ
1	$n_{1,1}$	$n_{1,2}$	...	$n_{1,j}$	...	$n_{1,k}$	$n_1.$
2	$n_{2,1}$	$n_{2,2}$	...	$n_{2,j}$	...	$n_{2,k}$	$n_2.$
⋮	⋮	⋮		⋮		⋮	⋮

续表

$n_{i,j}$＼Y ＼X	1	2	…	j	…	k	Σ
i	$n_{i,1}$	$n_{i,2}$	…	$n_{i,j}$	…	$n_{i,k}$	$n_{i.}$
⋮	⋮	⋮	⋮	⋮	⋮	⋮	⋮
r	$n_{r,1}$	$n_{r,2}$	…	$n_{r,j}$	…	$n_{r,k}$	$n_{r.}$
Σ	$n_{.1}$	$n_{.2}$	…	$n_{.j}$	…	$n_{.k}$	n

$$n_{i.} = \sum_{j=1}^{k} n_{i,j} \tag{8-30}$$

$$n_{.j} = \sum_{i=1}^{r} n_{i,j} \tag{8-31}$$

$$n = \sum_{i=1}^{r} \sum_{j=1}^{k} n_{i,j} \tag{8-32}$$

H_0：X 与 Y 互相独立。

设 $p_{i,j} = P(X \in i \text{ 区间}, Y \in j \text{ 区间})$，若 X 与 Y 相互独立，则应有

$$p_{i,j} = p_{i.} \cdot p_{.j} \tag{8-33}$$

式中：$p_{i.}$ 和 $p_{.j}$ 分别为 X 与 Y 的边际概率。

因此，n 次试验中，$X \in i$ 区间，$Y \in j$ 区间的理论频数为 $np_{i,j} = np_{i.} \cdot p_{.j}$。

可以证明，当 $n \to \infty$ 时，统计量

$$\chi^2 = \sum_{i=1}^{r} \sum_{j=1}^{k} \frac{(n_{i,j} - np_{i.} \cdot p_{.j})^2}{np_{i.} \cdot p_{.j}} \tag{8-34}$$

服从自由度为 $rk-1$ 的 χ^2 分布。统计量 χ^2 刻画了理论频数与实测频数之差。若 H_0 为真，则 χ^2 取值不应很大。

一般 $p_{i.}$ 和 $p_{.j}$ 未知，常用它们的极大似然估计 $\dfrac{n_{i.}}{n}$ 和 $\dfrac{n_{.j}}{n}$ 代替，式(8-34)成为

$$\chi^2 = \sum_{i=1}^{r} \sum_{j=1}^{k} \frac{\left(n_{i,j} - \dfrac{n_{i.} n_{.j}}{n}\right)^2}{\dfrac{n_{i.} n_{.j}}{n}} = n\left(\sum_{i=1}^{r} \sum_{j=1}^{k} \frac{n_{i,j}^2}{n_{i.} n_{.j}} - 1\right) \tag{8-35}$$

此时统计量 χ^2 服从自由度为 $(r-1)(k-1)$ 的 χ^2 分布。

根据 α 和自由度 $(r-1)(k-1)$ 查表得 χ_α^2，再由样本计算 χ^2 值，如果 $\chi^2 \geq \chi_\alpha^2$，则拒绝 H_0，否则，接受 H_0。

上述检验独立性的方法不仅适用于定量资料，也适用于定性资料。

例 10 为了研究太阳黑子活动与某地区旱涝年发生的关系，考证了 506 年的历史资料，列于表 8-5，试在 $\alpha = 0.05$ 下检验太阳黑子活动与该地区旱涝有无关系。

表 8-5

年数＼黑子数＜br＞旱涝状况	低值期	平均期	高值期	Σ
旱	28（24.7）	21（16.9）	45（52.4）	94
正常	90（93.0）	59（63.7）	205（197.3）	354
涝	15（15.3）	11（10.4）	32（32.3）	58
Σ	133	91	282	506

解 H_0：该地区旱涝状况与太阳黑子活动相互独立。

计算各组理论频数 $\dfrac{n_{i.} n_{.j}}{n}$，结果列于表 8-5 中的括号内。

以 $\alpha = 0.05$，自由度 $\nu = (3-1)(3-1) = 4$ 查 χ^2 分布表得 $\chi_\alpha^2 = 9.488$。

由式 (8-35)，求得 χ^2 值为 3.27。

因为 3.27 < 9.488，所以接受原假设，即可以认为该地区旱涝状况与太阳黑子活动并无显著关系。

三、一致性检验

用样本推断总体的统计性质，当然要求样本来自同一总体，否则就没有意义。例如，对某水文系列进行频率分析时，首先要求实测资料具有可靠性、代表性和一致性，这里的所谓一致性，就是要求实测资料属于同一总体。对于长系列的水文系列，如年径流量、年最大洪峰流量等，由于时间跨度大，在这期间，可能因为人类活动的影响，造成下垫面条件的显著改变，从而引起产汇流成因机制的变化；或者由于观测地点、条件和设备等因素的改变，影响了观测资料的一致性。因此，能否将所有的实测资料看作来自同一总体的一个样本，是需要加以分析的。

对水文资料的一致性分析，首先应该从物理成因、自然状况等方面进行分析，如果系列较长，也可利用统计检验法，检验它们是否属于同一总体。检验一致性的方法很多，这里只介绍使用较多的斯米尔诺夫检验法。

设有两个具有连续分布函数 $F_1(x)$ 和 $F_2(x)$ 的总体，从中分别抽取两个独立的容量分别为 n_1 和 n_2 的样本，现要求检验原假设

$$H_0: F_1(x) = F_2(x), \quad -\infty < x < +\infty$$

由两个子样的经验分布函数 $F_{n_1}(x)$ 和 $F_{n_2}(x)$ 构造统计量

$$D_{n_1, n_2} = \sup_x |F_{n_1}(x) - F_{n_2}(x)|, \quad -\infty < x < +\infty \tag{8-36}$$

斯米尔诺夫检验的理论基础是斯米尔诺夫定理：当样本容量 n_1 和 n_2 分别趋向于 ∞ 时，统计量 D_{n_1, n_2} 有极限分布函数

$$Q(\lambda) = \lim_{\substack{n_1 \to \infty \\ n_2 \to \infty}} P\left(D_{n_1, n_2} < \frac{\lambda}{\sqrt{n}}\right)$$

$$= \sum_{k=-\infty}^{\infty} (-1)^k e^{-2k^2\lambda^2}, \lambda > 0 \qquad (8-37)$$

其中
$$n = \frac{n_1 n_2}{n_1 + n_2}$$

在原假设成立条件下，D_{n_1,n_2} 不应很大。

由给定的显著性水平 α，由斯米尔诺夫 λ 分布表（附录二中附表十二）查得 λ_α。λ_α 是满足 $Q(\lambda_\alpha) = 1 - \alpha$ 的分位数。

根据样本，算出经验分布函数 $F_{n_1}(x)$ 及 $F_{n_2}(x)$，再求出两者之差的绝对值，并找出最大离差 D_{n_1,n_2}。若 $D_{n_1,n_2} > \lambda_\alpha/\sqrt{n}$，则拒绝 H_0，反之，则接受 H_0。

例11 随机变量 $X \sim F_1(x)$，其 25 个观测值为 0.61, 0.29, 0.06, 0.59, -1.73, -0.74, 0.51, -0.56, -0.39, 1.64, 0.05, -0.06, 0.64, -0.82, 0.31, 1.77, 1.09, -1.28, 2.36, 1.31, 1.05, -0.32, -0.40, 1.06, -2.47；随机变量 $Y \sim F_2(x)$，其 20 个观测值为 2.20, 1.68, 1.38, 0.20, 0.36, 0, 0.96, 1.56, 0.44, 1.50, -0.30, 0.66, 2.31, 3.29, -0.27, -0.37, 0.38, 0.70, 0.52, -0.71。$F_1(x)$ 与 $F_2(x)$ 都为未知函数。试用斯米尔诺夫检验法检验 $H_0: F_1(x) = F_2(x)$，$\alpha = 0.05$。

解 因两组数据量不相等，为便于逐点计算经验分布函数的离差，故用分组法计算经验分布，计算过程列于表 8-6。

表 8-6

分 组	样本 I		样本 II		$F_{n_1}(x)$	$F_{n_2}(x)$	$\|F_{n_1}(x) - F_{n_2}(x)\|$
	频数	累计	频数	累计			
< -2.00	1	1	0	0	0.04	0	0.04
-2.00 ~ -1.50	1	2	0	0	0.08	0	0.08
-1.50 ~ -1.00	1	3	0	0	0.12	0	0.12
-1.00 ~ -0.50	3	6	1	1	0.24	0.05	0.19
-0.50 ~ 0	4	10	4	5	0.40	0.25	0.15
0.00 ~ 0.50	4	14	4	9	0.56	0.45	0.11
0.50 ~ 1.00	4	18	4	13	0.72	0.65	0.07
1.00 ~ 1.50	4	22	1	14	0.88	0.70	0.18
1.50 ~ 2.00	2	24	3	17	0.96	0.85	0.11
2.00 ~ 2.50	1	25	2	19	1.00	0.95	0.05
2.50 ~ 3.00	0	25	0	19	1.00	0.95	0.05
3.00 ~ 3.50	0	25	1	20	1.00	1.00	0

以 $1 - \alpha = 0.95$ 查附录二中附表十二得 $\lambda_\alpha = 1.36$，又 $n = \dfrac{n_1 n_2}{n_1 + n_2} = \dfrac{20 \times 25}{20 + 25} = 11.1$，由表 8-6 得

$$D_{n_1,n_2} = \max |F_{n_1}(x) - F_{n_2}(x)| = 0.19$$

$$\lambda_\alpha / \sqrt{n} = \frac{1.36}{\sqrt{11.1}} = 0.41$$

因为 $D_{n_1,n_2} < \frac{\lambda_\alpha}{\sqrt{n}}$，所以不否定 X 与 Y 具有相同分布。

习　题

8-1 设随机变量 $X \sim N(a,5^2)$，$\bar{X} = 27.3$ 为 X 的容量 $n = 100$ 的样本均值。试在 $\alpha = 0.05$ 下，检验 $H_0: a = 26$。

8-2 某产品在正常情况下，每件重量 X 服从正态分布 $N(100, 1.15^2)$，某日开工后，随机抽查 10 件，重量如下（单位：g）：99.3，98.9，100.5，100.1，99.9，99.7，100.0，100.2，99.5，100.9，问该日工作是否正常，即该日产品的数学期望与 100 是否有显著差异（$\alpha = 0.05$，且该日 $\sigma^2 = 1.15^2$）？

8-3 独立测量一段道路正常 5 次，各得长度为 1.27，1.34，1.26，1.31，1.29(km)，设测量值 $X \sim N(a, \sigma^2)$ 分布，试在 $\alpha = 0.05$ 下，检测 H_0：该道路长 1.30 km。

8-4 有容量为 100 的样本，其 $\bar{x} = 2.7$，而 $\sum_{i=1}^{100}(x_i - \bar{x})^2 = 225$，试以 $\alpha = 0.01$ 检验假设 $H_0: E(X) = 3$。

8-5 某厂对废水进行处理，要求某种有毒物质的浓度不超过 19 mg/L，抽样检查得到 10 个数据，其样本均值 $\bar{x} = 17.1$ mg/L，假设有毒物质的含量服从正态分布，且已知方差 $\sigma^2 = 8.5$ mg/L^2，问在显著水平 $\alpha = 0.05$ 下处理后的废水是否合格？

8-6 已知甲、乙两煤矿的含灰率分别服从 $N(a_1, 7.5^2)$ 及 $N(a_2, 2.6^2)$，现从两矿各抽几个试件，分析其含灰率为：

甲矿：24.3，20.8，23.7，21.3，17.4(%)；

乙矿：18.2，16.9，20.2，16.7(%)。

取 $\alpha = 0.10$，问甲、乙两矿所采煤的含灰率的数学期望有无显著差异？

8-7 对习题 8-4 的样本，以 $\alpha = 0.01$ 检测假设 $H_0: \sigma^2 = 2.5$。

8-8 设有两个来自不同正态总体的样本：

A：-4.4，4.0，2.0，-4.8

B：　6.0，1.0，3.2，-0.4

试在 $\alpha = 0.1$ 条件下，检验两个样本是否来自方差相同的总体。

8-9 甲、乙两台机床，生产同一型号的滚球，从甲机床生产的滚球中抽 8 个。从乙机床生产的滚球中抽 9 个，测量直径得数据如下（单位：mm）。

甲：15.0，14.5，15.2，15.5，14.8，15.1，15.2，14.8

乙：15.2，15.0，14.8，15.2，15.0，15.0，14.8，15.1，14.8

滚球直径是服从正态分布的，问在 $\alpha = 0.05$ 下，两台机床产品的直径可否认为具有同一分布？

8-10 根据表 8-7 数据计算 x 与 y 的相关系数 r，并进行零相关检验（$\alpha = 0.05$）。

表 8-7

| x | 1230.4 | 1405.0 | 1600.0 | 1552.1 | 1220.0 | 1530.8 | 1800.0 | 1515.5 | 1850.0 |
| y | 564.6 | 683.2 | 779.0 | 710.4 | 642.3 | 850.5 | 950.9 | 850.0 | 940.3 |

8-11 从随机数表中取150个二位数,抽样结果见表8-8。试检验其是否服从均匀分布($\alpha = 0.05$)?

表 8-8

组 限	频 数	组 限	频 数
0~9	16	50~59	19
10~19	15	60~69	14
20~29	19	70~79	11
30~39	13	80~89	13
40~49	14	90~99	16

第九章 回 归 分 析

第一节 基 本 概 念

一、变量间的关系

自然界中的许多变量,它们之间的关系可概括为三种类型。第一种类型是确定性关系,即一个变量的值完全由另一个或另几个变量的值所确定,这种关系可以用函数式来表述。例如,自由落体运动中,物体下落的距离 S 与下落时间 t 之间就有如下的函数关系

$$S = \frac{1}{2}gt^2 \tag{9-1}$$

变量 S 的值完全由 t 值所确定(其中 g 是重力加速度,为常量),如果给定一个 t 值,则 S 只有唯一的值与之对应。

在水力学中,水下压强 p 与水深 h 之间存在如下的函数关系

$$p = dh(d \text{ 为常数}) \tag{9-2}$$

压强 p 随着水深 h 的变化而变化,当 h 给定以后,p 值就由式(9-2)完全确定了。

电流、电阻、电压之间的关系,在封闭的容器中,气体体积、气压、温度之间的关系等,都属于确定性关系。

变量之间关系的第二种类型是一个变量的取值与另一个变量的值毫无关系。

例如,自由落体运动中,物体下落的距离 S 与物体质量 m 之间的关系,就属于这种类型。S 的大小由 t 来决定,而与 m 值完全无关。

又例如,广州市的福利彩票年销售量与北京市的年降水量之间的关系也属这种类型。

变量之间的关系还存在第三种类型:一个变量的取值既不像确定性关系中那样完全由另一个变量值决定,也不像第二种类型所述的与另一个变量值完全无关,它与另一个变量有一定的关系,这种关系称为相关关系,又称非确定依赖关系。具有相关关系的两个变量中,一个变量的取值,除受到另一个变量值的制约之外,还受到其他变量的影响,因此,它不完全由另一个变量确定。例如,人的体重与身高之间的关系,一般说来,身高高者,体重也重。但体重除了受身高因素影响外,还与人的胖瘦有关。因此,体重与身高有关,但又不完全由身高确定,所以,体重与身高之间的关系具有相关关系。

在水文学中所研究的变量,很多属于相关关系。例如,河流某断面处的流量与水位的关系,对某个确定的水位,流量是不确定的,而是在一个数值上下变动,如图9-1所示。这是因为影响流量大小的,除了水位以外,还有水面比降、河道糙率等因素。因此,同一水位下各次测得的流量不同。但是,从图9-1上又可看出,流量与水位还是有一定关系的,一般来说,水位高,流量大,水位低,流量小,因此,称水位与流量之间存在相关关系。

第九章 回归分析

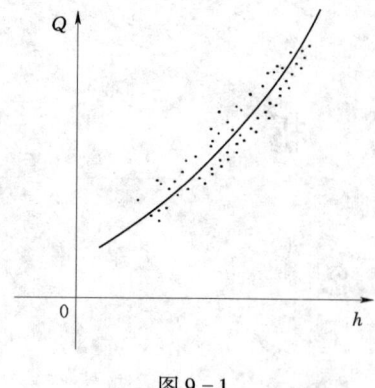

图 9-1

再例如，测流断面的径流量与断面以上流域内的平均降水量之间的关系，也属相关关系。由于径流量除了主要受降水量影响外，还受其他因素的影响，如土壤含水量、河湖蓄水量以及蒸发量等。因此，对于相同的降水量，并不对应着一个确定的径流量。但是，总的来说，降水量大，径流量也大，降水量小，径流量也小。

相关关系虽然不是确定性的，但往往也存在一定规律，若将任意两个变量作为平面直角坐标系中的坐标，并按其对应观测值$(x_i, y_i)(i=1,2,\cdots,n)$标在此平面上，就得出 n 个样本点的散布图，这样的图称为观测值的散点图或相关图。从散点图上一般可以看出变量间关系的统计规律，如图 4-4 所示，图 4-4(a) 和图 4-4(b) 中的散点大致围绕一条直线散布；图 4-4(c) 中的散点大致围绕一条抛物线散布；而图 4-4(d) 中的散点非常散乱。很明显，除图 4-4(d) 以外，其他三幅图中所示的变量间都存在相关关系。对存在相关关系的变量，虽然不能用函数准确描述它们之间的关系，但可根据散点图中点分布的特点，用函数描述它们之间的变化趋势。回归分析就是研究变量间相关关系的一种数学方法。这种方法在工农业生产和科学研究中都有着十分广泛的应用。在水文学的研究和实践中，回归分析是极其重要的工具。

相关分析和回归分析是研究变量间相关系数的主要方法，它们之间既有相似之处，也有区别。相似之处是它们都是研究变量间相关关系的，都要用到相关系数，回归方程等概念。它们的差别主要有以下三点。

(1) 在回归分析中，一个变量称为因变量，其他一个变量或多个变量称为自变量，因变量处在被解释的特殊地位。在相关分析中，变量与变量之间处于平等地位，即研究变量 Y 与变量 X 的密切程度与研究 X 与 Y 的密切程度是一回事。

(2) 在相关分析中，所涉及的变量全是随机变量。而在回归分析中，因变量是随机变量，自变量可以是随机变量，也可以是非随机的确定变量，通常的回归模型中，总是假定自变量是非随机的确定变量。

(3) 相关分析所研究的主要是变量间线性相关的密切程度，而回归分析所研究的则是一个随机变量与一个或多个其他变量之间的依赖关系，不仅可以揭示自变量对因变量的影响大小，还可以由回归方程对因变量进行预测和控制。

二、线性回归模型

从上面的讨论中看到，具有相关关系的变量之间，因变量虽然不能由自变量唯一确定，但因变量的变化趋势却是可以由自变量确定的，如果能够找出因变量随自变量变化的趋势函数，无疑对科学研究和生产实践都是很有意义的，因为，人们可以根据这种趋势函数对因变量的未来发展作出预报或控制。

回归分析的主要任务，就是根据因变量和自变量的观测数据，确定它们之间的趋势函数并对其进行统计分析。

在回归分析中，一般都把自变量作为普通变量处理，而因变量是随机变量。下面就来讨论趋势函数的一般形式及其性质。

设随机变量 Y 与 m 个自变量 $x_1, x_2, \cdots, x_m$ 之间存在相关关系，假定它们之间可用下述关系表示

$$Y = g(x_1, x_2, \cdots, x_m; \beta_0, \beta_1, \cdots, \beta_m) + \varepsilon \tag{9-3}$$

式中：$g(x_1, x_2, \cdots, x_m; \beta_0, \beta_1, \cdots, \beta_m)$ 为 Y 依 $x_1, x_2, \cdots, x_m$ 变化的趋势函数（也称为主值函数）；$\beta_0, \beta_1, \cdots, \beta_m$ 为参数；ε 为随机变量，它表示除去 $x_1, x_2, \cdots, x_m$ 对 Y 的影响外，其他随机因素对 Y 的影响，也刻画了用趋势函数 $g(x_1, x_2, \cdots, x_m; \beta_0, \beta_1, \beta_2, \cdots, \beta_m)$ 表示 Y 的值时产生的误差，所以 ε 也称为随机误差。

实际上，函数 g 以采用随机变量 Y 关于自变量 $(x_1, x_2, \cdots, x_m)$ 的条件期望为最好。但在实际问题中，要找到函数 g 的准确形式常常是很困难的，甚至是不可能的。因此，在回归分析中，常采用均方线性回归，即把函数 g 限定为 $x_1, x_2, \cdots, x_m$ 均方误差最小的线性函数，这不仅使理论研究变得较为方便，而且能够满足大多数实际应用的要求。此时式(9-3)变成

$$Y = \beta_0 + \beta_1 x_1 + \beta_2 x_2 + \cdots + \beta_m x_m + \varepsilon \tag{9-4}$$

上述模型称为线性回归模型。$\beta_0, \beta_1, \beta_2, \cdots, \beta_m$ 称为理论回归系数，ε 除表示 $x_1, x_2, \cdots, x_m$ 以外其他因素对 Y 的影响外，还包括 $x_1, x_2, \cdots, x_m$ 对 Y 的非线性影响。而 $\beta_0 + \beta_1 x_1 + \beta_2 x_2 + \cdots + \beta_m x_m$ 仅表示 $x_1, x_2, \cdots, x_m$ 对 Y 的线性影响程度。

应当注意，虽然式(9-3)和式(9-4)中的 ε 均为随机误差，但显然，两者为不同的随机变量。

将 $(x_1, x_2, \cdots, x_m)$ 的一组观测值 $(x_{1,i}, x_{2,i}, \cdots, x_{m,i})$ ($i=1,2,\cdots,n$) 代入式(9-4)得

$$Y_i = \beta_0 + \beta_1 x_{1,i} + \beta_2 x_{2,i} + \cdots + \beta_m x_{m,i} + \varepsilon_i, \quad i=1,2,\cdots,n \tag{9-5}$$

由于随机误差 ε_i 的干扰，对给定的一组 $(x_{1,i}, x_{2,i}, \cdots, x_{m,i})$，$Y_i$ 不是一个确定值，而是一个随机变量 [注意：Y_i 是对应于自变量 $(x_1, x_2, \cdots, x_m)$ 取固定值 $(x_{1,i}, x_{2,i}, \cdots, x_{m,i})$ 的 Y 值]，它有一个概率分布，也可以把 Y_i 的概率分布理解为在自变量 $(x_1, x_2, \cdots, x_m)$ 取值 $(x_{1,i}, x_{2,i}, \cdots, x_{m,i})$ 时 Y 的条件分布。

在回归分析中，对 ε_i 有以下假定：

(1) 独立性。即对任意 i 与 j，ε_i 与 ε_j 相互独立，从而 $\text{Cov}(\varepsilon_i, \varepsilon_j) = 0$, $i \neq j$。

(2) 零均值性。即对任意 ε_i 有 $E(\varepsilon_i) = 0$。

(3) 共方差性。即对任意 i 有 $D(\varepsilon_i) = \sigma_\varepsilon^2$。

(4) 正态性。即对任意 i 有 $\varepsilon_i \sim N(0, \sigma_\varepsilon^2)$。

以上四点可用一句话概括为"随机误差 ε_i 是相互独立服从同一正态分布 $N(0, \sigma_\varepsilon^2)$ 的随机变量"。

从式(9-5)看到 Y_i 是 ε_i 的线性函数，因此，根据上述对 ε_i 的假定可知，Y_i 是相互独立的正态随机变量，且有

$$E(Y_i) = \beta_0 + \beta_1 x_{1,i} + \beta_2 x_{2,i} + \cdots + \beta_m x_{m,i}, \quad i=1,2,\cdots,n \tag{9-6}$$

$$D(Y_i) = D(\varepsilon_i) = \sigma_\varepsilon^2 \quad (\text{与 } i \text{ 无关}) \tag{9-7}$$

它们是在均方线性回归前提下当自变量 $(x_1, x_2, \cdots, x_m)$ 取固定值 $(x_{1,i}, x_{2,i}, \cdots, x_{m,i})$ 时随机

变量(因变量)Y线性趋势值,以及Y_i为关于该趋势值的方差[注意区别$E(Y)$和$E(Y_i)$及$D(Y)$和$D(Y_i)$的不同意义]。

由于i的任意性,通常略去式(9-6)中的下标i,并将$E(Y_i)$写作$\bar{y}_x$,于是式(9-6)成为

$$\bar{y}_x = \beta_0 + \beta_1 x_1 + \beta_2 x_2 + \cdots + \beta_m x_m \tag{9-8}$$

式(9-8)称为因变量Y依自变量$x_1, x_2, \cdots, x_m$的理论(线性)回归方程。

线性模型式(9-8)不仅在实际中有广泛应用,而且在用观测资料估计回归系数$\beta_0, \beta_1, \beta_2, \cdots, \beta_m$时,方程中的未知量是参数$\beta_0, \beta_1, \beta_2, \cdots, \beta_m$,而自变量$x_1, x_2, \cdots, x_m$及因变量$y$都是已知值,此时"线性"的含义变成针对未知参数$\beta_0, \beta_1, \beta_2, \cdots, \beta_m$,所以,若回归方程的形式为

$$\bar{y}_x = \beta_0 + \beta_1 \varphi_1(x_1, x_2, \cdots, x_m) + \beta_2 \varphi_2(x_1, x_2, \cdots, x_m) + \cdots + \beta_m \varphi_m(x_1, x_2, \cdots, x_m) \tag{9-9}$$

其中,$\varphi_i(x_1, x_2, \cdots, x_m)(i=1,2,\cdots,m)$是$x_1, x_2, \cdots, x_m$的不含未知参数的函数,则只要令新变量$z_i = \varphi_i(x_1, x_2, \cdots, x_m)(i=1,2,\cdots,m)$,式(9-9)就变成式(9-8)。这样,对线性回归的一套分析方法也适用于这种情况。最后需指出,由于Y与自变量$x_1, x_2, \cdots, x_m$之间不一定存在因果关系,所以在回归分析中,有时又将Y称为依变量。

第二节 一元线性回归模型

一、回归方程

如果方程式(9-4)中只含一个自变量x,则称为一元线性回归模型,此时式(9-5)、式(9-6)、式(9-8)分别变成

$$Y_i = \beta_0 + \beta_1 x_i + \varepsilon_i \tag{9-10}$$

$$E(Y_i) = \beta_0 + \beta_1 x_i \tag{9-11}$$

$$\bar{y}_x = \beta_0 + \beta_1 x \tag{9-12}$$

理论回归方程式(9-12)的图像称为Y依x的理论回归直线。为了利用回归方程对因变量的未来发展作出预测或控制,必须通过观测或试验,根据样本对回归系数作出估计。

下面介绍对一元线性回归如何根据实测资料估计式(9-12)中的β_0、β_1。为方便起见,今后对随机变量与随机变量的取值在记号上不作严格区分,一般都用小写字母表示,其具体含义可根据上下文理解。

设有自变量x的一组观测值$x_1, x_2, \cdots, x_n$,及与之对应的因变量Y的一组观测值$y_1, y_2, \cdots, y_n$这样就得到自变量与因变量的n对观测值$(x_i, y_i)(i=1,2,\cdots,n)$,将它们点绘在直角坐标中,如果如图9-2那样,点据大致分布在一条不平行于x轴的直线附近,就可猜想,因变量与自变量之间可能存在线性相关关系。

若以b_0, b_1表示β_0, β_1的估计量,则观测值y_i可表示为

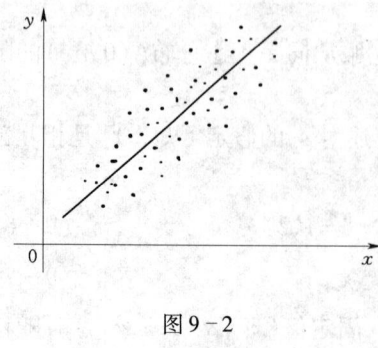

图9-2

$$y_i = b_0 + b_1 x_i + \delta_i, \ i = 1, 2, \cdots, n \tag{9-13}$$

式中：δ_i 为以 $b_0 + b_1 x_i$ 作为 Y 的真值 y_i 的近似值时的误差，通常称为"残差"或"剩余"。而称方程

$$\hat{y}_i = b_0 + b_1 x_i, \ i = 1, 2, \cdots, n \tag{9-14}$$

为因变量 Y 依自变量 x 的经验回归方程，b_0, b_1 为经验回归系数。由于 i 的任意性，通常省略不写，因此回归方程式(9-14)可写成

$$\hat{y} = b_0 + b_1 x \tag{9-15}$$

其图像如图 9-2 所示，称为经验回归直线。显然经验回归直线方程式(9-15)就是理论回归直线方程式(9-12)的估计线。那么，应该怎样选择 b_0, b_1 才能使这种估计达到最好呢？大家知道理论回归直线是随机变量 Y 关于自变量 x 的条件期望值的轨迹，根据方差的定义及方差的最小性质可知，随机变量 Y 对理论回归直线上的 $\bar{y}_x$ 的离差平方和应该是最小的，因此，当用式(9-14)中 $\hat{y}_i$ 估计 Y 的实测值 y_i 时，自然也应要求观测值对经验回归直线的离差的平方和达到最小。即应使

$$Q = \sum_{i=1}^{n} \delta_i^2 = \sum_{i=1}^{n} (y_i - \hat{y}_i)^2 = \sum_{i=1}^{n} (y_i - b_0 - b_1 x_i)^2 = \min \tag{9-16}$$

这一原则称为最小二乘原理。根据这一原理求得的 b_0 及 b_1 称为 β_0 与 β_1 的最小二乘估计量。下面来推求 b_0, b_1 的计算公式。

在式(9-16)中，x_i 和 $y_i (i = 1, 2, \cdots, n)$ 都是已知的观测值，而 b_0 与 b_1 是未知量，根据高等数学中求极值的原理可知，使 Q 达到极小的 b_0, b_1 可由下列方程组解出

$$\begin{cases} \dfrac{\partial Q}{\partial b_0} = \dfrac{\partial \sum\limits_{i=1}^{n}(y_i - b_0 - b_1 x_i)^2}{\partial b_0} = -2 \sum\limits_{i=1}^{n}(y_i - b_0 - b_1 x_i) = 0 \\ \dfrac{\partial Q}{\partial b_1} = \dfrac{\partial \sum\limits_{i=1}^{n}(y_i - b_0 - b_1 x_i)^2}{\partial b_1} = -2 \sum\limits_{i=1}^{n}(y_i - b_0 - b_1 x_i) x_i = 0 \end{cases}$$

或

$$\begin{cases} \sum\limits_{i=1}^{n}(y_i - b_0 - b_1 x_i) = 0 \\ \sum\limits_{i=1}^{n}(y_i - b_0 - b_1 x_i) x_i = 0 \end{cases} \tag{9-17}$$

上述方程组称为正规方程组。

因为

$$\sum_{i=1}^{n}(y_i - b_0 - b_1 x_i) = \sum_{i=1}^{n} y_i - n b_0 - b_1 \sum_{i=1}^{n} x_i = n\bar{y} - n b_0 - n b_1 \bar{x}$$

$$\sum_{i=1}^{n}(y_i - b_0 - b_1 x_i) x_i = \sum_{i=1}^{n} x_i y_i - b_0 \sum_{i=1}^{n} x_i - b_1 \sum_{i=1}^{n} x_i^2$$

$$= \sum_{i=1}^{n} x_i y_i - n b_0 \bar{x} - b_1 \sum_{i=1}^{n} x_i^2$$

其中

$$\bar{x} = \frac{1}{n}\sum_{i=1}^{n} x_i, \quad \bar{y} = \frac{1}{n}\sum_{i=1}^{n} y_i$$

所以正规方程组(9-17)可写为

$$\begin{cases} \bar{y} - b_0 - b_1 \bar{x} = 0 \\ \sum_{i=1}^{n} x_i y_i - n b_0 \bar{x} - b_1 \sum_{i=1}^{n} x_i^2 = 0 \end{cases} \quad (9-18)$$

由方程组(9-18)第一式可知

$$b_0 = \bar{y} - b_1 \bar{x} \quad (9-19)$$

将式(9-19)代入式(9-18)中第二式解得

$$b_1 = \frac{\sum_{i=1}^{n} x_i y_i - n \bar{x} \bar{y}}{\sum_{i=1}^{n} x_i^2 - n \bar{x}^2} \quad (9-20)$$

将式(9-19)代入式(9-15),可得回归直线的另一形式

$$\hat{y} - \bar{y} = b_1(x - \bar{x}) \quad (9-21)$$

式(9-21)表明在相关图上,回归直线的斜率为 b_1,且通过散点重心 $(\bar{x}, \bar{y})$。

由于

$$\sum_{i=1}^{n} x_i y_i - n \bar{x} \bar{y} = \sum_{i=1}^{n} x_i y_i - n \bar{x} \bar{y} - n \bar{x} \bar{y} + n \bar{x} \bar{y}$$

$$= \sum_{i=1}^{n} x_i y_i - \bar{y} \sum_{i=1}^{n} x_i - \bar{x} \sum_{i=1}^{n} y_i + \sum_{i=1}^{n} \bar{x} \bar{y}$$

$$= \sum_{i=1}^{n} (x_i y_i - \bar{y} x_i - \bar{x} y_i + \bar{x} \bar{y})$$

$$= \sum_{i=1}^{n} [x_i(y_i - \bar{y}) - \bar{x}(y_i - \bar{y})]$$

$$= \sum_{i=1}^{n} (x_i - \bar{x})(y_i - \bar{y})$$

$$\sum_{i=1}^{n} x_i^2 - n \bar{x}^2 = \sum_{i=1}^{n} x_i^2 - 2n\bar{x}^2 + n\bar{x}^2$$

$$= \sum_{i=1}^{n} x_i^2 - 2\bar{x} \sum_{i=1}^{n} x_i + \sum_{i=1}^{n} \bar{x}^2$$

$$= \sum_{i=1}^{n} (x_i^2 - 2\bar{x} x_i + \bar{x}^2) = \sum_{i=1}^{n} (x_i - \bar{x})^2$$

若记

$$S_{x,x} = \sum_{i=1}^{n} (x_i - \bar{x})^2 = \sum_{i=1}^{n} x_i^2 - n \bar{x}^2 \quad (9-22)$$

$$S_{y,y} = \sum_{i=1}^{n} (y_i - \bar{y})^2 = \sum_{i=1}^{n} y_i^2 - n \bar{y}^2 \quad (9-23)$$

$$S_{x,y} = \sum_{i=1}^{n} (x_i - \bar{x})(y_i - \bar{y}) = \sum_{i=1}^{n} x_i y_i - n \bar{x} \bar{y} \quad (9-24)$$

则 b_1 的计算公式为

$$b_1 = \frac{S_{x,y}}{S_{x,x}} \tag{9-25}$$

其中 $S_{y,y}$ 在计算 b_0, b_1 时并不需要，是为后面的分析作准备的。

至此，只要有 x 与 y 的对应观测资料 (x_i, y_i) $(i=1,2,\cdots,n)$，即可由式(9-20)或式(9-25)求得 b_1，再由式(9-19)求得 b_0，从而得到样本回归直线方程式(9-14)。

事实上，式(9-20)又可改写为

$$b_1 = \frac{\sum_{i=1}^{n}(x_i - \bar{x})(y_i - \bar{y})}{\sum_{i=1}^{n}(x_i - \bar{x})^2}$$

$$= \frac{\sum_{i=1}^{n}(x_i - \bar{x})(y_i - \bar{y})}{\sqrt{\sum_{i=1}^{n}(x_i - \bar{x})^2}\sqrt{\sum_{i=1}^{n}(y_i - \bar{y})^2}} \cdot \frac{\sqrt{\sum_{i=1}^{n}(y_i - \bar{y})^2}}{\sqrt{\sum_{i=1}^{n}(x_i - \bar{x})^2}}$$

$$= \frac{\sum_{i=1}^{n}(x_i - \bar{x})(y_i - \bar{y})}{\sqrt{\sum_{i=1}^{n}(x_i - \bar{x})^2}\sqrt{\sum_{i=1}^{n}(y_i - \bar{y})^2}} \cdot \frac{\sqrt{\frac{1}{n}\sum_{i=1}^{n}(y_i - \bar{y})^2}}{\sqrt{\frac{1}{n}\sum_{i=1}^{n}(x_i - \bar{x})^2}}$$

$$= r\frac{S_y}{S_x} \tag{9-26}$$

其中

$$r = \frac{\sum_{i=1}^{n}(x_i - \bar{x})(y_i - \bar{y})}{\sqrt{\sum_{i=1}^{n}(x_i - \bar{x})^2}\sqrt{\sum_{i=1}^{n}(y_i - \bar{y})^2}} \tag{9-27}$$

为变量 x 与 y 的样本相关系数。即

$$S_y = \sqrt{\frac{1}{n}\sum_{i=1}^{n}(y_i - \bar{y})^2} = \sqrt{\frac{1}{n}S_{y,y}} \tag{9-28}$$

为 y 系列的均方差。即

$$S_x = \sqrt{\frac{1}{n}\sum_{i=1}^{n}(x_i - \bar{x})^2} = \sqrt{\frac{1}{n}S_{x,x}} \tag{9-29}$$

为 x 系列的均方差。

将式(9-26)代入式(9-19)得

$$b_0 = \bar{y} - r\frac{S_y}{S_x}\bar{x} \qquad (9-30)$$

于是回归直线还可写成如下形式：

$$\hat{y} = \left(\bar{y} - r\frac{S_y}{S_x}\bar{x}\right) + r\frac{S_y}{S_x}x \qquad (9-31)$$

或

$$\hat{y} - \bar{y} = r\frac{S_y}{S_x}(x - \bar{x}) \qquad (9-32)$$

式(9-15)、式(9-21)、式(9-31)和式(9-32)都是 y 依 x 的回归方程，仅仅是形式不同而已。

本节所讲的一元线性回归与第四章第四节中所讲的均方线性回归是很相似的，不过第四章第四节中所讲的两个变量都是随机变量，而这里所讲的是自变量为普通变量。

如果 x 与 y 都为随机变量，则也可将 y 作为自变量，x 作为因变量，同理可以推出 x 依 y 的回归方程

$$\hat{x} - \bar{x} = r\frac{S_x}{S_y}(y - \bar{y}) \qquad (9-33)$$

比较 y 依 x 及 x 依 y 的回归方程式(9-32)及式(9-33)，可见当 $r = \pm 1$ 时，两根回归直线完全重合。如果 $r \neq \pm 1$，则两线不重合，由于两线都通过点 $(\bar{x}, \bar{y})$，所以，两直线在该点处相交。但在回归问题中，往往是不可逆的，例如大气中气温随高度的变化，就不能把高度作为因变量，气温作为自变量来建立回归方程。

例1 现有河南省洛阳市瓦庙站和兴华站的年降水量同步观测系列，见表9-1。假设兴华站缺测 1996—1999 年 4 年的年降水量，要求建立两站年降水量的回归方程。

表9-1　　　　　　　　　　　　　　　　　　　　　　　　　　　　　单位：mm

年 份	瓦庙站年降水量	兴华站年降水量	年 份	瓦庙站年降水量	兴华站年降水量
1977	558.2	524.9	1989	871.5	796.5
1978	730.7	624.8	1990	578.1	503.9
1979	885.8	843.5	1991	571.2	475.1
1980	756.4	852.5	1992	788.1	675.0
1981	572.5	595.1	1993	773.7	660.4
1982	841.2	858.9	1994	631.3	619.7
1983	895.6	770.9	1995	531.5	507.6
1984	1019.9	870.9	1996	974.5	(900.9)
1985	740.9	616.6	1997	439.2	(380.9)
1986	569.2	442.7	1998	735.2	(714.3)
1987	820.6	742.1	1999	630.4	(618.1)
1988	728.7	699.2			

解 选择 1977—1995 年两站同步观测资料进行分析计算。

设瓦庙站年降水量系列为 x_i，兴华站年降水量系列为 y_i。

点绘两站年降水量的散点图，如图 9-3 所示。两变量的关系在图上呈直线趋势，故决定建立 y 对 x 的回归直线方程。

计算按表 9-2 进行。

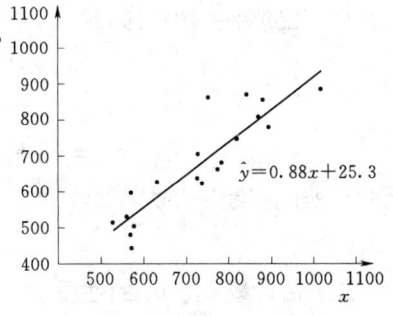

图 9-3

表 9-2

年份	x_i	y_i	x_i^2	y_i^2	$x_i y_i$
1977	558.2	524.9	311587.2	275520.0	292999.2
1978	730.7	624.8	533922.5	390375.0	456541.4
1979	885.8	843.5	784641.6	711492.3	747172.3
1980	756.4	852.5	572141.0	726756.3	644831.0
1981	572.5	595.1	327756.3	354144.0	340694.8
1982	841.2	858.9	707617.4	737709.2	722506.7
1983	895.6	770.9	802099.4	594286.8	690418.0
1984	1019.9	870.9	1040196.0	758466.8	888230.9
1985	740.9	616.6	548932.8	380195.6	456838.9
1986	569.2	442.7	323988.6	195983.3	251984.8
1987	820.6	742.1	673384.4	550712.4	608967.3
1988	728.7	699.2	531003.7	488880.6	509507.0
1989	871.5	796.5	759512.3	634412.3	694149.8
1990	578.1	503.9	334199.6	253915.2	291304.6
1991	571.2	475.1	326269.4	225720.0	271377.1
1992	788.1	675.0	621101.6	455625.0	531967.5
1993	773.7	660.4	598611.7	436128.2	510951.5
1994	631.3	619.7	398539.7	384028.1	391216.6
1995	531.5	507.6	282492.3	257657.8	269789.4
总和	13865.1	12680.3	10477997.4	8812008.8	9571448.8
平均	729.7	667.4	551473.5	463789.9	503760.5

由表 9-2 得

$$S_{x,x} = 10477997.4 - (13865.1)^2/19 = 360050.1$$

$$S_{y,y} = 8812008.8 - (12680.3)^2/19 = 349376.8$$

$$S_{x,y} = 9571448.8 - 13865.1 \times 12680.3/19 = 318099.9$$

由式(9-25)及式(9-19)得

$$b_1 = \frac{S_{x,y}}{S_{x,x}} = \frac{318099.9}{360050.1} = 0.88$$

$$b_0 = \bar{y} - b_1\bar{x} = 667.4 - 0.88 \times 729.7 = 25.3$$

因此,所配直线回归方程为

$$\hat{y} = 25.3 + 0.88x$$

二、估计量 b_0、b_1 的性质

由于 b_0 和 b_1 都是样本的函数,因此,当用不同的样本推求 b_0 和 b_1 时,所得数值一般是不相同的,因此,容易理解,b_0 和 b_1 都是随机变量。

因为 $y_i(i=1,2,\cdots,n)$ 是 n 个相互独立的随机变量,而且

$$E(y_i) = E(\beta_0 + \beta_1 x_i + \varepsilon_i) = \beta_0 + \beta_1 x_i$$

$$E(\bar{y}) = E\left(\frac{1}{n}\sum_{i=1}^n y_i\right) = \frac{1}{n}\sum_{i=1}^n Ey_i = \beta_0 + \beta_1\bar{x}$$

所以

$$E(b_1) = E\left[\frac{\sum_{i=1}^n (x_i - \bar{x})(y_i - \bar{y})}{\sum_{i=1}^n (x_i - \bar{x})^2}\right]$$

$$= \frac{\sum_{i=1}^n (x_i - \bar{x}) E(y_i - \bar{y})}{\sum_{i=1}^n (x_i - \bar{x})^2}$$

$$= \frac{\sum_{i=1}^n (x_i - \bar{x})[(\beta_0 + \beta_1 x_i) - (\beta_0 + \beta_1\bar{x})]}{\sum_{i=1}^n (x_i - \bar{x})^2} = \beta \qquad (9-34)$$

$$E(b_0) = E(\bar{y} - b_1\bar{x}) = (\beta_0 + \beta_1\bar{x}) - \beta_1\bar{x} = \beta_0 \qquad (9-35)$$

即 b_0 和 b_1 分别是 β_0 和 β_1 的无偏估计。

由于

$$E(\hat{y}) = E(b_0 + b_1 x) = \beta_0 + \beta_1 x = \bar{y}_x \qquad (9-36)$$

即 $\hat{y}$ 是 $\bar{y}_x$ 的无偏估计。

因为

$$b_1 = \frac{\sum_{i=1}^n (x_i - \bar{x})(y_i - \bar{y})}{\sum_{i=1}^n (x_i - \bar{x})^2} = \frac{\sum_{i=1}^n (x_i - \bar{x}) y_i - \bar{y}\sum_{i=1}^n (x_i - \bar{x})}{\sum_{i=1}^n (x_i - \bar{x})^2}$$

$$= \frac{\sum_{i=1}^n (x_i - \bar{x}) y_i}{\sum_{i=1}^n (x_i - \bar{x})^2} = \sum_{i=1}^n \left[\frac{(x_i - \bar{x})}{\sum_{i=1}^n (x_i - \bar{x})^2} y_i\right] \qquad (9-37)$$

$$D(y_i) = D(\beta_0 + \beta_1 x_i + \varepsilon_i) = \sigma_\varepsilon^2$$

所以

$$D(b_1) = \frac{\sum_{i=1}^{n}\left[(x_i - \bar{x})^2 D(y_i)\right]}{\left[\sum_{i=1}^{n}(x_i - \bar{x})^2\right]^2}$$

$$= \frac{\sum_{i=1}^{n}(x_i - \bar{x})^2}{\left[\sum_{i=1}^{n}(x_i - \bar{x})^2\right]^2}\sigma_\varepsilon^2 = \frac{\sigma_\varepsilon^2}{\sum_{i=1}^{n}(x_i - \bar{x})^2} \qquad (9-38)$$

由于方差反映了随机变量取值的分散程度，式(9-38)表明，回归系数 b_1 的波动大小不仅与误差 ε_i 的方差 σ_ε^2 有关，而且还取决于观测值中变量 x 的分散程度，当 x 的值比较分散时，b_1 值的波动才能比较小，所得的估计比较精确。这对于安排试验有一定的指导意义。

类似地，因为

$$b_0 = \bar{y} - b_1 \bar{x} = \frac{1}{n}\sum_{i=1}^{n}y_i - \frac{\sum_{i=1}^{n}(x_i - \bar{x})y_i}{\sum_{i=1}^{n}(x_i - \bar{x})^2}\bar{x}$$

$$= \sum_{i=1}^{n}\left[\frac{1}{n} - \frac{\bar{x}(x_i - \bar{x})}{\sum_{i=1}^{n}(x_i - \bar{x})^2}\right]y_i \qquad (9-39)$$

所以

$$D(b_0) = \frac{1}{n}\sigma_\varepsilon^2 + \frac{\bar{x}^2 \sum_{i=1}^{n}(x_i - \bar{x})^2}{\left[\sum_{i=1}^{n}(x_i - \bar{x})^2\right]^2}\sigma_\varepsilon^2$$

$$= \sigma_\varepsilon^2\left[\frac{1}{n} + \frac{\bar{x}^2}{\sum_{i=1}^{n}(x_i - \bar{x})^2}\right] = \frac{\sigma_\varepsilon^2 \sum_{i=1}^{n}x_i^2}{n\sum_{i=1}^{n}(x_i - \bar{x})^2} \qquad (9-40)$$

式(9-40)表明 b_0 的方差不仅与 σ_ε^2 以及 x 的分散程度有关，而且还和观测值的个数 n 有关，n 越大，x 值越分散，b_0 越精确。因此，为了求得满意的样本回归方程，一方面应尽量增加观测资料，扩大样本容量；另一方面，应使 x 的取值尽可能分散。

已经知道了 b_0 和 b_1 的数学期望和方差，再来分析一下它们的分布。因为 y_i 是相互独立且都服从正态分布的随机变量，由式(9-37)又知 b_1 是 $y_i(i=1,2,\cdots,n)$ 的线性组合，因此也服从正态分布。同样，b_0 也是 $y_i(i=1,2,\cdots,n)$ 的线性组合，所以，也服从正态分布。即

$$b_0 \sim N\left[\beta_0, \frac{\sigma_\varepsilon^2 \sum_{i=1}^n x_i^2}{n \sum_{i=1}^n (x_i - \bar{x})^2}\right] \qquad (9-41)$$

$$b_1 \sim N\left[\beta_1, \frac{\sigma_\varepsilon^2}{\sum_{i=1}^n (x_i - \bar{x})^2}\right] \qquad (9-42)$$

再计算 b_0 与 b_1 的协方差，记

$$C_i = \frac{1}{n} - \frac{\bar{x}(x_i - \bar{x})}{\sum_{i=1}^n (x_i - \bar{x})^2}, \quad d_i = \frac{(x_i - \bar{x})}{\sum_{i=1}^n (x_i - \bar{x})^2}$$

注意到式(9-37)和式(9-39)及 y_i 与 $y_j (i \neq j)$ 的独立性有

$$\text{Cov}(b_0, b_1) = \text{Cov}\left(\sum_{i=1}^n C_i y_i, \sum_{i=1}^n d_i y_i\right)$$

$$= \sum_{i=1}^n C_i d_i D(y_i) = \sigma_\varepsilon^2 \sum_{i=1}^n C_i d_i$$

$$= \sigma_\varepsilon^2 \sum_{i=1}^n \left[\frac{1}{n} - \frac{\bar{x}(x_i - \bar{x})}{\sum_{i=1}^n (x_i - \bar{x})^2}\right]\left[\frac{(x_i - \bar{x})}{\sum_{i=1}^n (x_i - \bar{x})^2}\right]$$

整理后得到

$$\text{Cov}(b_0, b_1) = -\frac{\bar{x} \sigma_\varepsilon^2}{\sum_{i=1}^n (x_i - \bar{x})^2} \qquad (9-43)$$

此时，σ_ε^2 尚未知，下面证明其无偏估计量为

$$\hat{\sigma}_\varepsilon^2 = \frac{Q}{n-2} \qquad (9-44)$$

式中：Q 为残差平方和，如式(9-16)所示。

证明

$$Q = \sum_{i=1}^n (y_i - \hat{y}_i)^2 = \sum_{i=1}^n [(y_i - \bar{y}) - b_1(x_i - \bar{x})]^2$$

$$= \sum_{i=1}^n (y_i - \bar{y})^2 - 2b_1 \sum_{i=1}^n (x_i - \bar{x})(y_i - \bar{y}) + b_1^2 \sum_{i=1}^n (x_i - \bar{x})^2$$

$$= S_{y,y} - 2b_1 S_{x,y} + b_1^2 S_{x,x}$$

$$= S_{y,y} - 2b_1^2 S_{x,x} + b_1^2 S_{x,x}$$

$$= S_{y,y} - b_1^2 S_{x,x}$$

$$E(Q) = E(S_{y,y}) - S_{x,x} E(b_1^2)$$

$$= E\left[\sum_{i=1}^n y_i^2 - n\bar{y}^2\right] - S_{x,x}[(E(b_1))^2 + D(b_1)]$$

$$= \sum_{i=1}^n E(y_i^2) - nE(\bar{y}^2) - S_{x,x}[(E(b_1))^2 + D(b_1)]$$

$$= \sum_{i=1}^{n}[D(y_i) + (E(y_i))^2] - n[D(\bar{y}) + (E(\bar{y}))^2] - S_{x,x}[(E(b_1))^2 + D(b_1)]$$

$$= \sum_{i=1}^{n}[\sigma_\varepsilon^2 + (\beta_0 + \beta_1 x_i)^2] - n\left[D\left(\frac{\sum y_i}{n}\right) + \left(E\left(\frac{\sum y_i}{n}\right)\right)^2\right] - S_{x,x}[(E(b_1))^2 + D(b_1)]$$

$$= \sum_{i=1}^{n}[\sigma_\varepsilon^2 + (\beta_0 + \beta_1 x_i)^2] - n\left[\frac{n\sigma_\varepsilon^2}{n^2} + \frac{1}{n^2}\cdot n^2(\beta_0 + \beta_1 \bar{x})^2\right] - S_{x,x}[(E(b_1))^2 + D(b_1)]$$

$$= n\sigma_\varepsilon^2 + \left[\sum_{i=1}^{n}(\beta_0 + \beta_1 x_i)^2 - n(\beta_0 + \beta_1 \bar{x})^2\right] - \sigma_\varepsilon^2 - S_{x,x}[(E(b_1))^2 + D(b_1)]$$

由式(9-38)可知 $D(b_1) = \dfrac{\sigma_\varepsilon^2}{S_{x,x}}$，而

$$\sum_{i=1}^{n}(\beta_0 + \beta_1 x_i)^2 - n(\beta_0 + \beta_1 \bar{x})^2$$

$$= n\beta_0^2 + 2\beta_0\beta_1\sum_{i=1}^{n}x_i + \beta_1^2\sum_{i=1}^{n}x_i^2 - n\beta_0^2 - 2n\beta_0\beta_1\bar{x} - n\beta_1^2\bar{x}^2$$

$$= \beta_1^2\left(\sum_{i=1}^{n}x_i^2 - n\bar{x}^2\right) = \beta_1^2 S_{x,x}$$

于是

$$E(Q) = n\sigma_\varepsilon^2 + \beta_1^2 S_{x,x} - \sigma_\varepsilon^2 - S_{x,x}\beta_1^2 - \sigma_\varepsilon^2 = (n-2)\sigma_\varepsilon^2$$

从而

$$\hat{\sigma}_\varepsilon^2 = \frac{Q}{n-2}$$

σ_ε^2 的无偏估计量得证。

因为

$$D(\hat{y}) = D(b_0) + D(b_1 x) + 2x\mathrm{Cov}(b_0, b_1)$$

根据式(9-40)、式(9-38)和式(9-43)，可得 $D(\hat{y}) = \left[\dfrac{1}{n} + \dfrac{(x-\bar{x})^2}{S_{x,x}}\right]\sigma_\varepsilon^2$，可见欲使 $\hat{y}$ 稳定，需要增加样本容量，减少 x 的外延幅度。

三、回归方程的显著性检验

从求回归方程的过程可以看出，对任何一组观测值 $(x_1, y_1), (x_2, y_2), \cdots, (x_n, y_n)$，不管 x 和 y 之间是否存在线性相关关系，都可以用最小二乘法求得形如式(9-15)的线性方程。但是，如果 x 和 y 之间根本不存在线性相关关系，则这个方程就不能描述 x 和 y 之间的真实关系了。因此，需要对变量 x 和 y 间是否存在线性相关关系，或者说对所得到的回归方程是否有实际意义，进行检验。

由式(9-10)可知，观测值 $y_1, y_2, \cdots, y_n$ 之间的差异，是由两个原因引起的：一是自变量 x 的变化；二是其他因素的影响。为了说明这两种影响所占的比重，必须把它们所引起的差异从 y 总的差异中分离开来。

y 总的差异可以用观测值 y_i 与其算术平均值 $\bar{y}$ 的离差平方和 $S_{y,y}$ 表示，现记为 $S_\text{总}$，称为总平方和，下面证明 $S_\text{总}$ 可以分解成两部分。

$$S_{总} = S_{y,y} = \sum_{i=1}^{n}(y_i - \bar{y})^2 = \sum_{i=1}^{n}[(y_i - \hat{y}_i) + (\hat{y}_i - \bar{y})]^2$$

$$= \sum_{i=1}^{n}(y_i - \hat{y}_i)^2 + \sum_{i=1}^{n}(\hat{y}_i - \bar{y})^2 + 2\sum_{i=1}^{n}(y_i - \hat{y}_i)(\hat{y}_i - \bar{y})$$

由式(9-14)和式(9-17),有

$$\sum_{i=1}^{n}(y_i - \hat{y}_i)(\hat{y}_i - \bar{y}) = \sum_{i=1}^{n}(y_i - \hat{y}_i)(b_0 + b_1 x_i - \bar{y})$$

$$= (b_0 - \bar{y})\sum_{i=1}^{n}(y_i - \hat{y}_i) + b_1 \sum_{i=1}^{n}(y_i - \hat{y}_i)x_i = 0$$

于是有

$$\sum_{i=1}^{n}(y_i - \bar{y})^2 = \sum_{i=1}^{n}(y_i - \hat{y}_i)^2 + \sum_{i=1}^{n}(\hat{y}_i - \bar{y})^2 \tag{9-45}$$

式(9-45)右边的第二项是回归值 $\hat{y}_i$ 与平均值 $\bar{y}$ 之差的平方和,由于

$$\frac{1}{n}\sum_{i=1}^{n}\hat{y}_i = \frac{1}{n}\sum_{i=1}^{n}(b_0 + b_1 x_i) = b_0 + \frac{b_1}{n}\sum_{i=1}^{n}x_i = b_0 + b_1 \bar{x} = \bar{y}$$

可见这一项描述了 $\hat{y}_1, \hat{y}_2, \cdots, \hat{y}_n$ 对 $\bar{y}$ 的离散程度,而且它是由变量 x 取不同值引起的,称为回归平方和,记为 $S_{回}$,即

$$S_{回} = \sum_{i=1}^{n}(\hat{y}_i - \bar{y})^2 \tag{9-46}$$

由式(9-16)可知,式(9-45)中的第一项就是 Q,它是由式(9-10)中的随机项 ε_i 引起的,称为残差平方和或剩余平方和,记为 $S_{剩}$,即

$$S_{剩} = \sum_{i=1}^{n}(y_i - \hat{y}_i)^2 \tag{9-47}$$

所以式(9-45)常写成如下形式

$$S_{总} = S_{剩} + S_{回} \tag{9-48}$$

由此可见,要判定 x 和 y 之间是否存在线性相关关系,可以把 $S_{回}$ 和 $S_{剩}$ 进行比较,如果在 $S_{总}$ 中 $S_{回}$ 所占的比重大,则 $S_{剩}$ 所占的比重就小,这说明 x 对 y 的线性影响较大。从而可以认为 x 和 y 之间存在线性相关关系。

如果变量 x 和 y 之间不符合线性回归的数学模型 $y = \beta_0 + \beta_1 x + \varepsilon$,那么一次项系数 $\beta_1 = 0$。所以,检验两个变量 x 和 y 是否具有线性相关关系,实际上为检验下列假设

$$H_0: \beta_1 = 0 (H_1: \beta_1 \neq 0)$$

可以证明在假设成立时,$\frac{1}{\sigma_\varepsilon^2}S_{剩} \sim \chi^2(n-2)$,$\frac{1}{\sigma_\varepsilon^2}S_{回} \sim \chi^2(1)$,而且 $S_{剩}$ 与 $S_{回}$ 相互独立。

根据 F 分布的定义可知,在 $H_0: \beta_1 = 0$ 成立时

$$F = \frac{S_{回}}{S_{剩}/(n-2)} \sim F(1, n-2) \tag{9-49}$$

显然式(9-49)中的分母 $\frac{S_{剩}}{n-2}$ 就是 σ_ε^2 的无偏估计量。

如果 H_0 成立,即 x 和 y 之间不存在线性相关关系,此时,随机因素对 y 的影响较大,

从而 $S_剩$ 较大，$S_回$ 较小，也就是说 $S_回/S_剩$ 较小，因此，$S_回/S_剩(n-2)$ 也就不应很大。

于是根据给定的显著性水平 α，查表求得满足关系式 $P(F>F_\alpha)=\alpha$ 的临界值 F_α，如果由样本求得的 F 值大于 F_α，则否定原假设 $H_0: \beta_1=0$，即认为 x 和 y 之间有线性相关关系，或称回归方程显著（或称 β_1 显著不为零），反之不显著，表示该回归方程没有意义。这种用 F 检验对回归方程进行显著性检验的方法也称为方差分析。

在检验中，为方便计，$S_回$ 与 $S_剩$ 的计算常用以下公式

$$\left.\begin{aligned} S_回 &= \sum_{i=1}^n (\hat{y}_i - \bar{y})^2 = \sum_{i=1}^n (b_0 + b_1 x_i - b_0 - b_1 \bar{x})^2 \\ &= b_1^2 \sum_{i=1}^n (x_i - \bar{x})^2 = b_1^2 S_{x,x} = b_1 S_{x,y} \\ S_剩 &= S_总 - S_回 \\ S_总 &= S_{y,y} \end{aligned}\right\} \qquad (9-50)$$

$S_回$ 最后一个等号是因为由式（9-25），$b_1 = S_{x,y}/S_{x,x}$。

例 2 在例 1 中，设 $\alpha = 0.05$

$$S_总 = S_{y,y} = 349376.8$$
$$S_回 = b_1 S_{x,y} = 0.88 \times 318099.9 = 279927.9$$
$$S_剩 = S_总 - S_回 = 69448.9$$
$$F = \frac{S_回}{S_剩/(n-2)} = \frac{279927.9}{69448.9/17} = 68.5$$

查 F 分布表得 $F_{0.05}(1,17) = 4.45$。

由于 $F = 68.5 > F_{0.05}(1,17) = 4.45$，故认为回归方程是显著的。

对于回归方程的显著性检验还可以采用另一种等价的形式来做，由式（9-50）知 $S_{x,x} = \dfrac{S_回}{b_1^2}$，$S_{x,y} = \dfrac{S_回}{b_1}$，而 x,y 的相关系数

$$r = \frac{S_{x,y}}{\sqrt{S_{x,x} S_{y,y}}} = \frac{\dfrac{S_回}{b_1}}{\sqrt{\dfrac{S_回}{b_1^2} S_总}} = \sqrt{\frac{S_回}{S_总}}$$

于是 $S_回 = r^2 S_总$，$S_剩 = S_总 - S_回 = (1-r^2) S_总$

$$F = \frac{S_回}{S_剩/(n-2)} = \frac{r^2(n-2)}{1-r^2}$$

或

$$r^2 = \frac{F}{(n-2)+F} \qquad (9-51)$$

如令

$$r_\alpha = \sqrt{\frac{F_\alpha(1,n-2)}{(n-2)+F_\alpha(1,n-2)}} \qquad (9-52)$$

则 $F > F_\alpha(1,n-2)$ 等价于 $|r| > r_\alpha$。于是式（9-52）可以回答相关系数有多大，回归方程

才算显著。容易验证，对于同一 α，由式(9-52)所得结果与式(8-16)利用 t 分布检验 $H_0: \rho=0$ 所得结果是完全一致的。例如，对于 $\alpha=0.05$，$F_\alpha(1,17)=4.45$，由式(9-52)求得

$$r_\alpha = \sqrt{\frac{4.45}{17+4.45}} = 0.45$$

而由相关系数检验表，也查得 0.45，与 r_α 相同。所以关于回归方程的检验，在一元线性回归中，也即是关于相关系数的检验。如在例1中

$$r = \frac{S_{x,y}}{\sqrt{S_{x,x}S_{y,y}}} = \frac{318099.9}{\sqrt{360050.1 \times 349376.8}} = 0.90$$

由于 $|r|>r_\alpha$，所以例1中所建回归方程是显著的。

实际上，由式(9-32)也可以看出，式中的 $r\dfrac{S_y}{S_x}$ 就是式(9-21)中的 b_1，即 $b_1 = r\dfrac{S_y}{S_x}$，而对总体也有类似的关系

$$\beta_1 = \rho \frac{\sigma_y}{\sigma_x}$$

可见，用 b_1 检验假设 $\beta_1=0$ 与用 r 检验 $\rho=0$ 是等价的。

四、预测及其误差

回归方程通过检验，如果是显著的，则可以利用它进行预测和插补。即对于给定的 x_0，以 $\hat{y}_0 = b_0 + b_1 x_0$ 作为真值 $y_0 = \beta_0 + \beta_1 x_0 + \varepsilon_0$ 的预测值或插补值。

例3 用例1中建立的回归方程，插补兴华站 1996—1999 年 4 年缺测的年降水量。

解 按上述回归方程式或直接从经验回归直线图上可插补出兴华站缺测年份的年降水量，结果见表 9-3。

表 9-3　　　　　　　　　　　　　　　　　　　　　　　　　　　　　　　　单位：mm

年份	瓦庙站 x_i	兴华站 $\hat{y}_i$	兴华站实际年降水量 y_i
1996	974.5	882.9	900.9
1997	439.2	411.8	380.9
1998	735.2	672.3	714.3
1999	630.4	580.1	618.1

由表(9-3)可以看出，插补出的兴华站年降水量 $\hat{y}_i$ 与其真值 y_i 是有误差的，该误差可以看作是由其他随机因素综合作用的结果。

在本例中，为了说明由回归方程求得的因变量 y 的插补值 $\hat{y}_i$ 与其真值 y_i 之间存在误差，给出了插补年份的实际年降水量，但在实际问题中，需要插补的量是不知道其真值的，否则就不必要插补了。

下面讨论以 $\hat{y}_0$ 估计真值 y_0 的误差。记 $\Delta y_0 = \hat{y}_0 - y_0$，考虑到 ε_0 与 b_0, b_1 相互独立，及式(9-38)、式(9-40)及式(9-43)则

$$\sigma^2_{\Delta y_0} = D(\Delta y_0) = E(\hat{y}_0 - y_0)^2 = E(b_0 + b_1 x_0 - \beta_0 - \beta_1 x_0 - \varepsilon_0)^2$$

$$= E[(b_0 - \beta_0) + x_0(b_1 - \beta_1) - \varepsilon_0]^2$$

$$= E(b_0 - \beta_0)^2 + x_0^2 E(b_1 - \beta_1)^2 + E(\varepsilon_0^2) + 2x_0 E(b_0 - \beta_0)(b_1 - \beta_1)$$

$$= D(b_0) + x_0^2 D(b_1) + \sigma_\varepsilon^2 + 2x_0 \text{Cov}(b_0, b_1)$$

$$= \sigma_\varepsilon^2 \left[\frac{1}{n} + \frac{\bar{x}^2}{\sum_{i=1}^{n}(x_i - \bar{x})^2} \right] + \frac{x_0^2 \sigma_\varepsilon^2}{\sum_{i=1}^{n}(x_i - \bar{x})^2} + \sigma_\varepsilon^2 - \frac{2x_0 \bar{x} \sigma_\varepsilon^2}{\sum_{i=1}^{n}(x_i - \bar{x})^2}$$

整理后可得

$$\sigma_{\Delta y_0}^2 = \sigma_\varepsilon^2 \left[1 + \frac{1}{n} + \frac{(x_0 - \bar{x})^2}{\sum_{i=1}^{n}(x_i - \bar{x})^2} \right] \tag{9-53}$$

以 σ_ε^2 的无偏估计量 $\hat{\sigma}_\varepsilon^2 = \dfrac{S_{剩}}{n-2}$ 代替上式中的 σ_ε^2 可得到用 $\hat{y}_0$ 估计 y_0 的均方误差为

$$\sigma_{\Delta y_0} = \sqrt{\frac{S_{剩}}{n-2}} \sqrt{1 + \frac{1}{n} + \frac{(x_0 - \bar{x})^2}{\sum_{i=1}^{n}(x_i - \bar{x})^2}} \tag{9-54}$$

还可以证明,统计量

$$T = \frac{\hat{y}_0 - y_0}{\sqrt{\dfrac{S_{剩}}{n-2}} \sqrt{1 + \dfrac{1}{n} + \dfrac{(x_0 - \bar{x})^2}{\sum_{i=1}^{n}(x_i - \bar{x})^2}}} \sim t(n-2) \tag{9-55}$$

于是,可以利用 t 分布求得 y_0 的置信区间,即对给定的信度 α,由 t 分布表查得 $t_{\frac{\alpha}{2}}$,使其满足

$$P\left\{ \left| \frac{y_0 - \hat{y}_0}{S\sqrt{1 + \dfrac{1}{n} + \dfrac{(x_0 - \bar{x})^2}{\sum_{i=1}^{n}(x_i - \bar{x})^2}}} \right| \leq t_{\frac{\alpha}{2}} \right\} = 1 - \alpha \tag{9-56}$$

这里 $S = \sqrt{S_{剩}/(n-2)}$,于是便得到 y_0 的置信度为 $1-\alpha$ 的置信区间为

$$\left[\hat{y}_0 - t_{\frac{\alpha}{2}} S \sqrt{1 + \frac{1}{n} + \frac{(x_0 - \bar{x})^2}{\sum_{i=1}^{n}(x_i - \bar{x})^2}}, \quad \hat{y}_0 + t_{\frac{\alpha}{2}} S \sqrt{1 + \frac{1}{n} + \frac{(x_0 - \bar{x})^2}{\sum_{i=1}^{n}(x_i - \bar{x})^2}} \right] \tag{9-57}$$

该区间以 $\hat{y}_0$ 为中点,长度为 $2t_{\frac{\alpha}{2}} S \sqrt{1 + \dfrac{1}{n} + \dfrac{(x_0 - \bar{x})^2}{\sum_{i=1}^{n}(x_i - \bar{x})^2}}$,区间中点 $\hat{y}_0$ 随 x_0 线性地变化,区间长度在 $x_0 = \bar{x}$ 处最短,x_0 越远离 $\bar{x}$,区间长度就越长。因此置信区间的上限与下限的曲线对称地落在回归直线两侧,如图 9-4 所示。置信区间越小,预测越精确。这个结果表明,在实际工作中使用回归方程时,不应外延太多。

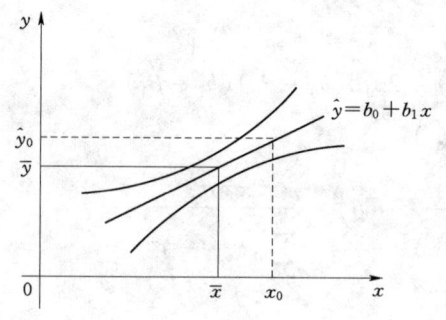

图 9-4

式(9-57)的计算比较复杂,实际应用时常进行简化。当 n 较大,且 x_0 较接近 $\bar{x}$ 时,即

$$\sqrt{1+\frac{1}{n}+\frac{(x_0-\bar{x})^2}{\sum_{i=1}^{n}(x_i-\bar{x})^2}} \approx 1$$

因此式(9-57)就近似于

$$[\hat{y}_0 - t_{\frac{\alpha}{2}}S, \quad \hat{y}_0 + t_{\frac{\alpha}{2}}S] \qquad (9-58)$$

又因为 n 较大时,自由度为 $n-2$ 的 t 分布接近 $N(0,1)$,所以 $t_{\frac{\alpha}{2}}$ 也可由正态分布表近似求得。

例 4 在例1中,若给定 $\alpha=0.05, x_0=974.5$,求 y_0 的预测区间。

解 $\hat{y}_0 = b_0 + b_1 x_0 = 25.3 + 0.88 \times 974.5 = 882.9$

$$t_{\frac{\alpha}{2}}(n-2)S\sqrt{1+\frac{1}{n}+\frac{(x_0-\bar{x})^2}{\sum_{i=1}^{n}(x_i-\bar{x})^2}}$$

$$= 2.11 \times \sqrt{\frac{69448.9}{17}} \times \sqrt{1+\frac{1}{19}+\frac{(974.5-729.7)^2}{360050.1}}$$

$$= 2.11 \times 63.9 \times 1.1 = 148.3$$

所以置信度为 0.95 的 y_0 的预测区间为

$$[\hat{y}_0 \pm 148.3] = [734.6, 1031.2]$$

五、假相关与辗转相关

在实际工作中,应用回归分析方法时,常见两种不正确的用法:一是假相关;二是辗转相关。

1. 假相关

所谓假相关,是指原来不相关或弱相关的两个变量,通过函数变换,或两者(或其中之一)加入共同成分,而使相关关系变得密切。

例如,设原有两变量 X 和 Y,它们之间本来不存在相关关系或相关关系较差,对它们的原系列进行一定的变换,若变换后变量的数量级减少了(如变换成 $\log X$ 和 $\log Y$,或 $\sqrt{X}$ 和 $\sqrt{Y}$ 等),就可能出现假相关的现象。

例 5 表 9-4 列出两变量 X 和 Y 的原系列和对数变换系列,分别求相关系数,得

$$r_{X,Y} = 0.656$$

$$r_{\log X, \log Y} = 0.851$$

可见变换后,其相关系数增大了,这增大的部分属于假相关部分。

表 9-4

序 次	X	Y	logX	logY
1	5.48	6.14	0.739	0.788
2	1.78	1.72	0.250	0.236
3	6.72	4.72	0.827	0.674
4	1.13	1.14	0.053	0.057
5	7.26	7.12	0.861	0.852
6	3.64	5.45	0.561	0.736
7	8.71	4.42	0.940	0.645
8	8.39	6.97	0.924	0.843
9	4.72	4.35	0.674	0.638
10	6.22	9.77	0.794	0.990
11	4.43	2.59	0.646	0.413
12	6.00	7.48	0.778	0.874
均值	5.37	5.16	0.671	0.646
均方差	2.37	2.54	0.270	0.278

在两个变量的原系列(两个系列或其中一个系列)上,加入共同因子,再进行相关,也可以得到较大的相关系数。例如在变量 X 和 Y 系列中,将 Y 系列加入共同因子 X,变成 XY、X/Y 或 Y/X 等,再来与 X 系列相关。这样,两个系列中都具有相同的成分 X,因此,相关系数提高了。此外,在 X 和 Y 系列中,加入第三变量 Z 作为共同因子,如 X/Z 与 Y/Z 相关,XZ 与 YZ 相关等,只要两个系列中加入了共同成分,都能出现假相关。

例如原系列为 X 及 Y,其均值分别为 $\bar{x}$ 和 $\bar{y}$,相关系数为 $r_{X,Y}$,新系列 $Z = X + Y$,其均值为 $\bar{z} = \bar{x} + \bar{y}$。取 Z 与 X 相关,按相关系数的定义,有

$$r_{Z,X} = \frac{\sum (z_i - \bar{z})(x_i - \bar{x})}{\sqrt{\sum (z_i - \bar{z})^2 \sum (x_i - \bar{x})^2}}$$

$$= \frac{\sum (x_i + y_i - \bar{x} - \bar{y})(x_i - \bar{x})}{\sqrt{\sum (x_i + y_i - \bar{x} - \bar{y})^2 \sum (x_i - \bar{x})^2}}$$

$$= \frac{\sum (x_i - \bar{x})^2 + \sum (x_i - \bar{x})(y_i - \bar{y})}{\sqrt{\sum [(x_i - \bar{x})^2 + (y_i - \bar{y})^2 + 2(x_i - \bar{x})(y_i - \bar{y})] \sum (x_i - \bar{x})^2}}$$

$$= \frac{s_X^2 + r_{X,Y} s_X s_Y}{\sqrt{(s_X^2 + s_Y^2 + 2 r_{X,Y} s_X s_Y) s_X^2}}$$

式中:s_X 及 s_Y 分别为 X 及 Y 系列的均方差。

上式可写成

$$r_{Z,X} = \frac{1 + r_{X,Y}\frac{s_Y}{s_X}}{\sqrt{1 + \frac{s_Y^2}{s_X^2} + 2r_{X,Y}\frac{s_Y}{s_X}}}$$

若设原系列间不相关，即 $r_{X,Y}=0$，则此时的相关系数 $r_{Z,X}$ 为

$$r_{Z,X} = \frac{1}{\sqrt{1 + \frac{s_Y^2}{s_X^2}}}$$

显然，当 $s_Y^2 = s_X^2$ 时，$r_{Z,X} = 0.707$；当 $s_Y^2 = \frac{1}{2}s_X^2$ 时，$r_{Z,X} = 0.816$。如果 s_Y^2 大大地小于 s_X^2 时，s_X^2/s_Y^2 近于零，则 $r_{Z,X}$ 近于 1。可见假相关有时是惊人的！

2. 辗转相关

在水文计算中，常需要由变量 X（称为参证变量）系列，插补展延变量 Y（称为目标变量）系列。如果变量 Y 与 X 的相关关系较差，而另一变量 Z（称为中间变量）与 X 及 Y 的相关关系都比较好，于是有人先用 Z 依 X 的回归方程，由 X 系列插补展延 Z 系列，再用 Y 依 Z 的回归方程，由 Z 系列插补展延 Y 系列。这种方法称为辗转相关，仅有一个中间变量的称为一次辗转相关，中间变量多于一个的称为多次辗转相关。

例如，在水文计算中，欲用洪峰流量（Q_m）系列延长 30 天洪量（W_{30}）系列，以 1d、3d、7d 及 15d 洪量（分别记为 W_1、W_3、W_7 及 W_{15}）作为中间变量系列。因为 Q_m 与 W_{30} 的相关关系可能不好，而 Q_m 与 W_1、W_1 与 W_3、W_3 与 W_7、W_7 与 W_{15} 及 W_{15} 与 W_{30} 的相关关系可能都比较好，于是可由 Q_m 系列插补展延 W_1 系列，再由 W_1 原系列插补展延 W_3 系列，…依此类推，最后延长了 W_{30} 系列，这样做就是辗转相关。

虽然辗转相关的中间过程似乎有较好的相关关系，但是，可以证明，在一般情况下，辗转相关的误差大于直接相关时的误差。所以，试图通过辗转相关提高目标变量估计精度的想法是不正确的。

第三节 多元线性回归模型

在实际问题中，和因变量相关的往往不只是一个自变量，而可能有多个自变量，此时因变量与自变量的定量关系就是多元回归问题，与一元回归一样，多元回归中最简单而又最常用的是多元线性回归问题。研究多元线性回归的思路和方法与一元线性回归基本相同，只是在计算上要比一元线性回归复杂得多。

一、多元线性回归的数学模型

多元线性回归的数学模型如式(9-4)所示，即

$$y = \beta_0 + \beta_1 x_1 + \beta_2 x_2 + \cdots + \beta_m x_m + \varepsilon \tag{9-59}$$

将 y 和 $x_1, x_2, \cdots, x_m$ 的 n 组观测值

$$(y_i, x_{1,i}, x_{2,i}, \cdots, x_{m,i}),\ i = 1, 2, \cdots, n \tag{9-60}$$

代入式(9-59)得到

$$\begin{cases} y_1 = \beta_0 + \beta_1 x_{1,1} + \beta_2 x_{2,1} + \cdots + \beta_m x_{m,1} + \varepsilon_1 \\ y_2 = \beta_0 + \beta_1 x_{1,2} + \beta_2 x_{2,2} + \cdots + \beta_m x_{m,2} + \varepsilon_2 \\ \vdots \\ y_n = \beta_0 + \beta_1 x_{1,n} + \beta_2 x_{2,n} + \cdots + \beta_m x_{m,n} + \varepsilon_n \end{cases} \quad (9-61)$$

采用矩阵记号,记

$$\boldsymbol{y} = \begin{bmatrix} y_1 \\ y_2 \\ \vdots \\ y_n \end{bmatrix}, \boldsymbol{x} = \begin{bmatrix} 1 & x_{1,1} & x_{2,1} & \cdots & x_{m,1} \\ 1 & x_{1,2} & x_{2,2} & \cdots & x_{m,2} \\ \vdots & \vdots & \vdots & \vdots & \vdots \\ 1 & x_{1,n} & x_{2,n} & \cdots & x_{m,n} \end{bmatrix}$$

$$\boldsymbol{\beta} = \begin{bmatrix} \beta_0 \\ \beta_1 \\ \vdots \\ \beta_m \end{bmatrix}, \boldsymbol{\varepsilon} = \begin{bmatrix} \varepsilon_1 \\ \varepsilon_2 \\ \vdots \\ \varepsilon_n \end{bmatrix} \quad (9-62)$$

则式(9-61)可写成

$$\boldsymbol{y} = \boldsymbol{x}\boldsymbol{\beta} + \boldsymbol{\varepsilon} \quad (9-63)$$

多元线性回归的理论回归方程如式(9-8),即

$$\bar{y}_x = \beta_0 + \beta_1 x_1 + \beta_2 x_2 + \cdots + \beta_m x_m \quad (9-64)$$

二、回归系数的最小二乘估计

与一元线性回归一样,式(9-64)中的回归系数 $\beta_0, \beta_1, \beta_2, \cdots, \beta_m$ 也要用 y 与 $x_1, x_2, \cdots, x_m$ 的观测资料估计。

1. 回归方程的一般形式

设 $(y_i, x_{1,i}, x_{2,i}, \cdots, x_{m,i})(i=1,2,\cdots,n)$ 为因变量与自变量的 n 组观测值,若以 $b_0, b_1, b_2, \cdots, b_m$ 表示 $\beta_0, \beta_1, \beta_2, \cdots, \beta_m$ 的估计量,则观测值 y_i 可表示为

$$y_i = b_0 + b_1 x_{1,i} + b_2 x_{2,i} + \cdots + b_m x_{m,i} + e_i, \quad i=1,2,\cdots,n \quad (9-65)$$

这里 e_i 为用 $\hat{y}_i$ 代替观测值 y_i 的误差,也称为残差或剩余。

若记

$$\hat{y} = b_0 + b_1 x_1 + b_2 x_2 + \cdots + b_m x_m \quad (9-66)$$

则式(9-66)称为经验回归方程,简称回归方程。$b_0, b_1, \cdots, b_m$ 称为经验回归系数。

与一元线性回归一样,用最小二乘法估计 $\beta_0, \beta_1, \cdots, \beta_m$,就是选择 $b_0, b_1, \cdots, b_m$ 使

$$Q = \sum_{i=1}^{n} e_i^2 = \sum_{i=1}^{n} (y_i - \hat{y}_i)^2 = 最小 \quad (9-67)$$

将式(9-66)代入式(9-67),得到

$$Q = \sum_{i=1}^{n} e_i^2 = \sum_{i=1}^{n} [y_i - (b_0 + b_1 x_{1,i} + b_2 x_{2,i} + \cdots + b_m x_{m,i})]^2 \quad (6-68)$$

根据高等数学中求极值的原理,使 Q 达极小值的 $b_0, b_1, \cdots, b_m$ 应满足方程组

$$\begin{cases} \dfrac{\partial Q}{\partial b_0} = -2\sum_{i=1}^{n}(y_i - \hat{y}_i) = 0 \\ \dfrac{\partial Q}{\partial b_k} = -2\sum_{i=1}^{n}(y_i - \hat{y}_i)x_{k,i} = 0, \quad k=1,2,\cdots,m \end{cases} \tag{9-69}$$

将式(9-66)代入式(9-69)，整理后得到

$$\begin{cases} nb_0 + b_1\sum_{i=1}^{n}x_{1,i} + b_2\sum_{i=1}^{n}x_{2,i} + \cdots + b_m\sum_{i=1}^{n}x_{m,i} = \sum_{i=1}^{n}y_i \\ b_0\sum_{i=1}^{n}x_{1,i} + b_1\sum_{i=1}^{n}x_{1,i}^2 + b_2\sum_{i=1}^{n}x_{2,i}x_{1,i} + \cdots + b_m\sum_{i=1}^{n}x_{m,i}x_{1,i} = \sum_{i=1}^{n}y_i x_{1,i} \\ \vdots \\ b_0\sum_{i=1}^{n}x_{m,i} + b_1\sum_{i=1}^{n}x_{1,i}x_{m,i} + b_2\sum_{i=1}^{n}x_{2,i}x_{m,i} + \cdots + b_m\sum_{i=1}^{n}x_{m,i}^2 = \sum_{i=1}^{n}y_i x_{m,i} \end{cases} \tag{9-70}$$

此方程组称为正规方程组，其中 $b_0, b_1, \cdots, b_m$ 为未知量，其他量都可由实测样本算出。于是可用各种代数方法求解。

若记

$$\boldsymbol{B}_1 = \begin{bmatrix} b_0 \\ b_1 \\ \vdots \\ b_m \end{bmatrix} \tag{9-71}$$

$$\boldsymbol{A} = \boldsymbol{x}'\boldsymbol{x} = \begin{bmatrix} 1 & 1 & \cdots & 1 \\ x_{1,1} & x_{1,2} & \cdots & x_{1,n} \\ x_{2,1} & x_{2,2} & \cdots & x_{2,n} \\ \vdots & & & \\ x_{m,1} & x_{m,2} & \cdots & x_{m,n} \end{bmatrix} \begin{bmatrix} 1 & x_{1,1} & x_{2,1} & \cdots & x_{m,1} \\ 1 & x_{1,2} & x_{2,2} & \cdots & x_{m,2} \\ \vdots & & & & \\ 1 & x_{1,n} & x_{2,n} & \cdots & x_{m,n} \end{bmatrix}$$

$$= \begin{bmatrix} n & \sum_{i=1}^{n}x_{1,i} & \sum_{i=1}^{n}x_{2,i} & \cdots & \sum_{i=1}^{n}x_{m,i} \\ \sum_{i=1}^{n}x_{1,i} & \sum_{i=1}^{n}x_{1,i}^2 & \sum_{i=1}^{n}x_{2,i}x_{1,i} & \cdots & \sum_{i=1}^{n}x_{m,i}x_{1,i} \\ \sum_{i=1}^{n}x_{2,i} & \sum_{i=1}^{n}x_{2,i}x_{1,i} & \sum_{i=1}^{n}x_{2,i}^2 & \cdots & \sum_{i=1}^{n}x_{m,i}x_{2,i} \\ \vdots & & & & \\ \sum_{i=1}^{n}x_{m,i} & \sum_{i=1}^{n}x_{m,i}x_{1,i} & \sum_{i=1}^{n}x_{m,i}x_{2,i} & \cdots & \sum_{i=1}^{n}x_{m,i}^2 \end{bmatrix} \tag{9-72}$$

$\boldsymbol{x}'$ 是 $\boldsymbol{x}$ 的转置矩阵，可见 $\boldsymbol{A}$ 就是方程组(9-70)的系数矩阵，它是对称矩阵。

$$D_1 = x'y = \begin{bmatrix} 1 & 1 & \cdots & 1 \\ x_{1,1} & x_{1,2} & \cdots & x_{1,n} \\ x_{2,1} & x_{2,2} & \cdots & x_{2,n} \\ \vdots & & & \\ x_{m,1} & x_{m,2} & \cdots & x_{m,n} \end{bmatrix} \begin{bmatrix} y_1 \\ y_2 \\ \vdots \\ y_n \end{bmatrix} = \begin{bmatrix} \sum_{i=1}^{n} y_i \\ \sum_{i=1}^{n} y_i x_{1,i} \\ \vdots \\ \sum_{i=1}^{n} y_i x_{m,i} \end{bmatrix} = \begin{bmatrix} d_0 \\ d_1 \\ \vdots \\ d_m \end{bmatrix} \quad (9-73)$$

则方程组(9-70)的矩阵形式为

$$AB_1 = D_1 \quad (9-74)$$

从而可解得

$$B_1 = A^{-1}D_1 = C_1 D_1 \quad (9-75)$$

式中：$C_1 = A^{-1}$ 为 A 的逆矩阵，即

$$C_1 = A^{-1} = \begin{bmatrix} c_{0,0}^{(1)} & c_{0,1}^{(1)} & \cdots & c_{0,m}^{(1)} \\ c_{1,0}^{(1)} & c_{1,1}^{(1)} & \cdots & c_{1,m}^{(1)} \\ \vdots & & & \\ c_{m,0}^{(1)} & c_{m,1}^{(1)} & \cdots & c_{m,m}^{(1)} \end{bmatrix} = (c_{k,t}^{(1)}), \quad k = 0,1,\cdots,m, t = 0,1,\cdots,m \quad (9-76)$$

这样

$$b_k = \sum_{t=0}^{m} c_{k,t}^{(1)} d_t, \quad k = 0,1,2,\cdots,m \quad (9-77)$$

例 6 某流域年径流深 y，年降水量 x_1 及年平均饱和差 x_2 的 14 年观测资料列于表 9-5 中，试用回归方程的一般形式求 y 依 x_1、x_2 的线性回归方程。

表 9-5

年 份	y	x_1	x_2	年 份	y	x_1	x_2
1932	290	720	1.80	1939	151	579	2.22
1933	135	553	2.67	1940	131	515	2.41
1934	234	575	1.75	1941	106	576	3.03
1935	182	548	2.07	1942	200	547	1.83
1936	145	572	2.49	1943	224	568	1.90
1937	69	453	3.59	1944	271	720	1.98
1938	205	540	1.88	1945	130	700	2.90

解 设 $\hat{y} = b_0 + b_1 x_1 + b_2 x_2$，根据表 9-5 中的数据，由式(9-72)及式(9-73)知

$$A = \begin{bmatrix} 14 & 8166 & 32.52 \\ 8166 & 4841600 & 18786 \\ 32.52 & 18786 & 79.546 \end{bmatrix}, \quad D_1 = \begin{bmatrix} 2473 \\ 1481300 \\ 5340.1 \end{bmatrix}$$

代入式(9-75)中

$$B_1 = \begin{bmatrix} b_0 \\ b_1 \\ b_2 \end{bmatrix} = A^{-1}D_1 = \begin{bmatrix} 209.8 \\ 0.292 \\ -87.6 \end{bmatrix}$$

最后得到回归方程

$$\hat{y} = 209.8 + 0.292x_1 - 87.6x_2$$

2. 回归方程的中心化形式

设$(y_i; x_{1,i}, x_{2,i}, \cdots, x_{m,i})(i=1,2,\cdots,n)$，为因变量$Y$和自变量$(x_1, x_2, \cdots, x_m)$的$n$组观测值，令

$$\begin{cases} \bar{y} = \dfrac{1}{n}\sum_{i=1}^{n} y_i \\ \bar{x}_k = \dfrac{1}{n}\sum_{i=1}^{n} x_{k,i}, \quad k=1,2,\cdots,m \\ y'_i = y_i - \bar{y}, \quad i=1,2,\cdots,n \\ x'_{k,i} = x_{k,i} - \bar{x}_k, \quad k=1,2,\cdots,m;\ i=1,2,\cdots,n \end{cases} \quad (9-78)$$

则称$(y'_i; x'_{1,i}, x'_{2,i}, \cdots, x'_{m,i})$为原变量$(y_i; x_{1,i}, x_{2,i}, \cdots, x_{m,i})$的中心化变量。由式(9-65)可得

$$y'_i = b'_0 + b'_1 x'_{1,i} + b'_2 x'_{2,i} + \cdots + b'_m x'_{m,i} + e_i, \quad i=1,2,\cdots,n \quad (9-79)$$

及y'依自变量$x'_1, x'_2, \cdots, x'_m$的回归方程

$$\hat{y}'_i = b'_0 + b'_1 x'_{1,i} + b'_2 x'_{2,i} + \cdots + b'_m x'_{m,i}, \quad i=1,2,\cdots,n \quad (9-80)$$

因为此方程中，因变量和自变量都是以中心化变量表示，所以称为回归方程的中心化形式。

与对式(9-66)的分析过程完全一样，显然其正规方程组亦如式(9-70)，只需将式中相关的变量和系数作相应的改变即可。

由改造后的式(9-70)的第一式可解得

$$b'_0 = \overline{y'} - \sum_{k=1}^{m} b'_k \overline{x'_k} \quad (9-81)$$

再注意到式(9-78)，可知，对中心化形式的回归方程而言，应有$b'_0 = 0$。

把中心化变量还原为原始变量，并注意到$b'_0 = 0$，则式(9-80)变形为

$$\hat{y}_i - \bar{y} = b'_1(x_{1,i} - \bar{x}_1) + b'_2(x_{2,i} - \bar{x}_2) + \cdots + b'_m(x_{m,i} - \bar{x}_m), \quad i=1,2,\cdots,n \quad (9-82)$$

另外，由原始变量的正规方程组(9-70)的第一式可解得

$$b_0 = \bar{y} - \sum_{k=1}^{m} b_k \bar{x}_k \quad (9-83)$$

将b_0代入式(9-66)可得

$$\hat{y}_i - \bar{y} = b_1(x_{1,i} - \bar{x}_1) + b_2(x_{2,i} - \bar{x}_2) + \cdots + b_m(x_{m,i} - \bar{x}_m), \quad i=1,2,\cdots,n \quad (9-84)$$

比较式(9-84)与式(9-82)，可得$b'_k = b_k(k=1,2,\cdots,m)$，这就是说，除常数项$b'_0$和$b_0$外，式(9-66)和式(9-80)中其他各项的回归系数都是对应相等的。因此，只要估计出$b_k(k=1,2,\cdots,m)$就可以得到中心化形式的回归方程了。

此时

$$Q = \sum_{i=1}^{n}\left[(y_i - \bar{y}) - \sum_{k=1}^{m} b_k(x_{k,i} - \bar{x}_k)\right]^2 \qquad (9-85)$$

令

$$\frac{\partial Q}{\partial b_t} = 0, \quad t = 1, 2, \cdots, m \qquad (9-86)$$

可得

$$\sum_{i=1}^{n}\left[(y_i - \bar{y}) - \sum_{k=1}^{m} b_k(x_{k,i} - \bar{x}_k)\right](x_{t,i} - \bar{x}_t) = 0, \quad t = 1, 2, \cdots, m \qquad (9-87)$$

展开上式，移项整理后得到

$$\sum_{k=1}^{m}\left[b_k \sum_{i=1}^{n}(x_{k,i} - \bar{x}_k)(x_{t,i} - \bar{x}_t)\right]$$

$$= \sum_{i=1}^{n}(y_i - \bar{y})(x_{t,i} - \bar{x}_t), \quad t = 1, 2, \cdots, m \qquad (9-88)$$

引用记号

$$\begin{cases} S_{t,k} = \sum_{i}^{n}(x_{k,i} - \bar{x}_k)(x_{t,i} - \bar{x}_t), & t = 1, 2, \cdots, m;\ k = 1, 2, \cdots, m \\ S_{t,y} = \sum_{i=1}^{n}(y_i - \bar{y})(x_{t,i} - \bar{x}_t), & t = 1, 2, \cdots, m \end{cases} \qquad (9-89)$$

则式(9-88)可写成

$$\sum_{k=1}^{m} b_k S_{t,k} = S_{t,y}, \quad t = 1, 2, \cdots, m \qquad (9-90)$$

式中：$S_{t,k}$、$S_{t,y}$ 也称为协方差。

将式(9-90)展开，可写成

$$\begin{cases} b_1 S_{1,1} + b_2 S_{1,2} + \cdots + b_m S_{1,m} = S_{1,y} \\ b_1 S_{2,1} + b_2 S_{2,2} + \cdots + b_m S_{2,m} = S_{2,y} \\ \vdots \\ b_1 S_{m,1} + b_2 S_{m,2} + \cdots + b_m S_{m,m} = S_{m,y} \end{cases} \qquad (9-91)$$

式(9-90)、式(9-91)称为中心化形式的正规方程组，它比方程组(9-70)减少了一元。

若记

$$\boldsymbol{L} = \begin{bmatrix} S_{1,1} & S_{1,2} & \cdots & S_{1,m} \\ S_{2,1} & S_{2,2} & \cdots & S_{2,m} \\ \vdots & & & \\ S_{m,1} & S_{m,2} & \cdots & S_{m,m} \end{bmatrix}, \quad \boldsymbol{B}_2 = \begin{bmatrix} b_1 \\ b_2 \\ \vdots \\ b_m \end{bmatrix}, \quad \boldsymbol{D}_2 = \begin{bmatrix} S_{1,y} \\ S_{2,y} \\ \vdots \\ S_{m,y} \end{bmatrix} \qquad (9-92)$$

则式(9-91)的矩阵形式为

$$\boldsymbol{L}\boldsymbol{B}_2 = \boldsymbol{D}_2 \qquad (9-93)$$

这里 L 称为协方差矩阵，是一个对称矩阵。由式(9-93)可解得

$$\boldsymbol{B}_2 = \boldsymbol{L}^{-1}\boldsymbol{D}_2 = \boldsymbol{C}_2 \boldsymbol{D}_2 \qquad (9-94)$$

$C_2 = L^{-1}$ 为 L 的逆矩阵，记为

$$C_2 = L^{-1} = \begin{bmatrix} c_{1,1}^{(2)} & c_{1,2}^{(2)} & \cdots & c_{1,m}^{(2)} \\ c_{2,1}^{(2)} & c_{2,2}^{(2)} & \cdots & c_{2,m}^{(2)} \\ \vdots & & & \\ c_{m,1}^{(2)} & c_{m,2}^{(2)} & \cdots & c_{m,m}^{(2)} \end{bmatrix} = (c_{k,t}^{(2)}), k = 1, 2, \cdots, m; \ t = 1, 2, \cdots, m \quad (9-95)$$

由式(9-94)可得

$$b_k = \sum_{t=1}^{m} c_{k,t}^{(2)} S_{t,y}, \quad k = 1, 2, \cdots, m \quad (9-96)$$

可以证明

$$c_{k,t}^{(1)} = c_{k,t}^{(2)}, \quad k, t = 1, 2, \cdots, m$$

解出 $b_k (k = 1, 2, \cdots, m)$ 后，将其代入式(9-80)，并省略下角标 i，即可得到回归方程的中心化形式

$$\hat{y}' = b_1 x_1' + b_2 x_2' + \cdots + b_m x_m' \quad (9-97)$$

若要还原为原始变量的回归方程，只要式(9-97)中以 $\hat{y} - \bar{y}$ 代替 $\hat{y}'$，以 $x_k - \bar{x}_k (k = 1, 2, \cdots, m)$ 代替 x_k'，然后化简即可。显然，此时所得 b_0 即为式(9-83)。

例7 根据例6中表9-5所列资料，推求 y 依 x_1、x_2 的线性回归方程中心化形式。

解 根据表9-5数据容易算得

$S_{1,1} = 78500, S_{2,2} = 4.007, S_{1,2} = S_{2,1} = -181.95, S_{1,y} = 38870, S_{2,y} = -404.3$，代入式(9-92)即

$$L = \begin{bmatrix} 78500 & -181.95 \\ -181.94 & 4.007 \end{bmatrix}, \quad D_2 = \begin{pmatrix} 38870 \\ -404.3 \end{pmatrix}$$

由式(9-94)知

$$B_2 = \begin{pmatrix} b_1 \\ b_2 \end{pmatrix} = L^{-1} D_2 = \begin{bmatrix} 0 & 0.0006 \\ 0.0006 & 0.2789 \end{bmatrix} \begin{pmatrix} 38870 \\ -404.3 \end{pmatrix} = \begin{pmatrix} 0.292 \\ -87.6 \end{pmatrix}$$

故由式(9-97)可得回归方程的中心化形式

$$\hat{y}' = 0.292 x_1' - 87.6 x_2'$$

由表9-95中数据得：$\bar{y} = 176.6$，$\bar{x}_1 = 583.3$，$\bar{x}_2 = 2.323$。

将它们与 b_1，b_2 一起代入式(9-83)中得

$$b_0 = \bar{y} - b_1 \bar{x}_1 - b_2 \bar{x}_2 = 176.6 + 0.292 \times 583.3 + 87.6 \times 2.323 = 209.8$$

可得回归方程的一般形式

$$\hat{y} = 209.8 + 0.292 x_1 - 87.6 x_2$$

3. 回归方程的标准化形式

由于上述两种正规方程组的系数和常数项的数量级及其差异一般都比较大，以致计算比较繁琐，而且计算误差也难以控制，因此实际计算中常用标准化形式的回归方程。

设原因变量和自变量的标准化观测值为 $(y_i'; x_{1,i}', x_{2,i}', \cdots, x_{m,i}')$，其中

$$\begin{cases} y'_i = \dfrac{y_i - \bar{y}}{\sqrt{\dfrac{1}{n}S_{y,y}}} \\ x'_{k,i} = \dfrac{x_{k,i} - \bar{x}_k}{\sqrt{\dfrac{1}{n}S_{k,k}}} \end{cases}, i = 1,2,\cdots,n; k = 1,2,\cdots,m \tag{9-98}$$

式中：$\bar{y}$ 与 $\bar{x}_k$ 分别是因变量和各自变量的均值。

而

$$\begin{cases} S_{y,y} = \sum_{i=1}^{n}(y_i - \bar{y})^2 \\ S_{k,k} = \sum_{i=1}^{n}(x_{k,i} - \bar{x}_k)^2 \end{cases}, k = 1,2,\cdots,m \tag{9-99}$$

则由式(9-65)得到

$$y'_i = b'_0 + b'_1 x'_{1,i} + b'_2 x'_{2,i} + \cdots + b'_m x'_{m,i} + e_i, \quad i = 1,2,\cdots,n \tag{9-100}$$

而

$$\hat{y}'_i = b'_0 + b'_1 x'_{1,i} + b'_2 x'_{2,i} + \cdots + b'_m x'_{m,i}, \quad i = 1,2,\cdots,n \tag{9-101}$$

称为回归方程的标准化形式。显然，推求 $b'_0, b'_1, b'_2, \cdots, b'_m$ 的正规方程组亦与式(9-70)完全相同，只需将变量和系数符号相应改变即可。不难证明，对标准化形式的回归方程而言，也必有 $b'_0 = 0$，于是式(9-101)可写作

$$\hat{y}'_i = b'_1 x'_{1,i} + b'_2 x'_{2,i} + \cdots + b'_m x'_{m,i}, \quad i = 1,2,\cdots,n \tag{9-102}$$

将标准化变量还原为原变量，则有

$$\hat{y}'_i = \dfrac{\hat{y}_i - \bar{y}}{\sqrt{\dfrac{1}{n}S_{y,y}}} = b'_1 \dfrac{x_{1,i} - \bar{x}_1}{\sqrt{\dfrac{1}{n}S_{1,1}}} + b'_2 \dfrac{x_{2,i} - \bar{x}_2}{\sqrt{\dfrac{1}{n}S_{2,2}}} + \cdots + b'_m \dfrac{x_{m,i} - \bar{x}_m}{\sqrt{\dfrac{1}{n}S_{m,m}}}, i = 1,2,\cdots,n \tag{9-103}$$

于是

$$Q = \sum_{i=1}^{n}(y'_i - \hat{y}'_i)^2 = \sum_{i=1}^{n}\left[\dfrac{y_i - \bar{y}}{\sqrt{\dfrac{1}{n}S_{y,y}}} - \sum_{k=1}^{m} b'_k \dfrac{x_{k,i} - \bar{x}_k}{\sqrt{\dfrac{1}{n}S_{k,k}}}\right]^2 \tag{9-104}$$

令

$$\dfrac{\partial Q}{\partial b'_t} = 0, \quad t = 0,1,2,\cdots,m \tag{9-105}$$

得到

$$\sum_{i=1}^{n}\left[\dfrac{(y_i - \bar{y})}{\sqrt{\dfrac{1}{n}S_{y,y}}} - \sum_{k=1}^{m} b'_k \dfrac{(x_{k,i} - \bar{x}_k)}{\sqrt{\dfrac{1}{n}S_{k,k}}}\right]\dfrac{(x_{t,i} - \bar{x}_t)}{\sqrt{\dfrac{1}{n}S_{t,t}}} = 0, \quad t = 1,2,\cdots,m; k = 1,2,\cdots,m$$

$$\tag{9-106}$$

记

$$\begin{cases} S_{t,k} = \sum_{i}^{n} (x_{k,i} - \bar{x}_k)(x_{t,i} - \bar{x}_t) \\ S_{t,y} = \sum_{i=1}^{n} (y_i - \bar{y})(x_{t,i} - \bar{x}_t) \end{cases}, \ t = 1,2,\cdots,m; \ k = 1,2,\cdots,m \quad (9-107)$$

整理式(9-106)，并注意到式(9-107)，可得正规方程组

$$\sum_{k=1}^{m} b'_k r_{t,k} = r_{t,y}, \ t = 1,2,\cdots,m \quad (9-108)$$

式中

$$\begin{cases} r_{t,k} = \dfrac{S_{t,k}}{\sqrt{S_{k,k} S_{t,t}}} \\ r_{t,y} = \dfrac{S_{t,y}}{\sqrt{S_{y,y} S_{t,t}}} \end{cases}, \ t = 1,2,\cdots,m; \ k = 1,2,\cdots,m \quad (9-109)$$

它们分别为自变量 x_t 与 x_k，及因变量 y 与自变量 x_t 间的相关系数。

展开式(9-108)可得

$$\begin{cases} b'_1 r_{1,1} + b'_2 r_{1,2} + \cdots + b'_m r_{1,m} = r_{1,y} \\ b'_1 r_{2,1} + b'_2 r_{2,2} + \cdots + b'_m r_{2,m} = r_{2,y} \\ \quad\vdots \\ b'_1 r_{m,1} + b'_2 r_{m,2} + \cdots + b'_m r_{m,m} = r_{m,y} \end{cases} \quad (9-110)$$

若记

$$\boldsymbol{R} = \begin{bmatrix} r_{1,1} & r_{1,2} & \cdots & r_{1,m} \\ r_{2,1} & r_{2,2} & \cdots & r_{2,m} \\ \vdots & & & \\ r_{m,1} & r_{m,2} & \cdots & r_{m,m} \end{bmatrix}, \ \boldsymbol{B}_3 = \begin{bmatrix} b'_1 \\ b'_2 \\ \vdots \\ b'_m \end{bmatrix}, \ \boldsymbol{D}_3 = \begin{bmatrix} r_{1,y} \\ r_{2,y} \\ \vdots \\ r_{m,y} \end{bmatrix} \quad (9-111)$$

则式(9-110)的矩阵形式为

$$\boldsymbol{R}\boldsymbol{B}_3 = \boldsymbol{D}_3 \quad (9-112)$$

于是可解得

$$\boldsymbol{B}_3 = \boldsymbol{R}^{-1}\boldsymbol{D}_3 = \boldsymbol{C}_3 \boldsymbol{D}_3 \quad (9-113)$$

其中

$$\boldsymbol{C}_3 = \boldsymbol{R}^{-1} = \begin{bmatrix} c^{(3)}_{1,1} & c^{(3)}_{1,2} & \cdots & c^{(3)}_{1,m} \\ c^{(3)}_{2,1} & c^{(3)}_{2,2} & \cdots & c^{(3)}_{2,m} \\ \vdots & & & \\ c^{(3)}_{m,1} & c^{(3)}_{m,2} & \cdots & c^{(3)}_{m,m} \end{bmatrix} = (c^{(3)}_{k,t}), \ t = 1,2,\cdots,m; \ k = 1,2,\cdots,m$$

$$(9-114)$$

由式(9-113)解得

第三节 多元线性回归模型

$$b'_k = \sum_{t=1}^{m} c_{k,t}^{(3)} r_{t,y}, \ k=1,2,\cdots,m \qquad (9-115)$$

可以证明，C_3 与 C_2 中的元素间存在关系 $c_{k,t}^{(3)} = c_{k,t}^{(2)} \sqrt{S_{t,t}} \sqrt{S_{k,k}}$（$t=1,2,\cdots,m$；$k=1,2,\cdots,m$）。

解出回归系数 $b'_1, b'_2, \cdots, b'_m$ 后，代入式(9-102)，略去下角标 i，可得到回归方程的标准化形式

$$\hat{y}' = b'_1 x'_1 + b'_2 x'_2 + \cdots + b'_m x'_m \qquad (9-116)$$

若要还原为原变量的回归方程，可将式(9-98)代入式(9-116)得到

$$\frac{\hat{y}-\bar{y}}{\sqrt{\frac{1}{n}S_{y,y}}} = \sum_{k=1}^{m} b'_k \frac{x_k-\bar{x}_k}{\sqrt{\frac{1}{n}S_{k,k}}}$$

解得

$$\hat{y} = \bar{y} - \sum_{k=1}^{m} b'_k \frac{\sqrt{S_{y,y}}}{\sqrt{S_{k,k}}} \bar{x}_k + \sum_{k=1}^{m} b'_k \frac{\sqrt{S_{y,y}}}{\sqrt{S_{k,k}}} x_k \qquad (9-117)$$

比较式(9-117)和式(9-66)可知

$$b_0 = \bar{y} - \sum_{k=1}^{m} b'_k \frac{\sqrt{S_{y,y}}}{\sqrt{S_{k,k}}} \bar{x}_k \qquad (9-118)$$

$$b_k = b'_k \frac{\sqrt{S_{y,y}}}{\sqrt{S_{k,k}}}, \ k=1,2,\cdots,m \qquad (9-119)$$

由此可知，标准化形式回归方程中的回归系数与一般形式的回归方程中的回归系数并不相等。另外，应注意的是，式(9-116)中的 $\hat{y}'$ 是因变量 y 的标准化变量 y' 的估计值，而不是 $\hat{y}$ 的标准化变量，因为虽然 $\bar{\hat{y}} = \bar{y}$，但 $S_{\hat{y},\hat{y}} \neq S_{y,y}$。这里

$$S_{\hat{y},\hat{y}} = \sum_{i=1}^{n} (\hat{y}-\bar{\hat{y}})^2 = \sum_{i=1}^{n} (\hat{y}-\bar{y})^2 \qquad (9-120)$$

而

$$\bar{\hat{y}} = \frac{1}{n}\sum_{i=1}^{m} \hat{y}_i = \bar{y} = \frac{1}{n}\sum_{i=1}^{m} y_i \qquad (9-121)$$

例 8 根据本章例 6 中表 9-5 所列资料，推求 y 依 x_1、x_2 的线性回归方程标准化形式。

解 由表 9-5 数据算得
$S_{1,1}=78500$，$S_{2,2}=4.007$，$S_{1,2}=-181.95$，$S_{y,y}=52900$，$S_y=38870$，$S_{2,y}=-404.3$，$\bar{y}=176.6$，$\bar{x}_1=583.3$，$\bar{x}_2=2.323$，于是由式(9-109)得

$$r_{1,2} = \frac{S_{1,2}}{\sqrt{S_{1,1}}\sqrt{S_{2,2}}} = \frac{-181.95}{\sqrt{78500}\sqrt{4.007}} = -0.324$$

$$r_{1,y} = \frac{S_{1,y}}{\sqrt{S_{1,1}}\sqrt{S_{y,y}}} = \frac{38870}{\sqrt{78500}\sqrt{52900}} = 0.603$$

$$r_{2,y} = \frac{l_{2,y}}{\sqrt{S_{2,2}}\sqrt{S_{y,y}}} = \frac{-404.3}{2.0017 \times 230.0} = -0.878$$

由式(9-111)知
$$R = \begin{bmatrix} 1 & -0.324 \\ -0.324 & 1 \end{bmatrix}, \quad D_3 = \begin{bmatrix} 0.603 \\ -0.878 \end{bmatrix}$$

代入式(9-113)知
$$B_3 = \begin{bmatrix} b_1' \\ b_2' \end{bmatrix} = R^{-1} D_3 = \begin{bmatrix} 1.1173 & 0.3620 \\ 0.3620 & 1.1173 \end{bmatrix} \begin{bmatrix} 0.603 \\ -0.878 \end{bmatrix} = \begin{bmatrix} 0.3559 \\ -0.7627 \end{bmatrix}$$

故由式(9-116)可得回归方程的标准化形式
$$\hat{y}' = 0.3559 x_1' - 0.7627 x_2'$$

由式(9-119)知
$$b_1 = \frac{\sqrt{S_{y,y}}}{\sqrt{S_{1,1}}} b_1' = \frac{\sqrt{52900}}{\sqrt{78500}} \times 0.3559 = 0.292$$

$$b_2 = \frac{\sqrt{S_{y,y}}}{\sqrt{S_{2,2}}} b_2' = \frac{\sqrt{52900}}{\sqrt{4.007}} \times (-0.7627) = -87.6$$

由式(9-78)得
$$b_0 = \bar{y} - b_1 \bar{x}_1 - b_2 \bar{x}_2 = 176.6 - 0.292 \times 583.8 + 87.6 \times 2.323 = 209.8$$

可得到回归方程的一般形式
$$\hat{y} = 209.8 + 0.292 x_1 - 87.6 x_2$$

从本章例6、例7和例8可知,对同一组观测资料,不论采用回归方程的中心化形式还是标准化形式,最后得到的一般形式回归方程是相同的。

三、回归系数最小二乘估计量的统计性质

回归系数最小二乘估计量具有下列性质。

性质1 $b_0, b_1, \cdots, b_m$ 是 $\beta_0, \beta_1, \cdots, \beta_m$ 的无偏估计量

证 由式(9-75)、式(9-71)、式(9-72)、式(9-73)及式(9-62),并注意到 x, x', β 为非随机变量,只有 y 是随机变量,把式(9-75)写成
$$B_1 = A^{-1} D_1 = (x'x)^{-1} x' y$$

于是,利用式(9-63)得
$$\begin{aligned}
E(B_1) &= (x'x)^{-1} x' E(y) \\
&= (x'x)^{-1} x' E[x\beta + \varepsilon] \\
&= (x'x)^{-1} x' [x\beta + E(\varepsilon)] \\
&= (x'x)^{-1} (x'x) \beta + (x'x)^{-1} x' E(\varepsilon) \\
&= \beta + (x'x)^{-1} x' E \begin{bmatrix} \varepsilon_1 \\ \varepsilon_2 \\ \vdots \\ \varepsilon_n \end{bmatrix} = \beta + (x'x)^{-1} x' \begin{bmatrix} 0 \\ 0 \\ \vdots \\ 0 \end{bmatrix} = \beta
\end{aligned}$$

式中:由线性模型关于 ε 的假定可知 $E(\varepsilon_i) = 0 (i = 1, 2, \cdots, n)$。

性质2 回归系数 b_i 与 $b_j (i, j = 0, 1, 2, \cdots, m)$ 的协方差等于 $\sigma_\varepsilon^2 c_{i,j}^{(1)}$
$$\operatorname{Cov}(b_i, b_j) = \sigma_\varepsilon^2 c_{i,j}^{(1)}, \quad i = 0, 1, 2, \cdots, m; \quad j = 0, 1, 2, \cdots, m \tag{9-122}$$

式中：$c_{i,j}^{(1)}$ 为矩阵 C_1 中的元素；$\sigma_\varepsilon^2 = D(\varepsilon)$。

证略。

四、多元线性回归的统计检验

在作因变量与自变量之间的回归分析时，选择线性模型只是一种假定，一方面，这种假定是否符合实际，即因变量的变化趋势与自变量之间是否真的存在线性关系，是需要检验的；另一方面，回归分析中的自变量是人们选择的，每个自变量是否都与因变量有显著关系也是需要检验的。因此，在求出回归方程以后，还必须进行统计检验，才能确定所求得的回归方程是否有效。

（一）回归方程的显著性检验

与一元线性回归类似，对于 y 与 $x_1, x_2, \cdots, x_m$ 之间是否存在线性回归关系的检验称为多元线性回归的显著性检验，在一元线性回归中，变量之间是否存在线性相关关系可以通过散点图直接观察，而对于多元回归来说，要用作图来展示变量之间是否有线性相关关系就比较困难，有时甚至不可能。所以，建立的多元线性回归方程是否有意义，只能通过检验作出判断。

多元回归方程的显著性检验，其思想和方法与一元线性回归方程的检验十分相似，即检验原假设

$$H_0: \beta_1 = 0, \beta_2 = 0, \cdots, \beta_m = 0 \tag{9-123}$$

如果接受这一假设，就说明所求得的经验回归方程无效，不能采用。如果否定这一假设就说明所求得的经验回归方程有意义。

1. 回归问题方差分析

和一元回归一样，为检验回归方程的显著性，需要将因变量的总变化量分解为两部分：一部分是由自变量 $x_1, x_2, \cdots, x_m$ 的线性影响引起的；另一部分是由自变量对因变量的非线性影响及其他随机因素的影响引起的。

容易验证，对于多元线性回归，亦有与式(9-45)~式(9-48)相同的结果，即

$$\begin{cases} S_{\text{总}} = S_{y,y} = \sum_{i=1}^{n}(y_i - \bar{y})^2 \\ S_{\text{剩}} = \sum_{i=1}^{n}(y_i - \hat{y}_i)^2 \\ S_{\text{回}} = \sum_{i=1}^{n}(\hat{y}_i - \bar{y})^2 \\ S_{\text{总}} = S_{\text{回}} + S_{\text{剩}} \end{cases} \tag{9-124}$$

事实上，注意到式(9-84)及式(9-69)，则

$$S_{\text{总}} = \sum_{i=1}^{n}(y_i - \bar{y})^2 = \sum_{i=1}^{n}[(y_i - \hat{y}_i) + (\hat{y}_i - \bar{y})]^2$$

$$= \sum_{i=1}^{n}(y_i - \hat{y}_i)^2 + \sum_{i=1}^{n}(\hat{y}_i - \bar{y})^2 + 2\sum_{i=1}^{n}(y_i - \hat{y}_i)(\hat{y}_i - \bar{y})$$

$$= \sum_{i=1}^{n}(y_i - \hat{y}_i)^2 + \sum_{i=1}^{n}(\hat{y}_i - \bar{y})^2 + 2\sum_{i=1}^{n}[(y_i - \hat{y}_i)\sum_{j=1}^{m}b_j(x_{j,i} - \bar{x}_j)]$$

$$= \sum_{i=1}^{n}(y_i - \hat{y}_i)^2 + \sum_{i=1}^{n}(\hat{y}_i - \bar{y})^2 + 2\sum_{j=1}^{m}\{b_j[\sum_{i=1}^{n}(y_i - \hat{y}_i)x_{j,i} - \bar{x}_j\sum_{i=1}^{m}(y_i - \hat{y}_i)]\}$$

$$= \sum_{i=1}^{n}(y_i - \hat{y}_i)^2 + \sum_{i=1}^{n}(\hat{y}_i - \bar{y})^2 = S_{剩} + S_{回}$$

上式中第五个等号后的第三项等于零是因为式(9-69)。

2. $S_{回}$ 与 $S_{剩}$ 的计算

$S_{回}$ 和 $S_{剩}$ 一般不直接采用式(9-124)计算，而是利用求回归系数过程中的一些结果。

由式(9-124)及式(9-84)得到

$$S_{回} = \sum_{i=1}^{n}(\hat{y}_i - \bar{y})^2 = \sum_{i=1}^{n}[\sum_{j=1}^{m}b_j(x_{j,i} - \bar{x}_j)]^2$$

$$= \sum_{i=1}^{n}\sum_{t=1}^{m}\sum_{j=1}^{m}b_t b_j(x_{t,i} - \bar{x}_t)(x_{j,i} - \bar{x}_j)$$

$$= \sum_{t=1}^{m}\{b_t \sum_{j=1}^{m}[b_j \sum_{i=1}^{n}(x_{t,i} - \bar{x}_t)(x_{j,i} - \bar{x}_j)]\}$$

$$= \sum_{t=1}^{m}[b_t(\sum_{j=1}^{m}b_j S_{t,j})]$$

式中：$S_{t,j}$ 是 x_t 与 x_j 的协方差。

注意到式(9-90)，可得

$$S_{回} = \sum_{t=1}^{m}b_t S_{t,y} \tag{9-125}$$

式中：b_t 及 $S_{t,y}(t=1,2,\cdots,m)$ 在求解回归系数时已经算得，所以用上述计算 $S_{回}$ 很方便。

算出 $S_{回}$ 后，利用式(9-124)可很容易算得 $S_{总}$ 和 $S_{剩}$。

计算 $S_{回}$ 和 $S_{剩}$ 的更方便的办法是和求解回归系数 $b_1, b_2, \cdots, b_m$ 同时完成，方法如下：

当用中心化正规方程组(9-91)求解回归系数时，将式(9-125)代入式(9-124)的最后一个式子，并以 $S_{y,y}$ 表示 $S_{总}$，将所得到的方程与方程组(9-91)联立，得到 $m+1$ 元的线性方程组

$$\begin{cases} b_1 S_{1,1} + b_2 S_{1,2} + \cdots + b_m S_{1,m} + 0 = S_{1,y} \\ b_1 S_{2,1} + b_2 S_{2,2} + \cdots + b_m S_{2,m} + 0 = S_{2,y} \\ \qquad\qquad\qquad \vdots \\ b_1 S_{m,1} + b_2 S_{m,2} + \cdots + b_m S_{m,m} + 0 = S_{m,y} \\ b_1 S_{1,y} + b_2 S_{2,y} + \cdots + b_m S_{m,y} + S_{剩}^{(m)} = S_{y,y} \end{cases} \tag{9-126}$$

为便于以后讨论，将包含 m 个自变量的回归方程的 $S_{回}$ 和 $S_{剩}$ 分别记为 $S_{回}^{(m)}$ 和 $S_{剩}^{(m)}$。

式(9-126)的系数矩阵的增广矩阵为

$$L^{(0)} = \begin{bmatrix} S_{1,1} & S_{1,2} & \cdots & S_{1,m} & 0 & S_{1,y} \\ S_{2,1} & S_{2,2} & \cdots & S_{2,m} & 0 & S_{2,y} \\ & & \vdots & & & \\ S_{m,1} & S_{m,2} & \cdots & S_{m,m} & 0 & S_{m,y} \\ S_{1,y} & S_{2,y} & \cdots & S_{m,y} & 1 & S_{y,y} \end{bmatrix} \tag{9-127}$$

当对 $L^{(0)}$ 进行高斯-约当消去变换至第 m 步时，得到矩阵

$$L^{(m)} = \begin{bmatrix} 1 & 0 & \cdots & \cdots & 0 & S^{(m)}_{1,y} \\ 0 & 1 & 0 & \cdots & 0 & S^{(m)}_{2,y} \\ & & \vdots & & & \\ 0 & 0 & \cdots & 1 & 0 & S^{(m)}_{m,y} \\ 0 & 0 & \cdots & 0 & 1 & S^{(m)}_{y,y} \end{bmatrix} \tag{9-128}$$

则 $L^{(m)}$ 中的 $S^{(m)}_{i,y}(i=1,2,\cdots,m)$ 即为 $b_i(i=1,2,\cdots,m)$ 的解，而 $S^{(m)}_{y,y}$ 即为 $S^{(m)}_{剩}$ 的解。

若改写方程组(9-126)中最下面一个等式为

$$b_1 \frac{\sqrt{S_{1,1}}}{\sqrt{S_{y,y}}} \frac{S_{1,y}}{\sqrt{S_{1,1}}\sqrt{S_{y,y}}} + b_2 \frac{\sqrt{S_{2,2}}}{\sqrt{S_{y,y}}} \frac{S_{2,y}}{\sqrt{S_{2,2}}\sqrt{S_{y,y}}} + \cdots + b_m \frac{\sqrt{S_{m,m}}}{\sqrt{S_{y,y}}} \frac{S_{m,y}}{\sqrt{S_{m,m}}\sqrt{S_{y,y}}} + \frac{S^{(m)}_{剩}}{S_{y,y}} = 1$$

再注意到式(9-109)及式(9-119)，上式即为

$$b'_1 r_{1,y} + b'_2 r_{2,y} + \cdots + b'_m r_{m,y} + \frac{S^{(m)}_{剩}}{S_{y,y}} = 1$$

将上式与方程组(9-110)联立，又得到以相关系数为系数的 $m+1$ 元方程组

$$\begin{cases} b'_1 r_{1,1} + b'_2 r_{1,2} + \cdots + b'_m r_{1,m} + 0 = r_{1,y} \\ b'_2 r_{2,1} + b'_2 r_{2,2} + \cdots + b'_m r_{2,m} + 0 = r_{2,y} \\ \quad\quad\quad\quad\quad \vdots \\ b'_1 r_{m,1} + b'_2 r_{m,2} + \cdots + b'_m r_{m,m} + 0 = r_{m,y} \\ b'_1 r_{1,y} + b'_2 r_{2,y} + \cdots + b'_m r_{m,y} + \frac{S^{(m)}_{剩}}{S_{y,y}} = 1 \end{cases} \tag{9-129}$$

式(9-129)系数矩阵的增广矩阵为

$$R^{(0)} = \begin{bmatrix} r_{1,1} & r_{1,2} & \cdots & r_{1,m} & 0 & r_{1,y} \\ r_{2,1} & r_{2,2} & \cdots & r_{2,m} & 0 & r_{2,y} \\ & & \vdots & & & \\ r_{m,1} & r_{m,2} & \cdots & r_{m,m} & 0 & r_{m,y} \\ r_{1,y} & r_{2,y} & \cdots & r_{m,y} & 1 & r_{y,y} \end{bmatrix} \tag{9-130}$$

对 $R^{(0)}$ 做 m 步高斯-约当消去变换，得到

$$\boldsymbol{R}^{(m)} = \begin{bmatrix} 1 & 0 & \cdots & \cdots & 0 & r_{1,y}^{(m)} \\ 0 & 1 & 0 & \cdots & 0 & r_{2,y}^{(m)} \\ & & & \vdots & & \\ 0 & 0 & \cdots & 1 & 0 & r_{m,y}^{(m)} \\ 0 & 0 & \cdots & 0 & 1 & r_{y,y}^{(m)} \end{bmatrix} \quad (9-131)$$

则 $\boldsymbol{R}^{(m)}$ 中的 $r_{i,y}^{(m)}$ 即为 $b_i'(i=1,2,\cdots,m)$ 的解，而 $r_{y,y}^{(m)}$ 即为 $\dfrac{S_{剩}^{(m)}}{S_{y,y}}$ 的解，于是

$$S_{剩}^{(m)} = r_{y,y}^{(m)} S_{y,y} \quad (9-132)$$

由 $\boldsymbol{L}^{(0)}$ 和 $\boldsymbol{R}^{(0)}$ 中倒数第二列的各元素在消去过程中没有变化，在实际计算中可省略不写。

例 9 据分析，南京 7 月降水量 y 与"七九""八九""九九"累积气温 x_1，上一年 4 月降水量 x_2 及 2 月上旬平均气温 x_3，三个因子关系较好。根据 23 年资料求得 $\bar{y}=180.9$，$\bar{x}_1=140.4$，$\bar{x}_2=12.0$，$\bar{x}_3=24.5$，$S_{y,y}=405880.32$，$S_{1,1}=50807.00$，$S_{2,2}=173.94$，$S_{3,3}=265.88$，以及标准化正规方程组的系数增广矩阵（已省去最后第二列）为

$$R^{(0)} = \begin{bmatrix} 1 & 0.1244 & -0.4817 & -0.4542 \\ 0.1244 & 1 & -0.0846 & -0.5766 \\ -0.4817 & -0.0846 & 1 & 0.4011 \\ -0.4542 & -0.5766 & 0.4011 & 1 \end{bmatrix}$$

试求 y 与 x_1,x_2,x_3 的线性回归方程和 $S_{剩}$，$S_{回}$。

解 对 $R^{(0)}$ 进行一步，两步，三步消去变换，得到

$$R^{(1)} = \begin{bmatrix} 1 & 0.1244 & -0.4817 & -0.4542 \\ 0 & 0.9845 & -0.0247 & -0.5201 \\ 0 & -0.0247 & 0.7680 & 0.1823 \\ 0 & -0.5201 & 0.1823 & 0.7937 \end{bmatrix}$$

$$R^{(2)} = \begin{bmatrix} 1 & 0 & -0.4788 & -0.3884 \\ 0 & 1 & -0.0250 & -0.5283 \\ 0 & 0 & 0.7674 & 0.1693 \\ 0 & 0 & 0.1693 & 0.5189 \end{bmatrix}$$

$$R^{(3)} = \begin{bmatrix} 1 & 0 & 0 & -0.2833 \\ 0 & 1 & 0 & -0.5228 \\ 0 & 0 & 1 & 0.2206 \\ 0 & 0 & 0 & 0.4815 \end{bmatrix}$$

利用式(9-119)得到

$$b_1 = \sqrt{\dfrac{S_{y,y}}{S_{1,1}}} b_1' = \sqrt{\dfrac{405880.32}{50807.00}} \times (-0.2833) = -0.8012$$

$$b_2 = \sqrt{\dfrac{S_{y,y}}{S_{2,2}}} b_2' = \sqrt{\dfrac{405880.32}{173.94}} \times (-0.5227) = -25.2543$$

$$b_3 = \sqrt{\frac{S_{y,y}}{S_{3,3}}} b_3' = \sqrt{\frac{405880.32}{265.88}} \times 0.2206 = 8.6191$$

$$b_0 = \bar{y} - b_1 \bar{x}_1 - b_2 \bar{x}_2 - b_3 \bar{x}_3$$
$$= 180.9 + 0.8012 \times 140.4 + 25.2543 \times 12.0 - 8.6191 \times 24.5$$
$$= 385.27$$

最后得到回归方程

$$\hat{y} = 385.27 - 0.8012 x_1 - 25.2543 x_2 + 8.6191 x_3$$
$$S_{剩}^{(3)} = r_{y,y}^{(3)} S_{y,y} = 0.4815 \times 405880.32 = 195431.37$$
$$S_{回}^{(3)} = S_{y,y} - S_{剩}^{(3)} = 405880.32 - 195431.37 = 210448.95$$

3. 复相关系数

前面说过 $S_{回}$ 刻划了在因变量 y 的总变化中由于自变量 $x_1, x_2, \cdots, x_m$ 的线性影响所作的贡献,而 $S_{剩}$ 刻划了除 $x_1, x_2, \cdots, x_m$ 对 y 的线性影响以外的其他随机因素的贡献,因此,可以用 $S_{回}$ 在 $S_{总}$ 中所占比值来刻划 y 与 $x_1, x_2, \cdots, x_m$ 间线性关系的密切程度,这个比值的方根就称为因变量 y 与自变量 $x_1, x_2, \cdots, x_m$ 间的复相关系数,记为 R,即

$$R = \sqrt{\frac{S_{回}}{S_{总}}} = \sqrt{1 - \frac{S_{剩}}{S_{总}}} \tag{9-133}$$

现证明,式(9-133)所定义的复相关系数,也就是因变量 y 与其回归值 $\hat{y}$ 之间的简单相关系数。

按简单相关系数的定义,应有

$$r_{y,\hat{y}} = \frac{\sum_{i=1}^{n}(y_i - \bar{y})(\hat{y}_i - \bar{\hat{y}})}{\sqrt{\sum_{i=1}^{n}(y_i - \bar{y})^2} \sqrt{\sum_{i=1}^{n}(\hat{y}_i - \bar{\hat{y}}_i)^2}}$$

而利用式(9-83)可得

$$\bar{\hat{y}}_i = \frac{1}{n} \sum_{i=1}^{n}(b_0 + b_1 x_{1i} + b_2 x_{2i} + \cdots + b_m x_{mi})$$
$$= b_0 + b_1 \bar{x}_1 + b_2 \bar{x}_2 + \cdots + b_m \bar{x}_m$$
$$= \bar{y} - b_1 \bar{x}_1 - b_2 \bar{x}_2 - \cdots - b_m \bar{x}_m + b_1 \bar{x}_1 + b_2 \bar{x}_2 + \cdots + b_m \bar{x}_m = \bar{y}$$

因此

$$\sqrt{\sum_{i=1}^{n}(\hat{y}_i - \bar{\hat{y}})^2} = \sqrt{\sum_{i=1}^{n}(\hat{y}_i - \bar{y})^2} = \sqrt{S_{回}}$$

利用式(9-125)得

$$\sum_{i=1}^{n}(y_i - \bar{y})(\hat{y}_i - \bar{\hat{y}}) = \sum_{i=1}^{n}(y_i - \bar{y})(\hat{y}_i - \bar{y})$$
$$= \sum_{i=1}^{n}\left[(y_i - \bar{y}) \sum_{j=1}^{m} b_j(x_{j,i} - \bar{x}_j)\right]$$
$$= \sum_{j=1}^{m} b_j \sum_{i=1}^{n}(y_i - \bar{y})(x_{j,i} - \bar{x}_j) = \sum_{j=1}^{m} b_j S_{j,y} = S_{回}$$

所以
$$r_{y,\hat{y}} = \frac{S_{回}}{\sqrt{S_{总}}\sqrt{S_{回}}} = \sqrt{\frac{S_{回}}{S_{总}}} = R$$

4. 回归方程的显著性检验

回归方程显著性检验的原假设如式(9-123)，即
$$H_0: \beta_1 = \beta_2 = \cdots = \beta_m = 0$$

可以证明，在 H_0 成立条件下，统计量
$$F = \frac{S_{回}/m}{S_{剩}/(n-m-1)} \tag{9-134}$$

服从 $F(m, n-m-1)$ 分布，于是可用 F 检验法进行检验，即对给定的显著性水平 α，查 F 分布表得到临界值 F_α，这里 F_α 满足关系式
$$P(F > F_\alpha) = \alpha \tag{9-135}$$

当用实测样本根据式(9-134)算得的 F 值大于 F_α 时，拒绝 H_0，认为线性回归方程是显著的。否则认为总体中因变量与自变量不存在线性回归关系，所求得的经验回归方程无意义。

由式(9-133)看到 $S_{回} = R^2 S_{总}$，$S_{剩} = (1-R^2)S_{总}$，将它们代入式(9-134)得到
$$F = \frac{S_{回}/m}{S_{剩}/(n-m-1)} = \frac{R^2/m}{(1-R^2)/(n-m-1)}$$

解得
$$R = \sqrt{\frac{mF}{(n-m-1)+mF}} \tag{9-136}$$

若以 F 检验的临界值 F_α 代入式(9-136)，则得到用 R 作检验的临界值 R_α：
$$R_\alpha = \sqrt{\frac{mF_\alpha}{(n-m-1)+mF_\alpha}} \tag{9-137}$$

因此，若用式(9-133)算得的 $R > R_\alpha$，则拒绝 H_0，否则，接受 H_0。

显然，用 F 检验与用 R 检验所得到的结论应该是一致的。

应当注意的是，仅凭复相关系数的大小来判断 y 与 $x_1, x_2, \cdots, x_m$ 的线性相关性，有时是不可靠甚至是错误的，从式(9-136)看到，当 m 值增大时，不论所增加的因子 x 实际上是否对 y 有作用，R 值增加，特别当 m 近似等于 n 时，$R \approx 1$，而这显然不表明 y 与 $x_1, x_2, \cdots, x_m$ 之间的线性相关关系达到几乎呈函数关系的程度。所以在应用中，用 R 作显著性检验时，必须将由式(9-133)算得的 R 与式(9-137)算得 R_α 作比较，而不能单纯根据 R 值的大小来决定，因为 R_α 的数值与 m 和 n 的相对大小有关。当 m 相对于 n 较大时，R_α 也较大，这时虽然 R 较大，也不一定显著。极端的情况是，当 $m = n-1$ 时，$R_\alpha = 1$，所以此时算得的 R 总是不显著的，因为当 $m = n-1$ 时，即使 m 个自变量与 y 毫不相干，也有 $R \equiv 1$，所以如果不考虑 R_α，会得出 R 显著的错误结论。为了避免出现这种情况，实际计算中一般要求 n 至少为 m 的 5～10 倍以上。

回归方程的显著性检验一般用方差检验表表示（表9-6）。

表9-6

方差来源	差方和	自由度	方差	方差比	临界值
回归	$S_{回} = \sum_{j=1}^{m} b_j S_{j,y}$	m	$S_{回}/m$		
总和	$S_{总} = \sum_{i=1}^{n}(y_i - \bar{y})^2$	$n-1$		$F = \dfrac{S_{回}}{m} \Big/ \dfrac{S_{剩}}{n-m-1}$	$F_\alpha(m, n-m-1)$
剩余	$S_{剩} = S_{总} - S_{回}$	$n-m-1$	$S_{剩}/n-m-1$		

例如，对例9的方差检验表见表9-7。

表9-7

方差来源	差方和	自由度	方差	方差比	临界值
回归	210408.95	3	70136.32		
总和	405880.32	22		$F = 6.819$	$F_\alpha = 3.127$
剩余	195431.37	19	10285.56		

因为 $F > F_\alpha$，所以否定 H_0，即所求回归方程是有意义的。如果用 R 检验，则

$$R = \sqrt{\dfrac{S_{回}}{S_{总}}} = \sqrt{\dfrac{210408.95}{405880.32}} = 0.72$$

而

$$R_\alpha = \sqrt{\dfrac{3 \times 3.127}{19 + 3 \times 3.127}} = 0.57$$

因为 $R > R_\alpha$ 所以否定 H_0，这个结果与 F 检验的结论一致。

(二) 各个自变量的显著性检验

如果一个回归方程经检验后认为是显著的，这并不说明方程中的所有自变量与因变量间的线性关系都是显著的，因为此检验只说明"回归方程的 m 个回归系数不全为零"，但并不排除其中可能有某些回归系数等于零，如果某个回归系数 $\beta_i = 0$，就说明自变量 x_i 与 y 间不存在线性关系，这样的自变量自然不应该包含在回归方程中，另外，各自变量之间也可能密切相关，如果把它们都放在回归方程中，对回归效果并没有好处，也就是说，进入回归方程的自变量应该都是与因变量显著相关的，而且各自变量之间是相互独立的。所以，为了判明回归方程中各个自变量的作用，在确认回归方程显著后，还必须对每个自变量的显著性进行检验，把不显著的自变量从方程中剔除掉。

检验某个自变量 x_k 是否显著的原假设是 $H_0: \beta_k = 0$。如果接受这一假设，则 x_k 就应从回归方程中剔除，反之，则保留不动。

1. 各个自变量的方差贡献

为了对每个自变量的作用进行检验，就必须弄清楚各个自变量对因变量的线性影响程度。前面讨论中已指出，$S_{回}$ 反映了全部 m 个自变量对因变量变化的线性影响程度的总贡献，那么自然可以用每个自变量对 $S_{回}$ 的贡献来反映它对因变量影响的程度。

设 $S_{回}^{(m)}$ 和 $S_{剩}^{(m)}$ 分别是包含 m 个自变量 $x_1, x_2, \cdots, x_m$ 的回归方程的回归平方和与剩余平方和，$S_{回 \cdot k}^{(m-1)}$ 和 $S_{剩 \cdot k}^{(m-1)}$ 分别是除去 x_k 后，由其他 $m-1$ 个自变量与 y 构成的回归方程的回归平方和与剩余平方和，则自变量 x_k 对 $S_{回}^{(m)}$ 的贡献（亦即 x_k 对因变量 y 变化的贡献）应为

$$V_k = S_{回}^{(m)} - S_{回 \cdot k}^{(m-1)} = S_{剩 \cdot k}^{(m-1)} - S_{剩}^{(m)} \tag{9-138}$$

显然，V_k 表示在 y 与 $x_1, x_2, \cdots, x_{k-1}, x_{k+1}, \cdots, x_m$ 这 $m-1$ 个自变量构成的回归方程中增加一个自变量 x_k 时剩余平方和减少的量（或在包含 x_k 的由 m 个自变量构成的回归方程中减少一个自变量 x_k 时回归平方和减少的量）。显然，V_k 的大小反映了因变量 y 与自变量 x_k 间线性关系的密切程度，V_k 越大表示关系越密切，所以称 V_k 为自变量 x_k 对 y 的方差贡献，也称为 x_k 的偏回归平方和。

与一元回归的相关系数类似，可以定义

$$r_{k \cdot m} = \sqrt{\frac{V_k}{S_{剩 \cdot k}^{(m-1)}}} = \sqrt{1 - \frac{S_{剩}^{(m)}}{S_{剩 \cdot k}^{(m-1)}}} \tag{9-139}$$

称为 y 与 x_k 的偏相关系数，它表示，除去 $x_1, x_2, \cdots, x_{k-1}, x_{k+1}, \cdots, x_m$ 这 $m-1$ 个自变量的作用后，x_k 可将 y 的剩余平方和 $S_{剩 \cdot k}^{(m-1)}$ 进一步降低的程度。为区别起见，有时将不考虑其他因素而定义的相关系数 r 称为简单相关系数。应当注意，在多元相关分析中，只有偏相关系数才真正反映 x_k 与 y 的线性关系好坏，而简单相关系数则不能。简单相关系数的数值与偏相关系数的数值可能相差很大，甚至符号相反。

2. 各个自变量的显著性检验

为了检验自变量 x_k 的作用是否显著，可作原假设

$$H_0 : \beta_k = 0 \tag{9-140}$$

可以证明，在 H_0 成立条件下，统计量

$$F = \frac{V_k}{S_{剩}^{(m)} / (n - m - 1)} \tag{9-141}$$

服从 $F(1, n-m-1)$ 分布，于是，对给定的显著性水平 α，由 F 分布表可查得满足 $P(F > F_\alpha) = \alpha$ 的 F_α，若由式(9-141)算得的 $F > F_\alpha$，则拒绝 H_0，表示 x_k 的作用显著，应于保留，如 $F < F_\alpha$，说明 x_k 的作用不显著，应于剔除。

在实际检验时，可从包含全部的 m 个自变量的回归方程中算出所有 m 个自变量的 $V_k (k = 1, 2, \cdots, m)$，并对其中最小的 V_k 进行检验，如果检验结果认为该 x_k 显著，就不必再检验其他变量了；如果检验结果认为该 x_k 不显著，则应从原回归方程中剔除 x_k，并建立新的包含其余 $m-1$ 个自变量的回归方程，再从新的包含 $m-1$ 个自变量的回归方程中算出所有 $m-1$ 个 V_k，从中找出最小的进行检验，如此反复进行，直到所剩自变量的作用都显著为止。

各个自变量的显著性检验也可利用偏相关系数检验来完成。

由式(9-141)解出 V_k，再注意到式(9-138)和式(9-139)可得

$$r_{k \cdot m} = \sqrt{\frac{F}{F + n - m - 1}} \tag{9-142}$$

将 F 的临界值 F_α 代入上式得到 $r_{k \cdot m}$ 的临界值

第三节 多元线性回归模型

$$r_{k \cdot m(\alpha)} = \sqrt{\frac{F_\alpha}{F_\alpha + n - m - 1}} \qquad (9-143)$$

若计算的 $r_{k \cdot m} > r_{k \cdot m(\alpha)}$，则拒绝 H_0，反之，接受 H_0。

3. V_k 的计算

在实际计算中，方差贡献 V_k 并不利用式(9-138)计算，而是在用中心化模型（9-84）求解回归系数时，利用式(9-144)计算。即

$$V_k = \frac{[b_k^{(m)}]^2}{c_{k,k}^{(2)}}, \ k = 1, 2, \cdots, m \qquad (9-144)$$

式中：$b_k^{(m)}$ 为含 m 个自变量的回归方程的回归系数；$c_{k,k}^{(2)}$ 为式(9-95)或式(9-76)中的元素。

另外，当从含 m 个自变量的回归方程中剔除 x_k 以后，全部回归系数都要重新计算，但可以证明，包含 $m-1$ 个自变量的回归方程的回归系数 $b_j^{(m-1)}(j=1,2,\cdots,k-1,k+1,\cdots,m)$ 与原回归方程的回归系数 $b_j^{(m)}$ 间有下述关系：

$$b_j^{(m-1)} = b_j^{(m)} - \frac{c_{k,j}^{(2)}}{c_{k,k}^{(2)}} b_k^{(m)}, \ j = 1, 2, \cdots, k-1, k+1, \cdots, m \qquad (9-145)$$

利用上式及式(9-125)、式(9-138)可以证明式(9-144)，由式(9-125)

$$S_{回}^{(m)} = \sum_{j=1}^{m} b_j^{(m)} S_{j,y}$$

$$S_{回 \cdot k}^{(m-1)} = \sum_{\substack{j=1 \\ j \neq k}}^{m} b_j^{(m-1)} S_{j,y}$$

则

$$\begin{aligned}
V_k &= S_{回}^{(m)} - S_{回 \cdot k}^{(m-1)} = \sum_{j=1}^{m} b_j^{(m)} S_{j,y} - \sum_{\substack{j=1 \\ j \neq k}}^{m} b_j^{(m-1)} S_{j,y} \\
&= \sum_{\substack{j=1 \\ j \neq k}}^{m} [b_j^{(m)} - b_j^{(m-1)}] S_{j,y} + b_k^{(m)} S_{k,y} \\
&= \sum_{\substack{j=1 \\ j \neq k}}^{m} \left[\frac{c_{k,j}^{(2)}}{c_{k,k}^{(2)}} b_k^{(m)} \right] S_{j,y} + b_k^{(m)} S_{k,y} \\
&= \frac{b_k^{(m)}}{c_{k,k}^{(2)}} \sum_{\substack{j=1 \\ j \neq k}}^{m} c_{k,j}^{(2)} S_{j,y} + \frac{b_k^{(m)}}{c_{k,k}^{(2)}} c_{k,k}^{(2)} S_{k,y} \\
&= \frac{b_k^{(m)}}{c_{k,k}^{(2)}} \left[\sum_{j=1}^{m} c_{k,j}^{(2)} S_{j,y} \right] \\
&= \frac{[b_k^{(m)}]^2}{c_{k,k}^{(2)}}
\end{aligned}$$

上式最后一个等号是利用式(9-96)。

对于标准化模型(9-101)，$b_j'^{(m-1)}$ 与 $b_j'^{(m)}$ 的关系仍如式(9-145)，只是其中的 $c_{k,k}^{(2)}$，$c_{k,j}^{(2)}$ 应分别改用 $c_{k,k}^{(3)}$ 和 $c_{k,j}^{(3)}$，若记在模型式(9-101)下各自变量的方差贡献为 $\tilde{V}_k$，则

$$\tilde{V}_k = \frac{[b'_k{}^{(m)}]^2}{c_{k,k}^{(3)}}, \ k = 1, 2, \cdots, m \qquad (9-146)$$

将式(9-119)代入式(9-146)，并注意到 $c_{k,j}^{(3)} = c_{k,j}^{(2)} \sqrt{S_{k,k}} \sqrt{S_{j,j}}$，则可求得 $\tilde{V}_k$ 与 V_k 的关系

$$\tilde{V}_k = \frac{[b_k'^{(m)}]^2}{c_{k,k}^{(3)}} = \frac{1}{c_{k,k}^{(3)}} \left[b_k^{(m)} \frac{\sqrt{S_{k,k}}}{\sqrt{S_{y,y}}} \right]^2 = \frac{[b_k^{(m)}]^2 S_{k,k}}{c_{k,k}^{(2)} S_{k,k} S_{y,y}}$$

$$= \frac{1}{S_{j,y}} \frac{[b^{(m)}]^2}{c_{k,k}^{(2)}} = \frac{1}{S_{y,y}} V_k$$

即
$$V_k = S_{y,y} \tilde{V}_k, \quad k=1,2,\cdots,m \tag{9-147}$$

又若标准化模型下的总平方和，回归平方和及剩余平方和分别为 $\tilde{S}_\text{总}$、$\tilde{S}_\text{回}$ 及 $\tilde{S}_\text{剩}$，则不难证明

$$\tilde{S}_\text{总} = \frac{1}{S_{y,y}} S_\text{总} = 1, \quad \tilde{S}_\text{回} = \frac{S_\text{回}}{S_{y,y}}, \quad \tilde{S}_\text{剩} = \frac{S_\text{剩}}{S_{y,y}} \tag{9-148}$$

此时用式(9-141)作检验，需用 $\tilde{V}_k$ 及 $\tilde{S}_\text{剩}$ 代替 V_k 及 $S_\text{剩}$。

五、多元回归预测的误差

回归方程经各种检验通过以后，已知自变量的一组值 $x_{1,0}, x_{2,0}, \cdots, x_{m,0}$，可用

$$\hat{y}_0 = b_0 + b_1 x_{1,0} + b_2 x_{2,0} + \cdots + b_m x_{m,0} \tag{9-149}$$

作为与该组自变量值相对应的因变量的真值 y_0 的估计值。若以 $\Delta y_0 = y_0 - \hat{y}_0$ 表示此估计值的误差，则可证明此估计的均方误差为

$$\sigma_{\Delta y_0} = \sqrt{E(y_0 - \hat{y}_0)^2}$$

$$= \sigma_\varepsilon \sqrt{1 + \frac{1}{n} + \sum_{i=1}^{m} \sum_{j=1}^{m} (x_{i,0} - \bar{x}_i)(x_{j,0} - \bar{x}_j) c_{i,j}^{(2)}} \tag{9-150}$$

式中：$c_{i,j}^{(2)}$ 为 $\boldsymbol{C}_2$ 中的元素。

容易推知，$\hat{y}_0$ 与 y_0 一样，是服从正态分布的，因此，$\Delta y_0 = y_0 - \hat{y}_0$ 也是正态变量，且

$$E(\Delta y_0) = E(y_0 - \hat{y}_0) = E(y_0) - E(\hat{y}_0)$$
$$= E(y_0) - E(b_0 + b_1 x_{1,0} + b_2 x_{2,0} + \cdots + b_m x_{m,0})$$
$$= E(y_0) - [E(b_0) + x_{1,0} E(b_1) + x_{2,0} E(b_2) + \cdots + x_{m,0} E(b_m)]$$
$$= E(y_0) - (\beta_0 + \beta_1 x_{1,0} + \beta_2 x_{2,0} + \cdots + \beta_m x_{m,0})$$
$$= E(y_0) - E(y_0) = 0$$

所以 $\Delta y_0 \sim N\left\{0, \sigma_\varepsilon^2 \left[1 + \frac{1}{n} + \sum_{i=1}^{m} \sum_{j=1}^{m} (x_{i,0} - \bar{x}_i)(x_{j,0} - \bar{x}_j) c_{i,j}^{(2)}\right]\right\}$ 分布。当样本容量 n 比较大，$x_{i,0}(i=1,2,\cdots,m)$ 分别接近于 $\bar{x}_i$ 时，式(9-150) 近似有 $\sigma_{\Delta y_0} \approx \sigma_\varepsilon$ 即 $\Delta y_0 \sim N(0, \sigma_\varepsilon^2)$ 分布，从而 $\Delta y_0 / \sigma_\varepsilon = (y_0 - \hat{y}_0)/\sigma_\varepsilon$ 近似服从 $N(0,1)$ 分布。于是，对给定的显著性水平 α，可求得 y_0 的区间估计，即

$$P(\hat{y}_0 - u_{\alpha/2} \sigma_\varepsilon < y_0 < \hat{y}_0 + u_{\alpha/2} \sigma_\varepsilon) = 1 - \alpha \tag{9-151}$$

式(9-151)中 σ_ε^2 仍然是未知的，但可以证明，在多元回归分析中，它的无偏估计量为

$$\hat{\sigma}_\varepsilon^2 = \frac{S_\text{剩}^{(m)}}{n-m-1} \tag{9-152}$$

式中：n 为样本容量；m 为进入回归方程的自变量个数；$S_{剩}^{(m)}$ 是 m 元回归方程的剩余平方和，若用 $\hat{\sigma}_\varepsilon$ 代替 σ_ε，则可证明，$\Delta y_0/\hat{\sigma}_\varepsilon = (y_0 - \hat{y}_0)/\hat{\sigma}_\varepsilon$ 将服从 $t(n-m-1)$ 分布，于是对给定的显著性水平 α，可由 t 分布确定 y_0 的置信区间为

$$P(\hat{y}_0 - t_{\alpha/2}\hat{\sigma}_\varepsilon < y_0 < \hat{y}_0 + t_{\alpha/2}\hat{\sigma}_\varepsilon) = 1 - \alpha \tag{9-153}$$

当 n 较小时，y_0 的估计效果不稳定，为了使均方误差不致太大，除了通常要求 $n = (5\sim10)m$ 外，外延也不应过大。

如例 9 中，$S_{剩}^{(3)} = 195431.37$，$m = 3$，$n = 23$，于是

$$\hat{\sigma}_\varepsilon^2 = 195431.37/(23-3-1) = 195431.37/19 = 10285.86$$

$$\hat{\sigma}_\varepsilon = 101.4$$

当 $\alpha = 0.05$，$t_{\alpha/2}(19) = 2.093$，于是 y_0 的 95% 的置信区间为

$$(\hat{y}_0 - 2.093 \times 101.4, \hat{y}_0 + 2.093 \times 101.4) = (\hat{y}_0 - 212.27, \hat{y}_0 + 212.27)$$

在水文、气象等工作中，为了利用回归方程进行预测，对于研究的因变量 y，虽然可以从物理联系上挑选一批对 y 有影响的自变量（常称为因子），但由于自然和社会现象的复杂性，这些因子对 y 的关系究竟如何，往往很难单凭物理分析就可判定的。其中可能有些因子对 y 有显著影响，有些则影响很小，为了避免遗漏对 y 有显著影响的因子，初选时往往考虑的因子很多。于是，这里就有一个问题：如何在这许多的因子中，选出对 y 影响最大的一些因子，构成预测误差最小的"最优的线性回归方程"。

怎样的一个回归方程才算是"最优"呢？这可以从以下两方面来考虑：

（1）由式（9-150）可知，回归方程预测的误差与 σ_ε^2 成正比，σ_ε^2 虽为未知，但其无偏估计 $\hat{\sigma}_\varepsilon^2 = \dfrac{S_{剩}}{n-m-1}$ 却可以求得的，因此要使回归方程预测的精度较高，应要求 $\hat{\sigma}_\varepsilon$ 比较小。

（2）一个合理的回归方程应该只包含显著的因子，而不包含不显著的因子。

综合这两方面，所谓最优的回归方程，就是要回归方程包含的因子都是显著的，而且 $\hat{\sigma}_\varepsilon$ 比较小。根据这一标准可知，虽然增加自变量，$S_{剩}$ 总是减小的，但由于 $n-m-1$ 也要减小，所以当增加一些对 y 没有显著影响的因子时，由于 $S_{剩}$ 减小不多，而 $n-m-1$ 变小，可能反使 $\hat{\sigma}_\varepsilon$ 变大。所以最优回归方程，不一定是包含自变量最多的方程。从回归方程的使用方便、费用经济的角度来看，也不希望回归方程中包含的自变量太多。所以上述最优的标准从实用方面来看，也是合理的。

其次，要解决用什么方法来选择最优回归方程。下面通过一个例子说明选择最优回归方程四种可能的方法。

例 10 某种水泥在凝固时放出的热量 $y(Ka/g)$ 与水泥中下列四种化学成分有关：

x_1：$3CaO \cdot Al_2O_3$ 的成分（%）；

x_2：$3CaO \cdot SiO_2$ 的成分（%）；

x_3：$4CaO \cdot Al_2O_3 \cdot Fe_2O_3$ 的成分（%）；

x_4：$2CaO \cdot SiO_2$ 的成分（%）。

现测得 13 组数据（表 9-8），试建立 y 关于这些因子的"最优"回归方程。

表 9-8

观测值	x_1	x_2	x_3	x_4	y
1	7	26	6	60	78.5
2	1	29	15	52	74.3
3	11	56	8	20	104.3
4	11	31	8	47	87.6
5	7	52	6	33	95.9
6	11	55	9	22	109.2
7	3	71	17	6	102.7
8	1	31	22	44	72.5
9	2	54	18	22	93.1
10	21	47	4	26	115.9
11	1	40	23	34	83.8
12	11	66	9	12	113.3
13	10	68	8	12	109.4

方法 1：从所有可能的因子组合的回归方程中挑选最优者。

这个方法就是把所有可能的包含 1 个，2 个，……直至所有自变量的回归方程都计算出来，并对每个方程作方差分析及对每个变量作偏回归平方和的显著性检验，然后按上述标准选择最优者。

对于表 9-8 中的资料，全部可能的回归方程共有 15 个，如表 9-9 所示。表中" * * "表示该变量在 $\alpha=0.01$ 水平上显著，"*"表示在 $\alpha=0.05$ 水平上显著，（*）表示在 0.10 水平上显著，其余表示不显著（在 $\alpha=0.10$ 水平上）。

从表 9-9 中这 15 个方程可以看出，满足上述最优标准的是方程(5)：所有两个自变量(x_1,x_2)都是显著的，且$\hat{\sigma}_\varepsilon^2$又比较小(5.79)。方程(12)，$\hat{\sigma}_\varepsilon^2$最小(5.33)，但$x_4$不显著。方程(14)，三个自变量$(x_2,x_3,x_4)$都是显著的，但其$\hat{\sigma}_\varepsilon^2$较大(8.20)。因此方程(5)，即$\hat{y}=52.5773+1.4683x_1+0.6623x_2$为最优回归方程。

表 9-9

方程	b_0	b_1	b_2	b_3	b_4	$S_剩$	$n-m-1$	$\hat{\sigma}_\varepsilon^2$
						2715.76	12	
(1)	81.4793	1.8687**				1265.69	11	115.06
(2)	57.4236		0.7891**			906.34	11	82.36
(3)	110.2026			-1.2558(*)		1939.40	11	176.31
(4)	117.5679				-0.7382**	883.87	11	80.35
(5)	52.5773	1.4683**	0.6623**			57.90	10	5.79
(6)	72.3490	2.3125*		0.4945		1227.07	10	122.71
(7)	103.0973	1.4400**			-0.6140**	74.76	10	7.48

第三节 多元线性回归模型

续表

方程	b_0	b_1	b_2	b_3	b_4	$S_剩$	$n-m-1$	$\hat{\sigma}_\varepsilon^2$
(8)	72.0447		0.7313**	-1.10084**		415.44	10	41.54
(9)	94.1600		0.3109		-0.4569	868.88	10	86.89
(10)	131.2824			-1.1999**	-0.7246**	175.74	10	17.57
(11)	48.1936	1.6959**	0.6569**	0.2500		48.11	9	5.35
(12)	71.6482	1.4519**	0.0461$^{(*)}$		-0.2365	47.94	9	5.33
(13)	111.6844	1.0519**		-0.4100$^{(*)}$	-0.6428**	50.84	9	5.65
(14)	203.6418		-0.9234**	-1.4480**	-1.5570**	73.82	9	8.20
(15)	62.4052	1.5511$^{(*)}$	0.5101	0.1019	-0.1441	47.86	8	5.98

显然,这种方法计算量很大。如果有 10 因子的话,就将要建立 $2^{10}-1=1023$ 个方程,而在实际问题中,有 10 因子是很普遍的。这种方法的主要优点,是它不会漏掉最好的回归方程。下面要介绍的其他三种方法,则都不具有这种性质。此外这种方法还使人们有可能发现某些仅次于最优的回归方程。

方法 2:从包含全部变量的回归方程中,逐次剔除不显著的因子。

在本例中,首先建立方程(15),然后对偏回归平方和最小的因子 x_3 作显著性检验。因不显著,故剔去,重新建立包含 x_1,x_2,x_4 的方程(12),再重复上述的检验,找出偏回归平方和最小的 x_4,检验后不显著,加以剔除,再重新建立方程(5),在方程(5)中所有因子都是显著的。于是就采用这一方程。

当所考虑的 m 个因子中不显著的变量不多时,利用这种方法通过不多的几步就可以得到最后方程。但在 m 个因子中包含有大量不显著的因子时,则由于一开始就要计算包含全部自变量的回归方程(而多元回归的计算量是随着自变量个数的增多而迅速增加的),再加上需要剔除的因子很多,所以在这种情形下,用这种方法就不是很恰当的。

方法 3:从一个自变量开始,把变量逐步引入回归方程。

先计算各个因子与 y 的相关系数,将其中绝对值最大的一个因子 x_4 引入方程,得方程(4)。对回归平方和进行检验,结果显著。然后找出余下的因子中与 y 的偏相关系数(除去 x_4 的影响)最大的那个因子 x_1,经偏回归平方和检验,结果显著,将其引入方程,得到方程(7)。再找余下的因子中与 y 偏相关系数(除去 x_4、x_1 的影响)最大的 x_2,经检验显著,引进后得方程(12)。最后 x_3 经检验是不显著的,就不再引入。

这种方法的缺点是,它不能保证最后所得的方程中所有因子都是显著的。这是由于各变量之间存在着相关关系,致使在引入新变量后,原有的变量就不一定再是显著的了。例如,在方程(12)中,x_4 就不再是显著的。而且偏相关系数的计算也比较麻烦。

方法 4:逐步回归分析方法。

逐步回归分析方法的基本步骤如下:将因子一个个引入,引入的条件是该因子的偏回归平方和在没有进入方程的其余因子当中为最大且是显著的。同时,每引入一个新因子后,在新的方程基础上,再在已进入方程的因子中找出偏回归平方和最小的一个并作检验。如不显著,则将其剔除,就是说每一步(引入一个变量或剔除一个变量作为一步)的前后,都要作 F 检验,直至最后没有显著的变量可以引入,也没有不显著的变量需剔除为止。这方法又称双重检验的逐步回归。

在逐步回归法中,需要注意的一点是,要求引入自变量的显著性水平 $\alpha_\text{进}$ 小于剔除自变量的显著性水平 $\alpha_\text{出}$,否则可能产生"死循环"。也就是当 $\alpha_\text{进} \geq \alpha_\text{出}$ 时,如果某个自变量的显著性 P 值在 $\alpha_\text{进}$ 与 $\alpha_\text{出}$ 之间,那么这个自变量将被引入、剔除、再引入、再剔除……循环往复,直致无穷。逐步回归的具体计算方法可参见有关文献。

第四节 非线性回归

前面几节中讨论了线性回归问题,即总体回归方程是线性的情形。但在实际问题中,常常遇到回归方程为非线性函数的情况,例如,水文计算中,设计洪峰流量 Q 与流域面积 F 之间的经验公式 $Q = CF^b$ 就是个非线性函数。本节仅就一元非线性回归问题,讨论其参数估计。

一元非线性回归方程参数估计的常用方法有以下几种。

一、线性化方法

线性化方法是建立一元非线性回归方程最简便最常用的方法。这种方法是通过对变量作适当变换,将原变量的非线性关系转化为新变量的线性关系,建立起线性回归方程,然后再还原为原变量之间的曲线回归方程。

要把一个非线性回归问题转化为线性回归,首先要确定非线性函数的类型,然后再考虑能否通过变量变换的方法使之线性化。确定非线性函数的类型,可以根据专业知识和经验确定,也可以通过数学方法估出。下面列出一些常用的非线性函数的线性化变换,如果实测数据的散点图大致围绕下列的某一曲线散布,就可采用与之相应的变换,使之转化为线性问题。

(一) 双曲线 $\dfrac{1}{y} = a + \dfrac{b}{x}$ 型

如图 9-5 所示,令 $u = \dfrac{1}{y}, v = \dfrac{1}{x}$,则得

$$u = a + bv$$

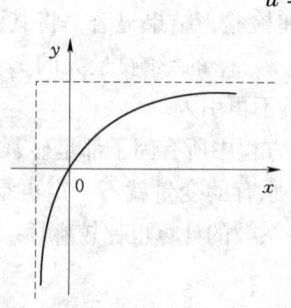
(a) $a>0, b>0$

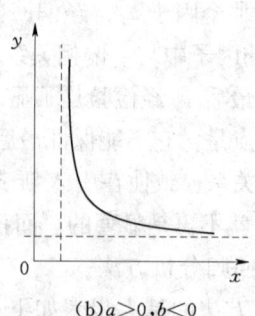
(b) $a>0, b<0$

图 9-5

(二) 指数曲线 $y = ce^{bx}$ 型

如图 9-6 所示,令 $u = \ln y, v = x, b_0 = \ln c$,则得

$$u = b_0 + bv$$

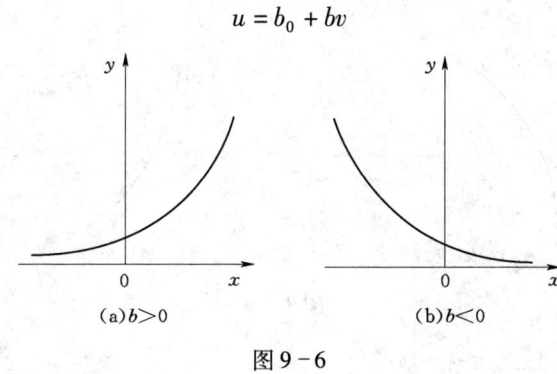

(a) $b>0$ (b) $b<0$

图 9-6

(三) 指数曲线 $y = ce^{\frac{b}{x}}$ 型

如图 9-7 所示，令 $u = \ln y, v = \frac{1}{x}, b_0 = \ln c$，则得

$$u = b_0 + bv$$

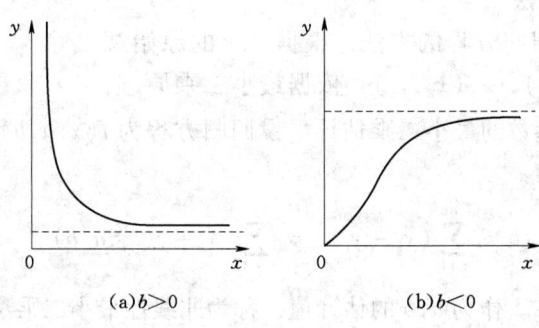

(a) $b>0$ (b) $b<0$

图 9-7

(四) 幂函数 $y = cx^b$ 型

如图 9-8 所示，令 $u = \lg y, v = \lg x, b_0 = \lg c$，则得

$$u = b_0 + bv$$

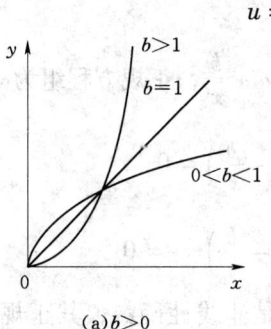 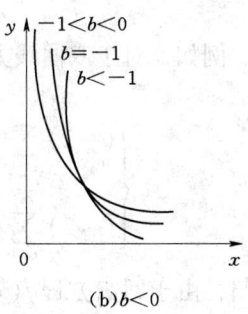

(a) $b>0$ (b) $b<0$

图 9-8

(五) 对数曲线 $y = b_0 + b\lg x$ 型

如图 9-9 所示，令 $u = y, v = \lg x$，则得

$$u = b_0 + bv$$

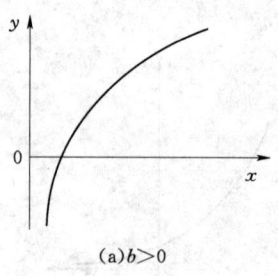
(a) $b>0$

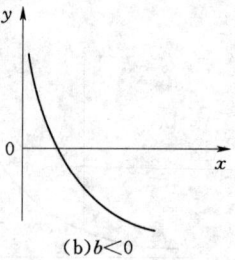
(b) $b<0$

图 9-9

（六）S 曲线 $y = \dfrac{1}{b_0 + b_1 e^{-x}}$ 型

如图 9-10 所示，令 $u = \dfrac{1}{y}, v = e^{-x}$，则得
$$u = b_0 + b_1 v$$

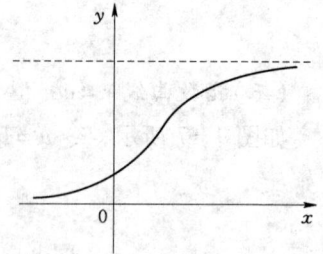

图 9-10

二、直接最小二乘法

类似于建立线性回归方程的方法，根据 x, y 的原始观测数据 $(x_1, y_1), (x_2, y_2), \cdots, (x_n, y_n)$，依据最小二乘原理，直接寻求方程中未知参数的最小二乘估计。设回归方程为 $f(x, a, b)$，其中 a, b 为未知参数，记总误差平方和为

$$Q = \sum_{i=1}^{n}(y_i - \hat{y}_i)^2 = \sum_{i=1}^{n}[y_i - f(x_i, a, b)]^2$$

求使 $Q(a, b) = \min$ 的 $\hat{a}, \hat{b}$ 作为 a, b 的估计值，称为非线性最小二乘法。令

$$\begin{cases} \dfrac{\partial Q}{\partial a} = 0 \\ \dfrac{\partial Q}{\partial b} = 0 \end{cases}$$

可得到正规方程组。例如，对于双曲线方程 $y = a + \dfrac{b}{x}$，正规方程组为

$$\begin{cases} (-2)\sum_{i=1}^{n}\left(y_i - a - \dfrac{b}{x_i}\right) = 0 \\ (-2)\sum_{i=1}^{n}\left(y_i - a - \dfrac{b}{x_i}\right)\dfrac{1}{x_i} = 0 \end{cases}$$

对于非线性回归，由于回归方程 $f(x, a, b)$ 是非线性函数，其正规方程组一般是超越方程（即非代数方程），不能用代数方法求解，只能用数值解法，迭代计算出其近似解。

三、二步法

线性化方法和直接最小二乘法是建立曲线回归方程的基本方法。前者计算方便，但误差较大，而且这种方法只能保证对变换后的回归方程满足总误差平方和最小，而不能保证还原后的回归方程的误差平方和最小；后一种方法精度较高，但计算量太大，必须利用计算机才能完成。二步法是将两种方法结合起来使用，渴望得到较好的结果。具体方法是先用线性化方法求出曲线方程线性化过程中无须变换的参数的最小二乘估计，再用直接最小二乘法求线性化过程中的必须变换的参数的最小二乘估计。

以幂函数方程 $y = ax^b$ 为例，先线性化，取对数

$$\lg y = \lg a + b \lg x$$

令 $y_i^* = \lg y_i$，$x_i^* = \lg x_i$，$a^* = \lg a$，可得直线方程

$$y^* = a^* + bx^*$$

于是按一元线性回归方法，可求得

$$b = \frac{\sum_{i=1}^{n} x_i^* y_i^* - n\bar{x}^* \bar{y}^*}{\sum_{i=1}^{n} x_i^{*2} - n\bar{x}^{*2}}$$

然后令

$$Q = \sum_{i=1}^{n} (y_i - a x_i^{\hat{b}})^2 = \min$$

可求得 a 的非线性最小二乘估计

$$\hat{a} = \left(\sum_{i=1}^{n} y_i x_i^{\hat{b}}\right) \bigg/ \sum_{i=1}^{n} x_i^{2\hat{b}}$$

以上介绍的只是一些简单而常见的曲线回归问题，对一些比较复杂的或是多自变量的方程，其参数估计是很困难的，而且也没有统一的方法，应当根据具体函数形式及观测数据的情况灵活掌握。

四、非线性回归方程的评价

对于非线性回归方程好坏的评价，不能再用评价线性回归方程的方法，如 F 检验，相关系数 r 的检验等。描述非线性回归方程与实测数据间拟合好坏的指标称为相关指数，仍记为 R，则

$$R = \sqrt{1 - \frac{\sum_{i=1}^{n}(y_i - \hat{y}_i)^2}{\sum_{i=1}^{n}(y_i - \bar{y})^2}} \tag{9-154}$$

式中残差平方和 $\sum_{i=1}^{n}(y_i - \hat{y}_i)^2$ 必须用还原后的曲线回归方程计算求出。因为曲线的方向不定，所以一般有 $0 \leq R \leq 1$。R 越小，表明曲线与实测数据拟合越差，反之，R 越大，表明曲线与实测数据拟合越好，方程越具实用价值。

习 题

9-1 两相邻流域的同期年径流模数（分别以 x, y 表示）观测数据如下：

x：4.13　4.26　4.75　5.38　5.00　6.13　5.81　4.75　6.00　4.38　6.50

y：2.75　2.88　3.00　3.45　3.26　4.05　4.00　3.02　4.30　2.88　4.67

试求 y 依 x 的回归方程。

9-2 某山区年平均径流深 y(mm) 及流域平均高程 h(m) 的观测数据如下，试建立 y 依 h 的回归方程；并进行检验（$\alpha = 0.05$）。

y(mm):　　405　　510　　600　　610　　710　　930　　1120

h(m):　　　150　　160　　220　　290　　400　　490　　590

9-3 设有 A,B 两站的洪峰流量(m^3/s)资料如下，试建立两站洪峰流量的回归方程，并利用 A 站资料插补 B 站资料。

年份	1988	1989	1990	1991	1992	1993	1994	1995	1996	1997	1998	1999	2000
A 站(m^3/s)	98	198	154	30	71	44	184	127	27	54	24	69	36
B 站(m^3/s)	76	136	54	18		65	32	182	130	21	46	26	

9-4 炼铝厂测得所产铸模用的铝的硬度 x 与抗张强度 y 数据如下：

x:　　68　　53　　70　　84　　60　　72　　51　　83　　70　　64

y:　　288　　293　　349　　343　　290　　354　　283　　324　　340　　286

求：（1）对 x 的回归方程；

（2）检验回归方程的显著性；

（3）预测当铝的硬度 $x = 65$ 时的抗张强度 y 值；

（4）求 $\alpha = 0.05$ 时，y 的置信区间。

9-5 设 y 为依变量，x_1, x_2 为自变量（列表如下），求 y 依 x_1 和 x_2 的回归方程。

y:　　1　　3　　2　　5　　4

x_1:　　0　　1　　3　　6　　8

x_2:　　4　　4　　3　　2　　0

9-6 设某河上游站洪峰水位 $H_{上t}$ 为 x_1，下游站的同时水位 $H_{下t}$ 为 x_2，下游站的相应洪峰水位 $H_{下 t+\Delta t}$ 为 y（t 为洪峰水位出现的时间），现有观测资料见表 9-10。

(1) 试求 y 依 x_1, x_2 的回归方程；

(2) 当 $x_1 = 24.66$m，$x_2 = 19.20$m 时，估计 y 值。

表 9-10

序号	y	x_1	x_2	序号	y	x_1	x_2
1	17.58	23.45	17.08	9	20.91	26.92	20.30
2	18.17	23.99	17.70	10	19.40	24.57	19.00
3	18.24	24.28	17.55	11	20.17	25.56	19.80
4	20.13	25.83	19.71	12	19.78	24.37	19.55
5	18.33	23.04	18.10	13	17.11	22.67	16.90
6	16.74	22.26	16.60	14	19.93	25.07	19.72
7	19.02	25.03	18.49	15	19.12	24.15	18.95
8	18.48	23.44	18.38				

9-7 某煤矿 10 年间原煤生产的劳动生产率 y(t/a)，产量 x_1(10^6t) 和掘进进尺 x_2(km)，

有如下统计数据(表9-11)。

表9-11

年	1	2	3	4	5	6	7	8	9	10
x_1	2.46	2.23	1.97	2.31	2.13	2.65	2.50	2.36	2.40	2.08
x_2	10.2	9.30	13.0	16.2	15.8	16.5	11.9	13.1	18.1	20.7
y	1.35	1.23	1.07	1.11	1.03	1.12	1.12	1.24	1.2	1.04

试求 y 与 x_1, x_2 的线性回归方程。

9-8 研究同一地区土壤内所含植物可给态磷的情况,得到18组数据见表9-12,其中 x_1 为土壤内所含无机磷浓度; x_2 为土壤内溶于 K_2CO_3 溶液并受溴化物水解的有机磷浓度; x_3 为土壤内溶于 K_2CO_3 溶液但不溶于溴化物的有机磷浓度; y 为栽在20℃土壤内的玉米种可给态磷的浓度。

已知 y 与 x_1, x_2, x_3 之间有下述关系

$$y_i = b_0 + b_1 x_{i,1} + b_2 x_{i,2} + b_3 x_{i,3} + \varepsilon_i, i = 1,2,\cdots,18$$

各 ε_i 相互独立,均服从 $N(0, \alpha^2)$。试求出回归方程和 $S_{剩}, S_{回}$。

表9-12

土壤样本	x_1	x_2	x_3	y
1	0.4	53	158	64
2	0.4	23	163	60
3	3.1	19	37	71
4	0.6	34	157	61
5	4.7	24	59	54
6	1.7	65	123	77
7	9.4	44	46	81
8	10.1	31	117	93
9	11.6	29	173	93
10	12.6	58	112	51
11	10.9	37	111	76
12	23.1	46	114	96
13	23.1	50	134	77
14	21.6	44	73	93
15	23.1	56	168	95
16	1.9	36	143	54
17	26.8	58	202	168
18	26.9	51	124	99

9-9 在彩色显像中,根据以往的经验,形成染料光学密度 y 与析出银的光学密度 x 之间有下面类型的关系式

$$y = ae^{-\frac{b}{x}}, b > 0$$

现对 y 及 x 同时作 11 次观察(或试验),获得 11 组数据(y_t, x_t),$(t = 1, 2, \cdots, 11)$,11 组数据(y_t, x_t)见表 9-13,求 a 及 b 的估计值。

表 9-13

x	0.05	0.06	0.07	0.10	0.14	0.20	0.25	0.31	0.38	0.43	0.47
y	0.10	0.14	0.23	0.37	0.59	0.79	1.00	1.12	1.19	1.25	1.29

9-10 已知某种半成品在生产过程中的废品率 y 与它的某种化学成分 x 有下面类型的关系式

$$y = b_0 + b_1 x + b_2 x^2$$

现将观察(或试验)得到的一批数据,记录在表 9-14 中,试求出 y 关于 x 的回归方程。

表 9-14

x	34	36	37	38	39	39	39	40
y	1.30	1.00	0.73	0.90	0.81	0.70	0.60	0.50
x	40	41	42	43	43	45	47	48
y	0.44	0.56	0.30	0.42	0.35	0.40	0.41	0.60

第十章 误差分析简述

第一节 误差的定义与分类

一、误差的定义

在科学研究与生产实践中，常需定量描述所涉对象的状态。为此，必须用某种方法测定该对象各种物理量的确切数值，也就是相应物理量的真值。然而，由于科学水平和技术条件的限制，除一些特殊物理量（如三角形内角之和等于180°）的真值可从理论上准确确定外，一般被测物理量的真值都是无法准确确定的。实际工作中，不管用什么方法采集的数值都只是该物理量真值的近似值。这种近似值与真值的偏差就称为该近似值的误差。

设某物理量的真值为 A，近似值为 x，则近似值 x 的误差 Δ 可表示为

$$\Delta = x - A \tag{10-1}$$

由于真值 A 实际未知，因此，在实际工作中常采用约定真值，它是在一定范围内经权威部门认定，或得到普遍公认的，相对合理的指标值。例如，一米的长度等于光在真空中 1/299792458 秒所经过的路程；在许多场合，还用多次重复量测量的平均值作为真值；在水文观测中，常用精测法测得的值作为相对真值，以便与用简测法测得的值比较。

二、误差的分类

从不同角度出发，误差有不同分类方法。

1. 按误差来源分类

按误差来源，可将误差分为测量误差、计算误差、模型误差等。

测量误差是对相应物理量进行直接或间接测量、观测、计量产生的误差。计算误差是采用近似计算方法或有效数字取舍等产生的误差。模型误差是对实体进行模型模拟试验时，由于模型的仿真性不可能与实体完全一致产生的误差。

本书主要简单介绍测量误差的分析问题。

2. 按误差性质分类

按误差性质，可将误差分为系统误差、随机误差、粗大误差三类。

系统误差是在相同条件下，多次重复测量某物理量时，误差的绝对值和符号保持不变，或在测量条件改变时，按一定规律变化的误差。前者称为定值系统误差，后者称为变值系统误差。

系统误差有一定规律，可以运用适当方法检出，并确定其变化规律，据其可对测量结果进行修正。以消除其对测量结果的影响。

随机误差是在重复测量条件下，各次测量结果误差的大小和符号不断变化，没有确定规律的误差，按国际质量技术监督局颁发的国际计量规范 JJF1059—1999《测量不确定度评定与表示》中定义，随机误差是单次测量值 x_i 与在可重复条件下，对同一被测量进行

无限多次测量所得结果平均值 $\bar{x}_\infty$ 的差。实际工作中，常用一次测量值 x_i 与有限次测量结果的平均值 $\bar{x}_n$ 之差表示该次测量值的随机误差，即

$$v_i = x_i - \bar{x}_n, i = 1, 2, \cdots, n \tag{10-2}$$

v_i 也称为第 i 次测量值 x_i 的残差。

粗大误差主要是人为错误造成的，例如，测量方法不正确，测量设备有缺陷，测量人员技术不熟练或粗心大意造成操作错误或读错、记错、算错等。

含有粗大误差的测量值常称为异常值。对测量数据中的异常值必须认真分析，并尽可能找出其出现的原因，不能轻易舍弃。有时候，个别异常值并不是测量错误，而可能是被测对象的突然变化造成的。例如，水污染观测中，个别异常数据可能是因某处发生污染物异常排放造成的。

3. 按误差表示方法分类

按误差表示方法不同，可将误差分为绝对误差和相对误差。

绝对误差就是用式(10-1)表示的误差，绝对误差表明测量值偏离被测对象真值的大小和方向。绝对误差意义明确，但它不足以说明测量的精确度。例如，用钢尺测量 100m 和 10m 两段长度，绝对误差都是 3cm，显然，前者要比后者精确得多。

绝对误差加上负号称为修正值，即

$$c = -(x - A) \tag{10-3}$$

于是真值 A 为

$$A = c + x \tag{10-4}$$

相对误差是绝对误差 Δ 与真值之比，即

$$\eta = \frac{\Delta}{A} \tag{10-5}$$

式中：η 为相对误差，常用百分数表示。

相对误差是无量纲的，所以，可用于评价不同测量中测量质量的好坏。因此，在水文观测中多采用相对误差。

第二节 随 机 误 差

一、随机误差的性质及其概率分布

随机误差是由为数众多、相互独立、无法控制，但影响微小的偶然因素造成的。因此，随机性是随机误差的主要特点。随机误差具有以下性质：

(1) 对称性。随机误差的符号可正可负，没有一定规律。但在大多数问题中，绝对值相等的正负误差出现的机会大致相等。

(2) 有界性。随机误差的绝对值有一定上限。

(3) 抵偿性。随着测量次数的无限增加，随机误差的算术平均值将趋于零。

(4) 单峰性。除少数情况外，绝大多数问题中，绝对值小的误差比绝对值大的误差出现的概率大。

鉴于随机误差产生的原因，根据概率论的中心极限定理，随机误差应服从正态分布。

事实上，高斯(C. F. Gauss)根据随机误差的性质，于1809年导出的描述随机误差统计规律的解析表达式正是正态分布密度函数。因此，在大多数场合，可以用正态分布研究随机误差。

除正态分布外，还有服从非正态分布的随机误差。其中又以均匀分布比较重要。有些测量中，往往只能估计出随机误差的大致范围，而对其在此范围内的分布完全未知，这时假定该误差在此范围内任一处出现的概率相等是比较合理的，而这正是随机变量服从均匀分布的条件。例如，数字式仪表在±1个单位内不能分辨的误差；数字计算中的舍入误差等，都服从均匀分布。

此外，还有三角分布、反正弦分布、截尾正态分布等。由于这些分布在水文误差分析中应用不多，这里就不介绍了。

二、等精度测量的标准差

由于测量值X是随机变量，因此，和其他随机变量一样，可以用均方差σ表示测量值的取值对于真值的分散程度。在误差理论中，称σ为标准偏差，或标准误差，简称标准差。

若在对同一被测量的重复测量中，各次测量的标准差相等，这样的测量称为等精度测量。

1. 单次测量的标准差

设$x_1, x_2, \cdots, x_n$为在重复性条件下，对某被测量A的n次测量结果。根据数理统计知识，当n很大时，其算术平均值$\bar{x}$是真值A的最佳估计量，而测量标准差σ的无偏估计近似为

$$S = \sqrt{\frac{\sum_{i=1}^{n}(x_i - \bar{x})^2}{n-1}} = \sqrt{\frac{\sum_{i=1}^{n} v_i^2}{n-1}} \tag{10-6}$$

式中：v_i为x_i的残差。

在误差理论中，称式(10-6)为贝塞尔公式。

根据抽样理论，$x_1, x_2, \cdots, x_n$是n个独立同分布的随机变量，且与测量值X具有相同分布，因此，测量值X的标准差也就是测量列$x_1, x_2, \cdots, x_n$中任一单次测量值x_i的标准差，也是各单次测量之随机误差的标准差，所以，常把σ(或s)称为单次测量的标准差。

测量标准差s表示了测量结果对算术平均值的分散程度，标准差小，表明测量值中靠近真值的测量值多，因而测量的误差小，精度高；标准差大，表明测量值比较分散，精度低。

应当注意，标准差本身不是误差，它不代表某个具体测量值的实际误差，它只反映测量值的概率分布情况，它是反映测量值分散性的指标。

2. 水文测验误差标准差

对不随时间变化的被测对象的测量称为静态测量，静态测量可满足重复性条件所以是等精度测量，因此单次测量的误差标准差可用不同时刻测得的一串测量值估算。但在水文问题中，大多数被测量都是随时间变化的，是一种动态测量，各种水文要素的测量都不具可重复性。因此，水文要素的单次测量标准差不能通过对同一被测量的重复测量值来确

定，只能运用不同时刻的测量资料推求。而水文要素不同时刻的测量值属于不同被测量的测量值。现在的问题是，用不同被测量的测量值计算的标准差在什么条件下才可作为在重复性条件下，同一被测量误差的标准差呢？

首先分析用不同被测量的测量值系列与用同一被测量的重复测量值系列计算的误差标准差之间的关系。

设 $x_1, x_2, \cdots, x_n$ 为在时刻 $t_1, t_2, \cdots, t_n$ 测得的某水文要素的测量值。设想在时刻 t_i 对该要素的状态重复测量 m 次，得到测量值 $x_{i,1}, x_{i,2}, \cdots, x_{i,m}$，设 t_i 时刻该水文要素的真值为 A_i，则 t_i 时刻重复测量值的平均值

$$\bar{x}_i = \frac{1}{m} \sum_{j=1}^{m} x_{i,j}, \quad i = 1, 2, \cdots, n \tag{10-7}$$

$\bar{x}_i$ 可作为 A_i 的估计值。

于是测量值 $x_{i,j}$ 的相对误差为

$$\eta_{i,j} = \frac{x_{i,j} - \bar{x}_i}{\bar{x}_i}, \quad i = 1, 2, \cdots, n; \quad j = 1, 2, \cdots, m \tag{10-8}$$

这些相对误差可排列成下列表式

$$\begin{array}{cccc} 时刻 & & 相对误差 & \\ t_1 & \eta_{1,1} & \eta_{1,2} \cdots & \eta_{1,m} \\ t_2 & \eta_{2,1} & \eta_{2,2} \cdots & \eta_{2,m} \\ \vdots & \vdots & \vdots & \vdots \\ t_n & \eta_{n,1} & \eta_{n,2} \cdots & \eta_{n,m} \end{array} \tag{10-9}$$

记 t_i 时刻重复测量相对误差的平均值为 $\bar{\eta}_i$，相对误差方差为 $S_{r_i}^2$，则

$$\bar{\eta}_i = \frac{1}{m} \sum_{j=1}^{m} \eta_{i,j}, \quad i = 1, 2, \cdots, n \tag{10-10}$$

$$S_{r_i}^2 = \frac{1}{m-1} \sum_{j=1}^{m} (\eta_{i,j} - \bar{\eta}_i)^2, \quad i = 1, 2, \cdots, n \tag{10-11}$$

记 n 个时刻测量相对误差平均值为 $\tilde{\eta}_j$，n 个时刻测量相对误差方差为 $S_{c_j}^2$，则

$$\tilde{\eta}_j = \frac{1}{n} \sum_{i=1}^{n} \eta_{i,j}, \quad j = 1, 2, \cdots, m \tag{10-12}$$

$$S_{c_j}^2 = \frac{1}{n-1} \sum_{i=1}^{n} (\eta_{i,j} - \tilde{\eta}_j)^2, \quad j = 1, 2, \cdots, m \tag{10-13}$$

显然，S_{r_i} 为第 i 个被测量单次测量的标准差；S_{c_j} 为用不同被测量的一次测量值计算的标准差。

记

$$S_r^2 = \frac{1}{n} \sum_{i=1}^{n} S_{r_i}^2 \tag{10-14}$$

$$S_c^2 = \frac{1}{m} \sum_{j=1}^{m} S_{c_j}^2 \tag{10-15}$$

若假定

$$S_{r_1}^2 = S_{r_2}^2 = \cdots = S_{r_n}^2 = S_r^2 \quad (10-16)$$

$$S_{c_1}^2 = S_{c_2}^2 = \cdots = S_{c_m}^2 = S_c^2 \quad (10-17)$$

则可以证明

$$S_r^2(1-\bar{\rho}_r) = S_c^2(1-\bar{\rho}_c) \quad (10-18)$$

式中：$\bar{\rho}_r$ 为任意两时刻不同被测量重复测量值间相关系数的平均值；$\bar{\rho}_c$ 为在重复测量中，任意两次测量的 n 个不同被测量值（即任意两纵列）间相关系数的平均值。

从式（10-18）看到，只当任意两时刻重复测量值互不相关（即 $\bar{\rho}_r = 0$）及在重复测量中任意两次测量列（纵列）互不相关（即 $\bar{\rho}_c = 0$）时，才有 $S_r = S_c$。现行水文误差分析中，都是采用不同时刻测量值计算的误差标准差代替任一时刻测量值误差标准差，这意味着上述条件被假定成立，而这又意味着认为不同时刻水文要素测量值相对误差标准差相等。

3. 平均值的标准差

简单随机样本的算术平均值是随机变量数学期望的最佳估计量，其标准差 $S_{\bar{x}}$ 的估计值为

$$S_{\bar{x}} = \frac{S_X}{\sqrt{n}} \quad (10-19)$$

式中：n 为样本容量；S_X 为随机变量 X 标准差 σ 的估计值。

在重复性条件下，被测量的 n 个测量值就是测量值 X 的简单随机样本，因此，其标准差亦如式（10-19）所示。此时 S_X 就是单次测量的标准差。

一般来讲，测量次数越多，平均值越接近于真值，测量结果的精度越高。但当 $n>20$ 时，$S_{\bar{x}}$ 随 n 减小的速度很慢，而增加测量次数，就要增加人力物力。所以提高测量精度不能只靠增加测量次数，还应设法改善测量设备和测量方法，以减小各次测量的误差。在水文测验中，一般取 $n = 20 \sim 30$ 为宜。

4. 测量的限差

测量误差主要有两部分组成：一部分是随机误差；另一部分是没有完全消除的系统误差。对于随机误差部分，通常用估计其界限，即确定一个上界的办法来解决，这个上界，称为极限误差，简称为限差，也称为随机误差的不确定度。

所谓测量的极限误差，是指测量结果（单次测量值或多次重复测量的算术平均值）不超过该值的概率为 p，并使超过该值的概率 $1-p$ 很小，可以忽略。

极限误差 $\Delta_{\lim}$ 的值可根据测量标准差 S、误差的概率分布及要求的置信概率 p 确定，一般令

$$\Delta_{\lim} = kS \quad (10-20)$$

k 由误差分布及置信概率 p 确定。

测量实践表明，绝大多数随机误差都是服从正态分布的，即使测量中存在非正态分布的随机误差，它们对测量的综合影响也往往使总随机误差接近正态分布。因此，在确定极限误差时，一般可利用正态分布。

水文测验中，通常取置信概率 $p = 95.0\%$，此时 $k = 1.96$，极限误差为 $\Delta_{\lim} = 1.96S \approx 2.0S$。

三、非等精度测量的标准差

若在重复测量中,各次测量的标准差不相等,则称之为非等精度测量。

非等精度测量问题通常在两种情况下遇到。一种是由于测量次数不同而引起的非等精度测量。若在相同条件下,对某被测量进行了 m 组重复测量,若各组的测量次数不相等,则各组平均值的标准差就不相等。当用这 m 个平均值推求被测量的近似值时,测量值 $\bar{x}_1$, $\bar{x}_2,\cdots,\bar{x}_m$ 就是非等精度的。另一种情况是由测量条件改变而引起的非等精测量。例如,测量过程中采用不同设备,改变测量方法,更换测量人员,改变测量环境等,都会使各测量值的精度发生变化。

设 $x_1,x_2,\cdots,x_n$ 为 n 次非等精度的独立测量值,且 $x_i \sim N(a,\sigma_i^2)$ 分布,则 $(x_1,x_2,\cdots,x_n)$ 的联合概率密度

$$L(x_1,x_2,\cdots,x_n;\sigma_1^2,\sigma_2^2,\cdots,\sigma_n^2;a) = \prod_{i=1}^{n} f(x_i;a,\sigma_i^2)$$

$$= (2\pi)^{-\frac{n}{2}} \left(\prod_{i=1}^{n}\sigma_i\right)^{-1} \exp\left[-\sum_{i=1}^{n}\frac{(x_i-a)^2}{2\sigma_i^2}\right] \tag{10-21}$$

这就是被测量真值 a 的似然函数。按最大似然原理,可求得 a 的最佳估计量 $\bar{x}$ 为

$$\bar{x} = \left(\sum_{i=1}^{n}\frac{x_i}{\sigma_i^2}\right) \bigg/ \sum_{i=1}^{n}\frac{1}{\sigma_i^2} \tag{10-22}$$

用 σ_i^2 的无偏估计量 S_i^2 代替 σ_i^2,可得到 $\bar{x}$ 的实用计算公式

$$\bar{x} = \left(\sum_{i=1}^{n}\frac{x_i}{S_i^2}\right) \bigg/ \sum_{i=1}^{n}\frac{1}{S_i^2} \tag{10-23}$$

为便于计算,可将上式分子分母同乘一常数 c^2,并记 p_i 为

$$p_i = \frac{c^2}{S_i^2}, \quad i = 1,2,\cdots,n \tag{10-24}$$

于是式(10-23)可写成

$$\bar{x} = \frac{p_1 x_1 + p_2 x_2 + \cdots + p_n x_n}{p_1 + p_2 + \cdots + p_n} = \sum_{i=1}^{n} p_i x_i \bigg/ \sum_{i=1}^{n} p_i \tag{10-25}$$

由式(10-24)可知,p_i 与 S_i^2 成反比,即测量值的标准差越小,相应的 p 值越大,而由式(10-25)看到,p 越大的测量值,在计算时所占的比重就越大。这就是说,精度高的测量值,在平均数中占有较多的份额,精度低的测量值在平均数中占有较少的份额。故称 p_i 为测量值 x_i 的"权"。而称式(10-25)为加权平均值公式。显然,若各测量值的精度相同,则 $p_1 = p_2 = \cdots = p_n$,于是式(10-25)退化为算术平均公式。

需要指出的是,权本身是无量纲的,它只反映各测量值间的相对可靠程度。又由式(10-25)看到,若各测量值的权同时扩大或缩小同一倍数,对各测量值间的相对关系没有影响,也不影响平均值的计算结果。

容易证明,$\bar{x}$ 是 a 的无偏估计量。而对式(10-22)等号两边同时求方差,再以 S_i^2 代替 σ_i^2,以 $S_{\bar{x}}^2$ 代替 $\sigma_{\bar{x}}^2$,可得非等精度测量加权平均值的标准差

$$S_{\bar{x}} = \sqrt{1 \bigg/ \sum_{i=1}^{n}\frac{1}{S_i^2}} \tag{10-26}$$

当知道非等精度测量中每个测量值的标准差时,可用式(10-26)计算加权平均值 $\bar{x}$ 的标准差。但有时,只知道每个测量值的权(多数场合要根据经验确定),而不知道它们的标准差,这时就无法用式(10-26)计算 $\bar{x}$ 的标准差了。

为了仍能用式(10-26)计算 $\bar{x}$ 的标准差,先解释 c^2 的意义。

由式(10-24)可得到

$$p_1 S_1^2 = p_2 S_2^2 = \cdots = p_n S_n^2 = c^2 \qquad (10-27)$$

由此,可以把 c^2 看成为某个权 $p_0 = 1$ 的测量值 x(可能是某个实际测量值,也可能是一个假想测量值)的方差。误差理论中,称等于 1 的权为单位权,而称与之相应的方差为单位权方差。因此,c^2 就是单位权方差。如能确定测量值的权,并求出 c^2 的估计量 $\hat{c}^2$,则可由 $S_i^2 = \dfrac{\hat{c}^2}{p_i}$ 代入式(10-26),就可以求出加权平均值 $\bar{x}$ 的标准差了。为此,在函数式(10-21)中,$\dfrac{c^2}{p_i}$ 代替 σ_i^2,用 $\bar{x}$ 代替 a,则该式称为 c^2 的似然方程,从而可求得 c^2 的最大似然估计量,再经纠偏处理,可得到 c^2 的无偏估计量

$$\hat{c}^2 = \frac{1}{n-1} \sum_{i=1}^{n} p_i (x_i - \bar{x})^2 \qquad (10-28)$$

以 $\dfrac{\hat{c}^2}{p_i}$ 代替式(10-26)中的 S_i^2,可得到非等精度测量,各测量值标准差未知时,计算加权平均值标准差的公式

$$S_{\bar{x}} = \sqrt{\frac{1}{(n-1)\sum\limits_{i=1}^{n} p_i} \sum_{i=1}^{n} p_i (x_i - \bar{x})^2} \qquad (10-29)$$

根据非等精度测量值形成的原因,各测量值权的确定方法分为两种:若非等精度测量是由于测量条件改变而形成的,则各测量值的权通常根据经验确定;若非等精度测量值是由相同条件下,m 组不同测次的重复测量值的平均值形成,则可取各组测量次数作为相应组平均值的权。这是因为,各组内的测量标准差都相等,设记为 S^2,则各组平均值的标准差分别为 $S_{\bar{x}_1} = \dfrac{S}{\sqrt{n_1}}, S_{\bar{x}_2} = \dfrac{S}{\sqrt{n_2}}, \cdots, S_{\bar{x}_m} = \dfrac{S}{\sqrt{n_m}}$,这里,$n_1, n_2, \cdots, n_m$ 是各组的测量次数,代入式(10-24)得到

$$p_i = \frac{c^2}{\left(\dfrac{S}{\sqrt{n_i}}\right)^2} = \frac{n_i c^2}{S^2}, \ i = 1, 2, \cdots, m \qquad (10-30)$$

取 $c^2 = S^2$,则有

$$p_i = n_i, \ i = 1, 2, \cdots, m \qquad (10-31)$$

于是式(10-25)可写成

$$\bar{x} = \frac{n_1 \bar{x}_1 + n_2 \bar{x}_2 + \cdots + n_m \bar{x}_m}{n_1 + n_2 + \cdots + n_m} = \frac{\sum\limits_{i=1}^{m} n_i \bar{x}_i}{\sum\limits_{i=1}^{m} n_i} \qquad (10-32)$$

第三节 系统误差

在实际测量过程中，不仅存在随机误差，而且还存在系统误差。有时系统误差还比较大，由于系统误差不具有抵偿性，又不易发现，因此，对测量结果的影响比随机误差更大。

产生系统误差的原因是多方面的，主要有测量设备不够完善、测量方法不够规范、测量环境不合要求、测量人员技术水平不高或操作习惯偏向等。

一、系统误差的特点

(1) 系统误差有一定规律，许多系统误差可用数学解析式表达。例如，线性变化系统误差、多项式变化系统误差和周期变化系统误差等。

(2) 系统误差具有重现性，只要测量条件相同，系统误差就会按相同规律再现。

(3) 不具抵偿性，系统误差不因取多次重复测量的平均值而消除。

(4) 具有可修正性，若已掌握系统误差的变化规律，则可据其对测量结果的影响规律进行修正，以消除系统误差对测量结果的影响。

二、系统误差对测量结果的影响

1. 定值系统误差对测量结果的影响

设 $x_1, x_2, \cdots, x_n$ 为在重复性条件下，对真值为 A 的某被测量进行的 n 次测量结果。记测量中的定值系统误差为 ε，随机误差为 δ。则

$$x_i = A + \varepsilon + \delta_i, \quad i = 1, 2, \cdots, n \tag{10-33}$$

于是

$$\bar{x} = \frac{1}{n}\sum_{i=1}^{n} x_i = \frac{1}{n}\sum_{i=1}^{n}(A + \varepsilon + \delta_i)$$

$$= A + \varepsilon + \frac{1}{n}\sum_{i=1}^{n}\delta_i$$

$$= A + \varepsilon + \bar{\delta}$$

若 n 足够大，则 $\bar{\delta} \approx 0$，因此有

$$\bar{x} = A + \varepsilon \tag{10-34}$$

这说明，算术平均值中含有定值系统误差。

另外，对残差有

$$v_i = x_i - \bar{x} = (A + \varepsilon + \delta_i) - (A + \varepsilon + \bar{\delta}) = \varepsilon - \varepsilon + \delta_i - \bar{\delta} = \delta_i - \bar{\delta}$$

若 n 足够大，$\bar{\delta} \approx 0$，所以有

$$v_i = \delta_i, \quad i = 1, 2, \cdots, n \tag{10-35}$$

由此可见，残差中不含系统误差。所以定值系统误差对测量标准差没有影响。

2. 变值系统误差对测量结果的影响

由于变值系统误差对每个测量值的影响不同，因此，式(10-35)应为

$$x_i = A + \varepsilon_i + \delta_i, \quad i = 1, 2, \cdots, n \tag{10-36}$$

从而有

$$\bar{x} = A + \frac{1}{n}\sum_{i=1}^{n}\varepsilon_i + \frac{1}{n}\sum_{i=1}^{n}\delta_i = A + \bar{\varepsilon} + \bar{\delta} \tag{10-37}$$

当 n 足够大时，$\bar{\delta} = 0$，$\bar{x} = A + \bar{\varepsilon}$，可见，此时测量的算术平均值中包含系统误差的平均值。

而对于残差有

$$v_i = x_i - \bar{x} = (A + \varepsilon_i + \delta_i) - (A + \bar{\varepsilon} + \bar{\delta})$$

$$= (\varepsilon_i - \bar{\varepsilon}) + (\delta_i - \bar{\delta})$$

$$\approx (\varepsilon_i - \bar{\varepsilon}) + \delta_i, \quad i = 1, 2, \cdots, n \tag{10-38}$$

可见，残差中含有变值系统误差，因而变值系统误差不仅影响测量的平均值，还影响测量标准差。

三、系统误差的消除

为了保证测量成果的质量，应尽可能消除系统误差。由于系统误差与测量设备、测量对象、测量方法及测量人员的经验有关，因此，消除系统误差并没有普遍有效的方法。应视具体测量情况确定。

一般说，消除系统误差常从以下几个方面着手。

1. 从产生误差的根源上消除系统误差

从产生误差的根源上消除系统误差是最有效的方法。测量人员在实施测量前，应深入分析可能产生系统误差的因素，并拟定出避免系统误差的措施，然后按规范规定操作，这样就能最大限度地避免产生系统误差。

2. 采用修正值消除系统误差

如果已知系统误差的变化规律，则可根据其规律对测量结果进行修正。例如，若已知测量中存在定值系统误差，则将测量值与系统误差取反号相加，即可消除该误差的影响。在水文测验中，当用悬索测量水深时，由于水流对悬索及铅鱼的冲击，使悬索偏离垂线，产生测深系统误差，使测得的水深大于实际水深，因此修正值（水文测验中称为偏角改正数）为负。

3. 采用适当的测量方法消除系统误差

在测量过程中，根据不同系统误差的特点，采用相应的技术措施，使系统误差在测量过程中相互抵消，而不带入测量结果中。这类方法很多，分别使用于不同的测量问题。水文测验中常采用交换测量法，即在测量过程中，将某测量条件相互交换，使产生系统误差的因素在两次测量中起相反的作用，从而抵消系统误差。例如，在流速仪检定时，将标准仪器和被检仪器在比测架两端吊杆上交换悬挂，重复测量，然后可计算出两台流速仪在同一点上的流速差，这样可消除悬臂不等长产生的系统误差。又如，用天平测量物体质量时，可将物体与砝码交换置于两臂托盘中重复测量，这可消除两臂不等长产生的系统误差。

第四节 粗 大 误 差

消除系统误差之后,如果在测量结果中存在与大多数测量值相差悬殊的特大值或特小值,那么这类测量值可能含有粗大误差。含有粗大误差的数据不能应用,应于剔除,否则会歪曲测量结论。但是剔除这类数据不能凭主观臆断,而要对其进行深入分析,只有确认其属于含有粗大误差的异常数据后,才能剔除。任意剔除不属于异常值的偏大偏小测量值,造成测量精度高的假象,同样是对测量结果的歪曲。

为了查清这类可疑数据是否含有粗大误差,首先应检查测量中是否有差错。如肯定无差错,则应从某些特变因素方面(如污染源的事故排放,测量设备的突然损坏,测量环境的突然变化等)去探索原因。如果条件允许,可以在相同条件下增补若干次测量,以便取得更多的数据进行分析。

如上述方法都不能实现,可采用统计检验方法判别。这类方法很多,其基本思想与检验系统误差相同,也是在"测量中不存在粗大误差"的原假设下进行的。下面介绍几个例子。

一、拉依达准则(3σ准则)

若随机变量 X 服从正态分布,则 $P(|X-a| \geq 3\sigma) = 0.3\%$ 是小概率事件,因此,若某测量值的残差绝对值 $|v_t| > 3\sigma$,则可认为该测量值 x_t 为异常值。实际中,以 S 代替 σ。

但由

$$S = \sqrt{\frac{\sum_{i=1}^{n}(x_i - \bar{x})^2}{n-1}} = \sqrt{\frac{\sum_{i=1}^{n} v_i^2}{n-1}}$$

得到

$$S\sqrt{n-1} = \sqrt{\sum_{i=1}^{n} v_i^2}$$

而对任意 v_t 皆有

$$\sqrt{\sum_{i=1}^{n} v_i^2} \geq |v_t|$$

因此有

$$|v_t| \leq S\sqrt{n-1}$$

可见,当 $n \leq 10$ 时,恒有 $|v| \leq 3S$,此时,任何测量值利用 3σ 准则都不能判定为异常值。因此,当 $n \leq 10$ 时,3σ 准则失效。

二、格拉布斯准则

设 $x_1, x_2, \cdots, x_n$ 为某被测量的 n 个等精度独立测量值,且测量值 X 服从正态分布,记

$$x_{(1)} = \min(x_1, x_2, \cdots, x_n)$$
$$x_{(n)} = \max(x_1, x_2, \cdots, x_n)$$

显然,若测量列中含有异常值,则最可能是 $x_{(1)}$ 或 $x_{(n)}$。在 $x_{(1)}$ 和 $x_{(n)}$ 都不是异常值的

条件下，格拉布斯证明统计量

$$g_{(n)} = \frac{x_{(n)} - \overline{x}}{\sigma} \text{ 及 } g_{(1)} = \frac{\overline{x} - x_{(1)}}{\sigma} \quad (10-39)$$

具有相同的概率分布。对显著性水平 α，可求得临界值 $g_0(n,\alpha)$，使满足

$$P\left[\frac{x_{(n)} - \overline{x}}{\sigma} > g_0(n,\alpha)\right] = \alpha$$

$$P\left[\frac{\overline{x} - x_{(1)}}{\sigma} > g_0(n,\alpha)\right] = \alpha$$

检验时，以样本标准差 S 代替 σ，根据怀疑对象 x_t 利用式(10-39)计算出 g_t，$g_t = \frac{|x_t - \overline{x}|}{s}$，根据给定的 α 查表10-1(格拉布斯表)得 g_0，若 $g_t > g_0$，则说明 x_t 含有粗大误差，则应于剔除。

表 10-1

n	α			n	α		
	5.0%	2.5%	1.0%		5.0%	2.5%	1.0%
3	1.15	1.15	1.15	20	2.25	2.71	2.88
4	1.45	1.48	1.49	21	2.58	2.73	2.91
5	1.67	1.71	1.75	22	2.60	2.76	2.94
6	1.82	1.89	1.94	23	2.62	2.78	2.96
7	1.94	2.02	2.10	24	2.64	2.80	2.99
8	2.03	2.13	2.22	25	2.66	2.82	3.01
9	2.11	2.21	2.32	30	2.75	2.91	
10	2.18	2.29	2.41	35	2.82	2.98	
11	2.23	2.36	2.48	40	2.87	3.04	
12	2.29	2.41	2.55	45	2.92	3.09	
13	2.33	2.46	2.61	50	2.96	3.13	
14	2.37	2.51	2.66	60	3.03	3.20	
15	2.41	2.55	2.71	70	3.09	2.26	
16	2.44	2.59	2.75	80	3.14	3.31	
17	2.47	2.62	2.79	90	3.18	3.35	
18	2.50	2.65	2.82	100	3.21	3.38	
19	2.53	2.68	2.85				

三、罗曼诺夫斯基准则

该准则是利用 t-分布检验异常值。

为判别某测量值 x_k 是否为异常值，先计算不含 x_k 的测量值的平均值 $\overline{x}'$ 及标准差 S'，再根据测量次数 n 和显著性水平 α，由表10-2查得 t-分布检验临界值 $K(n,\alpha)$，若

$$|x_k - \overline{x'}| > K(n,\alpha) \tag{10-40}$$

则判定 x_k 为异常值。

检验临界值 $K(n,\alpha)$ 也可用下式计算：

$$K(n,\alpha) = t_\alpha(n-2)\sqrt{\frac{n}{n-1}} \tag{10-41}$$

表 10-2

n	α		n	α		n	α	
	0.01	0.05		0.01	0.05		0.01	0.05
4	11.46	4.97	13	3.23	2.29	22	2.91	2.14
5	6.53	3.56	14	3.17	2.26	23	2.90	2.13
6	5.04	3.04	15	3.12	2.24	24	2.88	2.12
7	4.36	2.78	16	3.08	2.22	25	2.86	2.11
8	3.96	2.62	17	3.04	2.20	26	2.85	2.10
9	3.17	2.51	18	3.01	2.18	27	2.84	2.10
10	3.54	2.43	19	3.00	2.17	28	2.83	2.09
11	3.14	2.37	20	2.95	2.16	29	2.82	2.09
12	3.31	2.33	21	2.93	2.15	30	2.81	2.08

例 1 设有 15 个测量数据：-1.40，-0.44，-0.30，-0.24，-0.22，-0.13，-0.05，0.06，0.10，0.18，0.20，0.39，0.48，0.63，1.01，分析其中有无异常数据。

解 计算平均值与标准差得 $\overline{x} = 0.018, S = 0.551$。

(1) 按拉依达准则：$x_{(1)} = -1.40$，$|x_{(1)} - \overline{x}| = 1.418 < 3S$，所以 $x_{(1)}$ 不是异常数据，同样，$x_{(n)} = 1.01$ 也不是异常数据。

(2) 按格拉布斯准则：

$$g_{(1)} = \frac{|\overline{x} - x_{(1)}|}{S} = \frac{|0.018 - (-1.40)|}{0.551} = \frac{1.418}{0.551} = 2.574$$

查表 10-1，$n = 15$，$\alpha = 0.05$ 时，$g_0(n,\alpha) = 2.41$，$g_{(1)} > g_0(n,\alpha)$，所以，-1.40 是异常数据。

(3) 按罗曼诺夫斯基准则：$\overline{x'} = 0.119$ 查表 10-2，取 $\alpha = 0.05$，$K(n,\alpha) = 2.24$，$|x_{(1)} - \overline{x}| = 1.519 < 2.24$，所以，-1.40 不是异常数据。

从此例结果可以看出，对同一问题，采用不同的检验方法，可能得出不同结论。因此，实际工作中，应当多用几种方法检验。

检验异常值的方法还有肖维勒准则、狄克逊准则等，需要时，可查阅有关的误差理论专著。

第五节 误差的传递、合成与分配

一、误差的传递

在一些问题中,有些物理量不能直接测量到,但可以通过对与该量存在某种已知函数关系又可直接测量的量进行测量,然后通过计算获得所需物理量的数值,这种方法称为间接测量。由于直接测量值存在误差,因此,推求出的间接测量值也存在误差,这两种误差间的关系称为误差传递。有时也称直接测量值为输入量,称求出的间接测量值为输出量。

水文测验中有许多间接测量,所以了解误差传递基本原理,对分析水文测验误差是很重要的。

1. 误差传递的一般公式

设间接被测量 Y 与直接被测量 $A_1, A_2, \cdots, A_n$ 间存在函数关系:

$$Y = f(A_1, A_2, \cdots, A_n) \tag{10-42}$$

若 $x_1, x_2, \cdots, x_n$ 为 $A_1, A_2, \cdots, A_n$ 的测量值,代入式(10-42),可得到 Y 的测量值 y:

$$y = f(x_1, x_2, \cdots, x_n) \tag{10-43}$$

式(10-42)一般是非线性的,为了便于推求 y 的误差,需要将其线性化。为此,将函数 $f(x_1, x_2, \cdots, x_n)$ 在点 $(A_1, A_2, \cdots, A_n)$ 的邻域内展成泰勒级数,然后取一次项,略去二次及高于二次的各项,得到

$$y = f(A_1, A_2, \cdots, A_n) + \sum_{i=1}^{n} \left(\frac{\partial f}{\partial x_i}\right)_0 (x_i - A_i) \tag{10-44}$$

式中 $\left(\frac{\partial f}{\partial x_i}\right)_0$ 为 $\frac{\partial f}{\partial x_i}$ 在 $(A_1, A_2, \cdots, A_n)$ 处的值,称为 x_i 的误差 $\Delta x_i = (x_i - A_i)$ 的传递函数或灵敏度函数。

以 $\bar{x}_1, \bar{x}_2, \cdots, \bar{x}_n$ 代替 $A_1, A_2, \cdots, A_n$,并移项,即可得到间接测量值 y 的误差:

$$y - f(\bar{x}_1, \bar{x}_2, \cdots, \bar{x}_n) = \sum_{i=1}^{n} \left(\frac{\partial f}{\partial x_i}\right)_0 (x_i - \bar{x}_i)$$

记 $\Delta y = y - f(\bar{x}_1, \bar{x}_2, \cdots, \bar{x}_n)$,$\Delta x_i = x_i - \bar{x}_i (i = 1, 2, \cdots, n)$,则有

$$\Delta y = \sum_{i=1}^{n} \left(\frac{\partial f}{\partial x_i}\right)_0 \Delta x_i \tag{10-45}$$

这就是绝对误差传递公式。它表明,间接测量值的误差,等于经缩放后的直接测量值误差的代数和。

若记

$$c_i = \left(\frac{\partial f}{\partial x_i}\right)_0, \quad i = 1, 2, \cdots, n \tag{10-46}$$

则有

$$\Delta y = \sum_{i=1}^{n} c_i \Delta x_i$$

若以相对误差表示,则有

$$\eta_y = \frac{\Delta y}{y} = \sum_{i=1}^{n} \left(\frac{\partial f}{\partial x_i}\right)_0 \frac{x_i}{y} \frac{\Delta x_i}{x_i} \qquad (10-47)$$

记

$$\left.\begin{array}{l} \theta_i = \left(\dfrac{\partial f}{\partial x_i}\right)_0 \dfrac{x_i}{y}, \ i=1,2,\cdots,n \\ \eta_{x_i} = \dfrac{\Delta x_i}{x_i} \end{array}\right\} \qquad (10-48)$$

则有

$$\eta_y = \sum_{i=1}^{n} \theta_i \eta_{x_i} \qquad (10-49)$$

比较式(10-46)和式(10-48)，可得到

$$\theta_i = c_i \frac{x_i}{y}, \ i=1,2,\cdots,n \qquad (10-50)$$

若以系统误差 ε_i 代替上列各式中的 Δx_i，则得到系统误差的传递公式。

例2 设 $y = x_1 \pm x_2$，x_1 与 x_2 相互独立，且分别有系统误差 ε_1 和 ε_2，相对误差 η_1 和 η_2，求 y 的系统误差和相对误差。

解
$$c_1 = \frac{\partial y}{\partial x_1} = 1, \ c_2 = \frac{\partial y}{\partial x_2} = \pm 1$$

因此

$$\varepsilon_y = \frac{\partial y}{\partial x_1}\varepsilon_1 + \frac{\partial y}{\partial x_2}\varepsilon_2 = \varepsilon_1 \pm \varepsilon_2$$

由式(10-50)得到

$$\theta_1 = c_1 \frac{x_1}{y} = \frac{x_1}{y}, \ \theta_2 = c_2 \frac{x_2}{y} = \pm \frac{x_2}{y}$$

于是

$$\eta_y = \theta_1 \eta_1 + \theta_2 \eta_2 = \frac{x_1}{y}\eta_1 \pm \frac{x_2}{y}\eta_2 = \frac{1}{y}(x_1\eta_1 \pm x_2\eta_2)$$

例3 设 $y = x_1 x_2$，x_1 与 x_2 相互独立，分别有系统误差 ε_1 和 ε_2，相对误差 η_1 和 η_2，求 y 的系统误差和相对误差。

解
$$c_1 = \frac{\partial y}{\partial x_1} = x_2, c_2 = \frac{\partial y}{\partial x_2} = x_1$$

故
$$\varepsilon_y = c_1 \varepsilon_1 + c_2 \varepsilon_2 = x_2 \varepsilon_1 + x_1 \varepsilon_2$$

又
$$\theta_1 = c_1 \frac{x_1}{y} = x_2 \frac{x_1}{y} = 1$$

$$\theta_2 = c_2 \frac{x_2}{y} = x_1 \frac{x_2}{y} = 1$$

故
$$\eta_y = \theta_1 \eta_1 + \theta_2 \eta_2 = \eta_1 + \eta_2$$

2. 随机误差的传递

为了推求间接测量的标准差，对式(10-45)两边求方差，并注意 $\left(\dfrac{\partial f}{\partial x_i}\right)_0$ 为常数，容

易得到

$$\sigma_y = \sqrt{\sum_{i=1}^{n}\left(\frac{\partial f}{\partial x_i}\right)_0^2 \sigma_i^2 + 2\sum_{1<i<j}^{n}\left(\frac{\partial f}{\partial x_i}\right)_0\left(\frac{\partial f}{\partial x_j}\right)_0 \rho_{i,j}\sigma_i\sigma_j} \qquad (10-51)$$

或

$$\sigma_y = \sqrt{\sum_{i=1}^{n} c_i^2 \sigma_i^2 + 2\sum_{1<i<j}^{n} c_i c_j \rho_{i,j}\sigma_i\sigma_j} \qquad (10-52)$$

式中：$\rho_{i,j}$ 为 x_i 与 x_j 的相关系数；σ_i、σ_j 分别为 x_1 与 x_2 的标准差。

对式(10-47)等号两边求方差，考虑到 $\left(\frac{\partial f}{\partial x_i}\right)_0 \frac{x_i}{y}$ 为常数，即可得到随机相对误差标准差的传递公式

$$\sigma_{\eta_y} = \sqrt{\sum_{i=1}^{n}\left(\frac{\partial f}{\partial x_i}\right)_0^2 \left(\frac{x_i}{y}\right)^2 \sigma_{\eta_i}^2 + 2\sum_{1<i<j}^{n}\left[\left(\frac{\partial f}{\partial x_i}\right)_0 \frac{x_i}{y}\right]\left[\left(\frac{\partial f}{\partial x_j}\right)_0 \frac{x_j}{y}\right]\rho_{i,j}\sigma_{\eta_i}\sigma_{\eta_j}} \qquad (10-53)$$

或

$$\sigma_{\eta_y} = \sqrt{\sum_{i=1}^{n} \theta_i^2 \sigma_{\eta_i}^2 + 2\sum_{1<i<j}^{n} \theta_i \theta_j \rho_{i,j}\sigma_{\eta_i}\sigma_{\eta_j}} \qquad (10-54)$$

若 $\rho_{i,j}=0$，则有

$$\sigma_y = \sqrt{\sum_{i=1}^{n}\left(\frac{\partial f}{\partial x_i}\right)_0^2 \sigma_i^2} = \sqrt{\sum_{i=1}^{n} c_i^2 \sigma_i^2} \qquad (10-55)$$

及

$$\sigma_{\eta_y} = \sqrt{\sum_{i=1}^{n}\left[\left(\frac{\partial f}{\partial x_i}\right)_0 \frac{x_i}{y}\right]^2 \sigma_{\eta_i}^2} = \sqrt{\sum_{i=1}^{n} \theta_i^2 \sigma_{\eta_i}^2} \qquad (10-56)$$

若假定各直接测量值的误差为相互独立的正态随机变量，则利用式(10-20)及式(10-55)可得到极限误差的传递公式

$$\Delta_{\lim y} = \sqrt{\sum_{i=1}^{n}\left(\frac{\partial f}{\partial x_i}\right)^2 \Delta_{\lim i}^2} \qquad (10-57)$$

例4 设 $y = x_1 \pm x_2$，且 x_1 与 x_2 相互独立，求 y 的标准差及相对标准差。

解
$$c_1 = \frac{\partial f}{\partial x_1} = 1,\ c_2 = \frac{\partial f}{\partial x_2} = \pm 1$$

$$\theta_1 = c_1\frac{x_1}{y},\ \theta_2 = c_2\frac{x_2}{y}$$

故有

$$\sigma_y = \sqrt{\sigma_1^2 + \sigma_2^2}$$

$$\sigma_{\eta_y} = \sqrt{\left(\frac{x_1}{y}\right)^2 \sigma_{\eta_1}^2 + \left(\frac{x_2}{y}\right)^2 \sigma_{\eta_2}^2} = \frac{1}{y}\sqrt{x_1^2 \sigma_{\eta_1}^2 + x_2^2 \sigma_{\eta_2}^2}$$

例5 设 $y = x_1 x_2$，且 x_1 与 x_2 相互独立，求 y 的标准差及相对标准差。

解
$$c_1 = x_2, c_2 = x_1$$

$$\theta_1 = c_1\frac{x_1}{y} = 1, \quad \theta_2 = c_2\frac{x_2}{y} = 1$$

故有
$$\sigma_y = \sqrt{x_2\sigma_1^2 + x_1\sigma_2^2}$$
$$\sigma_{\eta_y} = \sqrt{\sigma_{\eta_1}^2 + \sigma_{\eta_2}^2}$$

二、变量和的误差传递及其简化

水文测验中经常用到变量和的公式，例如，断面面积等于部分面积之和，断面流量等于部分流量之和，断面输沙率等于部分输沙率之和等。所以在水文测验误差分析中常需要考虑变量和的误差传递问题。这里对这个问题作一简单介绍。

设间接被测量 y 与直接被测量 $x_1, x_2, \cdots, x_m$ 间存在下列关系：
$$y = x_1 + x_2 + \cdots + x_m \tag{10-58}$$

对其运用相对误差标准差传递公式(10-54)，由于
$$\theta_i = \left(\frac{\partial f}{\partial x_i}\right)_0 \frac{x_i}{y} = \frac{x_i}{y}$$

故有
$$\sigma_{\eta_y} = \frac{1}{y}\sqrt{\sum_{i=1}^{m} x_i^2 \sigma_{\eta_i}^2 + 2\sum_{1 \le i < j}^{m} x_i x_j \rho_{i,j} \sigma_{\eta_i} \sigma_{\eta_j}} \tag{10-59}$$

在水文测验误差分析中，常对上式进行简化。假定各直接被测量的相对误差标准差相等，即 $\sigma_{\eta_1} = \sigma_{\eta_2} = \cdots = \sigma_{\eta_m} = \sigma_{\eta_x}$，再假定各直接被测量之间不存在相关关系，即 $\rho_{i,j} = 0$ ($i, j = 1, 2, \cdots, m, i \ne j$)，则变量和的相对误差标准差传递公式(10-54)成为
$$\sigma_{\eta_y} = \frac{\sigma_{\eta_x}}{y}\sqrt{\sum_{i=1}^{m} x_i^2} \tag{10-60}$$

式中：$\frac{1}{y}\sqrt{\sum_{i=1}^{m} x_i^2}$ 是灵敏系数平方和的方根。

若各直接被测量近似相等，则式(10-60)中
$$\frac{\sqrt{\sum_{i=1}^{m} x_i^2}}{y} \approx \sqrt{\frac{1}{m}} \tag{10-61}$$

若直接被测量中某一项的值特别大，大到与总和 y 接近，则
$$\frac{\sqrt{\sum_{i=1}^{m} x_i^2}}{y} \approx 1 \tag{10-62}$$

水文测验中遇到的情况绝大多数不属上述两种极端情况，而是各直接被测量的值既不相等，又不相差悬殊，所以有
$$\frac{1}{\sqrt{m}} \le \frac{\sqrt{\sum_{i=1}^{m} x_i^2}}{y} < 1 \tag{10-63}$$

令

$$\beta = m\frac{\sum_{i=1}^{m} x_i^2}{y^2} \tag{10-64}$$

则

$$1 \leqslant \beta < m \tag{10-65}$$

于是式(10-60)可写成

$$\sigma_{\eta_y} = \sqrt{\frac{\beta}{m}}\sigma_{\eta_x} \tag{10-66}$$

显然,在间接被测量数目 m 一定和相对误差标准差接近相等的情况下,当 $\beta = 1$ 时,间接被测量的相对误差标准差最小,当 $\beta = m$ 时,间接被测量的相对误差标准差最大,因而有

$$\frac{\sigma_{\eta_x}}{\sqrt{m}} \leqslant \sigma_{\eta_y} < \sigma_{\eta_x} \tag{10-67}$$

上述论证说明,在一变量和的测量系统中,为了使间接被测量标准差接近最小,应将各直接被测量的值调整到近似相等,如无法使直接被测量近似相等,那么应在间接被测量相对误差标准差的表达式中引进不等权系数,以避免间接被测量相对误差标准差偏小而不符合实际情况。

在我国流量测验中,曾引进不等权系数,将式(10-66)写成

$$\sigma_{\eta_y} = \frac{\sigma_{\eta_x}}{\sqrt{\alpha m}} \tag{10-68}$$

并对 α 作如下估计

$$\frac{\bar{x}}{x_{max}} < \alpha < 1 \tag{10-69}$$

式中: $\bar{x}$ 为 m 个直接被测量值的平均值; x_{max} 为各直接被测量值中的最大值。

显然有

$$\alpha = \frac{1}{\beta} \tag{10-70}$$

应当注意,在实际工作中不能单纯追求误差标准差最小,因为这涉及误差平衡问题。例如,在水道断面测量中,为使部分面积相等,各次测流中的测深垂线位置就要频繁变动,这就可能增大测宽的误差。而且由于为了追求部分面积相等,有可能在一些本应布设测深垂线的河床地形转折点上未布设垂线,增加了部分面积的测量误差。因此,实际工作中应注意各测量环节的协调和平衡,以免顾此失彼。

三、误差的合成

由于影响测量结果的因素很多,因此,在测量中可能同时存在多个系统误差和随机误差。例如在流量测量中,就包含水深测量误差,水面宽测量误差,流速测量误差以及测深垂线代表性误差等,而这每一项误差中又包含各自影响因素产生的误差。因此,如何把各单项误差综合起来,确定测量结果的总误差,这就是误差合成问题。

1. 随机误差的合成

设某测量中有 n 个随机误差分量 $\delta_1,\delta_2,\cdots,\delta_n$，则总随机误差为它们的代数和，即

$$\delta_x = \sum_{i=1}^{n} \delta_i \qquad (10-71)$$

若以残差表示，则有

$$v_x = \sum_{i=1}^{n} v_i \qquad (10-72)$$

对式(10-71)两边求方差，可得到标准差的合成公式

$$\sigma_v = \sqrt{\sum_{i=1}^{n} \sigma_i^2 + 2\sum_{1 \leq i<j}^{n} \rho_{i,j}\sigma_i\sigma_j} \qquad (10-73)$$

若各分量相互独立，则有

$$\sigma_v = \sqrt{\sum_{i=1}^{n} \sigma_i^2} \qquad (10-74)$$

式中：$\rho_{i,j}$ 为任意两分量间的相关系数；σ_i 为随机分量 δ_i 的标准差。

随机误差标准差的合成方法称为方和根法。实际计算时，用样本标准差 S 代替 σ。

2. 系统误差合成

设测量中存在 k 个已定系统误差 $\varepsilon_1,\varepsilon_2,\cdots,\varepsilon_k$，且它们相互独立，则合成已定系统误差 ε 为各单项系统误差的代数和。即

$$\varepsilon = \sum_{i=1}^{k} \varepsilon_k \qquad (10-75)$$

实际测量中，大部分已定系统误差在测量过程中都已消除或修正。未消除的已定系统误差只有少数几项，它们被合成后，可用于对测量结果进行再修正。所以测量最终结果中一般不应含有已定系统误差。

对于未定系统误差，由于不了解其变化规律，通常把它作为随机变量看待，并假定它在某一范围 $(-e_i,e_i)$ 内服从均匀分布或正态分布。其合成标准差分别按以下公式计算。

（1）均匀分布合成法。设有 r 个分别在 $(-e_i,e_i)$ 内服从均匀分布的未定系统误差，则总未定系统误差的标准差为

$$S_e = \frac{1}{\sqrt{3}} \sqrt{\sum_{i=1}^{r} e_i^2} \qquad (10-76)$$

（2）正态分布合成法。当未定系统误差服从正态分布时，总未定系统误差的标准差为

$$S_e = \frac{1}{k} \sqrt{\sum_{i=1}^{n} e_i^2} \qquad (10-77)$$

$$p(|e|<kS_e) = p \qquad (10-78)$$

式中：k 为相应于置信概率 p 的置信系数，即满足式(10-78)的 k 值；e 为总未定系统误差。

3. 总未定系统误差标准差与总随机误差标准差的合成

若已知测量值总随机误差标准差 S_v 和总未定系统误差标准差 S_e，则总标准差 S 为

$$S = \sqrt{S_v^2 + S_e^2} \tag{10-79}$$

四、误差的分配

间接测量中,常常遇到这样的情况,即预先对间接测量结果 y 的精度提出一定要求。例如,规定 y 的标准差不得超过某数值,如何控制各直接测量值的误差,使它们的综合结果满足对 y 的精度要求,这就是误差分配问题。

由于系统误差可以修正,因此,这里只讨论各直接测量值相互独立时,随机误差标准差的分配问题。

按式(10-55)应有

$$\sigma_y = \sqrt{\sum_{i=1}^{n} \left(\frac{\partial f}{\partial x_i}\right)_0^2 \sigma_i^2} \leqslant \sigma_{y0} \tag{10-80}$$

由于直接被测量及传递系数都是未知的,因此,式(10-80)的解不唯一。实际中一般用下列方法解决。

1. 按相等效应原则分配

相等效应原则是认为各直接被测量的测量误差对间接被测量误差的贡献相等,即假定

$$\left(\frac{\partial f}{\partial x_1}\right)_0 \sigma_1 = \left(\frac{\partial f}{\partial x_2}\right)_0 \sigma_2 = \cdots = \left(\frac{\partial f}{\partial x_n}\right)_0 \sigma_n$$

将其代入式(10-80)可解得

$$\sigma_i \leqslant \frac{\sigma_{y0}}{\sqrt{n}\left(\frac{\partial f}{\partial x_i}\right)_0}, \quad i = 1,2,\cdots,n \tag{10-81}$$

若以绝对误差限表示,则有

$$\Delta_{\lim i} \leqslant \frac{\Delta_{\lim y0}}{\sqrt{n}\left(\frac{\partial f}{\partial x_i}\right)_0}, \quad i = 1,2,\cdots,n \tag{10-82}$$

计算中,可大体估计出各直接被测量的值,从而确定传递系数。经计算后,如满足式(10-80),则认为分配合理,如不满足该式要求,再调整传递系数,直至满足要求为止。

若设直接被测量的真值为 $a_1, a_2, \cdots, a_n$,间接被测量的真值为 a_y,则用 a_i 除式(10-80)的两端,并写作

$$\eta_i = \frac{\sigma_i}{a_i} \leqslant \frac{\sigma_{y0}}{\sqrt{n} a_y \left(\frac{\partial f}{a_y \partial x_i}\right)_0 a_i} \tag{10-83}$$

式中:$\sigma_{y0}/a_y = \eta_{y0}$ 是 y 的相对标准差,而 $\left(\frac{\partial f}{a_y \partial x_i}\right)_0 a_i$ 可写成 $\left(\frac{\partial \ln f}{\partial x_i} x_i\right)_0$。

于是式(10-83)可写成

$$\eta_i \leqslant \frac{\eta_{y0}}{\sqrt{n}\left(\frac{\partial \ln f}{\partial x_i} x_i\right)_0}, \quad i = 1,2,\cdots,n \tag{10-84}$$

这就是用相对标准差表示的误差分配公式。

2. 按测量难易分配

在实际测量中，按相等效应原则分配误差可能会出现不合理的情况，这是因为，按此原则计算出的误差中，有的在测量中容易实现，有的测量中可能难以做到，或者为了达到要求，必须采用价格较贵的高精度设备，或付出较多的劳动。但由式(10-82)~式(10-84)看到，按相等效应原则求得的各直接被测量测量值的允许误差是不相等的，因此，在实际测量中可作适当调整，使测量中难以做到的误差项适当扩大允许误差，易于达到的误差项尽可能缩小允许误差。调整后再按分配公式计算间接被测量的总误差，如不满足要求，可再次调整，直到合理为止。

例6 要求测量流过约10Ω电阻的电流的绝对误差限$\Delta_{I_0} \leqslant 1\text{mA}$。当电阻两端电压约为$100\text{V}$时，试选择适当的电阻与电压测量仪，以保证电流的测量误差不超过Δ_{I_0}。

解 由欧姆定律

$$I = \frac{V}{R} = f(V, R)$$

记Δ_V、Δ_R为测量电压和电阻的误差限，则按相等效应原则，有

$$\Delta_V \leqslant \frac{\Delta_{I_0}}{\sqrt{n}\left(\frac{\partial f}{\partial V}\right)_0} = \frac{10^{-3}}{\sqrt{2} \times \frac{1}{10}} = 7.07(\text{mV}) = 7.07 \times 10^{-3}(\text{V})$$

$$\Delta_R \leqslant \frac{\Delta_{I_0}}{\sqrt{n}\left(\frac{\partial f}{\partial R}\right)_0} = \frac{10^{-3}}{\sqrt{2} \times \frac{100}{100}} = 0.707 \times 10^{-3}(\Omega)$$

选量程为100V的电压表，则该电压表的额定相对误差η_V必须达到

$$\eta_V = \frac{\Delta_V}{100} \times 100\% = 7.07 \times 10^{-3}(\%)$$

即，所选电压表在100V档时，精度不应低于$7/100000$。如果按$\Delta_R = 0.707 \times 10^{-3}\Omega$选择欧姆表，则在$10\Omega$档时精度不应低于

$$\eta_R = \frac{\Delta_R}{10} \times 100\% = 7.07 \times 10^{-3}(\%)$$

即$7/100000$。

如果采用数字电压表，其误差可保证不超过1mV，大大低于允许误差7.07mV。因此，适当降低对欧姆表精度要求，同样可达到保证电流测量误差不超过1mA的要求。

按式(10-57)得电流的极限误差为

$$\Delta_I = \sqrt{\left(\frac{\partial f}{\partial V}\right)_0^2 \Delta_V^2 + \left(\frac{\partial f}{\partial R}\right)_0^2 \Delta_R^2}$$

$$= \sqrt{\left(\frac{1}{R}\right)_0^2 \Delta_V^2 + \left(\frac{V}{R^2}\right)_0^2 \Delta_R^2}$$

解出Δ_R得

$$\Delta_R = \sqrt{\frac{(R)_0^4 \Delta_I^2 - (R)_0^2 \Delta_V^2}{(V)_0^2}}$$

将 $R_0 = 10\Omega$, $(V)_0 = 100\text{V}$, $\Delta_I = 1\text{mV}$, $\Delta_V = 1\text{mV}$ 代入上式得到

$$\Delta_R \approx 99.5 \times 10^{-5} \Omega$$

$$\eta_R = \frac{\Delta_R}{10} \times 100\% \approx 0.01\%$$

即选择精度不低于万分之一的欧姆表就能满足要求了。

五、测量的不确定度与自由度

1. 不确定度的定义

由于测量误差的存在，使得测量值或经数据处理得到的最终测量结果都只是被测量真值一种估计。如何评价这种估计的质量好坏是一个值得研究的问题。

在 20 世纪 90 年代以前，人们一直采用"测量误差"来表征测量结果质量的高低。然而，由于误差只是一个理论概念，实际中是很难确定其真值的。事实上，测量误差的取值并不固定，而是在一定范围内波动的，从而使测量结果存在显著的不确定性。显然，若在相同条件下，用不同方法或设备对同一被测量进行多次测量，如果一种测量的测量值波动幅度小，取值比较集中，则测量的不确定性就小，测量的精度就高。反之，若另一种测量的测量值波动幅大，取值比较分散，不确定性就比较大，测量的精度就低。因此，用不确定性大小来衡量测量质量的高低是一个比较合理的指标，这就是人们引入"不确定度"概念的理由。

测量的不确定度定义为表征合理地赋予被测量之值的分散性与测量结果相联系的参数。这个定义可解释为：测量不确定度表示由于测量误差的存在，使得被测量的值不能肯定的程度。也有人把不确定度理解为表征测量结果的可信程度，或理解为被测量真值所在的可能范围，或表示测量值分散程度的指标。不管哪种解释，其本质都是一致的。

测量不确定度是与测量结果相联系的参数，因此，没有测量就没有不确定度。一个完整的测量结果，不仅应给出被测量的最佳估计值，还应给出测量的不确定度。例如，一般把测量结果记为 $x \pm u$，或 $(x-u, x+u)$，其中 x 为测量值，u 为不确定度。

2. 不确定度与误差的关系

不确定度是以误差理论为基础建立起来的新概念，它与测量误差一样，都是评价测量结果质量高低的重要指标，但是它们又有明显的区别。

(1) 测量误差是测量结果与真值的差，是一个确定值，或正或负，表示测量结果偏离真值的大小。而不确定度表明测量结果的分散性，永远取正号，它以测量值分布区间的半宽表示，因此，它是一个区间。

(2) 真误差是一个理想概念，不能确切知道。如果知道近似真值，则可用误差的反号对测量值进行修正。不确定度是描述误差分布的参数，不是某个测量值的误差，因此，不能用它修正测量结果。

(3) 测量误差是由测量得到的，不是由分析得到的。而不确定度则可以根据实验、资料、经验等信息进行分析评定得到，它与人们对被测量的性质，影响测量结果的因素以及测量过程等的认识程度有关。

(4) 误差按性质分为随机误差和系统误差。而不确定度评定时，一般不必区分其性质。

3. 不确定度的分类

不确定度的表示方法有下列几种。

(1) 标准不确定度。

以标准差表示的不确定度称为标准不确定度。按标准差的不同确定方法，标准不确定度又分为 A 类不确定度和 B 类不确定度。

根据测量数据，利用各种计算标准差的统计公式计算出的不确定度称为 A 类不确定度。

采用统计分析方法间接求得标准差的不确定度称为 B 类不确定度。此类不确定度没有统一的评定方法。须根据测量资料、实践经验以及各种与测量有关的信息分析得出。有时还须进行实验。

标准不确定度一般用符号 u 表示。根据定义，应有 $u=s$。s 为测量的标准差。

当测量结果是由若干个其他量的值求得时，按其他各量的方差或协方差算得的标准不确定度称为合成标准不确定度。统一规定以 u_c 表示。

(2) 扩展不确定度。

由于一倍标准差所对应的置信水平仅为 68.3%，因此，还规定测量不确定度也可以用标准差的若干倍表示，这种不确定度称为扩展不确定度，统一规定用大写 U 表示。即

$$U = ks = ku \qquad (10-85)$$

式中：k 称为包含因素，也称为覆盖因素。

若知道测量值的概率分布，则扩展不确定度有时也用一定置信水平 p 下，被测量 A 的置信区间的半宽表示。若记相应于置信概率 p 的不确定度为 u_p，则有

$$p = p(x - u_p < A < x + u_p) \qquad (10-86)$$

式中：$u_p = ku_c$，u_c 为合成标准不确定度，即测量的标准差，一般取 $k=2$ 或 3。

误差可以用绝对误差和相对误差表示。不确定度同样可以用绝对值和相对值表示。若被测量 A 的标准不确定度为 u，则相对标准不确定度 u_{rel} 为

$$u_{rel} = \frac{u}{A} \qquad (10-87)$$

4. 自由度

在不确定度评定中，为了说明不确定度评定的可靠性，应给出评定中的自由度。所谓自由度，是指在计算测量标准差时，和的项数与约束条件之差。例如，在计算 n 个数的平均值时，一旦平均值确定，则只有 $n-1$ 个数据可以自由变动，另一个数必须满足 $\sum_{i=1}^{n} x_i = n\bar{x} = 0$ 这个约束条件，因此，自由度 $\nu = n-1$。

不确定度 u 与自由度 ν 的关系是

$$\nu = \frac{1}{2}\left[\frac{\sigma(u)}{u}\right]^{-2} \qquad (10-88)$$

式中：$\sigma(u)$ 是不确定度 u 的标准差。

现证明如下：若测量值 x 服从正态分布 $N(A, \sigma^2)$，则统计量 $(n-1)S^2/\sigma^2$ 服从自由度 $\nu = n-1$ 的 χ^2 分布。其中 S^2 为样本方差，n 为样本容量。根据 χ^2 分布的性质有

$$D\left[\frac{(n-1)S^2}{\sigma^2}\right] = \frac{(n-1)^2}{\sigma^4}D(S^2) = 2\nu$$

解得
$$\nu = \frac{2\sigma^4}{D(S^2)}$$

而
$$D(S^2) \approx 4S^2 D(S)$$

以 S 代替 σ，则有

$$\nu = \frac{2S^4}{4S^2 D(S)} = \frac{1}{2}\left[\frac{D(S)}{S}\right]^{-2} = \frac{1}{2}\left[\frac{\sigma(S)}{S}\right]^{-2}$$

式中：$\sigma(S)$ 为样本标准差的标准差。

以 u 代替 s 即得到式（10-88）。由式（10-88）看到，对一定的 u，$\sigma(u)$ 越小，则自由度 ν 越大，而 $\sigma(u)$ 小说明 u 的分散性小，估计精度高。可见自由度越大，不确定度估计得越可靠。

当采用扩展不确定度时自由度应按下式计算

$$\nu = \frac{k_V^2}{2}\left(\frac{U}{U_V}\right)^2 \tag{10-89}$$

式中：U 为扩展不确定度；U_V 为置信概率为 p 时，U 的置信区间的半宽（即为 U 的扩展不确定度）；k_V 为相应的包含因子。

若扩展不确定度的标准差为 $S(U)$ 则

$$U_V = k_V S(U)$$

将这些符号代入式（10-88）即可解得式（10-89）。

不确定度用于评价测量结果的可靠性，而自由度用于评价不确定度的可靠性，因此，自由度也是衡量测量结果质量高低的间接指标。

习　题

10-1　称量范围为500kg的台秤，其称量误差限为 ±2kg，称量范围10kg的台秤，其误差限为 ±0.05kg，哪台秤精度高？

10-2　对某量重复测量 15 次，结果为 2.74，2.68，2.83，2.76，2.77，2.71，2.86，2.68，3.05，2.72，2.78，2.75，2.76，2.75，2.79。试判断其中是否有异常数据。

10-3　设测量数据 x_i 的残差为 v_i，权为 p_i，试证明 $v_i' = v_i\sqrt{p_i}$ 的权为 1。

10-4　已知测量人员眼睛的瞄准误差服从 $[-a,a]$ 内均匀分布，求测量人员瞄准误差 δ 落在 $(-\sigma,\sigma)$ 之内的概率。

10-5　已知单次测量的标准差 $S=0.12$，至少应在相同条件下重复测量多少次，才能使平均值 $\bar{x}$ 的标准差不超过 0.04？

10-6　用弓高弦长法测量圆的直径 D（见图 10-1），直接测量弓高 h 和弦长 l，然后利用公式 $D = \frac{l^2}{4h} + h$ 计算 D。若测得 h，l 及其系统误差 ε 分别为 $h = 50\text{mm}$，$\varepsilon_h =$

-0.1mm, $l=500\text{mm}$, $\varepsilon_l=1\text{mm}$, 求 D。

10-7 证明测量值的残差 v_i 与算术平均值 $\bar{x}$ 的相关系数 $r = -\dfrac{1}{\sqrt{n-1}}$。

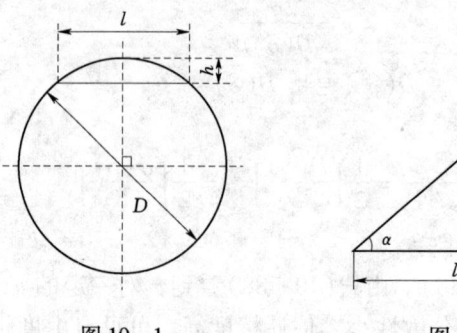

图 10-1　　　　　　　　图 10-2

10-8 用图 10-2 方法测量河道水面宽 D，测得基线 l 及角度 α 后，$D = l\tan\alpha$，若基线测量误差可忽略不计，测角误差以弦度表示，一般取 $\Delta x = 0.00083$ 弧度。取测角标准差，$S(\alpha) = \dfrac{1}{2}\Delta\alpha$，求当 $\alpha = 60°$ 及 $75°$ 时，河宽测量值 D 的相对误差及相对标准差。

第十一章 随机过程简介

第一节 随机过程的基本概念

前面所研究的随机现象,基本上可由一个或几个随机变量来描述,但在许多实际问题中,常常需要研究某些随机现象的发展变化过程,这就需要研究一族随机变量。先看几个例子。

例1 观测某断面的水位。设 $X(t)$ 表示该断面每年 t 时刻的水位,则对某一固定的 t,$X(t)$ 是一随机变量,t 变动时,就得到一族随机变量。

例2 设 $X(t)$ 表示某电话交换站在每天 t 时刻以前接到的呼唤次数。显然,对某一给定的 t,$X(t)$ 是一个随机变量,随着 t 的连续变动,这里涉及的也是一族随机变量。

例3 设 $X(t)$ 为某市日平均气温,t 为日期,则 $X(t)$ 是一族随机变量。

例4 在某公交站台,每隔 0.5h 统计一次上车人数,令 $X(t)$ 表示第 t 次统计所得的人数,则 $X(t)$ 也为一族随机变量。

从以上例子可以看出,$X(t)$ 是依赖于一个变动参数 t 的一族随机变量,因此 $\{X(t), t \in T\}$ 是 t 的函数,称为随机函数,其中 T 为参数 t 的变化范围。随机函数 $\{X(t), t \in T\}$ 简记为 $X(t)$。在实际问题中,参数 t 常常为时间,因此常称 $X(t)$ 为随机过程。当 t 只取离散数值时,便称 $X(t)$ 为随机序列或时间序列,常用 $\{X(n), n = 0, 1, 2, \cdots\}$ 或 $X_i (i = 1, 2, \cdots)$ 表示。

对随机过程 $\{X(t), t \in T\}$,若 t 固定,则 $X(t)$ 是一个随机变量,称 $X(t)$ 为随机过程在 t 时刻的状态。

随机过程根据时间空间和状态空间的情况,分为以下四大类。

(1)连续型随机过程:其状态和时间都是连续的。

(2)离散型随机过程:其状态为离散型随机变量,而时间是连续的。

(3)连续型随机序列:其状态为连续型随机变量,而时间是离散的。

(4)离散型随机序列:其状态和时间都是离散的。

容易看出,例1为连续型随机过程,例2为离散型随机过程,例3为连续型随机序列,例4为离散型随机序列。

随机过程的上述四种类型是根据状态和时间参数是连续还是离散进行分类的,若按照其统计性质是否随时间变化来分类,随机过程可分为平稳过程和非平稳过程。如果随机过程的统计性质不随时间的平移而变化,则称之为平稳过程,否则称为非平稳过程。

若将随机过程按照其不同时刻的状态之间的联系情况来分类,又可分为独立过程和非独立过程。各时刻的状态相互独立的随机过程称为独立随机过程,反之,称为非独立随机过程。

此外，若按照随机过程概率分布的型式进行分类，又可分为正态过程、泊松过程等。

在例1中观测某断面的水位，$X(t)$为每年t时刻该断面的水位，如图11-1所示，设t_1为5月1日8时，则$X(t_1)$为5月1日8时上述断面的水位，容易理解，它的值每年都不一样，$X(t_1)$是一个随机变量。$x_1(t_1)$，$x_2(t_1)$，$\cdots$，$x_m(t_1)$是随机变量$X(t_1)$在m次(年)试验中的取值。设t_2为6月1日10时，则$X(t_2)$也是一个随机变量。所以说随机过程是一族随机变量。另一方面，从横向看，如果对该断面的水位连续观测了一年，即得到一条水位过程线(实际上水位过程线可由自记水位计连续记录得到)。这条曲线就称为随机过程$X(t)$的一个现实，也称为样本函数，记为$x(t)$。若观测了34年(图11-1)，就有34个样本函数$x_i(t)$($i=1,2,\cdots,34$)。所有样本函数的全体称为样本空间。

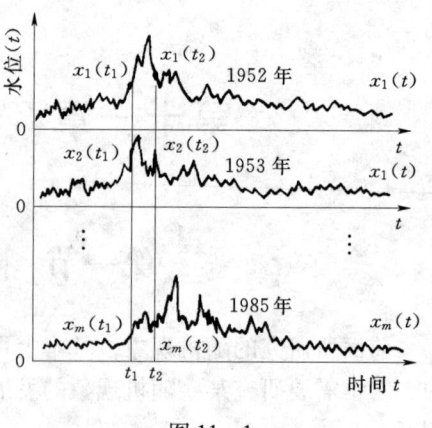

图 11-1

第二节 随机过程的分布函数

一个随机变量的统计特性完全由随机变量的概率分布函数所确定，n个随机变量的统计特性完全由它们的联合概率分布函数所确定。随机过程在任意一时刻的状态是随机变量，因此随机过程的统计特性也完全由它的概率分布函数来确定。

一、一元分布函数

$X(t)$是一个随机过程，对任一固定t，$X(t)$是一个随机变量，其分布函数记为

$$F_1(x,t) = P[X(t) < x] \tag{11-1}$$

称$F_1(x,t)$为随机过程$X(t)$的一元分布函数。

若$\dfrac{\partial F_1(x,t)}{\partial x}$存在且

$$f_1(x,t) = \frac{\partial F(x,t)}{\partial x} \tag{11-2}$$

称$f_1(x,t)$为随机过程$X(t)$的一元概率密度函数。

$F_1(x,t)$和$f_1(x,t)$与时间t有关。一元分布函数或一元概率密度函数描述了随机过程在各个孤立时刻(状态)的统计特性。

二、二元分布函数

随机过程$X(t)$在任意两时刻t_1、t_2的状态$X(t_1)$与$X(t_2)$之间的联系可用二元随机变量$[X(t_1),X(t_2)]$的联合分布函数描述，即

$$F_2(x_1,x_2;t_1,t_2) = P[X(t_1) < x_1, X(t_2) < x_2] \tag{11-3}$$

称$F_2(x_1,x_2;t_1,t_2)$为$X(t)$的二元分布函数。若偏导数

$$f_2(x_1,x_2;t_1,t_2) = \frac{\partial F(x_1,x_2;t_1,t_2)}{\partial x_1 \partial x_2} \tag{11-4}$$

存在，则称 $f_2(x_1,x_2;t_1,t_2)$ 为随机过程 $X(t)$ 的二元概率密度函数。

$F_2(x_1,x_2;t_1,t_2)$ 与时间 t_1、t_2 有关。二元分布函数比一元分布函数包含了更多的信息，它反映了随机过程 $X(t)$ 在任意两时刻 t_1、t_2 状态间的统计关系。

三、n 元分布函数

类似地，可引入随机过程 $X(t)$ 的 n 元分布函数

$$F_n(x_1,x_2,\cdots,x_n;t_1,t_2,\cdots,t_n) = P[X(t_1)<x_1,X(t_2)<x_2,\cdots,X(t_n)<x_n] \tag{11-5}$$

和 n 元概率密度函数

$$f_2(x_1,x_2,\cdots,x_n;t_1,t_2,\cdots,t_n) = \frac{\partial F(x_1,x_2,\cdots,x_n;t_1,t_2,\cdots,t_n)}{\partial x_1 \partial x_2 \cdots \partial x_n} \tag{11-6}$$

n 元分布函数或 n 元概率密度函数能够近似地描述随机过程 $X(t)$ 的统计特性。显然，n 越大，随机过程的统计特性的描述也越趋完善。

一般而言，分布函数族 $(F_1,F_2,\cdots)$ 完全地确定了随机过程的全部统计特性。例如，要描述年内日平均流量序列的统计特性，它的一元分布函数描述了 365 日各日平均流量截口的统计特性；二元分布函数描述了任意两个日平均流量截口之间的联系；$n(n\leqslant 365)$ 元分布函数则描述了任意 n 个日平均流量截口之间的联系。一元、二元、……、n 元日流量分布函数族就完全描述了年内日平均流量序列的全部统计特性。

第三节 随机过程的数字特征

虽然随机过程的分布函数族能完全地描述随机过程的统计特性，但要具体分析确定它，往往是困难的。实际应用中，只要仅仅掌握随机过程的一些数字特征就足够了。随机过程的主要数字特征如下。

一、数学期望函数

对于某固定时刻 t，随机过程 $X(t)$ 为一个随机变量，因此可以按定义随机变量数学期望的方法定义随机过程的数学期望，即

$$m_x(t) = E[X(t)] = \int_{-\infty}^{\infty} x f_1(x,t) \mathrm{d}x \tag{11-7}$$

式中：$m_x(t)$ 是依赖于 t 的确定性函数，称为随机过程 $X(t)$ 的数学期望函数，有时也称为 $X(t)$ 的均值函数。

$m_x(t)$ 刻画了随机过程 $X(t)$ 在不同时刻的理论均值，表示了随机过程在不同时刻的摆动中心（图 11-2 中的粗线）。需指出，$m_x(t)$ 是统计平均（又称集平均），与后面将引入的时间平均概念不同。

二、方差函数

对于固定时刻 t，随机过程 $X(t)$ 为随机

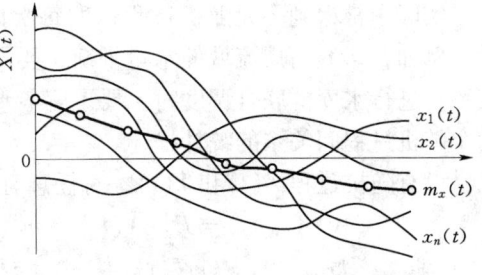

图 11-2

变量，其二阶中心矩为

$$D_x(t) = E[X(t) - m_x(t)]^2 = \int_{-\infty}^{\infty} [x - m_x(t)]^2 f_1(x,t) dx \qquad (11-8)$$

式中：$D_x(t)$ 是随时间 t 而变的函数，称为随机过程 $X(t)$ 的方差函数。

方差函数的平方根

$$\sigma_x(t) = \sqrt{D_x(t)} \qquad (11-9)$$

称为随机过程 $X(t)$ 的标准差（均方差）函数。

$D_x(t)$ 和 $\sigma_x(t)$ 是 t 的普通函数，描述了随机过程在各个孤立时刻 t 对于数学期望 $m_x(t)$ 的平均偏离程度。

三、自协方差函数和自相关函数

若 $X(t_1)$ 和 $X(t_2)$ 为随机过程 $X(t)$ 在任意两个时刻 t_1、t_2 的两个状态，$f_2(x_1, x_2; t_1, t_2)$ 是相应的二维概率密度，则称二阶中心相关矩

$$\begin{aligned}\operatorname{Cov}(t_1, t_2) &= E\{[X(t_1) - m_x(t_1)][X(t_2) - m_x(t_2)]\} \\ &= \int_{-\infty}^{\infty}\int_{-\infty}^{\infty} [x_1 - m_x(t_1)][x_2 - m_x(t_2)] f_2(x_1, x_2; t_1, t_2) dx_1 dx_2\end{aligned} \qquad (11-10)$$

为随机过程 $X(t)$ 的自协方差函数（协方差函数）。它刻画了随机过程 $X(t)$ 在时刻 t_1 与 t_2 之间的统计联系。

随机过程 $X(t)$ 标准化协方差函数称为自相关函数（自相关系数）：

$$\rho(t_1, t_2) = \frac{\operatorname{Cov}(t_1, t_2)}{\sigma_x(t_1)\sigma_x(t_2)} \qquad (11-11)$$

自协方差函数和自相关函数刻画了随机过程在任意两个不同状态之间的线性相关程度。需要注意的是，当自相关函数较小时只能说明两个不同状态线性关系较弱。

例 5 设 $X(t) = U + Vt$，$t \in [a, b]$，其中 U、V 为相互独立的正态 $N(0,1)$ 随机变量。试求 $X(t)$ 的数学期望、方差和自协方差函数。

解 按定义有

$$m_x(t) = E[X(t)] = E[U + Vt] = E[U] + tE[V] = 0$$

$$D_x(t) = D[X(t)] = D[U + Vt] = D[U] + t^2 D[V] = 1 + t^2$$

$$\begin{aligned}\operatorname{Cov}(t_1, t_2) &= E\{[X(t_1) - m_x(t_1)][X(t_2) - m_x(t_2)]\} = E[X(t_1)X(t_2)] \\ &= E[(U + Vt_1)(U + Vt_2)] = 1 + t_1 t_2\end{aligned}$$

四、互协方差函数和互相关函数

实际中常遇到多元随机过程，即每次试验结果要用两个或两个以上的随机过程来表示。例如，研究河川流域的水量平衡，要同时研究径流、降水和蒸发过程以及它们之间的关系；进行水库群联合调度时，要了解各水库的入流过程及其相互关系等。下面简单介绍两个随机过程间关系的统计描述。

设有随机过程 $X(t)$ 和 $Y(t)$，对任意时刻 t_1, t_2，则称二阶中心相关矩

$$\begin{aligned}\operatorname{Cov}_{x,y}(t_1, t_2) &= E\{[X(t_1) - m_x(t_1)][Y(t_2) - m_y(t_2)]\} \\ &= \int_{-\infty}^{\infty}\int_{-\infty}^{\infty} [x - m_x(t_1)][y - m_x(t_2)] f_{x,y}(x; t_1; y, t_2) dx dy\end{aligned} \qquad (11-12)$$

为随机过程 $X(t)$ 和 $Y(t)$ 的互协方差函数。它刻画了随机过程 $X(t)$ 在时刻 t_1 与随机过程 $Y(t)$ 在时刻 t_2 之间的统计联系。

式中：$f_{x,y}(x,y;t_1,t_2)$ 表示随机过程 $X(t)$ 和 $Y(t)$ 的二元概率密度函数（假设存在）。

将式(11-12)标准化可得互相关函数，即

$$\rho_{x,y}(t_1,t_2) = \frac{\text{Cov}_{x,y}(t_1,t_2)}{\sigma_x(t_1)\sigma_y(t_2)} \tag{11-13}$$

对任意时刻 t_1,t_2，有

$$\text{Cov}_{x,y}(t_1,t_2) = 0$$

则称随机过程 $X(t)$ 和 $Y(t)$ 零相关。如果随机过程 $X(t)$ 和 $Y(t)$ 相互独立，则 $X(t)$ 和 $Y(t)$ 零相关，反之不一定成立。但对于两个正态随机过程而言，两者是等价的。

第四节 平稳随机过程

根据随机过程分布函数的不同性质，随机过程可分为：独立随机过程、独立增量随机过程、马尔柯夫过程和平稳随机过程。其中平稳随机过程和马尔柯夫过程是理论上较成熟、实际应用较多的随机过程，本节介绍平衡随机过程，下节论述马尔柯夫过程。

一、平稳随机过程的定义

一个随机过程 $X(t)$，若对任何 n,k 及 $t_1,t_2,\cdots,t_n$，$X(t)$ 的 n 元分布函数满足

$$F_n(x_1,x_2,\cdots,x_n;t_1,t_2,\cdots,t_n) = F_n(x_1,x_2,\cdots,x_n;t_1+k,t_2+k,\cdots,t_n+k) \tag{11-14}$$

则 $X(t)$ 被称为平稳随机过程（简称平稳过程），否则被称为非平稳随机过程。

从式(11-14)可以看出，平稳随机过程的 n 元分布函数不因所选开始时刻的改变而不同，即平稳随机过程的统计特性与所选取的时间起点无关。也就是说，平稳随机过程的统计特性不随时间 t 的变化而改变。例如，在河流同一断面上，利用1900年开始的相当长的年径流系列计算得到的年径流量 n 元分布函数与利用任意一年（如1920年）开始的相当长的年径流系列计算得出的 n 元分布函数是相同的。

二、平稳过程的数字特征

平稳过程的数字特征具有以下特点。

1. 均值平稳

根据平稳过程的定义，当 $n=1$ 时，对任意 τ 有

$$F_1(x,t) = F_1(x,t+\tau)$$

当 $\tau = -t$ 时，则有

$$F_1(x,t) = F_1(x,t-t) = F_1(x,0) = F_1(x) \tag{11-15}$$

同样有

$$f_1(x,t) = f_1(x,t-t) = f_1(x,0) = f_1(x) \tag{11-16}$$

即平稳过程 $X(t)$ 的一元分布函数及一元概率密度都与时间 t 无关。那么

$$E[X(t)] = \int_{-\infty}^{\infty} x f_1(x,t) \mathrm{d}x = \int_{-\infty}^{\infty} x f_1(x) \mathrm{d}x = m_x \tag{11-17}$$

从式(11-17)看出,平稳随机过程 $X(t)$ 的均值函数与时间 t 无关,即其均值函数 m_x 为常数。也就是说,平稳随机过程的均值平稳。

2. 方差平稳

由前面有

$$D_x(t) = \int_{-\infty}^{\infty} [x - m_x(t)]^2 f_1(x,t) dx = \int_{-\infty}^{\infty} (x - m_x)^2 f_1(x) dx = \sigma_x^2 \qquad (11-18)$$

因此,平稳随机过程 $X(t)$ 的方差函数 σ_x^2 是常数,不随时间 t 而变,称为方差平稳。

3. 自协方差平稳

根据平稳过程的定义,当 $n=2$ 时,对任意 k 有

$$f_2(x_1, x_2; t_1, t_2) = f_2(x_1, x_2; t_1+k, t_2+k)$$

令 $k = -t_1$,$t_2 - t_1 = \tau$(时间间隔),则

$$f_2(x_1, x_2; t_1, t_2) = f_2(x_1, x_2; 0, \tau) = f_2(x_1, x_2; \tau) \qquad (11-19)$$

可见,平稳过程的二元分布函数与具体时间位置无关,只与时间间隔 τ(又称滞时)有关。自协方差函数为

$$\begin{aligned}
\text{Cov}(t_1, t_2) &= \int_{-\infty}^{\infty} \int_{-\infty}^{\infty} [x_1 - m_x(t_1)][x_2 - m_x(t_2)] f_2(x_1, x_2; t_1, t_2) dx_1 dx_2 \\
&= \int_{-\infty}^{\infty} \int_{-\infty}^{\infty} (x_1 - m_x)(x_2 - m_x) f_2(x_1, x_2; \tau) dx_1 dx_2 \\
&= \text{Cov}(\tau)
\end{aligned} \qquad (11-20)$$

因此,平稳随机过程 $X(t)$ 的自协方差函数只与时间间隔 τ 有关,称为自协方差平稳。

4. 自相关函数平稳

$$\rho(t_1, t_2) = \frac{\text{Cov}(t_1, t_2)}{\sigma_x(t_1) \sigma_x(t_2)} = \frac{\text{Cov}(\tau)}{\sigma_x^2} = \rho(\tau) \qquad (11-21)$$

式(11-21)说明平稳过程的自相关函数与具体时间位置无关,只与时间间隔 τ 有关,即平稳随机过程的自相关函数平稳。

现用表 11-1 进一步给予说明。在某河流断面上,年径流量的总体若以 n 年为一组(样本),客观上存在着多组样本(N 组)。所有可能出现的样本 $x_1(t), x_2(t), x_3(t), \cdots$ 的集合构成了随机过程 $X(t)$。对于特定的时间 t_1,$X_1 = X(t_1)$ 是一个随机变量。同样,$X_2 = X(t_2), X_3 = X(t_3), \cdots, X_n = X(t_n)$ 都是随机变量。计算随机过程的数字特征,见表 11-2 的最后几行。

表 11-1

t	t_1	t_2	t_3	$\cdots$	t_{n-2}	t_{n-1}	t_n
第 1 个样本 $x_1(t)$	$x_{1,1}$	$x_{1,2}$	$x_{1,3}$	$\cdots$	$x_{1,n-2}$	$x_{1,n-1}$	$x_{1,n}$
第 2 个样本 $x_2(t)$	$x_{2,1}$	$x_{2,2}$	$x_{2,3}$	$\cdots$	$x_{2,n-2}$	$x_{2,n-1}$	$x_{2,n}$
$\vdots$	$\vdots$	$\vdots$	$\vdots$	$\vdots$	$\vdots$	$\vdots$	$\vdots$
第 N 个样本 $x_N(t)$	$x_{N,1}$	$x_{N,2}$	$x_{N,3}$	$\cdots$	$x_{N,n-2}$	$x_{N,n-1}$	$x_{N,n}$
随机变量	X_1	X_2	X_3	$\cdots$	X_{n-2}	X_{n-1}	X_n
数学期望	m_1	m_2	m_3	$\cdots$	m_{n-2}	m_{n-1}	m_n

续表

t	t_1	t_2	t_3	…	t_{n-2}	t_{n-1}	t_n
方差	D_1	D_2	D_3	…	D_{n-2}	D_{n-1}	D_n
协方差	Cov	\multicolumn{6}{c}{$\text{Cov}(t_i,t_j) i \neq j$,如 $\text{Cov}(t_2,t_3)$,$\text{Cov}(t_{n-4},t_{n-1})$,$\text{Cov}(t_{n-2},t_n)$}
自相关系数	ρ	\multicolumn{6}{c}{$\rho(t_i,t_j) i \neq j$,如 $\rho(t_2,t_3)$,$\rho(t_{n-4},t_{n-1})$,$\rho(t_{n-2},t_n)$}

若 $X(t)$ 是平稳随机过程,则 $m_1 = m_2 = \cdots = m_n, D_1 = D_2 = \cdots = D_n$,协方差 $\text{Cov}(t_i, t_j)$、自相关系数 $\rho(t_i, t_j)$ 只与时间间隔 $t_j - t_i$ 有关。显然,年内逐月平均流量序列的数字特征随状态(月份)变化,表明月平均流量序列是非平稳过程。

三、平稳过程的分类

平稳过程可分为两类:一是严平稳过程,即满足定义式(11-14)的平稳过程,又称狭义平稳过程或高阶平稳过程,这样的平稳过程在现实中是没有的;二是宽平稳过程,即均值和自协方差平稳的过程,也称广义平稳过程或二阶平稳过程,在现实世界中宽平稳过程还是存在的,本书所指的平稳过程如未加特别指明,都是指宽平稳过程。在水文水资源中,以年为时间尺度的水文过程可近似作为平稳过程,如年际降水量过程、年际径流过程、年际蒸发量过程等。

严平稳过程一定是宽平稳过程,而宽平稳过程却不一定是严平稳过程。但对于正态过程,因其概率密度完全由均值和自相关函数确定,因而严平稳与宽平稳是等价的。

例6 设 Y 是随机变量,$E(Y)$ 及 $D(Y)$ 存在。试分别讨论随机过程
$$X_1(t) = Y \text{ 及 } X_2(t) = tY$$
的平稳性。

解 (1)由于 $E[X_1(t)] = E(Y)$ 是常数,故随机过程 $X_1(t)$ 的均值平稳。又由于
$$\begin{aligned}
\text{Cov}(t_1, t_2) &= E\{[X_1(t_1) - E(Y)][X_1(t_2) - E(Y)]\} \\
&= E\{X_1(t_1)X_1(t_2) - E(Y)[X_1(t_1) + X_1(t_2)] + [E(Y)]^2\} \\
&= E[X_1(t_1)X_1(t_2)] - [E(Y)]^2 = E(Y^2) - [E(Y)]^2 = D(Y)
\end{aligned}$$
为常数,因而,$X_1(t)$ 是宽平稳过程。

(2) 由于 $E[X_2(t)] = E(tY) = tE(Y)$,即均值函数与时间 t 有关,所以随机过程 $X_2(t)$ 不是平稳过程。

四、各态历经性

前述的各状态数字特征是通过大量的样本函数计算而得的。这样计算的数字特征能真实反映随机过程的统计特性。但在实际工作中,往往难以获取大量的样本函数 $x_1(t)$,$x_2(t)$,$x_3(t)$,…。例如,在水文学中仅仅有一个样本函数(一串观测资料),如 n 年径流过程、n 年降水量过程等。在这种情况下,能否用一个样本函数来分析随机过程的统计特性呢?

1. 平稳过程的各态历经性

理论证明,在一定条件下,平稳过程的一个相当长的样本资料(一个现实)可以用来分析计算平稳过程的统计特性。这样的随机过程被称为具备各态历经性或遍历性,并称为各态历经过程。

平稳过程各态历经性，可以理解为在样本容量很大的情况下，各个样本函数都同样经历了平稳过程的各种可能状态，或者说每一个样本函数能够代表过程的所有可能样本函数，因而任何一个样本函数都能充分地反映过程的全部统计性质，则可由任何一个样本函数估计平稳过程的统计特征。图 11-3 给出的平稳过程 $X_1(t)$ 就具有各态历经性。若任选一个样本函数并把它的观测时间延长，则它就能很好地代表平稳过程。

需要说明的是，并不是所有的平稳过程都具备各态历经性，如图 11-4 所示，任选一个现实并把它的观测时间延长，它都无法代表平稳过程 $X_2(t)$。事实上，从理论上去证明它们是十分困难的，甚至往往是不可能的。在水文水资源学中，一般常假定平稳过程具有各态历经性，然后再进行分析计算，如结果符合实际，则说明过程是各态历经的；否则，需另作处理。

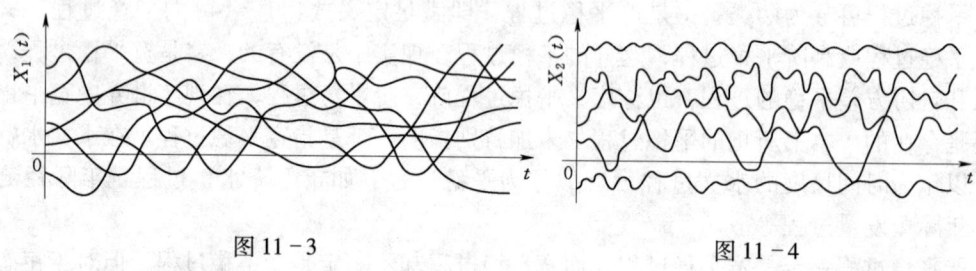

图 11-3　　　　　　　　　　　图 11-4

2. 各态历经过程的数字特征

若有一个观测时间较长的样本函数，就可以用其关于时间的平均值作为平稳过程的统计平均。设各态历经过程 $X(t)$ 的任意一个样本函数为 $x(t)(0 \leq t \leq T)$，其数字特征计算如下：

(1) 均值

$$\overline{m}_* = \lim_{T \to \infty} \frac{1}{T} \int_0^T x(t)\,dt \tag{11-22}$$

若为离散序列 $x_1, x_2, \cdots, x_n$ 时，则

$$\overline{m}_* = \lim_{n \to \infty} \frac{1}{n} \sum_{i=1}^n x_i \tag{11-23}$$

根据平稳过程的各态历经性，当 T 或 n 足够长时，$\overline{m}_* = m_x$。

(2) 方差

$$\sigma_*^2 = \lim_{T \to \infty} \frac{1}{T} \int_0^T [x(t) - \overline{m}_x]^2 dt \tag{11-24}$$

$$\sigma_*^2 = \lim_{n \to \infty} \frac{1}{n} \sum_{i=1}^n (x_i - \overline{m}_x)^2 \tag{11-25}$$

当 T 或 n 足够长时，$\sigma_*^2 = \sigma_x^2$。

(3) 自协方差

$$\text{Cov}_*(\tau) = \lim_{T \to \infty} \frac{1}{T-\tau} \int_0^{T-\tau} [x(t) - \overline{m}_x][x(t+\tau) - \overline{m}_x]\,dt \tag{11-26}$$

$$\text{Cov}_*(\tau) = \lim_{n \to \infty} \frac{1}{n-\tau} \sum_{i=1}^{n-\tau} (x_i - \overline{m}_x)(x_{i+\tau} - \overline{m}_x) \tag{11-27}$$

当 T 或 n 足够长时，$\text{Cov}_*(\tau) = \text{Cov}(\tau)$。

（4）自相关系数

$$\rho_*(\tau) = \frac{\text{Cov}_*(\tau)}{\sigma_*^2} \tag{11-28}$$

当 T 或 n 足够长时，$\rho_*(\tau) = \rho(\tau)$。

这样计算出来的数字特征，称为时间平均。对于各态历经的平稳过程，当 T 或 n 足够长时，时间平均等于统计平均。如果得到的样本函数不是上述形式，而是图形，则可将图形 n 等分后进行取样为 $x_1, x_2, \cdots, x_n$，再按上述公式进行数字特征计算。

第五节 马尔柯夫过程

一、马尔柯夫过程的定义

设随机过程 $X(t)$，如果对任意的 n、k 和时刻 $t_1 < t_2 < \cdots < t_n < \cdots < t_{n+k}$，在 $X(t_1) = x_1$，$X(t_2) = x_2, \cdots, X(t_n) = x_n$ 条件下，$X(t_{n+k})$ 的条件分布函数满足

$$F(x_{n+k}; t_{n+k} \mid x_n, x_{n-1}, \cdots, x_1; t_n, t_{n-1}, \cdots, t_1) = F(x_{n+k}; t_{n+k} \mid x_n; t_n), k > 0 \tag{11-29}$$

则 $X(t)$ 被称为马尔柯夫过程（马氏过程）。式(11-29)右端的条件分布函数

$$F(x_{n+k}; t_{n+k} \mid x_n; t_n) = P[X(t_{n+k}) < x_{n+k} \mid X(t_n) = x_n] \tag{11-30}$$

表示马尔柯夫过程在时刻 t_n 处于状态 x_n，到时刻 t_{n+k} 状态转移到 x_{n+k} 的概率分布，简称为转移概率分布。

从定义知，在 t_n 时刻所处的状态已知的条件下，马尔柯夫过程在时刻 t_{n+k}（$k>0$）所处的状态只与其在 t_n 时刻所处的状态有关，而与其在 t_n 时刻以前所处的状态无关，这种特性称为马尔柯夫过程的无后效性（马氏性）。也就是说，过程"现在"的状态已知，其"将来"的状态与"过去"的状态无关。另外，可以证明，马尔柯夫过程的统计特性完全由它的初始分布和转移概率确定。因此，要研究马尔柯夫过程，只需确定其初始分布和转移概率就行了。

马尔柯夫过程可分三类：

（1）时间和状态都连续的马尔柯夫过程，如维纳过程（Weiner 过程）。

（2）时间连续、状态离散的马尔柯夫过程，如散粒噪声过程（shot noise）。

（3）时间和状态都离散的马尔柯夫过程，一般称马尔柯夫链（Markov chain），又可简称为马氏链。马尔柯夫链是最简单的马氏过程，在水文水资源学中有所应用。

二、马尔柯夫链

1. 基本概念

设马尔柯夫链有 m 个状态 $a_1, a_2, \cdots, a_m$（如径流的特丰、丰、中、枯、特枯），记转移时刻为 $t_1, t_2, \cdots, t_n, \cdots$。某一转移时刻的状态为 m 个状态之一。据式(11-29)有

$$\begin{aligned} &P[X(t_{n+k}) = a_{n+k} \mid X(t_n) = a_n, X(t_{n-1}) = a_{n-1}, \cdots, X(t_1) = a_1] \\ &= P[X(t_{n+k}) = a_{n+k} \mid X(t_n) = a_n] \end{aligned} \tag{11-31}$$

式中：a_{n+k} 为 t_{n+k} 时刻的状态；其余符号含义类推。

这里要求式(11-31)左端有意义，即大于 0。记

$$P_{i,j}(n,k) = P[X(t_{n+k}) = a_j \mid X(t_n) = a_i], i,j = 1,2,\cdots,m; n,k \text{ 为正整数} \quad (11-32)$$

为过程从时刻 t_n 处于状态 a_i 经 k 步转移到状态 a_j 的概率。一般而言，$P_{i,j}(n,k)$ 与 i,j,k 和 n 有关。当 $P_{i,j}(n,k)$ 与 n 无关(与初始时刻无关)时，则称为齐次马尔柯夫链。

在实际工作中，一般考虑齐次马尔柯夫链。取 $k=1$，则式(11-32)变为

$$p_{i,j}(1) = P[X(t_{n+1}) = a_j \mid X(t_n) = a_i] \quad (11-33)$$

式中：$p_{i,j}(1)$ 为一步转移概率。

由一步转移概率可构成一步转移概率矩阵

$$\boldsymbol{P}^{(1)} = \begin{bmatrix} p_{1,1}(1) & p_{1,2}(1) & \cdots & p_{1,m}(1) \\ p_{2,1}(1) & p_{2,2}(1) & \cdots & p_{2,m}(1) \\ \vdots & \vdots & \vdots & \vdots \\ p_{m,1}(1) & p_{m,2}(1) & \cdots & p_{m,m}(1) \end{bmatrix} \quad (11-34)$$

式中：$0 \leqslant p_{i,j}(1) \leqslant 1$，$\sum_{j=1}^{m} p_{i,j}(1) = 1$。

例7 不可越壁的随机游动。

设一质点在一线段上每分钟发生一次随机移动，状态为 $\{1,2,3,4,5\}$，即质点只能停留在该线段的 $1,2,3,4,5$ 这 5 个整数点上，移动的规则如下：

(1) 若移动前在 $2,3,4$ 处，则均以概率 $\dfrac{1}{3}$ 向左或向右移动一单位，或停留在原处。

(2) 若移动前在 1 处，则以概率 1 移到 2 处。

(3) 若移动前在 5 处，则以概率 1 移到 4 处。

解 设 $X(n)$ 表示在时刻 n 质点的位置，则 $X(n)$ 是一个有限齐次马氏链，其一步转移概率为

$$p_{1,1} = 0, \quad p_{1,2} = 1, \quad p_{1,3} = 0, \quad p_{1,4} = 0, \quad p_{1,5} = 0$$
$$p_{2,1} = \frac{1}{3}, \quad p_{2,2} = \frac{1}{3}, \quad p_{2,3} = \frac{1}{3}, \quad p_{2,4} = 0, \quad p_{2,5} = 0$$
$$p_{3,1} = 0, \quad p_{3,2} = \frac{1}{3}, \quad p_{3,3} = \frac{1}{3}, \quad p_{3,4} = \frac{1}{3}, \quad p_{3,5} = 0$$
$$p_{4,1} = 0, \quad p_{4,2} = 0, \quad p_{4,3} = \frac{1}{3}, \quad p_{4,4} = \frac{1}{3}, \quad p_{4,5} = \frac{1}{3}$$
$$p_{5,1} = 0, \quad p_{5,2} = 0, \quad p_{5,3} = 0, \quad p_{5,4} = 1, \quad p_{5,5} = 0$$

它的一步转移概率矩阵为

$$\boldsymbol{P}^{(1)} = \begin{bmatrix} 0 & 1 & 0 & 0 & 0 \\ \dfrac{1}{3} & \dfrac{1}{3} & \dfrac{1}{3} & 0 & 0 \\ 0 & \dfrac{1}{3} & \dfrac{1}{3} & \dfrac{1}{3} & 0 \\ 0 & 0 & \dfrac{1}{3} & \dfrac{1}{3} & \dfrac{1}{3} \\ 0 & 0 & 0 & 1 & 0 \end{bmatrix}$$

2. 多步转移概率

研究马尔柯夫链，人们常关心经过多步($k \geq 2$)转移后，系统所能达到的状态。为此，需要讨论多步转移概率，即

$$p_{i,j}(k) = P[X(t_{n+k}) = a_j \mid X(t_n) = a_i]$$

由多步转移概率可构成多步转移概率矩阵

$$P^{(k)} = \begin{bmatrix} p_{1,1}(k) & p_{1,2}(k) & \cdots & p_{1,m}(k) \\ p_{2,1}(k) & p_{2,2}(k) & \cdots & p_{2,m}(k) \\ \vdots & \vdots & \vdots & \vdots \\ p_{m,1}(k) & p_{m,2}(k) & \cdots & p_{m,m}(k) \end{bmatrix}$$

设 $X(t)$ 为一齐次马氏链，多步转移概率之间有如下关系

$$p_{i,j}(k) = \sum_{l} p_{i,l}(M) p_{l,j}(N) \tag{11-35}$$

式中：$k = M + N, M \geq 1, N \geq 1$。

这就是切普曼-柯尔莫哥洛夫方程，也称马尔柯夫方程。

证

$$p_{i,j}(M+N) = P[X(t_{n+M+N}) = a_j \mid X(t_n) = a_i]$$

$$= \frac{P[X(t_{n+M+N}) = a_j, X(t_n) = a_i]}{P[X(t_n) = a_i]}$$

$$= \sum_{l} \frac{P[X(t_{n+M+N}) = a_j, X(t_n) = a_i, X(t_{n+M}) = a_l]}{P[X(t_n) = a_i]}$$

$$= \sum_{l} \frac{P[X(t_{n+M+N}) = a_j, X(t_n) = a_i, X(t_{n+M}) = a_l]}{P[X(t_n) = a_i, X(t_{n+M}) = a_l]}$$

$$\times \frac{P[X(t_n) = a_i, X(t_{n+M}) = a_l]}{P[X(t_n) = a_i]}$$

$$= \sum_{l} P[X(t_{n+M+N}) = a_j \mid X(t_n) = a_i, X(t_{n+M}) = a_l]$$

$$\times P[X(t_{n+M}) = a_l \mid X(t_n) = a_i]$$

$$= \sum_{l} P[X(t_{n+M+N}) = a_j \mid X(t_{n+M}) = a_l] \times P[X(t_{n+M}) = a_l \mid X(t_n) = a_i]$$

$$= \sum_{l} p_{i,l}(M) p_{l,j}(N)$$

式(11-35)写成矩阵形式有

$$P^{(M+N)} = P^{(M)} \times P^{(N)}$$

特别是，当 $M = N = 1$ 时，得

$$P^{(2)} = P^{(1)} \times P^{(1)} = [P^{(1)}]^2$$

一般地，有

$$P^{(k)} = [P^{(1)}]^k \tag{11-36}$$

可见，马氏链的状态转移规律由一步转移概率矩阵完全决定。

3. 初始概率分布与绝对概率分布

马氏链在初始时刻(零时刻)取各状态的概率分布

$$P_0 = [p_0(1), p_0(2), \cdots, p_0(m)]$$

为初始概率分布。其中 $p_0(i) = P\{X(0) = a_i\}(i = 1, 2, \cdots, m)$。

马氏链在时刻 t 取各状态的概率分布

$$P_t = [p_t(1), p_t(2), \cdots, p_t(m)]$$

为绝对概率分布。其中 $p_t(i) = P[X(t) = a_i]$。利用全概率公式有，t 时刻的绝对概率分布为

$$P_t = P_0 P^{(t)} = P_0 [P^{(1)}]^t \tag{11-37}$$

这表明，t 时刻的绝对概率分布完全一步转移概率矩阵和初始概率分布完全决定。

例8 表11-2收集了桂江流域中游控制站平乐站48年(1952—1999年)径流资料。将年径流划分为5个状态($m=5$)：枯、偏枯、平、偏丰、丰，分别用1，2，3，4，5 表示。状态划分标准采用均值标准差法，即枯、偏枯、平、偏丰、丰分别对应 $[0, \bar{x}-1.0s]$、$(\bar{x}-1.0s, \bar{x}-0.5s]$、$(\bar{x}-0.5s, \bar{x}+0.5s]$、$(\bar{x}+0.5s, \bar{x}+1.0s]$、$(\bar{x}+1.0s, +\infty)$，其中年径流样本均值 $\bar{x} = 402\text{m}^3/\text{s}$，样本标准差 $s = 96.2\text{m}^3/\text{s}$。分类结果见表11-2。

表 11-2 　　　　　　　　　　　　　　　　　　　　　　　　　　　单位：m^3/s

年份	1952	1953	1954	1955	1956	1957	1958	1959	1960	1961	1962	1963
年径流	540	478	466	273	378	422	251	508	307	465	375	190
状态	5	4	4	1	3	3	1	5	2	4	3	1
年份	1964	1965	1966	1967	1968	1969	1970	1971	1972	1973	1974	1975
年径流	404	279	336	351	570	280	528	374	329	515	356	432
状态	3	1	2	2	5	1	5	3	2	5	3	3
年份	1976	1977	1978	1979	1980	1981	1982	1983	1984	1985	1986	1987
年径流	466	499	386	395	386	445	434	480	314	335	303	382
状态	4	4	3	3	3	3	3	4	2	2	1	3
年份	1988	1989	1990	1991	1992	1993	1994	1995	1996	1997	1998	1999
年径流	301	282	352	260	418	568	633	405	455	500	518	411
状态	1	1	2	1	3	5	5	3	4	4	5	3

由表11-2统计一步转移频数矩阵

$$F = (f_{i,j})_{m \times m} = \begin{bmatrix} 1 & 2 & 4 & 0 & 2 \\ 2 & 2 & 0 & 1 & 2 \\ 4 & 1 & 6 & 3 & 1 \\ 1 & 1 & 2 & 3 & 1 \\ 1 & 1 & 4 & 1 & 1 \end{bmatrix}$$

式中：$f_{i,j}$ 为第 i 状态经一步转移为第 j 状态的频数。

而转移概率为

$$P_{i,j} = \frac{f_{i,j}}{\sum_{j=1}^{m} f_{i,j}} \tag{11-38}$$

故一步转移矩阵为

$$P^{(1)} = \begin{bmatrix} 0.111 & 0.222 & 0.445 & 0.000 & 0.222 \\ 0.286 & 0.286 & 0.000 & 0.142 & 0.286 \\ 0.267 & 0.067 & 0.400 & 0.200 & 0.066 \\ 0.125 & 0.125 & 0.250 & 0.375 & 0.125 \\ 0.125 & 0.125 & 0.500 & 0.125 & 0.125 \end{bmatrix}$$

1999年径流为平水年，则其初始概率分布为 $P_{1999}=[0,0,1,0,0]$。由式(11-39)有，2000年径流的条件概率分布为 $P_{2000}=[0.267,0.067,0.400,0.200,0.066]$，即2000年径流处于5种状态的概率分布。同理可得2001年径流的概率分布。

习　题

11-1 名词解释：随机过程、平稳过程、非平稳过程、马氏链。

11-2 若流域下垫面和气候条件稳定，该流域的年径流过程、月径流过程、年最大15日洪水过程均为水文过程，试指出哪些是平稳过程？哪些是非平稳过程？

11-3 已知随机过程 $X(t)=At$，其中 A 是服从 $[0,1]$ 上均匀分布的随机变量，试问随机过程 $X(t)$ 是否平稳？

11-4 设 $X(t)$ 和 $Y(t)$ 是相互独立的平稳随机过程，试问 $Z(t)=X(t)Y(t)$ 是否为平稳随机过程？

11-5 选某水文站历年月平均流量过程，试计算月平均流量过程的数字特征。

11-6 某河年平均流量资料(单位：m^3/s)，见表11-3。当 $Q<535m^3/s$ 时，为少水年；当 $535m^3/s \leqslant Q<775m^3/s$ 时，为中水年；当 $Q \geqslant 775m^3/s$ 时，为丰水年。试估算2005年径流为丰、中、枯状态的概率分布。

表11-3　　　　　　　　　　　　　　　　　　　　　　　　　　　　单位：m^3/s

年份	1969	1970	1971	1972	1973	1974	1975	1976	1977	1978	1979	1980
平均流量	662	656	542	576	446	719	644	650	635	544	701	776
年份	1981	1982	1983	1984	1985	1986	1987	1988	1989	1990	1991	1992
平均流量	677	737	533	500	773	480	681	582	777	779	672	583
年份	1993	1994	1995	1996	1997	1998	1999	2000	2001	2002	2003	2004
平均流量	876	471	569	662	533	760	774	880	713	453	830	737

11-7 设一马氏链的一步转移概率矩阵为

$$P^{(1)} = \begin{bmatrix} \dfrac{1}{2} & \dfrac{1}{3} & \dfrac{1}{6} \\ \dfrac{1}{3} & \dfrac{1}{3} & \dfrac{1}{3} \\ \dfrac{1}{3} & \dfrac{1}{2} & \dfrac{1}{6} \end{bmatrix}$$

问此链有几个状态？是否存在遍历性？求二步转移概率矩阵。

第十二章 水文时间序列分析

第一节 水文时间序列及其组成

一、水文时间序列

水文现象随时间变化的过程称为随机水文过程。随机水文过程一般是连续的。为便于分析和计算，常常将随机水文过程离散化处理，在离散时刻对它进行观测，得到水文时间序列。通常有以下三种离散手段。

(1) 取时间区间上的统计值。取时间区间上的总量或平均值，这是应用最多的一种情况。水文时间序列的应用背景非常广泛，依据不同的应用，数据收集可以到逐小时、逐日、逐旬、逐月、逐季、逐年等，如月平均流量序列、日平均水位序列、季水量序列。

(2) 按某种规则选择特征值。视研究问题不同而采用不同的规则，如按年(月、季等)内最大规则选择年(月、季等)最大流量，组成年(月、季等)最大流量序列；又如按年(月、季等)内最小规则选择年(月、季等)最小流量，组成年(月、季等)最小流量序列；历年某月降水天数组成的序列；超过某一门限的变量值组成的序列等。

(3) 在离散时刻上取样。如每日定时实测水位组成定时水位时间序列，河流某断面8:00溶解氧组成的序列等。

上述获取的水文时间序列可进一步分类。依据变量的个数可分为以下两类。

(1) 一维水文时间序列。即给定点一个变量的水文时间序列，如流域某雨量站降水量时间序列，某河流断面流量时间序列。

(2) 多维水文时间序列。即两个或两个以上时间序列所组成的集合，如一个站上几个变量(降雨量、径流、蒸发等)时间序列的集合，一个流域几个站年径流时间序列的集合等。

按是否相依可分为相依水文时间序列和不相依水文时间序列。按是否平稳可分为平稳水文时间序列和非平稳水文时间序列。水文时间序列还可以分为等时间间隔序列和不等时间间隔序列；在水文水资源学中，一般前者多见。

二、水文时间序列的组成

水文时间序列 X_t 一般由确定成分和随机成分组成。确定成分具有一定的物理概念，包含周期的和非周期的成分；随机成分由不规则的振荡和随机影响造成。水文时间序列常用线性叠加的形式表示

$$X_t = N_t + P_t + S_t \tag{12-1}$$

式中：N_t 为确定性的非周期成分(包括趋势、跳跃、突变)；P_t 为确定性的周期成分，包括简单周期、复合周期和近似周期；S_t 为随机成分，包括平稳的和非平稳的两种情况，

如图 12-1 所示。

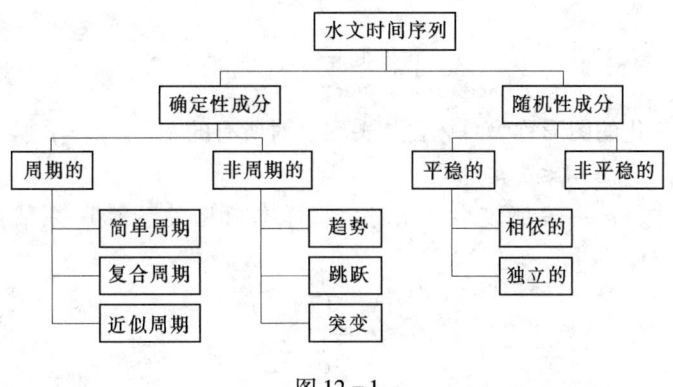

图 12-1

在少数情况下 X_t 也可能是上述三者的乘积形式。

水文时间序列是一定自然条件和气候条件下的产物，周期成分、非周期成分、随机成分是其主要成分，但三者并不一定同时存在。

当 $P_t + N_t = 0$ 时，$X_t = S_t$，为随机成分序列；当 $S_t = 0$ 时，$X_t = P_t + N_t$，为近似确定性序列；当 $N_t = 0$ 时，$X_t = P_t + S_t$，为周期随机序列。这里的"成分"与"序列"具有相同的含义，如确定性成分也可以称成确定性序列。

水文时间序列是否具有周期成分和非周期成分？水文时间序列是否相依的？相依程度如何？这需要采用一定的方法和技术进行分析和识别。水文时间序列是否相依，一般可通过相关分析方法统计推断。水文时间序列是否具有周期成分，通常采用谱分析技术进行统计推断。非周期成分常采用成因分析法和统计推断技术相结合的途径进行识别。下面将分节介绍。

第二节　水文时间序列相关分析

判断水文时间序列是否相依，相依程度如何，一个常用的方法是相关分析。研究一维水文时间序列自身内部间的线性关系时用自相关分析。研究多维水文时间序列间的线性关系时用互相关分析。

一、自相关分析

这里以平稳水文时间序列 X_t 为例进行说明。设 X_t 的一个相当长的样本函数为 $x_1, x_2, \cdots, x_n$，由前面知，其自相关系数为

$$\rho_k = \frac{\mathrm{Cov}(k)}{\sigma^2} \tag{12-2}$$

式中：$k = 0, 1, \cdots, m$，称为滞时或阶数；ρ_k 称为滞时为 k 的总体自相关系数。

其中

$$\mathrm{Cov}(k) = \lim_{n \to \infty} \frac{1}{n-k} \sum_{t=1}^{n-k} (x_{t+k} - u)(x_t - u) \tag{12-3}$$

第十二章 水文时间序列分析

$$u = \lim_{n \to \infty} \frac{1}{n} \sum_{t=1}^{n} x_t \qquad (12-4)$$

$$\sigma^2 = \lim_{n \to \infty} \frac{1}{n} \sum_{t=1}^{n} (x_t - u)^2 \qquad (12-5)$$

ρ_k 随滞时 k 变化的图形称为总体自相关图。对所有的 k，有 $\rho_k = \rho_{(-k)}$，即自相关图关于 $k=0$ 对称，$\rho_0 = 1$，$-1 \leqslant \rho_k \leqslant 1$。

在实际工作中，n 一般都较小。此时，用样本自相关系数 r_k 来估计总体自相关系数，即

$$r_k = \hat{\rho}_k = \frac{\hat{\text{Cov}}(k)}{\hat{\sigma}_t \hat{\sigma}_{t+k}} \qquad (12-6)$$

其中

$$\hat{\text{Cov}}(k) = \frac{1}{n-k} \sum_{t=1}^{n-k} (x_{t+k} - \bar{x}_{t+k})(x_t - \bar{x}_t)$$

$$\hat{\sigma}_t^2 = \frac{1}{n-k} \sum_{t=1}^{n-k} (x_t - \bar{x}_t)^2$$

$$\hat{\sigma}_{t+k}^2 = \frac{1}{n-k} \sum_{t=1}^{n-k} (x_{t+k} - \bar{x}_{t+k})^2$$

$$\bar{x}_t = \frac{1}{n-k} \sum_{t=1}^{n-k} x_t, \quad \bar{x}_{t+k} = \frac{1}{n-k} \sum_{t=1}^{n-k} x_{t+k}$$

当 n 很大且 k 较小时，式(12-6)可简化为

$$r_k = \hat{\rho}_k = \frac{\sum_{t=1}^{n-k} (x_{t+k} - \bar{x})(x_t - \bar{x})}{\sum_{t=1}^{n} (x_t - \bar{x})^2}, \quad k = 0, 1, 2, \cdots, m, m \ll n \qquad (12-7)$$

式中：$\bar{x} = \frac{1}{n} \sum_{t=1}^{n} x_t$；当 $n > 50$ 时，$m < n/4$；当 $n < 50$ 时，$m = n/4$ 或 $n-10$，原则上参加计算的项数至少 10 项以上。

在这里应强调指出，r_k 的方差随 k 的增大而增加，r_k 的估计精度随着 k 的增加而降低，因此 m 应取较小的数值。

r_k 随滞时 k 变化的过程图为样本自相关图。图 12-2 所示为桂江桂林站(1960—2001 年)、岷江高场站(1940—2004 年)和沱江李家湾站(1952—2004 年)年平均流量序列的样

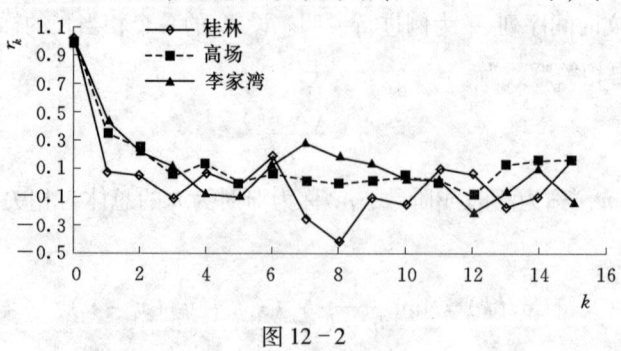

图 12-2

本自相关图。必须说明，式(12-6)和式(12-7)在小样本时均是有偏的，前式的偏离较后式为小，但后式的有效性却较前式为好。目前实际计算时趋向于应用后者。

自相关系数是描述水文时间序列自身内部线性相依程度的指标，一般作以下三种用途。

(1)判断时间序列前后相依程度，$r_k(k=1,2,\cdots)$的绝对值越大，说明研究序列内部线性相依程度越强，反之越弱。

(2)用样本自相关图与一些随机模型的总体自相关图比较，根据其相似程度，找出时间序列的最佳估计模型。

(3)判断时间序列是否独立。从理论上讲，$r_k(k=1,2,\cdots)=0$时，时间序列是独立的。由于获得的样本序列具有抽样误差，即使从独立序列总体中抽出的样本序列，计算的自相关系数r_k也未必等于0，而是在0值上下波动。一般采用假设检验的方法进行推断。其步骤如下：

1)计算样本自相关系数r_k并绘制样本自相关图。

2)计算r_k的容许限(显著性水平$\alpha=5\%$)，即

$$r_k(\alpha=5\%)=\frac{-1\pm1.96\sqrt{n-k-1}}{n-k} \tag{12-8}$$

式中：取"+"时为容许上限，取"-"时为容许下限。

3)推断若r_k处在上、下容许限之间，则统计推断该序列独立；反之相依。

这里称上述独立性推断法为自相关系数法。

图12-3所示为沱江李家湾站年平均流量序列的样本自相关图，可以看出，它是一个相依序列。

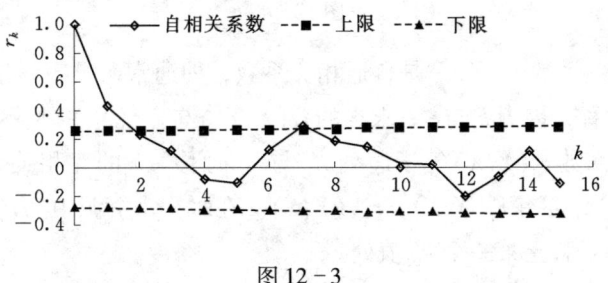

图12-3

二、互相关分析

研究两个水文时间序列相互关系时，采用互相关分析技术。互相关不仅表示两个序列同时刻间的联系，而且可描述两个序列不同时刻间的相互关系。

设有两个水文时间序列X_t、Y_t，其总体互相关系数为

$$\rho_k(X,Y)=\frac{\mathrm{Cov}_k(X,Y)}{\sigma_x\sigma_y} \tag{12-9}$$

式中：σ_x、σ_y分别为序列X_t、Y_t的均方差；$k=0,1,2,\cdots,m$；$\mathrm{Cov}_k(X,Y)$为X_t与Y_t滞时k的互协方差，即

$$\mathrm{Cov}(k)=\lim_{n\to\infty}\frac{1}{n-k}\sum_{t=1}^{n-k}(X_t-u_x)(Y_{t+k}-u_y) \tag{12-10}$$

式中：u_x和u_y分别为序列X_t和Y_t的均值。

$\rho_k(X,Y)$ 表示 X_t 与 Y_t 滞时 k 的互相关程度，$-1 \leq \rho_k(X,Y) \leq 1$，值越大，互相关（相依）程度越高。$\rho_k(X,Y)$ 与 k 的变化过程，称为总体互相关图。

设有两个水文时间序列的实测样本时间序列 x_t、$y_t(t=1,2,\cdots,n)$。样本互相关系数为

$$r_k(X,Y) = \hat{\rho}_k(X,Y) = \frac{\hat{\mathrm{Cov}}_k(X,Y)}{\hat{\sigma}_x \hat{\sigma}_y} \qquad (12-11)$$

式中：$\hat{\sigma}_x$、$\hat{\sigma}_y$ 分别为序列 X_t、Y_t 的样本均方差；$\hat{\mathrm{Cov}}_k(X,Y)$ 为 X_t 与 Y_t 滞时 k 的样本互协方差，即

$$\hat{\mathrm{Cov}}(k) = \frac{1}{n-k} \sum_{t=1}^{n-k} (x_t - \bar{x})(y_{t+k} - \bar{y}) \qquad (12-12)$$

式中：$\bar{x}$ 和 $\bar{y}$ 分别为序列 X_t 和 Y_t 的样本均值。

$r_k(X,Y)$ 随 k 变化的图形，称为样本互相关图。如图 12-4 所示为清江流域隔河岩站年平均流量序列与流域年降雨量序列的样本互相关图。

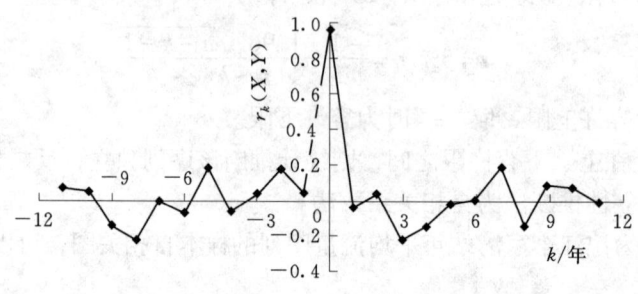

图 12-4

对 $k=0$，互相关系数 $r_0(X,Y)$ 是普通相关系数，即通常两个序列相关的情形。互相关图对于 $k=0$ 并不对称，因为 k 与 $-k$ 求出的 $r_k(X,Y)$ 与 $r_{-k}(X,Y)$ 是不相同的。序列 Y_t 与 X_t 时移 k 的互相关系数 $r_k(Y,X)$ 等于序列 X_t 与 Y_t 时移 $-k$ 的互相关系数 $r_{-k}(X,Y)$，即 $r_k(Y,X) = r_{-k}(X,Y)$，亦有 $r_k(X,Y) = r_{-k}(Y,X)$。在水文水资源中 $|r_k(X,Y)|$ 的最大值常常不在 $k=0$ 处，而是移至某一个 k_0 值处。

当水文时间序列多于两个时，仍然用式（12-11）计算任意两者间的互相关系数。不同滞时 k 的两两互相关可用相关矩阵 M_k 表示

$$M_k = \begin{bmatrix} r_k(1,1) & r_k(1,2) & \cdots & r_k(1,m) \\ r_k(2,1) & r_k(2,2) & \cdots & r_k(2,m) \\ \vdots & \vdots & \vdots & \vdots \\ r_k(m,1) & r_k(m,2) & \cdots & r_k(m,m) \end{bmatrix} \qquad (12-13)$$

式中：$r_k(i,j)$ 为第 i 序列与第 j 序列滞时 k 的互相关系数；m 为序列个数。

从上面的分析和计算可以看出，自相关分析、互相关分析是从时间域上探讨水文时间序列内部线性相依结构的重要技术。

第三节 水文时间序列的谱分析

水文现象受天文气象因素制约，以日或年为周期的变化很明显。例如，气温、蒸发、受融雪融冰补给的河川流量等都存在明显的日变化，而一般河流的月径流量都有明显的年周期变化。水文时间序列除可能存在日或年周期外，还可能存在其他周期成分。判断水文时间序列是否具有周期成分，可用谱分析技术。谱分析是从频率域上分析水文时间序列的内部结构。

一个给定的任意函数可用傅立叶（Fourier）级数表示。水文时间序列是随机函数的一个样本函数，因此也可以用傅立叶级数表示。所谓用傅立叶级数，即由不同频率的谐波（正弦波和余弦波组成）叠加而成。显著的谐波即为周期成分，其对应的频率的倒数为周期。这就是谱分析。

在频率域上分析水文时间序列内部结构和有关性质，常用方差线谱（周期图）和方差谱密度以及最大熵谱等指标。这里仅对方差线谱和方差谱密度加以叙述。

一、方差线谱

设有水文时间序列 $X_t(t=1,2,\cdots,n)$，其傅立叶级数为

$$X_t = u + \sum_{j=1}^{L}(a_j\cos\omega_j t + b_j\sin\omega_j t) = u + \sum_{j=1}^{L}A_j\cos(\omega_j t + \theta_j) \quad (12-14)$$

式中：u 为 X_t 的均值；L 为谐波个数 [n 为偶数时，$L=n/2$；n 为奇数时，$L=(n-1)/2$]；a_j, b_j, A_j 为第 j 个谐波的傅氏系数（振幅）；ω_j, θ_j 分别为对应谐波的角频率和相位，计算式如下：

$$\begin{cases} a_j = \dfrac{2}{n}\sum_{t=1}^{n} X_t\cos\omega_j t \\ b_j = \dfrac{2}{n}\sum_{t=1}^{n} X_t\sin\omega_j t \\ A_j = \sqrt{a_j^2 + b_j^2} \end{cases} \quad (12-15)$$

$$\omega_j = 2\pi f_j = \frac{2\pi}{T_j}, \quad \theta_j = \arctan\left(-\frac{b_j}{a_j}\right)$$

其中，T_j 为频率 f_j 或 ω_j 对应的周期，$T_j = n/j$。

$A_j^2/2$ 与 ω_j 一一对应，称它们的关系图为方差线谱或周期图（图 12-5）。通过谐波的振幅随频率的变化过程可以揭示频率的强弱。

方差线谱清楚地表明一个给定的序列中，包含了哪些频率的谐波分量及各分量的方差所占的比重，进而通过假设检验识别出显著周期成分。构造统计量

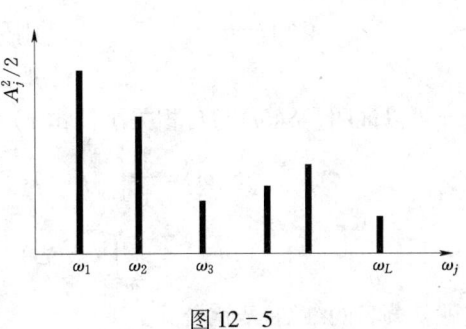

图 12-5

$$F_j = \frac{0.5A_j^2/2}{(\sigma^2 - 0.5A_j^2)/(n-2-1)} \sim F(2, n-3), \quad i = 1, 2, \cdots, L \quad (12-16)$$

作为检验第 j 个谐波是否显著的度量指标。这里，F_j 服从自由度为 $(2, n-3)$ 的 F 分布。根据给定的显著性水平 α，由 F 分布查得 F_α。当 $F_j > F_\alpha$，则第 j 个谐波显著，其对应的周期就显著；反之不显著。

对于平稳水文时间序列 $X_t(t=1,2,\cdots,n)$，如有 d 个显著周期，则有

$$X_t = u + \sum_{j=1}^{d}(a_j\cos\omega_j t + b_j\sin\omega_j t) + \varepsilon_t \quad (12-17)$$

式中：u 含义同前；$\omega_j = 2\pi/T_j$，T_j 为第 j 个周期；a_j、b_j 由式（12-15）计算；ε_t 为剩余序列。

对于季节性水文序列 $X_{t,\tau}(t=1,2,\cdots,n)$，$n$ 为年数；$\tau = 1,2,\cdots,w$，w 为季节数，则有

$$X_{t,\tau} = u + \sum_{j=1}^{d}(a_j\cos\omega_j\tau + b_j\sin\omega_j\tau) + \varepsilon_{t,\tau} \quad (12-18)$$

式中：u 为整个序列 $X_{t,\tau}$ 的均值，即 $u = \frac{1}{nw}\sum_{t=1}^{n}\sum_{\tau=1}^{w}x_{t,\tau}$；$\omega_j = 2\pi/T_j$，$T_j$ 为第 j 个周期，即 $T_j = w/j$；$\varepsilon_{t,\tau}$ 为剩余序列；d 意义同前；a_j, b_j 估算如下

$$\begin{cases} a_j = \dfrac{2}{nw}\sum_{t=1}^{n}\sum_{\tau=1}^{w}(X_{t,\tau} - u)\cos\dfrac{2\pi j}{w}\tau \\ b_j = \dfrac{2}{nw}\sum_{t=1}^{n}\sum_{\tau=1}^{w}(X_{t,\tau} - u)\sin\dfrac{2\pi j}{w}\tau \end{cases} \quad (12-19)$$

可见，用方差线谱研究序列的内部周期结构是十分有用的。周期图不是谱密度的一致性估计，下面介绍方差谱密度。

二、方差谱密度

令 $\Delta D = A_j^2/2$，定义

$$\lim_{\Delta\omega \to 0}\frac{\Delta D}{\Delta\omega} = \varphi(\omega)$$

称 $\varphi(\omega)$ 为方差密度，是一个连续谱。令

$$S(\omega) = \frac{2\varphi(\omega)}{\sigma^2}$$

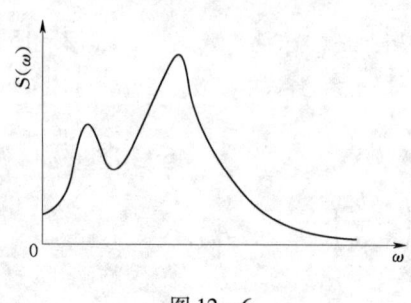

图 12-6

则称 $S(\omega)$ 为方差谱密度函数（简称方差谱密度），如图 12-6 所示。

可以证明，$S(\omega)$ 与自相关函数 $\rho(\tau)$ 互为傅立叶变换，即

$$S(\omega) = \frac{1}{\pi}\int_{-\infty}^{+\infty}\rho(\tau)e^{-i\omega\tau}d\tau = \frac{1}{\pi}\int_{-\infty}^{+\infty}\rho(\tau)\cos\omega\tau d\tau \quad (12-20)$$

$$\rho(\tau) = \frac{1}{2}\int_{-\infty}^{+\infty}S(\omega)e^{i\omega\tau}d\omega = \frac{1}{2}\int_{-\infty}^{+\infty}S(\omega)\cos\omega\tau d\omega \quad (12-21)$$

这就是著名的维纳-辛钦公式。

从式(12-21)可以看出,当 $\tau=0$ 时,有

$$\rho(0) = \frac{1}{2}\int_{-\infty}^{+\infty} S(\omega)\mathrm{d}\omega = \int_{0}^{+\infty} S(\omega)\mathrm{d}\omega = 1$$

即频率 $\omega>0$ 的方差谱密度函数曲线的下包面积为1。

在实际工作中频率为负没有实际意义。因此对于水文时间序列,式(12-20)可改写为

$$S(\omega) = \frac{1}{\pi}[1 + 2\sum_{k=1}^{\infty}\rho_k\cos\omega k] \tag{12-22}$$

式中:ρ_k 为 k 阶总体自相关系数,可由样本自相关系数 r_k 估计;∞ 改为有限值 m(最大滞时)。

这样式(12-22)变为样本方差谱密度

$$\hat{S}(\omega_j) = \frac{1}{\pi}[1 + 2\sum_{k=1}^{m} r_k\cos\omega_j k] \tag{12-23}$$

或

$$\hat{S}(f_j) = 2[1 + 2\sum_{k=1}^{m} r_k\cos 2\pi f_j k] \tag{12-24}$$

式中:$f_j = j/(2m)$,$\omega_j = 2\pi f_j$,$j = 0,1,2,\cdots,m$。

由于随着滞时 k 的增大,r_k 的抽样误差也增大,为了获得有效、无偏的方差谱密度,需对式(12-23)和式(12-24)进行平滑处理,即

$$\hat{S}(\omega_j) = \frac{1}{\pi}[1 + 2\sum_{k=1}^{m} D_k r_k\cos\omega_j k] \tag{12-25}$$

$$\hat{S}(f_j) = 2[1 + 2\sum_{k=1}^{m} D_k r_k\cos 2\pi f_j k] \tag{12-26}$$

式中:D_k 称为谱窗(权重因子或窗函数)。

D_k 有多种形式,常用 Hamming 窗

$$D_k = 0.54 + 0.46\cos\left(\frac{\pi k}{m}\right), \quad k = 1,2,\cdots,m$$

和 Hamming 窗

$$D_k = 0.5 + 0.5\cos\left(\frac{\pi k}{m}\right), \quad k = 1,2,\cdots,m$$

点绘 $S(\omega_j)$ 与 ω_j 或 $S(f_j)$ 与 f_j 的关系图,称为方差谱密度图或频谱图。方差谱密度图中急剧上升的峰值说明了节奏性运动,即为周期成分;峰值对应的频率可能为显著周期。正弦曲线(具有完全的周期性)在周期对应频率处形成一根垂线(一种极端)。可见,方差谱密度图可以推断水文时间序列中的周期成分。图12-7(a)所示为长江宜昌站年平均流量序列的方差谱密度变化过程。可以看出,宜昌站年平均流量有15年和3年左右的周期。

对于季节性水文时间序列 $X_{t,\tau}$($t=1,2,\cdots,n$,n 为年数;$\tau=1,2,\cdots,w$,w 为季节数),可以这样计算方差谱密度:

(1)将 $X_{t,\tau}$ 改写成长序列 Y_i($i=1,2,\cdots,n\times w$)。

(2) 用式(12-25)、式(12-26)计算 $S(\omega_j)$ 或 $S(f_j)$。

图 12-7(b) 所示为岷江紫坪铺站月平均流量序列的方差谱密度变化过程，可见紫坪铺站月平均流量序列有 12 个月和 4 个月的周期。

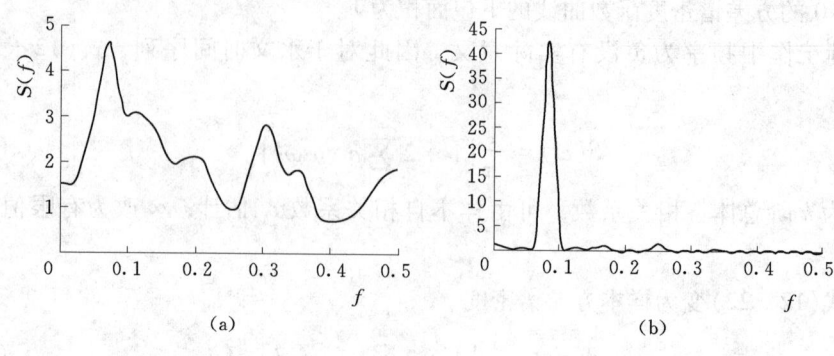

图 12-7

以上谱分析是针对单个水文时间序列进行的。为了探讨两个水文时间序列在频率域内的相互结构，可用互谱分析。限于篇幅加之应用较少，本书从略。另外，20 世纪 80 年代初发展起来的小波分析具有时域频域多分辨功能，能展示不同频率成分在时域上的分布特征，限于篇幅不再赘述。

第四节 水文时间序列组成成分识别

由前面知，水文时间序列可能含有周期成分、非周期成分和随机成分，一般是由两种或两种以上成分合成的。非周期成分包括趋势、跳跃和突变(突变是跳跃的一种特殊情况)，水文水资源学中又将非周期成分称为暂态成分。非周期成分常被叠加在其他成分(如随机成分等)之上。实际工作中，人们经常要求水文时间序列具有一致性，即要求水文时间序列在流域气候和下垫面相对稳定条件下形成的。若序列中呈现趋势或跳跃等成分，就意味相对稳定条件受到破坏。利用这种序列预估未来事件，可能被大大歪曲。如何把水文时间序列中的各种成分识别出来，这是研究水文时间序列形成机制的重要内容，也是水文时间序列随机模拟的前提。一般说来，水文时间序列的组成成分识别，就是推断序列中存在的各种成分和设法提取这些成分。

一、趋势成分识别

水文时间序列在相当长时期内向上或向下缓慢变动的变化称为趋势。若趋势出现在序列全过程，称为整体趋势；若只出现在序列中的一段时期，称为局部趋势。趋势可存在于水文时间序列的任何参数之中，如均值、方差和自相关系数等。引起趋势的原因有气候的，或人为的。例如，中国西北新疆地区在 1987—2000 年期间，气候发生变化，温度上升，降水量、冰川消融量连续多年增加，径流量也呈增加趋势。由于人类活动影响，流域内灌溉面积不断增加，蒸发量有增大趋势，径流量则有减少趋势。

对水文时间序列的变化作物理成因分析和统计检验，查明趋势现象及其产生原因。如果序列中存在趋势成分，则要排除该成分，才能保持序列的一致性。

(一)趋势成分的识别和检验

1. 滑动平均法

序列 $x_1, x_2, \cdots, x_n$ 的几个前期值和后期值取平均,求出新的序列 y_t,使原序列光滑化,这就是滑动平均法。数学式表示为

$$y_t = \frac{1}{2k+1}\sum_{i=-k}^{k} x_{t+i} \quad (12-27)$$

当 $k=2$ 时为5点滑动平均,$k=3$ 时为7点滑动平均。若 x_t 具有趋势成分,选择合适的 k(不宜太大),y_t 就能把趋势清晰地显示出来。因此,滑动平均法在水文水资源学中得到了广泛的应用。

对黄河三门峡站1900—2000年年径流量序列进行5点(年)滑动平均处理,如图12-8中粗线所示,由图可知,1904—1931年径流具有减少的趋势,1932—1938年呈增加趋势,1983—2000年又表现出明显的减小趋势。

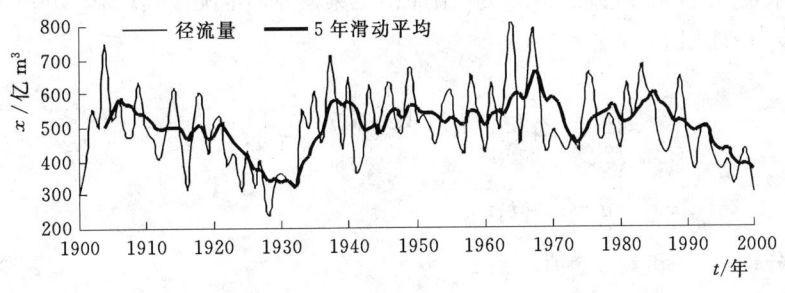

图 12-8

2. Kendall 秩次相关检验

对序列 $x_1, x_2, \cdots, x_n$,先确定所有对偶值 $(x_i, x_j)(j>i)$ 中 $x_i < x_j$ 的出现个数 k。如果按顺序前进的值全部大于前一个值,这是一种上升趋势,$k=(n-1)+(n-2)+\cdots+1 = n(n-1)/2$;如果全部倒过来,则 $k=0$,即为下降趋势。由此可知,对无趋势的水文时间序列,k 的数学期望为 $E(k) = n(n-1)/4$。

研究序列有无趋势成分,需进行检验。构造统计量

$$U = \frac{\tau}{[D(\tau)]^{1/2}} \quad (12-28)$$

其中,$\tau = \frac{4k}{n(n-1)} - 1$,$D(\tau) = \frac{2(2n+5)}{9n(n-1)}$。当 n 增加,U 很快趋于标准正态分布。

假设原序列无趋势(H_0),给定显著性水平 α 后,查算 $U_{\alpha/2}$。当 $|U| < U_{\alpha/2}$ 时,接受原假设,即趋势不显著;反之,拒绝原假设,即趋势显著。

例1 表12-1给出某流域某水文站1983—2000年年径流量变化过程。构造对偶值并计算得:$k=31$,$\tau=0.405$,$D(\tau)=0.0298$,$U=2.35$。取显著性水平 $\alpha=5\%$,查得 $U_{\alpha/2}=1.96$。由于 $U > U_{\alpha/2}$,故该站1983—2000年年径流量序列有趋势成分。

表 12-1 单位: 亿 m³

年份	1983	1984	1985	1986	1987	1988	1989	1990	1991
径流量	682.9	611.3	568.3	456	422.1	503.6	645.4	468.7	367.3
年份	1992	1993	1994	1995	1996	1997	1998	1999	2000
径流量	490.5	488	411.1	371.1	395.7	324.9	402	426.3	302.6

3. 趋势回归检验

设水文时间序列 X_t 由趋势成分 T_t 和随机成分 S_t 组成,即

$$X_t = T_t + S_t \tag{12-29}$$

趋势成分 T_t 可用多项式来描述

$$T_t = a + b_1 t + b_2 t^2 + \cdots + b_p t^p \tag{12-30}$$

式中: a 为常数; $b_1, b_2, \cdots, b_p$ 为回归系数。

实际工作中 T_t 可能是线性的,也可能是非线性的。一般先用图解法进行试配。式(12-30)可转化为多元线性回归模型并用最小二乘法估计回归系数。当 $p=1$ 时变为线性趋势, a 和 b_1 估计如下

$$\begin{cases} \hat{b}_1 = \sum_{t=1}^{n} (t - \bar{t})(X_t - \bar{x}) / \sum_{t=1}^{n} (t - \bar{t})^2 \\ \hat{a} = \bar{x} - \hat{b}_1 \bar{t} \end{cases} \tag{12-31}$$

式中: $\bar{x}$、$\bar{t}$ 分别为 X_t 和 t 的均值。

趋势成分是否显著,必须对回归系数 $b_1, b_2, \cdots, b_p$ 和回归方程进行假设检验。有关假设检验内容可参见第九章。

经趋势回归检验知:岷江紫坪铺站 1937—2003 年径流具有线性减少趋势,回归方程为: $T_t = -1.833t + 4080$(时间 t 以 1937 年为起点)。

(二)趋势成分的排除

通过上述途径将趋势成分检验出来后,用适当的数学方程(如回归方程)进行描述,再从原始序列中排除该趋势成分。

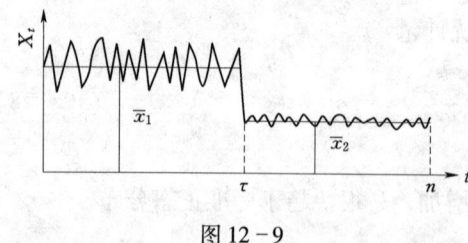

图 12-9

二、跳跃成分识别

跳跃(shift or jump)指水文时间序列从一种状态过渡到另一种状态表现出来的急剧变化形式。图 12-9 所示为跳跃成分示意图,其中 τ 为突变点。例如一个流域若突发大面积的森林火灾,则径流会突然变化,形成跳跃成分。

具有跳跃成分的水文时间序列 X_t 可以这样来表达:

$$X_t = \begin{cases} S_t, & t = 1, 2, \cdots, \tau \\ S_t + \delta, & t = \tau+1, \tau+2, \cdots, n \end{cases} \tag{12-32}$$

式中: S_t 为平稳随机序列; δ 为跳跃的大小。

第四节 水文时间序列组成成分识别

跳跃一般表现在均值、方差、自相关系数等统计特性上,如图 12-9 中 τ 时刻前后的均值 $\bar{x}_1$、$\bar{x}_2$ 显然不同,当然有时方差也不同。一般多在均值上寻找跳跃。

水文时间序列中的跳跃是人为的或自然的原因引起的。例如,修筑水库前坝下年最大流量序列与修建水库后经水库调节的年最大流量序列,就是人为引起的跳跃。这种跳跃将引起建库后最大流量序列均值和方差等参数的减少。又如建库后水面面积增大,蒸发量等损失增加,有可能出现跳跃,并反映在年径流序列的均值等参数之中。长江宜昌站在葛洲坝修建前的 80 年中,年均径流量都在 4500 亿 m^3 左右,非常稳定,但在葛洲坝修建后的 33 年中,年均径流量减少为 4300 亿 m^3 左右,约减少 4.5%。尼罗河阿斯旺坝址处年径流在建坝后发生了变化,存在着明显向下的跳跃成分。

美国阿列格赫尼河(Allegheny River)上游的金朱亚大坝(Kinzua Dam),水库上游流域年均降水量在大坝修建前为 894mm,大坝施工期增加到 987mm,增加了 8.2%,运行期增加到 1063mm,增加了 18.9%。存在着明显向上的跳跃成分。

突变是跳跃的一种特殊形式,是瞬间的行为,突变发生后,水文时间序列又保持原来的特性,如溃坝、泥石流导致河道堵塞等,这将引起流量的突变,但随着临时水坝的冲毁,又恢复到原来状态。

对水文时间序列要进行跳跃成分的识别和检验,如序列中含有跳跃成分,则应排除。

(一)跳跃成分识别和检验

跳跃成分识别和检验分两步,先识别突变点 τ,再检验确定跳跃成分是否显著。

1. 突变点的识别和推断

确定突变点 τ 的方法:一是从成因上(人类大规模活动或自然条件等因素)识别突变发生时间的分析方法;二是时序累计值相关曲线法;三是有序聚类分析法。这里简要介绍后面两种方法。

(1)时序累计值相关曲线法。研究序列 $x_1, x_2, \cdots, x_n$,参证序列 $y_1, y_2, \cdots, y_n$。分别计算其时序累计值

$$g_j = \sum_{t=1}^{j} x_t, \ j = 1, 2, \cdots, n \tag{12-33}$$

$$m_j = \sum_{t=1}^{j} y_t, \ j = 1, 2, \cdots, n \tag{12-34}$$

点绘 m_j 与 g_j 的关系图,若研究序列 X_t 跳跃不显著,则 $m_j \sim g_j$ 为一条通过原点的直线,否则为一折线,转折点即为突变点。该法的关键在于选取合适的参证序列。图 12-10 所示为四川省三皇庙年最小 7 日流量时序累计值 g_j 与涪江桥年最小 7 日流量(参证序列)的时序累计值 m_j 的相关曲线,可推断 1956 年为突变点。

(2)有序聚类分析法。用"物以类聚"来形容聚类分析,可以形象地表达聚类分析的思想。在分类时若不能打乱次序,这样的分类称为有序分类。以有序分类来推估最可能的突变点 τ,其实质是寻求最优二分割点,使同类之间的离差平方和较小而类与类之间的离差平方和较大。对于水文时间序列 $x_1, x_2, \cdots, x_n$,最优二分割法的要点如下:

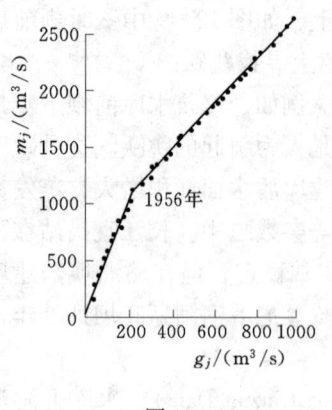
图 12-10

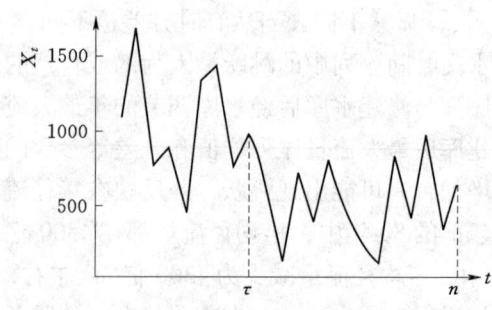
图 12-11

设可能的突变点为 τ(图 12-11)，则突变前后的离差平方和分别为

$$V_\tau = \sum_{i=1}^{\tau}(x_i - \bar{x}_\tau)^2 \quad (12-35)$$

$$V_{n-\tau} = \sum_{i=\tau+1}^{n}(x_i - \bar{x}_{n-\tau})^2 \quad (12-36)$$

式中：$\bar{x}_\tau$ 和 $\bar{x}_{n-\tau}$ 分别为 τ 前后两部分的均值。

这样总离差平方和为

$$S_n(\tau) = V_\tau + V_{n-\tau} \quad (12-37)$$

那么，当 $S = \min\limits_{2 \leqslant \tau \leqslant n-1}\{S_n(\tau)\}$ 时的 τ 为最优二分割点，可推断为突变点。需要说明的是，式(12-37)这个目标函数还不能完全反映类与类之间的离差平方和较大的原则。

2. 跳跃成分显著性检验

突变点 τ 推断后，需继续检验前后两部分是否具有显著的差异。如有，则具有跳跃成分，否则跳跃成分不显著。检验方法有均值方差齐次性检验、游程检验法、秩和检验法等。这里仅介绍游程检验法、秩和检验法，其余方法可参考有关文献。

(1) 游程检验法。设水文时间序列 $x_1, x_2, \cdots, x_\tau, x_{\tau+1}, x_{\tau+2}, \cdots, x_n$，其突变点为 τ，τ 前后两部分各有 n_1, n_2 ($n = n_1 + n_2$) 个值。假设跳跃前后两序列的分布函数各为 $F_1(x)$ 和 $F_2(x)$，原假设 $H_0: F_1(x) = F_2(x)$，即 τ 前后两个样本来自于同一个总体。

将水文时间序列突变点 τ 前后两部分分别用不同字母表示，如前面部分记为 A，后面部分记为 B；再将原序列值从小到大排序并用对应符号代替，形成以符号 A 和 B 组成的符号序列。统计游程(running，指连续出现同字母的序列；每个游程的字母数称为游程长)总个数 k。游程检验法的基本思想是：当游程出现个数较期望的游程数为少时，就倾向于拒绝两个样本来自同一分布总体这一假设，因为此时长的游程出现得较多，这就表明个别样本中的元素有较大的密集现象，因此认为这两个总体不服从同一分布。具体检验方法可分为游程总个数检验法和最大游程长度检验法。在此只介绍前者。

当 $n_1, n_2 > 20$ 时，k 趋于正态分布

$$k \sim N\left(1 + \frac{2n_1 n_2}{n}, \frac{2n_1 n_2(2n_1 n_2 - n)}{n^2(n-1)}\right) \quad (12-38)$$

则统计量

$$U = \frac{k - \left(1 + \frac{2n_1 n_2}{n}\right)}{\sqrt{\frac{2n_1 n_2(2n_1 n_2 - n)}{n^2(n-1)}}} \sim N(0,1) \quad (12-39)$$

给定显著性水平 α 后，查算 $U_{\alpha/2}$。当 $|U| < U_{\alpha/2}$ 时，接受原假设；反之，$F_1(x)$ 不等于 $F_2(x)$，即它们来自于两个不同的总体，即具有跳跃成分。

当 $n_1, n_2 < 20$ 时，在显著性水平 α 条件下有临界值 k_α。当 $k \leq k_\alpha$ 时，则拒绝接受原假设，即来自非同一总体。关于临界值 k_α 可查用附录二中附表十三。

例2 有序列 x_t：11,9,7,12,14,15,16,10,13。假设 $\tau=4$ 时为突变点，则 $n_1 = 4, n_2 = 5$。τ 前面的序列用 A 表示，τ 后面的序列用 B 表示。将原始序列从小到大排序：7,9,10,11,12,13,14,15,16；对应的符号序列为 $AABAABBBB$。统计游程总个数 $k=4$。取显著性水平 $\alpha = 5\%$，由附录二中附表十三得 $k_\alpha = 2$。由于 $k > k_\alpha$，则它们来自同一总体。

（2）秩和检验法。已知条件同游程检验法。将序列从小到大或从大到小排序并统一编号（从1开始），每个数对应的编号定义为该数的"秩"，相同数的秩取编号的平均值（必要时作四舍五入）。记容量小的样本各数值的秩之和为 W。当 $n_1, n_2 > 10$ 时，W 趋于正态分布

$$W \sim N\left[\frac{n_1(n_1 + n_2 + 1)}{2}, \frac{n_1 n_2(n_1 + n_2 + 1)}{12}\right] \quad (12-40)$$

则统计量

$$U = \frac{W - \frac{n_1(n_1 + n_2 + 1)}{2}}{\sqrt{\frac{n_1 n_2(n_1 + n_2 + 1)}{12}}} \sim N(0,1) \quad (12-41)$$

式中：n_1 为小样本的容量。

假设 τ 前后两个样本来自于同一个总体，即 $F_1(x) = F_2(x)$。给定显著性水平 α 后，查算 $U_{\alpha/2}$。当 $|U| < U_{\alpha/2}$，接受原假设；反之，$F_1(x)$ 不等于 $F_2(x)$，即来自于不同总体，即具有跳跃成分。

当 $n_1, n_2 < 10$ 时，在给定显著性水平 α 下，统计量 W 的上限 W_2 和下限 W_1 可查附录二中附表十四。若 $W_1 < W < W_2$，则认为两个样本无显著差异，即跳跃不显著性；若 $W \leq W_1$ 或 $W \geq W_2$，则认为跳跃显著。

例3 检验表12-2给出的序列是否存在跳跃成分。已知检测出突变点 $\tau = 11$，则 $n_1 = 11, n_2 = 12$。先把样本从小到大排序，统一编号，计算相应的秩，见表12-2。

第十二章 水文时间序列分析

表 12-2

t	1	2	3	4	5	6	7	8	9	10	11	12
x_t	250	210	230	275	220	245	221	265	247	220	250	205
t	13	14	15	16	17	18	19	20	21	22	23	
x_t	215	231	202	206	209	218	204	209	219	202	214	
编号	1	2	3	4	5	6	7	8	9	10	11	12
从小到大排序	202	202	204	205	206	209	209	<u>210</u>	214	215	218	219
秩	2	2	4	5	6	7	7	8	9	10	11	12
编号	13	14	15	16	17	18	19	20	21	22	23	
从小到大排序	<u>220</u>	<u>220</u>	<u>221</u>	<u>230</u>	231	<u>245</u>	<u>247</u>	<u>250</u>	<u>250</u>	<u>265</u>	<u>275</u>	
秩	14	14	15	16	17	18	19	21	21	22	23	

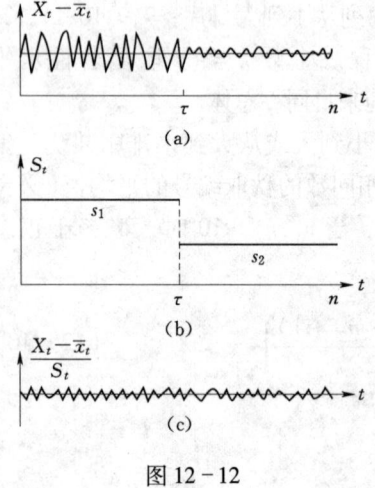

图 12-12

统计样本容量为 11 的秩和 $W=191$（表 12-2 中下划线数据对应的秩），按式（12-41）计算得 $U=3.63$；对于 $\alpha=5\%$，$U_{\alpha/2}=1.96$，则 $|U|>U_{\alpha/2}$，故序列中跳跃成分显著。

游程检验法、秩和检验法属于非参数检验方法。

（二）跳跃成分的排除

当检验出跳跃成分后，可用适当方法排除。对于以年为时间尺度的水文时间序列（图 12-9），其跳跃一般表现在均值或方差上。若仅表现在均值上，进行中心化处理即可[图 12-12（a）]；若还表现在方差上[图 12-12（b）]，再进行标准化处理[图 12-12（c）]。对于时间尺度小于年的水文时间序列，其跳跃除表现在均值、方差上，还可能表现在自相关系数上。均值、方差上的跳跃可用中心化方式、标准化方式排除，自相关系数上的跳跃可以通过一定的模型（如 $\varepsilon_{t,\tau}=z_{t,\tau}-r_{1,\tau}z_{t,\tau-1}$，其中 $z_{t,\tau}$ 为标准化序列，$r_{1,\tau}$ 为第 τ 季 1 阶自相关系数）转化为独立序列方式处理。

排除跳跃成分后，剩余序列具有一致性条件。

三、周期成分识别

水文时间序列中包含的周期成分，主要是由于地球绕太阳旋转（周期为一年）和地球自转（周期为一日）影响而形成。月（或旬、日等）降水量、径流量及蒸发量等水文时间序列受这种影响，明显存在着 12 个月（或 36 旬或 365 日等）的周期成分。逐时气温及蒸发量等序列中，受日夜不同天气的影响，又存在 24h 为周期的周期成分。有的水文时间序列中可能还存在多年变化的周期，如年径流的多年变化，主要取决于气候因素的变化，而气候因素则取决于大气环流的特点，大气环流的变化受太阳活动制约，如长江宜昌站 100 年（1881—1980 年）汛期（6—9 月）流量资料存在 15 年的周期。

第四节 水文时间序列组成成分识别

以年为时间尺度的水文时间序列是否具有周期成分很难直观识别,且它的周期(如果存在)在时域上分布不均匀。然而,季节性水文时间序列 $x_{t,\tau}$($t=1,2,\cdots,n,n$ 为年数;$\tau=1,2,\cdots,w,w$ 为季节数)就清晰地显示出以年为周期的特征,但小于年的周期也难以直观识别。水文时间序列是否具有周期成分?其周期长度是多少?下面介绍识别和提取方法。

(一)周期成分识别

周期成分识别方法有周期图法、方差谱密度图法、累计解释方差图法等。周期图法在前面已做介绍。

1. 方差谱密度图法

如果序列含有周期,反映在方差谱密度图上有高的和陡的峰值,峰值的个数即为周期个数,对应的频率的倒数即为周期。峰值越高,周期越显著。周期确定后利用式(12-15)可计算该周期成分的振幅。

2. 累积解释方差图法

可以证明,水文时间序列 x_t 所有谐波振幅平方的一半之和等于该序列的方差,即

$$\sum_{j=1}^{L} A_j^2/2 = s^2 \qquad (12-42)$$

式中:$A_j^2/2(j=1,2,\cdots)$ 为第 j 个谐波的方差;s^2 为 x_t 的样本方差,估算如下

$$s^2 = \frac{1}{n-1}\sum_{t=1}^{n}(x_t - \bar{x})^2 \qquad (12-43)$$

称 $A_j^2/2(j=1,2,\cdots)$ 为第 j 个谐波对序列 x_t 的方差贡献,即解释方差。解释方差越大,该谐波贡献就越大,其周期就越显著。定义方差贡献率 $c_j = \dfrac{A_j^2/2}{s^2}$,将 c_j 从大到小排序为 $c_j'(j=1,2,\cdots)$ 并依次累加得

$$B_i = \sum_{j=1}^{i} c_j' \qquad (12-44)$$

称 B_i 与 i 的关系图为累积解释方差图,如图 12-13 所示。该图分为两部分,开始时随 i 急剧增加,到某一点后缓慢增加,转折点对应 i 即为周期个数。当转折点不明显时,一般可以累积贡献率小于 90%~95% 为临界点进行判断。对于无周期成分的序列,累积解释方差图为一条直线。

以屏山站月平均流量各月多年平均值 u_τ($\tau=1,2,\cdots,w;w=12$)序列为例介绍本法。u_τ 的傅立叶级数描述为

$$u_\tau = \bar{u} + \sum_{j=1}^{d}\left[a_j\cos\frac{2\pi}{w/j}\tau + b_j\sin\frac{2\pi}{w/j}\tau\right] + \varepsilon_\tau \qquad (12-45)$$

式中:$\bar{u}$ 为 u_τ 的均值;ε_τ 为剩余序列;d 意义同前;a_j、b_j 分别估算如下

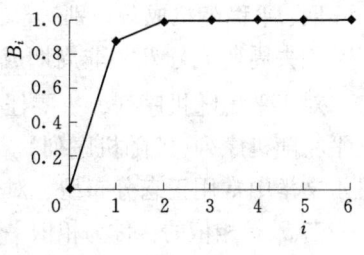

图 12-13

$$a_j = \frac{2}{w} \sum_{\tau=1}^{w} u_\tau \cos \frac{2\pi}{w/j} \tau \qquad (12-46)$$

$$b_j = \frac{2}{w} \sum_{\tau=1}^{w} u_\tau \sin \frac{2\pi}{w/j} \tau \qquad (12-47)$$

计算结果见表 12-3。

表 12-3

参数	1	2	3	4	5	6
a_j	-1729.4	-920.8	153.3	10.8	196.1	-223.3
b_j	-4177.7	1297.6	-96.7	287.2	-194	0
解释方差	10222001	1265819	16426	41300	38046	24931
c_j	0.8806	0.1090	0.0014	0.0036	0.0033	0.0021

将方差贡献率 c_j 从大到小排序，计算累积解释方差率并绘制累积解释方差图，如图 12-13 所示。可以看出，u_τ、s_τ 序列有 2 个主要谐波，其对应的周期为 12 月、6 月。则 u_τ 序列傅立叶估算为

$$\hat{u}_\tau = 4592 + \sum_{j=1}^{2} \left[a_j \cos \frac{2\pi}{12/j} \tau + b_j \sin \frac{2\pi}{12/j} \tau \right]$$

式中：$\tau = 1, 2, \cdots, 12$；a_j、b_j 分别见表 12-3。

(二) 周期成分的提取

周期确定后相应的周期成分就识别出来了。从前面可以看出，周期成分用谐波形式表示，如式 (12-17)、式 (12-45) 所示。例如，对黄河陕县站 1919—1981 年实测年径流量序列 X_t 进行分析，发现有 3 年的周期成分，即

$$P_t = 520.2 - 19.3 \cos \frac{2\pi}{3} t + 53.0 \sin \frac{2\pi}{3} t$$

识别出周期成分后便可把其从原始序列中分离出来。

对于季节性水文时间序列 [图 12-14(a)]，其周期成分可能表现在均值、均方差和自相关系数 [图 12-14(b)、(d)、(f)] 上。因此可采用中心化 $x_{t,\tau} - \bar{x}_\tau$ [图 12-14(c)]、标准化 $z_{t,\tau} = (x_{t,\tau} - \bar{x}_\tau)/s_\tau$ [图 12-14(e)] 等形式排除周期成分。自相关系数上的周期成分可通过一定的模型（如 $\varepsilon_{t,\tau} = z_{t,\tau} - r_{1,\tau} z_{t,\tau-1}$，其中 $z_{t,\tau}$ 为标准化序列）转化为独立序列 $\varepsilon_{t,\tau}$ [图 12-14(g)]。这种排除周期的方法称为参数法，以区别于前面的方法。

四、平稳随机成分识别

除去周期成分 P_t、非周期成分 N_t 的剩余部分 $S_t = X_t - N_t - P_t$ 一般为平稳随机序列。

对于平稳随机序列，主要任务是判断其是独立的还是相依的。若是独立的，则称为独立平稳随机序列 (纯随机序列)。例如年最大流量序列，年最大 3 日暴雨量序列等。在随机水文学中常用正态分布型、对数正态分布型、P-Ⅲ型等概率模型描述纯随机序列。

若 S_t 是相依的，称为相依平稳随机序列。水文时间序列中常存在着一种持续变化现象，如许多河流径流年际变化就存在持续丰水年组与枯水年组交替出现的现象。这种持续变化现

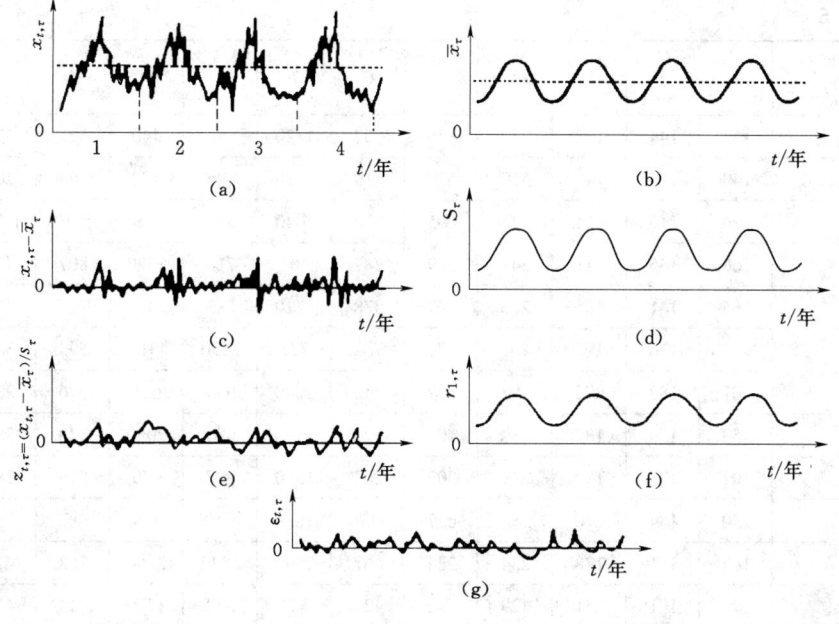

图 12-14

象,表明序列存在着相依性。年径流序列的相依性,除了因气候因素造成的原因外,主要与流域的地表和地下水库对径流的调蓄能力有关,如流域有融雪稳定补给,湖沼度和植被度大,岩性和土壤有利下渗和持水等。因此,在地表和地下径流均有较强调蓄的情况下,径流年际之间可能有较好的相依关系,自相关系数就较大。

本章第二节中已介绍了利用样本序列自相关图推断该序列为独立或相依的统计方法。

习 题

12-1 试述水文时间序列的组成。

12-2 给定某河年平均流量序列见表12-4。

表12-4　　　　　　　　　　　　　　　　　　　　　　　　　　　　　　　单位:m³/s

序号	1	2	3	4	5	6	7	8	9	10	11	12	13
流量	209	187	259	218	209	231	211	153	197	243	218	262	169
序号	14	15	16	17	18	19	20	21	22	23	24	25	26
流量	239	219	204	253	209	164	194	225	154	228	140	181	187

试计算自相关系数并检验该序列是否相依(显著性水平 $\alpha = 0.05$)。

12-3 利用题12-2中的数据,试分析该序列是否存在趋势成分。

12-4 给定某河月平均流量序列见表12-5,试计算年、月平均流量序列的方差谱密度图并识别各序列的周期成分。

表 12 - 5   单位：m³/s

年份＼月份	1	2	3	4	5	6	7	8	9	10	11	12
1971	155	144	153	210	336	352	1120	680	440	597	338	187
1972	149	133	148	310	527	519	1830	425	522	265	207	149
1973	123	116	121	271	605	676	1040	576	1930	1210	356	218
1974	166	145	141	241	369	287	407	710	1520	807	421	241
1975	165	141	186	213	707	578	1110	683	2460	1740	790	321
1976	211	176	192	403	476	782	771	2550	1160	593	362	253
1977	201	182	203	382	657	532	2040	534	625	276	332	196
1978	153	159	185	230	404	520	1190	694	2050	543	384	233
1979	191	178	183	229	302	263	1300	907	679	516	280	206
1980	150	134	210	281	657	1170	1830	946	974	486	337	229
1981	163	151	178	234	224	467	2690	3830	2760	768	416	272
1982	196	191	251	429	540	423	524	572	1710	614	404	246
1983	178	149	162	438	1140	801	1130	1400	1770	1420	552	304
1984	233	199	224	302	491	1320	2700	2040	1450	779	435	290
1985	207	206	245	305	689	741	1010	950	1840	603	368	227
1986	200	174	205	240	474	757	908	433	535	256	232	189
1987	152	147	132	159	304	975	1280	515	497	309	225	144
1988	127	105	156	295	464	505	1890	1710	928	945	423	236
1989	193	175	249	571	751	1300	1370	1360	1760	516	391	245
1990	210	193	270	383	647	684	2370	1210	1830	891	454	270
1991	224	183	204	301	738	755	485	354	365	416	255	162
1992	142	117	144	289	514	892	1790	1620	967	861	410	245
1993	181	207	205	343	514	749	1680	1200	598	591	366	225
1994	202	151	212	366	382	677	798	339	647	615	325	242
1995	176	136	136	282	322	366	788	981	1110	512	262	186
1996	154	150	124	183	385	472	523	610	672	298	232	122
1997	143	102	189	380	566	298	523	482	177	150	133	179
1998	143	112	140	182	478	442	1370	1780	1070	304	245	209
1999	255	240	246	169	339	691	1420	689	494	872	379	265
2000	246	239	344	361	303	339	399	560	549	946	334	249
2001	238	184	257	336	361	280	353	448	2140	810	369	287
2002	298	161	210	444	443	697	300	333	263	163	69.1	130
2003	118	68	106	147	456	241	540	1090	1060	887	401	233
2004	279	327	275	293	318	249	300	394	432	452	285	216

12-5 给定某河年平均流量序列见表 12-6。

表 12-6　　　　　　　　　　　　　　　　　　　　　　　　　　　　　　　单位：m³/s

年份	1970	1971	1972	1973	1974	1975	1976	1977	1978	1979	1980	1981
流量	572	395	434	606	455	759	663	517	562	439	619	1013
年份	1982	1983	1984	1985	1986	1987	1988	1989	1990	1991	1992	1993
流量	508	791	875	622	385	404	735	741	789	371	669	575
年份	1994	1995	1996	1997	1998	1999	2000	2001	2002	2003	2004	
流量	414	440	327	279	544	507	407	505	293	448	318	

试分析该序列是否存在趋势成分。

12-6 利用题 12-5 中的数据，试分析该序列是否存在突变点。

附录一 习题答案

第 一 章

1-1 (1)① Ω = (正正正　正正反　正反正　正反反　反正正　反正反　反反正　反反反)

② A = (正正正　正正反　正反正　反正正)

(2)① $\Omega = \begin{cases} (1,1),(1,2),\cdots,(1,6) \\ (2,1),(2,2),\cdots,(2,6) \\ \vdots \\ (6,1),(6,2),\cdots,(6,6) \end{cases}$

② $\Omega = \{2,3,4,5,6,7,8,9,10,11,12\}$　　$A = \{2,3,4\}$

(3) $\Omega = \{(x,y):x^2+y^2<1, x\in R, y\in R\}$

$A = \{(x,y):0.5^2<x^2+y^2<1\}$

(4) $\Omega = \begin{cases} (ab,-,-),(-,ab,-),(-,-,ab) \\ (a,b,-),(b,a,-),(a,-,b) \\ (b,-,a),(-,a,b),(-,b,a) \end{cases}$

$A = \{(ab,-,-),(a,b,-),(b,a,-),(a,-,b),(b,-,a)\}$

(5) $\Omega = \{3,4,5,6,7,8,9,10\}$　　$A = \{3,4,5\}$

1-2 $\bar{A}$ 表示"一件次品也没有"。

$\bar{B}$ 表示"次品少于两件","没有次品或次品只有1件"。

1-3 (1)成立　(2)不成立　(3)不成立　(4)成立　(5)成立
(6)成立　(7)成立　(8)成立　(9)成立　(10)成立
(11)成立

1-4 (1) $\overline{AB} = \{5\}$　　　　(2) $\bar{A}\cup B = \{1,3,4,5,6,7,8,9,10\}$

(3) $\overline{\bar{A}\ \bar{B}} = \{2,3,4,5\}$　(4) $\overline{A\ \overline{BC}} = \{1,5,6,7,8,9,10\}$

(5) $\overline{A(B\cup C)} = \{1,2,5,6,7,8,9,10\}$

1-5 设 D 表示"灯 D 亮"事件，则

$D = (A\cup B)\cap C$　　$\bar{D} = \overline{A\cup B}\cup \bar{C}$

1-6 (1) $A-(B\cup C) = A\cap\overline{B\cup C} = A\cap(\bar{B}\cap\bar{C}) = (A\cap\bar{B})\cap\bar{C} = (A-B)-C$，所以此式成立。

(2)

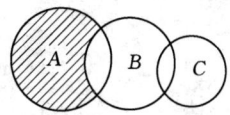 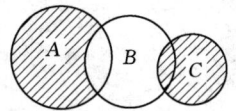

阴影部分为 $A-(B-C)$ 阴影部分为 $(A-B)\cup C$

所以此式不成立。

(3)、(4)均不成立，可由下图说明：

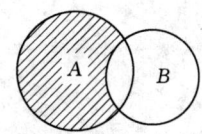 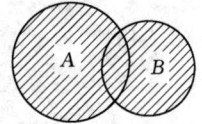

阴影部分为 $(A\cup B)-B=A-B$ 阴影部分为 $(A-B)\cup B=A\cup B$

1-7 (1) $(A\cap B)\cup C$ (2) C (3) $A\cup BC$ (4) $A\cup B$ (5) $B\cap C$

1-8 (1) $A\subset BC$ 即 $B\supset A$ 且 $C\supset A$ (2) $A\supset B$ 且 $A\supset C$
    (3) $A=B$ (4) $AB=\phi$

1-9 $\dfrac{1}{15}$

1-10 (1) $\dfrac{1}{16}$ (2) $\dfrac{3}{8}$

1-11 $\dfrac{2}{5}$

1-12 (1) $\dfrac{1}{12}$ (2) $\dfrac{1}{20}$

1-13 $\dfrac{2}{n}$

1-14 $\dfrac{1}{32}$

1-15 $\dfrac{1}{12}$

1-16 0.879

1-17 0.90

1-18 (1) $\dfrac{1}{2}$ (2) $\dfrac{1}{6}$ (3) $\dfrac{3}{8}$

1-19 (1) $\dfrac{28}{45}$ (2) $\dfrac{1}{45}$ (3) $\dfrac{16}{45}$ (4) $\dfrac{1}{5}$

1-20 0.3

1-21 $\dfrac{5}{12}$

习 题 答 案

1-22 $\dfrac{1}{10}$

1-23 0.3   0.6

1-24 $\dfrac{1}{3}$

1-25 0.6

1-26 0.458

1-27 $P_1 - 2P_1P_2 + P_2$

1-28 $\geqslant 7$

1-29 (1) 0.36   (2) 0.91

1-30 0.328

1-31 (1) 0.115   (2) 0.043

1-32 0.998

第 二 章

2-1 (1) $e^{-\lambda}$ (2) 1

2-2 (1) $\dfrac{1}{5}$ (2) $\dfrac{1}{5}$ (3) $\dfrac{1}{5}$

2-3 $P(X=k) = C_n^k (0.2)^k (0.8)^{n-k}$

2-4

X	3	4	5
P_i	$\dfrac{1}{10}$	$\dfrac{3}{10}$	$\dfrac{6}{10}$

2-5 $P(X=k) = \left(\dfrac{1}{4}\right)^{k-1}\left(\dfrac{3}{4}\right)$, $k = 1, 2, \cdots$

2-6

X	0	1	2
P_i	$\dfrac{22}{35}$	$\dfrac{12}{35}$	$\dfrac{1}{35}$

$F(x) = \begin{cases} 0, & x \leqslant 0 \\ \dfrac{22}{35}, & 0 < x \leqslant 1 \\ \dfrac{34}{35}, & 1 < x \leqslant 2 \\ 1, & x > 2 \end{cases}$

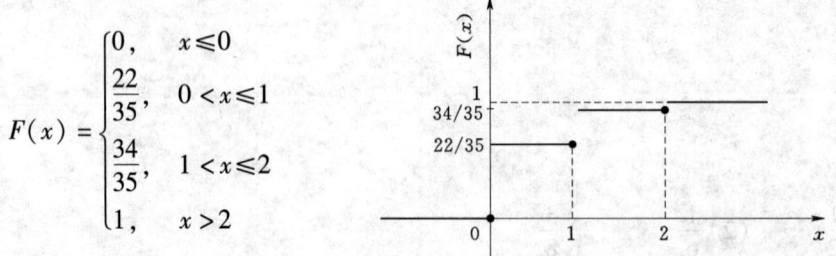

2-7 (1) 0.2304   (2) 0.337   (3) 0.663   (4) 0.9898

2-8

X	0	1	2	3	4
p	p	pq	pq^2	pq^3	q^4

注 表中 $q = 1 - p$。

习 题 答 案

2-9   11次

2-10   0.195

2-11   0.0902，$\left(\dfrac{2}{3}e^{-2}\right)$

2-12   0.6321

2-13 $\dfrac{4}{5}$

2-14   在区间$(-\infty,+\infty)$上是某随机变量的概率密度，在其他区间上不是。

2-15   因为 $f(x)$在$(-\infty,+\infty)$上恒大于0，又

$$\int_{-\infty}^{+\infty} f(x)\,dx = \int_{-\infty}^{+\infty} \frac{1}{2}e^{-|x|}\,dx$$
$$= \int_{-\infty}^{0} \frac{1}{2}e^{x}\,dx + \int_{0}^{+\infty} \frac{1}{2}e^{-x}\,dx = 1$$

所以 $f(x)$是一个概率密度函数。

$$F(x) = \begin{cases} \dfrac{1}{2}e^{x}, & x \leq 0 \\ 1 - \dfrac{1}{2}e^{-x}, & x > 0 \end{cases}$$

2-16   (1) $A = \dfrac{1}{\pi}$ (2) $\dfrac{1}{3}$

(3) $F(x) = \begin{cases} 0, & x \leq -1 \\ \dfrac{1}{2} + \dfrac{1}{\pi}\arcsin x, & -1 < x \leq 1 \\ 1, & x > 1 \end{cases}$

2-17   (1) 1   (2) 0.4   (3) $f(x) = \begin{cases} 2x, & 0 < x < 1 \\ 0, & \text{其他} \end{cases}$

2-18   (1) 1   (2) $1 - e^{-2}$ (3) e^{-3}

2-19   略

2-20   (1) 0.9938   (2) 0.879   (3) 0.0455

2-21   (1) 0.3085   (2) 0.7745   (3) 0.0668

2-22   44.8

2-23   (1) 0.5467   (2) 0.907

2-24 $c = 5$

2-25   2.33

2-26   9.4

2-27   31.25

2-28   (1) $f_Y(y) = \dfrac{1}{y}\ln y\, e^{-\ln y} = \dfrac{\ln y}{y^2}, \ y > 1$

$(2) f_Y(y) = \dfrac{3-y}{4} e^{-\frac{3-y}{2}}, \quad y < 3$

$(3) f_Y(y) = \dfrac{1}{2} e^{-\sqrt{y}}, \quad y > 0$

2-29 $\quad f_Y(y) = \dfrac{1}{2} e^{-\frac{y}{2}}, \quad y > 0$

2-30 $\quad (1) f_Y(y) = \dfrac{1}{y\sqrt{2\pi}} e^{-\frac{(\ln y)^2}{2}}, \quad y > 0$

$(2) f_Y(y) = \dfrac{1}{2\sqrt{\pi(y-1)}} e^{-\frac{y-1}{4}}, \quad y > 1$

$(3) f_Y(y) = \dfrac{2}{\sqrt{2\pi}} e^{-\frac{y^2}{2}}, \quad y > 0$

2-31 $\quad (1)\ \alpha = 0.0641;\ (2)\ \beta = 0.009$

2-32 $\quad f_Y(y) = \dfrac{1}{b-a} \sqrt{\dfrac{1}{\pi y}}, \quad \dfrac{\pi a^2}{4} < y < \dfrac{\pi b^2}{4}$

2-33 $\quad$证明：$f_X(x) = \dfrac{1}{\sqrt{2\pi}\sigma} e^{-\frac{(x-a)^2}{2\sigma^2}}$

$$Y = cX + d \qquad y = cx + d, \qquad x = \dfrac{y-d}{c} \qquad \left|\dfrac{dx}{dy}\right| = \dfrac{1}{|c|}$$

所以 $\qquad f_Y(y) = \dfrac{1}{\sqrt{2\pi}\sigma} e^{-\frac{(\frac{y-d}{c}-a)^2}{2\sigma^2}} \dfrac{1}{|c|}$

$$= \dfrac{1}{|c|\sqrt{2\pi}\sigma} e^{-\frac{(y-d-ca)^2}{2c^2\sigma^2}} \sim N(d+ca, c^2\sigma^2)$$

2-34 $\quad f(x) = \dfrac{2}{\pi} \dfrac{1}{(1+x^2)}, \quad x > 0$

2-35 $\quad F_X(x) = \dfrac{h^2 - (h-x)^2}{h^2}$

第 三 章

3-1 $\quad Z$ 的分布列为

Z	0	1
P_i	$\dfrac{3}{4}$	$\dfrac{1}{4}$

3-2 $\quad (1) P(X=Y) = 0.2 \qquad (2) F(2.1, 3.5) = 0.6$

3-3

X \ Y	0	$\frac{1}{3}$	1	$P_{i\cdot}$
-1	0	$\frac{5}{12}$	$\frac{1}{3}$	$\frac{9}{12}$
0	$\frac{1}{6}$	0	0	$\frac{2}{12}$
2	$\frac{1}{12}$	0	0	$\frac{1}{12}$
$P_{\cdot j}$	$\frac{3}{12}$	$\frac{5}{12}$	$\frac{4}{12}$	1

3-4 (1) $K = 12$

(2) $F(x,y) = \begin{cases} (1-e^{-3x})(1-e^{-4y}), & x>0,\ y>0 \\ 0, & \text{其他} \end{cases}$

(3) $P(0 < X \leq 1, 0 < Y \leq 2) = 0.95$

3-5

$f(x,y) = \begin{cases} 6, & (x,y) \in G \\ 0, & \text{其他} \end{cases}$ 　　$f_X(x) = \begin{cases} 6(x - x^2), & 0 \leq x \leq 1 \\ 0, & \text{其他} \end{cases}$

$f_Y(y) = \begin{cases} 6(\sqrt{y} - y), & 0 \leq y \leq 1 \\ 0, & \text{其他} \end{cases}$

3-6

$f_X(x) = \begin{cases} \dfrac{2\sqrt{r^2 - x^2}}{\pi r^2}, & |x| < r \\ 0, & |x| \geq r \end{cases}$ 　　$f_Y(y) = \begin{cases} \dfrac{2\sqrt{r^2 - y^2}}{\pi r^2}, & |y| < r \\ 0, & |y| \geq r \end{cases}$

$f_X(x|y) = \begin{cases} \dfrac{1}{2\sqrt{r^2 - y^2}}, & |x| < \sqrt{r^2 - y^2},\ |y| < r \\ 0, & \text{其他} \end{cases}$

$f_Y(y|x) = \begin{cases} \dfrac{1}{2\sqrt{r^2 - x^2}}, & |y| < \sqrt{r^2 - x^2},\ |x| < r \\ 0, & \text{其他} \end{cases}$

3-7 $0 < y < 1$ 时，$f_X(x|y) = \begin{cases} \dfrac{1}{1-y}, & y < x < 1 \\ 0, & \text{其他} \end{cases}$

$-1 < y \leq 0$ 时，$f_X(x|y) = \begin{cases} \dfrac{1}{1+y}, & -y < x < 1 \\ 0, & \text{其他} \end{cases}$

$0 < x < 1$ 时，$f_Y(y|x) = \begin{cases} \dfrac{1}{2x}, & |y| < x \\ 0, & \text{其他} \end{cases}$

3-8 (1) $F_X(x) = \begin{cases} \dfrac{x}{2}, & 0 \leq x \leq 2 \\ 1, & x > 2 \end{cases}$ $F_Y(y) = \begin{cases} \dfrac{y}{3}, & 0 \leq y \leq 3 \\ 1, & y > 3 \end{cases}$

(2) $P(X \leq 0.5 \mid Y \leq 1) = \dfrac{1}{4}$

(3) $f_X(x \mid y) = \dfrac{1}{2},\ 0 \leq x \leq 2,\ 0 \leq y \leq 3$

3-9 当 $y \geq 0$ 时,$f_X(x \mid y) = \begin{cases} \dfrac{3(1+y)^3}{(1+x+y)^4}, & x \geq 0 \\ 0, & x < 0 \end{cases}$

$P(0 \leq X \leq 1 \mid Y = 1) = \dfrac{19}{27}$

3-10 $P(Y < X) = 1 + \dfrac{e^{-\lambda b} - e^{-\lambda a}}{\lambda(b-a)}$

3-11 X 与 Y 不相互独立。

3-12 X 与 Y 不相互独立。

3-13 X 与 Y 不相互独立。

3-14 $F_Z(z) = \begin{cases} 0, & z \leq 2 \\ \dfrac{1}{4}, & 2 < z \leq 3 \\ \dfrac{3}{4}, & 3 < z \leq 4 \\ 1, & z > 4 \end{cases}$

3-15 提示:利用公式 $(a+b)^n = \sum\limits_{i=0}^{n} C_n^i a^i b^{n-i}$

3-16 提示:利用组合公式 $C_{n_1+n_2}^m = \sum\limits_{k=0}^{m} C_{n_1}^k C_{n_2}^{m-k}$

3-17 $P(X < Y) = \dfrac{1}{3},\quad P(X+Y \geq 1) = \dfrac{2}{3}$

3-18 $P(X+Y \leq 1) = \dfrac{7}{72}$

3-19 $F_Z(z) = \begin{cases} 0, & z \leq 0 \\ \dfrac{z^2}{8}, & 0 < z \leq 2 \\ z - \dfrac{z^2}{8} - 1, & 2 < z \leq 4 \end{cases}$ $f_Z(z) = \begin{cases} 0, & z \leq 0 \\ \dfrac{z}{4}, & 0 < z \leq 2 \\ 1 - \dfrac{z}{4}, & 2 < z \leq 4 \\ 0, & z > 4 \end{cases}$

3-20 $P(a \leq X+Y < b) = (1+a)e^{-a} - (1+b)e^{-b}$

3-21 $f_Z(z) = \begin{cases} e^{-\frac{z}{2}} - e^{-z}, & z > 0 \\ 0, & 其他 \end{cases}$

习 题 答 案

3-22 $p = \dfrac{1}{2}$

3-23 $f(x) = \begin{cases} \dfrac{x^3 e^{-x}}{3!}, & x > 0 \\ 0, & x \leq 0 \end{cases}$

3-24 $f_Z(z) = \begin{cases} 0, & z \leq 0 \\ \dfrac{1}{2}, & 0 \leq z \leq 1 \\ \dfrac{1}{2z^2}, & z > 1 \end{cases}$

3-25 $t_{\frac{\alpha}{2}}(25) = 1.708 \qquad F_{\frac{\alpha}{2}}(6,5) = 4.95 \qquad F_{1-\frac{\alpha}{2}}(6,5) = 0.228$

3-26 0.000634

3-27 $f_{Z_1}(x_1) = \begin{cases} n\left(\dfrac{x}{\theta}\right)^{n-1} \times \dfrac{1}{\theta}, & 0 < x < \theta \\ 0, & 其他 \end{cases}$

$f_{Z_2}(x) = \begin{cases} n\left(1 - \dfrac{x}{\theta}\right)^{n-1} \times \dfrac{1}{\theta}, & 0 < x < \theta \\ 0, & 其他 \end{cases}$

3-28 令 $Z = \max(X, Y)$, $U = \min(X, Y)$

$F_Z(z) = \begin{cases} 0, & z \leq 0 \\ z^3, & 0 < z \leq 1 \\ 1, & z > 1 \end{cases} \qquad f_Z(z) = \begin{cases} 3z^2, & 0 < z < 1 \\ 0, & 其他 \end{cases}$

$F_U(u) = \begin{cases} 0, & u < 0 \\ u + u^2 - u^3, & 0 < u \leq 1 \\ 1, & u > 1 \end{cases} \qquad f_U(u) = \begin{cases} 1 + 2u - 3u^2, & 0 < u \leq 1 \\ 0, & 其他 \end{cases}$

3-29 略

3-30 $f(z_1, z_2) = \begin{cases} \dfrac{1}{2} e^{-z_1}, & z_1 \geq 0 \\ 0, & 其他 \end{cases}$

3-31 略

3-32 $f(z_1, z_2) = \dfrac{1}{2\pi} z_1 e^{-\frac{z_1^2}{2}}, \; z_1 \geq 0, \; 0 \leq z_2 \leq 2\pi$

第 四 章

4-1 $E(X) = \dfrac{25}{16}$

4-2 $\dfrac{2n+1}{3}$

4-3 $E(Y_1) = 2, \quad E(Y_2) = \dfrac{1}{3}$

习 题 答 案

4-4 $E(X_1+X_2)=\dfrac{3}{4}$, $E(2X_1-3X_2^2)=\dfrac{5}{8}$

4-5 $E(X)=\dfrac{n}{p}$

4-6 $E(X_1 X_2)=4$, $E(X_2-X_1)=5\dfrac{1}{3}$

4-7 $E(XY)=\dfrac{1}{4}$

4-8 $D(X)=0.48$

4-9 $E(X+Y)^2=2$

4-10 略

4-11 $E(X)=-0.2$, $E(X^2)=2.8$, $E(3X^2+5)=13.4$, $D(X)=2.76$

4-12 $E(X)=1$, $D(X)=\dfrac{n-1}{n}$

4-13 (1) $E(X)=a$, $D(X)=\dfrac{l^2}{3}$ (2) $E(X)=\dfrac{1}{\lambda}$, $D(X)=\dfrac{1}{\lambda^2}$

4-14 略

4-15 $E(X)=\dfrac{n+1}{2}$, $D(X)=\dfrac{n^2-1}{12}$

4-16 $E(Y)=5$, $D(Y)=16$

4-17 $E(Y_1)=\dfrac{1}{4}$, $D(Y_1)=\dfrac{3}{80}$ $E(Y_2)=\dfrac{3}{4}$, $D(Y_2)=\dfrac{3}{80}$

4-18 略

4-19 略

4-20 略

4-21 略

4-22 略

4-23 $\rho=\dfrac{5\sqrt{13}}{26}$

4-24 $\rho=\begin{vmatrix} 1 & -\dfrac{1}{2} & \dfrac{1}{2} \\ -\dfrac{1}{2} & 1 & -\dfrac{1}{2} \\ \dfrac{1}{2} & -\dfrac{1}{2} & 1 \end{vmatrix}$

4-25 略

4-26 略

4-27 $\rho=-0.5$

4-28 $E(Y\mid x)=\dfrac{26-9x}{9-3x}$, $D(Y\mid x)=\dfrac{1}{3}-\dfrac{1}{9(3-x)^2}$

4 – 29 略

4 – 30 略

第 五 章

5 – 1 0.82

5 – 2 0.20

5 – 3 0.1103

5 – 4 0.0228

5 – 5 0.323

5 – 6 96

5 – 7 0.994

5 – 8 0.952

5 – 9 14

5 – 10 147

第 六 章

6 – 1 $f(x_1, x_2, \cdots, x_n) = (\sqrt{2}\pi\sigma)^{-n} \exp\left[-\frac{1}{2\sigma^2}\sum_{i=1}^{n}(x_i - a)^2\right]$

6 – 2 $E(\overline{X}) = p$, $D(\overline{X}) = \frac{pq}{n}$, $E(S^2) = \frac{n-1}{n}pq$

6 – 3 略

6 – 4 $\frac{n-1}{n+1}$

6 – 5 0.998

6 – 6 0

6 – 7 $k = -0.4365$

6 – 8 $t(n-1)$ 分布

6 – 9 $c = \frac{1}{3}$, 自由度为 2

6 – 10 $F(2, 2)$ 分布

6 – 11 $c = \sqrt{\frac{3}{2}}$ 自由度为 3

6 – 12 略

第 七 章

7 – 1 (1) $\hat{\theta} = 2\overline{X}$ (2) $\hat{\theta} = 2\bar{x} = 0.96$

7 – 2 $\hat{\lambda} = \frac{1}{\overline{X}}$

7-3 (1) $\hat{\theta} = \dfrac{\overline{X}^2}{(1-\overline{X})^2}$

(2) $\hat{\theta} = \dfrac{n^2}{\left(\sum\limits_{i=1}^{n} \ln X_i\right)^2}$

7-4 $N = 2\overline{X} - 1$

7-5 (1) $\hat{\theta} = \dfrac{2\overline{X}-1}{1-\overline{X}}$

(2) $\hat{\theta} = -1 - \dfrac{n}{\sum\limits_{i=1}^{n} \ln X_i}$

7-6 $\hat{\lambda} = \dfrac{n}{\sum\limits_{i=1}^{n} X_i^{\alpha}}$

7-7 $\hat{\alpha} = 3\overline{X}$

7-8 $\hat{\theta} = 1 - \dfrac{c}{\overline{X}}$

7-9 $k_1 = \dfrac{1}{3}$, $k_2 = \dfrac{2}{3}$

7-10 当 $n > 1$ 时 $\hat{\theta}_2$ 比 $\hat{\theta}_1$ 有效

7-11 $\overline{X}_3$ 方差最小

7-12 $n \geq \dfrac{4\sigma^2 u_{\alpha/2}^2}{L^2}$

7-13 (8.29, 8.39)

7-14 (0.00029, 0.0125)

7-15 (1) (2.121, 2.129)   (2) (2.117, 2.132)

7-16 $x_p = 155$

7-17 略

7-18 略

第 八 章

8-1 拒绝 $H_0 : a = 26$

8-2 该日工作正常

8-3 接受 H_0:该道路长为 1.30km

8-4 接受 $H_0 : E(X) = 3$

8-5 处理后的废水合格

8-6 无显著差异

8-7 接受 $H_0 : \sigma^2 = 2.5$

8-8 接受两总体方差相同的假设

8-9 可以认为两台机床的产品直径服从同一正态分布

8-10 $r = 0.91$，经检验 y 与 x 相关显著

8-11 可以认为其服从均匀分布

第 九 章

9-1 $\hat{y} = -0.64 + 0.793x$

9-2 $\hat{y} = 230 + 1.43x$；经检验所建方程显著

9-3 $\hat{y} = 3.8 + 0.74x$；B 站插补的洪峰流量，1999 年为 55（m³/s），2000 年为 30（m³/s）。

9-4 (1) $\hat{y} = 189 + 1.87x$；(2)显著；(3) $x = 65$ 时，$\hat{y} = 310$；

(4)置信区间为[256，365]。

9-5 $\hat{y} = -6.41 + 1.27x_1 + 1.86x_2$

9-6 (1) $\hat{y} = -2.31 + 0.30x_1 + 0.75x_2$ 检验结果上述回归方程显著。

(2)将 $x_1 = 24.66$，$x_2 = 19.20$ 代入回归方程，得 $\hat{y} = 19.49$m。

9-7 $\hat{y} = 0.9267 + 0.1944x_1 - 0.0155x_2$

9-8 $\hat{y} = 43.65 + 1.78x_1 - 0.08x_2 + 0.16x_3$

$S_{总} = 12389.6111$ $S_{回} = 6806.1115$ $S_{剩} = 5583.4997$

9-9 $\hat{a} \approx 1.73$ $\hat{b} \approx 0.146$

9-10 $\hat{y} = 18.484 - 0.8205x + 0.009301x^2$

第 十 章

10-1 第一台相对误差为 0.4%，第二台相对误差为 0.5%，所以第一台精度高。

10-2 3.05 为异常数据

10-3 略

10-4 0.58

10-5 9 次

10-6 $D = 1292.6$mm

10-7 略

10-8 $\alpha = 60°$时河宽相对误差 $\eta_D = 0.2\%$，相对标准差 $\tilde{S}(D) = 0.1\%$；

$\alpha = 75°$时河宽相对误差 $\eta_D = 0.3\%$，相对标准差 $\tilde{S}(D) = 0.2\%$。

附录二 附 表

附表一　　泊松分布数值表

$$P(K=k) = \frac{\lambda^k}{k!}e^{-\lambda}$$

k	λ							
	0.1	0.2	0.3	0.4	0.5	0.6	0.7	0.8
0	0.904837	0.818731	0.740818	0.670320	0.606531	0.548812	0.496585	0.449329
1	0.090484	0.163746	0.222245	0.268128	0.303265	0.329287	0.347610	0.359463
2	0.004524	0.016375	0.033337	0.053626	0.075816	0.098786	0.121663	0.143785
3	0.000151	0.001092	0.003334	0.007150	0.012636	0.019757	0.028388	0.038343
4	0.000004	0.000055	0.000250	0.000715	0.001580	0.002964	0.004968	0.007669
5	—	0.000002	0.000015	0.000057	0.000158	0.000356	0.000696	0.001227
6	—	—	0.000001	0.000004	0.000013	0.000036	0.000081	0.000164
7	—	—	—	—	0.000001	0.000003	0.000008	0.000019
8	—	—	—	—	—	—	0.000001	0.000002

k	λ							
	0.9	1.0	1.5	2.0	2.5	3.0	3.5	4.0
0	0.406570	0.367879	0.223130	0.135335	0.082085	0.049787	0.030197	0.018316
1	0.365913	0.367879	0.334695	0.270671	0.205212	0.149361	0.150091	0.073263
2	0.164661	0.183940	0.251021	0.270671	0.256516	0.224042	0.184959	0.146525
3	0.049398	0.061313	0.125510	0.180447	0.213763	0.224042	0.215785	0.195367
4	0.011115	0.015328	0.047067	0.090224	0.133602	0.168031	0.188812	0.195367
5	0.002001	0.003066	0.014120	0.036089	0.066801	0.100819	0.132169	0.156293
6	0.000300	0.000511	0.003530	0.012030	0.027834	0.050409	0.077098	0.104196
7	0.000039	0.000073	0.000756	0.003437	0.009941	0.021604	0.038549	0.059540
8	0.000004	0.000009	0.000142	0.000859	0.003106	0.008102	0.016865	0.029770
9	—	0.000001	0.000024	0.000191	0.000863	0.002701	0.006559	0.013231
10	—	—	0.000004	0.000038	0.000216	0.000810	0.002296	0.005292
11	—	—	—	0.000007	0.000049	0.000221	0.000730	0.001925
12	—	—	—	0.000001	0.000010	0.000055	0.000213	0.000642
13	—	—	—	—	0.000002	0.000013	0.000057	0.000197
14	—	—	—	—	—	0.000003	0.000014	0.000056
15	—	—	—	—	—	0.000001	0.000003	0.000015
16	—	—	—	—	—	—	0.000001	0.000004
17	—	—	—	—	—	—	—	0.000001

附表一 泊松分布数值表

续表

k	λ						
	4.5	5.0	6.0	7.0	8.0	9.0	10.0
0	0.011109	0.006738	0.002479	0.000912	0.000335	0.000123	0.000045
1	0.049990	0.033690	0.014873	0.006383	0.002684	0.001111	0.000454
2	0.112479	0.084224	0.044618	0.022341	0.010735	0.004998	0.002270
3	0.168718	0.140374	0.089235	0.052129	0.028626	0.014994	0.007567
4	0.189808	0.175467	0.133853	0.091226	0.057252	0.033737	0.018917
5	0.170827	0.175467	0.160623	0.127717	0.091604	0.060727	0.037833
6	0.128120	0.146223	0.160623	0.149003	0.122138	0.091090	0.063055
7	0.082363	0.104445	0.137677	0.149003	0.139587	0.117116	0.090079
8	0.046329	0.065278	0.103258	0.130377	0.139587	0.131756	0.112599
9	0.023165	0.036266	0.068838	0.101405	0.124077	0.131756	0.125110
10	0.010424	0.018133	0.041303	0.070983	0.099262	0.118580	0.125110
11	0.004264	0.008242	0.022529	0.045171	0.072190	0.097020	0.113736
12	0.001599	0.003434	0.011264	0.026350	0.048127	0.072765	0.094780
13	0.000554	0.001321	0.005199	0.014188	0.029616	0.050376	0.072908
14	0.000178	0.000472	0.002228	0.007094	0.016924	0.032384	0.052077
15	0.000053	0.000157	0.000891	0.003311	0.009026	0.019431	0.034718
16	0.000015	0.000049	0.000334	0.001448	0.004513	0.010930	0.021699
17	0.000004	0.000014	0.000118	0.000596	0.002124	0.005786	0.012764
18	0.000001	0.000004	0.000039	0.000232	0.000944	0.002893	0.007091
19	—	0.000001	0.000012	0.000085	0.000397	0.001370	0.003732
20	—	—	0.000004	0.000030	0.000159	0.000617	0.001866
21	—	—	0.000001	0.000010	0.000061	0.000264	0.000889
22	—	—	—	0.000003	0.000022	0.000108	0.000404
23	—	—	—	0.000001	0.000008	0.000042	0.000176
24	—	—	—	—	0.000003	0.000016	0.000073
25	—	—	—	—	0.000001	0.000006	0.000029
26	—	—	—	—	—	0.000002	0.000011
27	—	—	—	—	—	0.000001	0.000004
28	—	—	—	—	—	—	0.000001
29	—	—	—	—	—	—	0.000001

附表二 标准化正态分布密度纵坐标表

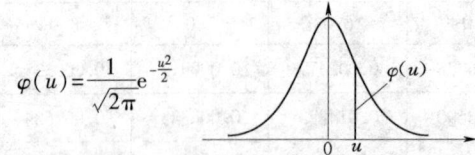

$$\varphi(u)=\frac{1}{\sqrt{2\pi}}e^{-\frac{u^2}{2}}$$

u	0.00	0.01	0.02	0.03	0.04	0.05	0.06	0.07	0.08	0.09
0.0	0.39894	0.39892	0.39886	0.39876	0.39862	0.39844	0.39822	0.39797	0.39767	0.39733
0.1	0.39695	0.39654	0.39608	0.39559	0.39505	0.39448	0.39387	0.39322	0.39253	0.39181
0.2	0.39104	0.39024	0.38940	0.38853	0.38762	0.38667	0.38568	0.38466	0.38361	0.38251
0.3	0.38139	0.38023	0.37903	0.37780	0.37654	0.37524	0.37391	0.37255	0.37115	0.36973
0.4	0.36827	0.36678	0.36526	0.36371	0.36213	0.36053	0.35889	0.35723	0.35553	0.35381
0.5	0.35207	0.35029	0.34849	0.34667	0.34482	0.34294	0.34105	0.33912	0.33718	0.33521
0.6	0.33322	0.33121	0.32918	0.32713	0.32506	0.32297	0.32086	0.31874	0.31659	0.31443
0.7	0.31225	0.31006	0.30785	0.30563	0.30339	0.30114	0.29887	0.29659	0.29431	0.29200
0.8	0.28969	0.28737	0.28504	0.28269	0.28034	0.27798	0.27562	0.27324	0.27086	0.26848
0.9	0.26609	0.26369	0.26129	0.25888	0.25647	0.25406	0.25164	0.24923	0.24681	0.24439
1.0	0.24197	0.23955	0.23713	0.23471	0.23230	0.22988	0.22747	0.22506	0.22265	0.22025
1.1	0.21785	0.21546	0.21307	0.21069	0.20831	0.20594	0.20357	0.20121	0.19886	0.19652
1.2	0.19419	0.19186	0.18954	0.18724	0.18494	0.18265	0.18037	0.17810	0.17585	0.17360
1.3	0.17137	0.16915	0.16694	0.16474	0.16256	0.16038	0.15822	0.15608	0.15395	0.15183
1.4	0.14973	0.14764	0.14556	0.14350	0.14146	0.13943	0.13742	0.13542	0.13344	0.13147
1.5	0.12952	0.12758	0.12566	0.12376	0.12188	0.12001	0.11816	0.11632	0.11450	0.11270
1.6	0.11092	0.10915	0.10741	0.10567	0.10396	0.10226	0.10059	0.098925	0.097282	0.095657
1.7	0.094049	0.092459	0.090887	0.089333	0.087796	0.086277	0.084776	0.083293	0.081828	0.080380
1.8	0.078950	0.077538	0.076143	0.074766	0.073407	0.072065	0.070740	0.069433	0.068144	0.066871
1.9	0.065616	0.064378	0.063157	0.061952	0.060765	0.059595	0.058441	0.057304	0.056183	0.055079
2.0	0.053991	0.052919	0.051864	0.050824	0.049800	0.048792	0.047800	0.046823	0.045861	0.044915
2.1	0.043984	0.043067	0.042166	0.041280	0.040408	0.039550	0.038707	0.037878	0.037063	0.036262
2.2	0.035475	0.034701	0.033941	0.033194	0.032460	0.031740	0.031032	0.030337	0.029655	0.028985

附表二 标准化正态分布密度纵坐标表

续表

u	0.00	0.01	0.02	0.03	0.04	0.05	0.06	0.07	0.08	0.09
2.3	0.028327	0.027682	0.027048	0.026426	0.025817	0.025218	0.024631	0.024056	0.023491	0.022937
2.4	0.022395	0.021862	0.021341	0.020829	0.020328	0.019837	0.019356	0.018885	0.018423	0.017971
2.5	0.017528	0.017095	0.016670	0.016254	0.015848	0.015449	0.015060	0.014678	0.014305	0.013940
2.6	0.013583	0.013234	0.012892	0.012558	0.012232	0.011912	0.011600	0.011295	0.010997	0.010706
2.7	0.010421	0.010143	$0.0^2 98712$	$0.0^2 96058$	$0.0^2 93466$	$0.0^2 90936$	$0.0^2 88465$	$0.0^2 86052$	$0.0^2 83697$	$0.0^2 81398$
2.8	$0.0^2 79155$	$0.0^2 76965$	$0.0^2 74829$	$0.0^2 72744$	$0.0^2 70711$	$0.0^2 68728$	$0.0^2 66793$	$0.0^2 64907$	$0.0^2 63067$	$0.0^2 61274$
2.9	$0.0^2 59525$	$0.0^2 57821$	$0.0^2 56160$	$0.0^2 54541$	$0.0^2 52963$	$0.0^2 51426$	$0.0^2 49929$	$0.0^2 48470$	$0.0^2 47050$	$0.0^2 45666$
3.0	$0.0^2 44318$	$0.0^2 43007$	$0.0^2 41729$	$0.0^2 40486$	$0.0^2 39276$	$0.0^2 38098$	$0.0^2 36951$	$0.0^2 35836$	$0.0^2 34751$	$0.0^2 33695$
3.1	$0.0^2 32668$	$0.0^2 31669$	$0.0^2 30698$	$0.0^2 29754$	$0.0^2 28835$	$0.0^2 27943$	$0.0^2 27075$	$0.0^2 26231$	$0.0^2 25412$	$0.0^2 24615$
3.2	$0.0^2 23841$	$0.0^2 23089$	$0.0^2 22358$	$0.0^2 21649$	$0.0^2 20960$	$0.0^2 20290$	$0.0^2 19641$	$0.0^2 19010$	$0.0^2 18397$	$0.0^2 17803$
3.3	$0.0^2 17226$	$0.0^2 16666$	$0.0^2 16122$	$0.0^2 15595$	$0.0^2 15084$	$0.0^2 14587$	$0.0^2 14106$	$0.0^2 13639$	$0.0^2 13187$	$0.0^2 12748$
3.4	$0.0^2 12322$	$0.0^2 11910$	$0.0^2 11510$	$0.0^2 11122$	$0.0^2 10747$	$0.0^2 10383$	$0.0^2 10030$	$0.0^2 96886$	$0.0^3 93577$	$0.0^3 90372$
3.5	$0.0^3 87268$	$0.0^3 84263$	$0.0^2 81352$	$0.0^3 78534$	$0.0^3 75807$	$0.0^3 73166$	$0.0^3 70611$	$0.0^3 68138$	$0.0^3 65745$	$0.0^3 63430$
3.6	$0.0^3 61190$	$0.0^3 59024$	$0.0^3 56928$	$0.0^3 54901$	$0.0^3 52941$	$0.0^3 51046$	$0.0^3 49214$	$0.0^3 47443$	$0.0^3 45731$	$0.0^3 44077$
3.7	$0.0^3 42478$	$0.0^3 40933$	$0.0^3 39440$	$0.0^3 37998$	$0.0^3 36605$	$0.0^3 35260$	$0.0^3 33960$	$0.0^3 32705$	$0.0^3 31494$	$0.0^2 30324$
3.8	$0.0^3 29195$	$0.0^3 28105$	$0.0^3 27053$	$0.0^3 26037$	$0.0^3 25058$	$0.0^3 24113$	$0.0^3 23201$	$0.0^3 22321$	$0.0^3 21473$	$0.0^3 20655$
3.9	$0.0^3 19866$	$0.0^3 19105$	$0.0^3 18371$	$0.0^3 17664$	$0.0^3 16983$	$0.0^3 16326$	$0.0^3 15693$	$0.0^3 15083$	$0.0^3 14495$	$0.0^3 13928$
4.0	$0.0^3 13383$	$0.0^3 12858$	$0.0^3 12352$	$0.0^3 11864$	$0.0^3 11395$	$0.0^3 10943$	$0.0^3 10509$	$0.0^3 10090$	$0.0^4 96870$	$0.0^4 92993$
4.1	$0.0^4 89262$	$0.0^4 85672$	$0.0^4 82218$	$0.0^4 78895$	$0.0^4 75700$	$0.0^4 72626$	$0.0^4 69670$	$0.0^4 66828$	$0.0^4 64095$	$0.0^4 61468$
4.2	$0.0^4 58943$	$0.0^4 56516$	$0.0^4 54183$	$0.0^4 51942$	$0.0^4 49788$	$0.0^4 47719$	$0.0^4 45731$	$0.0^4 43821$	$0.0^4 41988$	$0.0^4 40226$
4.3	$0.0^4 38535$	$0.0^4 36911$	$0.0^4 35353$	$0.0^4 33856$	$0.0^4 32420$	$0.0^4 31041$	$0.0^4 29719$	$0.0^4 28449$	$0.0^4 27231$	$0.0^4 26063$
4.4	$0.0^4 24942$	$0.0^4 23868$	$0.0^4 22837$	$0.0^4 21848$	$0.0^4 20900$	$0.0^4 19992$	$0.0^4 19121$	$0.0^4 18286$	$0.0^4 17486$	$0.0^4 16719$
4.5	$0.0^4 15984$	$0.0^4 15280$	$0.0^4 14605$	$0.0^4 13959$	$0.0^4 13340$	$0.0^4 12747$	$0.0^4 12180$	$0.0^4 11636$	$0.0^4 11116$	$0.0^4 10618$
4.6	$0.0^4 10141$	$0.0^5 96845$	$0.0^5 92477$	$0.0^5 88297$	$0.0^5 84298$	$0.0^5 80472$	$0.0^5 76812$	$0.0^5 73311$	$0.0^5 69962$	$0.0^5 66760$
4.7	$0.0^5 63698$	$0.0^5 60771$	$0.0^5 57972$	$0.0^5 55296$	$0.0^5 52739$	$0.0^5 50295$	$0.0^5 47960$	$0.0^5 45728$	$0.0^5 43596$	$0.0^5 41559$
4.8	$0.0^5 39613$	$0.0^5 37755$	$0.0^5 35980$	$0.0^5 34285$	$0.0^5 32667$	$0.0^5 31122$	$0.0^5 29647$	$0.0^5 28239$	$0.0^5 26895$	$0.0^5 25613$
4.9	$0.0^5 24390$	$0.0^5 23222$	$0.0^5 22108$	$0.0^5 21046$	$0.0^5 20033$	$0.0^5 19066$	$0.0^5 18144$	$0.0^5 17265$	$0.0^5 16428$	$0.0^5 15629$

附表三　　标准化正态分布函数表

$$Q(u) = \int_u^\infty \frac{1}{\sqrt{2\pi}} e^{-\frac{u^2}{2}} du$$

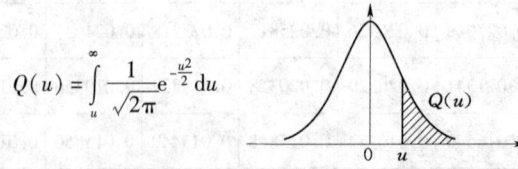

u	0.00	0.01	0.02	0.03	0.04	0.05	0.06	0.07	0.08	0.09
0.0	0.50000	0.49601	0.49202	0.48803	0.48405	0.48006	0.47608	0.47210	0.46812	0.46414
0.1	0.46017	0.45620	0.45224	0.44828	0.44433	0.44038	0.43644	0.43251	0.42858	0.42465
0.2	0.42074	0.41683	0.41294	0.40905	0.40517	0.40129	0.39743	0.39358	0.38974	0.38591
0.3	0.38209	0.37828	0.37448	0.37070	0.36693	0.36317	0.35942	0.35569	0.35197	0.34827
0.4	0.34458	0.34090	0.33724	0.33360	0.32997	0.32636	0.32276	0.31918	0.31561	0.31207
0.5	0.30854	0.30503	0.30153	0.29806	0.29460	0.29116	0.28774	0.28434	0.28096	0.27760
0.6	0.27425	0.27093	0.26763	0.26435	0.26109	0.25785	0.25463	0.25143	0.24825	0.24510
0.7	0.24196	0.23885	0.23576	0.23270	0.22965	0.22663	0.22363	0.22065	0.21770	0.21476
0.8	0.21186	0.20897	0.20611	0.20327	0.20045	0.19766	0.19489	0.19215	0.18943	0.18673
0.9	0.18406	0.18141	0.17879	0.17619	0.17361	0.17106	0.16853	0.16602	0.16354	0.16109
1.0	0.15866	0.15625	0.15386	0.15151	0.14917	0.14686	0.14457	0.14231	0.14007	0.13786
1.1	0.13567	0.13350	0.13136	0.12924	0.12714	0.12507	0.12302	0.12100	0.11900	0.11702
1.2	0.11507	0.11314	0.11123	0.10935	0.10749	0.10565	0.10383	0.10204	0.10027	0.098525
1.3	0.096800	0.095098	0.093418	0.091759	0.090123	0.088508	0.086915	0.085343	0.083793	0.082264
1.4	0.080757	0.079270	0.077804	0.076359	0.074934	0.073529	0.072145	0.070781	0.069437	0.068112
1.5	0.066807	0.065522	0.064255	0.063008	0.061780	0.060571	0.059380	0.058208	0.057053	0.055917
1.6	0.054799	0.053699	0.052616	0.051551	0.050503	0.049471	0.048457	0.047460	0.046479	0.045514
1.7	0.044565	0.043633	0.042716	0.041815	0.040930	0.040059	0.039204	0.038364	0.037538	0.036727
1.8	0.035930	0.035148	0.034380	0.033625	0.032884	0.032157	0.031443	0.030742	0.030054	0.029379
1.9	0.028717	0.028067	0.027429	0.026803	0.026190	0.025588	0.024998	0.024419	0.023852	0.023295
2.0	0.022750	0.022216	0.021692	0.021178	0.020675	0.020182	0.019699	0.019226	0.018763	0.018309
2.1	0.017864	0.017429	0.017003	0.016586	0.016177	0.015778	0.015386	0.015003	0.014629	0.014262
2.2	0.013903	0.013553	0.013209	0.012874	0.012545	0.012224	0.011911	0.011604	0.011304	0.011011

附表三 标准化正态分布函数表

续表

u	0.00	0.01	0.02	0.03	0.04	0.05	0.06	0.07	0.08	0.09
2.3	0.010724	0.010444	0.010170	0.0^{2}99031	0.0^{2}96419	0.0^{2}93867	0.0^{2}91375	0.0^{2}88940	0.0^{2}86563	0.0^{2}84242
2.4	0.0^{2}81975	0.0^{2}79763	0.0^{2}77603	0.0^{2}75494	0.0^{2}73436	0.0^{2}71428	0.0^{2}69469	0.0^{2}67557	0.0^{2}65691	0.0^{2}63872
2.5	0.0^{2}62097	0.0^{2}60366	0.0^{2}58677	0.0^{2}57031	0.0^{2}55426	0.0^{2}53861	0.0^{2}52336	0.0^{2}50849	0.0^{2}49400	0.0^{2}47988
2.6	0.0^{2}46612	0.0^{2}45271	0.0^{2}43965	0.0^{2}42692	0.0^{2}41453	0.0^{2}40246	0.0^{2}39070	0.0^{2}37926	0.0^{2}36811	0.0^{2}35726
2.7	0.0^{2}34670	0.0^{2}33642	0.0^{2}32641	0.0^{2}31667	0.0^{2}30720	0.0^{2}29798	0.0^{2}28901	0.0^{2}28028	0.0^{2}27179	0.0^{2}26354
2.8	0.0^{2}25551	0.0^{2}24771	0.0^{2}24012	0.0^{2}23274	0.0^{2}22557	0.0^{2}21860	0.0^{2}21182	0.0^{2}20524	0.0^{2}19884	0.0^{2}19262
2.9	0.0^{2}18658	0.0^{2}18071	0.0^{2}17502	0.0^{2}16948	0.0^{2}16411	0.0^{2}15889	0.0^{2}15382	0.0^{2}14890	0.0^{2}14412	0.0^{2}13949
3.0	0.0^{2}13499	0.0^{2}13062	0.0^{2}12639	0.0^{2}12228	0.0^{2}11829	0.0^{2}11442	0.0^{2}11067	0.0^{2}10703	0.0^{2}10350	0.0^{2}10008
3.1	0.0^{3}96760	0.0^{3}93544	0.0^{3}90426	0.0^{3}87403	0.0^{3}84474	0.0^{3}81635	0.0^{3}78885	0.0^{3}76219	0.0^{3}73638	0.0^{3}71136
3.2	0.0^{3}68714	0.0^{3}66367	0.0^{3}64095	0.0^{3}61895	0.0^{3}59765	0.0^{3}57703	0.0^{3}55706	0.0^{3}53774	0.0^{3}51904	0.0^{3}50094
3.3	0.0^{3}48342	0.0^{3}46648	0.0^{3}45009	0.0^{3}43423	0.0^{3}41889	0.0^{3}40406	0.0^{3}38971	0.0^{3}37584	0.0^{3}36243	0.0^{3}34946
3.4	0.0^{3}33693	0.0^{3}32481	0.0^{3}31311	0.0^{3}30179	0.0^{3}29086	0.0^{3}28029	0.0^{3}27009	0.0^{3}26023	0.0^{3}25071	0.0^{3}24151
3.5	0.0^{3}23263	0.0^{3}22405	0.0^{3}21577	0.0^{3}20778	0.0^{3}20006	0.0^{3}19262	0.0^{3}18543	0.0^{3}17849	0.0^{3}17180	0.0^{3}16534
3.6	0.0^{3}15911	0.0^{3}15310	0.0^{3}14730	0.0^{3}14171	0.0^{3}13632	0.0^{3}13112	0.0^{3}12611	0.0^{3}12128	0.0^{3}11662	0.0^{3}11213
3.7	0.0^{3}10780	0.0^{3}10363	0.0^{4}99611	0.0^{4}95740	0.0^{4}92010	0.0^{4}88417	0.0^{4}84957	0.0^{4}81624	0.0^{4}78414	0.0^{4}75324
3.8	0.0^{4}72348	0.0^{4}69483	0.0^{4}66726	0.0^{4}64072	0.0^{4}61517	0.0^{4}59059	0.0^{4}56694	0.0^{4}54418	0.0^{4}52228	0.0^{4}50122
3.9	0.0^{4}48096	0.0^{4}46148	0.0^{4}44274	0.0^{4}42473	0.0^{4}40741	0.0^{4}39076	0.0^{4}37475	0.0^{4}35936	0.0^{4}34458	0.0^{4}33037
4.0	0.0^{4}31671	0.0^{4}30359	0.0^{4}29099	0.0^{4}27888	0.0^{4}26726	0.0^{4}25609	0.0^{4}24536	0.0^{4}23507	0.0^{4}22518	0.0^{4}21569
4.1	0.0^{4}20658	0.0^{4}19783	0.0^{4}18944	0.0^{4}18138	0.0^{4}17365	0.0^{4}16624	0.0^{4}15912	0.0^{4}15230	0.0^{4}14575	0.0^{4}13948
4.2	0.0^{4}13346	0.0^{4}12769	0.0^{4}12215	0.0^{4}11685	0.0^{4}11176	0.0^{4}10689	0.0^{4}10221	0.0^{5}97736	0.0^{5}93447	0.0^{5}89337
4.3	0.0^{5}85399	0.0^{5}81627	0.0^{5}78015	0.0^{5}74555	0.0^{5}71241	0.0^{5}68069	0.0^{5}65031	0.0^{5}62123	0.0^{5}59340	0.0^{5}56675
4.4	0.0^{5}54125	0.0^{5}51685	0.0^{5}49350	0.0^{5}47117	0.0^{5}44979	0.0^{5}42935	0.0^{5}40980	0.0^{5}39110	0.0^{5}37322	0.0^{5}35612
4.5	0.0^{5}33977	0.0^{5}32414	0.0^{5}30920	0.0^{5}29492	0.0^{5}28127	0.0^{5}26823	0.0^{5}25577	0.0^{5}24386	0.0^{5}23249	0.0^{5}22162
4.6	0.0^{5}21125	0.0^{5}20133	0.0^{5}19187	0.0^{5}18283	0.0^{5}17420	0.0^{5}16597	0.0^{5}15810	0.0^{5}15060	0.0^{5}14344	0.0^{5}13660
4.7	0.0^{5}13008	0.0^{5}12386	0.0^{5}11792	0.0^{5}11226	0.0^{5}10686	0.0^{5}10171	0.0^{6}96796	0.0^{6}92113	0.0^{6}87648	0.0^{6}83391
4.8	0.0^{6}79333	0.0^{6}75465	0.0^{6}71779	0.0^{6}68267	0.0^{6}64920	0.0^{6}61731	0.0^{6}58693	0.0^{6}55799	0.0^{6}53043	0.0^{6}50418
4.9	0.0^{6}47918	0.0^{6}45538	0.0^{6}43272	0.0^{6}41115	0.0^{6}39061	0.0^{6}37107	0.0^{6}35247	0.0^{6}33476	0.0^{6}31792	0.0^{6}30190

附表四　　皮尔逊Ⅲ型分布离均系数 Φ_P 值表

C_s \ P/%	0.01	0.02	0.05	0.1	0.2	0.5	1	2	3	5	10	20	25	30
0	3.719	3.540	3.291	3.090	2.878	2.576	2.326	2.054	1.881	1.645	1.282	0.842	0.674	0.524
0.02	3.768	3.582	3.325	3.119	2.903	2.595	2.341	2.064	1.889	1.651	1.284	0.841	0.673	0.522
0.04	3.807	3.619	3.357	3.148	2.927	2.613	2.356	2.075	1.898	1.656	1.286	0.840	0.671	0.520
0.06	3.849	3.657	3.389	3.176	2.951	2.632	2.370	2.086	1.906	1.662	1.288	0.839	0.669	0.517
0.08	3.892	3.695	3.422	3.205	2.976	2.651	2.385	2.096	1.914	1.667	1.290	0.838	0.667	0.515
0.10	3.935	3.734	3.455	3.233	3.000	2.670	2.400	2.107	1.923	1.673	1.292	0.836	0.665	0.512
0.12	3.978	3.773	3.488	3.262	3.024	2.688	2.414	2.118	1.931	1.678	1.294	0.835	0.663	0.510
0.14	4.022	3.812	3.521	3.291	3.049	2.707	2.429	2.128	1.939	1.684	1.296	0.834	0.661	0.507
0.16	4.066	3.851	3.555	3.319	3.073	2.726	2.443	2.139	1.947	1.689	1.298	0.833	0.659	0.504
0.18	4.109	3.890	3.588	3.348	3.097	2.745	2.458	2.149	1.955	1.694	1.299	0.832	0.657	0.502
0.20	4.153	3.929	3.621	3.377	3.122	2.763	2.472	2.159	1.964	1.700	1.301	0.830	0.655	0.499
0.22	4.197	3.969	3.654	3.406	3.146	2.781	2.487	2.170	1.972	1.705	1.303	0.829	0.653	0.497
0.24	4.241	4.008	3.688	3.435	3.170	2.800	2.501	2.180	1.980	1.710	1.305	0.828	0.651	0.494
0.26	4.285	4.048	3.721	3.464	3.195	2.819	2.516	2.190	1.988	1.715	1.306	0.826	0.649	0.491
0.28	4.330	4.087	3.755	3.492	3.219	2.838	2.530	2.201	1.996	1.721	1.308	0.825	0.647	0.489
0.30	4.374	4.127	3.788	3.521	3.244	2.856	2.544	2.211	2.003	1.726	1.309	0.824	0.644	0.486
0.32	4.418	4.167	3.822	3.550	3.268	2.875	2.559	2.221	2.011	1.731	1.311	0.822	0.642	0.483
0.34	4.463	4.206	3.855	3.579	3.293	2.894	2.573	2.231	2.019	1.736	1.312	0.821	0.640	0.481
0.36	4.508	4.246	3.889	3.608	3.317	2.912	2.587	2.241	2.027	1.741	1.314	0.819	0.638	0.478
0.38	4.552	4.286	3.922	3.637	3.341	2.931	2.601	2.251	2.035	1.746	1.315	0.818	0.636	0.475
0.40	4.597	4.326	3.956	3.666	3.366	2.949	2.615	2.261	2.042	1.751	1.317	0.816	0.633	0.472
0.42	4.642	4.366	3.990	3.695	3.390	2.967	2.630	2.271	2.050	1.755	1.318	0.815	0.631	0.469
0.44	4.687	4.406	4.023	3.724	3.414	2.986	2.644	2.281	2.058	1.760	1.319	0.813	0.629	0.467
0.46	4.731	4.446	4.057	3.753	3.439	3.004	2.658	2.291	2.065	1.765	1.321	0.811	0.626	0.464
0.48	4.776	4.486	4.091	3.782	3.463	3.023	2.672	2.301	2.073	1.770	1.322	0.810	0.624	0.461
0.50	4.821	4.526	4.124	3.811	3.487	3.041	2.686	2.311	2.080	1.774	1.323	0.808	0.622	0.458
0.55	4.934	4.626	4.209	3.883	3.548	3.087	2.721	2.335	2.099	1.786	1.326	0.804	0.616	0.451
0.60	5.047	4.727	4.293	3.956	3.609	3.132	2.755	2.359	2.117	1.797	1.329	0.799	0.609	0.444
0.65	5.160	4.828	4.377	4.028	3.669	3.178	2.790	2.383	2.135	1.808	1.331	0.795	0.603	0.436
0.70	5.274	4.928	4.462	4.100	3.730	3.223	2.824	2.407	2.153	1.819	1.333	0.790	0.596	0.429
0.75	5.388	5.029	4.546	4.172	3.790	3.268	2.857	2.430	2.170	1.829	1.335	0.785	0.590	0.421
0.80	5.501	5.130	4.631	4.244	3.850	3.312	2.891	2.453	2.187	1.839	1.336	0.780	0.583	0.413
0.85	5.615	5.231	4.715	4.316	3.910	3.357	2.924	2.476	2.204	1.849	1.338	0.775	0.576	0.405
0.90	5.729	5.332	4.799	4.388	3.969	3.401	2.957	2.498	2.220	1.859	1.339	0.769	0.569	0.397
0.95	5.843	5.433	4.883	4.460	4.029	3.445	2.990	2.520	2.237	1.868	1.340	0.763	0.562	0.389
1.00	5.957	5.534	4.967	4.531	4.088	3.489	3.023	2.542	2.253	1.877	1.340	0.757	0.555	0.381
1.05	6.071	5.635	5.051	4.602	4.147	3.532	3.055	2.564	2.268	1.886	1.341	0.752	0.547	0.373
1.10	6.185	5.736	5.134	4.674	4.206	3.575	3.087	2.585	2.284	1.894	1.341	0.745	0.540	0.365
1.15	6.299	5.836	5.218	4.774	4.264	3.618	3.118	2.606	2.299	1.902	1.341	0.739	0.532	0.356
1.20	6.413	5.937	5.301	4.815	4.323	3.661	3.149	2.626	2.313	1.910	1.341	0.733	0.524	0.348
1.25	6.526	6.037	5.384	4.885	4.381	3.703	3.180	2.647	2.328	1.917	1.340	0.726	0.517	0.339
1.30	6.640	6.137	5.467	4.955	4.438	3.745	3.211	2.667	2.342	1.925	1.339	0.719	0.508	0.331
1.35	6.753	6.237	5.550	5.025	4.496	3.787	3.241	2.686	2.356	1.932	1.338	0.712	0.500	0.322

附表四　皮尔逊Ⅲ型分布离均系数 Φ_P 值表

续表

C_s \ $P/\%$	40	50	60	70	75	80	90	95	97	99	99.5	99.9
0	0.253	-0.000	-0.253	-0.524	-0.674	-0.842	-1.282	-1.645	-1.881	-2.326	-2.576	-3.090
0.02	0.250	-0.003	-0.256	-0.527	-0.676	-0.843	-1.279	-1.639	-1.872	-2.312	-2.557	-3.061
0.04	0.247	-0.007	-0.260	-0.529	-0.678	-0.843	-1.277	-1.633	-1.864	-2.297	-2.538	-3.033
0.06	0.244	-0.010	-0.263	-0.532	-0.680	-0.844	-1.275	-1.628	-1.855	-2.282	-2.519	-3.005
0.08	0.241	-0.013	-0.266	-0.534	-0.681	-0.845	-1.273	-1.622	-1.847	-2.267	-2.501	-2.976
0.10	0.238	-0.016	-0.269	-0.536	-0.683	-0.846	-1.270	-1.616	-1.838	-2.252	-2.482	-2.948
0.12	0.235	-0.020	-0.272	-0.538	-0.685	-0.847	-1.268	-1.610	-1.829	-2.238	-2.463	-2.920
0.14	0.231	-0.023	-0.275	-0.541	-0.687	-0.848	-1.266	-1.604	-1.821	-2.223	-2.444	-2.892
0.16	0.228	-0.027	-0.278	-0.543	-0.688	-0.848	-1.263	-1.598	-1.812	-2.208	-2.425	-2.864
0.18	0.225	-0.030	-0.281	-0.545	-0.690	-0.849	-1.261	-1.592	-1.803	-2.193	-2.407	-2.836
0.20	0.222	-0.033	-0.284	-0.548	-0.691	-0.850	-1.258	-1.586	-1.794	-2.178	-2.388	-2.808
0.22	0.219	-0.037	-0.287	-0.550	-0.693	-0.851	-1.256	-1.580	-1.786	-2.164	-2.369	-2.780
0.24	0.215	-0.040	-0.290	-0.552	-0.695	-0.851	-1.253	-1.574	-1.777	-2.149	-2.350	-2.752
0.26	0.212	-0.043	-0.293	-0.554	-0.696	-0.852	-1.250	-1.568	-1.768	-2.134	-2.332	-2.724
0.28	0.209	-0.046	-0.296	-0.556	-0.697	-0.852	-1.248	-1.561	-1.759	-2.119	-2.313	-2.697
0.30	0.206	-0.050	-0.299	-0.558	-0.699	-0.853	-1.245	-1.555	-1.750	-2.104	-2.294	-2.667
0.32	0.202	-0.053	-0.302	-0.561	-0.700	-0.853	-1.242	-1.549	-1.741	-2.089	-2.276	-2.642
0.34	0.199	-0.056	-0.305	-0.563	-0.702	-0.854	-1.240	-1.543	-1.732	-2.074	-2.257	-2.614
0.36	0.196	-0.060	-0.308	-0.565	-0.703	-0.854	-1.237	-1.536	-1.723	-2.059	-2.238	-2.587
0.38	0.192	-0.063	-0.311	-0.567	-0.705	-0.855	-1.234	-1.530	-1.714	-2.044	-2.220	-2.560
0.40	0.189	-0.066	-0.314	-0.569	-0.706	-0.855	-1.231	-1.524	-1.705	-2.029	-2.201	-2.533
0.42	0.186	-0.070	-0.316	-0.571	-0.707	-0.855	-1.228	-1.517	-1.696	-2.014	-2.182	-2.506
0.44	0.183	-0.073	-0.319	-0.573	-0.708	-0.856	-1.225	-1.511	-1.687	-2.000	-2.164	-2.479
0.46	0.179	-0.076	-0.322	-0.575	-0.709	-0.856	-1.222	-1.504	-1.677	-1.985	-2.145	-2.452
0.48	0.176	-0.080	-0.325	-0.576	-0.711	-0.856	-1.219	-1.498	-1.668	-1.970	-2.127	-2.425
0.50	0.173	-0.083	-0.328	-0.578	-0.712	-0.857	-1.216	-1.491	-1.659	-1.955	-2.108	-2.399
0.55	0.164	-0.091	-0.335	-0.583	-0.715	-0.857	-1.208	-1.474	-1.636	-1.917	-2.062	-2.333
0.60	0.156	-0.099	-0.342	-0.588	-0.718	-0.857	-1.200	-1.458	-1.613	-1.880	-2.016	-2.268
0.65	0.148	-0.108	-0.349	-0.592	-0.720	-0.857	-1.192	-1.441	-1.589	-1.843	-1.971	-2.204
0.70	0.139	-0.116	-0.356	-0.596	-0.722	-0.857	-1.183	-1.423	-1.566	-1.806	-1.926	-2.141
0.75	0.131	-0.124	-0.362	-0.600	-0.724	-0.857	-1.175	-1.406	-1.542	-1.769	-1.881	-2.078
0.80	0.122	-0.132	-0.369	-0.604	-0.726	-0.856	-1.166	-1.389	-1.518	-1.733	-1.837	-2.017
0.85	0.113	-0.140	-0.375	-0.608	-0.728	-0.855	-1.157	-1.371	-1.494	-1.696	-1.793	-1.958
0.90	0.105	-0.148	-0.382	-0.611	-0.730	-0.854	-1.147	-1.353	-1.470	-1.660	-1.749	-1.899
0.95	0.096	-0.156	-0.388	-0.615	-0.731	-0.853	-1.137	-1.335	-1.446	-1.624	-1.706	-1.842
1.00	0.088	-0.164	-0.394	-0.618	-0.732	-0.852	-1.128	-1.317	-1.422	-1.588	-1.664	-1.786
1.05	0.079	-0.172	-0.400	-0.621	-0.733	-0.850	-1.118	-1.299	-1.398	-1.553	-1.622	-1.731
1.10	0.070	-0.180	-0.406	-0.624	-0.734	-0.848	-1.107	-1.280	-1.374	-1.518	-1.581	-1.678
1.15	0.062	-0.187	-0.412	-0.627	-0.735	-0.846	-1.097	-1.262	-1.350	-1.484	-1.541	-1.627
1.20	0.053	-0.195	-0.418	-0.629	-0.735	-0.844	-1.086	-1.243	-1.327	-1.449	-1.501	-1.577
1.25	0.044	-0.203	-0.424	-0.632	-0.735	-0.841	-1.075	-1.224	-1.303	-1.416	-1.462	-1.529
1.30	0.036	-0.210	-0.429	-0.634	-0.735	-0.838	-1.064	-1.206	-1.279	-1.383	-1.424	-1.482
1.35	0.027	-0.218	-0.434	-0.636	-0.735	-0.835	-1.053	-1.187	-1.255	-1.350	-1.387	-1.437

续表

C_s \ $P/\%$	0.01	0.02	0.05	0.1	0.2	0.5	1	2	3	5	10	20	25	30
1.40	6.867	6.337	5.632	5.095	4.553	3.828	3.271	2.706	2.369	1.938	1.337	0.705	0.492	0.313
1.45	6.980	6.437	5.715	5.164	4.610	3.869	3.301	2.725	2.382	1.945	1.335	0.698	0.484	0.304
1.50	7.093	6.536	5.797	5.234	4.666	3.910	3.330	2.743	2.395	1.950	1.333	0.691	0.475	0.295
1.55	7.206	6.636	5.878	5.302	4.723	3.950	3.359	2.762	2.408	1.957	1.331	0.683	0.467	0.286
1.60	7.318	6.735	5.960	5.371	4.779	3.990	3.388	2.780	2.420	1.962	1.329	0.675	0.458	0.277
1.65	7.430	6.833	6.041	5.439	4.834	4.030	3.416	2.797	2.432	1.967	1.326	0.667	0.450	0.268
1.70	7.543	6.932	6.122	5.507	4.890	4.069	3.444	2.815	2.444	1.972	1.324	0.660	0.441	0.259
1.75	7.655	7.030	6.203	5.575	4.945	4.108	3.472	2.832	2.455	1.977	1.321	0.652	0.432	0.250
1.80	7.766	7.128	6.283	5.642	4.999	4.147	3.499	2.848	2.466	1.981	1.318	0.643	0.423	0.241
1.85	7.878	7.226	6.363	5.709	5.054	4.185	3.526	2.865	2.477	1.985	1.314	0.635	0.414	0.232
1.90	7.989	7.323	6.443	5.775	5.108	4.223	3.553	2.881	2.487	1.989	1.311	0.627	0.405	0.222
1.95	8.100	7.420	6.522	5.842	5.161	4.261	3.579	2.897	2.497	1.993	1.307	0.618	0.396	0.213
2.00	8.210	7.517	6.601	5.908	5.215	4.298	3.605	2.912	2.507	1.996	1.303	0.609	0.386	0.204
2.1	8.431	7.710	6.758	6.039	5.320	4.372	3.656	2.942	2.525	2.001	1.294	0.592	0.368	0.185
2.2	8.650	7.901	6.914	6.168	5.424	4.444	3.705	2.970	2.542	2.006	1.284	0.574	0.349	0.167
2.3	8.868	8.091	7.068	6.296	5.527	4.515	3.753	2.997	2.558	2.009	1.274	0.556	0.330	0.148
2.4	9.084	8.280	7.221	6.423	5.628	4.584	3.800	3.023	2.573	2.011	1.262	0.537	0.311	0.130
2.5	9.299	8.468	7.373	6.548	5.728	4.652	3.845	3.048	2.587	2.012	1.250	0.518	0.292	0.111
2.6	9.513	8.654	7.523	6.672	5.826	4.718	3.889	3.071	2.599	2.013	1.238	0.499	0.272	0.093
2.7	9.725	8.838	7.671	6.794	5.923	4.783	3.932	3.093	2.610	2.012	1.224	0.479	0.253	0.075
2.8	9.936	9.021	7.818	6.915	6.019	4.847	3.973	3.114	2.620	2.010	1.210	0.460	0.234	0.057
2.9	10.15	9.203	7.964	7.034	6.113	4.909	4.013	3.134	2.629	2.007	1.195	0.440	0.215	0.040
3.0	10.35	9.383	8.108	7.152	6.205	4.970	4.051	3.152	2.637	2.003	1.180	0.420	0.196	0.023
3.1	10.56	9.562	8.251	7.269	6.296	5.029	4.088	3.169	2.644	1.999	1.164	0.401	0.177	0.0060
3.2	10.77	9.739	8.393	7.384	6.385	5.087	4.125	3.185	2.649	1.993	1.148	0.381	0.159	-0.0105
3.3	10.97	9.915	8.532	7.497	6.474	5.144	4.159	3.200	2.654	1.987	1.131	0.361	0.140	-0.0265
3.4	11.17	10.09	8.671	7.609	6.561	5.199	4.193	3.214	2.658	1.980	1.113	0.341	0.122	-0.0421
3.5	11.37	10.26	8.808	7.720	6.646	5.253	4.225	3.227	2.660	1.972	1.096	0.322	0.105	-0.0573
3.6	11.57	10.43	8.943	7.829	6.730	5.306	4.256	3.238	2.662	1.963	1.077	0.302	0.0872	-0.0719
3.7	11.77	10.60	9.077	7.937	6.813	5.357	4.285	3.249	2.663	1.953	1.059	0.283	0.0700	-0.0860
3.8	11.97	10.77	9.210	8.044	6.894	5.407	4.314	3.258	2.663	1.943	1.040	0.264	0.0535	-0.0997
3.9	12.16	10.94	9.342	8.149	6.974	5.456	4.342	3.267	2.662	1.932	1.020	0.245	0.0372	-0.113
4.0	12.36	11.11	9.471	8.253	7.053	5.504	4.368	3.274	2.659	1.920	1.001	0.226	0.0212	-0.125
4.1	12.55	11.27	9.600	8.355	7.130	5.550	4.393	3.281	2.657	1.908	0.981	0.208	0.0058	-0.137
4.2	12.74	11.43	9.727	8.457	7.206	5.595	4.417	3.286	2.653	1.895	0.961	0.190	-0.0091	-0.149
4.3	12.93	11.60	9.853	8.556	7.281	5.639	4.440	3.291	2.649	1.882	0.941	0.172	-0.0236	-0.159
4.4	13.12	11.76	9.978	8.655	7.355	5.682	4.462	3.295	2.644	1.867	0.920	0.154	-0.0375	-0.170
4.5	13.30	11.91	10.10	8.752	7.427	5.724	4.483	3.298	2.638	1.853	0.900	0.137	-0.0510	-0.179
4.6	13.49	12.07	10.22	8.848	7.498	5.764	4.503	3.300	2.631	1.838	0.879	0.121	-0.0639	-0.188
4.7	13.68	12.23	10.34	8.943	7.568	5.804	4.522	3.301	2.624	1.822	0.858	0.104	-0.0764	-0.197
4.8	13.86	12.38	10.46	9.036	7.637	5.843	4.540	3.301	2.616	1.806	0.837	0.0884	-0.0881	-0.204
4.9	14.04	12.54	10.58	9.128	7.705	5.880	4.557	3.301	2.608	1.790	0.816	0.0731	-0.0995	-0.212
5.0	14.22	12.69	10.70	9.220	7.771	5.917	4.573	3.300	2.598	1.773	0.795	0.0579	-0.110	-0.218

续表

附表四　皮尔逊Ⅲ型分布离均系数 Φ_P 值表

C_s \ P/%	40	50	60	70	75	80	90	95	97	99	99.5	99.9
1.40	0.018	-0.225	-0.440	-0.638	-0.735	-0.832	-1.041	-1.168	-1.232	-1.318	-1.351	-1.394
1.45	0.010	-0.233	-0.445	-0.639	-0.734	-0.829	-1.030	-1.150	-1.208	-1.287	-1.316	-1.353
1.50	0.001	-0.240	-0.449	-0.641	-0.733	-0.825	-1.018	-1.131	-1.185	-1.256	-1.282	-1.313
1.55	-0.008	-0.247	-0.454	-0.642	-0.732	-0.821	-1.006	-1.112	-1.162	-1.226	-1.248	-1.275
1.60	-0.016	-0.254	-0.459	-0.643	-0.731	-0.817	-0.994	-1.093	-1.140	-1.197	-1.216	-1.238
1.65	-0.025	-0.261	-0.463	-0.644	-0.729	-0.813	-0.982	-1.075	-1.117	-1.168	-1.185	-1.203
1.70	-0.033	-0.268	-0.467	-0.644	-0.727	-0.808	-0.970	-1.056	-1.095	-1.140	-1.155	-1.170
1.75	-0.042	-0.275	-0.472	-0.645	-0.725	-0.804	-0.957	-1.038	-1.073	-1.113	-1.126	-1.138
1.80	-0.050	-0.281	-0.475	-0.645	-0.723	-0.799	-0.945	-1.020	-1.052	-1.087	-1.097	-1.107
1.85	-0.059	-0.288	-0.479	-0.645	-0.721	-0.794	-0.932	-1.002	-1.031	-1.062	-1.070	-1.078
1.90	-0.067	-0.294	-0.483	-0.645	-0.718	-0.788	-0.920	-0.984	-1.010	-1.037	-1.044	-1.051
1.95	-0.076	-0.301	-0.486	-0.644	-0.715	-0.783	-0.907	-0.966	-0.989	-1.013	-1.019	-1.024
2.00	-0.084	-0.307	-0.489	-0.643	-0.712	-0.777	-0.895	-0.949	-0.970	-0.990	-0.995	-0.999
2.1	-0.100	-0.319	-0.495	-0.641	-0.706	-0.765	-0.869	-0.915	-0.931	-0.946	-0.949	-0.952
2.2	-0.116	-0.330	-0.500	-0.638	-0.698	-0.752	-0.844	-0.882	-0.894	-0.905	-0.907	-0.909
2.3	-0.131	-0.341	-0.504	-0.634	-0.690	-0.739	-0.819	-0.850	-0.860	-0.867	-0.868	-0.869
2.4	-0.147	-0.351	-0.507	-0.630	-0.681	-0.725	-0.795	-0.819	-0.827	-0.832	-0.833	-0.833
2.5	-0.161	-0.360	-0.510	-0.625	-0.671	-0.711	-0.771	-0.790	-0.796	-0.799	-0.800	-0.800
2.6	-0.176	-0.369	-0.512	-0.619	-0.661	-0.696	-0.747	-0.762	-0.766	-0.769	-0.769	-0.769
2.7	-0.189	-0.376	-0.513	-0.612	-0.650	-0.681	-0.724	-0.736	-0.739	-0.740	-0.741	-0.741
2.8	-0.203	-0.383	-0.513	-0.604	-0.639	-0.666	-0.702	-0.711	-0.713	-0.714	-0.714	-0.714
2.9	-0.215	-0.390	-0.512	-0.596	-0.627	-0.651	-0.681	-0.688	-0.689	-0.690	-0.690	-0.690
3.0	-0.227	-0.395	-0.511	-0.588	-0.615	-0.636	-0.660	-0.665	-0.666	-0.667	-0.667	-0.667
3.1	-0.239	-0.400	-0.509	-0.579	-0.603	-0.621	-0.6406	-0.6443	-0.6449	-0.6451	-0.6452	-0.6452
3.2	-0.249	-0.405	-0.506	-0.570	-0.591	-0.606	-0.622	-0.6244	-0.6248	-0.6250	-0.6250	-0.6250
3.3	-0.260	-0.408	-0.502	-0.560	-0.578	-0.591	-0.604	-0.6057	-0.6060	-0.6061	-0.6061	-0.6061
3.4	-0.269	-0.411	-0.496	-0.550	-0.566	-0.577	-0.587	-0.5880	-0.5882	-0.5882	-0.5882	-0.5882
3.5	-0.278	-0.413	-0.494	-0.540	-0.554	-0.562	-0.570	-0.5713	-0.5714	-0.5714	-0.5714	-0.5714
3.6	-0.286	-0.414	-0.489	-0.530	-0.541	-0.549	-0.5548	-0.5555	-0.5555	-0.5556	-0.5556	-0.5556
3.7	-0.293	-0.414	-0.483	-0.520	-0.529	-0.535	-0.5401	-0.5405	-0.5405	-0.5405	-0.5405	-0.5405
3.8	-0.300	-0.414	-0.478	-0.509	-0.518	-0.522	-0.5260	-0.5263	-0.5263	-0.5263	-0.5263	-0.5263
3.9	-0.306	-0.414	-0.471	-0.499	-0.506	-0.510	-0.5126	-0.5128	-0.5128	-0.5128	-0.5128	-0.5128
4.0	-0.312	-0.413	-0.465	-0.489	-0.495	-0.498	-0.4999	-0.5000	-0.5000	-0.5000	-0.5000	-0.5000
4.1	-0.316	-0.411	-0.458	-0.479	-0.484	-0.486	-0.4877	-0.4878	-0.4878	-0.4878	-0.4878	-0.4878
4.2	-0.320	-0.409	-0.451	-0.469	-0.473	-0.4750	-0.4761	-0.4762	-0.4762	-0.4762	-0.4762	-0.4762
4.3	-0.324	-0.406	-0.444	-0.460	-0.463	-0.4643	-0.4651	-0.4651	-0.4651	-0.4651	-0.4651	-0.4651
4.4	-0.327	-0.403	-0.437	-0.450	-0.453	-0.4539	-0.4545	-0.4545	-0.4545	-0.4545	-0.4545	-0.4545
4.5	-0.329	-0.400	-0.430	-0.441	-0.443	-0.4440	-0.4444	-0.4444	-0.4444	-0.4444	-0.4444	-0.4444
4.6	-0.331	-0.396	-0.423	-0.432	-0.4338	-0.4345	-0.4348	-0.4348	-0.4348	-0.4348	-0.4348	-0.4348
4.7	-0.332	-0.392	-0.416	-0.4236	-0.4248	-0.4253	-0.4255	-0.4255	-0.4255	-0.4255	-0.4255	-0.4255
4.8	-0.333	-0.388	-0.409	-0.415	-0.4161	-0.4165	-0.4167	-0.4167	-0.4167	-0.4167	-0.4167	-0.4167
4.9	-0.333	-0.384	-0.402	-0.4070	-0.4078	-0.4081	-0.4082	-0.4082	-0.4082	-0.4082	-0.4082	-0.4082
5.0	-0.333	-0.379	-0.395	-0.3991	-0.3997	-0.3999	-0.4000	-0.4000	-0.4000	-0.4000	-0.4000	-0.4000

附表五　对数正态曲线离均系数 Φ_P 值表

C_s \ $P/\%$	0.01	0.1	0.2	0.3	0.5	1	2	3	5	10	20	25	30
0.00	3.719	3.090	2.878	2.748	2.576	2.326	2.054	1.881	1.645	1.282	0.842	0.674	0.524
0.10	3.939	3.236	3.001	2.860	2.671	2.400	2.108	1.924	1.674	1.292	0.837	0.665	0.512
0.20	4.172	3.387	3.128	2.972	2.767	2.475	2.160	1.964	1.699	1.300	0.830	0.654	0.499
0.30	4.417	3.542	3.258	3.087	2.865	2.549	2.212	2.003	1.724	1.307	0.822	0.643	0.485
0.40	4.674	3.701	3.390	3.204	2.963	2.622	2.263	2.042	1.748	1.313	0.813	0.631	0.471
0.50	4.941	3.863	3.524	3.321	3.061	2.695	2.312	2.078	1.769	1.317	0.804	0.618	0.456
0.60	5.218	4.028	3.659	3.439	3.158	2.766	2.360	2.113	1.789	1.319	0.793	0.605	0.441
0.70	5.504	4.195	3.794	3.557	3.254	2.836	2.406	2.146	1.807	1.320	0.782	0.591	0.425
0.80	5.797	4.363	3.929	3.673	3.350	2.904	2.449	2.176	1.823	1.320	0.770	0.577	0.410
0.90	6.097	4.531	4.063	3.789	3.443	2.970	2.490	2.205	1.838	1.318	0.758	0.562	0.395
1.00	6.403	4.698	4.195	3.902	3.534	3.033	2.529	2.231	1.850	1.316	0.745	0.548	0.380
1.10	6.713	4.865	4.326	4.014	3.622	3.094	2.566	2.256	1.861	1.312	0.732	0.534	0.365
1.20	7.025	5.030	4.454	4.122	3.708	3.152	2.600	2.278	1.870	1.307	0.719	0.519	0.350
1.30	7.340	5.192	4.580	4.228	3.791	3.207	2.632	2.298	1.877	1.301	0.705	0.505	0.336
1.40	7.655	5.352	4.703	4.331	3.871	3.260	2.661	2.316	1.883	1.294	0.692	0.491	0.322
1.50	7.971	5.509	4.822	4.431	3.948	3.310	2.689	2.332	1.887	1.287	0.679	0.477	0.308
1.60	8.286	5.663	4.938	4.527	4.022	3.357	2.714	2.346	1.890	1.279	0.665	0.463	0.295
1.70	8.599	5.813	5.051	4.620	4.092	3.401	2.737	2.359	1.892	1.271	0.652	0.450	0.282
1.80	8.910	5.960	5.160	4.710	4.160	3.443	2.758	2.370	1.893	1.262	0.639	0.437	0.270
1.90	9.218	6.103	5.266	4.796	4.224	3.482	2.777	2.379	1.893	1.253	0.627	0.425	0.258
2.00	9.523	6.242	5.368	4.879	4.286	3.519	2.794	2.387	1.891	1.244	0.614	0.413	0.247
2.20	10.121	6.507	5.561	5.035	4.400	3.586	2.824	2.400	1.887	1.224	0.590	0.389	0.225
2.40	10.702	6.757	5.740	5.178	4.504	3.645	2.848	2.408	1.880	1.205	0.567	0.368	0.205
2.60	11.264	6.992	5.906	5.309	4.597	3.696	2.867	2.413	1.871	1.185	0.546	0.347	0.187
2.80	11.806	7.212	6.059	5.430	4.681	3.741	2.882	2.415	1.860	1.165	0.525	0.329	0.170
3.00	12.327	7.418	6.201	5.540	4.757	3.779	2.893	2.414	1.849	1.146	0.506	0.311	0.155
3.20	12.828	7.610	6.332	5.641	4.825	3.813	2.901	2.411	1.836	1.126	0.488	0.295	0.141
3.40	13.309	7.790	6.453	5.733	4.887	3.841	2.906	2.406	1.823	1.108	0.471	0.280	0.128
3.60	13.771	7.959	6.565	5.818	4.942	3.866	2.909	2.400	1.809	1.090	0.454	0.265	0.116
3.80	14.214	8.117	6.669	5.895	4.992	3.887	2.910	2.393	1.795	1.072	0.439	0.252	0.104
4.00	14.638	8.265	6.765	5.966	5.037	3.905	2.909	2.385	1.781	1.055	0.425	0.240	0.094
4.20	15.045	8.470	6.854	6.032	5.078	3.920	2.907	2.376	1.767	1.039	0.411	0.228	0.085
4.40	15.436	8.534	6.937	6.092	5.115	3.933	2.904	2.367	1.753	1.023	0.399	0.218	0.076
4.60	15.811	8.656	7.014	6.147	5.148	3.943	2.899	2.357	1.739	1.008	0.387	0.207	0.068
4.80	16.171	8.771	7.085	6.198	5.178	3.952	2.894	2.347	1.725	0.983	0.375	0.198	0.060
5.00	16.516	8.880	7.152	6.245	5.205	3.959	2.889	2.336	1.711	0.978	0.364	0.189	0.053

附表五 对数正态曲线离均系数 Φ_P 值表

续表

C_s \ P/%	40	50	60	70	75	80	85	90	95	97	99	99.9
0.00	0.253	-0.000	-0.253	-0.524	-0.674	-0.842	-1.036	-1.282	-1.645	-1.881	-2.326	-3.090
0.10	0.238	-0.017	-0.269	-0.536	-0.683	-0.846	-1.035	-1.271	-1.617	-1.839	-2.253	-2.952
0.20	0.222	-0.033	-0.284	-0.547	-0.691	-0.849	-1.032	-1.258	-1.586	-1.795	-2.182	-2.818
0.30	0.205	-0.050	-0.298	-0.557	-0.697	-0.851	-1.027	-1.244	-1.556	-1.752	-2.111	-2.690
0.40	0.189	-0.065	-0.311	-0.506	-0.702	-0.852	-1.022	-1.229	-1.525	-1.709	-2.043	-2.570
0.50	0.173	-0.081	-0.324	-0.573	-0.707	-0.851	-1.015	-1.214	-1.494	-1.667	-1.967	-2.457
0.60	0.156	-0.096	-0.336	-0.580	-0.710	-0.850	-1.008	-1.197	-1.463	-1.625	-1.912	-2.350
0.70	0.141	-0.110	-0.347	-0.586	-0.712	-0.848	-0.999	-1.181	-1.432	-1.584	-1.851	-2.249
0.80	0.125	-0.124	-0.358	-0.591	-0.714	-0.845	-0.990	-1.164	-1.401	-1.544	-1.792	-2.155
0.90	0.110	-0.137	-0.367	0.595	-0.714	-0.841	-0.981	-1.146	-1.371	-1.505	-1.735	-2.067
1.00	0.095	-0.150	-0.376	-0.598	-0.714	-0.836	-0.971	-1.129	-1.342	-1.468	-1.682	-1.985
1.10	0.081	-0.161	-0.383	-0.601	-0.713	-0.831	-0.960	-1.112	-1.313	-1.432	-1.631	-1.909
1.20	0.068	-0.172	-0.391	-0.603	-0.711	-0.825	-0.950	-1.094	-1.286	-1.397	-1.582	-1.837
1.30	0.055	-0.182	-0.397	-0.604	-0.709	-0.819	-0.939	-1.077	-1.259	-1.363	-1.537	-1.771
1.40	0.042	-0.192	-0.402	-0.604	-0.707	-0.813	-0.928	-1.060	-1.233	-1.331	-1.493	-1.709
1.50	0.032	-0.201	-0.407	-0.604	-0.703	-0.806	-0.917	-1.044	-1.208	-1.301	-1.452	-1.651
1.60	0.019	-0.209	-0.412	-0.604	-0.700	-0.800	-0.906	-1.028	-1.183	-1.271	-1.413	-1.597
1.70	0.008	-0.217	-0.416	-0.603	-0.696	-0.793	-0.896	-1.012	-1.160	-1.243	-1.377	-1.547
1.80	-0.002	-0.224	-0.419	-0.602	-0.693	-0.786	-0.885	-0.996	-1.138	-1.217	-1.342	-1.500
1.90	-0.011	-0.231	-0.422	-0.600	-0.688	-0.779	-0.874	-0.981	-1.116	-1.191	-1.309	-1.456
2.00	-0.021	-0.237	-0.424	-0.598	-0.684	-0.772	-0.864	-0.967	-1.096	-1.167	-1.278	-1.415
2.20	-0.037	-0.247	-0.428	-0.594	-0.675	-0.758	-0.844	-0.939	-1.057	-1.121	-1.221	-1.341
2.40	-0.052	-0.256	-0.431	-0.589	-0.666	-0.744	-0.824	-0.913	-1.022	-1.080	-1.170	-1.275
2.60	-0.066	-0.264	-0.432	-0.584	-0.657	-0.730	-0.806	-0.889	-0.989	-1.042	-1.123	-1.217
2.80	-0.077	-0.271	-0.433	-0.578	-0.848	-0.717	-0.789	-0.866	-0.959	-1.008	-1.082	-1.166
3.00	-0.088	-0.276	-0.433	-0.572	-0.639	-0.705	-0.772	-0.845	-0.931	-0.976	-1.044	-1.119
3.20	-0.098	-0.281	-0.433	-0.566	-0.630	-0.692	-0.756	-0.825	-0.905	-0.947	-1.009	-1.078
3.40	-0.106	-0.285	-0.432	-0.561	-0.621	-0.681	-0.741	-0.806	-0.882	-0.921	-0.978	-1.040
3.60	-0.114	-0.288	-0.431	-0.555	-0.613	-0.670	-0.727	-0.788	-0.860	-0.896	-0.949	-1.006
3.80	-0.121	-0.291	-0.429	-0.549	-0.605	-0.659	-0.714	-0.772	-0.839	-0.873	-0.923	-0.975
4.00	-0.127	-0.293	-0.427	-0.543	-0.597	-0.649	-0.702	-0.757	-0.820	-0.852	-0.898	-0.946
4.20	-0.132	-0.295	-0.425	-0.537	-0.589	-0.639	-0.690	-0.742	-0.802	-0.833	-0.875	-0.920
4.40	-0.138	-0.296	-0.423	-0.523	-0.582	-0.630	-0.678	-0.729	-0.786	-0.814	-0.854	-0.896
4.60	-0.142	-0.297	-0.421	-0.527	-0.575	-0.621	-0.668	-0.716	-0.770	-0.797	-0.835	-0.873
4.80	-0.146	-0.298	-0.419	-0.521	-0.568	-0.613	-0.658	-0.704	-0.755	-0.781	-0.817	-0.853
5.00	-0.150	-0.299	-0.417	-0.516	-0.561	-0.605	-0.648	-0.692	-0.742	-0.766	-0.800	-0.833

附表六 χ^2 分 布 表

$\chi^2_\alpha(n): P[\chi^2(n) > \chi^2_\alpha(n)] = \alpha$

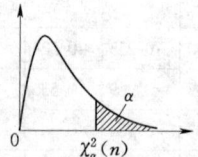

n \ α	0.995	0.990	0.975	0.950	0.900	0.750
1	0.0⁴3927	0.0³1571	0.0³9821	0.0²3932	0.01579	0.1015
2	0.01003	0.02010	0.05064	0.1026	0.2107	0.5754
3	0.07172	0.1148	0.2158	0.3518	0.5844	1.213
4	0.2070	0.2971	0.4844	0.7107	1.064	1.923
5	0.4117	0.5543	0.8312	1.145	1.610	2.675
6	0.6757	0.8721	1.237	1.635	2.204	3.455
7	0.9893	1.239	1.690	2.167	2.833	4.255
8	1.344	1.646	2.180	2.733	3.490	5.071
9	1.735	2.088	2.700	3.325	4.168	5.899
10	2.156	2.558	3.247	3.940	4.865	6.737
11	2.603	3.053	3.816	4.575	5.578	7.584
12	3.074	3.571	4.404	5.226	6.304	8.438
13	3.565	4.107	5.009	5.892	7.042	9.299
14	4.075	4.660	5.629	6.571	7.790	10.17
15	4.601	5.229	6.262	7.261	8.547	11.04
16	5.142	5.812	6.908	7.962	9.312	11.91
17	5.697	6.408	7.564	8.672	10.09	12.79
18	6.265	7.015	8.231	9.390	10.86	13.68
19	6.844	7.633	8.907	10.12	11.65	14.56
20	7.434	8.260	9.591	10.85	12.44	15.45
21	8.034	8.897	10.28	11.59	13.24	16.34
22	8.643	9.542	10.98	12.34	14.04	17.24
23	9.260	10.20	11.69	13.09	14.85	18.14
24	9.886	10.86	12.40	13.85	15.66	19.04
25	10.52	11.52	13.12	14.61	16.47	19.94
26	11.16	12.20	13.84	15.38	17.29	20.84
27	11.81	12.88	14.57	16.15	18.11	21.75
28	12.46	13.56	15.31	16.93	18.94	22.66
29	13.12	14.26	16.05	17.71	19.77	23.57
30	13.79	14.95	16.79	18.49	20.60	24.48
31	14.46	15.66	17.54	19.28	21.43	25.39
32	15.13	16.36	18.29	20.07	22.27	26.30
33	15.82	17.07	19.05	20.87	23.11	27.22
34	16.50	17.79	19.81	21.66	23.95	28.14
35	17.19	18.51	20.57	22.47	24.80	29.05
36	17.89	19.23	21.34	23.27	25.64	29.97
37	18.59	19.96	22.11	24.07	26.49	30.89
38	19.29	20.69	22.88	24.88	27.34	31.81
39	20.00	21.43	23.65	25.70	28.20	32.74
40	20.71	22.16	24.43	26.51	29.05	33.66
50	27.99	29.71	32.36	34.76	37.69	42.94
60	35.53	37.48	40.48	43.19	46.46	52.29
70	43.28	45.44	48.76	51.74	55.33	61.70
80	51.17	53.54	57.15	60.39	64.28	71.14
90	59.20	61.75	65.65	69.13	73.29	80.62
100	67.33	70.06	74.22	77.93	82.36	90.13
110	75.55	78.46	82.87	86.79	91.47	99.67
120	83.85	86.92	91.57	95.70	100.6	109.2
130	92.22	95.45	100.3	104.7	109.8	118.8
140	100.7	104.0	109.1	113.7	119.0	128.4
150	109.1	112.7	118.0	122.7	128.3	138.0
160	117.7	121.3	126.9	131.8	137.5	147.6
170	126.3	130.1	135.8	140.8	146.8	157.2
180	134.9	138.8	144.7	150.0	156.2	166.9
190	143.5	147.6	153.7	159.1	165.5	176.5
200	152.2	156.4	162.7	168.3	174.8	186.2

附表六 χ^2 分 布 表

续表

n \ α	0.500	0.250	0.100	0.050	0.025	0.010	0.005
1	0.4549	1.323	2.706	3.841	5.024	6.635	7.879
2	1.386	2.773	4.605	5.991	7.378	9.210	10.60
3	2.366	4.108	6.251	7.815	9.348	11.34	12.84
4	3.357	5.385	7.779	9.488	11.14	13.28	14.86
5	4.351	6.626	9.236	11.07	12.83	15.09	16.75
6	5.348	7.841	10.64	12.59	14.45	16.81	18.55
7	6.346	9.037	12.02	14.07	16.01	18.48	20.28
8	7.344	10.22	13.36	15.51	17.53	20.09	21.95
9	8.343	11.39	14.68	16.92	19.02	21.67	23.59
10	9.342	12.55	15.99	18.31	20.48	23.21	25.19
11	10.34	13.70	17.28	19.68	21.92	24.72	26.76
12	11.34	14.85	18.55	21.03	23.34	26.22	28.30
13	12.34	15.98	19.81	22.36	24.74	27.69	29.82
14	13.34	17.12	21.06	23.68	26.12	29.14	31.32
15	14.34	18.25	22.31	25.00	27.49	30.58	32.80
16	15.34	19.37	23.54	26.30	28.85	32.00	34.27
17	16.34	20.49	24.77	27.59	30.19	33.41	35.72
18	17.34	21.60	25.99	28.87	31.53	34.81	37.16
19	18.34	22.72	27.20	30.14	32.85	36.19	38.58
20	19.34	23.83	28.41	31.41	34.17	37.57	40.00
21	20.34	24.93	29.62	32.67	35.48	38.93	41.40
22	21.34	26.04	30.81	33.92	36.78	40.29	42.80
23	22.34	27.14	32.01	35.17	38.08	41.64	44.18
24	23.34	28.24	33.20	36.42	39.36	42.98	45.56
25	24.34	29.34	34.38	37.65	40.65	44.31	46.93
26	25.34	30.43	35.56	38.89	41.92	45.64	48.29
27	26.34	31.53	36.74	40.11	43.19	46.96	49.64
28	27.34	32.62	37.92	41.34	44.46	48.28	50.99
29	28.34	33.71	39.09	42.56	45.72	49.59	52.34
30	29.34	34.80	40.26	43.77	46.98	50.89	53.67
31	30.34	35.89	41.42	44.99	48.23	52.19	55.00
32	31.34	36.97	42.58	46.19	49.48	53.49	56.33
33	32.34	38.06	43.75	47.40	50.73	54.78	57.65
34	33.34	39.14	44.90	48.60	51.97	56.06	58.96
35	34.34	40.22	46.06	49.80	53.20	57.34	60.27
36	35.34	41.30	47.21	51.00	54.44	58.62	61.58
37	36.34	42.38	48.36	52.19	55.67	59.89	62.88
38	37.34	43.46	49.51	53.38	56.90	61.16	64.18
39	38.34	44.54	50.66	54.57	58.12	62.43	65.48
40	39.34	45.62	51.81	55.76	59.34	63.69	66.77
50	49.33	56.33	63.17	67.50	71.42	76.15	79.49
60	59.33	66.98	74.40	79.08	83.30	88.38	91.95
70	69.33	77.58	85.53	90.53	95.02	100.4	104.2
80	79.33	88.13	96.58	101.9	106.6	112.3	116.3
90	89.33	98.65	107.6	113.1	118.1	124.1	128.3
100	99.33	109.1	118.5	124.3	129.6	135.8	140.2
110	109.3	119.6	129.4	135.5	140.9	147.4	151.9
120	119.3	130.1	140.2	146.6	152.2	159.0	163.6
130	129.3	140.5	151.0	157.6	163.5	170.4	175.3
140	139.3	150.9	161.8	168.6	174.6	181.8	186.8
150	149.3	161.3	172.6	179.6	185.8	193.2	198.4
160	159.3	171.7	183.3	190.5	196.9	204.5	209.8
170	169.3	182.0	194.0	201.4	208.0	215.8	221.2
180	179.3	192.4	204.7	212.3	219.0	227.1	232.6
190	189.3	202.8	215.4	223.2	230.1	238.3	244.0
200	199.3	213.1	226.0	234.0	241.1	249.4	255.3

附表七 耿贝尔曲线离均系数 φ_P 值表

$P/\%$	φ_P	$P/\%$	φ_P
0.001	8.5265	25	0.5214
0.002	7.9861	30	0.3538
0.005	7.2716	40	0.0737
0.010	6.7312	50	-0.1643
0.020	6.1907	60	-0.3819
0.050	5.4762	70	-0.5948
0.10	4.9355	75	-0.7047
0.20	4.3947	80	-0.8211
0.333	3.9959	90	-1.1003
0.50	3.6991	95	-1.3055
1	3.1367	97	-1.4283
2	2.5923	98	-1.5136
3.333	2.1887	99	-1.6408
5	1.8658	99.5	-1.7501
10	1.3046	99.9	-1.9569
20	0.7194		

附表八　　t 分 布 表

$t_\alpha(n): P[t(n) > t_\alpha(n)] = \alpha$

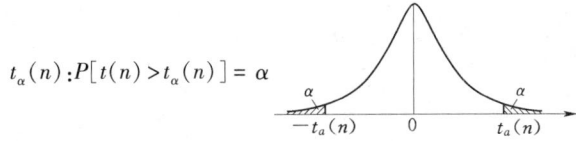

n \ α	0.250	0.200	0.150	0.100	0.050	0.025	0.010	0.005	0.0005
1	1.000	1.376	1.963	3.078	6.314	12.706	31.821	63.657	636.619
2	0.816	1.061	1.386	1.886	2.920	4.303	6.965	9.925	31.599
3	0.765	0.978	1.250	1.638	2.353	3.182	4.541	5.841	12.924
4	0.741	0.941	1.190	1.533	2.132	2.776	3.747	4.604	8.610
5	0.727	0.920	1.156	1.476	2.015	2.571	3.365	4.032	6.869
6	0.718	0.906	1.134	1.440	1.943	2.447	3.143	3.707	5.959
7	0.711	0.896	1.119	1.415	1.895	2.365	2.998	3.499	5.408
8	0.706	0.889	1.108	1.397	1.860	2.306	2.896	3.355	5.041
9	0.703	0.883	1.100	1.383	1.833	2.262	2.821	3.250	4.781
10	0.700	0.879	1.093	1.372	1.812	2.228	2.764	3.169	4.587
11	0.697	0.876	1.088	1.363	1.796	2.201	2.718	3.106	4.437
12	0.695	0.873	1.083	1.356	1.782	2.179	2.681	3.055	4.318
13	0.694	0.870	1.079	1.350	1.771	2.160	2.650	3.012	4.221
14	0.692	0.868	1.076	1.345	1.761	2.145	2.624	2.977	4.140
15	0.691	0.866	1.074	1.341	1.753	2.131	2.602	2.947	4.073
16	0.690	0.865	1.071	1.337	1.746	2.120	2.583	2.921	4.015
17	0.689	0.863	1.069	1.333	1.740	2.110	2.567	2.898	3.965
18	0.688	0.862	1.067	1.330	1.734	2.101	2.552	2.878	3.922
19	0.688	0.861	1.066	1.328	1.729	2.093	2.539	2.861	3.883
20	0.687	0.860	1.064	1.325	1.725	2.086	2.528	2.845	3.850
21	0.686	0.859	1.063	1.323	1.721	2.080	2.518	2.831	3.819
22	0.686	0.858	1.061	1.321	1.717	2.074	2.508	2.819	3.792
23	0.685	0.858	1.060	1.319	1.714	2.069	2.500	2.807	3.768
24	0.685	0.857	1.059	1.318	1.711	2.064	2.492	2.797	3.745
25	0.684	0.856	1.058	1.316	1.708	2.060	2.485	2.787	3.725
26	0.684	0.856	1.058	1.315	1.706	2.056	2.479	2.779	3.707
27	0.684	0.855	1.057	1.314	1.703	2.052	2.473	2.771	3.690
28	0.683	0.855	1.056	1.313	1.701	2.048	2.467	2.763	3.674
29	0.683	0.854	1.055	1.311	1.699	2.045	2.462	2.756	3.659
30	0.683	0.854	1.055	1.310	1.697	2.042	2.457	2.750	3.646
31	0.682	0.853	1.054	1.309	1.696	2.040	2.453	2.744	3.633
32	0.682	0.853	1.054	1.309	1.694	2.037	2.449	2.738	3.622
33	0.682	0.853	1.053	1.308	1.692	2.035	2.445	2.733	3.611
34	0.682	0.852	1.052	1.307	1.691	2.032	2.441	2.728	3.601
35	0.682	0.852	1.052	1.306	1.690	2.030	2.438	2.724	3.591
36	0.681	0.852	1.052	1.306	1.688	2.028	2.434	2.719	3.582
37	0.681	0.851	1.051	1.305	1.687	2.026	2.431	2.715	3.574
38	0.681	0.851	1.051	1.304	1.686	2.024	2.429	2.712	3.566
39	0.681	0.851	1.050	1.304	1.685	2.023	2.426	2.708	3.558
40	0.681	0.851	1.050	1.303	1.684	2.021	2.423	2.704	3.551
41	0.681	0.850	1.050	1.303	1.683	2.020	2.421	2.701	3.544
42	0.680	0.850	1.049	1.302	1.682	2.018	2.418	2.698	3.538
43	0.680	0.850	1.049	1.302	1.681	2.017	2.416	2.695	3.532
44	0.680	0.850	1.049	1.301	1.680	2.015	2.414	2.692	3.526
45	0.680	0.850	1.049	1.301	1.679	2.014	2.412	2.690	3.520
46	0.680	0.850	1.048	1.300	1.679	2.013	2.410	2.687	3.515
47	0.680	0.849	1.048	1.300	1.678	2.012	2.408	2.685	3.510
48	0.680	0.849	1.048	1.299	1.677	2.011	2.407	2.682	3.505
49	0.680	0.849	1.048	1.299	1.677	2.010	2.405	2.680	3.500
50	0.679	0.849	1.047	1.299	1.676	2.009	2.403	2.678	3.496
60	0.679	0.848	1.045	1.296	1.671	2.000	2.390	2.660	3.460
80	0.678	0.846	1.043	1.292	1.664	1.990	2.374	2.639	3.416
120	0.677	0.845	1.041	1.289	1.658	1.980	2.358	2.617	3.373
240	0.676	0.843	1.039	1.285	1.651	1.970	2.342	2.596	3.332
∞	0.674	0.842	1.036	1.282	1.645	1.960	2.326	2.576	3.291

附表九　　F 分 布 表

$$F_\alpha(n_1, n_2): P[F(n_1, n_2) > F_\alpha(n_1, n_2)] = \alpha$$

$\alpha = 0.1$

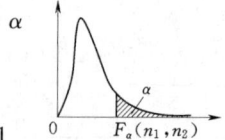

n_2 \ n_1	1	2	3	4	5	6	7	8	9
1	39.863	49.500	53.593	55.883	57.240	58.204	58.906	59.439	59.858
2	8.526	9.000	9.162	9.243	9.293	9.326	9.349	9.367	9.381
3	5.538	5.462	5.391	5.343	5.309	5.285	5.266	5.252	5.240
4	4.545	4.325	4.191	4.107	4.051	4.010	3.979	3.955	3.936
5	4.060	3.780	3.619	3.520	3.453	3.405	3.368	3.339	3.316
6	3.776	3.463	3.289	3.181	3.108	3.055	3.014	2.983	2.958
7	3.589	3.257	3.074	2.961	2.883	2.827	2.785	2.752	2.725
8	3.458	3.113	2.924	2.806	2.726	2.668	2.624	2.589	2.561
9	3.360	3.006	2.813	2.693	2.611	2.551	2.505	2.469	2.440
10	3.285	2.924	2.728	2.605	2.522	2.461	2.414	2.377	2.347
11	3.225	2.860	2.660	2.536	2.451	2.389	2.342	2.304	2.274
12	3.177	2.807	2.606	2.480	2.394	2.331	2.283	2.245	2.214
13	3.136	2.763	2.560	2.434	2.347	2.283	2.234	2.195	2.164
14	3.102	2.726	2.522	2.395	2.307	2.243	2.193	2.154	2.122
15	3.073	2.695	2.490	2.361	2.273	2.208	2.158	2.119	2.086
16	3.048	2.668	2.462	2.333	2.244	2.178	2.128	2.088	2.055
17	3.026	2.645	2.437	2.308	2.218	2.152	2.102	2.061	2.028
18	3.007	2.624	2.416	2.286	2.196	2.130	2.079	2.038	2.005
19	2.990	2.606	2.397	2.266	2.176	2.109	2.058	2.017	1.984
20	2.975	2.589	2.380	2.249	2.158	2.091	2.040	1.999	1.965
21	2.961	2.575	2.365	2.233	2.142	2.075	2.023	1.982	1.948
22	2.949	2.561	2.351	2.219	2.128	2.060	2.008	1.967	1.933
23	2.937	2.549	2.339	2.207	2.115	2.047	1.995	1.953	1.919
24	2.927	2.538	2.327	2.195	2.103	2.035	1.983	1.941	1.906
25	2.918	2.528	2.317	2.184	2.092	2.024	1.971	1.929	1.895
26	2.909	2.519	2.307	2.174	2.082	2.014	1.961	1.919	1.884
27	2.901	2.511	2.299	2.165	2.073	2.005	1.952	1.909	1.874
28	2.894	2.503	2.291	2.157	2.064	1.996	1.943	1.900	1.865
29	2.887	2.495	2.283	2.149	2.057	1.988	1.935	1.892	1.857
30	2.881	2.489	2.276	2.142	2.049	1.980	1.927	1.884	1.849
31	2.875	2.482	2.270	2.136	2.042	1.973	1.920	1.877	1.842
32	2.869	2.477	2.263	2.129	2.036	1.967	1.913	1.870	1.835
33	2.864	2.471	2.258	2.123	2.030	1.961	1.907	1.864	1.828
34	2.859	2.466	2.252	2.118	2.024	1.955	1.901	1.858	1.822
35	2.855	2.461	2.247	2.113	2.019	1.950	1.896	1.852	1.817
36	2.850	2.456	2.243	2.108	2.014	1.945	1.891	1.847	1.811
37	2.846	2.452	2.238	2.103	2.009	1.940	1.886	1.842	1.806
38	2.842	2.448	2.234	2.099	2.005	1.935	1.881	1.838	1.802
39	2.839	2.444	2.230	2.095	2.001	1.931	1.877	1.833	1.797
40	2.835	2.440	2.226	2.091	1.997	1.927	1.873	1.829	1.793
41	2.832	2.437	2.222	2.087	1.993	1.923	1.869	1.825	1.789
42	2.829	2.434	2.219	2.084	1.989	1.919	1.865	1.821	1.785
43	2.826	2.430	2.216	2.080	1.986	1.916	1.861	1.817	1.781
44	2.823	2.427	2.213	2.077	1.983	1.913	1.858	1.814	1.778
45	2.820	2.425	2.210	2.074	1.980	1.909	1.855	1.811	1.774
46	2.818	2.422	2.207	2.071	1.977	1.906	1.852	1.808	1.771
47	2.815	2.419	2.204	2.068	1.974	1.903	1.849	1.805	1.768
48	2.813	2.417	2.202	2.066	1.971	1.901	1.846	1.802	1.765
49	2.811	2.414	2.199	2.063	1.968	1.898	1.843	1.799	1.763
50	2.809	2.412	2.197	2.061	1.966	1.895	1.840	1.796	1.760
60	2.791	2.393	2.177	2.041	1.946	1.875	1.819	1.775	1.738
80	2.769	2.370	2.154	2.016	1.921	1.849	1.793	1.748	1.711
120	2.748	2.347	2.130	1.992	1.896	1.824	1.767	1.722	1.684
240	2.727	2.325	2.107	1.968	1.871	1.799	1.742	1.696	1.658
∞	2.706	2.303	2.084	1.945	1.847	1.774	1.717	1.670	1.632

附表九 F 分布表

续表

$\alpha = 0.1$

n_2 \ n_1	10	12	15	20	24	30	40	60	120	∞
1	60.195	60.705	61.220	61.740	62.002	62.265	62.529	62.794	63.061	63.328
2	9.392	9.408	9.425	9.441	9.450	9.458	9.466	9.475	9.483	9.491
3	5.230	5.216	5.200	5.184	5.176	5.168	5.160	5.151	5.143	5.134
4	3.920	3.896	3.870	3.844	3.831	3.817	3.804	3.790	3.775	3.761
5	3.297	3.268	3.238	3.207	3.191	3.174	3.157	3.140	3.123	3.105
6	2.937	2.905	2.871	2.836	2.818	2.800	2.781	2.762	2.742	2.722
7	2.703	2.668	2.632	2.595	2.575	2.555	2.535	2.514	2.493	2.471
8	2.538	2.502	2.464	2.425	2.404	2.383	2.361	2.339	2.316	2.293
9	2.416	2.379	2.340	2.298	2.277	2.255	2.232	2.208	2.184	2.159
10	2.323	2.284	2.244	2.201	2.178	2.155	2.132	2.107	2.082	2.055
11	2.248	2.209	2.167	2.123	2.100	2.076	2.052	2.026	2.000	1.972
12	2.188	2.147	2.105	2.060	2.036	2.011	1.986	1.960	1.932	1.904
13	2.138	2.097	2.053	2.007	1.983	1.958	1.931	1.904	1.876	1.846
14	2.095	2.054	2.010	1.962	1.938	1.912	1.885	1.857	1.828	1.797
15	2.059	2.017	1.972	1.924	1.899	1.873	1.845	1.817	1.787	1.755
16	2.028	1.985	1.940	1.891	1.866	1.839	1.811	1.782	1.751	1.718
17	2.001	1.958	1.912	1.862	1.836	1.809	1.781	1.751	1.719	1.686
18	1.977	1.933	1.887	1.837	1.810	1.783	1.754	1.723	1.691	1.657
19	1.956	1.912	1.865	1.814	1.787	1.759	1.730	1.699	1.666	1.631
20	1.937	1.892	1.845	1.794	1.767	1.738	1.708	1.677	1.643	1.607
21	1.920	1.875	1.827	1.776	1.748	1.719	1.689	1.657	1.623	1.586
22	1.904	1.859	1.811	1.759	1.731	1.702	1.671	1.639	1.604	1.567
23	1.890	1.845	1.796	1.744	1.716	1.686	1.655	1.622	1.587	1.549
24	1.877	1.832	1.783	1.730	1.702	1.672	1.641	1.607	1.571	1.533
25	1.866	1.820	1.771	1.718	1.689	1.659	1.627	1.593	1.557	1.518
26	1.855	1.809	1.760	1.706	1.677	1.647	1.615	1.581	1.544	1.504
27	1.845	1.799	1.749	1.695	1.666	1.636	1.603	1.569	1.531	1.491
28	1.836	1.790	1.740	1.685	1.656	1.625	1.592	1.558	1.520	1.478
29	1.827	1.781	1.731	1.676	1.647	1.616	1.583	1.547	1.509	1.467
30	1.819	1.773	1.722	1.667	1.638	1.606	1.573	1.538	1.499	1.456
31	1.812	1.765	1.714	1.659	1.630	1.598	1.565	1.529	1.489	1.446
32	1.805	1.758	1.707	1.652	1.622	1.590	1.556	1.520	1.481	1.437
33	1.799	1.751	1.700	1.645	1.615	1.583	1.549	1.512	1.472	1.428
34	1.793	1.745	1.694	1.638	1.608	1.576	1.541	1.505	1.464	1.419
35	1.787	1.739	1.688	1.632	1.601	1.569	1.535	1.497	1.457	1.411
36	1.781	1.734	1.682	1.626	1.595	1.563	1.528	1.491	1.450	1.404
37	1.776	1.729	1.677	1.620	1.590	1.557	1.522	1.484	1.443	1.397
38	1.772	1.724	1.672	1.615	1.584	1.551	1.516	1.478	1.437	1.390
39	1.767	1.719	1.667	1.610	1.579	1.546	1.511	1.473	1.431	1.383
40	1.763	1.715	1.662	1.605	1.574	1.541	1.506	1.467	1.425	1.377
41	1.759	1.710	1.658	1.601	1.569	1.536	1.501	1.462	1.419	1.371
42	1.755	1.706	1.654	1.596	1.565	1.532	1.496	1.457	1.414	1.365
43	1.751	1.703	1.650	1.592	1.561	1.527	1.491	1.452	1.409	1.360
44	1.747	1.699	1.646	1.588	1.557	1.523	1.487	1.448	1.404	1.354
45	1.744	1.695	1.643	1.585	1.553	1.519	1.483	1.443	1.399	1.349
46	1.741	1.692	1.639	1.581	1.549	1.515	1.479	1.439	1.395	1.344
47	1.738	1.689	1.636	1.578	1.546	1.512	1.475	1.435	1.391	1.340
48	1.735	1.686	1.633	1.574	1.542	1.508	1.472	1.431	1.387	1.335
49	1.732	1.683	1.630	1.571	1.539	1.505	1.468	1.428	1.383	1.331
50	1.729	1.680	1.627	1.568	1.536	1.502	1.465	1.424	1.379	1.327
60	1.707	1.657	1.603	1.543	1.511	1.476	1.437	1.395	1.348	1.291
80	1.680	1.629	1.574	1.513	1.479	1.443	1.403	1.358	1.307	1.245
120	1.652	1.601	1.545	1.482	1.447	1.409	1.368	1.320	1.265	1.193
240	1.625	1.573	1.516	1.451	1.415	1.376	1.332	1.281	1.219	1.130
∞	1.599	1.546	1.487	1.421	1.383	1.342	1.295	1.240	1.169	1.000

续表

$\alpha = 0.05$

n_2 \ n_1	1	2	3	4	5	6	7	8	9
1	161.448	199.500	215.707	224.583	230.162	233.986	236.768	238.883	240.543
2	18.513	19.000	19.164	19.247	19.296	19.330	19.353	19.371	19.385
3	10.128	9.552	9.277	9.117	9.013	8.941	8.887	8.845	8.812
4	7.709	6.944	6.591	6.388	6.256	6.163	6.094	6.041	5.999
5	6.608	5.786	5.409	5.192	5.050	4.950	4.876	4.818	4.772
6	5.987	5.143	4.757	4.534	4.387	4.284	4.207	4.147	4.099
7	5.591	4.737	4.347	4.120	3.972	3.866	3.787	3.726	3.677
8	5.318	4.459	4.066	3.838	3.687	3.581	3.500	3.438	3.388
9	5.117	4.256	3.863	3.633	3.482	3.374	3.293	3.230	3.179
10	4.965	4.103	3.708	3.478	3.326	3.217	3.135	3.072	3.020
11	4.844	3.982	3.587	3.357	3.204	3.095	3.012	2.948	2.896
12	4.747	3.885	3.490	3.259	3.106	2.996	2.913	2.849	2.796
13	4.667	3.806	3.411	3.179	3.025	2.915	2.832	2.767	2.714
14	4.600	3.739	3.344	3.112	2.958	2.848	2.764	2.699	2.646
15	4.543	3.682	3.287	3.056	2.901	2.790	2.707	2.641	2.588
16	4.494	3.634	3.239	3.007	2.852	2.741	2.657	2.591	2.538
17	4.451	3.592	3.197	2.965	2.810	2.699	2.614	2.548	2.494
18	4.414	3.555	3.160	2.928	2.773	2.661	2.577	2.510	2.456
19	4.381	3.522	3.127	2.895	2.740	2.628	2.544	2.477	2.423
20	4.351	3.493	3.098	2.866	2.711	2.599	2.514	2.447	2.393
21	4.325	3.467	3.072	2.840	2.685	2.573	2.488	2.420	2.366
22	4.301	3.443	3.049	2.817	2.661	2.549	2.464	2.397	2.342
23	4.279	3.422	3.028	2.796	2.640	2.528	2.442	2.375	2.320
24	4.260	3.403	3.009	2.776	2.621	2.508	2.423	2.355	2.300
25	4.242	3.385	2.991	2.759	2.603	2.490	2.405	2.337	2.282
26	4.225	3.369	2.975	2.743	2.587	2.474	2.388	2.321	2.265
27	4.210	3.354	2.960	2.728	2.572	2.459	2.373	2.305	2.250
28	4.196	3.340	2.947	2.714	2.558	2.445	2.359	2.291	2.236
29	4.183	3.328	2.934	2.701	2.545	2.432	2.346	2.278	2.223
30	4.171	3.316	2.922	2.690	2.534	2.421	2.334	2.266	2.211
31	4.160	3.305	2.911	2.679	2.523	2.409	2.323	2.255	2.199
32	4.149	3.295	2.901	2.668	2.512	2.399	2.313	2.244	2.189
33	4.139	3.285	2.892	2.659	2.503	2.389	2.303	2.235	2.179
34	4.130	3.276	2.883	2.650	2.494	2.380	2.294	2.225	2.170
35	4.121	3.267	2.874	2.641	2.485	2.372	2.285	2.217	2.161
36	4.113	3.259	2.866	2.634	2.477	2.364	2.277	2.209	2.153
37	4.105	3.252	2.859	2.626	2.470	2.356	2.270	2.201	2.145
38	4.098	3.245	2.852	2.619	2.463	2.349	2.262	2.194	2.138
39	4.091	3.238	2.845	2.612	2.456	2.342	2.255	2.187	2.131
40	4.085	3.232	2.839	2.606	2.449	2.336	2.249	2.180	2.124
41	4.079	3.226	2.833	2.600	2.443	2.330	2.243	2.174	2.118
42	4.073	3.220	2.827	2.594	2.438	2.324	2.237	2.168	2.112
43	4.067	3.214	2.822	2.589	2.432	2.318	2.232	2.163	2.106
44	4.062	3.209	2.816	2.584	2.427	2.313	2.226	2.157	2.101
45	4.057	3.204	2.812	2.579	2.422	2.308	2.221	2.152	2.096
46	4.052	3.200	2.807	2.574	2.417	2.304	2.216	2.147	2.091
47	4.047	3.195	2.802	2.570	2.413	2.299	2.212	2.143	2.086
48	4.043	3.191	2.798	2.565	2.409	2.295	2.207	2.138	2.082
49	4.038	3.187	2.794	2.561	2.404	2.290	2.203	2.134	2.077
50	4.034	3.183	2.790	2.557	2.400	2.286	2.199	2.130	2.073
60	4.001	3.150	2.758	2.525	2.368	2.254	2.167	2.097	2.040
80	3.960	3.111	2.719	2.486	2.329	2.214	2.126	2.056	1.999
120	3.920	3.072	2.680	2.447	2.290	2.175	2.087	2.016	1.959
240	3.880	3.033	2.642	2.409	2.252	2.136	2.048	1.977	1.919
∞	3.841	2.996	2.605	2.372	2.214	2.099	2.010	1.938	1.880

附表九　F 分 布 表

续表

$\alpha = 0.05$

n_2 \ n_1	10	12	15	20	24	30	40	60	120	∞
1	241.882	243.906	245.950	248.013	249.052	250.095	251.143	252.196	253.253	254.314
2	19.396	19.413	19.429	19.446	19.454	19.462	19.471	19.479	19.487	19.496
3	8.786	8.745	8.703	8.660	8.639	8.617	8.594	8.572	8.549	8.526
4	5.964	5.912	5.858	5.803	5.774	5.746	5.717	5.688	5.658	5.628
5	4.735	4.678	4.619	4.558	4.527	4.496	4.464	4.431	4.398	4.365
6	4.060	4.000	3.938	3.874	3.841	3.808	3.774	3.740	3.705	3.669
7	3.637	3.575	3.511	3.445	3.410	3.376	3.340	3.304	3.267	3.230
8	3.347	3.284	3.218	3.150	3.115	3.079	3.043	3.005	2.967	2.928
9	3.137	3.073	3.006	2.936	2.900	2.864	2.826	2.787	2.748	2.707
10	2.978	2.913	2.845	2.774	2.737	2.700	2.661	2.621	2.580	2.538
11	2.854	2.788	2.719	2.646	2.609	2.570	2.531	2.490	2.448	2.404
12	2.753	2.687	2.617	2.544	2.505	2.466	2.426	2.384	2.341	2.296
13	2.671	2.604	2.533	2.459	2.420	2.380	2.339	2.297	2.252	2.206
14	2.602	2.534	2.463	2.388	2.349	2.308	2.266	2.223	2.178	2.131
15	2.544	2.475	2.403	2.328	2.288	2.247	2.204	2.160	2.114	2.066
16	2.494	2.425	2.352	2.276	2.235	2.194	2.151	2.106	2.059	2.010
17	2.450	2.381	2.308	2.230	2.190	2.148	2.104	2.058	2.011	1.960
18	2.412	2.342	2.269	2.191	2.150	2.107	2.063	2.017	1.968	1.917
19	2.378	2.308	2.234	2.155	2.114	2.071	2.026	1.980	1.930	1.878
20	2.348	2.278	2.203	2.124	2.082	2.039	1.994	1.946	1.896	1.843
21	2.321	2.250	2.176	2.096	2.054	2.010	1.965	1.916	1.866	1.812
22	2.297	2.226	2.151	2.071	2.028	1.984	1.938	1.889	1.838	1.783
23	2.275	2.204	2.128	2.048	2.005	1.961	1.914	1.865	1.813	1.757
24	2.255	2.183	2.108	2.027	1.984	1.939	1.892	1.842	1.790	1.733
25	2.236	2.165	2.089	2.007	1.964	1.919	1.872	1.822	1.768	1.711
26	2.220	2.148	2.072	1.990	1.946	1.901	1.853	1.803	1.749	1.691
27	2.204	2.132	2.056	1.974	1.930	1.884	1.836	1.785	1.731	1.672
28	2.190	2.118	2.041	1.959	1.915	1.869	1.820	1.769	1.714	1.654
29	2.177	2.104	2.027	1.945	1.901	1.854	1.806	1.754	1.698	1.638
30	2.165	2.092	2.015	1.932	1.887	1.841	1.792	1.740	1.683	1.622
31	2.153	2.080	2.003	1.920	1.875	1.828	1.779	1.726	1.670	1.608
32	2.142	2.070	1.992	1.908	1.864	1.817	1.767	1.714	1.657	1.594
33	2.133	2.060	1.982	1.898	1.853	1.806	1.756	1.702	1.645	1.581
34	2.123	2.050	1.972	1.888	1.843	1.795	1.745	1.691	1.633	1.569
35	2.114	2.041	1.963	1.878	1.833	1.786	1.735	1.681	1.623	1.558
36	2.106	2.033	1.954	1.870	1.824	1.776	1.726	1.671	1.612	1.547
37	2.098	2.025	1.946	1.861	1.816	1.768	1.717	1.662	1.603	1.537
38	2.091	2.017	1.939	1.853	1.808	1.760	1.708	1.653	1.594	1.527
39	2.084	2.010	1.931	1.846	1.800	1.752	1.700	1.645	1.585	1.518
40	2.077	2.003	1.924	1.839	1.793	1.744	1.693	1.637	1.577	1.509
41	2.071	1.997	1.918	1.832	1.786	1.737	1.686	1.630	1.569	1.500
42	2.065	1.991	1.912	1.826	1.780	1.731	1.679	1.623	1.561	1.492
43	2.059	1.985	1.906	1.820	1.773	1.724	1.672	1.616	1.554	1.485
44	2.054	1.980	1.900	1.814	1.767	1.718	1.666	1.609	1.547	1.477
45	2.049	1.974	1.895	1.808	1.762	1.713	1.660	1.603	1.541	1.470
46	2.044	1.969	1.890	1.803	1.756	1.707	1.654	1.597	1.534	1.463
47	2.039	1.965	1.885	1.798	1.751	1.702	1.649	1.591	1.528	1.457
48	2.035	1.960	1.880	1.793	1.746	1.697	1.644	1.586	1.522	1.450
49	2.030	1.956	1.876	1.789	1.742	1.692	1.639	1.581	1.517	1.444
50	2.026	1.952	1.871	1.784	1.737	1.687	1.634	1.576	1.511	1.438
60	1.993	1.917	1.836	1.748	1.700	1.649	1.594	1.534	1.467	1.389
80	1.951	1.875	1.793	1.703	1.654	1.602	1.545	1.482	1.411	1.325
120	1.910	1.834	1.750	1.659	1.608	1.554	1.495	1.429	1.352	1.254
240	1.870	1.793	1.708	1.614	1.563	1.507	1.445	1.375	1.290	1.170
∞	1.831	1.752	1.666	1.571	1.517	1.459	1.394	1.318	1.221	1.000

续表

$\alpha = 0.01$

n_2 \ n_1	1	2	3	4	5	6	7	8	9
1	4052.181	4999.500	5403.352	5624.583	5763.650	5858.986	5928.356	5981.070	6022.473
2	98.503	99.000	99.166	99.249	99.299	99.333	99.356	99.374	99.388
3	34.116	30.817	29.457	28.710	28.237	27.911	27.672	27.489	27.345
4	21.198	18.000	16.694	15.977	15.522	15.207	14.976	14.799	14.659
5	16.258	13.274	12.060	11.392	10.967	10.672	10.456	10.289	10.158
6	13.745	10.925	9.780	9.148	8.746	8.466	8.260	8.102	7.976
7	12.246	9.547	8.451	7.847	7.460	7.191	6.993	6.840	6.719
8	11.259	8.649	7.591	7.006	6.632	6.371	6.178	6.029	5.911
9	10.561	8.022	6.992	6.422	6.057	5.802	5.613	5.467	5.351
10	10.044	4.559	6.552	5.994	5.636	5.386	5.200	5.057	4.942
11	9.646	7.206	6.217	5.668	5.316	5.069	4.886	4.744	4.632
12	9.330	6.927	5.953	5.412	5.064	4.821	4.640	4.499	4.388
13	9.074	6.701	5.739	5.205	4.862	4.620	4.441	4.302	4.191
14	8.862	6.515	5.564	5.035	4.695	4.456	4.278	4.140	4.030
15	8.683	6.359	5.417	4.893	4.556	4.318	4.142	4.004	3.895
16	8.531	6.226	5.292	4.773	4.437	4.202	4.026	3.890	3.780
17	8.400	6.112	5.185	4.669	4.336	4.102	3.927	3.791	3.682
18	8.285	6.013	5.092	4.579	4.248	4.015	3.841	3.705	3.597
19	8.185	5.926	5.010	4.500	4.171	3.939	3.765	3.631	3.523
20	8.096	5.849	4.938	4.431	4.103	3.871	3.699	3.564	3.457
21	8.017	5.780	4.874	4.369	4.042	3.812	3.640	3.506	3.398
22	7.945	5.719	4.817	4.313	3.988	3.758	3.587	3.453	3.346
23	7.881	5.664	4.765	4.264	3.939	3.710	3.539	3.406	3.299
24	7.823	5.614	4.718	4.218	3.895	3.667	3.496	3.363	3.256
25	7.770	5.568	4.675	4.177	3.855	3.627	3.457	3.324	3.217
26	7.721	5.526	4.637	4.140	3.818	3.591	3.421	3.288	3.182
27	7.677	5.488	4.601	4.106	3.785	3.558	3.388	3.256	3.149
28	7.636	5.453	4.568	4.074	3.754	3.528	3.358	3.226	3.120
29	7.598	5.420	4.538	4.045	3.725	3.499	3.330	3.198	3.092
30	7.562	5.390	4.510	4.018	3.699	3.473	3.304	3.173	3.067
31	7.530	5.362	4.484	3.993	3.675	3.449	3.281	3.149	3.043
32	7.499	5.336	4.459	3.969	3.652	3.427	3.258	3.127	3.021
33	7.471	5.312	4.437	3.948	3.630	3.406	3.238	3.106	3.000
34	7.444	5.289	4.416	3.927	3.611	3.386	3.218	3.087	2.981
35	7.419	5.268	4.396	3.908	3.592	3.368	3.200	3.069	2.963
36	7.396	5.248	4.377	3.890	3.574	3.351	3.183	3.052	2.946
37	7.373	5.229	4.360	3.873	3.558	3.334	3.167	3.036	2.930
38	7.353	5.211	4.343	3.858	3.542	3.319	3.152	3.021	2.915
39	7.333	5.194	4.327	3.843	3.528	3.305	3.137	3.006	2.901
40	7.314	5.179	4.313	3.828	3.514	3.291	3.124	2.993	2.888
41	7.296	5.163	4.299	3.815	3.501	3.278	3.111	2.980	2.875
42	7.280	5.149	4.285	3.802	3.488	3.266	3.099	2.968	2.863
43	7.264	5.136	4.273	3.790	3.476	3.254	3.087	2.957	2.851
44	7.248	5.123	4.261	3.778	3.465	3.243	3.076	2.946	2.840
45	7.234	5.110	4.249	3.767	3.454	3.232	3.066	2.935	2.830
46	7.220	5.099	4.238	3.757	3.444	3.222	3.056	2.925	2.820
47	7.207	5.087	4.228	3.747	3.434	3.213	3.046	2.916	2.811
48	7.194	5.077	4.218	3.737	3.425	3.204	3.037	2.907	2.802
49	7.182	5.066	4.208	3.728	3.416	3.195	3.028	2.898	2.793
50	7.171	5.057	4.199	3.720	3.408	3.186	3.020	2.890	2.785
60	7.077	4.977	4.126	3.649	3.339	3.119	2.953	2.823	2.718
80	6.963	4.881	4.036	3.563	3.255	3.036	2.871	2.742	2.637
120	6.851	4.787	3.949	3.480	3.174	2.956	2.792	2.663	2.559
240	6.742	4.695	3.864	3.398	3.094	2.878	2.714	2.586	2.482
∞	6.635	4.605	3.782	3.319	3.017	2.802	2.639	2.511	2.407

附表九　F 分 布 表

续表

$$\alpha = 0.01$$

n_2 \ n_1	10	12	15	20	24	30	40	60	120	∞
1	6055.847	6106.321	6157.285	6208.730	6234.631	6260.649	6286.782	6313.030	6339.391	6365.864
2	99.399	99.416	99.433	99.449	99.458	99.466	99.474	99.482	99.491	99.499
3	27.229	27.052	26.872	26.690	26.598	26.505	26.411	26.316	26.221	26.125
4	14.546	14.374	14.198	14.020	13.929	13.838	13.745	13.652	13.558	13.463
5	10.051	9.888	9.722	9.553	9.466	9.379	9.291	9.202	9.112	9.020
6	7.874	7.718	7.559	7.396	7.313	7.229	7.143	7.057	6.969	6.880
7	6.620	6.469	6.314	6.155	6.074	5.992	5.908	5.824	5.737	5.650
8	5.814	5.667	5.515	5.359	5.279	5.198	5.116	5.032	4.946	4.859
9	5.257	5.111	4.962	4.808	4.729	4.649	4.567	4.483	4.398	4.311
10	4.849	4.706	4.558	4.405	4.327	4.247	4.165	4.082	3.996	3.909
11	4.539	4.397	4.251	4.099	4.021	3.941	3.860	3.776	3.690	3.602
12	4.296	4.155	4.010	3.858	3.780	3.701	3.619	3.535	3.449	3.361
13	4.100	3.960	3.815	3.665	3.587	3.507	3.425	3.341	3.255	3.165
14	3.939	3.800	3.656	3.505	3.427	3.348	3.266	3.181	3.094	3.004
15	3.805	3.666	3.522	3.372	3.294	3.214	3.132	3.047	2.959	2.868
16	3.691	3.553	3.409	3.259	3.181	3.101	3.018	2.933	2.845	2.753
17	3.593	3.455	3.312	3.162	3.084	3.003	2.920	2.835	2.746	2.653
18	3.508	3.371	3.227	3.077	2.999	2.919	2.835	2.749	2.660	2.566
19	3.434	3.297	3.153	3.003	2.925	2.844	2.761	2.674	2.584	2.489
20	3.368	3.231	3.088	2.938	2.859	2.778	2.695	2.608	2.517	2.421
21	3.310	3.173	3.030	2.880	2.801	2.720	2.636	2.548	2.457	2.360
22	3.258	3.121	2.978	2.827	2.749	2.667	2.583	2.495	2.403	2.305
23	3.211	3.074	2.931	2.781	2.702	2.620	2.535	2.447	2.354	2.256
24	3.168	3.032	2.889	2.738	2.659	2.577	2.492	2.403	2.310	2.211
25	3.129	2.993	2.850	2.699	2.620	2.538	2.453	2.364	2.270	2.169
26	3.094	2.958	2.815	2.664	2.585	2.503	2.417	2.327	2.233	2.131
27	3.062	2.926	2.783	2.632	2.552	2.470	2.384	2.294	2.198	2.097
28	3.032	2.896	2.753	2.602	2.522	2.440	2.354	2.263	2.167	2.064
29	3.005	2.868	2.726	2.574	2.495	2.412	2.325	2.234	2.138	2.034
30	2.979	2.843	2.700	2.549	2.469	2.386	2.299	2.208	2.111	2.006
31	2.955	2.820	2.677	2.525	2.445	2.362	2.275	2.183	2.086	1.980
32	2.934	2.798	2.655	2.503	2.423	2.340	2.252	2.160	2.062	1.956
33	2.913	2.777	2.634	2.482	2.402	2.319	2.231	2.139	2.040	1.933
34	2.894	2.758	2.615	2.463	2.383	2.299	2.211	2.118	2.019	1.911
35	2.876	2.740	2.597	2.445	2.364	2.281	2.193	2.099	2.000	1.891
36	2.859	2.723	2.580	2.428	2.347	2.263	2.175	2.082	1.981	1.872
37	2.843	2.707	2.564	2.412	2.331	2.247	2.159	2.065	1.964	1.854
38	2.828	2.692	2.549	2.397	2.316	2.232	2.143	2.049	1.947	1.837
39	2.814	2.678	2.535	2.382	2.302	2.217	2.128	2.034	1.932	1.820
40	2.801	2.665	2.522	2.369	2.288	2.203	2.114	2.019	1.917	1.805
41	2.788	2.652	2.509	2.356	2.275	2.190	2.101	2.006	1.903	1.790
42	2.776	2.640	2.497	2.344	2.263	2.178	2.088	1.993	1.890	1.776
43	2.764	2.629	2.485	2.332	2.251	2.166	2.076	1.981	1.877	1.762
44	2.754	2.618	2.475	2.321	2.240	2.155	2.065	1.969	1.865	1.750
45	2.743	2.608	2.464	2.311	2.230	2.144	2.054	1.958	1.853	1.737
46	2.733	2.598	2.454	2.301	2.220	2.134	2.044	1.947	1.842	1.726
47	2.724	2.588	2.445	2.291	2.210	2.124	2.034	1.937	1.832	1.714
48	2.715	2.579	2.436	2.282	2.201	2.115	2.024	1.927	1.822	1.704
49	2.706	2.571	2.427	2.274	2.192	2.106	2.015	1.918	1.812	1.693
50	2.698	2.562	2.419	2.265	2.183	2.098	2.007	1.909	1.803	1.683
60	2.632	2.496	2.352	2.198	2.115	2.028	1.936	1.836	1.726	1.601
80	2.551	2.415	2.271	2.115	2.032	1.944	1.849	1.746	1.630	1.494
120	2.472	2.336	2.192	2.035	1.950	1.860	1.763	1.656	1.533	1.381
240	2.395	2.260	2.114	1.956	1.870	1.778	1.677	1.565	1.432	1.250
∞	2.321	2.185	2.039	1.878	1.791	1.696	1.592	1.473	1.325	1.000

附表十　　相关系数检验表

$n-2$	α = 0.05	0.01	$n-2$	α = 0.05	0.01
1	0.997	1.000	21	0.413	0.526
2	0.950	0.990	22	0.404	0.515
3	0.877	0.959	23	0.396	0.505
4	0.811	0.917	24	0.388	0.496
5	0.754	0.874	25	0.381	0.487
6	0.707	0.834	26	0.374	0.478
7	0.666	0.798	27	0.367	0.470
8	0.632	0.765	28	0.361	0.463
9	0.602	0.735	29	0.355	0.456
10	0.576	0.708	30	0.349	0.449
11	0.553	0.684	35	0.325	0.418
12	0.532	0.661	40	0.304	0.393
13	0.514	0.641	45	0.288	0.372
14	0.497	0.623	50	0.273	0.354
15	0.482	0.606	60	0.250	0.325
16	0.468	0.590	70	0.232	0.302
17	0.451	0.575	80	0.217	0.283
18	0.444	0.561	90	0.205	0.267
19	0.433	0.549	100	0.195	0.254
20	0.423	0.537	110	0.138	0.181

附表十一 复相关系数检验表

n 是样本容量；自变量的个数为 2。

n	R_α		n	R_α	
	$\alpha=0.01$	$\alpha=0.05$		$\alpha=0.01$	$\alpha=0.05$
5	0.99	0.97	23	0.61	0.51
6	0.98	0.93	24	0.60	0.50
7	0.95	0.88	25	0.58	0.49
8	0.92	0.84	26	0.57	0.48
9	0.89	0.79	27	0.56	0.47
10	0.86	0.76	28	0.56	0.46
11	0.83	0.73	29	0.55	0.45
12	0.80	0.70	30	0.54	0.45
13	0.78	0.67	35	0.50	0.41
14	0.75	0.65	40	0.47	0.39
15	0.73	0.63	45	0.44	0.37
16	0.71	0.61	50	0.42	0.35
17	0.69	0.59	55	0.40	0.33
18	0.68	0.57	60	0.39	0.32
19	0.66	0.56	70	0.36	0.29
20	0.65	0.55	80	0.34	0.27
21	0.63	0.53	90	0.32	0.26
22	0.62	0.52	100	0.30	0.25

附表十二 柯莫哥洛夫-斯米尔诺夫 λ 分布表

$$Q(\lambda) = \sum_{k=-\infty}^{+\infty} (-1)^k e^{-2k^2\lambda^2}$$

λ	Q(λ)	λ	Q(λ)	λ	Q(λ)	λ	Q(λ)	λ	Q(λ)
0.32	0.000	0.72	0.3223	1.12	0.8374	1.52	0.9803	1.92	0.9987
0.33	0.0001	0.73	0.3391	1.13	0.8445	1.53	0.9815	1.93	0.9988
0.34	0.0002	0.74	0.3560	1.14	0.8514	1.54	0.9826	1.94	0.9989
0.35	0.0003	0.75	0.3728	1.15	0.8580	1.55	0.9836	1.95	0.9990
0.36	0.0005	0.76	0.3896	1.16	0.8644	1.56	0.9846	1.96	0.9991
0.37	0.0008	0.77	0.4064	1.17	0.8706	1.57	0.9855	1.97	0.9991
0.38	0.0013	0.78	0.4230	1.18	0.8765	1.58	0.9864	1.98	0.9992
0.39	0.0019	0.79	0.4395	1.19	0.8823	1.59	0.9873	1.99	0.9993
0.40	0.0028	0.80	0.4559	1.20	0.8877	1.60	0.9880	2.00	0.9993
0.41	0.0040	0.81	0.4720	1.21	0.8930	1.61	0.9888	2.01	0.9994
0.42	0.0055	0.82	0.4880	1.22	0.8981	1.62	0.9895	2.02	0.9994
0.43	0.0074	0.83	0.5038	1.23	0.9030	1.63	0.9902	2.03	0.9995
0.44	0.0097	0.84	0.5194	1.24	0.9076	1.64	0.9908	2.04	0.9995
0.45	0.0126	0.85	0.5347	1.25	0.9121	1.65	0.9914	2.05	0.9996
0.46	0.0160	0.86	0.5497	1.26	0.9164	1.66	0.9919	2.06	0.9996
0.47	0.0200	0.87	0.5645	1.27	0.9206	1.67	0.9924	2.07	0.9996
0.48	0.0247	0.88	0.5791	1.28	0.9245	1.68	0.9929	2.08	0.9996
0.49	0.0300	0.89	0.5933	1.29	0.9283	1.69	0.9934	2.09	0.9997
0.50	0.0361	0.90	0.6073	1.60	0.9319	1.70	0.9938	2.10	0.9997
0.51	0.0428	0.91	0.6209	1.31	0.9354	1.71	0.9942	2.11	0.9997
0.52	0.0503	0.92	0.6343	1.32	0.9387	1.72	0.9946	2.12	0.9997
0.53	0.0585	0.93	0.6473	1.33	0.9418	1.73	0.9950	2.13	0.9998
0.54	0.0675	0.94	0.6601	1.34	0.9449	1.74	0.9953	2.14	0.9998
0.55	0.0772	0.95	0.6725	1.35	0.9478	1.75	0.9956	2.15	0.9998
0.56	0.0876	0.96	0.6846	1.36	0.9505	1.76	0.9959	2.16	0.9998
0.57	0.0987	0.97	0.6964	1.37	0.9531	1.77	0.9962	2.17	0.9998
0.58	0.1104	0.98	0.7079	1.38	0.9556	1.78	0.9965	2.18	0.9999
0.59	0.1228	0.99	0.7191	1.39	0.9580	1.79	0.9967	2.19	0.9999
0.60	0.1357	1.00	0.7300	1.40	0.9603	1.80	0.9969	2.20	0.9999
0.61	0.1492	1.01	0.7406	1.41	0.9625	1.81	0.9971	2.21	0.9999
0.62	0.1662	1.02	0.7508	1.42	0.9646	1.82	0.9973	2.22	0.9999
0.63	0.1778	1.03	0.7608	1.43	0.9665	1.83	0.9975	2.23	0.9999
0.64	0.1927	1.04	0.7704	1.44	0.9684	1.84	0.9977	2.24	0.9999
0.65	0.2080	1.05	0.7798	1.45	0.9702	1.85	0.9979	2.25	0.9999
0.66	0.2236	1.06	0.7889	1.46	0.9718	1.86	0.9980	2.26	0.9999
0.67	0.2396	1.07	0.7976	1.47	0.9734	1.87	0.9981	2.27	0.9999
0.68	0.2558	1.08	0.8061	1.48	0.9750	1.88	0.9983	2.28	0.9999
0.69	0.2722	1.09	0.8143	1.49	0.9764	1.89	0.9984	2.29	0.9999
0.70	0.2888	1.10	0.8223	1.50	0.9778	1.90	0.9985	2.30	0.9999
0.71	0.3055	1.11	0.8299	1.51	0.9791	1.91	0.9986	2.31	1.000

附表十三　游程检验法临界值 k_α 的查算表

$\alpha = 0.025$

n_2 \ n_1	2	3	4	5	6	7	8	9	10	11	12	13	14	15	16	17	18	19	20
5			2	2															
6		2	2	3	3														
7		2	3	3	3	3													
8		2	3	3	3	4	4												
9		2	3	3	4	4	5	5											
10		2	3	3	4	5	5	5	6										
11		2	3	4	4	5	5	6	6	7									
12	2	2	3	4	4	5	6	6	7	7	7								
13	2	2	3	4	5	5	6	6	7	7	8	8							
14	2	2	3	4	5	5	6	7	7	8	8	9	9						
15	2	3	3	4	5	6	6	7	7	8	8	9	9	10					
16	2	3	4	4	5	6	6	7	8	8	9	9	10	10	11				
17	2	3	4	4	5	6	7	7	8	9	9	10	10	11	11	11			
18	2	3	4	5	5	6	7	8	8	9	9	10	10	11	11	12	12		
19	2	3	4	5	6	6	7	8	8	9	10	10	11	11	12	12	13	13	
20	2	3	4	5	6	6	7	8	9	9	10	10	11	12	12	13	13	13	14

$\alpha = 0.05$

n_2 \ n_1	2	3	4	5	6	7	8	9	10	11	12	13	14	15	16	17	18	19	20
4			2																
5		2	2	3															
6		2	3	3	3														
7		2	3	3	4	4													
8	2	2	3	3	4	4	5												
9	2	2	3	4	4	5	5	6											
10	2	3	3	4	5	5	6	6	6										
11	2	3	3	4	5	5	6	7	7										
12	2	3	4	4	5	6	6	7	7	8	8								
13	2	3	4	4	5	6	6	7	8	8	9	9							
14	2	3	4	5	5	6	7	7	8	8	9	9	10						
15	2	3	4	5	6	6	7	8	8	9	9	10	10	11					
16	2	3	4	5	6	6	7	8	8	9	10	10	11	11	11				
17	2	3	4	5	6	7	8	9	9	10	10	11	11	12	12				
18	2	3	4	5	6	7	8	8	9	10	10	11	12	12	13	13			
19	2	3	4	5	6	7	8	8	9	10	10	11	12	12	13	13	14	14	
20	2	3	4	5	6	7	8	9	9	10	11	12	12	13	13	14	14	14	15

附表十四 秩和检验表 $P(W_1 < W < W_2) = 1-\alpha$

n_1	n_2	$\alpha=0.025$ W_1	$\alpha=0.025$ W_2	$\alpha=0.05$ W_1	$\alpha=0.05$ W_2	n_1	n_2	$\alpha=0.025$ W_1	$\alpha=0.025$ W_2	$\alpha=0.05$ W_1	$\alpha=0.05$ W_2
2	4			3	11	5	5	18	37	19	36
	5			3	13		6	19	41	20	40
	6	3	15	4	14		7	20	45	22	43
	7	3	17	4	16		8	21	49	23	47
	8	3	19	4	18		9	22	53	25	50
	9	3	21	4	20		10	24	56	26	54
	10	4	22	5	21	6	6	26	52	28	50
3	3			6	15		7	28	56	30	54
	4	6	18	7	17		8	29	61	32	58
	5	6	21	7	20		9	31	65	33	63
	6	7	23	8	22		10	33	69	35	67
	7	8	25	9	24	7	7	37	68	39	66
	8	8	28	9	27		8	39	73	41	71
	9	9	30	10	29		9	41	78	43	76
	10	9	33	11	31		10	43	83	46	80
5	4	11	25	12	24	8	8	49	87	52	84
	5	12	28	13	27		9	51	93	54	90
	6	12	32	14	30		10	54	98	57	95
	7	13	35	15	33	9	9	63	108	66	105
	8	14	38	16	36		10	66	114	69	111
	9	15	41	17	39	10	10	79	131	83	127
	10	16	44	18	42						

附录三 科学家简介

J. Bernoulli(雅各布·伯努利)

雅各布·伯努利(1654—1705),伯努利家族代表人物之一,瑞士数学家。他是最早使用"积分"这个术语的人,也是较早使用极坐标系的数学家之一,还较早阐明随着试验次数的增加,频率稳定在概率附近。他是被公认的概率论的先驱之一,在概率论领域的代表作是《Arts Conjectsndi》(译为《猜测的艺术》或者《猜度术》),发表于1713年。在此书中他提出了概率论中的伯努利定理,该定理是"大数定理"的最早形式。

A. de Moivre(棣莫弗)

棣莫弗(1667—1754),法国数学家。他开创了概率论的现代方法。在早期所学的数学著作中,他最感兴趣的是 C. Huygens(惠更斯)关于赌博的著作,特别是惠更斯于1657年出版的《论赌博中的机会》(Deratiociniis in ludo aleae)一书,启发了他的灵感。1711年,他写了《抽签的计量》,并在七年后修改扩充为《The Doctrine Chance》(《机会的学说》)发表。这是早期概率论的专著之一,在此书中统计独立性的定义首次出现,首次定义了独立事件的乘法定理,给出二项分布公式,更讨论了许多掷骰和其他赌博的问题。该书在1738年与1756年出了扩展版,生日问题出现在1738年的版本中,赌徒破产问题出现在1756年的版本中。1730年棣莫弗的另外一本专著《Miscellanea Analytica Supplementum》(《解析方法》)正式出版,其中关于对称伯努利试验的中心极限定理首次提出并得到证明。

T. Bayes(贝叶斯)

贝叶斯(约 1701—1761),英国数学家。他首先将归纳推理法用于概率论基础理论,并创立了贝叶斯统计理论,对于统计决策函数、统计推断、统计的估算等做出了贡献。

G. L. L de Buffon(蒲丰)

蒲丰(1707—1788),法国数学家、自然科学家。蒲丰是几何概率的开创者,并以蒲丰投针问题闻名于世,发表在其 1777 年的论著《或然性算术试验》中。

P. S. M. Laplace(拉普拉斯)

拉普拉斯(1749—1827),法国分析学家、概率论学家和物理学家,法国科学院院士。1812 年发表了重要的《概率分析理论》一书,在该书中总结了当时整个概率论的研究,论述了概率在选举审判调查、气象等方面的应用等。特别地,他将棣莫弗德定理推广到伯努利试验非对称情形。拉普拉斯最重要的工作是将概率方法应用到观测误差,在很一般的条件下证明了观测误差的分布一定是正态分布的。

附录三 科学家简介

C. F. Guass（高斯）

高斯（1777—1855），德国数学家，物理学家，天文学家，大地测量学家。高斯和牛顿、阿基米德，被誉为有史以来的三大数学家。高斯是近代数学奠基者之一，在历史上影响之大，可以和阿基米德、牛顿、欧拉并列，有"数学王子"之称。18 岁的高斯发现了质数分布定理和最小二乘法。通过对足够多的测量数据的处理后，可以得到一个新的、概率性质的测量结果。在这些基础之上，高斯随后专注于曲面与曲线的计算，并成功得到高斯钟形曲线（正态分布曲线）。其函数被命名为标准正态分布（或高斯分布），并在概率计算中大量使用。高斯的肖像已经被印在从 1989—2001 年流通的 10 德国马克的纸币上。

S. D. Possion（泊松）

泊松（1781—1840），法国数学家，巴黎科学院院士。泊松的科学生涯开始于研究微分方程及其在摆的运动和声学理论中的应用。他工作的特色是应用数学方法研究各类物理问题，并由此得到数学上的发现。他对积分理论、行星运动理论、热物理、弹性理论、电磁理论、位势理论和概率论都有重要贡献。泊松也是 19 世纪概率统计领域里的卓越人物。他改进了概率论的运用方法，特别是用于统计方面的方法，建立了描述随机现象的一种概率分布——泊松分布。他推广了"大数定律"，并导出了在概率论与数理方程中有重要应用的泊松积分。他是从法庭审判问题出发研究概率论的，1837 年出版了他的专著《关于刑事案件和民事案件审判概率的研究》。

P. L. Chebyshev（切贝雪夫）

切贝雪夫（1821—1894），俄国数学家，圣彼得堡科学院院士。切贝雪夫是彼得堡数学学派的奠基人和当之无愧的领袖。他在概率论、解析数论和函数逼近论领域做了开创性工作。1845 年，切比雪夫在其硕士论文中借助十分初等的工具——$\ln(1+x)$ 的麦克劳林展开式，对伯努利大数定律作了严格的证明。一年之后，他又发表了"概率论中基本定理的初步证明"一文，文中继而给出了泊松形式的大数定律的证明。1887 年，他发表了更为重要的"关于概率的两个定理"，开始对随机变量和收敛到正态分布的条件，即中心极限定理进行讨论。切比雪夫引出的一系列概念和研究题材为俄国以及后来苏联的数学家继承和发展。

A. A. Markov(马尔柯夫)

马尔柯夫(1856—1922),俄国数学家,圣彼得堡科学院院士。他以数论和概率论方面的工作著称,主要著作有了《概率演算》等。在概率论中,他发展了矩法,扩大了大数律和中心极限定理的应用范围。马尔柯夫最重要的工作是在 1906—1912 年,提出并研究了一种能用数学分析方法研究自然过程的一般图式——马尔柯夫链。同时开创了对一种无后效性的随机过程——马尔柯夫过程的研究。目前,马尔柯夫链理论与方法已经被广泛应用于自然科学、工程技术和公用事业中。

A. M. Lyapunov(李雅普洛夫)

李雅普洛夫(1857—1918),俄国数学家,力学家。李雅普诺夫在常微分方程定性理论和天体力学方面的工作使他赢得了国际声誉。在概率论方面,李雅普诺夫引入了特征函数这一有力工具,从一个全新的角度去考察中心极限定理,在相当宽的条件下证明了中心极限定理,特征函数的引入实现了数学方法上的革命。

K. Pearson(皮尔逊)

皮尔逊(1857—1936),英国数学家,生物统计学家。他是数理统计学的创立者,对生物统计学、气象学、社会达尔文主义理论和优生学做出了重大贡献。他被公认是旧派理学派和描述统计学派的代表人物,并被誉为现代统计科学的创立者。1895 年发表了《同类资料的偏斜变异》等论文,得到包括正态分布、矩形分布、J 型分布、U 型分布等 13 种曲线及其方程式;提出了拟合优度检验(χ^2 检验);还发展和完善了相关和回归理论。

W. S. Gosset(戈塞特)

戈塞特(1876—1937),英国化学家、数学家与统计学家,以笔名"Student"著名。他曾在伦敦大学 K. 皮尔逊生物统计学验室从事研究(1906—1907),对统计理论的最显著贡献是 1908 年发表的论文《The probable error of a mean》,导出了 student-t 分布。同时,他比较了平均误差与标准误差的两种计算方法;研究了泊松分布应用中的样本误差问题;建立了相关系数的抽样分布。为"小样本理论"奠定了基础,使统计学开始由大样本向小样本、由描述向推断发展,有人把他推崇为推断统计学的先驱者。

R. A. Fisher(费希尔)

费希尔(1890—1962),英国统计与遗传学家,现代统计科学的奠基人之一。他发表了许多与生物统计相关的论文,1918 年发表的《The Correlation Between Relatives on the Supposition of Mendelian Inheritance》(《孟德尔遗传假定下的亲戚之间的相关性》),建立了以生物统计为基础的遗传学,以及著名的统计学分法变异数分析(Analysis of variance,简写为 ANOVA,也称方差分析)。他在 1925 所著《Statistical Methods for Research Workers》(《研究工作者的统计方法》)影响力超过半世纪,遍及全世界;1956 年出版了《Statistical methods and scientific inference》(《统计方法与科学推断》)。

A. N. Kolmogorov(柯尔莫哥洛夫)

柯尔莫哥洛夫(1903—1987),俄国数学家,苏联教育科学院院士。他创建了一些新的数学分支——信息算法论、概率算法论和语言统计学等。1924 年他和数学家辛钦一起建立了关于独立随机变量的三级数定理;1928 年他得到了随机变量序列服从大数定理的充要条件;1929 年得到了独立同分布随机变量序列的重对数律;1930 年得到了强大数定律的非常一般的充分条件;1931 年发表了《概率论的解析方法》一文,奠定了马尔可夫过程论的基础,在 20 世纪 30—40 年代,他和辛钦一起发展了马尔可夫过程和平稳随机过程论;1932 年得到了含二阶矩的随机变量具有无穷可分分布律的充要条件；1934 年出版了《概率论基本概念》一书，在世界上首次以测度论和积分论为基础建立了概率论公理结论；1935 年提出了可逆对称马尔可夫过程概念及其特征所服从的充要条件；1936—1937 年给出了可数状态马尔可夫链状态分布；1939 年定义并得到了经验分布与理论分布最大偏差的统计量及其分布函数；1941 年他得到了平稳随机过程的预测和内插公式。1955—1956 年，他和他的学生，苏联数学家 Y. V. Prokhorov 开创了取值于函数空间上概率测度的弱极限理论。

参 考 文 献

[1] GB 50201—2014 防洪标准[S]. 北京：中国计划出版社，2014.
[2] SL 44—2006 水利水电工程设计洪水计算规范[S]. 北京：中国水利水电出版社，2006.
[3] SL 278—2002 水利水电工程水文计算规范[S]. 北京：中国水利电力出版社，2002.
[4] 丛树铮. 水科学技术中的概率统计方法[M]. 北京：科学出版社，2010.
[5] 华东水利学院. 水文学的概率统计基础[M]. 北京：水利出版社，1981.
[6] 金光炎. 水文统计原理与方法[M]. 2 版. 北京：中国工业出版社，1964.
[7] 王俊德. 水文统计[M]. 北京：水利电力出版社，1993.
[8] 黄振平. 水文统计学[M]. 南京：河海大学出版社，2003.
[9] 黄振平. 水文统计原理[M]. 南京：河海大学出版社，2002.
[10] 陈家鼎，刘婉如，汪仁官. 概率统计[M]. 北京：人民教育出版社，1980.
[11] 郭生练. 设计洪水研究进展与评价[M]. 北京：中国水利水电出版社，2005.
[12] 周荫清. 随机过程导论[M]. 北京：北京航空学院出版社，1987.
[13] 中国科学院数学研究所数理统计组. 回归分析方法[M]. 北京：科学出版社，1974.
[14] 王宗皓，李麦村，等. 天气预报中的概率统计方法[M]. 北京：科学出版社，1974.
[15] 孙青华，等. 概率论与数理统计[M]. 武汉：湖北科学技术出版社，1998.
[16] 范大茵，陈永华. 概率论与数理统计[M]. 杭州：浙江大学出版社，1996.
[17] 滕素玲，等. 数理统计. 2 版[M]. 大连：大连理工大学出版社，1996.
[18] 郭绍建，等. 概率统计及随机过程[M]. 北京：航空工业出版社，1993.
[19] 张德培，罗蕴玲. 应用概率统计[M]. 北京：高等教育出版社，2000.
[20] 贺兴时，薛红. 应用概率统计[M]. 西安：西北工业大学出版社，2001.
[21] [美]S. M. 劳斯. 随机过程[M]. 何声武，等译. 北京：中国统计出版社，1997.
[22] H·克拉美. 统计学数学方法[M]. 魏宗叙，等译. 上海：上海科技出版社，1966.
[23] 丁振良. 误差理论与数据处理[M]. 哈尔滨：哈尔滨工业大学出版社，2002.
[24] 钱学伟，张建华. 水文测验误差分析与评定[M]. 北京：中国水利水电出版社，2007.
[25] 李金海. 误差理论与测量不确定度评定[M]. 北京：中国计量出版社，2003.
[26] 刘光文. 皮尔逊Ⅲ型分布参数估计[J]. 水文，1990(4)、(5).
[27] 丛树铮，谭维炎，等. 水文频率计算中参数估计方法的统计试验研究[J]. 水利学报，1980(3).
[28] 宋德敦，丁晶. 概率权重矩法及其在 P-Ⅲ型分布中的应用[J]. 水利学报，1988(3).
[29] 丁晶，宋德敦，杨荣富. 估计 P-Ⅲ型参数的新方法——概率权重矩法[J]. 成都科技大学学报，1988.
[30] 马秀峰. 计算水文频率参数的权函数法[J]. 水文，1984(4).
[31] 丛树铮，张维然. 关于水库设计标准问题[J]. 华东水利学院学报，1978(1).
[32] 刘治中，等. P-Ⅲ型分布的期望概率计算[J]. 河海大学学报，1989，17(4).
[33] 黄振平. 水文极值估算方法评价[J]. 河海大学学报，1994(3).
[34] 黄振平. P-Ⅲ型分布的适应性与水文设计值的误差分析[J]. 水文，2002(5).
[35] 陈元芳. 一种可考虑历史洪水的马氏权函数法的研究[J]. 水科学进展，1994(3).
[36] 陈元芳，沙志贵，等. 具有历史洪水时 P-Ⅲ分布线性矩法研究[J]. 河海大学学报（自然科学版），2001，29(4).
[37] 陈元芳，顾圣华，等. P-Ⅲ型分布混合权函数估计法的研究[J]. 水文，2003(1).
[38] 陈元芳，等. 线性矩法在长江中下游区域洪水频率计算中的应用[J]. 河海大学学报（自然科学版），2003(2).

参 考 文 献

[39] 张建中. 蒙特卡罗方法[J]. 数学的实践与认识, 1974.

[40] 宋松柏, 蔡焕杰, 金菊良, 等. Copula 函数及其在水文中的应用[M]. 北京: 科学出版社, 2012, 2008(3): 25-29.

[41] 吴娟, 刘次华, 邱小霞, 等. 多元 Copula 参数模型的选择[J]. 武汉大学学报(理学版), 2008, 54(3): 267-270.

[42] 刘治中. 数值积分权函数法推求 P-Ⅲ 型分布参数[J]. 水文, 1987(7).

[43] 梁忠民. 一种修改的双权函数法[J]. 河海大学学报, 1994(3).

[44] 钱铁. 在有历史洪水资料情况下洪水流量经验频率的确定[J]. 水利学报, 1964(2).

[45] 董洁, 谢悦波. 非参数统计在洪水频率分析中的应用与展望[J]. 河海大学学报, 2004(1).

[46] 陈志恺. 暴雨及洪水频率计算方法的研究. 水利科学院水文研究所报告, 1957.

[47] 陈志恺. 论皮尔逊Ⅲ型及克里茨基-闵开里曲线对设计洪水的适应性. 水利水电科学研究院科学研究论文集, 第2集, 1963.

[48] R. A. Fisher, L. H. C. Tippet. Limiting Forms of the Frequency Distribution of the Smallest and Largest Member of a Sample[J]. Proc. Cambridge Phil. soc. Vol. 24, Part, 2. April 1928.

[49] Vujica Yevjevich. Probability and Statistics in Hydrolody[J]. Water Resources Publications, Fort Collins, Colorado. U. S. A. 1972.

[50] Meyer Dwass. Probability Theory and Applications [J]. W. W. Benjamin, inc-New York, 1970.

[51] Benjamin J. R. and C. A. Cornell, Probability, Statistics and Decision Theory for Civil Engineers [M]. McGraw-Hill, New-York, 1970.

[52] Gary D. Tasker, Wilbert O. Thomas、Flood-frequency Analyses with Prerecord Information, Journal of Hydraulics Division, Vol. 104, No. HY2, Feb. 1978.

[53] Beard L R. Probability Estimates Based on Small Normal Distribution Samples[J]. Geophys Res, 1960, 65(7).

[54] Water Resources Council, Hydrology Committee. A Uniform Technique for Determining Flood Flow Frequency Bulletin 15, Washington, D. C., 1967.

[55] Greenwood, J. A., et al, Probability Weighted Moments: Definition and Relation to Parameters of Several Distribution Expressible in Inverse Form[J]. Water Resources Research, 1979, 15(5).

[56] Hosking J R M, Wallis J. R. Regional Frequency Analysis—an Approach Based on L-moment[M]. London: Cambridge University Press, 1997. 1-280.

[57] Nelson R B. An introduction to Copulas[M]. New York: Springer, 1999.

[58] Natural Environment Research Council[R]. Flood Studies Report, 1975.

[59] V. P. Singh, Entropy-based parameter estimation in Hydrology[M]. Kluwer Academic Publishers(Boston/London), 1998.